HOLGER TRUCKENBRODT / KERSTIN ZÄHLE

DER KOMMUNALE HAUSHALT IN AUFSTELLUNG, AUSFÜHRUNG UND ABSCHLUSS

Herausgegeben vom

NSI

Kommunale Hochschule
für Verwaltung in Niedersachsen

Maximilian Verlag
Hamburg

SCHRIFTENREIHE
KOMMUNALE HOCHSCHULE FÜR VERWALTUNG IN NIEDERSACHSEN

HOLGER TRUCKENBRODT
KERSTIN ZÄHLE

DER KOMMUNALE HAUSHALT IN AUFSTELLUNG, AUSFÜHRUNG UND ABSCHLUSS

7. überarbeitete und erweiterte Auflage

Vorliegende Ausgabe erscheint als Band 2 in der Schriftenreihe der Kommunalen Hochschule für Verwaltung in Niedersachsen, herausgegeben von Prof. Dr. Michael Koop und Prof. Holger Weidemann.

Bibliografische Information der Deutschen Nationalbibliothek
Die Deutsche Nationalbibliothek verzeichnet diese Publikation in der Deutschen Nationalbibliografie; detaillierte bibliografische Daten sind im Internet über https://portal.dnb.de abrufbar.

7. überarbeitete und erweiterte Auflage

Redaktionsstand: 31.07.2024

ISBN 978-3-7869-1513-3

Produktion: Reemers Publishing Services GmbH, Krefeld
Druck und Bindung: Plump Druck & Medien, Rolandsecker Weg 33, 53619 Rheinbreitbach

Printed in Germany

MIX
Papier | Fördert gute Waldnutzung
FSC® C104521

INHALT

VORWORT

Dieses Lehrbuch haben wir konzipiert, um Lernende bei dem Erwerb systematischer Kenntnisse im kommunalen Planungs- und Rechnungswesen für niedersächsische Kommunen zu unterstützen. Es richtet sich an die Studierenden der Bachelorstudiengänge »Verwaltungswissenschaft«, »Allgemeine Verwaltung« und Verwaltungsbetriebswirtschaft« der Kommunalen Hochschule für Verwaltung in Niedersachsen, die in den ersten beiden Trimestern die Grundlagen der kommunalen Haushaltswirtschaft, der Buchführung und der Kosten- und Leistungsrechnung erlernen. Daneben stellt es auch die Basisliteratur für alle Teilnehmer zur Ausbildung zum Verwaltungsfachangestellten, für die Lehrgangsteilnehmer der Angestelltenlehrgänge sowie für die Auszubildenden der Landeshauptstadt Hannover im Studienkurs Verwaltungsfachwirt dar, wobei im Unterricht wegen des geringeren Stundenumfangs nicht alle Aspekte in der hier dargestellten Tiefe behandelt werden können.

Ziel des Lehrbuchs ist eine systematische Einführung in die wesentlichen Grundlagen und Zusammenhänge des kommunalen Planungs- und externen sowie internen Rechnungswesens, durch das auch Anwender in der Praxis einen fundierten Überblick über die Thematik erhalten. Auch die Rechtssystematik des Niedersächsischen Kommunalverfassungsgesetzes und der Kommunalhaushalts-und -kassenverordnung wird vorgestellt. Das Werk enthält eine fachlich fundierte und didaktisch sinnvolle Erläuterung des Themas. Es erhebt gleichwohl keinen Anspruch auf Vollständigkeit und kann und soll auch die Arbeit mit einem Kommentar nicht ersetzen.

Insbesondere für Teilnehmer ohne Vorkenntnisse werden im **ersten Kapitel** die **Grundlagen des kommunalen Planungs- und Rechnungswesens** vorgestellt. Um diesen wichtigen Einstieg so anschaulich wie möglich zu gestalten und einen schnellen Zugang zum doppischen Haushaltswesen zu erhalten, werden die relevanten Begrifflichkeiten anhand eines familiären Haushalts erklärt und fortwährend Parallelen zum Haushalt einer Kommune gezogen. Darüber hinaus sind hier eine Erklärung der notwendigen Grundbegriffe, die für den kommunalen Kontext im Haushalts- und Rechnungswesen erforderlich sind und eine Einführung mit Erläuterung der grundlegenden Begriffe und Verfahren der Kosten- und Leistungsrechnung zu finden. Das **Kapitel zwei** befasst sich mit der **Haushaltsplanung und -bewirtschaftung**, d.h. hier werden die grundlegenden Inhalte der Haushalts- und Finanzwirtschaft vorgestellt und angewandt. Im **dritten Kapitel** werden die **Grundlagen der Buchführung** systematisch erarbeitet. Dabei wird auf die in Niedersachsen zu verwendenden Konten nach dem niedersächsischen Kontenrahmen explizit eingegangen und buchungstechnische Sonderfälle werden eingehend behandelt, wobei das Ende dieses Kapitels die im Rahmen des Jahresabschlusses anfallenden Vorgänge beinhaltet. Wann immer sinnvoll und möglich wird in den Beispielen ein Bezug zu der in Kapitel zwei behandelten Planungsphase gezogen. Dazu werden nach der Aufgabenstellung die relevanten Konten mit ihren Kontonummern aufgelistet. Danach wird dargestellt, wie der relevante Sachverhalt in den Haushalten zu veranschlagen ist, bevor zum Abschluss die erforderlichen Buchungen aufgeführt werden, sofern die Finanzvorfälle wie ursprünglich geplant umgesetzt werden. Ziel dieser Vorgehensweise ist es, den Lernenden durchgehend die Beziehungen zwischen der Haushaltsplanung und der buchungstechnischen Dokumentation der Umsetzung der einzelnen Finanzvorfälle zu verdeutlichen. Das **vierte Kapitel** beinhaltet das **interne Rechnungswesen (Kosten- und Leistungsrechnung)**. Da die konkrete Umsetzung der Kosten- und Leistungsrechnung in den Kommunen gesetzlich nicht näher ausgeführt ist, liegt der

Fokus in diesem Teil primär auf den grundlegenden Methoden. Ziel ist es, den Lernenden ein Grundverständnis der Kosten- und Leistungsrechnung zu vermitteln, so dass sie verstehen, welche Methoden in welcher Situation im kommunalen Umfeld zu einem sinnvollen Ergebnis führen können. Entsprechend der klassischen Begriffsverwendung wird auch hier von Kosten- und Leistungsrechnung gesprochen, obwohl die Leistungsrechnung nur an wenigen Stellen behandelt wird und die Kostenrechnung im Mittelpunkt der Darstellung steht. Das abschließende **fünfte Kapitel** umfasst zum einen einen **Querschnitt über die wichtigsten Aspekte** des Buches. Damit kann der Leser sich einen schnellen Überblick über die Inhalte verschaffen. Zum anderen befindet sich hier eine ausführliche **Fallstudie mit Lösung**, die wesentliche Themen des Buchs aufgreift.

Wichtige Schlagworte und Begriffe sind in den einzelnen Kapiteln fett markiert.

Wie in einem Lehrbuch üblich, wird im Text weitestgehend auf die Angabe von Literaturquellen verzichtet. Die verwendete und darüber hinausgehende Literatur ist im Literaturverzeichnis aufgeführt. Lediglich bei wörtlichen Zitaten oder, wenn direkte Verweise auf bestimmte Literaturquellen sinnvoll sind, sind diese als Fußnote angegeben.

Aus Gründen der leichteren Lesbarkeit wird in diesem Lehrbuch die gewohnte männliche Sprachform bei personenbezogenen Substantiven und Pronomen verwendet. Dies impliziert jedoch keine Benachteiligung des weiblichen Geschlechts, sondern soll im Sinne der sprachlichen Vereinfachung als geschlechtsneutral zu verstehen sein.

Abschließend möchten wir uns bei all jenen bedanken, die an der Erstellung dieses Buches in der nunmehr 7. Auflage mitgewirkt oder durch ihre Hinweise und Fragen die Weiterentwicklung angestoßen haben. Gerne würden wir aber noch stärker mit den Nutzern dieses Werkes in Kontakt treten. Wir bitten deshalb alle Leser, uns mitzuteilen, wenn Ihnen etwas gut aber auch weniger gut an dem Lehrbuch gefallen hat, denn nur durch konstruktive Kritik von Ihrer Seite können wir das Werk beständig weiter verbessern. Senden Sie doch einfach eine E-Mail an eine der folgenden Adressen:

Holger.Truckenbrodt@thws.de
Kerstin.Zaehle@nsi-hsvn.de

Würzburg und Hannover, im Juli 2024
Holger Truckenbrodt und Kerstin Zähle

1 EINFÜHRUNG

Das Planungs- und Rechnungswesen einer Kommune scheint für viele Bürger erst nur sehr wenig mit dem Alltag zu tun zu haben. Dies stimmt aber nicht wirklich, denn jeder von uns muss in seinem eigenen Haushalt mit knappen Geldmitteln auskommen und verwendet deshalb in der Regel fast täglich ganz intuitiv schon einige Methoden und Begriffe, die auch im Planungs- und Rechnungswesen einer Kommune Anwendung finden. Deshalb werden in diesem einführenden Kapitel zunächst einige wesentliche **Grundbegriffe** des **Planungs- und Rechnungswesens** anhand einer Familie und damit eines klassischen Familienhaushalts anschaulich dargestellt. Zudem werden einige Parallelen und Unterschiede zwischen einem familiären und einem kommunalen Haushalt aufgezeigt. Daran schließen sich erste grundlegende Informationen über die Kommunalverfassung mit ihren handelnden Organen an, und es wird die Frage geklärt, welche Möglichkeiten eine Kommune hat, sich Finanzmittel zu beschaffen. Abschließend werden noch die Aufgaben der Kosten- und Leistungsrechnung als Teil des Rechnungswesens vorgestellt und wesentliche Zusammenhänge innerhalb des Planungs- und Rechnungswesens erläutert. So wird im Planungswesen mit geplanten Größen gearbeitet, d. h. es werden voraussichtliche Sollgrößen festgelegt (Ex ante Sicht). Im Rechnungswesen werden demgegenüber die tatsächlich erreichten Istgrößen erfasst und dokumentiert (Ex post Sicht).

Um die Orientierung in den Kapiteln zu erleichtern, haben wir die einzelnen wiederkehrenden Elemente im Lehrbuch mit folgenden Symbolen gekennzeichnet:

- zeigt an, dass ein Gesetzestext folgt, der grau hinterlegt ist.
- ist das Symbol für ein Beispiel mit Aufgabenstellung und Lösung, das ebenfalls grau hinterlegt ist.
- ⓘ weist auf das Ende eines Kapitels hin, das durch die eingerahmte Rubrik »Auf einen Blick« abschließt. Darin wird der Inhalt des vorangegangenen Kapitels in knapper und prägnanter Form wiederholt.

1.1 GRUNDDATEN UND -BEGRIFFE

Der hier näher betrachtete Beispielhaushalt besteht aus einem Ehepaar und verfügt zu Jahresbeginn über folgendes **Vermögen**:

Vermögensgegenstand	Aktueller Wert
Selbstgenutztes Wohnhaus	200.000 €
Auto	18.000 €
Aktien	10.000 €
Sparbuch	6.000 €
Girokonto	2.000 €
Bargeldbestand	1.000 €
Summe	237.000 €

Zur Finanzierung des Hauses hat die Familie einen Kredit in Höhe von 150.000 € aufgenommen. Wenn das Ehepaar alle seine Vermögensgegenstände zu dem aktuellen Wert verkaufen und damit den Kredit vollständig tilgen würde, hätte sie noch ein Restkapital in Höhe von 87.000 €. Diese mathematische Restgröße wird Eigenkapital bzw. im kommunalen Bereich **Nettoposition** genannt.

Vermögen – Schulden = Nettoposition

Das Vermögen, die Schulden und die Nettoposition lassen sich anschaulich in einer Tabelle gegenüberstellen. Diese heißt **Bilanz**. In der linken Spalte wird das Vermögen und in der rechten die Nettoposition sowie die **Schulden** (auch Fremdkapital genannt, da es nicht aus Eigenmitteln aufgebracht, sondern von Fremden geliehen wurde) eingetragen. Demzufolge lässt sich der linken Spalte (auch Aktivseite oder **Aktiva**) entnehmen, **wofür** das Kapital der Familie eingesetzt wurde und der rechten Spalte (auch Passivseite oder **Passiva**), **woher** das verwendete Kapital stammt. Die beiden Seiten der Bilanz müssen immer ausgeglichen sein, denn die Familie kann ja nicht mehr für den Erwerb von Vermögensgegenständen ausgegeben haben, als sie entweder selbst aufgebracht (Nettoposition) oder von Fremdkapitalgebern aufgenommen hat. Im kommunalen Bereich vermittelt die Bilanz das Bild der zur Aufgabenerfüllung erforderlichen Vermögens- und Schuldenlage.

Aktiva	**Bilanz der Fami**	**lie zu Jahresbeginn in €**	**Passiva**
Wohnhaus	200.000	Nettoposition	87.000
Auto	18.000	Schulden	150.000
Aktien	10.000		
Sparbuch	6.000		
Girokonto	2.000		
Bargeldbestand	1.000		
	237.000		237.000

Aus der Bilanz lassen sich z. B. verschiedene Kennzahlen ermitteln. Eine typische Kennzahl ist die Schuldenquote der Familie. In obigem Beispiel beträgt diese 63,29 % (150.000/237.000 = 0,6329; 0,6329 · 100 = 63,29 %). Dies bedeutet, dass die Familie fast zwei Drittel ihres Vermögens durch einen Kredit finanziert hat, den sie in der Zukunft wieder zurückzahlen muss.

Durch jede finanzielle Aktivität der Familie verändert sich die Bilanz. Würde die Familie z. B. weitere Aktien für 500 € kaufen und die Bank das Geld vom Girokonto abbuchen, würde sich der Aktienbestand auf 10.500 € erhöhen und der **Buchgeldbestand**[1] um 500 € auf dann nur noch 1.500 € absinken.
Was passiert nun, wenn das Gehalt des Ehemanns in Höhe von 3.000 € pro Monat eingeht? Auf der Aktivseite erhöht sich dadurch der Bestand des Girokontos um 3.000 € auf 5.000 € (ausgehend von obiger Ausgangssituation). Dieser Vorgang wird **Einzahlung** genannt, weil das Gehalt auf das Girokonto eingezahlt wird. Grundsätzlich stellt jede Erhöhung des Bestands des Girokontos oder des Bargeldbestands eine Einzahlung dar. Vereinfacht werden der Bargeldbestand und der Geldbestand auf dem Girokonto auch als **Liquide Mittel** bezeichnet. Da beide Seiten der Bilanz ausgeglichen sein müssen, erhöht sich gleichzeitig auch die Passiva. Nachdem das Einkommen selbst erarbeitet wurde (es wurde kein Kredit aufgenommen), verändern sich die Schulden nicht. Demzufolge kann sich nur die Nettoposition erhöhen. Diese Erhöhung der Nettoposition heißt **Ertrag** – die Familie wird dadurch **reicher**. Die Überweisung des Gehalts durch den Arbeitgeber stellt demnach sowohl eine Einzahlung dar (Erhöhung der Liquiden Mittel), als auch einen Ertrag (Erhöhung der Nettoposition). Weitere Erträge der Familie sind beispielsweise Zinszahlungen für das Guthaben auf dem Sparbuch oder die Ausschüttung einer Dividende für die Aktien. Da sich in beiden Fällen die Liquiden Mittel erhöhen, liegt jeweils eine Einzahlung vor.

[1] Geld, das sich auf dem Girokonto befindet, wird als Buchgeld bezeichnet.

Wenn die Bank demgegenüber die Zinsen für den Kredit der Familie von dem Girokonto der Familie abbucht, liegt eine **Auszahlung** vor, da sich der Kontostand verringert. Jede Verminderung der Liquiden Mittel stellt eine Auszahlung dar. Durch die Abbuchung ändert sich jedoch nicht die Höhe des Kredits der Familie. Da beide Seiten der Bilanz ausgeglichen sein müssen, kann sich durch die Abbuchung nur die Nettoposition verringern – die Familie wird ärmer. Grundsätzlich gilt, dass jeder Vermögensverbrauch zu einer Verringerung der Nettoposition führt. Dies wird als **ordentlicher Aufwand** bezeichnet. Weitere typische Aufwandarten einer Familie sind z. B. zu zahlende Mieten und Abbuchungen für Strom und Gas.

1.2 HAUSHALTSAUFSTELLUNG

Um mit den Einzahlungen eines Kalenderjahres (**Haushaltsjahr**) haushalten zu können, ist es für eine Familie sinnvoll, sich bereits im Vorjahr Gedanken über die Höhe und den Zeitpunkt der Ein- und Auszahlungen (Zahlungsgrößen) zu machen. Sie sollte einen Plan aufstellen, um feststellen zu können, ob die geplanten Einzahlungen die voraussichtlichen Auszahlungen zu jedem Zeitpunkt abdecken. Auch im kommunalen Bereich ergibt sich die Notwendigkeit einer zukunftsgerichteten Planung, um den Ausgleich zwischen den Finanzmitteln und dem Finanzbedarf herbeizuführen. Aufgabe der kommunalen Haushaltswirtschaft ist insbesondere die Erfüllung der öffentlichen Aufgaben und die Beschaffung der hierzu erforderlichen Mittel. Dementsprechend wird auch für den kommunalen Bereich ein **Haushaltsplan** aufgestellt.

Die Beispielfamilie plant mit folgenden Einzahlungen:

Gehalt des Ehemannes:	3.000 € pro Monat, zahlbar jeweils zum 15. des Monats für 12 Monate
Dividendenzahlung:	500 €, zahlbar am 15. Mai (für die Aktien)
Zinszahlung:	200 €, zahlbar am 30. Dezember (für das Sparguthaben)

Da alle aufgelisteten Positionen gleichzeitig auch die Nettoposition erhöhen (sie sind alle durch die Familie bzw. deren Vermögen selbst erwirtschaftet), liegt jeweils auch ein Ertrag vor.

Um die Planung insgesamt übersichtlicher zu gestalten, ist es für die Familie hilfreich, den gesamten Haushaltsplan in mehrere Teile zu untergliedern, die **Teilhaushalte**. Für die Familie bieten sich folgende vier Teilhaushalte an: Leben, Haus, Auto und Urlaub. Die kommunalen Teilhaushalte orientieren sich an der örtlichen Verwaltungsgliederung oder bilden den Produktplan der Kommune ab. Die Ein- und Auszahlungen umfassen innerhalb der Teilhaushalte eine Vielzahl von einzelnen Vorgängen. Zur Vereinfachung werden die Ein- und Auszahlungen jedoch in diesem Beispiel nicht weiter unterteilt, so dass die einzelnen Zahlungen innerhalb der Teilhaushalte zu größeren Positionen zusammengefasst wurden:

Die Familie geht davon aus, dass für das Leben (Kleidung, Nahrung, Energie, Versicherungen etc.) Auszahlungen in Höhe von 1.500 € pro Monat anfallen. Da diese gleichmäßig über das Jahr verteilt auftreten, wird vereinfacht davon ausgegangen, dass sie jeweils zur Monatsmitte zu zahlen sind. Für den Kredit des Hauses hat die Familie jeweils zur Monatsmitte 1.000 € als **Kreditrate** (Annuität) an die Bank zu entrichten. Darin sind 600 € für Zinsen und 400 € für die Tilgung enthalten. Durch die Zinsen wird die Familie ärmer, die Tilgung vermindert die Höhe des Kredits.
Für das Auto rechnet die Familie mit monatlichen Auszahlungen in Höhe von 100 € für Benzin. Da am 15. Oktober die Jahreshauptuntersuchung ansteht, werden weitere Auszahlungen in Höhe von 600 € für die entsprechende Gebühr und kleinere Reparaturen für die Planung angenommen, d. h. im Haushaltsplan **veranschlagt**.
Für den Jahresurlaub im Juli rechnet die Familie mit 3.000 €, die voraussichtlich am 30. Mai an den Reiseveranstalter zu entrichten sind.

Die Finanzvorfälle lassen sich am einfachsten in einer Tabelle gegenüberstellen, die die voraussichtlich eingehenden Einzahlungen und zu leistenden Auszahlungen enthält. Diese Aufstellung der Zahlungsgrößen entspricht in der Kommune (in den Gemeinden, den Samtgemeinden, den Landkreisen und der Region Hannover) dem so genannten **Finanzhaushalt.**

Finanzhaushalt in €							
Monat	**Einzahlungen**	**Auszahlungen**					**Differenz**
		Leben	Haus	Auto	Urlaub	Summe Auszahlungen	
Januar	3.000	1.500	1.000	100		2.600	+400
Februar	3.000	1.500	1.000	100		2.600	+400
März	3.000	1.500	1.000	100		2.600	+400
April	3.000	1.500	1.000	100		2.600	+400
Mai	3.000 500	1.500	1.000	100	3.000	5.600	-2.100
Juni	3.000	1.500	1.000	100		2.600	+400
Juli	3.000	1.500	1.000	100		2.600	+400
August	3.000	1.500	1.000	100		2.600	+400
September	3.000	1.500	1.000	100		2.600	+400
Oktober	3.000	1.500	1.000	100 600		3.200	-200
November	3.000	1.500	1.000	100		2.600	+400
Dezember	3.000 200	1.500	1.000	100		2.600	+600
Summe	**36.700**	**18.000**	**12.000**	**1.800**	**3.000**	**34.800**	**+1.900**

Der Finanzhaushalt der Familie zeigt, dass die geplanten Einzahlungen am Ende des Jahres um 1.900 € höher sind als die geplanten Auszahlungen. Dieses Geld kann z. B. auf dem Girokonto verbleiben, den Barmittelbestand erhöhen oder auf das Sparbuch eingezahlt werden, um für unvorhergesehene Auszahlungen zur Verfügung zu stehen. Gleichzeitig wird aber auch deutlich, dass im Mai eine Finanzmittellücke in Höhe von 2.100 € klafft. Selbst wenn die Einzahlungsüberschüsse von Januar bis April gespart werden, fehlen noch immer 500 €. Da sich jedoch auf dem Girokonto zu Jahresbeginn 2.000 € befinden, könnte die Lücke problemlos daraus abgedeckt werden. Ähnlich verhält es sich mit der Lücke im Oktober.

Neben der Gegenüberstellung der geplanten Ein- und Auszahlungen im Finanzhaushalt ist es sinnvoll, auch die Ergebnisgrößen zu planen. Für den kommunalen Bereich liegt die Notwendigkeit auch darin begründet, dass die mit den Abgaben der Bürger arbeitende öffentliche Hand insbesondere eine Legitimation für jeden Vermögensverbrauch benötigt. Diese Planung geschieht im **Ergebnishaushalt,** in dem die voraussichtlich anfallenden Erträge den voraussichtlich entstehenden Aufwendungen gegenübergestellt werden:

Ergebnishaushalt in €							
Monat	**Erträge**	**Aufwendungen**					**Differenz**
		Leben	Haus	Auto	Urlaub	Summe Aufwendungen	
Januar	3.000	1.500	600 500	100 300		3.000	0
Februar	3.000	1.500	600 500	100 300		3.000	0
März	3.000	1.500	600 500	100 300		3.000	0
April	3.000	1.500	600 500	100 300		3.000	0
Mai	3.000 500	1.500	600 500	100 300	3.000	6.000	-2.500
Juni	3.000	1.500	600 500	100 300		3.000	0
Juli	3.000	1.500	600 500	100 300		3.000	0
August	3.000	1.500	600 500	100 300		3.000	0
September	3.000	1.500	600 500	100 300		3.000	0
Oktober	3.000	1.500	600 500	100 300 600		3.600	-600
November	3.000	1.500	600 500	100 300		3.000	0
Dezember	3.000 200	1.500	600 500	100 300		3.000	+200
Summe	**36.700**	**18.000**	**13.200**	**5.400**	**3.000**	**39.600**	**-2.900**

Da die Einzahlungen im obigen Beispiel gleichzeitig auch Erträge sind, kann die Einzahlungsspalte direkt als Ertragsspalte in den Ergebnishaushalt übernommen werden. Die Auszahlungen für den Lebensunterhalt stellen hier vereinfacht gleichzeitig auch Aufwand dar, da davon ausgegangen wird, dass sie während des Haushaltsjahres vollständig verbraucht werden (z. B. Verbrauch von Lebensmitteln). Genauso verhält es sich auch bei den Auszahlungen für das Auto und den Urlaub. Bei der Kreditrate ist nur der Zinsanteil Aufwand, da nur dadurch Ressourcen verbraucht werden.

Zusätzlich muss noch der Wertverlust des Hauses und des Autos als Aufwand erfasst werden, der sich durch die Abnutzung dieser beiden Vermögensgegenstände durch ihren Gebrauch ergibt. Beim Haus beträgt dieser 500 € pro Monat und beim Auto monatlich 300 €. Der Fachausdruck für diese Form der Abnutzung von langlebigen Vermögensgegenständen ist **Abschreibung oder Absetzung für Abnutzung (AfA)**.
Was bedeutet nun das **negative Ergebnis** des Ergebnishaushalts? Die geplanten Aufwendungen sind höher als die geplanten Erträge, d. h. in diesem Haushaltsjahr würde die Familie mehr Vermögen verbrauchen als sie neues schaffen wird - sie wird ärmer. Unter der Voraussetzung, dass die geplanten Finanzströme ohne jegliche Änderung in der Realität auch stattfinden, ergäbe sich folgende Schlussbilanz am Jahresende, in der sich das Vermögen und die Nettoposition im Vergleich zur Bilanz am Jahresanfang jeweils um 2.900 € verringert haben.

Aktiva	**Schlussbilanz der Familie in €**		**Passiva**
Wohnhaus	**194.000**	Nettoposition	**84.100**
Auto	**14.400**	Schulden	145.200
Aktien	10.000		
Sparbuch	6.000		
Girokonto	**3.900**		
Bargeldbestand	1.000		
	229.300		229.300

Obwohl die Familie über einen positiven Finanzhaushalt verfügt und damit das Girokonto zugenommen hat, wird sie insgesamt ärmer, da ihr Gesamtvermögen wegen der Abschreibungen für Haus und Auto abgenommen hat. Dies drückt sich in der sinkenden Nettoposition aus. Die Familie könnte in der Planungsphase noch entscheiden, auf den Urlaub zu verzichten. Diese Entscheidung hätte positive Auswirkungen auf den Finanz- und den Ergebnishaushalt, wobei letzterer dann mit 100 € knapp positiv wäre, so dass die Familie in dem Haushaltsjahr mehr Ressourcen geschaffen als verbraucht hätte.

Dieses Planungsbeispiel lässt sich auf eine Kommune übertragen. Wie in einem Unternehmen oder einem Privathaushalt geht es darum, den finanziellen Rahmen für notwendige oder gewünschte Ziele zu schaffen und zu bewahren. In Abgrenzung zur privaten Wirtschaft, deren Motiv des Handelns das Gewinnstreben und die -maximierung ist, steht für die Kommune insbesondere das Wohl der Einwohner sowie die Verantwortung gegenüber dem Steuerzahler im Vordergrund. Aus der Bedarfsdeckungsfunktion des Haushaltsplans heraus, nach welcher der Ressourcenbedarf für die Aufgabenerfüllung die Höhe der Erträge bestimmt, ist für die Kommune der **Ausgleich der Aufwendungen und Erträge** anzustreben. In diesem Sinne sind z. B. ausreichend hohe Ressourcen (Erträge) für die Sach- und Personalmittel und andere Ressourcenverbräuche (Aufwendungen) aufzubringen. Weitere Besonderheiten der Kommune sind in ihren einseitigen Transaktionen, z. B. Steuern sowie sozialpolitischen Verpflichtungen zu sehen, die einseitige Leistungsbeziehungen ohne Leistungsaustausch darstellen. In der privaten Wirtschaft dagegen dominiert aufgrund der üblichen Gewinnerzielungsabsicht das Prinzip der Entgeltlichkeit, d. h. Erträge werden als Gegenleistung für Waren und Dienstleistungen gefordert.

1.3 HAUSHALTSAUSFÜHRUNG UND -ABSCHLUSS

Es darf jedoch nicht vergessen werden, dass sowohl der Ergebnis- als auch der Finanzhaushalt geplant sind und im Vorfeld nicht absehbar ist, ob die geplanten Daten (**Plandaten**) auch tatsächlich zutreffen. Die Aufgabe der Buchführung ist deshalb, die realen Finanzinformationen während eines Haushaltsjahres übersichtlich zu erfassen, um am Jahresabschluss eine **Finanz-** und **Ergebnisrechnung** sowie eine **Bilanz** aufzustellen, die die **Istdaten** enthalten.
Im vorliegenden Fall stellt sich heraus, dass der Ehemann mit dem Septembergehalt eine Gehaltserhöhung über 3 % erhält. Der Aufwand für die Lebenshaltung beträgt monatlich tatsächlich 1.550 € und die Reparatur für das Auto im Oktober verschlingt 2.500 €. Dafür kostet der Urlaub lediglich 1.800 €. Allerdings fällt bei einem Herbststurm im November ein Ast auf das Dach und zieht dieses in Mitleidenschaft. Eine vollständige Reparatur würde 8.000 € kosten. Da diese jedoch zu dieser Jahreszeit nicht sinnvoll ist und die Familie nicht genügend Liquide Mittel hat, wird das Dach im November nur geflickt, was 1.000 € kostet.

Die **Finanzrechnung**, d. h. die Gegenüberstellung der tatsächlichen Ein- und Auszahlungen, sieht dann so aus:

Finanzrechnung in €							
Monat	**Einzahlungen**	**Auszahlungen**					**Differenz**
		Leben	Haus	Auto	Urlaub	Summe Auszahlungen	
Januar	3.000	1.550	1.000	100		2.650	+350
Februar	3.000	1.550	1.000	100		2.650	+350
März	3.000	1.550	1.000	100		2.650	+350
April	3.000	1.550	1.000	100		2.650	+350
Mai	3.000 500	1.550	1.000	100	1.800	4.450	-950
Juni	3.000	1.550	1.000	100		2.650	+350
Juli	3.000	1.550	1.000	100		2.650	+350
August	3.000	1.550	1.000	100		2.650	+350
September	3.090	1.550	1.000	100		2.650	+440
Oktober	3.090	1.550	1.000	100 2.500		5.150	-2.060
November	3.090	1.550	1.000 1.000	100		3.650	-560
Dezember	3.090 200	1.550	1.000	100		2.650	+640
Summe	**37.060**	**18.600**	**13.000**	**3.700**	**1.800**	**37.100**	**-40**

Die Finanzrechnung mit Istwerten zeigt, dass die Auszahlungen des vergangenen Haushaltsjahres die Einzahlungen um 40 € übersteigen, so dass die Liquiden Mittel am Ende des Jahres um 40 € niedriger sind als zu Jahresbeginn.

Vergleichbar zur Finanzrechnung gibt es auch eine **Ergebnisrechnung** mit Istdaten. Darin werden den tatsächlich angefallenen Aufwendungen die tatsächlich angefallenen Erträge gegenübergestellt, um festzustellen, ob die Familie im vergangenen Jahr ärmer oder reicher geworden ist. Im Beispiel ist zu beachten, dass aufgrund des Herbststurmes und der für die nächsten Jahre unterlassenen vollständigen Reparatur das Haus **außerplanmäßig abzuschreiben** ist, denn es ist nach dem Sturm unzweifelhaft weniger wert als vor dem Sturm. Bei einem möglichen Verkauf würde ein potenzieller Käufer die Reparaturkosten von dem Kaufpreis abziehen. Deshalb ist im November ein zusätzlicher (außerplanmäßiger) Abschreibungsaufwand in Höhe von 8.000 € neben den tatsächlich angefallenen Reparaturkosten für die Notreparatur zu berechnen.

Ergebnisrechnung in €							
Monat	**Erträge**	**Aufwendungen**					**Differenz**
		Leben	Haus	Auto	Urlaub	Summe Aufwendungen	
Januar	3.000	1.550	600 500	100 300		3.050	-50
Februar	3.000	1.550	600 500	100 300		3.050	-50
März	3.000	1.550	600 500	100 300		3.050	-50
April	3.000	1.550	600 500	100 300		3.050	-50
Mai	3.000 500	1.550	600 500	100 300	1.800	4.850	-1.350
Juni	3.000	1.550	600 500	100 300		3.050	-50
Juli	3.000	1.550	600 500	100 300		3.050	-50
August	3.000	1.550	600 500	100 300		3.050	-50
September	3.090	1.550	600 500	100 300		3.050	+40
Oktober	3.090	1.550	600 500	100 300 2.500		5.550	-2.460
November	3.090	1.550	600 500 1.000 8.000	100 300		12.050	-8.960
Dezember	3.090 200	1.550	600 500	100 300		3.050	+240
Summe	**37.060**	**18.600**	**22.200**	**7.300**	**1.800**	**49.900**	**-12.840**

Die Ergebnisrechnung zeigt, dass die Familie in dem Haushaltsjahr einen Vermögensverlust von insgesamt 12.840 € erlitten hat, obwohl die Liquiden Mittel nur um 40 € abgenommen haben. Dies spiegelt sich auch in der Schlussbilanz der Familie am Jahresende wider. Sowohl die Aktivseite und damit das Vermögen als auch die Nettoposition und damit die Passiva sind gesunken.

Aktiva	Schlussbilanz der Familie in €		Passiva
Wohnhaus	**186.000**	Nettoposition	**74.160**
Auto	**14.400**	Schulden	**145.200**
Aktien	10.000		
Sparbuch	6.000		
Girokonto	**1.960**		
Bargeldbestand	1.000		
	219.360		219.360

1.4 KOMMUNALVERFASSUNG

Es gibt einige Parallelen zwischen einem familiären und einem kommunalen Haushalt. Daneben gibt es jedoch auch deutliche Unterschiede. Dies beginnt damit, dass eine Kommune keine natürliche Person darstellt, die Entscheidungen treffen kann. Dennoch wird eine Kommune rechtlich einer natürlichen Person gleichgestellt. Sie ist als juristische Person des öffentlichen Rechts rechtsfähig und als **Gebietskörperschaft** eine öffentlich-rechtliche Körperschaft, die innerhalb des zweistufigen Verwaltungsaufbaus der Bundesrepublik Deutschland der Ebene der Länder zugerechnet wird.

Die Handlungsfähigkeit einer Kommune als juristische Person wird in verschiedenen Gesetzen behandelt. Neben Regelungen zur kommunalen Selbstverwaltung im Grundgesetz, wonach die Kommunen die Angelegenheiten ihrer örtlichen Gemeinschaft selbst regeln und verwalten, ist der Erlass des Rechts der Kommunen Angelegenheit der einzelnen Länder.

Der Niedersächsische Landtag hat am 08.12.2010 das Gesetz zur Zusammenfassung und Modernisierung des niedersächsischen Kommunalverfassungsrechts verabschiedet. Kern des Gesetzes war das in Artikel 1 enthaltene **»Niedersächsische Kommunalverfassungsgesetz (NKomVG)«** in der Fassung vom 17. Dezember 2010 (veröffentlicht im Nds. Gesetz- und Verordnungsblatt 2010, S. 576), welches zum 01.11.2011 in Kraft getreten ist. Das NKomVG gilt für die niedersächsischen Städte, Landkreise und Gemeinden sowie für die Region Hannover. Neben Grundlagen der Kommunalverfassung, Aussagen zur Benennung, Sitz und Hoheitszeichen, zu Gebieten, zu Einwohnerinnen und Einwohner, zur inneren Kommunalverfassung, zu Samtgemeinden und zu Beschäftigten enthält das NKomVG im achten Teil Rechtsgrundlagen für die Kommunalwirtschaft.
Am 26. Oktober 2016 wurde das Gesetz zur Änderung des Niedersächsischen Kommunalverfassungsgesetzes und anderer kommunalrechtlicher Vorschriften beschlossen, mit welchem das NKomVG – zuletzt geändert durch Artikel 2 des Gesetzes vom 08. Februar 2024 (Nds. GVBl. Nr. 9/2024) – zum Teil erheblich geändert wurde.

Über die Verordnungsermächtigung im NKomVG ist sodann die Verordnung über die Aufstellung und Ausführung des Haushaltsplans sowie die Abwicklung der Kassengeschäfte der Kommunen (Kommunalhaushalts- und -kassenverordnung – KomHKVO –) vom 18. April 2017 (Nds. GVBl. Nr. 7/2017 S. 130, zuletzt geändert durch Verordnung vom 15. Juli 2024 (Nds. GVBl. Nr. 65/2024)) erlassen worden, die nähere Vorgaben zur Kommunalwirtschaft enthält.

Die Grundlagen der Kommunalverfassung sind im ersten Teil des NKomVG, d. h. in den §§ 1 bis 18 NKomVG dargestellt, die hier auszugsweise vorgestellt werden:

§ 1 I NKomVG Selbstverwaltung:
(1) Die Gemeinden, die Samtgemeinden, die Landkreise und die Region Hannover (Kommunen) verwalten ihre Angelegenheiten im Rahmen der Gesetze in eigener Verantwortung mit dem Ziel, das Wohl ihrer Einwohnerinnen und Einwohner zu fördern.

§ 2 I NKomVG Gemeinden, Samtgemeinden:
(1) Die Gemeinden sind die Grundlage des demokratischen Staates.

§ 3 I NKomVG Landkreise, Region Hannover:
(1) Die Landkreise und die Region Hannover sind Gemeindeverbände und Gebietskörperschaften.

§ 4 NKomVG Aufgabenerfüllung der Kommunen:
[1]Die Kommunen erfüllen ihre Aufgaben im eigenen oder im übertragenen Wirkungskreis. [2]Sie stellen in den Grenzen ihrer Leistungsfähigkeit die für ihre Einwohnerinnen und Einwohner erforderlichen sozialen, kulturellen, sportlichen und wirtschaftlichen öffentlichen Einrichtungen bereit.

Kommunen können als juristische Personen nicht selbst handeln, sondern so genannte **Organe** der Kommune treffen die erforderlichen Entscheidungen und vertreten die Kommunen nach außen. Dabei gibt es innerhalb einer Kommune verschiedene Organe.

§ 7 NKomVG beschreibt die Organe der Kommunen:
(1) Organe der Kommunen sind die Vertretung, der Hauptausschuss und die Hauptverwaltungsbeamtin oder der Hauptverwaltungsbeamte.
(2) Die Organe tragen folgende Bezeichnungen:
1. in Gemeinden: Rat, Verwaltungsausschuss und Bürgermeisterin oder Bürgermeister,
2. in großen selbständigen und in kreisfreien Städten: Rat, Verwaltungsausschuss und Oberbürgermeisterin oder Oberbürgermeister,
3. in Samtgemeinden: Samtgemeinderat, Samtgemeindeausschuss und Samtgemeindebürgermeisterin oder Samtgemeindebürgermeister,
4. in Landkreisen: Kreistag, Kreisausschuss und Landrätin oder Landrat sowie
5. in der Region Hannover: Regionsversammlung, Regionsausschuss und Regionspräsidentin oder Regionspräsident.

Jede Vorschrift des NKomVG gilt grundsätzlich für alle Arten von Kommunen unmittelbar. Zur besseren Lesbarkeit werden im folgenden Text neben der allgemeinen Bezeichnung »Kommune« auch für die Organe der Kommune grundsätzlich nur die einheitlichen Sammelbezeichnungen des § 7 I NKomVG in ausschließlich männlicher Form verwendet. Lediglich zur Verdeutlichung ausgewählter praktischer Beispiele wird auf einzelne Gemeinden Bezug genommen. So beschaffen Gemeinden die zur Erfüllung ihrer Aufgaben erforderlichen Finanzmittel u. a. aus Steuern. Für Samtgemeinden, Landkreise und die Region Hannover treten anstelle der Steuern die Umlagen. Auch in der Praxis werden in einzelnen Gemeinden für ihre Organe natürlich die herkömmlichen gesetzlichen Bezeichnungen des § 7 II NKomVG verwendet. Die folgende Grafik veranschaulicht die Beziehungen zwischen den einzelnen Organen.

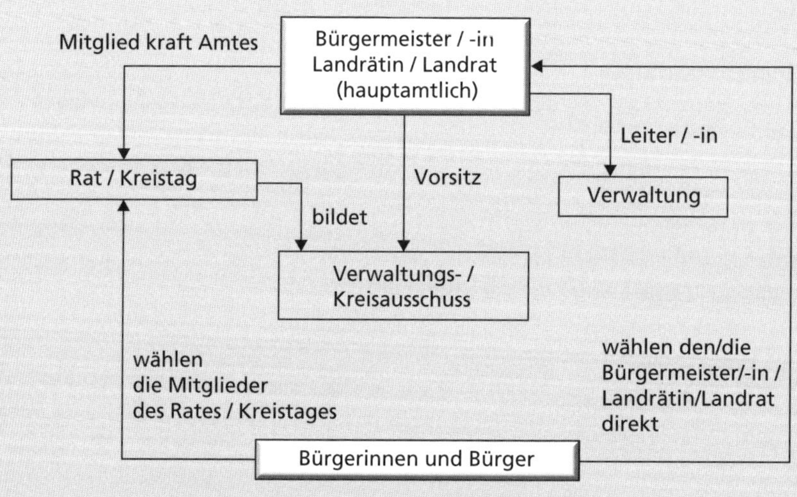

Abbildung 1: Struktur der niedersächsischen Kommunalverfassung

Die **Vertretung** ist das Hauptorgan der Kommune. Ihr obliegen insbesondere die kommunalpolitischen sowie die grundsätzlichen Entscheidungen, das Etatrecht und das Kontrollrecht über die gesamte Verwaltungstätigkeit. Die Aufgaben bestehen aus den Aufgaben des Ausschließlichkeitskatalogs, den speziellen Zuständigkeiten, den Vorbehalts- und Vorlagebeschlüssen und der Überwachung der Verwaltung.[2] Von den Abgeordneten der Vertretung wird als zweites Organ der **Hauptausschuss** gebildet, der in einem eigenen Aufgabenkreis abschließende Entscheidungen trifft. Ihm obliegen Aufgaben nach § 76 I, IV und VI NKomVG, spezielle Zuständigkeiten, von der Vertretung übertragene Aufgaben, Vorbehalts- und Vorlagebeschlüsse, sowie Aufgaben nach der Lücken- oder Auffangzuständigkeit. Der **Hauptverwaltungsbeamte** wird von den Bürgerinnen und Bürgern über die Direktwahl gewählt. Dieser ist zugleich stimmberechtigtes Mitglied in der Vertretung und im Hauptausschuss sowie Organ der Kommune. Ihm obliegen die repräsentative, rechtsgeschäftliche und gerichtliche Vertretung der Kommune, die Einberufung der Vertretung und des Hauptausschusses, sowie der Vorsitz im Hauptausschuss, Aufgaben nach § 85 NKomVG, spezielle Zuständigkeiten und weitere von der Vertretung oder dem Hauptausschuss übertragene Aufgaben.

Die Mitverantwortung des Staates findet ihren Ausdruck darin, dass Behörden die Aufsicht über die Kommunen führen. Entsprechende Vorschriften sind im zehnten Teil des NKomVG enthalten.

§ 170 I NKomVG enthält Vorgaben zur Ausübung der Aufsicht:
(1) [1]Die Aufsichtsbehörden schützen die Kommunen in ihren Rechten und sichern die Erfüllung ihrer Pflichten. [2]Sie stellen sicher, dass die Kommunen die geltenden Gesetze beachten (Kommunalaufsicht) und die Aufgaben des übertragenen Wirkungskreises rechtmäßig und zweckmäßig ausführen (Fachaufsicht). [3]Die Aufsicht soll so gehandhabt werden, dass die Entschlusskraft und die Verantwortungsfreude nicht beeinträchtigt werden.

Durch die **Kommunalaufsicht** wird sichergestellt, dass die Kommunen bei ihren eigenen Aufgaben die Gesetze beachten, durch die **Fachaufsicht**, dass die Kommunen die staatlichen Aufgaben, die sie praktisch als Behörden des Landes und des Bundes erfüllen, nicht nur recht-, sondern auch zweckmäßig ausführen.

---

[2] Seybold, Neumann, Weidner, Hamburg 2022.

1.5 FINANZMITTELBESCHAFFUNG IN DER KOMMUNE

Zur kommunalen Selbstverwaltungsgarantie, die den Kommunen sowohl durch das Grundgesetz (Art. 28 II GG) als auch durch die niedersächsische Verfassung (Art. 57 I, IV NV) gewährt wird, gehört auch eine ausreichende Finanzausstattung der Kommunen, damit sie die vielfältigen kommunalen Aufgaben erfüllen können. Die Kommunen besitzen die Finanzhoheit und sind für die Finanzierung ihrer Aufgabenerfüllung selbst verantwortlich. Dabei sind sie aber nicht völlig frei und die Beschaffung der erforderlichen Finanzmittel unterliegt einer gesetzlichen Reihenfolge (in Klammern zusätzlich eingefügt).

§ 111 V und VI NKomVG regeln die **Grundsätze der Finanzmittelbeschaffung:**

(5) [1]Die Gemeinden haben die zur Erfüllung ihrer Aufgaben erforderlichen Finanzmittel,

1. soweit vertretbar und geboten, aus **speziellen Entgelten (2)** für die von ihnen erbrachten Leistungen,
2. im Übrigen aus **Steuern (3)**

zu beschaffen, soweit die **sonstigen Finanzmittel (1)** nicht ausreichen. [2]Satz 1 gilt für Samtgemeinden, Landkreise und die Region Hannover entsprechend mit der Maßgabe, dass in Nummer 2 anstelle der Steuern die Umlagen treten. [3]Eine Rechtspflicht zur Erhebung von Straßenausbaubeiträgen, wiederkehrenden Beiträgen für Verkehrsanlagen und Beiträgen für öffentliche Spielplätze besteht nicht.

(6) [1]Die Kommunen dürfen **Kredite (4)** nur dann aufnehmen, wenn eine andere Finanzierung nicht möglich ist oder wirtschaftlich unzweckmäßig wäre. [2]Einmalige und wiederkehrende Beiträge für Verkehrsanlagen zählen nicht zu den anderen Finanzierungsmöglichkeiten.

Diese Vorschrift regelt die Beschaffung der erforderlichen Finanzmittel und ist damit für die Planungs- und Rechengrößen der Erträge und Einzahlungen relevant.

(1):

Zunächst sind die **sonstigen Finanzmittel**, z. B. Mieten und Pachten, Buß- und Zwangsgelder, Zinsen etc. zu beschaffen. Diese sonstigen Finanzmittel fließen den Kommunen teilweise ohne besondere eigene Aktivitäten zu und entlasten zugleich die abgabepflichtigen Bürger. Daneben werden die Kommunen am Lohn- und Einkommensteueraufkommen und an der Umsatzsteuer beteiligt, wobei diese Gemeindeanteile ebenfalls sonstige Finanzmittel darstellen. Zu den sonstigen Finanzmitteln zählen auch die **Schlüsselzuweisungen**, mit welchen das Land den Kommunen erforderliche Gelder im Rahmen des kommunalen Finanzausgleichs bereitstellt. Diese sollen als allgemeine Deckungsmittel unter anderem Unterschiede in der kommunalen Finanzausstattung ausgleichen und die Kommunen an den Steuereinnahmen des Bundes und der Länder beteiligen. Kommunen mit niedrigen eigenen Steuereinnahmen erhalten höhere Schlüsselzuweisungen als solche mit hohen eigenen Steuereinnahmen. Bei dieser finanzkraftabhängigen Verteilung soll auf eine Gleichheit der Lebensverhältnisse in Niedersachsen hingewirkt werden.

(2):

Die sonstigen Finanzmittel reichen grundsätzlich jedoch nicht aus, so dass die erforderlichen Finanzmittel zur Deckung des Finanzbedarfs für die Aufgabenerfüllung sodann durch **spezielle Entgelte** für die von der Kommune erbrachten Leistungen zu beschaffen sind, soweit es vertretbar und geboten ist. Dieses sind z. B. im öffentlich-rechtlichen Bereich Verwaltungsgebühren (etwa für die Ausstellung eines Reisepasses), Benutzungsgebühren (z. B. für die Müll- oder Abwasserentsorgung) und Beiträge (z. B. für den Bau eines Kanals) sowie im privat-rechtlichen Bereich Eintrittsgelder (etwa für ein Schwimmbad).

> **§ 4 I NKAG Verwaltungsgebühren:**
> (1) Die Kommunen erheben im eigenen Wirkungskreis Verwaltungsgebühren als Gegenleistung für Amtshandlungen und sonstige Verwaltungstätigkeiten, wenn die Beteiligten hierzu Anlass gegeben haben.

> **§ 5 I 1 NKAG Benutzungsgebühren:**
> (1) [1]Die Kommunen erheben als Gegenleistung für die Inanspruchnahme öffentlicher Einrichtungen Benutzungsgebühren, soweit nicht ein privatrechtliches Entgelt gefordert wird.

Gebühren sind Abgaben, die als Entgelt für bestimmte, tatsächlich in Anspruch genommene öffentliche Dienstleistungen bzw. öffentliche Einrichtungen erhoben werden. Demnach soll derjenige, der spezielle Leistungen und Ressourcen der Kommune in Anspruch nimmt, auch die dafür angemessene monetäre Gegenleistung erbringen.

> **§ 6 I 1 NKAG Beiträge:**
> (1) [1]Die Kommunen können zur Deckung ihres Aufwandes für die Herstellung, Anschaffung, Erweiterung, Verbesserung und Erneuerung ihrer öffentlichen Einrichtungen Beiträge von den Grundstückseigentümern erheben, denen die Möglichkeit der Inanspruchnahme dieser öffentlichen Einrichtungen besondere wirtschaftliche Vorteile bietet, soweit nicht privatrechtliche Entgelte erhoben werden.

Beiträge sind Abgaben, die von den wirtschaftlich Begünstigten ohne Rücksicht auf die tatsächliche Inanspruchnahme erhoben werden. Nach § 111 V 3 NKomVG besteht keine Rechtspflicht zur Erhebung von Straßenausbaubeiträgen, wiederkehrenden Beiträgen für Verkehrsanlagen und Beiträgen für öffentliche Spielplätze. Wiederkehrende Beiträge für Verkehrsanlagen können nach den Vorgaben des § 6 c NKAG zur Deckung des jährlichen Investitionsaufwandes für die Herstellung, Anschaffung, Erweiterung, Verbesserung und Erneuerung von Verkehrsanlagen erhoben werden. Mit der Regelung des § 111 V 3 NKomVG ist es den Kommunen freigestellt, ob sie zur Beschaffung von Finanzmitteln z. B. Beiträge für den Straßenausbau erheben oder nicht. Damit steht es den Kommunen rechtlich frei, trotz einer defizitären Haushaltssituation eine bestehende Straßenausbaubeitragssatzung auch gänzlich aufzuheben und Ertragsausfälle auf längere Sicht über Steuern zu kompensieren.

(3):
Nachrangig kommen **Steuern**, z. B. als Realsteuern die Grundsteuer A und B sowie die Gewerbesteuer in Betracht. Auch örtliche Aufwandsteuern, wie z. B. die Hundesteuer, die Vergnügungssteuer, sowie die Zweitwohnungssteuer, sind hier zu nennen. Welche örtliche Aufwandsteuern die Gemeinden dabei realisieren möchten, liegt in der **Steuerhoheit** der jeweiligen Gebietskörperschaft. Wenn die sonstigen Finanzmittel nicht ausreichen, sind die Leistungen primär durch spezielle Entgelte zu decken, bevor allgemeine Steuermittel erhoben werden.

> **§ 3 V 1 NKAG** zur **Steuersubsidiarität:**
> (5) [1]Die Gemeinden und Landkreise sollen Steuern nur erheben, soweit ihre sonstigen Einnahmen zur Deckung der Ausgaben nicht ausreichen.

Auch hier ist der Grundsatz der Steuersubsidiarität (Nachrangigkeit) fixiert. Der Vorrang der speziellen Entgelte vor den Steuern ist dabei dem Verursacherprinzip geschuldet und dient zugleich dem Vorteilsausgleich. Erhält jemand aus speziellen Leistungen oder sonstigen Verwaltungstätigkeiten individuell zurechenbare wirtschaftliche Vorteile, so soll er auch die dafür anfallenden Kosten tragen und nicht anonym der Steuerzahler.

Steuern sind nach § 3 I Abgabenordnung (vereinfacht) Geldleistungen ohne Gegenleistung, d. h. sie sind weder von einer besonderen Leistung der Kommune noch von einem Vorteil für die Einzelnen geprägt.[3] Die Erhebung von Steuern dient als wichtigste Einnahmequelle primär der Beschaffung zusätzlicher Finanzmittel, mit welchen den Gemeinden die erforderlichen Finanzmittel für die Erledigung aller ihrer Aufgaben zur Verfügung gestellt werden sollen. Neben den o. g. Steuerquellen zählen auch die Gemeindeanteile an der Einkommen- und Umsatzsteuer zu den allgemeinen Deckungsmitteln, die nicht weiter zweckgebunden sind. So ist die Summe der Steuereinnahmen ursächlich für die jeweilige Finanzkraft und bestimmt damit auch die Handlungsspielräume, mit der die individuellen infrastrukturellen Standortbedingungen gestaltet werden können.

(4):
Reichen die oben aufgeführten Möglichkeiten nicht aus, um die Ausgaben zu decken, können **Kredite** aufgenommen werden. Bei jeder Kreditaufnahme sind jedoch bestimmte Regelungen einzuhalten, die in den folgenden Kapiteln ausführlich behandelt werden. Einmalige und wiederkehrende Beiträge für Verkehrsanlagen zählen nicht zu den anderen Finanzierungsmöglichkeiten, wodurch die absolute Nachrangigkeit von Krediten gegenüber diesen Beiträgen beseitigt wird.

[3] Vgl. Rose, Kommunale Finanzwirtschaft Niedersachsen, Kiel 2023

1.6 GRUNDLAGEN DER KOSTEN- UND LEISTUNGSRECHNUNG

Jede Kommune muss sich bei der Erhebung der speziellen Entgelte natürlich die Frage stellen, wie hoch diese sein sollen. Wie viel soll z. B. die Leerung der Mülltonnen für den Bürger oder die Entsorgung eines Kubikmeters Abwasser kosten? Bei der Festlegung der Höhe ist die Kommune nicht frei, sondern sie ist an die Regeln des § 5 Niedersächsisches Kommunalabgabengesetz (NKAG) gebunden. Diese beinhalten die betriebswirtschaftlichen Grundlagen und die einzelnen Bestandteile für die Berechnung von Gebühren.

§ 5 I und II NKAG zu **Benutzungsgebühren:**
(1) [1]Die Kommunen erheben als Gegenleistung für die Inanspruchnahme öffentlicher Einrichtungen Benutzungsgebühren, soweit nicht ein privatrechtliches Entgelt gefordert wird. [2]Das Gebührenaufkommen soll die Kosten der jeweiligen Einrichtung decken, jedoch nicht übersteigen...
(2) [1]Die Kosten der Einrichtungen sind nach betriebswirtschaftlichen Grundsätzen zu ermitteln ... [4]Zu den Kosten gehören auch die Gemeinkosten, ...Abschreibungen... sowie eine angemessene Verzinsung des aufgewandten Kapitals ...[7]Der Berechnung der Abschreibungen kann der Anschaffungs- oder Herstellungswert oder der Wiederbeschaffungszeitwert zugrunde gelegt werden.

Darüber hinaus erbringt jede Kommune noch täglich weitere Leistungen, die den Bürgern nicht (z. B. Ausstellung eines Bürgergeldbescheids) oder nur mit einem bestimmten festgelegten Betrag (z. B. die Ausstellung eines Personalausweises) in Rechnung gestellt werden können. Trotzdem ist es aus Wirtschaftlichkeitsgründen wichtig zu wissen, welche Kosten für die Kommune durch die Ausstellung entstanden sind. Diese Information kann die Kommune z. B. heranziehen, um die eigenen Kosten mit den Kosten einer anderen Kommune für dieselbe Tätigkeit oder mit den eigenen Kosten in Vorperioden zu vergleichen. Daraus lassen sich wertvolle Rückschlüsse ziehen, ob ggf. die jeweilige Aufgabe noch rationeller und damit kostensparender durchgeführt werden kann. Hierzu sind die niedersächsischen Kommunen nach § 21 Kommunalhaushalts- und -kassenverordnung (KomHKVO) verpflichtet.

§ 21 I KomHKVO
(1) Zur Unterstützung der Verwaltungssteuerung und für die Beurteilung der Wirtschaftlichkeit und Leistungsfähigkeit bei der Aufgabenerfüllung setzt die Kommune nach betriebswirtschaftlichen Grundsätzen und nach den örtlichen Bedürfnissen insbesondere die Kosten- und Leistungsrechnung und das Controlling mit einem unterjährigen Berichtswesen ein.

Der Teil des Rechnungswesens, in dem sich die Mitarbeiter mit der Bestimmung von Kosten für bestimmte Aufgaben befassen, wird **Kosten- und Leistungsrechnung (KLR)** genannt. Eine andere Bezeichnung ist »**internes Rechnungswesen**« im Gegensatz zum bereits vorgestellten »**externen Rechnungswesen**«. Die Aufgabe des externen Rechnungswesens ist hauptsächlich die Dokumentation und die Rechenschaftslegung über die Herkunft und Verwendung der finanziellen Mittel nach außen, bei Kommunen also primär die Verwendung der Steuergelder gegenüber den Bürgern, durch die Veröffentlichung des Jahresabschlusses mit der Bilanz sowie der Ergebnis- und Finanzrechnung.
Die **Aufgabe** des internen Rechnungswesen bzw. der KLR ist die **Ermittlung von Kennzahlen**, um insbesondere die Kosten für die erstellten Produkte bzw. Leistungen zu kennen und auf dieser Grundlage die **innerbetrieblichen Abläufe besser planen, steuern und kontrollieren** zu können.

Sowohl für das interne als auch das externe Rechnungswesen werden die relevanten Informationen durch die Buchführung erhoben, die dann in den beiden Bereichen entsprechen ihrer jeweiligen Zwecke weiterverarbeitet werden. Allerdings gibt es zwischen beiden Bereichen einen entscheidenden Unterschied. Damit die Leser die Informationen der kommunalen Jahresabschlüsse schnell verstehen und unproblematisch Vergleiche anstellen können, sind sowohl die Regeln für die Erfassung der Daten durch die Buchführung als auch die Form der Veröffentlichung insbesondere durch die KomHKVO sehr genau geregelt. Demgegenüber macht der Gesetzgeber in § 21 KomHKVO keine genauen Vorschriften, wie die Umsetzung der Kosten- und Leistungsrechnung zu erfolgen hat. Den Kommunen steht es demzufolge frei, ihre KLR optimal an die bestehenden individuellen Voraussetzungen anzupassen. Die Grundlage für die Umsetzung stellt die kostenrechnerische Theorie dar, die in Grundzügen anhand des folgenden Beispiels dargestellt wird:

Beispiel:

Aus der Buchhaltung einer kleinen Bildungseinrichtung liegen folgende Informationen vor. Der Personalaufwand für die fünf hauptamtlichen Dozenten beträgt je 50.000 €, für die fünf Verwaltungskräfte und den Hausmeister je 30.000 € Bruttogehalt inkl. Arbeitgeberbeiträgen. Sachaufwand für Reparaturen und Energie fällt in Höhe von je 20.000 € p.a. (also 20.000 € für Reparaturen und 20.000 € für Energie). an. Zudem wird für 100.000 € im Januar des Haushaltsjahres eine neue EDV-Ausstattung angeschafft, die annahmegemäß eine Nutzungsdauer von 5 Jahren hat. Die Erträge der Einrichtung belaufen sich auf insgesamt 500.000 €. Wie sieht die zu veröffentliche Ergebnisrechnung im externen Rechnungswesen aus?

Lösung
Unter der Rubrik »Personalaufwand« steht der gesamte, in dem Jahr angefallene Aufwand für die Mitarbeiter:
5*50.000 = 250.000 für die hauptamtlichen Dozenten
5*30.000 = 150.000 für die Verwaltungskräfte
1*30.000 = 30.000 für den Hausmeister
Summe: 430.000

In Summe ist somit in dem Haushaltsjahr ein Personalaufwand in Höhe von 430.000 € angefallen.
Bei dem Sachaufwand für Reparaturen und Energie werden jeweils 20.000 € eingetragen.
Als Abschreibung muss der Anschaffungswert der EDV-Ausstattung (100.000 €) auf 5 Jahre aufgeteilt werden, so dass in jedem Jahr der Nutzungsdauer 20.000 € für die Abnutzung angesetzt werden.
Diesen Aufwendungen stehen Erträge, z. B. aus Kursgebühren, in Höhe von 500.000 € gegenüber.
Die Ergebnisrechnung hat somit folgende Gestalt:

S	Ergebnisrechnung		H
Personalaufwand	430.000	Erträge	500.000
Sachaufwand	20.000		
Energieaufwand	20.000		
Abschreibung	20.000		
Nettoposition	10.000		
	500.000		500.000

Somit ergibt sich in dem Haushaltsjahr ein positives Ergebnis in Höhe von 10.000 €, so dass die gesamte Bildungseinrichtung auf den ersten Blick wirtschaftlich gearbeitet hat.

Für die Zwecke der Planung, Steuerung und Kontrolle ist diese Information jedoch nicht aussagekräftig genug. Deshalb holt ein Kostenrechner weitere Informationen ein, um die Daten aus der Buchführung tiefergehend zu analysieren.
Wenn die Aufwendungen aus der Ergebnisrechnung in die Kosten- und Leistungsrechnung übernommen werden, spricht man nicht mehr von Aufwendungen, sondern von **Kosten**, um die Abgrenzung zwischen dem internen und dem externen Rechnungswesen auch begrifflich zu verdeutlichen. Aus den Personalaufwendungen im externen Rechnungswesen werden demzufolge Personalkosten im internen. Außerdem werden die Kosten wesentlich detaillierter als die Aufwendungen erfasst, denn während die

Ergebnisrechnung dem externen Interessenten lediglich einen Überblick über die angefallenen Aufwendungen und Erträge in dem betreffenden Haushaltsjahr vermitteln soll, benötigt der Adressat der Daten des internen Rechnungswesens möglichst genaue Informationen, um ggf. steuernd in das Betriebsgeschehen eingreifen zu können.

Beispiel (Fortsetzung):
Folgendes ist bekannt:
In der Bildungseinrichtung gibt es zwei Abteilungen (in der KLR **Kostenstellen**) genannt, nämlich die Aus- und die Fortbildung. Die Dozenten arbeiten je zur Hälfte für die Aus- und Fortbildung. Die Verwaltungskräfte arbeiten zu 70 % in der Ausbildung und zu 30 % in der Fortbildung. Der Hausmeister widmet 60 % seiner Arbeitszeit der Ausbildung und 40 % der Fortbildung. Die Sachkosten und die Abschreibung werden gleichmäßig auf die Aus- und Fortbildung aufgeteilt. Die Erträge fallen je zur Hälfte in der Aus- und der Fortbildung an.
Wie hoch ist demzufolge das Betriebsergebnis in den beiden Abteilungen?

Lösung

Kosten	**Ausbildung**	**Fortbildung**
Personalkosten Dozenten	125.000	125.000
Personalkosten Verwaltungskräfte	105.000	45.000
Personalkosten Hausmeister	18.000	12.000
Sachkosten für Reparaturen	10.000	10.000
Sachkosten für Energie	10.000	10.000
Kosten der Abschreibung	10.000	10.000
Gesamtkosten	278.000	212.000
Gesamtleistung	250.000	250.000
Betriebsergebnis	– 28.000	38.000

Zwar kann der gesamte Betrieb ein Ergebnis von 10.000 € ausweisen, die Ausbildungsabteilung hat aber in dem Haushaltsjahr einen Fehlbetrag in Höhe von 28.000 € und die Fortbildungsabteilung einen Überschuss in Höhe von 38.000 € erwirtschaftet.

Erst durch die Informationen des internen Rechnungswesens wird es möglich zu erkennen wo, d. h. in welcher Kostenstelle, ggf. Verbesserungsbedarf besteht. Diese Gegenüberstellung der Kosten und Leistungen in einer Abrechnungsperiode stellt ein Instrument der **kurzfristigen betrieblichen Erfolgsermittlung** dar, denn die Gegenüberstellung erfolgt im Gegensatz zum externen Rechnungswesen nicht zwangsläufig nur einmal jährlich, sondern kann auch quartalsweise, monatlich, wöchentlich oder täglich erfolgen und bezieht sich möglicherweise nicht nur auf das Gesamtunternehmen, sondern auf kleinere Untereinheiten, z. B. Abteilungen.
Im nächsten Schritt können die Informationen aus der Kosten- und Leistungsrechnung auch für die **Kalkulation der Preise bzw. Gebühren** eingesetzt werden. Dazu ist es wichtig zu wissen, welche Kosten für ein erstelltes Produkt bzw. eine erstellte Leistung angefallen sind. In der Kostenrechnung wird das erstellte Produkt bzw. die Leistung als **Kostenträger** bezeichnet.

Beispiel (Fortsetzung):
Welche Kosten sind pro Teilnehmer in den beiden Bereichen angefallen, wenn Sie aus der Statistik der Bildungseinrichtung entnehmen können, dass insgesamt in dem Haushaltsjahr 278 Schüler in der Kostenstelle Ausbildung ausgebildet und 424 Teilnehmer in der Kostenstelle Fortbildung weitergebildet wurden. Ermitteln Sie anschließend auch den Überschuss bzw. Fehlbetrag pro Kostenträger (hier Schüler bzw. Teilnehmer).

Lösung
Die Selbstkosten pro Schüler bzw. Teilnehmer lassen sich durch Division der Kosten durch die entsprechende Anzahl bestimmen.
Ausbildung: 278.000 € / 278 Schüler = 1.000 € Kosten pro Schüler
Fortbildung: 212.000 € / 424 Teilnehmer = 500 € Kosten pro Teilnehmer

Diesen Kosten kann im nächsten Schritt die erzielte Leistung gegenübergestellt werden.

Bei einer Gesamtleistung der Ausbildungsabteilung in Höhe von 250.000 € betragen die Einnahmen pro Schüler 899,28 € (250.000 € / 278 Schüler). Demzufolge beträgt der Fehlbetrag pro ausgebildetem Schüler –100,72 € (899,28 € Einnahmen – 1.000 € Kosten).
Bei einer Gesamtleistung der Fortbildungsabteilung in Höhe von 250.000 € betragen die Einnahmen pro Teilnehmer 589,62 € (250.000 € / 424 Teilnehmer). Demzufolge beträgt der Überschuss pro fortgebildetem Teilnehmer 89,62 € (589,62 € Einnahmen – 500 € Kosten).

Das vorgestellte Beispiel stellt den klassischen Verlauf der Kosten- und Leistungsrechnung dar.
Im ersten Schritt werden die Aufwendungen in Kosten überführt und dafür ggf. bereits in feinere Rubriken, den so genannten **Kostenarten**, erfasst, um tiefergehende Informationen für die spätere Analyse zu erhalten. So kann der Personalaufwand beispielsweise in Personalkosten für Dozenten, Verwaltungskräfte und Hausmeister aufgesplittet werden, so dass später herausgefunden werden kann, welche der Personalkosten im Vergleich zum Vorjahr überproportionale Veränderungen aufweisen. Dies wird im Rahmen der **Kostenartenrechnung** erledigt. In diesem Teil der KLR wird die Frage beantwortet, **welche** Kosten angefallen sind.
Im zweiten Schritt werden die Kostenarten auf die unterschiedlichen **Kostenstellen** eines Betriebs aufgeteilt. Diese entsprechen vereinfacht gesagt den unterschiedlichen Abteilungen eines Betriebs. In obigem Beispiel wurden im Rahmen der Kostenstellenrechnung die identifizierten Kostenarten auf die beiden Kostenstellen Aus- und Fortbildung aufgeteilt. Hier wird die Frage beantwortet, **wo** die Kosten angefallen sind.
Im dritten Schritt werden die Kosten der einzelnen Abteilungen auf die Endprodukte verrechnet. Die Endprodukte werden dabei in der klassischen Kostentheorie als Kostenträger bezeichnet, in obigem Beispiel sind dies die in der Bildungseinrichtung angefallenen Kurskosten pro Schüler der Ausbildungs- bzw. pro Teilnehmer der Fortbildungsabteilung. Im Rahmen der **Kostenträgerrechnung** werden die für die Erstellung des einzelnen Kostenträgers angefallenen Kosten (Selbstkosten) ermittelt. In diesem Teil der KLR wird die Frage beantwortet, **wofür** die Kosten angefallen sind.
Ein Einbezug der entsprechenden Leistungen stellt den Übergang in die Leistungsrechnung dar.

Während für die Erfassung der Finanzströme im Rahmen der Buchführung und deren Veröffentlichung folglich genaue gesetzliche Regelungen gelten, richtet sich die Weiterverarbeitung der in der Buchführung erfassten Daten für die Zwecke des internen Rechnungswesens primär nach der kostenrechnerischen Theorie. Eine Ausnahme stellt jedoch die Ermittlung von Gebühren dar, da zum Schutz der Bürger hier durch das NKAG bestimmte Vorschriften zu beachten sind.

2 HAUSHALTSPLANUNG UND -BEWIRTSCHAFTUNG

Jeder Haushalt durchläuft verschiedene Stadien und jedes Jahr vollzieht sich die gleiche Prozedur, unabhängig davon, ob ein früherer Haushaltskreislauf abgeschlossen ist. Die Planung beginnt im Vorjahr des zu planenden, künftigen Haushaltsjahres, wird im Haushaltsjahr mit der Bewirtschaftung fortgesetzt und im dann folgenden Jahr mit dem Jahresabschluss abgeschlossen.

2.1 AUFSTELLUNG UND ABRECHNUNG DES HAUSHALTS – EIN HAUSHALTSKREISLAUF ÜBER MEHRERE PHASEN

Abhängig von der Größe der jeweiligen Kommune beginnt die Aufstellungsphase ggf. noch im Sommer des Vorjahres. Es folgen die Ausführungsphase vom 01.01. bis zum 31.12. des Haushaltsjahres und die Abrechnungsphase im darauffolgenden Jahr. Die Phasen von der Planung, Abwicklung und Kontrolle eines Haushalts betragen damit etwa 2,5 Jahre.

2.1.1 Aufstellungsphase

In der herkömmlichen Planaufstellung (Bottom-Up Verfahren) wird zunächst jede mittelbewirtschaftende Verwaltungsstelle und jede öffentliche Einrichtung aufgerufen, ihren voraussichtlichen Bedarf anzumelden, d. h. **Mittelanmeldungen** über Erträge und Einzahlungen sowie gewünschte Aufwendungen und Auszahlungen abzugeben.

Die Mittelanmeldungsbögen sehen in den jeweiligen Kommunen je nach eingesetzter Software unterschiedlich aus. Für die Theorie bietet sich folgende Gestaltung an:

<table>
<tr><td colspan="2">Finanzvorfall</td><td colspan="8"></td></tr>
<tr><td colspan="10">Haushaltsjahr</td></tr>
<tr><td colspan="6">Teilfinanzhaushalt</td><td colspan="4">Teilergebnishaushalt</td></tr>
<tr><td colspan="10">Produkt:</td></tr>
<tr><td colspan="2">Einzahlung</td><td colspan="2">Auszahlung</td><td colspan="2">VE</td><td colspan="2">Aufwand</td><td colspan="2">Ertrag</td></tr>
<tr><td>Konto</td><td></td><td>Konto</td><td></td><td>Konto</td><td></td><td>Konto</td><td></td><td>Konto</td><td></td></tr>
<tr><td>€</td><td></td><td>€</td><td></td><td>€</td><td></td><td>€</td><td></td><td>€</td><td></td></tr>
<tr><td colspan="2">Begründung:</td><td colspan="8"></td></tr>
</table>

Abbildung 2: Mittelanmeldungsbogen

Auffällig ist, dass die Ein- und Auszahlungen links stehen. Diese Aufteilung ist sinnvoll, da sie eine Veränderung der Liquiden Mittel darstellen, welche in der Bilanz auch auf der linken Seite stehen. Die Aufwendungen und Erträge stehen rechts. Sie stellen eine Veränderung der Nettoposition dar, welche in der Bilanz auch rechts steht. In der Zeile unter der Kontierung für die Planungsgrößen (Konto) wird die Höhe der zu planenden Ansätze (€) eingetragen.

Nach Rücklauf der Mittelanmeldungen erhält die für Finanzen zuständige Stelle (**Fachbereich Finanzen / Kämmerei**) ein realistisches Bild von dem zu erwartenden Ressourcenaufkommen und dem Mittelbedarf der einzelnen Stellen für das zu planende Haushaltsjahr.

§ 112 IV NKomVG beschreibt das **Haushaltsjahr:**
(4) Haushaltsjahr ist das Kalenderjahr, soweit nicht für einzelne Bereiche durch Gesetz oder Verordnung etwas anderes bestimmt ist.

In der Praxis ergeben die zusammen getragenen Mittelanmeldungen oftmals einen **Fehlbedarf** (voraussichtlicher Fehlbetrag) im Ergebnishaushalt, d. h. die ordentlichen Erträge sind in diesem ersten Haushaltsentwurf kleiner als die ordentlichen Aufwendungen bzw. die außerordentlichen Erträge sind kleiner als die außerordentlichen Aufwendungen. In einem Prozess der Abwägung und Diskussion, bei dem prognostizierte Erträge und geplante Aufwendungen aufgrund gesetzlicher Pflichtaufgaben und freiwilliger Leistungen miteinander in Einklang gebracht werden müssen, ist die Deckungslücke sodann abzubauen. Hierfür diskutiert die Verwaltungsspitze den Entwurf mit dem Ziel, einen ausgeglichenen Haushalt (vereinfacht: das Gesamtvolumen der Erträge entspricht mindestens dem Gesamtvolumen der Aufwendungen) zu erreichen.

Soll die konkrete Finanzsituation der gesamten Kommune genauer berücksichtigt werden, kann die Verwaltungsleitung auch zunächst auf Basis der vorangegangenen mittelfristigen Ergebnis- und Finanzplanung die frei zur Verfügung stehende Finanzmasse (z. B. Steuern, finanzkraftabhängige Schlüsselzuweisungen vom Land etc.) für das zu diskutierende Haushaltsjahr ermitteln. Für diese Herangehensweise zur Ermittlung der disponiblen Finanzmasse ist eine möglichst realistische Vorausschätzung notwendig. Die Verwaltungsleitung plant sodann, wie diese allgemeinen Deckungsmittel auf die einzelnen Organisationseinheiten verteilt werden können und ermittelt so einen finanziellen Rahmen für jede mittelbewirtschaftende Stelle. Anschließend kann die Vertretung hierüber einen **Eckwertebeschluss** fassen, an welchen sich die Mittelanmeldungen der Ämter und öffentlichen Einrichtungen zu orientieren haben (Gegenstromverfahren)[4]. Gleichzeitig können auch die damit verbundenen **Ziele** für den Haushalt und die strategische Steuerung der Kommune vorgeben werden.

§ 58 I Nr. 1 NKomVG beschreibt die **Zuständigkeit der Vertretung:**
(1) Die **Vertretung** beschließt ausschließlich über
1. die grundlegenden Ziele der Entwicklung der Kommune.

Aus der Vorschrift lässt sich ableiten, dass die Vertretung als Hauptorgan der Kommune die strategische Entwicklung der Kommune steuert. Für diese Ausrichtung werden »grundlegende Ziele« als Anknüpfungspunkt genannt. Die Auslegung dieser Begrifflichkeit obliegt dem Einschätzungsspielraum der Vertretung, die die anzustrebenden Zustände und Wirkungen als Hauptorgan herleiten und damit die strategische Entwicklung der Kommune gestalten kann.

§ 60 KomHKVO enthält folgende Begriffsbestimmung:
Nr. 52 Ziele:
Zustände und Wirkungen, die in einem bestimmten Zeitraum erreicht werden sollen und durch Größenvorgaben beschrieben werden.

Mit den so zusammen getragenen Mittelanmeldungen erstellt die Kämmerei dann einen ersten Haushaltsentwurf.

Auf einen Blick: Aufstellungsphase des Haushalts
Die Aufstellungsphase beginnt im Vorjahr des zu planenden Haushaltsjahres. Sie erstreckt sich beginnend mit den Vorbereitungsarbeiten (z. B. Eckwertebeschluss), über die Mittelanmeldungen, die von den mittelbewirtschaftenden Verwaltungsstellen softwareunterstützt abgegeben werden, bis hin zum Rücklauf in der Kämmerei, die aus den Meldungen unter Berücksichtigung der politischen Zielsetzung einen Entwurf erstellt.

2.1.2 Beschlussphase

Der Entwurf muss sodann der Vertretung zugeleitet werden. Dieses erfolgt neben dem Versand der entsprechenden Planungsunterlagen durch Aufnahme eines Tagesordnungspunktes auf der Tagesordnung der nächsten Vertretungssitzung. In der betreffenden Sitzung besteht für den **Kämmerer** ein Rederecht. Der Kämmerer ist neben dem Hauptverwaltungsbeamten der verantwortliche Ansprechpartner für die finanziellen Angelegenheiten der Kommune. Er ist im Innenverhältnis für die Führung der Finanzgeschäfte verantwortlich, hat jedoch im Sinne des Gesetzes keine besondere Organstellung innerhalb der Kommunalverwaltung. Lediglich im siebenten Teil des NKomVG wird der Kämmerer unter dem Kapitel Beschäftigte erwähnt.

In **§ 108 I 3 NKomVG** wird der für das Finanzwesen zuständige Beamte erwähnt:
(1) [3]In Verbindung mit den Bezeichnungen Gemeinderätin, Gemeinderat, Stadträtin, Stadtrat, Samtgemeinderätin, Samtgemeinderat, Kreisrätin, Kreisrat, Regionsrätin oder Regionsrat ist ein Zusatz zulässig, der das Fachgebiet kennzeichnet; die für das Finanzwesen zuständige Beamtin auf Zeit oder der für das Finanzwesen zuständige Beamte auf Zeit kann folgende Bezeichnungen erhalten:
1. in Gemeinden: Gemeindekämmerin oder Gemeindekämmerer,
2. in Städten: Stadtkämmerin oder Stadtkämmerer und
3. in Samtgemeinden: Samtgemeindekämmerin oder Samtgemeindekämmerer.

[4] Hier vereinfacht skizziert.

Durch die **Einbringungsrede des Kämmerers** wird der Entwurf zunächst der Vertretung vorgestellt. Der Kämmerer verweist auf den für das neue Haushaltsjahr geplanten Haushalt, sowie die damit verbundenen Ziele, aber auch Chancen und Risiken für die Kommune. Neben dem Entwurf und den weiteren Hintergrundinformationen verfügt jedes Vertretungsmitglied damit über die notwendigen Beratungsunterlagen.

Die Haushaltsberatungen werden sodann in die verschiedenen Gremien verwiesen, d. h. auch die nach § 71 NKomVG gebildeten beratenden **Ausschüsse der Vertretung,** wie z. B. der Feuerschutz-, Bau-, Planungs- und Schulausschuss sowie der Finanzausschuss, beschäftigen sich mit den einzelnen Haushaltsansätzen und erörtern die Mittelanmeldungen der Verwaltung.

Die Haushaltsberatungen der Vertretung wie auch der Ausschüsse dürfen nicht hinter verschlossenen Türen stattfinden.

> **§ 64 I NKomVG** formuliert zur **Öffentlichkeit der Sitzungen:**
> (1) [1]Die Sitzungen der Vertretung sind öffentlich, soweit nicht das öffentliche Wohl oder berechtigte Interessen Einzelner den Ausschluss der Öffentlichkeit erfordern. [2]Über einen Antrag auf Ausschluss der Öffentlichkeit wird in nicht öffentlicher Sitzung beraten und entschieden; wenn eine Beratung nicht erforderlich ist, kann in öffentlicher Sitzung entschieden werden.

Die Sitzungen der Vertretung wie auch der beratenden Ausschüsse finden öffentlich statt. Der Datenschutz spielt also keine Rolle. Jeder interessierte Bürger ist willkommen und besitzt das Recht, als Zuhörer an den Sitzungen der Gremien teilzunehmen. So sehr die Bürger einerseits auch interessiert sein können, so können sie andererseits jedoch nur zuhören und nicht direkt über die Finanzangelegenheiten der Kommune mitberaten und entscheiden. § 32 II 2 Nr. 3 NKomVG präzisiert, dass ein Bürgerbegehren über die Haushaltssatzung unzulässig ist.

Anschließend befasst sich der nach § 74 ff. NKomVG gebildete **Hauptausschuss** in Sitzungen mit der Vorberatung des Haushaltsplans. Er informiert sich über die Details der Haushaltsansätze und lässt sich im Rahmen der Vorbereitung des Vertretungsbeschlusses bei Bedarf die Planungen erläutern. Diese Sitzungen sind nach § 78 II 1 NKomVG hingegen nicht öffentlich. Nach den Vorberatungen kommt der Haushaltsplanentwurf anschließend zurück in die Vertretung.

Das Wesen einer Demokratie führt zwangsläufig dazu, dass die kommunalen Entscheidungsträger als gewählte Volksvertreter über Art und Umfang der kommunalen Aufgabenerfüllung sowie über den hierfür erforderlichen Finanzbedarf und über dessen Deckung zu entscheiden haben. Angesichts der zuvor geschilderten Phasen ergibt sich schon aus diesen Faktoren ein langer zeitlicher Vorlauf vom Planentwurf bis zum Vertretungsbeschluss.

> **§ 58 I Nr. 9 NKomVG** formuliert zur Zuständigkeit der Vertretung:
> (1) Die **Vertretung** beschließt ausschließlich über
> 9. die Haushaltssatzung, das Haushaltssicherungskonzept, über- und außerplanmäßige Aufwendungen, Auszahlungen und Verpflichtungen nach Maßgabe der §§ 117 und 119 sowie über das Investitionsprogramm.

Der Vertretung steht das **Etatrecht** (auch Etathoheit) »ausschließlich« zu, d. h. eine Delegation auf andere Gremien ist nicht möglich. Auch § 114 I 1 NKomVG bringt mit der Formulierung »Die von der Vertretung beschlossene Haushaltssatzung ... » die **Zuständigkeit der Vertretung** zum Ausdruck. Die Vertretung hat also das »entscheidende Wort«. Der Beschluss über die Haushaltssatzung gehört zu den der Beschlussfassung der Vertretung vorbehaltenen Angelegenheiten, die nicht übertragen werden können. Damit ist die Beschlussfassung über die Haushaltssatzung wohl die bedeutendste Ausdrucksform der verfassungsrechtlich garantierten kommunalen Selbstverwaltung.

Die **Haushaltssatzung** wiederum ist eine kommunale Satzung, welche in § 1 die Gesamtsummen des Haushaltsplans festsetzt und ihm dadurch seine Verbindlichkeit für die Planungsinhalte gibt.

Beispiel:

1. Haushaltssatzung der Gemeinde G für das Haushaltsjahr 2025 (Auszug)

Aufgrund des § 112 des Niedersächsischen Kommunalverfassungsgesetzes hat der Rat der Gemeinde G. in der Sitzung am 13.11.2024 folgende Haushaltssatzung beschlossen:

§ 1
Der Haushaltsplan für das Haushaltsjahr 2025 wird
1. im Ergebnishaushalt mit dem jeweiligen Gesamtbetrag

1.1 der ordentlichen Erträge auf	38.703.600 Euro
1.2 der ordentlichen Aufwendungen auf	41.745.900 Euro
1.3 der außerordentlichen Erträge auf	0 Euro
1.4 der außerordentlichen Aufwendungen auf	0 Euro

2. im Finanzhaushalt mit dem jeweiligen Gesamtbetrag

2.1 der Einzahlungen aus laufender Verwaltungstätigkeit auf	36.822.800 Euro
2.2 der Auszahlungen aus laufender Verwaltungstätigkeit auf	38.806.800 Euro
2.3 der Einzahlungen für Investitionstätigkeit auf	1.491.800 Euro
2.4 der Auszahlungen für Investitionstätigkeit auf	2.797.200 Euro
2.5 der Einzahlungen für Finanzierungstätigkeit auf	1.305.400 Euro
2.6 der Auszahlungen für Finanzierungstätigkeit auf	2.342.200 Euro

festgesetzt.

§ 2
Der Gesamtbetrag der vorgesehenen Kreditaufnahmen für Investitionen und für Investitionsförderungsmaßnahmen (Kreditermächtigung) wird auf 1.305.400 Euro festgesetzt.

§ 3
Der Gesamtbetrag der Verpflichtungsermächtigungen wird auf 160.000 Euro festgesetzt.

§ 4
Der Höchstbetrag, bis zu dem im Haushaltsjahr 2025 Liquiditätskredite zur rechtzeitigen Leistung von Auszahlungen in Anspruch genommen werden dürfen, wird auf 62.380.000 Euro festgesetzt.

§ 5
Die Steuersätze (Hebesätze) für die Realsteuern werden für das Haushaltsjahr 2025 wie folgt festgesetzt:

1. Grundsteuer	
1.1 für die land- und forstwirtschaftlichen Betriebe (Grundsteuer A)	380 v. H.
1.2 für die Grundstücke (Grundsteuer B)	430 v. H.
2. Gewerbesteuer	395 v. H.

§ 6
1. Ein Fehlbetrag ist im Sinne des § 115 Abs. 2 Nr. 1 NKomVG erheblich, wenn er den Betrag von 1.000.000 Euro übersteigt.
2. Aufwendungs- und Auszahlungssteigerungen im Sinne des § 115 Abs. 2 Nr. 2 NKomVG sind erheblich, wenn sie den Betrag von 500.000 Euro übersteigen.
3. Über- und außerplanmäßige Aufwendungen und Auszahlungen sind im Sinne des § 117 Abs. 1 NKomVG unerheblich, wenn sie im Einzelfall den Betrag von 20.000 Euro nicht übersteigen.

....	....	....
Ort	Datum der Ausfertigung	Bürgermeister

HAUSHALTSPLANUNG UND -BEWIRTSCHAFTUNG

Auffällig ist, dass diese Kommune ihren Ergebnishaushalt nicht ausgleichen kann; die ordentlichen Aufwendungen sind höher als die ordentlichen Erträge. **Ziel der Haushaltsplanung** sollte es sein, dass in § 1 der Haushaltssatzung

- bei den Ziffern 1.1 und 1.2 die Beträge übereinstimmen bzw. die ordentlichen Erträge mindestens den ordentlichen Aufwendungen entsprechen (das ordentliche Ergebnis ist ausgeglichen),
- bei den Ziffern 1.3 und 1.4 die Beträge übereinstimmen bzw. die außerordentlichen Erträge mindestens den außerordentlichen Aufwendungen entsprechen (das außerordentliche Ergebnis ist ausgeglichen) und
- die Einzahlungen aus laufender Verwaltungstätigkeit (Ziffer 2.1) höher ausfallen als die Auszahlungen aus laufender Verwaltungstätigkeit (Ziffer 2.2) und die Einzahlungen für Finanzierungstätigkeit (Ziffer 2.5) unter den Auszahlungen für Finanzierungstätigkeit (Ziffer 2.6) liegen.

Bei dem Beschluss über die Haushaltssatzung stehen jedoch nicht nur der Mittelbedarf der Organisationseinheiten oder der Produktplan der Kommune, d. h. der Teilhaushalte, sondern auch die zu erreichenden Ziele mit den dazu geplanten Maßnahmen im Fokus der öffentlichen Vertretungssitzung. Der Haushalt dient insofern über dieses Erfordernis als Gestaltungsinstrument politischer Steuerung.

§ 21 II KomHKVO belegt die **Relevanz der Ziele und Kennzahlen:**
(2) Ziele und Kennzahlen sollen zur Grundlage von Planung, Steuerung und Erfolgskontrolle des Haushalts gemacht werden.

Mit der Festlegung von zu erreichenden Zielen und Kennzahlen zur Zielerreichung entsprechend des Willens der Vertretung erhält die Verwaltung Vorgaben für ihre Arbeitsergebnisse. Mit einer zielbasierten Planung werden die Abhängigkeiten von Zufälligkeiten verringert. Eine solche Planung ist wiederum nur möglich, wenn eine solide Informationsgrundlage vorhanden ist. Hierin spiegelt sich die **Steuerungsfunktion** des Haushaltsplans. Andererseits ist der Vertretung durch die zu beratenden Planinhalte schon bei dem Beschluss über die Haushaltssatzung bekannt, welche Arbeitsergebnisse sie zur Aufgabenerfüllung durch die Verwaltung erhält und sie kann verstärkt Einfluss auch auf die Leistungsseite nehmen. Mit der Entscheidung über das Haushaltsvolumen bzw. über einzelne Haushaltsansätze sind oft auch grundsätzliche politische Auseinandersetzungen verbunden.

Die Vertretung ist es, die letzten Endes die abschließende Zuständigkeit hat und die Entscheidung fällt, welche Einwendungen berücksichtigt werden, ob und in welchem Umfang geplante Investitionen und Investitionsförderungsmaßnahmen durchgeführt werden und mit welchem Volumen die Haushaltssatzung für das Haushaltsjahr beschlossen wird. Änderungswünsche haben nur eine Chance, wenn sie bei entsprechender Interessenlage eine politische Mehrheit finden. Die Praxis bestätigt, dass kein Haushaltsplan in der von der Verwaltung ursprünglich vorgelegten Fassung beschlossen wird. Der Großteil der **Haushaltsmittel** (vereinfachter Begriff für Beträge, die im Haushaltsplan veranschlagt sind) eines Haushaltsjahres ist gleichwohl durch bundes- und landesgesetzliche Regelungen oder sonstige Rechtsverpflichtungen gebunden. Nur ein geringer Teil des Gesamtvolumens ist frei verfügbar. Zu einem Großteil dokumentiert das Gesamtvolumen der Aufwendungen, dass die Kommune hier ihren Rechtsverpflichtungen nachkommt und die Funktionsfähigkeit der Verwaltung sichergestellt wird. Angesichts der weitgehend gesetzlich festgeschriebenen Aufwendungen und Auszahlungen und der nur sehr begrenzten Einflussmöglichkeiten auf die Höhe der Erträge und Einzahlungen, ist der politische Gestaltungsspielraum sehr eng. Die Vertretung hat insofern nur beschränkten Einfluss auf Umfang und Verteilung der öffentlichen Haushaltsmittel.

So ist der Haushaltsplan als Bestandteil der Haushaltssatzung gleichzeitig auch Ausdruck politischer, demokratischer Willensbildung. Die **politische Funktion** des Haushaltsplans verschafft der Vertretung die umfassende Einflussnahme auf die kommunale Finanzwirtschaft. Mit dem gesetzlichen Monopol der ausschließlichen Zuständigkeit für den Beschluss über die Haushaltssatzung hat die Vertretung die direkte

Möglichkeit, über die Art und das Maß der Aufgabenerfüllung sowie über die Finanzierung zu entscheiden. Über die endgültige Festsetzung des Haushaltsplans durch die Haushaltssatzung legt die Vertretung zugleich auch fest, welche Ressourcen hierfür verbraucht, welche Zahlungen geleistet und welche investiven Verpflichtungen darüber hinaus zu Lasten künftiger Haushaltsjahre eingegangen werden dürfen.

Auf einen Blick: Beschlussphase des Haushalts
Die Beschlussphase soll im Vorjahr des zu planenden Haushaltsjahres abgeschlossen sein. Sie erstreckt sich beginnend mit der Einbringung des Haushaltsentwurfes in die Vertretung, über die Beratungen in den Fachausschüssen und in dem Hauptausschuss, bis hin zu dem Beschluss der Vertretung über die Haushaltssatzung.

2.1.3 Erlassphase

Anschließend muss die Haushaltssatzung mit ihren Anlagen an die **Kommunalaufsichtsbehörde** geleitet werden. Über diese kommt die Mitverantwortung des Staates zum Ausdruck, wobei sicher zu stellen ist, dass die Kommunen rechtmäßig handeln, d. h. dass sie die geltenden Gesetze beachten. Bei der Kommunalaufsicht handelt es sich folglich um eine reine Rechtskontrolle.

Die zuständigen Kommunalaufsichtsbehörden sind je nach Rechtstellung der Kommunen zu bestimmen. Für die Bestimmung der jeweiligen Gemeindeart ist § 14 NKomVG einschlägig.

§ 171 I, II und III NKomVG bestimmen die **Kommunalaufsichtsbehörden:**
(1) Die Kommunalaufsicht über die Landkreise, die Region Hannover, die kreisfreien Städte, die großen selbständigen Städte, die Landeshauptstadt Hannover und die Stadt Göttingen führt das für Inneres zuständige Ministerium als Kommunalaufsichtsbehörde.
(2) Die Kommunalaufsicht über die übrigen kreisangehörigen Gemeinden sowie über die Samtgemeinden führen der Landkreis als Kommunalaufsichtsbehörde und das für Inneres zuständige Ministerium als oberste Kommunalaufsichtsbehörde.
(3) Die Kommunalaufsicht über die übrigen regionsangehörigen Gemeinden führt die Region Hannover als Kommunalaufsichtsbehörde und das für Inneres zuständige Ministerium als oberste Kommunalaufsichtsbehörde.

Schon der Begriff »Plan« ist zwingend damit verbunden, dass die Haushaltssatzung mit dem festgesetzten Haushaltsplan **vor** Beginn des geplanten, eigentlichen Haushaltsjahres beschlossen und frühzeitig an die Kommunalaufsichtsbehörde weitergeleitet werden sollte.

Entsprechend formuliert **§ 114 I NKomVG** zum **Erlass der Haushaltssatzung:**
(1) [1]Die von der Vertretung beschlossene Haushaltssatzung ist mit ihren Anlagen der Kommunalaufsichtsbehörde vorzulegen. [2]Die Vorlage soll spätestens einen Monat vor Beginn des Haushaltsjahres erfolgen.

Folglich soll die Vorlage der beschlossenen Haushaltssatzung mit ihren Anlagen bis zum 30.11. des Vorjahres erfolgen (**Grundsatz der Vorherigkeit**). Die Kommunalaufsichtsbehörde hat sodann bei Bedarf und unter Berücksichtigung der Leistungsfähigkeit der Kommune die **genehmigungsbedürftigen Teile** nach § 119 IV, § 120 II und § 122 II NKomVG zu genehmigen. Weitere Ausführungen folgen in einem späteren Kapitel.

Als kommunale Rechtsnorm bedarf die Haushaltssatzung der Unterzeichnung sowie der Verkündung. Dabei kann die Verkündung der Haushaltssatzung in verschiedenen Formen erfolgen.

§ 11 I 1 und 2 NKomVG formulieren zur **Verkündung von Rechtsvorschriften:**
(1) [1]Satzungen sind von der Hauptverwaltungsbeamtin oder dem Hauptverwaltungsbeamten zu unterzeichnen. [2]Die Verkündung erfolgt nach Maßgabe näherer Bestimmung durch die Hauptsatzung in einem von der Kommune herausgegebenen amtlichen Verkündungsblatt, in einer oder mehreren örtlichen Tageszeitungen oder im Internet, soweit durch Rechtsvorschrift nichts anderes bestimmt ist.

Sollte die Haushaltssatzung genehmigungsbedürftige Teile wie z. B. eine Kreditermächtigung größer als Null Euro enthalten, ist grundsätzlich erst die Erteilung der Genehmigung abzuwarten. Beanstandet die Kommunalaufsichtsbehörde die Haushaltssatzung, darf diese – soweit wie die Beanstandung reicht – nach § 173 I NKomVG nicht vollzogen, d. h. also auch nicht verkündet, werden.

Zur **Verkündung der Haushaltssatzung** formulieren **§ 114 II 1 und 2 NKomVG:**
(2) [1]Enthält die Haushaltssatzung genehmigungsbedürftige Teile, so darf sie erst nach Erteilung der Genehmigung verkündet werden. [2]Haushaltssatzungen ohne genehmigungsbedürftige Teile dürfen frühestens einen Monat nach Vorlage an die Kommunalaufsichtsbehörde verkündet werden.

Der Text für die Verkündung wird durch das **Muster 1** verbindlich vorgeschrieben.

Beispiel:
2. Bekanntmachung der Haushaltssatzung

2.1 Die vorstehende Haushaltssatzung für das Haushaltsjahr 2025 wird hiermit öffentlich bekannt gemacht.

2.2 Die nach § 119 Abs. 4, § 120 Abs. 2 und nach § 122 Abs. 2 NKomVG erforderlichen Genehmigungen sind durch den Landkreis am 03.02.2025 unter dem Aktenzeichen 101.4 erteilt worden.

2.3 Der Haushaltsplan liegt nach § 114 Abs. 2 Satz 3 NKomVG vom 05.02.2025 bis zum 13.02.2025 in G. im Rathaus, Zimmer 512, zu folgenden Öffnungszeiten Montags bis Freitags in der Zeit von 8.00 Uhr bis 12.00 Uhr zur Einsichtnahme öffentlich aus.

G. 04.02.2025 ....
Ort Datum Bürgermeister

Aus Praktikabilitätsgründen wird für den Haushaltsplan von einer Verkündung abgesehen; schließlich ist er für einen Abdruck in einem amtlichen Verkündungsblatt oder in einer Tageszeitung zu umfangreich. Der Haushaltsplan ist mit seinen Anlagen vielmehr nach der Verkündung der Haushaltssatzung öffentlich auszulegen, d. h. der Allgemeinheit zugänglich zu machen.

Zur **Auslegung des Haushaltsplans** formuliert **§ 114 II 3 NKomVG:**
(2) [3]Im Anschluss an die Verkündung der Haushaltssatzung ist der Haushaltsplan mit seinen Anlagen an sieben Tagen öffentlich auszulegen; in der Verkündung ist auf die Auslegung hinzuweisen.

Der Haushaltsplan ist quasi als öffentliches Dokument bis zum Ende der **Auslegungsfrist** verfügbar zu halten und zur Information der Öffentlichkeit zur Einsicht bereitzustellen. Für die Berechnung der »sieben-Tage-Frist« kommen sieben Kalendertage oder sieben Werktage in Frage. Es können also auch Samstage, Sonn- und Feiertage sowie dienstfreie Werktage in die Frist einbezogen werden, wenn an diesen Tagen die Einsichtnahme durch die Bevölkerung möglich ist. Hierdurch erlangt der Bürger noch vor dem Wirksamwerden Gelegenheit zur Kenntnisnahme seines Inhalts. Erst nach dieser Auslegung darf von den Festsetzungen der Haushaltssatzung Gebrauch gemacht werden und das Rechtsetzungsverfahren ist abgeschlossen.

§ 112 III 1 NKomVG fixiert zum **Wirksamwerden der Haushaltssatzung**:
(3) [1]Die Haushaltssatzung wird am Tag nach dem Ende der öffentlichen Auslegung des Haushaltsplans nach § 114 Abs. 2 Satz 3, frühestens mit Beginn des Haushaltsjahres wirksam; sie gilt für das Haushaltsjahr.

Wird die Haushaltssatzung **vor Beginn** des Haushaltsjahres verkündet (bzw. erfolgt die Planauslegung vor Beginn...), wird sie frühestens mit Beginn des Haushaltsjahres wirksam. Wird die Haushaltssatzung erst **nach Beginn** des Haushaltsjahres von der Vertretung beschlossen und dann verkündet bzw. der Haushaltsplan ausgelegt, wird sie rückwirkend mit Beginn des Haushaltsjahres wirksam und gilt für das Haushaltsjahr, für das sie von der Vertretung beschlossen wurde. Die Haushaltssatzung wird also immer **mit Beginn** des Haushaltsjahres wirksam. Das Haushaltsjahr deckt sich nach § 112 IV NKomVG grundsätzlich mit dem Kalenderjahr.

Auf einen Blick: Erlassphase des Haushalts
Nach Beschluss der Vertretung ist die Haushaltssatzung mit ihren Anlagen der Kommunalaufsichtsbehörde vorzulegen, wobei die Vorlage einen Monat vor Beginn des zu planenden Haushaltsjahres erfolgen soll. Es folgen die Genehmigung der genehmigungsbedürftigen Teile sowie die Verkündung der Haushaltssatzung und die öffentliche Auslegung des Haushaltsplans mit seinen Anlagen an sieben Tagen. Nach dem Ende der öffentlichen Auslegung des Haushaltsplans wird die Haushaltssatzung wirksam, d. h. erst danach ist sie final erlassen und wird damit zu Ortsrecht.

2.1.4 Haushalts- und Kassenvollzugsphase

Es schließt sich die **Bewirtschaftungsphase** der Haushaltsansätze an. Die Planausführung bildet dabei die Grundlage für die Aufgabenerfüllung der Kommune, um ihren Bürgern die Leistungen zu erbringen und die Einrichtungen zu schaffen, die die örtliche Gemeinschaft zur Sicherung des Lebensstandards und zur Wahrung einer weitgehenden Gleichmäßigkeit der Lebensverhältnisse in allen Gebieten erfordert. Im Rahmen der Mittelbewirtschaftung verfügt die Verwaltung im Einzelfall innerhalb der durch den Haushaltsplan vorgesehenen Zweckbestimmung verantwortlich über die Verwendung der Aufwendungen und Auszahlungen bzw. sie veranlasst die Erhebung der Erträge und Einzahlungen. Hierzu kommunizieren die Verwaltungsstellen mit der Kommunalkasse.

§ 126 I NKomVG formuliert zur **Kommunalkasse:**
(1) [1]Die Kommune richtet eine Kommunalkasse ein. [2]Der Kommunalkasse obliegt die Abwicklung der Zahlungen der Kommune (Kassengeschäfte).

Nach der Zahlungsanweisung durch die Verwaltungsstellen folgt die Zahlungsabwicklung durch die Kommunalkasse.

§ 42 I und II KomHKVO formulieren zur **Zahlungsanweisung und -abwicklung:**
(1) Zum Vorgang der Zahlungsanweisung gehören die Erstellung und die Erteilung der Kassenanordnungen und deren Dokumentation.

(2) [1]Zur Zahlungsabwicklung gehören
1. die Annahme von Einzahlungen und die Leistung von Auszahlungen,
2. die Verwaltung der Zahlungsmittel und
3. das Mahnwesen.
[2]Jeder Zahlungsvorgang wird erfasst und in den Büchern dokumentiert. [3]Die haushaltsunwirksamen Zahlungsmittel werden gesondert erfasst.

Die Kommunalkasse wickelt die Ein- und Auszahlungen ab, die von den anderen Organisationseinheiten mittels Kassenanordnungen angewiesen werden. Die Zahlungsabwicklung umfasst zudem die Verwaltung der Zahlungsmittel und das Mahnwesen.

§ 60 KomHKVO enthält folgende Begriffsbestimmungen:
Nr. 25: Kassenanordnungen:
förmliche Anordnungen der die Haushaltsansätze bewirtschaftenden Verwaltungsstellen gegenüber der Kommunalkasse im Rahmen der Zahlungsanweisung;
Nr. 51: Zahlungsmittel:
Bargeld, Schecks und Guthaben auf Konten von Kreditinstituten einschließlich nicht ausgeschöpfter Liquiditätskredite;

Auffällig ist, dass die Zahlungsanweisung und Zahlungsabwicklung bereits in § 42 KomHKVO verschiedene Absätze einnehmen. Auch in der Praxis werden in der Regel mehrere, unabhängige Personen zur

Absicherung der Korrektheit des Zahlungsverkehrs beteiligt. Lediglich kleinere Bargeschäfte können als Zug um Zug Geschäfte von einer Person abgewickelt werden.

§ 126 IV NKomVG enthält eine Präzisierung zum Trennungsprinzip:
(4) Die in der Kommunalkasse Beschäftigten dürfen keine Kassenanordnungen erteilen.

Auch **§ 42 V 1 KomHKVO** ergänzt:
(5) [1]Zahlungsanweisung und Zahlungsabwicklung dürfen nicht von denselben Beschäftigten ausgeführt werden.

Durch dieses **Trennungsprinzip** und das Handeln verschiedener Personen soll das Risiko von Fehlern reduziert und ein Missbrauch öffentlicher Gelder grundsätzlich ausgeschlossen werden.

Auf einen Blick: Haushalts- und Kassenvollzugsphase
Der Haushalts- und Kassenvollzug erfolgt im jeweiligen Haushaltsjahr, welches grundsätzlich dem Kalenderjahr entspricht, soweit nicht für einzelne Bereiche durch Gesetz oder Verordnung etwas anderes bestimmt ist. Diese Ausführungsphase beinhaltet die Mittelbewirtschaftung und damit das Zusammenspiel zwischen der Zahlungsanweisung, d. h. die Erstellung und die Erteilung der Kassenanordnungen und deren Dokumentation, und der Zahlungsabwicklung durch die Kommunalkasse. Über das gesetzlich geforderte Trennungsprinzip dürfen die Zahlungsanweisung und Zahlungsabwicklung nicht von denselben Beschäftigten ausgeführt werden.

2.1.5 Abschlussphase

Mit der abschließenden Rechnungslegung nach dem Abschlusstag am 31.12. des Haushaltsjahres wird gegenüber der Vertretung und indirekt auch gegenüber den Bürgern sodann der Nachweis der bestimmungsgemäßen Verwendung der Haushaltsmittel geführt. Die Aufstellung des Jahresabschlusses kann insofern als Offenlegung von Informationen verstanden werden. Der ex post Dokumentation kommt, demokratie-theoretisch bedingt, im Vergleich zur ex ante Sicht, d. h. der Aufstellungsphase mit dem Haushaltsplan als Ergebnis, jedoch nur eine nachgeordnete Bedeutung zu.

§ 128 I NKomVG formuliert zum **Jahresabschluss:**
(1) [1]Die Kommune hat für jedes Haushaltsjahr einen Jahresabschluss nach den Grundsätzen ordnungsmäßiger Buchführung klar und übersichtlich aufzustellen. [2]Im Jahresabschluss sind sämtliche Vermögensgegenstände, Schulden, Rechnungsabgrenzungsposten, Erträge, Aufwendungen, Einzahlungen und Auszahlungen sowie die tatsächliche Vermögens-, Ertrags- und Finanzlage der Kommune darzustellen.

Bei dem Vergleich des beschlossenen Haushalts mit dem Jahresabschluss nach §§ 128 ff. NKomVG i. V. m. §§ 50 ff. KomHKVO werden über den Rechenschaftsbericht erste Erkenntnisse festgehalten.

§ 57 I 1 und 2 KomHKVO formulieren zum **Rechenschaftsbericht:**
(1) [1]Im Rechenschaftsbericht werden, den tatsächlichen Verhältnissen entsprechend, der Verlauf der Haushaltswirtschaft und die finanzwirtschaftliche Lage der Kommune dargestellt. [2]Dabei wird eine Bewertung der Jahresabschlussrechnungen vorgenommen.

Dieser Rechenschaftsbericht ist dem Anhang des Jahresabschlusses beizufügen. Über ihn werden unter anderem erhebliche Abweichungen von den Ansätzen erläutert und das Ergebnis der Haushaltswirtschaft festgestellt. Die **Haushaltswirtschaft** umfasst dabei alle Handlungen, Maßnahmen und Entscheidungen aller Ebenen in der Vertretung und der Verwaltung, die mit der Planaufstellung, Festsetzung, Vollzug und Rechenschaftslegung einschließlich der Entlastung zusammenhängen. Damit verbunden sind alle Dinge und Tätigkeiten, die zur Vorbereitung der jährlichen Haushaltswirtschaft der Kommune, der Aufstellung der Haushaltssatzung und der Ausführung des Haushaltsplans, einschließlich der Verwaltung des kommunalen Vermögens und der Schulden, anfallen. Auch die Vorbereitung, Aufstellung und Feststellung sowie Prüfung des Jahresabschlusses sind der Haushaltswirtschaft zuzurechnen.

Für die Aufstellung des Jahresabschlusses gibt es eine zeitliche Vorgabe bis zum 31.03. des Folgejahres.

§ 129 I 1 NKomVG formuliert zur **Aufstellung des Jahresabschlusses:**
(1) [1]Der Jahresabschluss ist innerhalb von drei Monaten nach Ende des Haushaltsjahres aufzustellen; der konsolidierte Gesamtabschluss soll innerhalb von neun Monaten nach Ende des Haushaltsjahres aufgestellt werden.

Der aufgestellte Jahresabschluss wird sodann an das Rechnungsprüfungsamt weitergeleitet.

Auf einen Blick: Abschlussphase des Haushalts
Die Abschlussphase beginnt nach dem Abschlusstag des jeweiligen Haushaltsjahres. Zu dieser Rechenschaftslegung gehört die Aufstellung des Jahresabschlusses, welcher innerhalb von drei Monaten nach dem Ende des Haushaltsjahres zu erfolgen hat. Im Jahresabschluss sind sämtliche Vermögensgegenstände, Schulden, Rechnungsabgrenzungsposten, Erträge, Aufwendungen, Einzahlungen und Auszahlungen sowie die tatsächliche Vermögens-, Ertrags- und Finanzlage der Kommune darzustellen. Über den Rechenschaftsbericht, der dem Anhang des Jahresabschlusses beizufügen ist, werden, den tatsächlichen Verhältnissen entsprechend, der Verlauf der Haushaltswirtschaft und die finanzwirtschaftliche Lage der Kommune dargestellt.

2.1.6 Prüfungsphase

Gemäß §§ 153 ff. NKomVG folgt die örtliche Prüfung des Abschlusses durch das nur der Vertretung gegenüber verantwortliche Rechnungsprüfungsamt. Prüfungsinhalte und -ergebnisse werden in einem Schlussbericht schriftlich festgehalten.

§ 156 III NKomVG formuliert zum **Schlussbericht** innerhalb der **Jahresabschlussprüfung:**
(3) Das Rechnungsprüfungsamt hat seine Bemerkungen jeweils in einem Schlussbericht zusammenzufassen.

Zu den Bemerkungen im Schlussbericht des Rechnungsprüfungsamtes nimmt der Hauptverwaltungsbeamte mit Hilfe der Organisationseinheiten Stellung.

§ 156 IV 1 NKomVG formuliert zur **Jahresabschlussprüfung:**
(4) [1]Der um die Stellungnahme der Hauptverwaltungsbeamtin oder des Hauptverwaltungsbeamten ergänzte Schlussbericht des Rechnungsprüfungsamts ist frühestens nach seiner Vorlage in der Vertretung (§ 129 Abs. 1 Satz 2) an sieben Tagen öffentlich auszulegen; die Auslegung ist öffentlich bekannt zu machen.

Diese Unterlagen werden sodann zusammen mit dem auf Vollständigkeit und Richtigkeit festgestellten Jahresabschluss an die Vertretung geleitet.

§ 129 I 2 NKomVG formuliert zum **Beschlussverfahren des Jahresabschlusses:**
(1) [2]Die Hauptverwaltungsbeamtin oder der Hauptverwaltungsbeamte stellt jeweils die Vollständigkeit und Richtigkeit der Abschlüsse fest und legt sie der Vertretung unverzüglich mit dem jeweiligen Schlussbericht der Rechnungsprüfung und mit einer eigenen Stellungnahme zu diesem Bericht vor.

Mit diesen Unterlagen kann sich die Vertretung nun darüber informieren, ob die Haushaltswirtschaft des abgeschlossenen Haushaltsjahres auf der Basis der Haushaltsplanung ordnungsgemäß geführt wurde. Es erfolgt sodann der Beschluss über den Jahresabschluss und die Entlastung des Hauptverwaltungsbeamten durch die Vertretung.

§ 58 I Nr. 10 NKomVG formuliert zur Zuständigkeit der Vertretung:
(1) Die **Vertretung** beschließt ausschließlich über
10. den Jahresabschluss, den konsolidierten Gesamtabschluss, die Zuführung zu Überschussrücklagen (§ 123 Abs. 1 Satz 1) und die Entlastung der Hauptverwaltungsbeamtin oder des Hauptverwaltungsbeamten.

Die **Entlastung** ist eine Feststellung der Vertretung dahingehend, dass aufgrund des vorgelegten Jahresabschlusses und der vorgenommenen Prüfung keine Einwendungen gegen die Haushaltsführung durch den Hauptverwaltungsbeamten erhoben werden, d. h. dass er die gemeindliche Haushaltswirtschaft im abgeschlossenen Haushaltsjahr ordnungsgemäß geführt hat und keine Mängel von erheblichem Gewicht aufgetreten sind. Die Entlastung kann insofern als Anspruchsverzicht und Bestätigung verstanden werden, dass die Haushaltsführung des Hauptverwaltungsbeamten insgesamt das Vertrauen der Vertretung verdient hat. Gelegentlich kann es vorkommen, dass die Entlastung nach den politischen Mehrheiten getroffen wird: Die Mehrheitsfraktion spricht sich für die Entlastung aus, die Opposition verweigert sie dagegen. Dabei entfaltet eine Verweigerung der Entlastung als politscher Akt lediglich politische Wirkungen, jedoch keine rechtlichen Folgen.

Für den Beschluss über den Jahresabschluss und die Entlastung gibt es eine zeitliche Vorgabe bis zum 31.12. des auf das Haushaltsjahr folgenden Jahres.

§ 129 I 3 NKomVG formuliert zum Vertretungsbeschluss über den Jahresabschluss:
(1) [3]Die Vertretung beschließt über den Jahresabschluss und die Entlastung der Hauptverwaltungsbeamtin oder des Hauptverwaltungsbeamten sowie über den konsolidierten Gesamtabschluss bis spätestens zum 31. Dezember des Jahres, das auf das Haushaltsjahr folgt.

Über die Beschlüsse über den Jahresabschluss und die Entlastung sowie über den konsolidierten Gesamtabschluss erfolgt eine Mitteilung an die Kommunalaufsichtsbehörde sowie eine öffentliche Bekanntmachung.

§ 129 II NKomVG formuliert zum weiteren Verfahren der Abschlüsse:
(2) [1]Die Beschlüsse nach Absatz 1 Satz 3 sind der Kommunalaufsichtsbehörde unverzüglich mitzuteilen und öffentlich bekannt zu machen. [2]Im Anschluss an die Bekanntmachung sind der Jahresabschluss ohne die Forderungsübersicht und der konsolidierte Gesamtabschluss mit dem Konsolidierungsbericht an sieben Tagen öffentlich auszulegen; in der Bekanntmachung ist auf die Auslegung hinzuweisen.

Auf einen Blick: Prüfungsphase des Haushalts
Die Prüfungsphase beinhaltet die Prüfung des Jahresabschlusses durch das Rechnungsprüfungsamt. Die Bemerkungen hierzu sind in einem Schlussbericht zusammenzufassen, zu welchem der Hauptverwaltungsbeamte eine Stellungnahme abzugeben hat. Die auf Vollständigkeit und Richtigkeit festgestellten Abschlüsse, der jeweilige Schlussbericht der Rechnungsprüfung und die Stellungnahme des Hauptverwaltungsbeamten zu diesem Bericht sind sodann unverzüglich der Vertretung vorzulegen. Diese beschließt bis spätestens zum 31. Dezember des auf das Haushaltsjahr folgenden Jahres ausschließlich über den Jahresabschluss und die Entlastung des Hauptverwaltungsbeamten.

Auf einen Blick: Haushaltskreislauf

Die Einbindung aller Verwaltungsebenen wie auch der mehrstufige Prozess über die Einbindung der politischen Gremien bis zum Vertretungsbeschluss führt dazu, dass die Zahl der Akteure in der Planaufstellungsphase sehr groß ist. Zudem sind die Formerfordernisse hoch, so dass die Aufstellung des Haushalts neben der notwendigen Aufgabenverteilung innerhalb der Verwaltung einer konkreten **Zeitplanung** bedarf. Insgesamt durchläuft jeder Haushalt verschiedene Stadien und jedes Jahr vollzieht sich die gleiche Prozedur, unabhängig davon, ob ein früherer **Haushaltskreislauf** abgeschlossen ist. Der Haushalt für das folgende Haushaltsjahr wird von der Verwaltung je nach örtlichen Gegebenheiten früher oder später vorbereitet, aufgestellt und der Vertretung zur Beschlussfassung vorgelegt. Der **Planaufstellung** folgen die **Planausführung** und anschließend die Rechnungslegung mit dem Jahresabschluss, welcher aufzustellen und zu prüfen ist. Insgesamt betragen die Phasen zur Planung, Abwicklung und Kontrolle eines Haushalts etwa 2,5 Jahre.

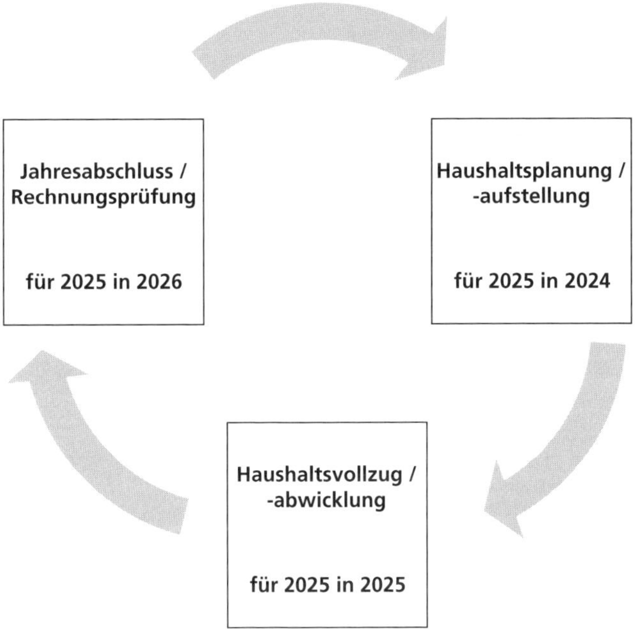

Abbildung 3: Haushaltskreislauf

Die Bearbeitung des Haushalts z. B. des Haushaltsjahres 2025 beginnt mit der Planung (Planaufstellung) und Beschlussfassung im Jahr 2024 und setzt sich mit der Planausführung im Haushalts- und Kassenvollzug vom 01.01 bis zum 31.12.2025 fort, d. h. die Verwaltungsstellen bewirtschaften und verfügen über die Haushaltsermächtigungen und wickeln die Erträge und Aufwendungen sowie Ein- und Auszahlungen buchhalterisch ab. Der Haushaltskreislauf endet mit der Rechnungslegung, Kontrolle und Entlastung des Hauptverwaltungsbeamten spätestens bis zum 31.12.2026.

2.2 HAUSHALTSPLAN – AUFBAU, INHALT UND BEDEUTUNG IN GRUNDZÜGEN

Eine Planung in der Theorie als gedankliche Vorwegnahme des künftigen Geschehens in der Wirklichkeit ist unverzichtbar. So ist auch der Haushaltsplan von nicht zu unterschätzendem Wert für das Verständnis des künftigen Kommunalgeschehens. Aufbau und Inhalt sind weitestgehend durch Vorschriften des NKomVG und der KomHKVO vorgeschrieben. Als Grundlage des Verwaltungshandelns ist der Haushaltsplan ein Maßstab, an dem sich die Arbeit der Verwaltung auszurichten hat.

2.2.1 Grundlagen

Gleich ob alltägliche Verwaltungsgeschäfte, Personalentwicklung, Investitionen im Straßenbau, in Kindergärten, Schulen oder im Theater, Schaffung und Unterhaltung von öffentlichen Einrichtungen – in dem Haushaltsplan findet sich all das wieder. Der Haushaltsplan zeigt auf, welche Haushaltsermächtigungen der Verwaltung im Kalenderjahr zur Verfügung gestellt werden und welche Aufgaben unter der jeweiligen Zielstellung in Angriff genommen werden können.

Die **Kommunale Selbstverwaltung** ist in **Art. 28 II Grundgesetz** fixiert:
(2) Den Gemeinden muss das Recht gewährleistet sein, alle Angelegenheiten der örtlichen Gemeinschaft im Rahmen der Gesetze in eigener Verantwortung zu regeln.

Ähnlich lautet **Art. 57 I 1 Niedersächsische Verfassung:**
(1) [1]Gemeinden und Landkreise und die sonstigen öffentlich-rechtlichen Körperschaften verwalten ihre Angelegenheiten im Rahmen der Gesetze in eigener Verantwortung.

Das Grundgesetz und die Niedersächsische Verfassung gewährleisten den Kommunen also das Recht der Selbstverwaltung.

Auch **§ 1 I NKomVG** regelt die **Selbstverwaltung:**
(1) Die Gemeinden, die Samtgemeinden, die Landkreise und die Region Hannover (Kommunen) verwalten ihre Angelegenheiten im Rahmen der Gesetze in eigener Verantwortung mit dem Ziel, das Wohl ihrer Einwohnerinnen und Einwohner zu fördern.

Zu den eigenverantwortlich zu verwaltenden Angelegenheiten gehören unter anderem die Aufgabenhoheit, die Gebietshoheit, die Organisationshoheit, die Personalhoheit, die Planungshoheit sowie die Satzungshoheit. Zu dieser verfassungsrechtlich garantierten eigenverantwortlichen Wahrnehmung der Angelegenheiten der örtlichen Gemeinschaft benötigen die Kommunen gleichwohl auch ausreichende Finanzmittel. Zu den Kernbereichen der Selbstverwaltungsaufgaben der Kommune gehört folglich auch die **Finanzhoheit**, d. h. das Recht, das kommunale Finanzwesen im Rahmen der geltenden Gesetze selbst zu regeln. Die Kommune hat das Recht auf eigene Finanzquellen und auf die eigenverantwortliche Bewirtschaftung und Ausschöpfung derselben. Der Haushaltsplan ist folglich ein Ausdruck des Rechtes auf **kommunale Selbstverwaltung**.

Mit der Veranschlagung der Finanzvorfälle im Haushaltsplan soll ein vollständiges und übersichtliches Bild über die zur Erfüllung der kommunalen Aufgaben erforderlichen verschiedenen Ergebnis- und

Zahlungsgrößen und ihre Deckungsmittel erreicht werden. Als **Veranschlagung** ist die Aufnahme in den Haushaltsplan mit der Wirkung zu verstehen, dass bis zu der vorgesehenen Höhe Aufwendungen verursacht, Auszahlungen geleistet und investive Verpflichtungen zu Lasten künftiger Haushaltsjahre eingegangen werden dürfen bzw. Erträge und Einzahlungen erzielt werden sollen.

Auf einen Blick: Grundlagen des Haushaltsplans
Der Haushaltsplan ist ein Ausdruck des verfassungsrechtlich garantierten Rechtes auf **kommunale Selbstverwaltung,** zu welcher auch die **Finanzhoheit** gehört. Danach dürfen die Kommunen die Angelegenheiten ihrer örtlichen Gemeinschaft selbst regeln und verwalten. Eine Legaldefinition des Begriffs **»Haushaltsplan«** ist in den einschlägigen Gesetzen und Verordnungen nicht enthalten, er kann gleichwohl folgendermaßen beschrieben werden:
Der Haushaltsplan ist eine maßgebende, systematische Zusammenstellung aller erwarteten, veranschlagten Haushaltsmittel, die eine Kommune innerhalb einer bestimmten Periode (in der Regel ein Kalenderjahr) zur Erfüllung ihrer Aufgaben voraussichtlich benötigt.

Der Haushaltsplan zeigt alle mit der Leistungserbringung, auf ein Haushaltsjahr bezogenen verbundenen Erträge und Aufwendungen (Ergebnisgrößen) sowie Ein- und Auszahlungen (Zahlungsgrößen) und damit die voraussichtliche Entwicklung der Vermögens-, Ertrags- und Finanzlage auf.

2.2.2 Aufbau des Haushaltsplans

Es braucht Geduld, sich mit dem Haushaltsplan einer Kommune auseinander zu setzen. Die einzelnen – oft farblich voneinander abgetrennten – Teile des Haushaltsplans spiegeln große Teile des Lebens der örtlichen Gemeinschaft wider und sind für das Gemeinwohl von großer Bedeutung.

Der systematische Aufbau des Haushaltsplans wird unter anderem durch die verbindlichen Vorgaben des NKomVG vorgeschrieben.

§ 113 II 1 NKomVG formuliert zur **Gliederung des Haushaltsplans:**
(2) [1]Der Haushaltsplan ist in einen Ergebnishaushalt und einen Finanzhaushalt zu gliedern.

Zur weiteren Gliederung enthalten die Verordnung über die Aufstellung und Ausführung des Haushaltsplans sowie die Abwicklung der Kassengeschäfte der Kommunen (Kommunalhaushalts- und -Kassenverordnung – KomHKVO) sowie die 19 Haushaltsmuster (lt. Ausführungserlass 2017, zuletzt geändert durch RdErl. des MI vom 27.09.2023 (Nds. MBl. S. 760)) zusätzliche Strukturvorgaben.

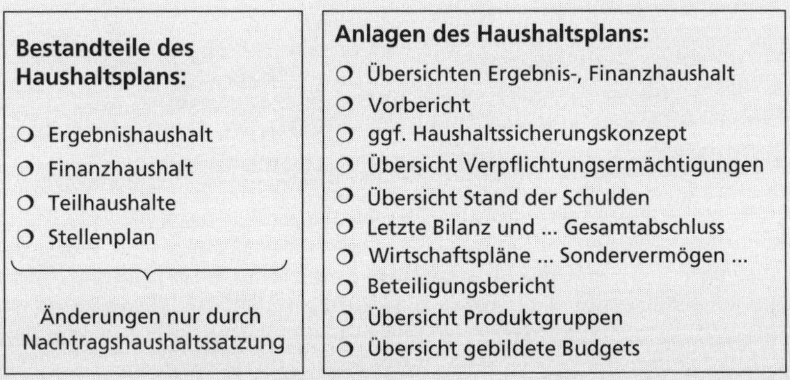

Abbildung 4: Aufbau des Haushaltsplans

Die in § 1 I KomHKVO gelisteten, aktiv von der Vertretung zu gestaltenden **Bestandteile des Haushaltsplans** sind für den Bestand des Haushaltsplans unverzichtbar. Sie können aufgrund ihres Rechtsnormcharakters nur im offiziellen Verfahren durch eine Nachtragshaushaltssatzung geändert werden.

Bei den in § 1 II 1 KomHKVO gelisteten (Pflicht-) **Anlagen des Haushaltsplans** ist schon auf den ersten Seiten der **Vorbericht** auffällig.

§ 6 S. 1 und 2 KomHKVO formulieren zum Vorbericht:
[1]Der Vorbericht hat einen Überblick über die Entwicklung und den Stand der Haushaltswirtschaft zu geben. [2]Er enthält eine wertende Analyse der finanziellen Lage und ihrer voraussichtlichen Entwicklung.

Ziel des Vorberichts ist es, die wichtigsten Finanzdaten über die gegenwärtige und die zukünftig zu erwartende Haushaltslage in kompakter Form aufzuarbeiten und für gesamtgemeindliche Entscheidungen bereit zu halten. Die geforderten Angaben werden hier oft in konzentrierter Form (tabellarisch und grafisch) dargestellt und sind auch ohne ausreichende Kenntnisse des Haushaltsrechts verständlich. So werden neben langfristigen Trends zu Investitionstätigkeiten oder Zielvorgaben oftmals auch aktuelle und zu erwartende finanzwirtschaftliche Probleme der Kommune beschrieben.

Neben diesem Vorbericht existieren noch weitere nach § 1 II 1 KomHKVO zum Haushaltsplan gehörende **Anlagen**. Die Anlagen, die keinen Rechtsnormcharakter besitzen und zum Teil auch frei gestaltbar sind, sollen das Zahlenwerk auch für Personen verständlicher machen, die nur wenig oder gar nicht mit Finanzvorfällen umgehen. Sie dienen der Vertretung und ihren Ausschüssen als informative Grundlage für die Beratung des Haushaltsplans und der Öffentlichkeit und Aufsichtsbehörde zur Unterrichtung über das Gesamtbild der Vermögens-, Ertrags- und Finanzlage der Kommune, ihre wichtigsten Vorhaben und Dienstleistungen (Produkte) sowie den Umfang der wirtschaftlichen Betätigung der Kommune.

Auf einen Blick: Aufbau des Haushaltsplans
Die **Bestandteile** nach § 1 I KomHKVO als unverzichtbare, wesentliche Teile des Haushaltsplans werden durch den Beschluss der Vertretung über die Haushaltssatzung festgesetzt und stehen der Haushaltssatzung normativ gleich.
Die **Anlagen** des Haushaltsplans nach § 1 II KomHKVO dienen als ergänzende haushaltswirtschaftliche Unterlagen der Unterrichtung der Vertretung, der Bürger und der Kommunalaufsicht über die finanzwirtschaftlichen Entwicklungen der Kommune. Sie zeigen in übersichtlicher Aufbereitung haushaltswirtschaftliche Zusammenhänge und Informationen auf, die sich aus den Bestandteilen ergeben.

2.2.3 Bedeutung des Haushaltsplans

Die durch die kommunale Selbstverwaltung garantierte Finanzhoheit dokumentiert zugleich, dass die Verwaltung bei der Ausführung an die Festlegungen des durch die Haushaltssatzung festgesetzten Haushaltsplans gebunden ist.

§ 113 III 1 und 2 NKomVG fixieren die besondere **Bedeutung des Haushaltsplans:**
(3) [1]Der Haushaltsplan ist Grundlage für die Haushaltswirtschaft der Kommunen. [2]Er ist nach Maßgabe dieses Gesetzes und der auf Grund dieses Gesetzes erlassenen Vorschriften für die Haushaltsführung verbindlich.

Der Haushaltsplan ist eine **verbindliche Grundlage** für die Tätigkeiten, die zur Vorbereitung, Aufstellung, Festsetzung, Ausführung und Abrechnung der jährlichen Haushaltswirtschaft der Kommune gehören. Dieses bedeutet auch, dass die Verwaltung durch den Haushaltsplan zur Haushaltsführung ermächtigt und in die Lage versetzt wird, die Arbeitsaufträge (Ziele) für die abgebildeten Produkte umzusetzen. Die Aufnahme einer bestimmten **Ermächtigung** in den Haushaltsplan bedeutet, dass die Vertretung damit ihren Willen zum Ausdruck bringt, dass der Aufwand entstehen bzw. die Zahlung auch geleistet werden darf. Andererseits darf die Verwaltung Aufwendungen nur entstehen lassen oder Auszahlungen nur dann leisten, wenn der Haushaltsplan dies vorsieht, d. h. die Verwaltung dazu ermächtigt ist. Damit der Haushaltsplan diesen Verbindlichkeitscharakter erhält, wird er durch die zu erlassende Haushaltssatzung für jedes Haushaltsjahr festgesetzt.

§ 113 III 3 NKomVG verdeutlicht die **Innenwirkung des Haushaltsplans:**
(3) [3]Ansprüche und Verbindlichkeiten Dritter werden durch ihn weder begründet noch aufgehoben.

Der Haushaltsplan beinhaltet im Rahmen einer **Innenwirkung** lediglich Ermächtigungen für die Verwaltung zum Haushaltsvollzug. **Ansprüche Dritter** werden durch den Haushaltsplan nicht begründet. Die veranschlagten Aufwendungen und Auszahlungen begründen also für Dritte keinen rechtlichen Anspruch auf die Erbringung einer bestimmten Leistung. So können Ansprüche auf Sozialleistungen nicht aus dem Haushaltsplan hergeleitet werden, sie müssen vielmehr auf das Sozialgesetzbuch gestützt werden. Insbesondere bei freiwilligen Leistungen bedarf es neben einer Veranschlagung der Aufwendungen und Auszahlungen noch einer rechtlichen Verpflichtung für die Kommune, um den Anspruch des Dritten wirksam zu begründen. Diese kann sich aus einer Rechtsnorm, einem Vertrag oder einem Verwaltungsakt ergeben. Auch eine Zusage, einen bestimmten Verwaltungsakt später zu erlassen, käme als Zusicherung gemäß § 38 I 1 Verwaltungsverfahrensgesetz in Betracht. Diese Zusage wäre gleichwohl nur wirksam, wenn sie schriftlich erfolgte. Andererseits werden Ansprüche Dritter durch den Haushaltsplan auch nicht aufgehoben, d. h. wenn vorrangige ermächtigende Leistungsnormen (z. B. Sozialgesetzbücher, Verträge oder sonstige Normen) erfüllt sind, hat die Kommune die hierauf beruhenden Aufwendungen unabhängig von der Veranschlagung entstehen zu lassen und die Auszahlungen zu leisten.

Andererseits werden auch **Verbindlichkeiten Dritter** durch den Haushaltsplan weder begründet noch aufgehoben, d. h. wenn vorrangige verpflichtende Erhebungsnormen (z. B. Steuer- und Gebührensatzungen, Verträge oder sonstige Normen) erfüllt sind, wird die Kommune unabhängig von der Veranschlagung die hierauf beruhenden Erträge fordern und die Einzahlungen einziehen. Der Haushaltsplan selbst erzeugt keine rechtliche Wirkung nach außen und es besteht auch keine unmittelbare Wirkung für den Bürger.

Beispiel:
Innenwirkung des Haushaltsplans

Sachverhalt:
Im Haushaltsplan ist die Erneuerung der Fahrbahndecke der Hauptstraße mit Auszahlungen von 100.000 Euro veranschlagt. Im Mai des Haushaltsjahres ist die Maßnahme immer noch nicht umgesetzt.
Der an der Hauptstraße wohnende Anlieger schreibt an die Kommune und verlangt auf Grund des Haushaltsplans unverzüglich noch für das Haushaltsjahr den Ausbau der Hauptstraße.

Lösung:
Nach § 113 III 1 und 2 NKomVG ist der Haushaltsplan die Grundlage für die Haushaltswirtschaft und für die Haushaltsführung verbindlich. Die Verwaltung ist bei ihrer Aufgabenwirtschaft an die veranschlagten Haushaltsansätze gebunden. Nach § 113 III 3 NKomVG werden Ansprüche Dritter nicht *begründet*.

Der Haushaltsplan regelt als Bindeglied im Innenverhältnis nur die Beziehungen zwischen der Verwaltung und der Vertretung. Der Anlieger kann aus dem Haushaltsplan keinen Rechtsanspruch auf Realisierung einzelner Maßnahmen ableiten.

Sachverhalt:
Die Kommune teilt den Empfängern der Hilfe zur Pflege mit, dass die finanziellen Hilfeleistungen für den Monat Dezember erst im Januar des folgenden Haushaltsjahres ausgezahlt werden, weil die Haushaltsermächtigungen dieses Jahres erschöpft seien.

Lösung:
Nach § 113 III 3 NKomVG werden Ansprüche Dritter nicht *aufgehoben*, d. h. die Erfüllung des gesetzlichen Anspruchs (Hilfegewährung nach dem Sozialgesetzbuch XII) ist vorrangig und es darf keine Beeinträchtigung durch fehlende Haushaltsermächtigungen erfolgen.
Die Verwaltung muss die Hilfe zur Pflege für Dezember noch im Haushaltsjahr auszahlen; eine Verschiebung auf das kommende Jahr ist rechtswidrig. Die Haushaltsermächtigungen müssen nachgefordert, d. h. im Bewilligungsverfahren nach § 117 NKomVG bereitgestellt, werden.

Auf einen Blick: Bedeutung des Haushaltsplans
Der **Haushaltsplan** ist nach § 113 III NKomVG **Grundlage für die Haushaltswirtschaft** und für die Haushaltsführung **verbindlich.** In dieser Funktion stellt der Haushaltsplan sozusagen ein Bindeglied zwischen Vertretung und Verwaltung dar.
Bindend ist der Haushaltsplan, der durch die Haushaltssatzung für die kommunale Haushaltswirtschaft »festgesetzt« wird, dabei nur im **Innenverhältnis.** Ein Dritter kann von der Kommune keine besondere Leistung fordern unter der Begründung, der Haushaltsplan sähe dafür Beträge vor. Andererseits kann die Erfüllung der Pflichtaufgaben nicht mit der Begründung fehlender Haushaltsermächtigungen verweigert werden. Insofern wenden sich die Festsetzungen und Bestimmungen des Haushaltsplans ausschließlich an die mit der Ausführung des Haushaltsplans befassten Organe und Funktionsträger der Kommune, also z. B. an den Hauptverwaltungsbeamten und die Dienstkräfte, die zu Buchungen befugt sind. Externen Adressaten dient der Haushaltsplan lediglich als Informationsquelle.

2.3 HAUSHALTSSATZUNG – EINE SATZUNG EIGENER ART (»SUI GENERIS«)

Die Haushaltssatzung nimmt eine Sonderstellung unter den als Ortsrecht geltenden Satzungen der Kommune ein. Ihre Unterscheidungsmerkmale zu anderen kommunalen Satzungen sind vielfältig. Der besonders geregelte Mindestinhalt, die geregelte Wirksamkeit sowie die geregelte Gültigkeit für ein Kalenderjahr stellen nur einige Besonderheiten dar.

2.3.1 Aufstellung und Inhalte der Haushaltssatzung

Die Aufstellung der Haushaltssatzung und ihre Inhalte sind durch das NKomVG vorgeschrieben. Im Unterschied zu anderen Satzungen ist die Haushaltssatzung eine Pflichtsatzung für jede Kommune, d. h. sie ist in jedem Fall zu erlassen.

§ 112 I NKomVG fordert für den **Erlass der Haushaltssatzung:**
(1) Die Kommunen haben für jedes Haushaltsjahr eine Haushaltssatzung zu erlassen.

Diese Vorschrift verankert den **Grundsatz der Jährlichkeit** für die Aufstellung der Haushaltssatzung und des durch sie festgesetzten Haushaltsplans. Das Haushaltsjahr ist nach § 112 IV NKomVG das Kalenderjahr, soweit nicht für einzelne Bereiche durch Gesetz oder Verordnung etwas anderes bestimmt ist (z. B. Forst- oder Landwirtschaftsjahr mit abweichenden Haushaltsjahren).

Im Gegensatz zum Haushaltsplan ist die jährlich zu beschließende Haushaltssatzung vergleichsweise knapp. Als Pflichtinhalt sind fünf Paragrafen vorgegeben.

§ 112 II 1 NKomVG regelt den **Mindestinhalt der Haushaltssatzung:**
(2) [1]Die Haushaltssatzung enthält

1. die Festsetzung des Haushaltsplans
   a) im Ergebnishaushalt unter Angabe des Gesamtbetrages der ordentlichen Erträge und Aufwendungen sowie der außerordentlichen Erträge und Aufwendungen,
   b) im Finanzhaushalt unter Angabe des Gesamtbetrages der Einzahlungen und der Auszahlungen aus laufender Verwaltungstätigkeit, der Einzahlungen und der Auszahlungen für Investitionstätigkeit sowie der Einzahlungen und der Auszahlungen aus der Finanzierungstätigkeit,
   c) unter Angabe des Gesamtbetrages der vorgesehenen Kreditaufnahmen für Investitionen und Investitionsförderungsmaßnahmen (Kreditermächtigung) sowie
   d) unter Angabe des Gesamtbetrages der Ermächtigungen zum Eingehen von Verpflichtungen, die künftige Haushaltsjahre mit Auszahlungen für Investitionen und Investitionsförderungsmaßnahmen belasten (Verpflichtungsermächtigungen),
2. die Festsetzung des Höchstbetrages der Liquiditätskredite,
3. bei Gemeinden die Festsetzung der Hebesätze der Grund- und Gewerbesteuer, wenn diese nicht in einer gesonderten Satzung bestimmt sind, und
4. bei Samtgemeinden, Landkreisen und der Region Hannover weitere Vorschriften, wenn dies gesetzlich vorgeschrieben ist.

Sollten keine Kredite für Investitionen und Investitionsförderungsmaßnahmen, Verpflichtungsermächtigungen oder Liquiditätskredite veranschlagt werden, sind dafür auch besondere Formulierungen zu verwenden. Das **Muster 1** regelt im Hinblick auf die Vergleichbarkeit der kommunalen Haushaltssatzungen sowohl den Aufbau wie auch die textliche Fassung.

Beispiel:
Haushaltssatzung und Bekanntmachung der Haushaltssatzung (Muster 1)

1. Haushaltssatzung[1] der Gemeinde .... für das Haushaltsjahr[2] ....

Aufgrund des § 112 des Niedersächsischen Kommunalverfassungsgesetzes hat der Rat der Gemeinde .... in der Sitzung am .... folgende Haushaltssatzung beschlossen:

§ 1
Der Haushaltsplan für das Haushaltsjahr [2] [3]..... wird
1. im **Ergebnishaushalt**
mit dem jeweiligen Gesamtbetrag
1.1 der ordentlichen Erträge auf .... Euro
1.2 der ordentlichen Aufwendungen auf .... Euro
1.3 der außerordentlichen Erträge .... Euro
1.4 der außerordentlichen Aufwendungen auf .... Euro

2. im **Finanzhaushalt**
mit dem jeweiligen Gesamtbetrag
2.1 der Einzahlungen aus laufender Verwaltungstätigkeit .... Euro
2.2 der Auszahlungen aus laufender Verwaltungstätigkeit .... Euro
2.3 der Einzahlungen für Investitionstätigkeit .... Euro
2.4 der Auszahlungen für Investitionstätigkeit .... Euro
2.5 der Einzahlungen für Finanzierungstätigkeit .... Euro
2.6 der Auszahlungen für Finanzierungstätigkeit .... Euro.
festgesetzt.

§ 2
Der Gesamtbetrag der vorgesehenen Kreditaufnahmen für Investitionen und Investitionsförderungsmaßnahmen (Kreditermächtigung) wird auf .... Euro festgesetzt.
(Oder:)
Kredite für Investitionen und Investitionsförderungsmaßnahmen werden nicht veranschlagt.

§ 3
Der Gesamtbetrag der Verpflichtungsermächtigungen wird auf .... Euro[3] festgesetzt.
(Oder:)
Verpflichtungsermächtigungen werden nicht veranschlagt.

§ 4
Der Höchstbetrag, bis zu dem im Haushaltsjahr[2] .... Liquiditätskredite zur rechtzeitigen Leistung von Auszahlungen in Anspruch genommen werden dürfen, wird auf .... Euro[3] festgesetzt.
(Oder:)
Liquiditätskredite werden nicht beansprucht.

§ 5
Die Steuersätze[4] (Hebesätze) für die Realsteuern werden für das Haushaltsjahr[2] .... wie folgt festgesetzt[5]:
1. Grundsteuer
1.1 für die land- und forstwirtschaftlichen Betriebe (Grundsteuer A) ... v. H.[3]
1.2 für die Grundstücke (Grundsteuer B) ... v. H.

2. Gewerbesteuer ... v. H.

§ 6[6]

......, ...

Ort Datum der Ausfertigung Bürgermeisterin/Bürgermeister

[1] Die Angaben für nach § 139 NKomVG geführte Einrichtungen sind bei den jeweiligen Festsetzungen als »a-Paragrafen« zusätzlich anzugeben.
[2] Bei der Festsetzung für zwei Haushaltsjahre (§ 112 Abs. 3 Satz 2 NKomVG) sind beide Haushaltsjahre anzugeben.
[3] Die einzelnen Jahresbeträge sind bei der Festsetzung für zwei Haushaltsjahre nebeneinander oder untereinander aufzuführen.
[4] Anstelle der Steuersätze werden bei Landkreisen, Samtgemeinden oder der Region Hannover die Umlagesätze gemäß § 15 Abs. 3 NFAG (i.V.m. § 111 Abs. 3 NKomVG) festgesetzt.
[5] Hat die Gemeinde nach Maßgabe des Grundsteuergesetzes und des Gewerbesteuergesetzes eine besondere Hebesatzsatzung erlassen, so ist zum Ausdruck zu bringen, dass die Angabe der Steuersätze in der Haushaltssatzung nur deklaratorische Bedeutung hat; dies soll dadurch geschehen, dass das Wort »werden« durch die Worte »sind durch eine besondere Hebesatzsatzung« ersetzt wird.
[6] Hier können weitere Vorschriften, die sich auf Erträge, Aufwendungen, Einzahlungen und Auszahlungen und den Stellenplan beziehen, aufgenommen werden (§ 112 Abs. 2 Satz 2 NKomVG).

§ 1 der Haushaltssatzung – Gesamtvolumen – auf den Euro gebracht

Entsprechend der Zweiteilung der Planung in einen Ergebnishaushalt und in einen Finanzhaushalt enthält der § 1 der Haushaltssatzung die für das Haushaltsjahr relevanten Volumina der Haushalte. Für den Ergebnishaushalt ist die Spaltung der Gesamtbeträge in ein ordentliches und außerordentliches Ergebnis und für den Finanzhaushalt die Dreiteilung in Finanzvorfälle der laufenden, investiven und finanzierenden Tätigkeit auffallend.

§ 2 der Haushaltssatzung – Kreditermächtigung

Wie eine Familie kann auch die Kommune in die Lage kommen, Geldkapital von Dritten aufnehmen zu müssen.

§ 60 KomHKVO enthält folgende Begriffsbestimmung:
Nr. 30 Kredit:
das unter der Verpflichtung zur Tilgung von Dritten oder von Sondervermögen mit Sonderrechnung aufgenommene Geldkapital als Deckungsmittel;

Das Geldkapital wird dabei z. B. am Kreditmarkt in der Regel als Schuldscheindarlehen bei den Kreditinstituten aufgenommen. Kredite dienen demnach lediglich dazu, die in einem Jahr benötigten, aber nicht vorhandenen Finanzmittel für die investiven Auszahlungen einzunehmen und die Tilgung auf mehrere Jahre zu verteilen. Die Erlaubnis, Kredite als Deckungsmittel aufnehmen zu dürfen, erhält die Verwaltung über die Haushaltssatzung, die von der Vertretung beschlossen wird.

§ 112 II 1 Nr. 1c NKomVG enthält eine Legaldefinition zur **Kreditermächtigung:**
(2) [1]Die Haushaltssatzung enthält
1. die Festsetzung des Haushaltsplans …
c) unter Angabe des Gesamtbetrages der vorgesehenen Kreditaufnahmen für Investitionen und Investitionsförderungsmaßnahmen (Kreditermächtigung) sowie …

Die **Kreditermächtigung** der jeweiligen Kommune ergibt sich also direkt aus § 2 der örtlichen Haushaltssatzung. Die Ermächtigungen für andere Einzahlungen oder auch Erträge sind dagegen in speziellen Rechtsgrundlagen, außerhalb der Haushaltssatzung enthalten. Hierfür stellt der durch die Haushaltssatzung festgesetzte Haushaltsplan lediglich eine Aufkommensschätzung dar. Die Kommune darf Kredite zur nachhaltigen Finanzierung der Investitionen und Investitionsförderungsmaßnahmen dabei grundsätzlich nur als »letztes Mittel« aufnehmen.

§ 111 VI NKomVG stellt zur Aufnahme der Investitionskredite klar:
(6) [1]Die Kommunen dürfen Kredite nur dann aufnehmen, wenn eine andere Finanzierung nicht möglich ist oder wirtschaftlich unzweckmäßig wäre. [2]Einmalige und wiederkehrende Beiträge für Verkehrsanlagen zählen nicht zu den anderen Finanzierungsmöglichkeiten.

Kredite sind nach den Grundsätzen der Finanzmittelbeschaffung im Sinne der **Kreditsubsidiarität** in der Ausführungsphase des Haushaltsplans grundsätzlich nur dann aufzunehmen, wenn alle anderen Finanzierungsmöglichkeiten ausgeschöpft sind. Gleiches gilt für die Aufstellung des Haushaltsplans, d. h. auch hier sind die Kredite nachrangig zu veranschlagen. Da die Kommune als Schuldnerin für das aufgenommene Kapital auch Zinsen aufbringen muss, ergibt sich diese Nachrangigkeit der Kreditaufnahme schon aufgrund des Grundsatzes der Sparsamkeit und Wirtschaftlichkeit nach § 110 II NKomVG. Eine andere Finanzierung über die Inanspruchnahme von eigenen Mitteln könnte wirtschaftlich unzweckmäßig sein, wenn die Verzinsung von Sparguthaben höher ist als z. B. gewährte zinslose oder -begünstigte Kredite.

Die absolute Nachrangigkeit von Kreditaufnahmen gegenüber einer Finanzierung durch z.B. Straßenausbaubeiträge wird jedoch beseitigt, da nach § 111 VI 2 NKomVG einmalige und wiederkehrende Beiträge für Verkehrsanlagen nicht zu den anderen Finanzierungsmöglichkeiten zählen. So ist es möglich, Kredite zur Finanzierung von Straßenausbaumaßnahmen aufzunehmen, ohne zwingend auf die vorherige Erhebung von Straßenausbaubeiträgen angewiesen zu sein. Damit wird eine Stärkung der kommunalen Selbstverwaltung und eine Erweiterung des Entscheidungsspielraums bei der Finanzierung des Straßenausbaus erreicht.

§ 120 I 1 NKomVG ergänzt zur Aufnahme von Investitionskrediten:
(1) [1]Kredite dürfen unter der Voraussetzung des § 111 Abs. 6 nur für Investitionen, Investitionsförderungsmaßnahmen und zur Umschuldung aufgenommen werden; sie sind als Einzahlungen im Finanzhaushalt zu veranschlagen.

Investitionen und Investitionsförderungsmaßnahmen sind in § 60 Nr. 22 und Nr. 23 KomHKVO bestimmt. Für diese kann die Kommune Kredite aufnehmen, sich also verschulden. Die Abgrenzung des Begriffs Investition ist folglich von nicht unerheblicher materieller Bedeutung. Kreditwirtschaftliche Einzahlungen »veranschlagen« bedeutet, die Finanzvorfälle im Finanzhaushalt einzuplanen; d. h. sie werden in gesonderten Zeilen abgebildet. Die **Umschuldung** ist die Rückzahlung eines Kredits durch die Aufnahme eines neuen Kredits, in der Regel bei einem anderen Kreditgeber. Wesensmerkmal ist auch der Abschluss eines neuen Kreditvertrages. Zweck der Umschuldung ist es grundsätzlich, einen Kredit zu günstigeren Konditionen zu erlangen.

§ 120 I 2 NKomVG verweist auf Richtlinien für Kreditaufnahmen:
(1) [2]Die Kommune hat Richtlinien für die Aufnahme von Krediten aufzustellen.

Die aufzustellenden Richtlinien für die Aufnahme von Krediten sind nach § 58 I Nr. 15 NKomVG ausschließlich von der Vertretung zu beschließen. Zudem gibt es einen **Krediterlass** über die Kreditwirtschaft der kommunalen Körperschaften einschließlich ihrer Sonder- und Treuhandvermögen, der weitere Details über Kredite, Liquiditätskredite, kreditähnliche Rechtsgeschäfte etc. beinhaltet.

Kreditwirtschaftliche Finanzvorfälle werden im dritten Teil des Finanzhaushalts unter der Rubrik »Finanzierungstätigkeit« veranschlagt.

§ 3 Nr. 8 und 9 KomHKVO listen den Inhalt des Finanzhaushalts wie folgt:

8. als Einzahlungen aus Finanzierungstätigkeit
   a) Einzahlungen aus der Aufnahme von Krediten und
   b) Einzahlungen aus der Aufnahme innerer Darlehen,
9. als Auszahlungen aus Finanzierungstätigkeit
   a) Auszahlungen für die Tilgung von Krediten und
   b) Auszahlungen für die Rückzahlung innerer Darlehen

Genauere Einordnungsinformationen sind im verbindlichen Kontenrahmen enthalten. So ist für die Konten (kreditwirtschaftliche Einzahlungen unter der Kontenart 692 mit Bereichsabgrenzung B bis D und

Auszahlungen unter der Kontenart 792 mit Bereichsabgrenzung B bis D) neben einer Einteilung nach den Laufzeiten und der Währung auch eine Bereichsabgrenzung vorzunehmen, die z. B. Informationen zu der Herkunft des Kredites (vom Bund, vom Land, von Kreditinstituten etc.) gibt. Kredite stellen nach dem Gesamtdeckungsgrundsatz des § 17 III KomHKVO allgemeine Deckungsmittel dar, die im Rahmen einer zentralen Schuldenwirtschaft im Produktbereich 6 »Zentrale Finanzleistungen« zusammengefasst in der Produktgruppe 612 »Sonstige Allgemeine Finanzwirtschaft« zu veranschlagen sind. Als Zuordnung zu der Kategorie der allgemeinen Deckungsmittel gibt eine spätere Kreditaufnahme damit nicht explizit und rechtlich bindend den tatsächlichen Aufnahmegrund wieder.

§ 3 der Haushaltssatzung – Gesamtbetrag der Verpflichtungsermächtigungen

Aufträge dürfen nur erteilt werden, wenn die haushaltsrechtlichen Voraussetzungen vorliegen, d. h. der Haushaltsplan muss eine entsprechende Ermächtigung in Form eines zahlungswirksamen Aufwendungsansatzes (mit der Aufwendung geht eine Auszahlung der laufenden Verwaltungstätigkeit einher), eines investiven Auszahlungsansatzes oder einer Verpflichtungsermächtigung beinhalten.

§ 112 II 1 Nr. 1d NKomVG enthält eine Legaldefinition zur Verpflichtungsermächtigung:
(2) [1]Die Haushaltssatzung enthält ...
1. die Festsetzung des Haushaltsplans ...
d) unter Angabe des Gesamtbetrages der Ermächtigungen zum Eingehen von Verpflichtungen, die künftige Haushaltsjahre mit Auszahlungen für Investitionen und Investitionsförderungsmaßnahmen belasten (Verpflichtungsermächtigungen). ...

So erlauben Verpflichtungsermächtigungen im Haushaltsjahr Ausgabeverpflichtungen für Investitionen und Investitionsförderungsmaßnahmen zu Lasten künftiger Haushaltsjahre einzugehen, d. h. Verträge abzuschließen oder Aufträge zu erteilen, die künftige Jahre mit investiven Auszahlungen belasten. Die Besonderheit liegt hier darin, dass das schuldrechtliche **Verpflichtungsgeschäft**, welches Ansprüche und Rechte z. B. durch einen Kaufvertrag begründet und das sachenrechtliche **Verfügungsgeschäft**, welches das Verpflichtungsgeschäft z. B. durch Übergabe und Übereignung vollzieht, in verschiedenen Jahren stattfinden. Bei der Inanspruchnahme einer veranschlagten Verpflichtungsermächtigung erfolgt das Verpflichtungsgeschäft im Haushaltsjahr, wobei das Verfügungsgeschäft erst in künftigen Haushaltsjahren vollzogen wird. Eine Verpflichtungsermächtigung ist also notwendig, wenn zwischen dem Kaufvertrag und der Übergabe und Übereignung, als Erfüllung der durch den Kaufvertrag entstandenen Verpflichtungen, ein Jahreswechsel liegt. Dabei ist es möglich, dass das Verfügungsgeschäft lediglich im nächsten direkt folgenden Haushaltsjahr oder in den folgenden Haushaltsjahren erfolgt.

So können z. B. bei längerfristigen, überjährigen Investitions- oder Investitionsförderungsmaßnahmen schon zu Baubeginn Aufträge für die gesamte Maßnahme erteilt werden. Eine veranschlagte Verpflichtungsermächtigung ermächtigt im Haushaltsjahr sodann (lediglich) zum Eingehen von Verpflichtungen (z. B. Erteilung eines Investitionsauftrages); sie stellt als zukunftsgerichtetes Element also stark vereinfacht einen »verplanten Zahlungsmittelabfluss« dar. Eine im Haushaltsjahr veranschlagte Verpflichtungsermächtigung ermächtigt gleichwohl nicht zur Leistung von Auszahlungen im gleichen Haushaltsjahr. Sie stellt andererseits auch noch nicht die Ermächtigung dar, in dem betreffenden Folgejahr auch die Auszahlungen, zu denen sich die Kommune verpflichtet hat, zu leisten. Diese Ermächtigung resultiert allein aus den in den jeweiligen belasteten, künftigen Haushaltsjahren noch zu veranschlagenden Auszahlungen.

Verpflichtungsermächtigungen für die laufende Verwaltungstätigkeit (wie z. B. im Personalbereich) sind nicht vorgeschrieben. Auf diesem Gebiet können überjährige Rechtsgeschäfte, die Aufwendungen und entsprechende Auszahlungen in späteren Haushaltsjahren zur Folge haben (z. B. Einstellungen von Beschäftigten, Miet- oder Pachtverträge etc.), auch ohne eine veranschlagte Verpflichtungsermächtigung abgeschlossen werden.

§ 119 I NKomVG ergänzt die Ermächtigungsfunktion der Verpflichtungsermächtigung:
(1) Verpflichtungen zur Leistung von Auszahlungen für Investitionen und für Investitionsförderungsmaßnahmen in künftigen Jahren dürfen unbeschadet des Absatzes 5 nur eingegangen werden, wenn der Haushaltsplan hierzu ermächtigt.

Soll im Haushaltsjahr während der Ausführungsphase eine Verpflichtung eingegangen (z. B. ein Auftrag erteilt, ein Kaufvertrag geschlossen o. ä.) werden, die künftige Haushaltsjahre mit Auszahlungen für Investitionen und Investitionsförderungsmaßnahmen belastet, muss dafür eine besondere Ermächtigung vorhanden sein. Im Haushaltsplan, d. h. Teilfinanzhaushalt, muss also eine Verpflichtungsermächtigung veranschlagt sein.

§ 113 I 1 NKomVG regelt zum Inhalt des Haushaltsplans:
(1) [1]Der Haushaltsplan enthält alle im Haushaltsjahr für die Erfüllung der Aufgaben der Kommune voraussichtlich

1. ...,
2. ...
3. notwendigen Verpflichtungsermächtigungen.

Über dieses Instrument hat die Vertretung die Möglichkeit, schon bei der Planberatung des Haushaltsjahres die voraussehbaren investiven Belastungen der künftigen Haushaltsjahre in ihre Entscheidungen einzubeziehen. Deshalb werden Verpflichtungsermächtigungen oft als »Vorgriff auf die Zukunft« bezeichnet.

§ 11 S. 1 KomHKVO regelt die Veranschlagung von Verpflichtungsermächtigungen innerhalb des Haushaltsplans:
[1]Die Verpflichtungsermächtigungen werden in den Teilhaushalten maßnahmenbezogen veranschlagt.

Der in der Haushaltssatzung festgesetzte Gesamtbetrag der Verpflichtungsermächtigungen setzt sich aus der Summe der einzelnen Verpflichtungsermächtigungen in den Teilhaushalten zusammen. Im Haushaltsplan selbst sind die einzelnen Verpflichtungsermächtigungen (lediglich) »in den Teilhaushalten« enthalten, die wiederum Bestandteile des Haushaltsplans sind. Da Verpflichtungsermächtigungen nur für Investitionen und Investitionsförderungsmaßnahmen relevant sind, kommt die maßnahmenbezogene Veranschlagung nur in den Teilfinanzhaushalten in Betracht. Da es für die laufende Verwaltungstätigkeit keine Verpflichtungsermächtigungen gibt, kann es auch in den Teilergebnishaushalten (im Muster 8 B) keine entsprechende Abbildung geben. Entsprechend ist lediglich im Muster 8 C für den Teilfinanzhaushalt neben der Ansatzspalte (Nr. 4) des Haushaltsjahres eine Spalte für die Verpflichtungsermächtigungen (Nr. 5) des Haushaltsjahres enthalten.

Vereinfachtes **Muster 8 C, Teilfinanzhaushalt**

Einzahlungen und Auszahlungen	Rechnungsergebnis des Vor-Vorjahres -Euro-	Ansatz des Vorjahres -Euro-	Ansatz des Haushaltsjahres -Euro-	**Verpflichtungsermächtigungen** -Euro-	Ansatz des ersten Jahres der mittelfristigen Ergebnis- und Finanzplanung -Euro-
1	2	3	4	5	6
24. Erwerb von Grundstücken und Gebäuden			100.000	50.000	
			Der **Auszahlungsansatz** ermächtigt dazu, im Haushaltsjahr Verpflichtungen einzugehen und die Rechnung noch im gleichen Jahr zu bezahlen.	Die **Verpflichtungsermächtigung** ermächtigt dazu, im Haushaltsjahr Verpflichtungen einzugehen. Sie ermächtigt jedoch nicht dazu, die Rechnung noch im gleichen Jahr zu bezahlen.	

Das Muster zeigt, dass die einzelnen Verpflichtungsermächtigungen in den Teilfinanzhaushalten bei den Investitions- oder Investitionsförderungsmaßnahmen gemeinsam mit den Auszahlungsansätzen veranschlagt sein können. Sie können andererseits auch allein (ohne weiteren Ansatz) veranschlagt sein. Die Verpflichtungen, die im Haushaltsjahr maximal eingegangen werden können, ergeben sich demnach aus einer Addition der in Spalte 4 zuzüglich der in Spalte 5 veranschlagten Beträge. So könnte die Kommune in diesem Beispiel eine Verpflichtung in Höhe von 150.000 Euro für den Erwerb von Grundstücken und Gebäuden eingehen. Der Anteil der Verpflichtungen aufgrund des Ansatzes (100.000 Euro) belastet sodann das Haushaltsjahr (mit kassenwirksamen Auszahlungen) und der Anteil der Verpflichtungen aufgrund der Verpflichtungsermächtigung (50.000 Euro) belastet das Folgejahr bzw. mehrere Folgejahre.

Im Gegensatz dazu enthält der Finanzhaushalt auf der Gesamtebene keine gesonderte Spalte für Verpflichtungsermächtigungen. Nach der Ansatzspalte für das Haushaltsjahr (Spalte 4) folgt sogleich die mittelfristige Planung (Spalten 5ff).

Vereinfachtes **Muster 7, Finanzhaushalt**

Einzahlungen und Auszahlungen	Rechnungs-ergebnis des Vor-Vorjahres -Euro-	Ansatz des Vorjahres -Euro-	Ansatz des Haushalts-jahres -Euro-	Ansatz des ersten Jahres der mittelfristigen Ergebnis- und Finanz-planung -Euro-	Ansatz des zweiten Jahres der mittelfristigen Ergebnis- und Finanz-planung -Euro-
1	2	3	4	5	6
24. Erwerb von Grundstücken und Gebäuden					

Die aufgrund der veranschlagten Verpflichtungsermächtigungen im Haushaltsjahr eingegangenen Verpflichtungen führen dazu, dass die investiven Auszahlungen bei den Etatberatungen künftiger Haushaltsjahre nicht mehr gestrichen werden können. So ist der Dispositionsspielraum der Investitionen und Investitionsförderungsmaßnahmen in künftigen Teilfinanzhaushalten um die Beträge der Verpflichtungsermächtigungen vorheriger Haushaltsjahre eingeengt.

§ 11 S. 2 KomHKVO regelt erforderliche Angaben bei der Veranschlagung von Verpflichtungsermächtigungen:
[2]Dabei wird angegeben, wie sich die Belastungen voraussichtlich auf die künftigen Jahre verteilen.

Entsprechend ist die voraussichtliche Vorbelastung künftiger Jahre bereits im Haushaltsjahr aufzuführen, d. h. es ist anzugeben, wann und in welcher Höhe die veranschlagte Verpflichtungsermächtigung zu kassenwirksamen Auszahlungen führen wird.

Eine Darstellung über die aus Verpflichtungsermächtigungen in den einzelnen Jahren voraussichtlich fällig werdenden Auszahlungen ist zudem separat in einer Übersicht zusammenzustellen.

Übersicht gem. § 1 Abs. 2 Nr. 5 KomHKVO (Muster 9)

Verpflichtungsermächtigungen im Haushaltsplan des Jahres[1]	Voraussichtlich fällig werdende Auszahlungen[2) 3)]			
	20__ -Euro-	20__ -Euro-	20__ -Euro-	20__ -Euro-
1	2	3	4	5
20.. 20.. 20..				
Insgesamt				
Nachrichtlich: in der mittelfristigen Finanzplanung vorgesehene Kreditaufnahmen für Investitionstätigkeit				

1) In Spalte 1 sind das Haushaltsjahr und alle früheren Jahre auszuführen, in denen Verpflichtungsermächtigungen veranschlagt waren, aus deren Inanspruchnahme noch Auszahlungen fällig werden.
2) In Spalte 2 ist das Haushaltsjahr, in den Spalten 3 bis 5 die sich anschließenden Jahre einzusetzen.
3) Werden Auszahlungen aus Verpflichtungsermächtigungen in Jahren fällig, auf die sich die mittelfristige Finanzplanung noch nicht erstreckt, so sind weitere Kopfspalten in die Übersicht aufzunehmen und die voraussichtlichen Kreditaufnahmen für Investitionstätigkeit in diesen Jahren gemäß § 1 Abs. 2 Nr. 5 zweiter Halbsatz KomHKVO besonders darzustellen.

Aus dieser Pflichtanlage zum Haushaltsplan ist abzulesen, welche finanziellen Belastungen in künftigen Jahren zu erwarten sind, weil Verpflichtungsermächtigungen im Haushaltsjahr ausgenutzt worden sind. Sie ist dem Haushaltsplan beizufügen, um schon vor dem Eingehen der Verpflichtungen zur Leistung von investiven Auszahlungen die finanziellen Risiken aufzudecken. Die Übersicht lässt erkennen, in welcher Höhe aus der Inanspruchnahme von Verpflichtungsermächtigungen im Haushaltsjahr sodann in den Folgejahren voraussichtlich investive Auszahlungen erwachsen und auf welche Jahre sich diese Auszahlungen verteilen werden.

§ 12 II KomHKVO regelt die notwendigen Unterlagen für die Veranschlagung von Verpflichtungsermächtigungen für Baumaßnahmen:
[1]Auszahlungen und Verpflichtungsermächtigungen für Baumaßnahmen dürfen erst veranschlagt werden, wenn Pläne, Berechnungen und Erläuterungen vorliegen, aus denen die Art der Ausführung, die Gesamtauszahlungen für die Baumaßnahme, der Grunderwerb und die Einrichtung sowie der voraussichtliche Jahresbedarf unter Angabe der finanziellen Beteiligung Dritter und ein Bauzeitplan im Einzelnen ersichtlich sind. [2]Den Unterlagen wird eine Berechnung der nach Fertigstellung der Maßnahme entstehenden jährlichen Haushaltsbelastungen beigefügt.

Verpflichtungsermächtigungen für die Ausführung eines Neu-, Erweiterungs- oder Umbaus als Baumaßnahmen nach § 60 Nr. 10 KomHKVO dürfen also nur in den Haushalt aufgenommen werden, wenn sie auch planungsreif sind und die geforderten Unterlagen vorliegen. Erst eine Bedarfsbegründung, eine Risikobetrachtung und eine sachgerechte zukunftsgezogene Kostenermittlung begründen die sachliche »Veranschlagungsreife« von vorgesehenen Baumaßnahmen.

Beispiel:
Veranschlagung einer Verpflichtungsermächtigung

Sachverhalt:
Die Bibliothek soll erweitert werden. Hierfür muss zunächst noch eine benachbarte Grundstücksfläche zugekauft werden. Der Vertrag über den Grunderwerb von 120.000 Euro soll im Oktober 2025 geschlossen werden. Der Eigentümer verlangt die Auszahlung zu 1/4 zum 15.10.2025 und den Rest zum 15.02.2026.
Es ist zu klären, wie der Finanzvorfall zu veranschlagen ist.

Lösung:
Der Sachverhalt erfüllt die Voraussetzungen für die Veranschlagung einer Verpflichtungsermächtigung: Das Tatbestandsmerkmal des § 112 II 1 Nr. 1d NKomVG »Eingehen von Verpflichtungen …« ist durch den geplanten Abschluss des Kaufvertrags in 2025

erfüllt. Das Tatbestandsmerkmal »künftige Haushaltsjahre belasten« ist durch die Restzahlung i. H. v. 90.000 Euro in 2026 erfüllt. Das Tatbestandsmerkmal »Investitionen und Investitionsförderungsmaßnahmen« ist als Investition (§ 60 Nr. 22 KomHKVO) durch den Grunderwerb als Mehrung des Sachvermögens erfüllt.
Im Haushaltsjahr (Teilfinanzhaushalt) 2025 ist nach § 3 Nr. 5a KomHKVO bei der Haushaltsposition »Erwerb von Grundstücken und Gebäuden« ein investiver Auszahlungsansatz i. H. v. 30.000 Euro zu veranschlagen (Muster 8 C, Spalte 4) und gleichzeitig maßnahmenbezogen eine Verpflichtungsermächtigung i. H. v. 90.000 Euro (Muster 8 C, Spalte 5).
Der Auszahlungsansatz ermächtigt dazu, eine investive Verpflichtung einzugehen, die noch im gleichen Haushaltsjahr kassenwirksam, d. h. ausgezahlt, wird. Die Verpflichtungsermächtigung ermächtigt dazu, eine investive Verpflichtung einzugehen, die in künftigen Haushaltsjahren kassenwirksam wird. Insgesamt beträgt das mögliche Auftragsvolumen in 2025 damit 120.000 Euro, so dass der Vertrag über den Grunderwerb durch den Auszahlungsansatz zuzüglich zur Verpflichtungsermächtigung ermächtigt ist.
Der Betrag von 90.000 Euro ist zugleich in (Muster 8 C) Spalte 6 »Ansatz des ersten Jahres der mittelfristigen Ergebnis- und Finanzplanung« einzutragen, so dass die Belastung des künftigen Haushaltsjahres ablesbar ist.

vereinfachtes Muster 8 C, Teilfinanzhaushalt 2025

Auszahlungen	**Ansatz Vorjahr**	**Ansatz Haush.jahr**	**Verpflicht. ermächtigg.**	**1. Folgejahr**	**2. Folgejahr**	**3. Folgejahr**
1	3	4	5	6	7	8
24. Erwerb von Grundstücken und Gebäuden	0	30.000	90.000	90.000	0	0

In den künftigen Jahren ist sodann ein Auszahlungsansatz zu veranschlagen, um die Auszahlung tatsächlich leisten zu dürfen, d. h. die Verpflichtungsermächtigung ersetzt nicht die (später notwendige) Veranschlagung der aus ihr hervorgehenden Auszahlung. Die Verpflichtungsermächtigung ist also in dem direkten Folgejahr oder den weiteren Folgejahren je nach erwarteter zeitlicher Zahlungsverteilung noch zusätzlich als Ansatz (Muster 8 C, Spalte 4) aufzunehmen.

vereinfachtes Muster 8 C, Teilfinanzhaushalt 2026

Auszahlungen	**Ansatz Vorjahr**	**Ansatz Haush.jahr**	**Verpflicht. ermächtigg.**	**1. Folgejahr**	**2. Folgejahr**	**3. Folgejahr**
1	3	4	5	6	7	8
24. Erwerb von Grundstücken und Gebäuden	30.000	90.000	0	0	0	0

§ 4 der Haushaltssatzung – Höchstbetrag der Liquiditätskredite

Insbesondere am Jahresanfang stehen Einzahlungen als Deckungsmittel oftmals noch nicht zur Verfügung, die Auszahlungen müssen aber andererseits geleistet werden, so dass die Liquidität gefährdet sein könnte.

§ 60 KomHKVO enthält folgende Begriffsbestimmung:
Nr. 33 Liquidität:
die Fähigkeit der Kommune, zu jeder Zeit ihren Zahlungsverpflichtungen termingerecht und vollständig nachzukommen;

Die Kommune hat die Zahlungsfähigkeit gleichwohl sicherzustellen, damit sie alle Auszahlungen termingerecht und vollständig leisten und ihre Aufgaben erfüllen kann. Liquide Mittel müssen für ihren Zweck rechtzeitig verfügbar sein.

§ 22 KomHKVO fordert zur **Liquiditätsplanung:**
Die Kommune steuert ihre Zahlungsfähigkeit durch eine Liquiditätsplanung.

Ein verspäteter Eingang der zustehenden Finanzierungsmittel führt entweder zu einer Verzögerung der Aufgabenerfüllung oder zu Liquiditätsproblemen. Um dieses zu vermeiden, ist die erforderliche Liqui-

ditätsplanung zeitnah zu betreiben, so dass der Kommunalkasse rechtzeitig erwartete größere Erträge oder Aufwendungen bzw. Ein- oder Auszahlungen mitzuteilen sind.
Die Forderungen der Kommune sind durch geeignete Maßnahmen sicherzustellen und die erfassten und festgesetzten Ansprüche der Kommune müssen von den Schuldnern auch rechtzeitig erfüllt werden. In diesem Zusammenhang ist auch die vollständige Erfassung der zustehenden Erträge zu sehen.

§ 25 I KomHKVO regelt zur Bewirtschaftung der Erträge und Einzahlungen:
(1) Die Erträge und Einzahlungen sind rechtzeitig und vollständig zu erfassen. Forderungen sind geltend zu machen und einzuziehen. Der Eingang ist zu überwachen.

Vor diesem Hintergrund ist der Kommunalkasse rechtzeitig und vollständig die Anweisung zur Einziehung der Ansprüche zu erteilen. Einzahlungen, die nicht rechtzeitig eingegangen sind, beeinflussen sodann die Zahlungsfähigkeit, die ausbleiben kann, wenn Auszahlungen (z. B. Gehälter) bei verspätetem Eingang der Einzahlungen (z. B. Steuern) zu leisten sind. Wenn die Zahlungsausgänge nun die Zahlungseingänge übersteigen, kann die Kommune für die unverzügliche Leistung jeglicher Auszahlungsarten **Liquiditätskredite** »aufnehmen« indem sie z. B. ihr Konto bei ihrem Geldinstitut überzieht.

§ 60 KomHKVO enthält folgende Begriffsbestimmung:
Nr. 34 Liquiditätskredite:
Kredite zur Überbrückung des verzögerten Eingangs von Deckungsmitteln durch in der Regel kurzfristige Verbindlichkeiten, insbesondere Kontokorrentkredite, soweit keine anderen Mittel zur Verfügung stehen;

Liquiditätskredite können also den zeitlichen Versatz zwischen dem Eingang von Einzahlungen und der rechtzeitigen Leistung der Auszahlungen überbrücken. Sowohl aufgenommene Investitionskredite ermächtigt durch § 2 der Haushaltssatzung wie auch aufgenommene Liquiditätskredite ermächtigt durch § 4 der Haushaltssatzung führen durch die sich daraus ergebenden Zahlungsverpflichtungen zu einer Verschuldung, die über die Zinslast grundsätzlich auch die Nettoposition belastet. Während mit Investitionskrediten (z. B. für den Kauf von Betriebs- und Geschäftsausstattung, die Erweiterung der Hochbauten oder die Erweiterung des Infrastrukturvermögens) jedoch neue Werte geschaffen werden, die das Vermögen auf der Aktivseite der Bilanz erhöhen, führen Kredite zur Liquiditätssicherung lediglich zu einer Erhöhung der Verbindlichkeiten auf der Passivseite der Bilanz. Eine Mehrung von Sachvermögen findet nicht statt. Die Verbindlichkeiten aus Liquiditätskrediten gehen also ohne jeglichen Gegenwert zu Lasten folgender Generationen. Sie resultieren vielmehr aus überhöhten konsumtiven Ausgaben der heutigen Generation. Unter dem Aspekt der intergenerativen Gerechtigkeit, wonach der konsumtiv verursachte Vermögensverzehr den Vermögenszugang grundsätzlich nicht übersteigen soll, sind sie damit grundsätzlich auch nur auf kurzfristige Verbindlichkeiten ausgelegt.

So dienen die Liquiditätskredite der Überbrückung temporärer Liquiditätsengpässe und damit zur Sicherung der Liquidität. Die Kommunen können über diese Ermächtigung Kredite zur Liquiditätssicherung als kurzfristige Verbindlichkeiten aufnehmen, um vorübergehende Kassenanspannungen zu überbrücken. In der Praxis haben die Liquiditätskredite gleichwohl große Ausmaße angenommen, da viele Kommunen defizitäre Haushalte ausweisen und diese Defizite hierüber finanzieren. Auch wenn es sich de jure um kurzfristige Verbindlichkeiten handelt, haben sie sich aufgrund der Zinsstruktur und der schwierigen Finanzlage der Kommunen mittlerweile de facto zu einer langfristigen Finanzierungsvariante der laufenden Verwaltungstätigkeit gewandelt. Liquiditätskredite sind andererseits aufgrund ihrer zumeist kurzen Laufzeiten stark von der aktuellen Zinsentwicklung abhängig und die anfallenden Zinsaufwendungen und -auszahlungen sind damit mittelfristig nur bedingt planbar. Folglich birgt diese Finanzierungsvariante große finanzielle Risiken für die mittelfristige Ergebnis- und Finanzplanung.

§ 122 I 1 NKomVG regelt zu der **Aufnahme von Liquiditätskrediten:**
(1) [1]Zur rechtzeitigen Leistung ihrer Auszahlungen können die Kommunen Liquiditätskredite bis zu dem in der Haushaltssatzung festgesetzten Höchstbetrag aufnehmen, soweit der Kasse keine anderen Mittel zur Verfügung stehen.

Liquiditätskredite können in Anspruch genommen werden, »soweit der Kasse keine anderen Mittel zur Verfügung stehen«, d. h., dass keine anderen freien Finanzmittel vorhanden sein dürfen. Sollten also Zahlungsüberschüsse aus laufender Verwaltungstätigkeit vorhanden sein, d. h. die Einzahlungen aus laufender Verwaltungstätigkeit übersteigen die Auszahlungen aus laufender Verwaltungstätigkeit, decken diese nach § 17 I Nr. 2 KomHKVO zunächst die Auszahlungen zur ordentlichen Tilgung von Investitionskrediten und zur Rückzahlung innerer Darlehen. Nach § 17 II 1 KomHKVO sind übersteigende Beträge sodann zum Abbau der Liquiditätskredite einzusetzen. Zahlungsüberschüsse aus laufender Verwaltungstätigkeit können also nur dann zur Deckung von Auszahlungen für Investitionen und Investitionsförderungsmaßnahmen eingesetzt werden, wenn keine Liquiditätskredite vorhanden sind. Andernfalls könnten Investitionen und Investitionsförderungsmaßnahmen dauerhaft über (nicht zurückgeführte) Liquiditätskredite finanziert werden. Die Kommune würde für Investitionen und Investitionsförderungsmaßnahmen nicht in dem notwendigen Umfang Investitionskredite aufnehmen und hierdurch die Genehmigungsbedürftigkeit für Kredite umgehen.

Da die vorübergehenden Zahlungsschwierigkeiten und damit die Inanspruchnahme naturgemäß schwankt, wird die Obergrenze der zulässigen Liquiditätskredite in § 4 der örtlichen Haushaltssatzung angegeben und jeweils jährlich neu festgesetzt. Im Gegensatz zu den in §§ 2 und 3 der Haushaltssatzung festgelegten Gesamtbeträgen der Kredite und Verpflichtungsermächtigungen können Liquiditätskredite im Rahmen dieser Ermächtigung mehrmals im Haushaltsjahr in Anspruch genommen und wieder zurückgezahlt werden. Der **Höchstbetrag** darf jedoch in der Planausführung zu keinem Zeitpunkt überschritten werden. Liquiditätskredite können im Rahmen des Höchstbetrags beliebig oft aufgenommen, erhöht, zurückgezahlt und wieder aufgenommen werden etc.. Der Höchstbetrag darf im Haushaltsjahr, wenn es erforderlich ist, also mehrmals ausgeschöpft werden. Für die Festsetzung des Höchstbetrages sind sowohl der voraussichtliche Spitzenbedarf wie auch der Bestand an Liquiditätskrediten, die in den Vorjahren aufgenommen worden sind, zu berücksichtigen.

Neben der Darstellung in der Haushaltssatzung erfolgt gleichwohl keine Aufnahme im Sinne einer Einplanung und Darstellung im Haushaltsplan.

§ 14 Nr. 4 KomHKVO regelt die Nicht-Veranschlagung von Liquiditätskrediten:
Im Haushaltsplan werden nicht veranschlagt

...

Nr. 4 die Einzahlungen und Rückzahlungen aus der Aufnahme von Liquiditätskrediten und
Nr. 5 ...

Die Einzahlungen und Rückzahlungen aus der Aufnahme von Liquiditätskrediten sind haushaltsunwirksame Zahlungen und bleiben bei der Planaufstellung unberücksichtigt. Der Liquiditätskreditbedarf wird lediglich in der Planausführung ausgewiesen und gesondert abgewickelt, d. h. er wird in der Zahlungsabwicklung gemäß § 42 II 3 KomHKVO (empfohlene Einzahlungs- und Auszahlungskontenart 670 und 770 jeweils mit Bereichsabgrenzung B und D) gesondert erfasst. Die zu zahlenden Zinsen sind dagegen vollständig haushaltswirksam, d. h. als zahlungswirksamer Aufwand (Konten 4521 und 7521) zu veranschlagen. Die Ergebnis- und Zahlungsgrößen im Zusammenhang mit Krediten zur Liquiditätssicherung sind im Rahmen einer zentralen Schuldenwirtschaft ebenfalls im Produktbereich 6 »Zentrale Finanzleistungen« zusammengefasst in der Produktgruppe 612 »Sonstige Allgemeine Finanzwirtschaft« zu erfassen.

§ 5 der Haushaltssatzung – Hebesätze der Grund- und Gewerbesteuer

Die hier genannten **Hebesätze** für die sog. **Realsteuern** sind eine Art Faktor, um die Grund- und Gewerbesteuerschuld zu ermitteln und vom Gewerbetreibenden (bei der Gewerbesteuer), vom Landwirt (bei der Grundsteuer A für unbebautes Land) oder z. B. vom Gebäudeeigentümer (bei der Grundsteuer B) mittels Steuerbescheid zu fordern. Die Vomhundertsätze (als Prozent zu verstehen) werden hierzu mit dem jeweiligen vom Finanzamt festgesetzten Steuermessbetrag multipliziert. Beträgt der Hebesatz für die Gewerbesteuer 395 v. H., so wird der Steuermessbetrag mit 3,95 multipliziert.

Die Hebesätze stellen ein Instrument dar, mit welchem die Vertretung im Rahmen der Steuerhoheit als Teil der Finanzhoheit direkten Einfluss auf die Höhe der Steuern nehmen kann. Der Satzungsparagraf entfaltet demnach als einziger eine **Außenwirkung**. Hat die Gemeinde nach Maßgabe des Grundsteuergesetzes und des Gewerbesteuergesetzes eine besondere Hebesatzsatzung erlassen, hat die Angabe der Hebesätze in der Haushaltssatzung hingegen nur deklaratorische, d. h. rechtsbekundende, Bedeutung. Insgesamt sind die Realsteuern die mit Abstand aufkommensstärksten Gemeindesteuern und die von der Gemeinde festgelegten Hebesätze sind wichtige Faktoren für die Berechnung der Steuerlast. Es ist gleichwohl zu bedenken, dass hohe Gewerbesteuern die Standortqualität beeinträchtigen und deshalb Wirtschaftskraft und Arbeitsplätze gefährden könnten.

Die Landkreise regeln in § 5 ihrer Haushaltssatzung den Hebesatz der Kreisumlage. Diese darf von den kreisangehörigen Gemeinden erhoben werden, soweit die Landkreise ihre Aufwendungen und Auszahlungen nicht durch andere eigene Erträge und Einzahlungen finanzieren können. Diese für die Gemeinden erhebliche finanzielle Belastung wird nach den Regeln im Niedersächsischen Finanzausgleichsgesetz berechnet und berücksichtigt u. a. sowohl die Finanzkraft der Gemeinden wie auch den Finanzbedarf des Landkreises. Die Kreisumlage ist wiederum die bedeutendste Finanzierungsquelle des Landkreises und bestimmt damit letztlich die Belastung der kreisangehörigen Gemeinden. So sichert ein im landesweiten Vergleich niedriger Kreisumlagehebesatz den kreisangehörigen Gemeinden Handlungsspielräume für ihre Aufgaben vor Ort.

§ 6 der Haushaltssatzung – Wertgrenzen zur Auslegung unbestimmter Rechtsbegriffe

Neben den bisher vorgestellten Paragrafen, die in der Haushaltssatzung verbindlich aufzunehmen sind, kann noch ein weiterer Paragraf oder auch mehrere hinzukommen.

> **§ 112 II 2 NKomVG** erweitert den Inhalt der Haushaltssatzung:
> (2) [2]Sie kann weitere Vorschriften enthalten, wenn sich diese auf die Erträge, Aufwendungen, Einzahlungen und Auszahlungen sowie den Stellenplan für das Haushaltsjahr beziehen.

Hier werden häufig individuelle **Wertgrenzen** für die Auslegung der unbestimmten Rechtsbegriffe (z. B. der Erheblichkeitsbegriffe in § 115 II NKomVG, § 117 I 2 NKomVG, § 8 I KomHKVO, § 4 VI KomHKVO oder § 19 IV 1 KomHKVO) festgelegt, die als Selbstbindung durch die Kommune zu verstehen sind. Zu beachten ist, dass gleiche Formulierungen im Gesetz (z. B. »erheblich« in § 115 II Nr. 1 NKomVG und »erheblich« in § 115 II Nr. 2 NKomVG) in der Praxis in Auslegung des unbestimmten Rechtsbegriffes mit verschiedenen Werten festgelegt werden können. Die Wertgrenze in 117 I 2 NKomVG wird kleiner sein als die Wertgrenze in § 115 II Nr. 2 NKomVG, da die Wertgrenze für die Zuständigkeit des Hauptverwaltungsbeamten in Fällen von unerheblicher Bedeutung über- und außerplanmäßiger Aufwendungen und Auszahlungen andere Regelungen erfordert als die Wertgrenze für eine Nachtragshaushaltssatzungspflicht. Wurde hier keine Festlegung getroffen, muss in der Planausführung in jedem Einzelfall über die Auslegung der unbestimmten Rechtsbegriffe gesondert entschieden werden.

Auf einen Blick: Aufstellung und Inhalte der Haushaltssatzung

Die Aufstellung der Haushaltssatzung hat nach § 112 I NKomVG für jedes Haushaltsjahr zu erfolgen. Die Pflichtinhalte beziehen sich auf fünf Paragraphen:

Das **Gesamtvolumen in § 1 der Haushaltssatzung** ist rein informativ und erlaubt einen schnellen Überblick über die Planungsgrößen des Ergebnis- und Finanzhaushalts.

Die **Kreditermächtigung in § 2 der Haushaltssatzung** stellt die Erlaubnis dar, unter der Verpflichtung zur Tilgung von Dritten oder von Sondervermögen mit Sonderrechnung Geldkapital als Deckungsmittel für Investitionen und Investitionsförderungsmaßnahmen aufzunehmen. Weitere Aufnahme- und Formvorschriften sind in **§ 111 VI NKomVG, § 112 II 1 Nr. 1 c NKomVG** sowie **in § 120 NKomVG** enthalten.

Der **Gesamtbetrag der Verpflichtungsermächtigungen in § 3 der Haushaltssatzung** steht vor dem Hintergrund, dass die Kommune einen Finanzvorfall im Haushaltsjahr nur auslösen darf, wenn der Haushaltsplan hierzu ermächtigt. Möchte die Kommune im Haushaltsjahr ein Rechtsgeschäft im Zusammenhang mit einer Investition oder Investitionsförderungsmaßnahme, mit dem erst in künftigen Jahren Auszahlungen verbunden sind, eingehen, bedarf sie hierzu im Haushaltsjahr einer Verpflichtungsermächtigung. Weitere Vorschriften sind **in § 112 II 1 Nr. 1 d NKomVG, in § 119 NKomVG und in § 11 KomHKVO** enthalten. Verpflichtungsermächtigungen führen zu einer Mittelbindung zu Lasten künftiger Haushaltsjahre und schränken insofern deren Handlungsspielraum ein.

Der **Höchstbetrag der Liquiditätskredite in § 4 der Haushaltssatzung** ermöglicht der Kommune, zu jeder Zeit ihren Zahlungsverpflichtungen termingerecht und vollständig nachzukommen. Die Kommune darf so bis zu dem genannten Höchstbetrag Kredite zur Überbrückung des verzögerten Eingangs von Deckungsmitteln durch in der Regel kurzfristige Verbindlichkeiten aufnehmen, soweit keine anderen Mittel zur Verfügung stehen. Weitere Vorschriften sind **in § 112 II 1 Nr. 2 NKomVG und in § 122 NKomVG** enthalten.

Mit der Festsetzung der **Hebesätze der Grund- und Gewerbesteuer in § 5 der Haushaltssatzung** nimmt die Vertretung im Rahmen der Steuerhoheit als Teil der Finanzhoheit direkten Einfluss auf die Höhe der geplanten Steuererträge.

2.3.2 Genehmigungsbedürftige Teile der Haushaltssatzung

Vom Grundsatz her ist die Haushaltssatzung genehmigungsfrei und nur einzelne Paragrafen sind (bedingt) genehmigungsbedürftig.

§ 114 II 1 und 2 NKomVG verweisen auf genehmigungsbedürftige Teile:

(2) [1]Enthält die Haushaltssatzung genehmigungsbedürftige Teile, so darf sie erst nach Erteilung der Genehmigung verkündet werden. [2]Haushaltssatzungen ohne genehmigungsbedürftige Teile dürfen frühestens einen Monat nach Vorlage an die Kommunalaufsichtsbehörde verkündet werden.

Die Haushaltssatzung kann genehmigungsbedürftige Teile nach § 119 IV, § 120 II und § 122 II NKomVG enthalten. Sollten diese genehmigungsbedürftigen Teile in der Haushaltssatzung enthalten sein, gilt die Genehmigung grundsätzlich als erteilt, wenn über einen Genehmigungsantrag von der zuständigen Aufsichtsbehörde nicht innerhalb von drei Monaten nach seinem Eingang entschieden worden ist.

Entsprechend formuliert **§ 176 I NKomVG** zu Genehmigungen:

(1) [1]Satzungen, Beschlüsse und andere Maßnahmen der Kommune, für die eine Genehmigung der Aufsichtsbehörde erforderlich ist, werden erst mit der Genehmigung wirksam. [2]Die Genehmigung gilt als erteilt, wenn über einen Genehmigungsantrag von der zuständigen Aufsichtsbehörde nicht innerhalb eines Monats nach seinem Eingang entschieden worden ist. [3]Dies gilt nicht, wenn die Kommune einer Fristverlängerung zugestimmt hat. [4]Der Kommune ist auf Antrag zu bescheinigen, dass die Genehmigung als erteilt gilt. [5]Satz 2 gilt nicht für die Zulassung von Ausnahmen. [6]Für Genehmigungen nach § 119 Abs. 4, § 120 Abs. 2 und 6, § 121 Abs. 2 und 3, § 122 Abs. 2 sowie § 152 Abs. 2 gilt Satz 2 mit der Maßgabe, dass an die Stelle der Frist von einem Monat eine Frist von drei Monaten tritt, in den Fällen des § 119 Abs. 4 und des § 120 Abs. 2 jedoch nur, wenn für die Genehmigung eine besondere Prüfung erforderlich ist. [7]Ein besonderer Prüfungsbedarf liegt vor, wenn

1. in der letzten bestandskräftigen Entscheidung nach § 120 Abs. 2 festgestellt worden ist, dass die Kreditverpflichtungen mit der dauernden Leistungsfähigkeit der Kommune nicht in Einklang stehen,
2. der Gesamtbetrag der Kreditaufnahmen für Investitionen und Investitionsförderungsmaßnahmen höher als die zu leistende ordentliche Tilgung ist oder
3. zugleich ein Genehmigungserfordernis nach § 122 Abs. 2 besteht.

Die jeweiligen Paragrafen zur Genehmigungsbedürftigkeit der Haushaltssatzungsteile lauten hierzu wie folgt:

> **§ 120 II NKomVG** zur **Genehmigungsbedürftigkeit der Kredite** in § 2 der Haushaltssatzung:
> (2) [1]Der Gesamtbetrag der im Finanzhaushalt vorgesehenen Kreditaufnahmen für Investitionen und Investitionsförderungsmaßnahmen bedarf im Rahmen der Haushaltssatzung der Genehmigung der Kommunalaufsichtsbehörde (Gesamtgenehmigung). [2]Die Genehmigung soll nach den Grundsätzen einer geordneten Haushaltswirtschaft erteilt oder versagt werden; sie kann unter Bedingungen und Auflagen erteilt werden. [3]Sie ist in der Regel zu versagen, wenn die Kreditverpflichtungen nicht mit der dauernden Leistungsfähigkeit der Kommune im Einklang stehen.

Der Gesamtbetrag der Kredite für Investitionen und Investitionsförderungsmaßnahmen ist also in jedem Fall genehmigungsbedürftig. Dieses schon, um Risiken der Kommunen zu minimieren und eine mögliche Überschuldung zu vermeiden. Kredite begründen durch Zins- und Tilgungszahlungen langfristige Zahlungsverpflichtungen und belasten die künftige Haushaltswirtschaft. Die Genehmigung der Kreditaufnahme ist daher an die Grundsätze einer geordneten Haushaltswirtschaft geknüpft, die individuell zu betrachten ist.
Die Kreditverpflichtungen sind zudem unter Berücksichtigung der dauernden Leistungsfähigkeit, die wiederum in § 23 KomHKVO skizziert ist, zu prüfen. Die finanzielle Leistungsfähigkeit, die Aufgabenstruktur und die Entwicklungschancen einer Kommune werden dabei vom jeweiligen strukturellen Umfeld beeinflusst. So sind z. B. der Gemeindetyp, die Bevölkerungsstruktur, die Gewerbeansiedlungen sowie die Gebiets- und Infrastruktur wesentliche Faktoren, die in die Überlegungen zur Genehmigung der Kreditaufnahmen einzubeziehen sind.

Hat die Kommunalaufsicht nur einen Teilbetrag des veranschlagten Gesamtbetrages der Kredite genehmigt, so besteht für die Kommune die Möglichkeit, der Reduzierung zuzustimmen oder diese abzulehnen. Bei einer Zustimmung ist sodann vor der öffentlichen Auslegung und der Verkündung von der Vertretung nach § 58 I Nr. 9 NKomVG ein sog. **Beitrittsbeschluss** zu fassen. Stimmt die Vertretung der Reduzierung nicht zu, gilt die Genehmigung als nicht erteilt. Eine rechtswirksame Verkündung der Haushaltssatzung ist dann nicht möglich. In diesem Fall müssen die Haushaltssatzung und der Haushaltsplan überarbeitet, die Haushaltssatzung erneut beschlossen und der Kommunalaufsicht zur Genehmigung vorgelegt werden.
Zu bedenken ist jedoch, dass die Genehmigung der Kreditaufnahme andererseits erhebliche Rückwirkungen auf die Investitionstätigkeit der Kommune hat. Die Finanzierung der Investitionen und Investitionsförderungsmaßnahmen hat nach § 111 VI 1 NKomVG nachrangig aus Kreditaufnahmen zu erfolgen. Bei einer durch die Kommunalaufsichtsbehörde limitierten Kreditermächtigung ist die Kommune sodann vorrangig auf andere Finanzierungen, wie z. B. aus Beiträgen, Zuwendungen oder Veräußerungserlösen von Vermögensgegenständen, angewiesen.
Tritt die Vertretung durch Beschluss dem von der Kommunalaufsicht genehmigten reduzierten Gesamtbetrag für Kredite gleichwohl bei, entfaltet die erteilte (Teil-) Genehmigung ihre Rechtswirksamkeit. Im Rahmen des Beitrittsbeschlusses entscheidet die Vertretung auch über die Maßnahmen, die wegen der Kürzung der Kreditaufnahmen nicht durchgeführt werden können, aufgeschoben oder gestreckt werden müssen. Die geänderte Fassung der Haushaltssatzung ist der Kommunalaufsicht nochmals vorzulegen, zeitgleich können die Verkündung und öffentliche Auslegung erfolgen.

Hat die Kommunalaufsicht den Gesamtbetrag der veranschlagten Kredite versagt, so kann die Vertretung auch dieser Versagung beitreten, sodass die Haushaltssatzung ohne Gesamtkreditbetrag in Kraft tritt. Möchte die Verwaltung eine Kreditermächtigung in der Haushaltssatzung aufnehmen, so muss sie eine neue Haushaltssatzung beschließen und der Kommunalaufsichtsbehörde zur Genehmigung vorlegen.

§ 119 IV NKomVG zur (bedingten) **Genehmigungsbedürftigkeit der Verpflichtungsermächtigungen** in § 3 der Haushaltssatzung:

(4) Der Gesamtbetrag der Verpflichtungsermächtigungen bedarf im Rahmen der Haushaltssatzung der Genehmigung der Kommunalaufsichtsbehörde, soweit in den Jahren, zu deren Lasten sie veranschlagt werden, insgesamt Kreditaufnahmen vorgesehen sind.

Verpflichtungsermächtigungen belasten künftige Haushaltsjahre mit Auszahlungen für Investitionen und Investitionsförderungsmaßnahmen. Die Genehmigung des Gesamtbetrags der Verpflichtungsermächtigungen steht aufgrund der Konjunktion »soweit« im Nebensatz sodann unter einer Bedingung. Die Höhe der Genehmigung bezieht sich auf die insgesamt vorgesehenen Kreditaufnahmen in den Jahren, zu deren Lasten die Verpflichtungsermächtigungen veranschlagt sind. Damit ist der Umfang der Genehmigungspflicht von den vorgesehenen Kreditaufnahmen abhängig, die wiederum in der mittelfristigen Planung ablesbar sind. Die Verpflichtungsermächtigungen bedürfen also lediglich in Höhe des Teilbetrags der Genehmigung, der den insgesamt vorgesehenen Kreditaufnahmen in den von den Verpflichtungsermächtigungen belasteten Haushaltsjahren entspricht.

Da der Genehmigungsvorbehalt des Gesamtbetrags der Verpflichtungsermächtigungen in Abhängigkeit zu den veranschlagten Kreditaufnahmen steht, ergeben sich folgende Konstellationen:
Sind die insgesamt vorgesehenen Kreditaufnahmen in den belasteten Jahren kleiner als der Gesamtbetrag der Verpflichtungsermächtigungen, so ist der darüberhinausgehende Teilbetrag der Verpflichtungsermächtigung genehmigungsfrei.
Übersteigen die vorgesehenen Kreditaufnahmen den Gesamtbetrag der Verpflichtungsermächtigungen oder entsprechen diesem, ist der Gesamtbetrag der Verpflichtungsermächtigungen (§ 3 der Haushaltssatzung) in voller Höhe genehmigungsbedürftig.

Um zu sehen, ob und in welchen belasteten Jahren insgesamt Kreditaufnahmen vorgesehen sind, wird auf die integrierte mittelfristige Ergebnis- und Finanzplanung verwiesen, welche eine Vorausschau auf künftige Haushaltsjahre ermöglicht. Zur konkreten Berechnung, inwieweit die Verpflichtungsermächtigungen der Genehmigung bedürfen, kann das Muster 9 herangezogen werden, welches die notwendige Gegenüberstellung der zu prüfenden Elemente ausweist.

Übersicht
über die aus Verpflichtungsermächtigungen voraussichtlich
fällig werdenden Auszahlungen
(Muster 9)

Übersicht gem. § 1 Abs. 2 Nr. 5 KomHKVO

Verpflichtungsermächtigungen im Haushaltsplan des Jahres	**Voraussichtlich fällig werdende Auszahlungen**			
	2025 -Euro-	**2026** -Euro-	**2027** -Euro-	**2028** -Euro-
1	2	3	4	5
2025	--	300.000	250.000	190.000
Insgesamt	**--**	**300.000**	**250.000**	**190.000**
Nachrichtlich: in der mittelfristigen Finanzplanung vorgesehene Kreditaufnahmen für Investitionstätigkeit	--	220.000	240.000	270.000

Diese Übersicht dient der Kommunalaufsichtsbehörde als Hilfsmittel zur Beurteilung über die Genehmigungsbedürftigkeit des Gesamtbetrags der Verpflichtungsermächtigungen. Dieser ist in § 3 der Haushaltssatzung 2025 (Spalte 1) festgesetzt und beträgt in diesem Beispiel 740.000 Euro (Summe der Spalten 3 bis 5). Die Formulierung in § 119 IV NKomVG »bedarf im Rahmen der Haushaltssatzung der Genehmigung der Kommunalaufsichtsbehörde, **soweit** ...« zeigt, dass nicht der volle Gesamtbetrag der Verpflichtungsermächtigungen genehmigungsbedürftig ist, sondern maximal nur der Teilbetrag, der den Kreditaufnahmen in den belasteten Jahren entspricht. Die Genehmigungsbedürftigkeit ist zudem für jedes belastete Haushaltsjahr, in dem die Verpflichtungsermächtigungen voraussichtlich zu Auszahlungen führen, getrennt zu prüfen. Da Verpflichtungsermächtigungen künftige Haushaltsjahre belasten, kann in Spalte 2 naturgemäß kein Wert stehen. Im belasteten Jahr 2026 (Spalte 3) sind von dem Anteil der Verpflichtungsermächtigung i. H. v. 300.000 Euro lediglich 220.000 Euro genehmigungsbedürftig, da nur soweit Kreditaufnahmen veranschlagt sind. Für den durch Eigenmittel finanzierten Anteil ist damit keine Genehmigung erforderlich. Im belasteten Jahr 2027 (Spalte 4) ist ein Teilbetrag i. H. v. 240.000 Euro genehmigungsbedürftig, der der voraussichtlichen Kreditaufnahme entspricht. Im belasteten Jahr 2028 (Spalte 5) sind die Kreditaufnahmen höher als der Anteil der Verpflichtungsermächtigung i. H. v. 190.000 Euro, so dass der Teilbetrag voll genehmigungsbedürftig ist. Als Rechtsfolge bedarf der festgesetzte Gesamtbetrag der Verpflichtungsermächtigungen i. H. v. 740.000 Euro lediglich i. H. v. 650.000 Euro der Genehmigung der Kommunalaufsichtsbehörde. Der die Kreditaufnahmen überschießende Betrag der Verpflichtungsermächtigungen von 90.000 Euro ist genehmigungsfrei.

Soweit die Kommunalaufsichtsbehörde den Gesamtbetrag oder einen Teilbetrag der Verpflichtungsermächtigungen nach § 119 IV NKomVG versagt, ist von der Vertretung ebenfalls ein Beitrittsbeschluss zu fassen. Tritt die Vertretung durch Beschluss dem von der Kommunalaufsicht genehmigten reduzierten Gesamtbetrag der Verpflichtungsermächtigungen bei, entfaltet die erteilte (Teil-) Genehmigung ihre Rechtswirksamkeit.

§ 122 II NKomVG zur (bedingten) **Genehmigungsbedürftigkeit der Liquiditätskredite** in § 4 der Haushaltssatzung:
(2) Der in der Haushaltssatzung festgesetzte Höchstbetrag bedarf der Genehmigung der Kommunalaufsichtsbehörde, wenn er ein Sechstel der im Finanzhaushalt veranschlagten Einzahlungen aus laufender Verwaltungstätigkeit übersteigt.

Die Formulierung »bedarf der Genehmigung ..., **wenn** ...« zeigt, dass eine einfache Gegenüberstellung des Höchstbetrags der Liquiditätskredite zu den im Finanzhaushalt veranschlagten Einzahlungen aus laufender Verwaltungstätigkeit notwendig ist. Sollte der Höchstbetrag der Liquiditätskredite z. B. 26.000.000 Euro und die im Finanzhaushalt veranschlagten Einzahlungen aus laufender Verwaltungstätigkeit 98.900.000 Euro betragen, so übersteigt der Höchstbetrag der Liquiditätskredite ein Sechstel dieser Einzahlungen. Als Rechtsfolge bedarf der in § 4 der Haushaltssatzung festgesetzte Höchstbetrag der Liquiditätskredite in voller Höhe der Genehmigung der Kommunalaufsichtsbehörde.

Soweit die Kommunalaufsichtsbehörde den Höchstbetrag oder einen Teilbetrag der Liquiditätskredite nach § 122 II NKomVG versagt, ist von der Vertretung ebenfalls ein Beitrittsbeschluss zu fassen. Tritt die Vertretung durch Beschluss dem von der Kommunalaufsicht genehmigten reduzierten Höchstbetrag für Liquiditätskredite bei, entfaltet die erteilte (Teil-) Genehmigung ihre Rechtswirksamkeit.

Auf einen Blick: Genehmigungsbedürftige Teile der Haushaltssatzung
Einzelne Paragraphen der Haushaltssatzung bedürfen einer Genehmigung. Diese beziehen sich auf den angegebenen Gesamtbetrag der vorgesehenen Kreditaufnahmen für Investitionen und Investitionsförderungsmaßnahmen, auf den Gesamtbetrag der Verpflichtungsermächtigungen sowie auf den festgesetzten Höchstbetrag der Liquiditätskredite. Weitere Vorschriften sind in § 120 II NKomVG, § 119 IV NKomVG und § 122 II NKomVG enthalten.

2.3.3 Festsetzung des Haushaltsplans durch die Haushaltssatzung

Im Rahmen des Etatrechtes der Vertretung ist die Haushalts**satzung** Ausdruck örtlicher Rechtsetzung. Der Haushalts**plan** der Kommune bildet hingegen für sich allein noch keine ausreichende Rechtsgrundlage für die Haushaltswirtschaft. Um eine verbindliche Grundlage für die Haushaltswirtschaft der Kommune zu sein, muss er in ein entsprechendes Regelwerk integriert werden.

§ 112 II 1 Nr. 1 NKomVG formuliert zum Verhältnis zwischen Haushaltssatzung und Haushaltsplan:
(2) [1]Die Haushaltssatzung enthält
1. die Festsetzung des Haushaltsplans …

So erhält der Haushaltsplan seine Rechtsverbindlichkeit dadurch, dass er durch die Haushaltssatzung, die jährlich von der Vertretung zu beschließen ist, festgesetzt wird. Durch das Wirksamwerden als Satzung im Rechtssinne erhält auch der festgesetzte Haushaltsplan seinen Charakter als intern verbindliche Rechtsnorm. Der Haushaltsplan teilt in diesem Sinne die Rechtswirkungen der Haushaltssatzung. Als **Haushalt** kann also die Kombination aus dem Haushaltsplan und der Haushaltssatzung angesehen werden, die zusammen eine Einheit bilden. **Haushalten** beinhaltet das Planen, Veranschlagen, Bewirtschaften und Nachweisen von Haushaltsmitteln, die erforderlich sind, um die der Kommune obliegenden Aufgaben innerhalb des Kalenderjahres erfüllen zu können.

Auf einen Blick: Haushaltssatzung und Haushaltsplan
Der Haushaltsplan ist nicht mit der Haushaltssatzung identisch, ist jedoch notwendiger Bestandteil derselben. Haushaltssatzung und Haushaltsplan bilden eine Einheit. Die nach **§ 112 NKomVG** erforderliche **Haushaltssatzung** bildet mit Hilfe des durch sie festgesetzten Haushaltsplans die verbindliche Grundlage für die sich anschließende Haushaltsausführung im Kalenderjahr. Im Gegensatz zu anderen örtlichen Satzungen ist sie eine Pflichtsatzung, wobei sogar der Aufbau per Mindestinhalt sowie die textliche Fassung durch das **Muster 1** des Ausführungserlasses formal vorgeschrieben sind.
Sie enthält gegebenenfalls genehmigungsbedürftige Teile, entfaltet jedoch grundsätzlich (mit Ausnahme der Hebesätze für die Realsteuern in § 5 Haushaltssatzung) nur Innenwirkung. Die Wirksamkeit beginnt grundsätzlich (ggf. auch rückwirkend) zum 01.01., wobei sich die Gültigkeit der Haushaltssatzung grundsätzlich auf insgesamt ein Kalenderjahr erstreckt.

2.3.4 Nachträgliche Korrekturen der Haushaltssatzung

Die Planung ist grundsätzlich dazu gedacht, für die Planungsperiode stabil zu sein. Andererseits ist die Planung sowohl auf Satzungs- wie auch auf Haushaltsplanebene ein in die Zukunft gerichtetes Werk, welches Absichten und Erwartungen prognostiziert und damit viele Unwägbarkeiten enthält. Jede zukunftsorientierte Planung beinhaltet einerseits die Unwägbarkeiten der Prognose und wird anderseits von einer Vielzahl von Faktoren beeinflusst. Auf viele Entwicklungen hat die Kommune oftmals auch gar keinen Einfluss. Sollten sich die Sozialhilfeleistungen aufgrund unerwarteter Fallzahlentwicklungen erhöhen, die Steuern kurzfristig zurückgehen oder sich der für eine Maßnahme erforderliche Grunderwerb aufgrund von Verhandlungsproblemen verteuern, können Anpassungen notwendig werden. Diese sind kein Beweis mangelnder Planungskompetenz der Kommune, sondern haben vielfach durchaus sachliche Hintergründe.
Der Kommune steht es grundsätzlich frei, eine Nachtragshaushaltssatzung jederzeit zu erlassen, wenn sie dieses für notwendig oder angebracht hält. So kann sie je nach Ermessen beliebig oft und zu jedem Zeitpunkt die Anpassung der Haushaltssatzung an die veränderte Finanzsituation veranlassen. In der Praxis werden die Nachträge durchnummeriert, z. B. 1. Nachtragshaushaltssatzung 2025 und 2. Nachtragshaushaltssatzung 2025. Mehrere Nachträge sind nicht ausgeschlossen, in der Praxis gleichwohl selten. Jede weitere Nachtragshaushaltssatzung ändert die unmittelbar vorhergehende. Durch die Änderungen im Nachtragshaushaltsplan sind auch die Ansätze der mittelfristigen Ergebnis- und Finanzplanung anzupassen.

Eine Anpassung durch eine Nachtragshaushaltssatzung ist andererseits zwingend notwendig, wenn z. B. die Paragrafen der Haushaltssatzung geändert werden sollen.

§ 115 I NKomVG regelt zur **Nachtragshaushaltssatzung:**
(1) [1]Die Haushaltssatzung kann nur durch Nachtragshaushaltssatzung geändert werden, die spätestens bis zum Ablauf des Haushaltsjahres zu beschließen ist. [2]Für die Nachtragshaushaltssatzung gelten die Vorschriften für die Haushaltssatzung entsprechend.

Die Haushaltssatzung kann also nicht einfach durch einen Aktenvermerk geändert werden. Es ist vielmehr ein offizielles Rechtsetzungsverfahren, d. h. der Erlass einer Nachtragshaushaltssatzung erforderlich. Dieses unterliegt den gleichen Verfahrensvorschriften und Genehmigungsvorbehalten wie die erstmalige Festlegung der Haushaltssatzung, so dass das Aufstellungsverfahren in der Regel zeit- und arbeitsintensiv ist. Im Vergleich zu der Ursprungssatzung ist der reine Zeitbedarf für die Nachtragshaushaltssatzung in der Praxis gleichwohl deutlich geringer, da die Beratungen innerhalb der mittelanmeldenden Stellen sowie in den politischen Gremien wesentlich kürzer ausfallen. Üblicherweise wird ein Nachtrag in die zweite Jahreshälfte gelegt, um Veränderungen der finanzwirtschaftlichen Rahmenbedingungen, wie z. B. die Entwicklung der Steuererträge und der Schlüsselzuweisungen, abwarten und noch berücksichtigen zu können. Der Beschluss über die Nachtragshaushaltssatzung muss bis zum 31.12. des Haushaltsjahres erfolgen, wobei die Genehmigung der genehmigungsbedürftigen Teile, die Verkündung der Nachtragshaushaltssatzung und die Auslegung des Nachtragshaushaltsplans später erfolgen können. Für die formale Gestaltung und textliche Fassung ist das verbindliche **Muster 2** einschlägig.

Auch die Erhöhung der zweckfreien Ansätze, d. h. der Verfügungsmittel oder der Deckungsreserve (§ 13 KomHKVO), die Änderung des Stellenplans (§ 113 II 2 NKomVG, § 1 I Nr. 4 KomHKVO) als Bestandteil des Haushaltsplans oder auch die Änderung bzw. die Aufnahme neuer Haushaltsvermerke als erweiternde oder einschränkende Bestimmungen zu Ansätzen des Haushaltsplans, erfordern eine Nachtragshaushaltssatzung.

Auch bei Vorliegen gewisser Sachverhalte ist eine Nachtragshaushaltssatzung unverzüglich, d. h. ohne schuldhaftes Verzögern, zu erlassen.

§ 115 II Nr. 1 NKomVG regelt die erste Alternative für eine **Nachtragshaushaltssatzungspflicht:**
(2) Die Kommunen haben unverzüglich eine Nachtragshaushaltssatzung zu erlassen, wenn
1. sich zeigt, dass trotz Ausnutzung jeder Sparmöglichkeit ein erheblicher Fehlbetrag entstehen wird und der Haushaltsausgleich nur durch eine Änderung der Haushaltssatzung erreicht werden kann, oder …

Das Tatbestandsmerkmal »trotz Ausnutzung jeder Sparmöglichkeit« bedeutet, dass die Kommune ihre Haushaltswirtschaft nach § 110 II NKomVG bereits sparsam und wirtschaftlich geführt hat. Sie hat in der Planausführung bereits alle Möglichkeiten bedacht und ausgeschöpft, um die Aufwendungen weiter zu reduzieren. Anderseits hat die Kommune auch alle Möglichkeiten zusätzlicher Ertragsbeschaffungen ausgenutzt. Über die Formulierung des Tatbestandsmerkmals »Fehlbetrag entstehen wird« ist eine zukunftsgerichtete Sicht zu betrachten, d. h. das Augenmerk ist bereits auf den Jahresabschluss zu richten. In gedanklicher Betrachtung des später vorzunehmenden Jahresabschlusses zeigt sich sodann, dass trotz aller Sparbemühungen ein »Fehlbetrag« entstehen wird. Nach der Haushaltsausgleichsregel gemäß § 110 IV 1 und 2 NKomVG entsteht ein **Fehlbetrag**, wenn die ordentlichen Erträge im Jahresabschluss hinter den ordentlichen Aufwendungen bzw. die außerordentlichen Erträge hinter den außerordentlichen Aufwendungen zurückbleiben. Insofern bezieht sich ein Fehlbetrag unter Beachtung der Ergebnisspaltung für den ordentlichen und außerordentlichen Bereich immer auf den Ergebnisbereich. Ein Mehrbedarf bei den Aufwendungen kann folglich weder durch Einsparungen bei anderen Aufwendungen noch durch zusätzliche Erträge gedeckt werden. Dieses Tatbestandsmerkmal kann demnach nicht durch Finanzvorfälle berührt sein, bei welchen es sich um investive Auszahlungen handelt, denn diese sind neben den Abschreibungen nicht weiter ergebniswirksam.

Erst nach Prüfung und Bejahung des Tatbestandsmerkmals »Fehlbetrag« ist im zweiten Schritt dessen Erheblichkeit zu prüfen. Dieser unbestimmte Rechtsbegriff ist von der Höhe her nicht durch das Gesetz geregelt. Er ist vielmehr individuell auszulegen. So kann sich die Erheblichkeit einerseits nach der Größe der Kommune bzw. nach ihrem Haushaltsvolumen und ihrer Finanzkraft richten und muss nach dem Gesamtbild der finanziellen Verhältnisse in jedem Einzelfall entschieden werden. Eine diesbezügliche Wertgrenze kann andererseits auch in § 6 der örtlichen Haushaltssatzung oder durch einen Richtlinienbeschluss der Vertretung festgelegt werden.

Als weiteres Tatbestandsmerkmal ist zu prüfen, ob »der Haushaltsausgleich nur durch eine Änderung der Haushaltssatzung erreicht werden kann«. Da die Aufwendungsseite nicht weiter gesenkt werden kann (alle Sparmöglichkeiten wurden bereits ausgenutzt), kommt in der Regel nur noch die Erhöhung der Ertragsseite in Betracht. Da andererseits auch alle Möglichkeiten zusätzlicher Ertragsbeschaffungen ausgenutzt wurden, führt insbesondere nur die Änderung des § 5 der Haushaltssatzung (z. B. durch Erhöhung der Hebesätze) direkt zu mehr Erträgen. Die Hebesätze der Grund- und Gewerbesteuer können nach § 25 III GrStG und § 16 III 3 GewStG gleichwohl nur bis zum 30.06. eines Haushaltsjahres erhöht werden. Ist der Zeitraum verstrichen und kann der Haushaltsausgleich auch mit dieser Maßnahme nicht erreicht werden, ist das Tatbestandsmerkmal nicht erfüllt. Damit tritt die Rechtsfolge nicht ein und die Kommune hat keine Nachtragshaushaltssatzung zu erlassen.

§ 115 II Nr. 2 NKomVG regelt die zweite Alternative für eine **Nachtragshaushaltssatzungspflicht:**
(2) Die Kommunen haben unverzüglich eine Nachtragshaushaltssatzung zu erlassen, wenn
2. bisher nicht veranschlagte oder zusätzliche Aufwendungen oder Auszahlungen bei einzelnen Haushaltspositionen in einem im Verhältnis zu den Gesamtaufwendungen oder Gesamtauszahlungen erheblichen Umfang entstehen oder geleistet werden müssen.

Als erstes Tatbestandsmerkmal ist die Entscheidung zu treffen, ob »bisher nicht veranschlagte oder zusätzliche Aufwendungen oder Auszahlungen bei einzelnen Haushaltspositionen« benötigt werden. Nicht veranschlagte Finanzvorfälle liegen vor, wenn Aufwendungen entstehen oder Auszahlungen geleistet werden müssen, für deren Zweck im Haushalt keine Ermächtigungen veranschlagt und keine aus Vorjahren übertragenen Ermächtigungen (z. B. Haushaltsreste) verfügbar sind. Alternativ können lediglich »zusätzliche« Aufwendungen entstehen oder »zusätzliche« Auszahlungen zu leisten sein, d. h. es liegen Ermächtigungen im Haushaltsplan und übertragene Ermächtigungen aus Vorjahren vor, die jedoch jeweils nicht ausreichen.
Der weitere Bezug dieser Aufwendungen oder Auszahlungen »bei einzelnen Haushaltspositionen« ist jedoch unpassend formuliert. **Haushaltspositionen** sind die in dem Haushaltsplan nach §§ 2 und 3 KomHKVO ausgewiesenen »Überschriften« der veranschlagten Erträge, Einzahlungen, Aufwendungen und Auszahlungen. Diese für die Vertretung oder die Bürger im Haushaltsplan sichtbare Bezeichnung stellt eine Bündelung der dahinterstehenden Planungsgrößen nach sachlichen Gesichtspunkten dar. So werden z. B. Konten (4011 Dienstaufwendungen Beamte, 4021 Beiträge zu Versorgungskassen Beamte, 4031 Beiträge zur gesetzlichen Sozialversicherung etc.) mit gleicher Kontengruppe (40 Personalaufwendungen) gebündelt und als Haushaltsposition »Personalaufwendungen« im Haushaltsplan dargestellt. Auf Ebene dieser Konten – und nicht auf der Ebene der Haushaltspositionen – werden auch die Haushaltsansätze der Aufwendungen und Auszahlungen geplant, so dass sich die bisher nicht veranschlagten oder zusätzlichen Aufwendungen oder Auszahlungen im ersten Schritt auf das einzelne Konto beziehen. Unter weiterer Berücksichtigung des Produktes, für welches die Aufwendung entsteht bzw. die Auszahlung geleistet wird, bezieht sich das Tatbestandsmerkmal damit auf bisher nicht veranschlagte oder zusätzliche Aufwendungen oder Auszahlungen der einzelnen **Buchungsstelle**. Dieser Begriff ist

im Gesetz zwar nicht definiert, setzt sich i.d.R. aber aus einer Kombination aus Produkt und (Sach-)konto zusammen (Produktnummer.Kontonummer). Eine Buchungsstelle kann daher auch Produkt-Konto genannt werden. Dabei ist zu beachten, dass die Ermächtigung für die laufende Verwaltungstätigkeit aus der Buchungsstelle der Aufwendung kommt und die Buchungsstelle der Auszahlung nicht genannt werden muss. Auch eine Zuordnung zu der entsprechenden Haushaltsposition ist entbehrlich.

Als zweites Tatbestandsmerkmal ist auch hier eine Erheblichkeitsschwelle als Barriere für das zeitaufwendige Nachtragshaushaltssatzungsverfahren eingezogen. So ist die Entscheidung zu treffen, ob die Abweichungen »in einem im Verhältnis zu den Gesamtaufwendungen oder Gesamtauszahlungen erheblichen Umfang« vorliegen. Die Wertgrenze für die Erheblichkeit von bisher nicht veranschlagten oder zusätzlichen Aufwendungen oder Auszahlungen im Verhältnis zu den Gesamtaufwendungen oder Gesamtauszahlungen kann gleichermaßen durch § 6 der örtlichen Haushaltssatzung geregelt werden. Üblich sind Vomhundertsätze, die ein Verhältnis – etwa zum Gesamtvolumen der Aufwendungen im Ergebnishaushalt oder der Auszahlungen im Finanzhaushalt – zum Ausdruck bringen. Da Auszahlungen der laufenden Verwaltungstätigkeit bereits durch die damit verbundenen Aufwendungen ermächtigt werden, ist die laufende Verwaltungstätigkeit ausschließlich an der Wertgrenze des Ergebnishaushaltes zu messen. Ggf. ist das Tatbestandsmerkmal unter Berücksichtigung der finanziellen Gesamtzusammenhänge der Kommune individuell auszulegen. Im Einzelfall ist zu prüfen, ob der Abweichungsbetrag so hoch ist, dass er sich aus der Masse des Gesamtvolumens heraushebt und damit die Relation der Finanzmittel untereinander erheblich verändert wird. Sind die Tatbestandsmerkmale erfüllt, tritt die Rechtsfolge ein und die Kommune hat unverzüglich eine Nachtragshaushaltssatzung zu erlassen.

Auch wenn die beiden Alternativen des § 115 II NKomVG mit einem »oder« verbunden sind, sind stets beide Vorschriften zu prüfen; schließlich können beide Alternativen (Nr. 1 sowie Nr. 2) für sich allein zur Nachtragshaushaltssatzungspflicht führen. Zu der Nachtragshaushaltssatzungspflicht ist eine Ausnahmemöglichkeit formuliert, die immer, aber andererseits auch nur, zu prüfen ist, wenn § 115 II Nr. 2 NKomVG im Grundsatz zu einer Nachtragshaushaltssatzungspflicht führt. Sollte die Nachtragshaushaltssatzungspflicht zu klären sein, ist damit zunächst § 115 II Nr. 1 NKomVG und anschließend Nr. 2 NKomVG zu prüfen, bevor bei einer grundsätzlichen Nachtragshaushaltssatzungspflicht nach § 115 II Nr. 2 NKomVG auf die Ausnahmeregelung des § 115 III NKomVG einzugehen ist.

Die Ausnahmemöglichkeit des **§ 115 III NKomVG** zur Nachtragshaushaltssatzungspflicht lautet:
(3) Absatz 2 Nr. 2 ist nicht anzuwenden auf
1. die Umschuldung von Krediten,
2. höhere Personalaufwendungen und Personalauszahlungen, die auf Grund gesetzlicher oder tarifrechtlicher Vorschriften zwingend erforderlich sind, und
3. Aufwendungen und Auszahlungen für Instandsetzungen und Ersatzbeschaffungen, die zeitlich und sachlich unabweisbar sind.

Bei Vorliegen der genannten Ausnahmen aus § 115 III NKomVG ist die Nachtragshaushaltssatzungspflicht nach § 115 II Nr. 2 NKomVG nicht anzuwenden und auf den Erlass einer sonst vorgeschriebenen Nachtragshaushaltssatzung kann aus Gründen der Praktikabilität verzichtet werden.
Da die Rückzahlung eines Kredits durch die Aufnahme eines neuen Kredits immer vor dem Hintergrund erfolgen wird, einen Kredit zu günstigeren Konditionen zu erlangen, bedarf die Umschuldung von Krediten (§ 115 III Nr. 1 NKomVG) keiner Nachtragshaushaltssatzung. Aufgrund der jeweils nur kurzfristig zur Verfügung stehenden Kreditangeboten wäre es kontraproduktiv, eine Nachtragshaushaltssatzung beschließen zu müssen, die aufgrund der Verfahrensvorschriften längere Zeit in Anspruch nimmt.
Höhere Personalaufwendungen und Personalauszahlungen, die auf Grund gesetzlicher oder tarifrechtlicher Vorschriften zwingend erforderlich sind (§ 115 III Nr. 2 NKomVG), erfordern ebenfalls keine Nachtragshaushaltssatzung. Auch hier steht die Zeitdauer des Erlasses einer Nachtragshaushaltssatzung

der schnellen Abwicklung höherer Personalaufwendungen und -auszahlungen entgegen, so dass diese über- bzw. außerplanmäßig abgewickelt werden können.
Für alle zeitlich und sachlich unabweisbaren Aufwendungen und Auszahlungen für Instandsetzungen und für Ersatzbeschaffungen (§ 115 III Nr. 3 NKomVG) ist ebenfalls keine Nachtragshaushaltssatzung erforderlich. Der unbestimmte Rechtsbegriff der Unabweisbarkeit kann wie folgt allgemein ausgelegt werden: Bei der zeitlichen Unabweisbarkeit kann der Vorgang nicht zurückgestellt werden bis zum Erlass einer Nachtragshaushaltssatzung bzw. bis zum Erlass der nächstjährigen Haushaltssatzung, bzw. die Zurückstellung wäre wirtschaftlich unzweckmäßig i.S.d. § 110 II NKomVG. Bei der sachlichen Unabweisbarkeit besteht ein Rechtsanspruch auf Zahlung z. B. aus Vertrag, Verwaltungsakt oder Rechtsnorm, bzw. der Vorgang ist aus sonstigen Gründen sachlich zwingend notwendig. Die Auslegungen sind mit einzelfallbezogenen Prüfungen der Unabweisbarkeit jeweils zu vertiefen. Das hat zur Folge, dass zeitlich und sachlich unabweisbare Aufwendungen und Auszahlungen für Instandsetzungen und für Ersatzbeschaffungen keine Pflicht zur Aufstellung einer Nachtragshaushaltssatzung nach § 115 Abs. 2 Nr. 2 NKomVG auslösen, obwohl sie bisher nicht veranschlagt waren oder zusätzlich anfallen und in einem im Verhältnis zu den Gesamtaufwendungen oder Gesamtauszahlungen erheblichen Umfang entstehen bzw. geleistet werden müssen. Unabhängig vom Umfang der benötigten Mehraufwendung bzw. -auszahlung ist bei Instandsetzungen und Ersatzbeschaffungen im Interesse einer ordnungsgemäßen Aufgabenerfüllung und pfleglicher Behandlung des Vermögens schnelles Handeln durch Bewilligung einer über- oder außerplanmäßigen Aufwendung bzw. Auszahlung notwendig. Weitere Ausführungen folgen in einem späteren Kapitel.

Beispiel:
Überprüfung der Nachtragshaushaltssatzungspflicht

Sachverhalt:
Bei einer Routineüberprüfung des Sicherheitsingenieurs wurde eine erhebliche Beschädigung der Rathausfassade festgestellt. Die nicht veranschlagten Reparaturkosten werden auf 120.000 Euro geschätzt.
Es ist zu klären, ob für die dringend notwendige Instandhaltungsmaßnahme eine Nachtragshaushaltssatzung zu beschließen ist.

Lösung:
Ein in § 115 II Nr. 1 NKomVG genannter »Fehlbetrag« könnte nach § 110 IV 1, 2 NKomVG entstehen, da die Reparatur ordentliche Aufwendungen auslöst und damit die ordentlichen Aufwendungen höher sein könnten als die ordentlichen Erträge. Es zeichnet sich gleichwohl nicht ab, dass dieser Fehlbetrag erheblich sein wird, da im Sachverhalt keine entsprechenden Angaben zum Verhältnis der ordentlichen bzw. außerordentlichen Erträge und ordentlichen bzw. außerordentlichen Aufwendungen des Ergebnishaushalts gemacht wurden.
Daher kommt § 115 II Nr. 2 NKomVG als Rechtsgrundlage zum Tragen.
Von dem Tatbestandsmerkmal »bisher nicht veranschlagte oder zusätzliche Aufwendungen oder Auszahlungen bei einzelnen Haushaltspositionen« liegt laut Angabe im Sachverhalt die Alternative »bisher nicht veranschlagte Aufwendungen« vor. Dabei wird die Reparatur Aufwendungen auf der Buchungsstelle 1111.4211 auslösen.
Das Tatbestandsmerkmal »in einem im Verhältnis zu den Gesamtaufwendungen oder Gesamtauszahlungen erheblichen Umfang« ist zu klären. Hier handelt es sich um einen unbestimmten Rechtsbegriff und es ist fraglich, ob die Aufwendung (d. h. die Reparatur) i. H. v. 120.000 Euro als erheblich anzusehen ist. Die Beurteilung ist nach dem Gesamtbild der Verhältnisse individuell vorzunehmen und kann sich nach der Größe der Kommune und deren Haushaltsvolumen richten. Unabhängig vom Gesamtvolumen des Ergebnishaushaltes wird der Betrag von 120.000 Euro hier zu Übungszwecken als erheblich angesehen.

Daraus resultiert die Rechtsfolge, dass unverzüglich eine Nachtragshaushaltssatzung zu erlassen ist.
Da sich eine Nachtragshaushaltssatzungspflicht nach § 115 II Nr. 2 NKomVG ergibt, ist als Ausnahme nun § 115 III NKomVG zu prüfen. Hier kommt § 115 III Nr. 3 NKomVG in Betracht.
Bei der Reparatur liegt eine Gebäudeinstandsetzung und damit das Tatbestandsmerkmal »Aufwendungen und Auszahlungen für Instandsetzungen« eindeutig vor.
Das Tatbestandsmerkmal »zeitlich unabweisbar« ist zunächst allgemein (siehe obige Auslegung) und sodann auf den Einzelfall bezogen auszulegen. Es kann bejaht werden, da die Reparatur als Instandsetzungsmaßnahme eilbedürftig ist. Dieses auch, um z. B. eine Schadenausweitung zu vermeiden.
Das Tatbestandsmerkmal »sachlich unabweisbar« ist ebenfalls zunächst allgemein (siehe obige Auslegung) und sodann einzel-

fallbezogen auszulegen. Auch dieses kann bejaht werden. Die Reparatur ist aus sonstigen Gründen sachlich zwingend notwendig, um die Bausubstanz zu erhalten und weiteren Schaden zu vermeiden. Der Dienstbetrieb muss aufrechterhalten werden, um den ordnungsgemäßen Gang der Verwaltungseinrichtungen zu gewährleisten. Den Mitarbeitern kann zudem nicht zugemutet werden, in einem instandsetzungsbedürftigen Rathaus zu arbeiten.

Damit ist als Ergebnis festzuhalten, dass § 115 III Nr. 3 NKomVG zutrifft. Das hat zur Folge, dass § 115 II Nr. 2 NKomVG keine Anwendung findet und keine Nachtragshaushaltssatzungspflicht besteht.

Für die Instandhaltungsmaßnahme sind vielmehr außerplanmäßige Aufwendungen nach § 117 I NKomVG bereitzustellen.

Das Rangverhältnis zwischen der Nachtragshaushaltssatzung und dem Nachtragshaushaltsplan ist das Gleiche wie zwischen der Haushaltssatzung und dem Haushaltsplan.

§ 115 I 2 NKomVG regelt zur Nachtragshaushaltssatzung:
(1) [2]Für die Nachtragshaushaltssatzung gelten die Vorschriften für die Haushaltssatzung entsprechend.

Entsprechend setzt die Nachtragshaushaltssatzung auch den Nachtragshaushaltsplan fest, der wiederum die Festsetzungen des Haushaltsplans unterjährig ergänzt, berichtigt oder ändert. Dabei schreibt der Nachtragshaushaltsplan den ursprünglichen Haushaltsplan fort, so dass er weiterhin die Grundlage der Haushaltswirtschaft darstellt.

§ 8 I KomHKVO formuliert den **Inhalt des Nachtragshaushaltsplans:**
(1) [1]Der Nachtragshaushaltsplan enthält alle erheblichen Änderungen der Ansätze für Erträge, Aufwendungen, Einzahlungen und Auszahlungen, die im Zeitpunkt seiner Aufstellung übersehbar sind, sowie die damit in Zusammenhang stehenden wesentlichen Änderungen der Ziele und Kennzahlen. [2]Bereits geleistete oder angeordnete über- und außerplanmäßige Aufwendungen und Auszahlungen brauchen nicht veranschlagt zu werden.

Der Nachtragshaushaltsplan bringt den Ursprungsplan in allen Bereichen auf den neuesten Stand der Haushaltswirtschaft und macht die notwendigen erheblichen Änderungen des Haushaltsplans erkennbar sowie nachvollziehbar. Ein verbindliches Muster für die Gestaltung des Nachtragshaushaltsplans ist nicht vorgeschrieben. Ein umfassendes Bild der für die Haushaltswirtschaft maßgeblichen Haushaltsansätze lässt sich bei der Darstellung lediglich der geänderten Ansätze im Nachtragshaushaltsplan gleichwohl nur durch gleichzeitige Betrachtung des Haushalts sowie des Nachtrags gewinnen.

Auf einen Blick: Nachtragshaushaltssatzung und Nachtragshaushaltsplan
Die (ursprüngliche) Haushaltssatzung kann nach **§ 115 NKomVG** ausschließlich durch eine **Nachtragshaushaltssatzung** geändert werden. Bei gewissen Konstellationen des § 115 II Nr. 1 NKomVG oder des § 115 II Nr. 2 NKomVG ist unverzüglich eine Nachtragshaushaltssatzung zu erlassen. Bei der Prüfung zum Erlass einer Nachtragshaushaltssatzung nach § 115 II NKomVG sind insofern immer die Voraussetzungen der Nr. 1 als auch die Voraussetzungen der Nr. 2 zu bearbeiten. Die Nachtragshaushaltssatzung setzt zugleich die erforderlichen Änderungen des (ursprünglichen) Haushaltsplans durch einen **Nachtragshaushaltsplan** nach **§ 8 KomHKVO** fest. Für beide gelten die gleichen rechtlichen (Verfahrens-) Regelungen wie für die Ursprungssatzung bzw. den Ursprungsplan. Der Nachtragshaushaltsplan enthält gleichwohl lediglich die gegenüber den Ursprungsansätzen vorgenommenen erheblichen Veränderungen. Alle anderen Haushaltsansätze sowie die damit zusammenhängenden Ziele und Kennzahlen, die keiner wesentlichen Veränderung unterliegen, müssen nicht dargestellt werden.

2.4 HAUSHALTSPLAN – AUFBAU, INHALT UND BEDEUTUNG IN VERTIEFUNG

So wie es gesetzliche Regeln für die Haushaltssatzung gibt, so schreibt das NKomVG auch den Aufbau, den Inhalt und die Bedeutung des durch sie festgesetzten Haushaltsplans vor.

Eine Planbilanz ist nicht vorgesehen, so dass es sich um eine **Zwei-Komponenten-Planung** handelt.

Finanzhaushalt:

- zur Planung und Steuerung
  - der laufenden Verwaltungstätigkeit
  - der Investitionstätigkeit
  - der Finanzierungstätigkeit
- zeitraumbezogene Erfassung *sämtlicher Zahlungsgrößen*

⇨ **Einzahlungen, Auszahlungen**

Ergebnishaushalt:

- zur Messung der Einhaltung des Prinzips der intergenerativen Gerechtigkeit
- zeitraumbezogene Abbildung der Ergebnisgrößen (Ressourcenverbrauch und Ressourcenaufkommen)

⇨ **Aufwendungen, Erträge**

Abbildung 5: Planungskomponenten

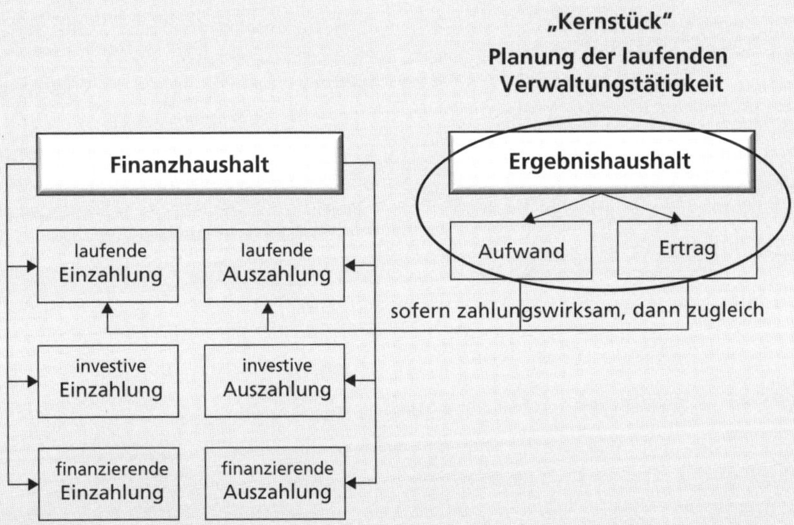

Abbildung 6: Übersicht der Haushalte

2.4.1 Erster Bestandteil des Haushaltsplans: Ergebnishaushalt

Der **Ergebnishaushalt** bildet als Planungskomponente mit den voraussichtlich anfallenden ordentlichen Erträgen und den voraussichtlich entstehenden ordentlichen Aufwendungen für das operative Tagesgeschäft (die laufende Verwaltungstätigkeit) das Kernstück des Haushalts ab, also das voraussichtliche Ressourcenaufkommen und den Ressourcenverbrauch der Haushaltsplanung. Die Ergebnisebene ist zeitraumbezogen angelegt, d. h. sie enthält Bewegungsgrößen, also alle ressourcenrelevanten Finanzvorfälle, die im Laufe des Haushaltsjahres ablaufen sollen bzw. dürfen. So enthält der Ergebnishaushalt in einer zukunftsorientierten Gesamtsicht der Kommune Daten darüber, in welcher Höhe Erträge erwartet werden und in welcher Höhe Aufwendungen verursacht werden dürfen.

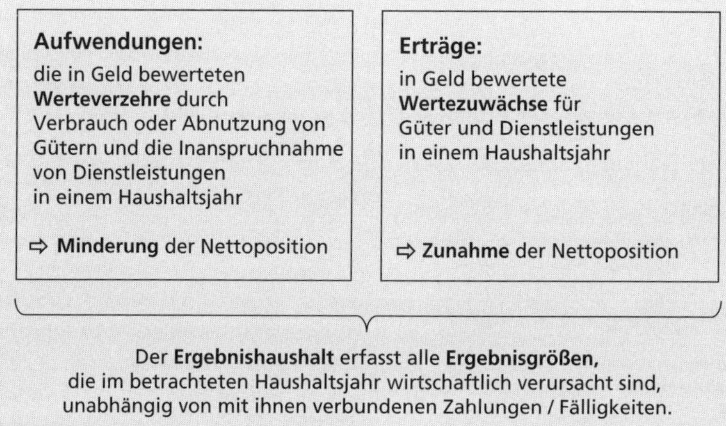

Abbildung 7: Planungskomponente Ergebnishaushalt

Der Ergebnishaushalt hat die Aufgabe, über die Art, die Höhe und die Quellen der geplanten Ergebniskomponenten vollständig und klar zu informieren. Er informiert im Einzelnen über die Quellen und Ursachen des Ressourcenaufkommens und -verbrauchs der Kommune und weist als Saldo den sich daraus ergebenden Überschuss oder Fehlbedarf[5] aus.
Die Gesamtschau der Aufwendungen stellt als Ermächtigungsgrundlage die Legitimation für den Ressourcenverbrauch dar. In diesem Sinne hat die Verwaltung einerseits das Recht, über die im Haushaltsplan nach § 113 I NKomVG veranschlagten Beträge zu verfügen. Sie ist im Rahmen dieser **Ermächtigungsgrundlage** befugt (nicht verpflichtet), die im Rahmen der Aufgabenerfüllung erforderlichen Aufwendungen entstehen zu lassen, die damit verbundenen Auszahlungen zu leisten und die entsprechenden Verpflichtungen einzugehen. Für Erträge (und Einzahlungen) erzeugt der Haushaltsplan gleichwohl nur eine deklaratorische Bedeutung, denn als Grundlage für die Erhebung sind spezielle Normen oder auch Verträge heranzuziehen. Der Haushaltsplan hat hierfür also nur eine Ordnungsfunktion. Sinn der veranschlagten Erträge und Einzahlungen ist es vielmehr, die Deckung und Finanzierung der Aufwendungen und Auszahlungen sichtbar zu machen. Andererseits hat die Verwaltung auch die Pflicht, die Einhaltung des Haushaltsplans zu bewirken. Hier ist die Verwaltung insbesondere verpflich-

[5] Ein Fehlbedarf entsteht in der Planungsphase des Ergebnishaushalts, sofern die ordentlichen und außerordentlichen Aufwendungen die ordentlichen und außerordentlichen Erträge übersteigen. Sollten beim Jahresabschluss in der Ergebnisrechnung die ordentlichen und außerordentlichen Aufwendungen die ordentlichen und außerordentlichen Erträge tatsächlich übersteigen, so entsteht ein Fehlbetrag. Muster 8 a des Ausführungserlasses 2017 benutzt hingegen bereits für das Jahresergebnis in der Haushaltsplanung (Zeile 25) den Begriff des Fehlbetrages.

tet, die im Haushaltsplan ausgewiesenen Ziele im Rahmen der Haushaltsermächtigungen zu verfolgen. Weitere Ausführungen zu der Funktion als Ermächtigungsgrundlage sind im Kapitel 2.4.3 enthalten.

§ 2 I KomHKVO beschreibt den **Aufbau des Ergebnishaushalts:**
(1) Im Ergebnishaushalt werden die ordentlichen und die außerordentlichen Erträge sowie die ordentlichen und die außerordentlichen Aufwendungen nachgewiesen.

Ordentliche Erträge nach § 2 II KomHKVO und ordentliche Aufwendungen nach § 2 III KomHKVO stellen die auf das Haushaltsjahr bezogene Ressourcenveränderung dar, soweit es sich um die planbare Verwaltungstätigkeit handelt. Daneben enthält der Ergebnishaushalt im Rahmen einer Ergebnisspaltung auch **außerordentliche** Ergebnisgrößen außerhalb der planbaren Verwaltungstätigkeit.

§ 2 IV KomHKVO fordert den Ausweis der außerordentlichen Planungsgrößen:
(4) Der Ergebnishaushalt umfasst zudem
1. die außerordentlichen Erträge sowie
2. die außerordentlichen Aufwendungen.

Die Gliederung erfolgt demnach nach der Art der Regelmäßigkeit des Auftretens der Erträge und Aufwendungen. Zunächst werden die ordentlichen Erträge und Aufwendungen abgebildet und im weiteren Verlauf die außerordentlichen Erträge und Aufwendungen.

§ 60 KomHKVO enthält folgende Begriffsbestimmung:
Nr. 6 außerordentliche Aufwendungen und Erträge:
Aufwendungen und Erträge, die auf unvorhersehbaren, seltenen oder ungewöhnlichen Vorgängen beruhen, insbesondere Erträge aus der Herabsetzung von Schulden und der Auflösung von Rückstellungen sowie Erträge und Aufwendungen aus Vermögensveräußerungen, jedoch nicht außerplanmäßige Abschreibungen wegen unterlassener Instandhaltung und Erträge aus der Veräußerung von geringwertigen Vermögensgegenständen;

Außerordentliche Planungsgrößen treten unregelmäßig oder außerhalb der gewöhnlichen Verwaltungstätigkeit auf. Sie sind in der Regel erst nach Eintreten des Finanzvorfalls in der Höhe und im Zeitpunkt der Ergebniswirksamkeit bekannt. Sie liegen außerhalb der Routine und täglichen Aufgabenerfüllung und sind aus diesem Grund nur bedingt planbar. So können die außerordentlichen Aufwendungen und Erträge im Ergebnishaushalt nur berücksichtigt werden, wenn die Höhe und der Zeitpunkt der Ergebniswirksamkeit bereits zum Zeitpunkt der Haushaltsplanung mit Sicherheit abgeschätzt werden können. Der Umfang des außerordentlichen Ergebnisses ist damit beschränkt.

Im Umkehrschluss können ordentliche Aufwendungen und Erträge als solche betrachtet werden, die häufig oder regelmäßig anfallen. Insofern werden auch periodenfremde Ergebnisgrößen, die regelmäßig anfallen, dem ordentlichen Ergebnis zugeordnet. Der Kontenrahmen sieht hierfür die Kontenklassen 3 (ordentliche Erträge) und 4 (ordentliche Aufwendungen) vor. Die außerordentlichen Finanzvorfälle sind der **Kontenklasse 5**, sowohl für Erträge wie auch für Aufwendungen, zuzuordnen. Dabei sehen die Zuordnungsvorschriften hierzu (bei den empfohlenen Kontenarten 501 und 511) folgende Beschreibung vor: Unvorhergesehene Ereignisse und Finanzvorfälle, welche sich klar von der gewöhnlichen Tätigkeit der Kommune unterscheiden (sie stehen außerhalb der gewöhnlichen Verwaltungstätigkeit der Kommune) und von denen daher nicht anzunehmen ist, dass sie häufig oder regelmäßig wiederkehren. Ob ein Ereignis oder Finanzvorfall klar von der gewöhnlichen Tätigkeit einer Kommune zu unterscheiden ist, wird durch die Art des Ereignisses oder Finanzvorfalles im Hinblick auf die gewöhnlich von der Kommune betriebenen Geschäfte und weniger durch die Häufigkeit, mit der solche Ereignisse erwartet werden oder auftreten können, bestimmt. Die Definition von außergewöhnlichen Ergebnisgrößen ist eng auszulegen.

Aufgrund der Formulierung in § 60 Nr. 6 KomHKVO »jedoch nicht ...« handelt es sich bei außerplanmäßigen Abschreibungen wegen unterlassener Instandhaltung und bei Erträgen aus der Veräußerung von geringwertigen Vermögensgegenständen immer um ordentliche Finanzvorfälle, auch wenn sie auf unvorhersehbaren, seltenen oder ungewöhnlichen Vorgängen beruhen.

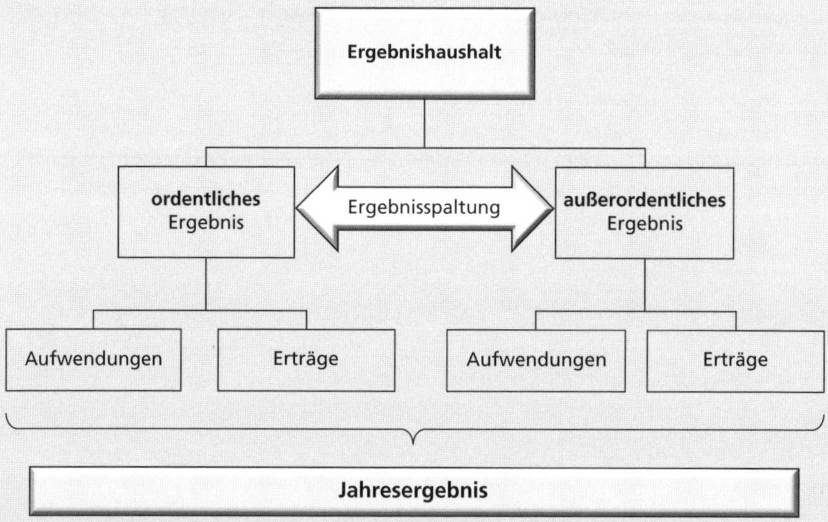

Abbildung 8: Ergebnisspaltung und Saldenbildung im Ergebnishaushalt

Entsprechend dieser Spaltung sind auch getrennte Salden auszuweisen.

§ 2 V KomHKVO regelt die im Ergebnishaushalt auszuweisenden Salden:
(5) Im Ergebnishaushalt werden für jedes Haushaltsjahr zusätzlich ausgewiesen
1. der Saldo aus der Summe der ordentlichen Erträge und der Summe der ordentlichen Aufwendungen als **ordentliches Ergebnis,**
2. der Saldo aus den außerordentlichen Erträgen und den außerordentlichen Aufwendungen, als **außerordentliches Ergebnis** und
3. der Saldo aus dem ordentlichen Ergebnis und dem außerordentlichen Ergebnis als **Jahresergebnis.**

Die Inhalte und der Aufbau des Ergebnishaushalts mit den ordentlichen und außerordentlichen Planungsgrößen sind zunächst in § 2 KomHKVO gelistet.

§ 2 II, III und IV KomHKVO listen die **Haushaltspositionen der ergebniswirksamen Planungsgrößen:**
(2) In den Ergebnishaushalt werden die **ordentlichen Erträge** wie folgt aufgenommen und gegliedert
1. Steuern und ähnliche Abgaben,
2. Zuwendungen und allgemeine Umlagen, außer für Investitionstätigkeit,
3. Auflösungserträge aus Sonderposten,
4. sonstige Transfererträge,
5. öffentlich-rechtliche Entgelte, außer Beiträge und ähnliche Entgelte für Investitionstätigkeit,
6. privatrechtliche Entgelte,
7. Kostenerstattungen und Kostenumlagen,
8. Zinsen und ähnliche Finanzerträge,
9. aktivierungsfähige Eigenleistungen,
10. Bestandsveränderungen und
11. sonstige ordentliche Erträge.

(3) In den Ergebnishaushalt werden die **ordentlichen Aufwendungen** wie folgt aufgenommen und gegliedert
1. Personalaufwendungen,
2. Versorgungsaufwendungen,

3. Aufwendungen für Sach- und Dienstleistungen,
4. Abschreibungen,
5. Zinsen und ähnliche Aufwendungen,
6. Transferaufwendungen und
7. sonstige ordentliche Aufwendungen.

(4) Der Ergebnishaushalt umfasst zudem
1. die außerordentlichen Erträge sowie
2. die außerordentlichen Aufwendungen.

Das entsprechende Zahlenwerk ist laut verbindlichem Haushalts-**Muster 6** sodann in Staffelform aufzustellen. Die verschiedenen Erträge und Aufwendungen sind hier in Zeilen untereinander darzustellen. Dieses hat den Vorteil, dass die nach § 2 V KomHKVO zusätzlich auszuweisenden Zwischensalden auch abgebildet werden können.

Es folgt eine vereinfachte Darstellung des Ergebnishaushalts (ohne mittelfristige Ergebnis- und Finanzplanung). Auffällig ist, dass sich die Optik des Ergebnishaushalts streng an der Reihenfolge der Erträge und Aufwendungen des § 2 KomHKVO orientiert.

Aggregierte Darstellung nach der Strukturvorgabe des § 2 KomHKVO ➔

Ergebnis-haushalt		Die Haushaltspositionen und weiterführende Details sind an folgenden Stellen in der KomHKVO nachzulesen:
	Ordentliche Erträge	
1	Steuern und ähnliche Abgaben	§ 2 II Nr. 1
2	Zuwendungen und allgemeine Umlagen, außer für Investitionstätigkeit	§ 2 II Nr. 2
3	Auflösungserträge aus Sonderposten	§ 2 II Nr. 3, § 44 V
4	sonstige Transfererträge	§ 2 II Nr. 4
5	öffentlich-rechtliche Entgelte, außer Beiträge u. ä. Entgelte für Investitionstätigkeit	§ 2 II Nr. 5
6	privatrechtliche Entgelte	§ 2 II Nr. 6
7	Kostenerstattungen und Kostenumlagen	§ 2 II Nr. 7
8	Zinsen und ähnliche Finanzerträge	§ 2 II Nr. 8
9	aktivierungsfähige Eigenleistungen	§ 2 II Nr. 9, § 60 Nr. 3, § 15 IV
10	Bestandsveränderungen	§ 2 II Nr. 10, § 60 Nr. 11
11	sonstige ordentliche Erträge	§ 2 II Nr. 11
12	**Summe ordentliche Erträge**	**Vgl. § 1 der Haushaltssatzung** Summe der Zeilen 1 bis 11
	Ordentliche Aufwendungen	
13	Personalaufwendungen	§ 2 III Nr. 1
14	Versorgungsaufwendungen	§ 2 III Nr. 2
15	Aufwendungen für Sach- und Dienstleistungen	§ 2 III Nr. 3
16	Abschreibungen	§ 2 III Nr. 4, § 60 Nr. 1, § 49
17	Zinsen und ähnliche Aufwendungen	§ 2 III Nr. 5
18	Transferaufwendungen	§ 2 III Nr. 6, § 60 Nr. 43
19	Sonstige ordentliche Aufwendungen	§ 2 III Nr. 7
20	**Summe ordentliche Aufwendungen**	**Vgl. § 1 der Haushaltssatzung** Summe der Zeilen 13 bis 19

Ergebnishaushalt	Aggregierte Darstellung nach der Strukturvorgabe des § 2 KomHKVO ↓	Die Haushaltspositionen und weiterführende Details sind an folgenden Stellen in der KomHKVO nachzulesen:
21	**Ordentliches Ergebnis**	**Saldenbildung nach § 2 V Nr. 1** (Saldo aus Zeilen 12 und 20)
22	außerordentliche Erträge	§ 2 IV Nr. 1, § 60 Nr. 6 **zugleich § 1 der Haushaltssatzung**
23	außerordentliche Aufwendungen	§ 2 IV Nr. 2, § 60 Nr. 6 **zugleich § 1 der Haushaltssatzung**
24	**Außerordentliches Ergebnis**	**Saldenbildung nach § 2 V Nr. 2** (Saldo aus Zeilen 22 und 23)
25	**Jahresergebnis**	**Saldenbildung nach § 2 V Nr. 3**
26	Summe der Jahresfehlbeträge aus Vorjahren gemäß § 2 Abs. 6 KomHKVO	

Die Zeilen 1–21 und die getrennt auszuweisenden Zeilen 22–24 verdeutlichen die Ergebnisspaltung in ordentliche und außerordentliche Ergebnisgrößen. Aus der Summe der ordentlichen Erträge abzüglich der Summe der ordentlichen Aufwendungen ist in Zeile 21 ein **ordentliches Ergebnis** (§ 2 V Nr. 1 KomHKVO) zu ermitteln. Aus der Summe der außerordentlichen Erträge abzüglich der Summe der außerordentlichen Aufwendungen ist in Zeile 24 ein **außerordentliches Ergebnis** (§ 2 V Nr. 2 KomHKVO) zu ermitteln. Die Haushaltspositionen der Zeilen 2 (Zuwendungen und allgemeine Umlagen, außer für Investitionstätigkeit), 3 (Auflösungserträge aus Sonderposten) und 16 (Abschreibungen) werden ausführlich im speziellen Teil der Buchführung erläutert.

Das in Zeile 25 ausgewiesene geplante **Jahresergebnis** (§ 2 V Nr. 3 KomHKVO) drückt die voraussichtlich erwartete Veränderung der Nettoposition aus. Hier wird der Saldo aus dem ordentlichen und dem außerordentlichen Ergebnis ermittelt. Übersteigen die Erträge die Aufwendungen (positiver Saldo) ergibt sich ein **Überschuss**. Liegen die Erträge unter den Aufwendungen (negativer Saldo) ergibt sich ein **Fehlbetrag**. An der Entwicklung der Nettoposition lässt sich feststellen, ob die Kommune nachhaltig wirtschaftet oder von der Substanz lebt.

ⓘ **Auf einen Blick: Ergebnishaushalt**
Der **Ergebnishaushalt** als Bestandteil des Haushaltsplans nach **§ 113 II 1 NKomVG und § 1 I Nr. 1 KomHKVO sowie § 2 KomHKVO** bildet mit den Ergebnisgrößen der laufenden Verwaltungstätigkeit das Kernstück der kommunalen Aufgabenerfüllung. Sind die Erträge und Aufwendungen zahlungswirksam, finden sie sich zugleich im Finanzhaushalt, im Bereich der laufenden Verwaltungstätigkeit, wieder.

2.4.2 Zweiter Bestandteil des Haushaltsplans: Finanzhaushalt

Der **Finanzhaushalt** dokumentiert auf der Stufe der gesamten Kommune, wofür Gelder voraussichtlich abfließen (Auszahlungen) und wodurch Gelder voraussichtlich zufließen (Einzahlungen) werden. So enthält er in einer zukunftsorientierten Gesamtsicht alle voraussichtlich eingehenden Einzahlungen und zu leistenden Auszahlungen. Auffällig ist die **Dreiteilung** der Aktionsfelder, d. h. es sind die kassenwirksamen, auf Erträgen und Aufwendungen beruhenden, Ein- und Auszahlungen der laufenden Verwaltungstätigkeit, die Zahlungsströme für die Investitionstätigkeit und die Zahlungsströme für die Finanzierungstätigkeit enthalten. Diese drei Ursachenbereiche zeigen die Vielfältigkeit in den Aktionsfeldern der kommunalen Aufgabenerfüllung. Auch die Finanzebene ist zeitraumbezogen angelegt, d. h. sie enthält als Bewegungsgrößen alle zahlungsrelevanten Finanzvorfälle, die im Laufe des Haushaltsjahres ablaufen sollen bzw. dürfen. Durch die Aufnahme aller Zahlungen sind aussagekräftige Informationen über die voraussichtliche finanzielle Lage der Kommune gewährleistet.

Einzahlungen:

der **Zufluss**
von Bar- und Buchgeld

⇨ **Zunahme** der Zahlungsmittel

Auszahlungen:

der **Abfluss**
von Bar- und Buchgeld

⇨ **Minderung** der Zahlungsmittel

Der **Finanzhaushalt** erfasst *alle* **Zahlungsgrößen,**
die im betrachteten Haushaltsjahr voraussichtlich eingehen oder zu leisten sind,
unter Zuordnung zur laufenden Verwaltungstätigkeit,
der Investitions- oder Finanzierungstätigkeit.

Abbildung 9: Planungskomponente Finanzhaushalt

Der Finanzhaushalt hat die Aufgabe, über die Art, die Höhe und die Quellen der geplanten Zahlungskomponenten vollständig und klar zu informieren. Er informiert im Einzelnen über die Quellen und Ursachen der Einzahlungen und Auszahlungen und damit der Entwicklung der liquiden Mittel der Kommune. So stellt der Finanzhaushalt einen unverzichtbaren Bestandteil des Haushaltsplans dar, denn erst durch ihn werden die geplanten Investitionen sowie Investitionsförderungsmaßnahmen und die notwendige Finanzierungstätigkeit abgebildet und ermächtigt, die im Ergebnisbereich systembedingt nicht enthalten sind. Neben der notwendigen Ergänzung des »führenden« zentralen Ergebnishaushalts bildet der Finanzhaushalt so die Basis für die politischen investiven Entscheidungen und das darauf aufbauende Verwaltungshandeln.

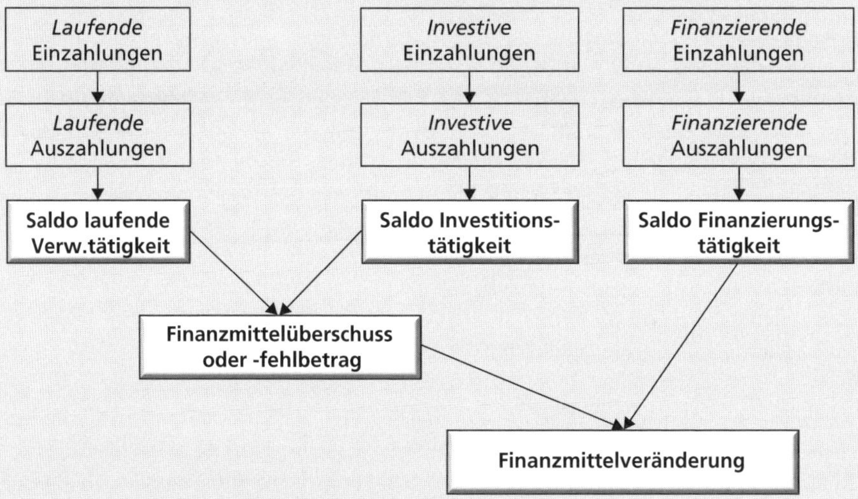

Abbildung 10: Dreiteilung und Saldenbildung im Finanzhaushalt

Erster Ursachenbereich des Finanzhaushalts – Ein- und Auszahlungen der laufenden Verwaltungstätigkeit

Im Zahlungsbereich aus laufender Verwaltungstätigkeit handelt es sich im Wesentlichen um ertragsgleiche Einzahlungen (zahlungswirksame Erträge) und aufwandsgleiche Auszahlungen (zahlungswirksame Aufwendungen). Dabei sind die Finanzvorfälle in der Reihenfolge der § 3 Nr. 1 und 2 KomHKVO abgebildet. Hier werden zunächst die Einzahlungen und sodann die Auszahlungen, die davon beglichen werden sollen, veranschlagt. Bei den Auszahlungen, die vom kommunalen Konto abfließen, kommen solche für Büromaterial, Telefongebühren, Personalkosten, Zinsen bis für die Sozial- und Jugendhilfe in Betracht. Bei den Einzahlungen, die dem kommunalen Konto zufließen, reicht die Spanne von der Gebühr für einen neuen Personalausweis, über Mieten und Pachten und Bußgelder bis hin zu der Haupteinnahmequelle der Gemeinde wie der Gewerbesteuer. Nach § 17 I Nr. 2 KomHKVO dienen die Einzahlungen für laufende Verwaltungstätigkeit des Finanzhaushalts insgesamt zur Deckung der Auszahlungen für laufende Verwaltungstätigkeit sowie für die Auszahlungen zur ordentlichen Tilgung von Investitionskrediten und zur Rückzahlung innerer Darlehen.

Zweiter Ursachenbereich des Finanzhaushalts – Ein- und Auszahlungen der Investitionstätigkeit

Alle Bewegungen der investiven Tätigkeit, die die liquiden Mittel berühren und z. B. Vermögen erweitern oder erschaffen, sind in der Reihenfolge der § 3 Nr. 4 und 5 KomHKVO abgebildet.

> **§ 60 KomHKVO** enthält folgende Begriffsbestimmungen:
> **Nr. 22 Investitionen:**
> die Verwendung von Finanzmitteln für die Veränderung des Bestandes längerfristig dienender Güter des immateriellen Vermögens und des Sach- und Finanzvermögens, wobei geringwertige Vermögensgegenstände unberücksichtigt bleiben;
> **Nr. 23 Investitionsförderungsmaßnahmen:**
> die Gewährung von
> a) Investitionszuwendungen an Dritte und an Sondervermögen mit Sonderrechnung, wenn eine Aktivierung nach § 44 Abs. 4 Satz 1 erfolgt, und
> b) Darlehen für Investitionen Dritter und für Investitionen der Sondervermögen mit Sonderrechnung;

Die Verwendung von Finanzmitteln für die Veränderung des Bestandes längerfristig dienender Güter des immateriellen Vermögens und des Sach- und Finanzvermögens teilt sich in Einzahlungen sowie Auszahlungen für die Investitionstätigkeit auf. So werden mit dem durch den Finanzhaushalt ermächtigten Bereich der Auszahlungen für Investitionstätigkeit z. B. der Erwerb von Grundstücken und Gebäuden, neue Baumaßnahmen oder Anschaffungen von beweglichen Vermögensgegenständen über 1.000 Euro ohne Umsatzsteuer geplant.

Investive Zahlungen haben neben dem Einfluss auf die liquiden Mittel auch Einfluss auf das immaterielle, das Sach- oder das Finanzvermögen der Kommune. So beeinflussen Investitionen das Vermögen, mit welchem die Kommune ihre Aufgaben erfüllen bzw. weiterhin erfüllen. Sei es, dass wertverbessernde Maßnahmen wie umfangreiche Instandsetzungen an Schulen, Kindergärten, Verwaltungsgebäuden, Schwimmhallen, Straßen etc. vorgenommen werden oder neue Gebäude gekauft oder errichtet werden, um das Sachvermögen zu mehren. Das traditionelle Ziel kommunaler Investitionen liegt dabei in einer ausreichenden Versorgung der Bevölkerung mit notwendigen Gemeinschaftseinrichtungen. Die Instandhaltung kommunaler Gebäude oder die Bewirtschaftung der Grundstücke und baulichen Anlagen gehören dagegen nicht zur investiven Tätigkeit. Weitere Ausführungen sind dem speziellen Teil der Buchführung (Sachanlagenbereich) zu entnehmen. Sollte die Kommune z. B. die Investitionen Dritter fördern, um die Aufgabe nicht selbst erfüllen zu müssen, handelt es sich um Investitionsförderungsmaßnahmen. Auch hierzu wird auf weitere Ausführungen im speziellen Teil der Buchführung (Zuwendungen) verwiesen.

Investitionen müssen im Voraus in Wirtschaftlichkeitsuntersuchungen[6] auf ihre Vorteilhaftigkeit hin geprüft werden, da die Haushaltswirtschaft nach § 110 II NKomVG sparsam und wirtschaftlich zu führen ist. Hinsichtlich der Folgewirkungen sind Investitionsentscheidungen damit sorgfältig zu analysieren, um mögliche künftige Chancen und Risiken der wirtschaftlichen Weiterentwicklung quantifizieren zu können.

> **§ 12 I KomHKVO** enthält weitere zentrale Vorgaben für **Investitionen:**
> (1) [1]Bevor Investitionen von erheblicher finanzieller Bedeutung oberhalb einer von der Kommune festgelegten Wertgrenze beschlossen werden, soll durch einen Wirtschaftlichkeitsvergleich unter mehreren in Betracht kommenden Möglichkeiten die für die Kommune wirtschaftlichste Lösung ermittelt werden. [2]Externe Effekte können berücksichtigt werden. [3]Vor Beginn einer Investition mit unerheblicher finanzieller Bedeutung bis zu der nach Satz 1 festgelegten Wertgrenze muss eine Folgekostenberechnung vorgenommen werden.

[6] Siehe Einführung in die Investitionsrechnung, Boffer, Eisner, Gerlach, Romaschin, Hamburg 2020

Für die Investitionen muss natürlich das nötige Geld da sein. Deshalb gibt es wie im Bereich der laufenden Verwaltungstätigkeit nicht nur eine Auszahlungs-, sondern auch eine Einzahlungsseite. Bei den geplanten Einzahlungen für Investitionstätigkeit handelt es sich entsprechend um die Veräußerung von Immobilien, Maschinen oder von Vermögensgegenständen der Betriebs- und Geschäftsausstattung. Auch Einzahlungen aus erhaltenen Zuwendungen für Investitionstätigkeit oder aus Beiträgen und ähnlichen Entgelten für Investitionstätigkeit sind enthalten. Nach § 17 III 1 KomHKVO dienen diese Einzahlungen für Investitionstätigkeit neben einem nach Anwendung des § 17 II KomHKVO verbleibenden Zahlungsüberschusses aus laufender Verwaltungstätigkeit und neben den nachrangigen Einzahlungen aus der Aufnahme von Krediten und inneren Darlehen insgesamt zur Deckung der Auszahlungen für die Investitionstätigkeit.

Dritter Ursachenbereich des Finanzhaushalts – Ein- und Auszahlungen der Finanzierungstätigkeit

Allein vom Ersparten und von Zuwendungen oder Veräußerungen könnten Investitionen und Investitionsförderungsmaßnahmen nicht gänzlich bezahlt werden. Sie können nach § 111 VI NKomVG i. V. m. § 120 I NKomVG vielmehr auch mit Krediten finanziert werden. Die so notwendige, wenn auch nachrangige, Kreditaufnahme gehört ebenso wie die damit verbundene Tilgung nach § 3 Nr. 8 a) und 9 a) KomHKVO zu den Ein- und Auszahlungen der Finanzierungstätigkeit. Neben einem Kredit zur Finanzierung der Investitionen und Investitionsförderungsmaßnahmen kann als Deckungsmittel auch ein inneres Darlehen in Frage kommen. Auch dessen Aufnahme und Rückzahlung gehört nach § 3 Nr. 8 b) und 9 b) KomHKVO zu den Ein- und Auszahlungen der Finanzierungstätigkeit.

> **§ 60 KomHKVO** enthält folgende Begriffsbestimmung:
> **Nr. 21 Innere Darlehen:**
> die vorübergehende Inanspruchnahme von Mitteln der Sondervermögen ohne Sonderrechnung als Deckungsmittel für Investitionstätigkeit im Finanzhaushalt;

Die Finanzierungstätigkeiten berühren die Höhe der liquiden Mittel auf der Aktivseite der Bilanz wie auch die Verbindlichkeiten auf der Passivseite. Die Nettoposition muss sich also nicht anpassen, folglich sind diese Tätigkeiten ergebnisneutral und nicht im Ergebnishaushalt zu finden. Bedingt durch die Differenzierung zwischen Investitionskrediten (siehe Ausführungen zu § 2 der Haushaltssatzung) und Liquiditätskrediten (siehe Ausführungen zu § 4 der Haushaltssatzung) und der Vorgabe des § 14 Nr. 4 KomHKVO erfolgt hier lediglich der Ausweis der Investitionskredite.
Die Zahlungsströme im Finanzierungsbereich werden in dieser Abbildungssicht gleichwohl nur zusammengefasst für Einzahlungen aus Kreditaufnahmen gefordert. Der Kontenrahmen (Kontenart 692 mit Bereichsabgrenzung B bis D) und vor allem die ebenfalls verbindlichen Zuordnungsvorschriften fordern für die Planungs- und Bewirtschaftungsphase hingegen eine feinere Untergliederung je nach Laufzeit, Währung bzw. Herkunft des Kredites (vom Bund, vom Land, von Kreditinstituten etc.).

Auch im Auszahlungsbereich werden die Zahlungsströme in dieser Sicht nur zusammengefasst in einer Zeile »Auszahlungen; Tilgung von Krediten und Rückzahlung von inneren Darlehen für Investitionstätigkeit« (Kontenart 792 mit Bereichsabgrenzung B bis D) abgebildet.

> **§ 60 KomHKVO** enthält folgende Begriffsbestimmung:
> **Nr. 42 Tilgung:**
> a) ordentliche Tilgung: die Leistung des im Haushaltsjahr zurückzuzahlenden Betrages bis zu der in den Rückzahlungsbedingungen festgelegten Mindesthöhe;
> b) außerordentliche Tilgung: die über die ordentliche Tilgung hinausgehende Tilgung einschließlich Umschuldung;

Die Auszahlungen zur ordentlichen Tilgung von Investitionskrediten und zur Rückzahlung innerer Darlehen sind nach § 17 I Nr. 2 KomHKVO durch einen Überschuss der laufenden Verwaltungstätigkeit (positiver Saldo in Zeile 18 im Muster 7) zu finanzieren. § 17 III 2 KomHKVO formuliert zudem, dass die Auszahlungen für die ordentliche Tilgung und die Rückzahlung von inneren Darlehen nicht durch Einzahlungen aus der Aufnahme von Investitionskrediten und inneren Darlehen finanziert werden dürfen. Diese Regelung ist notwendig, um eine doppelte Kreditfinanzierung zu vermeiden und einer Überschuldung entgegenzuwirken.

Die Inhalte und der Aufbau des Finanzhaushalts mit den Planungsgrößen der laufenden, der investiven und der finanzierenden Tätigkeit sind zunächst in § 3 KomHKVO gelistet.

§ 3 KomHKVO listet die **Haushaltspositionen der zahlungswirksamen Planungsgrößen:**
In den Finanzhaushalt werden mit folgender Gliederung aufgenommen

1. als Einzahlungen aus laufender Verwaltungstätigkeit
   a) Steuern und ähnliche Abgaben,
   b) Zuwendungen und allgemeine Umlagen, außer für Investitionstätigkeit,
   c) sonstige Transfereinzahlungen,
   d) öffentlich-rechtliche Entgelte, außer Beiträgen und ähnlichen Entgelten für Investitionstätigkeit,
   e) privatrechtliche Entgelte, außer für Investitionstätigkeit,
   f) Kostenerstattungen und Kostenumlagen, außer für Investitionstätigkeit,
   g) Zinsen und ähnliche Einzahlungen und
   h) sonstige haushaltswirksame Einzahlungen,
2. als Auszahlungen aus laufender Verwaltungstätigkeit
   a) Personalauszahlungen,
   b) Versorgungsauszahlungen,
   c) Auszahlungen für Sach- und Dienstleistungen und für den Erwerb geringwertiger Vermögensgegenstände,
   d) Zinsen und ähnliche Auszahlungen,
   e) Transferauszahlungen, außer für Investitionstätigkeit, und
   f) sonstige haushaltswirksame Auszahlungen,
3. der Saldo der Einzahlungen und Auszahlungen aus laufender Verwaltungstätigkeit,
4. als Einzahlungen für Investitionstätigkeit
   a) Einzahlungen aus Zuwendungen für Investitionstätigkeit,
   b) Einzahlungen aus Beiträgen und ähnlichen Entgelten für Investitionstätigkeit,
   c) Einzahlungen aus der Veräußerung von Sachvermögen,
   d) Einzahlungen aus der Veräußerung von Finanzvermögensanlagen und
   e) Einzahlungen für sonstige Investitionstätigkeit,
5. als Auszahlungen für Investitionstätigkeit
   a) Auszahlungen für den Erwerb von Grundstücken und Gebäuden,
   b) Auszahlungen für Baumaßnahmen,
   c) Auszahlungen für den Erwerb von beweglichem Sachvermögen,
   d) Auszahlungen für den Erwerb von Finanzvermögensanlagen,
   e) Auszahlungen für aktivierbare Zuwendungen und
   f) Auszahlungen für sonstige Investitionstätigkeit,
6. der Saldo aus Einzahlungen und Auszahlungen für Investitionstätigkeit,
7. die Summe der Salden nach den Nummern 3 und 6 als Finanzmittelüberschuss oder Finanzmittelfehlbetrag,
8. als Einzahlungen aus Finanzierungstätigkeit
   a) Einzahlungen aus der Aufnahme von Krediten und
   b) Einzahlungen aus der Aufnahme innerer Darlehen,
9. als Auszahlungen aus Finanzierungstätigkeit
   a) Auszahlungen für die Tilgung von Krediten und
   b) Auszahlungen für die Rückzahlung innerer Darlehen,
10. der Saldo aus Einzahlungen und Auszahlungen aus Finanzierungstätigkeit und
11. die Summe der Salden aus den Nummern 7 und 10 als Finanzmittelveränderung.

HAUSHALTSPLANUNG UND -BEWIRTSCHAFTUNG

Das entsprechende Zahlenwerk ist laut verbindlichem **Muster 7** sodann in Staffelform aufzustellen. Die verschiedenen Einzahlungen und Auszahlungen sind hier in Zeilen untereinander darzustellen. Diese Form ermöglicht die Darstellung der Salden nach § 3 Nr. 3, 6, 7, 10 und 11 KomHKVO.

Es folgt eine vereinfachte Darstellung des Finanzhaushalts (ohne mittelfristige Ergebnis- und Finanzplanung). Auffällig ist, dass sich die Optik des Finanzhaushalts streng an der Reihenfolge der Einzahlungen und Auszahlungen des § 3 KomHKVO orientiert.

Aggregierte Darstellung nach der Strukturvorgabe des § 3 KomHKVO ↓

Finanzhaushalt		Die Haushaltspositionen und weiterführende Details sind an folgenden Stellen in der KomHKVO nachzulesen:
	Einzahlungen aus laufender Verwaltungstätigkeit	
1	Steuern und ähnliche Abgaben	§ 3 Nr. 1 a
2	Zuwendungen und allg. Umlagen, außer für Investitionstätigkeit	§ 3 Nr. 1 b
3	sonstige Transfereinzahlungen	§ 3 Nr. 1 c
4	öffentlich-rechtliche Entgelte, außer Beiträgen u. ä. Entgelten für Investitionstätigkeit	§ 3 Nr. 1 d
5	privatrechtliche Entgelte, außer für Investitionstätigkeit	§ 3 Nr. 1 e
6	Kostenerstattungen und -umlagen, außer für Investitionstätigkeit	§ 3 Nr. 1 f
7	Zinsen und ähnliche Einzahlungen	§ 3 Nr. 1 g
8	sonstige haushaltswirksame Einzahlungen	§ 3 Nr. 1 h
9	**Summe der Einzahlungen aus laufender Verwaltungstätigkeit**	**Vgl. § 1 der Haushaltssatzung** Summe Zeilen 1 bis 8
	Auszahlungen aus laufender Verwaltungstätigkeit	
10	Personalauszahlungen	§ 3 Nr. 2 a
11	Versorgungsauszahlungen	§ 3 Nr. 2 b
12	Auszahlungen für Sach- und Dienstleistungen und für den Erwerb geringwertiger Vermögensgegenstände	§ 3 Nr. 2 c
13	Zinsen und ähnliche Auszahlungen	§ 3 Nr. 2 d
14	Transferauszahlungen, außer für Investitionstätigkeit	§ 3 Nr. 2 e, § 60 Nr. 44
15	sonstige haushaltswirksame Auszahlungen	§ 3 Nr. 2 f
16	**Summe der Auszahlungen aus laufender Verwaltungstätigkeit**	**Vgl. § 1 der Haushaltssatzung** Summe Zeilen 10 bis 15
17	**Saldo aus laufender Verwaltungstätigkeit**	**§ 3 Nr. 3** Saldo aus Zeilen 9 und 16
	Einzahlungen für Investitionstätigkeit	
18	Zuwendungen für Investitionstätigkeit	§ 3 Nr. 4 a, § 44 V
19	Beiträge u. ä. Entgelte für Investitionstätigkeit	§ 3 Nr. 4 b, § 44 V
20	Veräußerung von Sachvermögen	§ 3 Nr. 4 c
21	Veräußerung von Finanzvermögensanlagen	§ 3 Nr. 4 d
22	sonstige Investitionstätigkeit	§ 3 Nr. 4 e
23	**Summe der Einzahlungen für Investitionstätigkeit**	**Vgl. § 1 der Haushaltssatzung** Summe Zeilen 18 bis 22

Aggregierte Darstellung nach der Strukturvorgabe des § 3 KomHKVO

	Finanzhaushalt	**Die Haushaltspositionen und weiterführende Details sind an folgenden Stellen in der KomHKVO nachzulesen:**
	Auszahlungen für Investitionstätigkeit	
24	Erwerb von Grundstücken und Gebäuden	§ 3 Nr. 5 a
25	Baumaßnahmen	§ 3 Nr. 5 b, § 60 Nr. 10
26	Erwerb von beweglichem Sachvermögen	§ 3 Nr. 5 c
27	Erwerb von Finanzvermögensanlagen	§ 3 Nr. 5 d
28	Aktivierbare Zuwendungen	§ 3 Nr. 5 e, § 44 IV
29	Sonstige Investitionstätigkeit	§ 3 Nr. 5 f
30	**Summe der Auszahlungen für Investitionstätigkeit**	**Vgl. § 1 der Haushaltssatzung** Summe Zeilen 24 bis 29
31	**Saldo aus Investitionstätigkeit**	**§ 3 Nr. 6** Saldo aus Zeilen 23 u. 30
32	**Finanzmittelüberschuss/Finanzmittelfehlbetrag**	**§ 3 Nr. 7** als Finanzierungsbedarf
	Einzahlungen aus Finanzierungstätigkeit	
33	Einzahlungen; Aufnahme von Krediten und inneren Darlehen für Investitionstätigkeit	§ 3 Nr. 8 a, b; vgl. § 1 der Haushaltssatzung
34	Auszahlungen; Tilgung von Krediten und Rückzahlung von inneren Darlehen für Investitionstätigkeit	§ 3 Nr. 9 a, b; vgl. § 1 der Haushaltssatzung
35	**Saldo aus Finanzierungstätigkeit**	**§ 3 Nr. 10**
36	**Finanzmittelveränderung**	**§ 3 Nr. 11**

Die **Zeilen 1–17** des verbindlichen Musters 7 beinhalten die Zahlungsströme der *laufenden Verwaltungstätigkeit* (siehe erster Ursachenbereich). Diese Ein- und Auszahlungsarten entsprechen zumeist den Ertrags- und Aufwendungsarten der Zeilen 1 bis 21 der Ergebnisebene (Muster 6), weil die Ergebnisgrößen zugleich auch zahlungswirksam sein können. Die Einzahlungen und Auszahlungen der laufenden Verwaltungstätigkeit stehen also in der Regel in einem direkten Zusammenhang mit den Erträgen und Aufwendungen. Daher sind die abzubildenden Zahlungsgrößen der laufenden Verwaltungstätigkeit, soweit sie den Erträgen und Aufwendungen entsprechen, in der gleichen Zeileneinteilung nach den Arten der Haushaltspositionen zu gliedern.

Das Ressourcenaufkommen sowie der Ressourcenverbrauch können, müssen aber nicht unbedingt, im Haushaltsjahr zugleich zahlungswirksam sein. Abweichungen ergeben sich selbstverständlich, sofern die Ergebnisgrößen nicht zahlungswirksam sind. So sind Abschreibungen als Ressourcenverbrauch zwar im Ergebnishaushalt, nicht aber im Finanzhaushalt zu veranschlagen. Andererseits können auch die Veranschlagungsgrundsätze für die Haushalte zu unterschiedlichen Haushaltsansätzen der laufenden Verwaltungstätigkeit im Ergebnis- und im Finanzhaushalt führen, mit der Folge, dass nicht alle Finanzvorfälle in beiden Haushalten gleich hoch zu veranschlagen sind.

Beispiel:
Mögliche Abweichungen zwischen der Veranschlagung der laufenden Verwaltungstätigkeit im Ergebnishaushalt und im Finanzhaushalt
Sachverhalt:
Ab dem 01.09. des Haushaltsjahres soll ein neuer Jahresvertrag für die Vermietung der kommunalen Sporthalle an einen privaten Verein geschlossen werden, der i. H. v. 1.200 Euro für ein Jahr im Voraus zu entrichten ist.
Es ist zu klären, wie der Finanzvorfall in den Haushalten zu veranschlagen ist.

Lösung:
Im Ergebnishaushalt ist nach § 113 I 1 NKomVG i. V. m. § 10 II 1 KomHKVO der **Grundsatz der Periodengerechtigkeit** zu beachten, d. h. Erträge und Aufwendungen sind in voraussichtlicher Höhe je nach wirtschaftlicher Verursachung zu veranschlagen.
Im Finanzhaushalt ist nach § 113 I 1 NKomVG i. V. m. § 10 II 2 KomHKVO der **Grundsatz der Kassenwirksamkeit** zu beachten, d. h. Ein- und Auszahlungen sind in voraussichtlicher Höhe nach dem Zahlungszeitpunkt zu veranschlagen.
Für diesen Finanzvorfall sind im Ergebnishaushalt bei der Haushaltsposition »privatrechtliche Entgelte« (Zeile 6 im Muster 6) Erträge in Höhe von 400 Euro zu veranschlagen, da aufgrund des Leistungsaustauschs der Vermietung im Haushaltsjahr Erträge für die Monate September bis Dezember wirtschaftlich verursacht sind. Andererseits sind im Finanzhaushalt bei der gleichen Haushaltsposition »privatrechtliche Entgelte« (Zeile 5 im Muster 7) Einzahlungen in Höhe von 1.200 Euro zu veranschlagen, da diese die im Haushaltsjahr voraussichtlich eingehenden Einzahlungen aus laufender Verwaltungstätigkeit darstellen.

Zeile 17 weist nach § 3 Nr. 3 KomHKVO den **Saldo aus laufender Verwaltungstätigkeit** aus, d. h. die Summe der Einzahlungen abzüglich Summe der Auszahlungen aus laufender Verwaltungstätigkeit. Dieser Saldo stellt folglich die im Bereich der laufenden Verwaltungstätigkeit erwirtschaftete Veränderung der Liquidität dar und gibt Auskunft darüber, ob die Einzahlungen der laufenden Verwaltungstätigkeit ausreichen, die Auszahlungen der laufenden Verwaltungstätigkeit zu decken. Es ist Ziel, hier einen Überschuss auszuweisen, der nach § 17 I Nr. 2 KomHKVO primär zur Deckung der Auszahlungen zur ordentlichen Tilgung von Investitionskrediten und zur Rückzahlung innerer Darlehen einzusetzen ist. Anderenfalls würde die Kommune nicht mehr in der Lage sein, ihre Schulden abzubauen. Ein darüber hinaus gehender Zahlungsüberschuss aus laufender Tätigkeit ist nach § 17 II 1 KomHKVO zunächst für die Rückführung von Liquiditätskrediten einzusetzen, bevor er nach § 17 III 1 KomHKVO neben den Einzahlungen für Investitionstätigkeit und den Einzahlungen aus der Aufnahme von Krediten und inneren Darlehen insgesamt zur Deckung der Auszahlungen für die Investitionstätigkeit dient.

In den **Zeilen 18–31** befinden sich die investiven Einzahlungen sowie Auszahlungen (siehe zweiter Ursachenbereich). Die Haushaltspositionen der Zeilen 18 (Einzahlungen aus Zuwendungen für Investitionstätigkeit), 19 (Einzahlungen aus Beiträgen u. ä. Entgelten für Investitionstätigkeit) sowie 20 (Einzahlungen aus der Veräußerung von Sachvermögen) werden ausführlich im speziellen Teil der Buchführung erläutert.

Ab **Zeile 24** sind die investiven Auszahlungen dargestellt. Sofern in diesem Rahmen abnutzbare Vermögensgegenstände angeschafft oder hergestellt werden, ist daran zu denken, dass über die Zeit der Nutzung jährlich Abschreibungen entstehen, die zugleich im Ergebnishaushalt (Zeile 16) zu veranschlagen und periodengerecht zu erwirtschaften sind. Höhere Investitionen in abnutzbare Gegenstände des immateriellen und des Sachvermögens beinhalten sofort eine höhere Ergebnisbelastung durch die Aufwandswirksamkeit der Abschreibungen. Abschreibungen fallen demnach unter die Aufwendungen der laufenden Verwaltungstätigkeit, da das kommunale Vermögen für die Aufgabenerfüllung genutzt wird. Im Finanzhaushalt des Haushaltsjahres geplante Investitionsentscheidungen wirken sich damit nicht nur im eigentlichen Investitionszeitpunkt aus, sondern auch noch viele Jahre später in den Ergebnishaushalten. Damit wird der gesamte Lebenszyklus eines Investitionsgutes berücksichtigt.

Zeile 31 weist nach § 3 Nr. 6 KomHKVO den **Saldo aus Investitionstätigkeit** aus, d. h. die Summe der Einzahlungen (Zeile 23) abzüglich Summe der Auszahlungen für Investitionstätigkeit (Zeile 30). Der in

Zeile 32 nach § 3 Nr. 7 KomHKVO ausgewiesene **Finanzmittel-Überschuss bzw. -Fehlbetrag** zeigt das Ergebnis der Salden aus laufender (Zeile 17) und investiver (Zeile 31) Tätigkeit. Ein Finanzmittelüberschuss entsteht, wenn die Summe der Auszahlungen für Investitionstätigkeit (Zeile 30) geringer ausfällt als die Summe aus dem Saldo aus laufender Verwaltungstätigkeit (Zeile 17) und den Einzahlungen für Investitionstätigkeit (Zeile 23). Ein positiver Saldo indiziert dabei die Fähigkeit, Kredite zu tilgen oder liquide Rücklagen anzusammeln. Ein Finanzmittelfehlbetrag entsteht, wenn die Summe der Auszahlungen für Investitionstätigkeit (Zeile 30) höher ausfällt als die Summe aus dem Saldo aus laufenden Verwaltungstätigkeit (Zeile 17) und den Einzahlungen für Investitionstätigkeit (Zeile 23). Die Deckung der Investitionsauszahlungen kann also nicht ausreichend durch den positiven Saldo aus laufender Verwaltungstätigkeit sowie aus Investitionseinzahlungen erfolgen. Kurzfristig lassen sich diese Defizite aus vorhandenen liquiden Mitteln finanzieren. Dabei werden mögliche finanzielle Reserven aufgebraucht und die dauernde Leistungsfähigkeit wird gefährdet. Wird dies über einen längeren Zeitraum praktiziert, droht die dauerhafte Zahlungsunfähigkeit der Kommune. Der Saldo wird in der Regel negativ sein, da es den wenigsten Kommunen möglich sein wird, ihre Investitionen und Investitionsförderungsmaßnahmen aus eigener Kraft zu finanzieren.
Die investiven Auszahlungen sind nach § 17 III 1 KomHKVO durch nach Anwendung des § 17 II KomHKVO verbleibende Zahlungsüberschüsse aus laufender Verwaltungstätigkeit sowie durch Einzahlungen für Investitionstätigkeit (Zeilen 18 bis 22) und Einzahlungen aus der Aufnahme von Krediten und inneren Darlehen (Zeile 33) zu decken. Der Saldo in Zeile 32 verdeutlicht demnach, in welchem Umfang die Kommune die für die Aufgabenerfüllung zu leistenden Auszahlungen aus laufender Verwaltungstätigkeit und aus Investitionstätigkeit durch die Erzielung von Einzahlungen decken kann, ohne Liquiditätsrücklagen auflösen oder Fremdmittel in Anspruch nehmen zu müssen. In der Gesamtschau kann hierdurch festgestellt werden, inwieweit die Kommune »von der Substanz lebt«, sich also verschulden muss, oder zusätzliche Substanz aufbauen, also liquide Rücklagen bilden, kann.

Die **Zeilen 33–35** enthalten die Zahlungsströme der Finanzierungstätigkeit (siehe dritter Ursachenbereich). Die Einzahlungen aus der Kreditaufnahme und inneren Darlehen für Investitionstätigkeit werden dabei getrennt von den Auszahlungen für die Kredittilgung und die Rückzahlung von inneren Darlehen für Investitionstätigkeit dargestellt. Diese Auszahlungen sind nach § 17 I Nr. 2 KomHKVO durch Überschüsse der laufenden Verwaltungstätigkeit, nach § 17 III 2 KomHKVO aber nicht durch weitere Kreditaufnahmen und innere Darlehen, zu decken. **Zeile 35** weist nach § 3 Nr. 10 KomHKVO den **Saldo aus Finanzierungstätigkeit** aus, d. h. die Summe der Einzahlungen abzüglich Summe der Auszahlungen aus Finanzierungstätigkeit. Dieser Saldo zeigt, ob die Gesamtverschuldung für Investitionen und Investitionsförderungsmaßnahmen ansteigt oder sinkt.

Durch die Zusammenführung der Zahlungsströme aus laufender Verwaltungstätigkeit, aus Investitions- und Finanzierungstätigkeit lässt sich sodann der Liquiditätsstatus der Kommune ermitteln. In **Zeile 36** ergibt sich nach § 3 Nr. 11 KomHKVO die **Finanzmittelveränderung** als Saldo aller drei Ursachenbereiche, welcher Auskunft darüber gibt, ob ausreichend Liquidität vorhanden ist. Ein negativer Saldo bedeutet, dass die Kommune vorhandene liquide Mittel einsetzen muss. Bei einem positiven Saldo hingegen kann die Kommune Liquidität aufbauen.

> ⓘ **Auf einen Blick: Finanzhaushalt**
> Der **Finanzhaushalt** als Bestandteil des Haushaltsplans nach **§ 113 II 1 NKomVG und § 1 I Nr. 2 KomHKVO sowie § 3 KomHKVO** bildet neben den Zahlungsgrößen der laufenden Verwaltungstätigkeiten sowohl die der investiven wie auch die der kreditwirtschaftlichen Tätigkeiten ab.

2.4.3 Dritter Bestandteil des Haushaltsplans: Teilhaushalte

Der Haushaltsplan gliedert sich in erster Linie in einen Ergebnis- und Finanzhaushalt.

> **§ 113 II 1 NKomVG** regelt die Gliederung auf der Gesamtebene:
> (2) [1]Der Haushaltsplan ist in einen Ergebnishaushalt und einen Finanzhaushalt zu gliedern.

Um einen detaillierteren Einblick in die jeweilige Kommune zu erhalten, werden innerhalb dieser Gesamtebene **Teilergebnishaushalte und Teilfinanzhaushalte** gebildet. Die Quersummen aller Teilhaushaltswerte bilden sodann den Ansatz im jeweiligen Gesamthaushalt.

> **§ 4 I 1 und 2 KomHKVO** regeln die Aufteilung in **Teilhaushalte:**
> (1) [1]Der Haushalt wird nach den Bedürfnissen der Kommune in Teilhaushalte gegliedert. [2]Die Gliederung entspricht der jeweiligen Verwaltungsgliederung oder bildet den Produktplan der Kommune ab.

Die Gliederung des Haushaltsplans orientiert sich an dem organisatorischen Aufbau oder dem Produktplan der jeweiligen Kommune, so dass sich in den Teilhaushalten die vorhandene Aufbauorganisation oder deren Produktplan wieder spiegelt. Damit ist weder die Anzahl der zu bildenden Teilhaushalte noch das Gliederungskriterium der Bildung (Teilhaushalte auf Ebene der Fachbereiche, der Fachdienste, Sachgebiete oder anhand des Produktplans etc.) vorgeschrieben. Die Kommunen können diese Vorgabe entsprechend ihrer örtlichen Gegebenheiten eigenverantwortlich gestalten. Die sinnvolle und zweckmäßige Aufgliederung in Teilhaushalte ist als Strukturfrage sicherlich auch abhängig von der jeweiligen Größe der Kommune und den örtlichen Bedürfnissen. Prinzipiell kann für jeden einzelnen Verwaltungsbereich ein eigener Teilhaushalt, welcher nach § 1 I Nr. 3 KomHKVO wiederum ein (unverzichtbarer) Bestandteil des Haushaltsplans ist, gebildet werden. Die nähere Ausgestaltung und Tiefengliederung des Aufbaus in Teilhaushalte bleibt dem Selbstverwaltungsrecht der Kommune überlassen. Prinzipiell kann jede niedersächsische Kommune einen anderen Aufbau des Haushaltsplans vornehmen. Die ortsspezifische Ausprägung kann dabei variieren.

In der Regel kann es noch einen – zentralen – **Teilhaushalt für den Bereich der Allgemeinen Finanzen** geben. Hier wird der Produktbereich 61 »Allgemeine Finanzwirtschaft« abgebildet, der mit den Produktgruppen 611 »Steuern, allgemeine Zuweisungen, allgemeine Umlagen« und 612 »Sonstige allgemeine Finanzwirtschaft« (für Kredite, Schuldendienst, Zinsen aus Geldanlagen, Zinsen für Kredite zur Liquiditätssicherung, Deckungsreserve etc.) einen ganz erheblichen Teil der kommunalen Finanzvorfälle darstellt und mit diesen Inhalten auf die Gesamtebene bezogen ist.

Der bisher vorgestellte Ergebnishaushalt bildet alle Erträge und Aufwendungen und der Finanzhaushalt bildet alle Ein- und Auszahlungen jeweils als aufaddierte Zahlen auf flächendeckender Ebene der gesamten Kommunalverwaltung ab. Die Teilhaushalte dagegen bilden im Teilergebnishaushalt die Erträge und Aufwendungen und im Teilfinanzhaushalt die Ein- und Auszahlungen der jeweiligen Organisationseinheit bzw. des Produktplans ab. So wird die eigentliche Haushaltsplanung wie auch die Haushaltsberatung der geplanten Ansätze in den kommunalen Gremien sinnvollerweise auf Ebene der Teilhaushalte stattfinden. Gerade in den Haushaltsberatungen können unter anderem die verschiedensten Produkte für die Bürger diskutiert werden.

> **§ 4 I 3 KomHKVO** regelt die Abbildung der Produkte in den **Teilhaushalten:**
> (1) [3]In den Teilhaushalten werden die ihnen zugeordneten Produkte abgebildet.

Ein Teilhaushalt kann ein oder mehrere Produkte enthalten. Ein Produkt sollte andererseits nicht auf mehrere Teilhaushalte verteilt werden. Aufwendungen und Erträge einzelner Produkte sind demnach nur dann ersichtlich, wenn in einem Teilhaushalt nur ein einziges Produkt enthalten ist. Für kommunale Produkte gibt es sowohl externe Abnehmer, wie z. B. Bürger oder Unternehmen, als auch interne Abnehmer, d. h. andere Organisationseinheiten innerhalb der Kommunalverwaltung. Für das Produkt kann die Nachfrage damit sowohl von Stellen innerhalb als auch außerhalb der Verwaltung bestehen.

§ 60 KomHKVO enthält folgende Begriffsbestimmung:
Nr. 37 Produkt:
die Zusammenfassung von Leistungen nach sachlichen Gesichtspunkten, die von einer Verwaltungseinheit für andere Stellen erbracht werden und Ressourcenverbrauch verursachen;

So können die Leistungen einer Kommune wie »amtliche Bekanntmachungen«, »Medienarbeit« oder »Veranstaltungen und Aktionen« z. B. zu dem Produkt »Öffentlichkeitsarbeit« zusammengefasst werden. Leistungen können dabei innerhalb der Kommune (z. B. durch die Personalvertretung) oder von Dritten (z. B. durch Gutachter) erbracht werden.

§ 60 KomHKVO enthält folgende Begriffsbestimmung:
Nr. 31 Leistungen:
bewertbare Arbeitsergebnisse einer Verwaltungseinheit, die zur Aufgabenerfüllung erzeugt werden;

Die Leistungen der öffentlichen Hand kennzeichnen sich dabei vorwiegend durch immaterielle Güter (z. B. Dienstleistungen für Sicherheit und Ordnung, Bildung und Kultur, Gesundheit und Sport, Umwelt- und Naturschutz, Wirtschaftsförderung und Tourismus, Bau- und Wohnungswesen, Verkehr, Abfallwirtschaft, Sozialleistungen etc.) für die Bedürfnisse der Bürger. Im Haushaltsplan werden diese einzelnen Leistungen der Verwaltung gleichwohl nicht dargestellt. Sie werden vielmehr nach sachlichen Gesichtspunkten zu **Produkten** verdichtet. Die Produkte werden sodann den Verwaltungseinheiten zugeordnet und in den Teilhaushalten abgebildet.

Den Kommunen sind die Anzahl und die Bildung von Produkten und Leistungen als Bezugsgröße der Ergebnisorientierung dabei weitestgehend freigestellt. Jede Kommune kann – und muss – ihre Produkte als Bündel der Arbeitsleistungen einzelner Verwaltungseinheiten entsprechend den Steuerungserfordernissen eigenverantwortlich festlegen. Die laut Organigramm eingerichtete Organisationseinheit »Stadtbücherei« kann z. B. die Produkte »Sachliteratur«, »Kinder- und Jugendliteratur« sowie »Zeitungen und Zeitschriften« vorhalten. Jedem dieser Produkte sind die Ergebnis- und Zahlungsgrößen zuzuordnen. Eigene inhaltliche Zielsetzungen und auch Mengenkennzahlen, wie die Zahl der Ausweisinhaber und die Finanzkennzahlen, beispielsweise der Zuschussbedarf je Besucher, können hinzukommen.

Bei der Wahl der Produktnummer ist die Kommune gleichwohl nicht ganz frei.

§ 178 IV NKomVG zur Aufstellung eines Produktrahmens:
(4) [1]Die Landesstatistikbehörde stellt einen Kontenrahmen und einen Produktrahmen auf und benennt die dazu erforderlichen Zuordnungskriterien. [2]Die Kommunen sind zur Verwendung der Buchführungshilfen nach Satz 1 verpflichtet.

§ 4 II KomHKVO zur Verbindlichkeit des Produktrahmens:
(2) Die Landesstatistikbehörde legt den Kontenrahmen und den Produktrahmen sowie die dazu erforderlichen Zuordnungsvorschriften verbindlich fest und veröffentlicht die Regelungen im Niedersächsischen Ministerialblatt.

In diesem Produktrahmen spiegelt sich in der Ziffernvorgabe eine Hierarchie wider, welche größtenteils lediglich für die Ebene der Produktgruppen (dreistellig) und für die der Produktgruppen übergeordneten Ebene der Produktbereiche (ein- bzw. zweistellig) verbindliche Vorgaben vorsieht.

§ 60 KomHKVO enthält folgende Begriffsbestimmungen:
Nr. 39 Produktgruppe:
die Zusammenfassung von Produkten nach sachlichen Gesichtspunkten;
Nr. 38 Produktbereich:
die Zusammenfassung von Produktgruppen nach sachlichen Gesichtspunkten;

Produkte (mindestens vierstellig) sind im Rahmen der Produkthierarchie eine Unterordnung der Produktgruppen, die ihrerseits wiederum eine Unterordnung der Produktbereiche darstellen. Die Zuordnung der Produkte zu Produktgruppen und der Produktgruppen zu Produktbereichen ist durch den landeseinheitlichen Produktrahmen damit zwingend vorgegeben. Dies bedeutet, dass die Kommune bei der Erstellung ihres kommunalen Produktplanes die im landeseinheitlichen Produktrahmen ausgewiesenen Produktbereiche und Produktgruppen zwingend übernehmen muss, soweit sie die zugeordneten Produkte ausweist oder die ihnen zugrunde liegenden Leistungen erbringt.

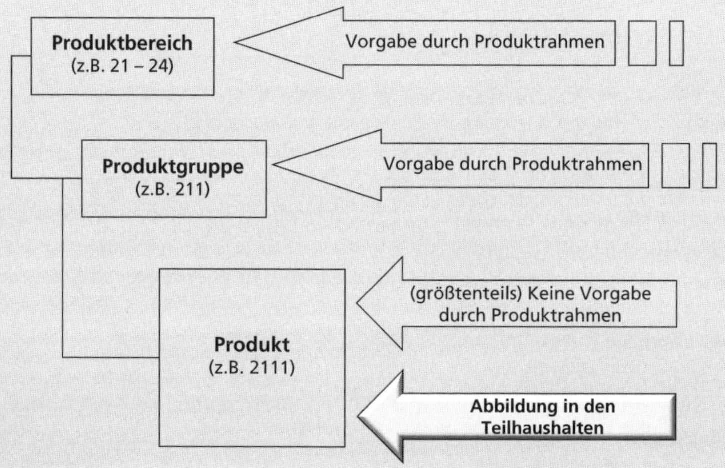

Abbildung 11: Produkthierarchie

Vorgaben für zu bildende Produkte sind im Produktrahmen nur an wenigen Stellen enthalten. Im weiteren Verlauf werden die Produkte zur Kennzeichnung der Freiwilligkeit deshalb mit einer »1« als Platzhalter für die vierte Ziffer dargestellt.

Lediglich für **wesentliche Produkte** wird die Informationsgestaltung der Teilhaushalte rechtlich noch weiter präzisiert. Für diese ist es möglich, zugleich die Zustände und Wirkungen, die in einem bestimmten Zeitraum erreicht werden sollen und durch Größenvorgaben beschrieben werden, also die **Ziele,** abzulesen.

§ 4 VII KomHKVO fordert weitere **Angaben für wesentliche Produkte:**
(7) In jedem Teilhaushalt werden die wesentlichen Produkte mit den dazugehörenden Leistungen beschrieben und sollen die zu erreichenden Ziele mit den dazu geplanten Maßnahmen sowie Kennzahlen zur Zielerreichung bestimmt werden.

Für die Kriterien zur Bestimmung wesentlicher Produkte kann keine generelle Empfehlung gegeben werden. Ziel ist sicherlich die Festlegung von Schwerpunkten für die Entwicklung und die effektive Verwaltungsführung der Kommune. Über die Sollvorschrift ist die Darstellung von »zu erreichenden Zielen mit den dazu geplanten Maßnahmen sowie Kennzahlen zur Zielerreichung« für wesentliche Produkte in das Ermessen der Kommune gestellt.

§ 60 KomHKVO enthält folgende Begriffsbestimmung:
Nr. 50 wesentliche Produkte:
Produkte, die von finanzieller oder kommunalpolitischer Bedeutung sind;

In Auslegung dieser Rahmenvorgabe zeichnen sich wesentliche Produkte z. B. durch hohen Ressourcenverbrauch, durch hohes finanzielles Volumen, durch besondere Beeinflussbarkeit, durch hohe Außenwirkung oder durch besondere Relevanz für den Bürger aus. In der Praxis können sie durch die Eigenschaft der Steuerbarkeit und Unverzichtbarkeit der Leistungserbringung bestimmt sein. Neben besonderer Ausprägung des politischen sowie des öffentlichen Interesses oder auch des Leitbildgedankens können auch Beiträge zur Sozial- oder zur Umweltverträglichkeit, demografische Aspekte oder Konsolidierungszwänge eine Rolle spielen.
Die Entscheidung, ob ein Produkt dabei als wesentlich klassifiziert wird oder nicht, liegt im Rahmen der Auslegung dieses unbestimmten Rechtsbegriffes im Ermessen der Kommune. Um dieses Entscheidungsverfahren belastbar und prozessorientiert händelbar zu machen, empfiehlt es sich, verlässliche Maßstäbe und objektive Kriterien zur Bestimmung wesentlicher Produkte festzulegen. Die örtliche Ausprägung muss quasi externen und internen Adressaten der Haushaltswirtschaft dienen. Dabei können die o. g. Kategorien auch in unterschiedlicher Skalierung einfließen. Vor dem Hintergrund einer zielgerichteten und anforderungsgerechten örtlichen Dienstleistungskultur sollten sich die rechtlichen, ökonomischen und gemeinwohlorientierten Potenziale sodann ergänzen. Durch die Produktbeschreibungen, die das Produkt als Ganzes kurz und signifikant umreißen, werden die wesentlichen Produkte definiert und gegenüber anderen wesentlichen Produkten eindeutig abgegrenzt und priorisiert. Zudem wird der Planungscharakter der zu erreichenden Ziele mit den dazu geplanten Maßnahmen sowie der Kennzahlen zur Zielerreichung bei den wesentlichen Produkten erhöht.

Über die Sollvorschrift sind auch die zu erreichenden Ziele mit den dazu geplanten Maßnahmen sowie Kennzahlen zur Zielerreichung zu bestimmen. Über Ziele und Kennzahlen, die Aussagen zu wichtigen allgemeinen und finanziellen Eckdaten zu den Arbeitsleistungen der Verwaltung liefern, soll jeder Leser auf einen Blick sehen können, wie sich die Rahmenbedingungen über die Jahre verändert haben.

§ 21 II KomHKVO belegt die **Relevanz der Ziele und Kennzahlen:**
(2) Ziele und Kennzahlen sollen zur Grundlage von Planung, Steuerung und Erfolgskontrolle des Haushalts gemacht werden.

Entsprechend dieser Forderung sollen die Grundlagen für die Ausrichtung des kommunalen Handelns auf die Zukunft für jedermann ersichtlich im Haushaltsplan festgelegt werden. Klassifiziert die Kommune z. B. das Produkt 2111 »Grundschulen« als wesentlich, so sollen hierfür auch konkrete Zielsetzungen wie z. B. die Sicherstellung und Weiterentwicklung eines bedarfsgerechten Grundschulangebotes und die Festlegung von Kennzahlen zur Zielerreichung wie z. B. durchschnittliche Klassenstärke, unterrichtsspezifische Sachkosten je Schüler, direkte Personalkosten je Schüler oder durchschnittliche Gruppengröße des außerschulischen Angebotes je Betreuungskraft im Teilhaushalt abgebildet werden. Mit diesen Hintergrundinformationen lassen sich die Haushaltsinformationen leichter verstehen. Die operativen Aspekte des administrativen Handelns sind sodann nach dieser strategischen Dimension der politischen Entscheidungen auszurichten.

Die Haushaltspositionen, die nicht weiter mit Ansätzen zur Vermittlung eines den tatsächlichen Verhältnissen entsprechenden Bildes der Vermögens-, Schulden-, Ertrags- und Finanzlage der Kommune beitragen, sind entbehrlich. Bevor also durchgängig in den Spalten der mittelfristigen Planung Null-Werte abgebildet werden, kann auf diese Angabe verzichtet werden.

§ 4 VIII KomHKVO ermöglicht eine vereinfachte Darstellung auf Teilhaushaltsebene:
(8) Werden für einzelne Positionen der Teilergebnishaushalte oder der Teilfinanzhaushalte in den Ansatzspalten nach § 1 Abs. 3 keine Beträge ausgewiesen, so können sie in der Darstellung insgesamt entfallen.

Diese Möglichkeit des Wegfalls von Haushaltspositionen, die durchgängig keinen Ansatz ausweisen, ist nur auf die Teilhaushaltsebene beschränkt. Die veranschlagten Erträge und Aufwendungen der Teilergebnishaushalte werden sodann zum Ergebnishaushalt und die veranschlagten Einzahlungen und Auszahlungen der Teilfinanzhaushalte werden zum Finanzhaushalt zusammengeführt. Auf Ebene der Gesamthaushalte dürfen keine Haushaltspositionen entfallen und sämtliche Zeilen der Muster 6 (Ergebnishaushalt) und 7 (Finanzhaushalt) sind abzubilden.

Die Vertretung ermächtigt mit dem Teilergebnishaushalt (genauer: mit dem Ansatz der Buchungsstelle des Haushaltsjahres, für das der Haushaltsplan aufgestellt wird) **die mittelbewirtschaftenden Stellen, die entsprechenden Ressourcen einzusetzen und zu verwenden, d. h. bei Vorliegen der ermächtigenden vorrangigen Leistungsnormen Aufwendungen zu begründen.** So stellen die geplanten Aufwendungsansätze auf den Buchungsstellen (Kombination aus Produkt und Konto) Ermächtigungsgrundlagen für die Organisationseinheiten dar, die in der Bewirtschaftung grundsätzlich nicht überschritten werden dürfen. Haushaltsermächtigungen können für einen bestimmten Zweck bis zur festgelegten Höhe in Anspruch genommen werden, d. h. die entsprechenden Ressourcen dürfen eingesetzt und verwendet werden.

Die Haushaltsermächtigungen stellen im Rahmen der Sparsamkeit und Wirtschaftlichkeit gleichwohl keine Verpflichtung für die Verwaltung dar, diese in voller Höhe auch ausschöpfen und in Anspruch nehmen zu »müssen«. Welche Planungsgrößen den Verwaltungseinheiten für das Haushaltsjahr zur Verfügung stehen, wird ihnen grundsätzlich nach dem Wirksamwerden der Haushaltssatzung, d. h. zu Beginn des Kalenderjahres, schriftlich mitgeteilt.

Neben der **Ermächtigungsgrundlage** für die Verwaltung die veranschlagten **Aufwendungen** entstehen zu lassen, ist gleichzeitig auch die Ermächtigung zur Leistung von **Auszahlungen** für die laufende Verwaltungstätigkeit verbunden. Diese sind zwar im Teilfinanzhaushalt veranschlagt, sie ergeben sich gleichwohl unmittelbar aus den dazugehörigen Aufwandsermächtigungen. Auszahlungen für die laufende Verwaltungstätigkeit sind in vielen Fällen die Folge von Aufwendungen. Fast alle Aufwendungen sind zumindest zeitnah auszahlungsgleich. So müssen Transferaufwendungen (§ 2 III Nr. 6 KomHKVO) gegenüber den Dritten z. B. auch zahlbar gemacht werden und es sind Transferauszahlungen (§ 3 Nr. 2 e KomHKVO) zu veranschlagen. Der Teilfinanzhaushalt stellt also für die laufende Verwaltungstätigkeit lediglich den Nachweis (nicht die Ermächtigungsgrundlage) der Liquidität dar. Die Ermächtigung zur Leistung von Auszahlungen für die laufende Verwaltungstätigkeit – die unter den Haushaltspositionen des § 3 Nr. 2 a–f KomHKVO i. V. m. § 4 V 1 KomHKVO veranschlagt sind – ergibt sich unmittelbar aus der zugehörigen verbundenen Ermächtigung der (zahlungswirksamen) Aufwendungen im Teilergebnishaushalt. Dieses machen auch die Formulierungen in § 13 KomHKVO »Aufwendungen und *entsprechende* Auszahlungen« oder auch in § 20 II 1 KomHKVO »Aufwendungen und die *damit verbundenen* Auszahlungen« deutlich. In Bewirtschaftungsfällen ist daher die Nennung des Auszahlungskontos für die laufende Verwaltungstätigkeit nicht nötig.

Die Vertretung ermächtigt mit dem Teilfinanzhaushalt (genauer: mit dem Ansatz der Buchungsstelle des Haushaltsjahres, für das der Haushaltsplan aufgestellt wird) **die mittelbewirtschaftenden Stellen, die entsprechenden liquiden Mittel für Investitionen und Investitionsförderungsmaßnahmen und für Auszahlungen zur Finanzierungstätigkeit einzusetzen und zu verwenden.** Die Auszahlungsermächtigung erlaubt den Organisationseinheiten, z. B. eine investive Verpflichtung einzugehen, die noch im gleichen Haushaltsjahr kassenwirksam, d. h. bezahlt, wird. Daneben dürfen auch investive Verpflichtungen zu Lasten künftiger Haushaltsjahre eingegangen, d. h. veranschlagte Verpflichtungsermächtigungen in Anspruch genommen, werden.

Ermächtigungsgrundlage

zur Verursachung von Aufwendungen	⇨ Ansätze der einzelnen Buchungsstelle im Teilergebnishaushalt, der mit anderen zu einer Haushaltsposition im Teilergebnishaushalt aggregiert wird
zur Leistung von Auszahlungen …	… für die **laufende Verwaltungstätigkeit** ⇨ aus der dazugehörigen Ermächtigung für Aufwendungen
zur Leistung von Auszahlungen …	… für die **Investitionstätigkeit** ⇨ aus dem Ansatz der einzelnen Buchungsstelle im Teilfinanzhaushalt, der mit anderen zu einer Haushaltsposition im Teilfinanzhaushalt aggregiert wird
zur Leistung von Auszahlungen …	… für die **Finanzierungstätigkeit** ⇨ aus dem Ansatz der einzelnen Buchungsstelle im Teilfinanzhaushalt, der mit anderen zu einer Haushaltsposition im Teilfinanzhaushalt aggregiert wird

Abbildung 12: Ermächtigungsgrundlagen

Umgekehrt sind die veranschlagten **Ertrags- und Einzahlungsansätze** auf den Buchungsstellen lediglich Schätzungen über das voraussichtliche Aufkommen, d. h. die Erhebung erfolgt auf der Grundlage von speziellen Gesetzen, kommunalen Satzungen oder anderen Rechtsvorschriften. Der Haushaltsplan erzeugt für diese Planungs- und Rechengrößen keine direkten Rechtswirkungen, sondern lediglich eine deklaratorische Wirkung. Diese Ansätze sind bei Erfüllung der jeweiligen Erhebungsnorm von der Verwaltung ergebniswirksam auch dann vollständig geltend zu machen und zu erwirtschaften bzw. zahlungswirksam rechtzeitig einzuziehen, wenn sie im Haushaltsplan gar nicht oder nicht hinreichend veranschlagt sind. Als Folge würden Mehrerträge bzw. -einzahlungen entstehen, die im Rahmen der Gesamtdeckung nach § 17 KomHKVO in Anspruch genommen werden dürften.
Im Bereich der Finanzierungstätigkeit besitzt die Kreditermächtigung hingegen nicht nur Schätzungscharakter. Die Ermächtigung, Kredite für Investitionen und Investitionsförderungsmaßnahmen aufnehmen zu dürfen, also die geplanten Einzahlungen aus Finanzierungstätigkeit umzusetzen, ergibt sich direkt aus § 2 der Haushaltssatzung. Obgleich die Ansätze für Erträge und (andere) Einzahlungen grundsätzlich keine Obergrenzen darstellen, darf der satzungsmäßig festgesetzte Gesamtbetrag der Einzahlungen aus der Aufnahme von Krediten in der Planausführung demnach nicht überschritten werden.

§ 27 III KomHKVO regelt die Bewirtschaftung der Aufwendungen, Auszahlungen und Verpflichtungsermächtigungen:
(3) [1]Die Inanspruchnahme der haushaltsrechtlichen Ermächtigungen wird überwacht. [2]Die bei den einzelnen Teilhaushalten noch zur Verfügung stehenden Mittel müssen stets erkennbar sein.

Ein amtliches Muster für die Überwachung der Inanspruchnahme der haushaltsrechtlichen Ermächtigungen ist nicht vorgegeben, so dass die Gestaltung der jeweiligen Kommune obliegt. Die **Haushaltsüberwachungsliste** wird geführt, um die einzelnen noch zur Verfügung stehenden Haushaltsermächtigungen, d. h. die noch nicht ausgeschöpften haushaltsrechtlichen Ermächtigungen, stets ablesen zu können. Die Verfügbarkeit kann dabei nicht nur durch die tatsächlich entstandenen Aufwendungen und geleisteten Auszahlungen, sondern auch durch die Erteilung von Aufträgen u. ä. eingeschränkt sein. Obgleich zu diesem Zeitpunkt mangels Auftragserledigung in der Regel noch kein Aufwand entstanden ist bzw. noch kein Mittelabfluss stattgefunden hat, muss die Verfügung über die Haushaltsermächtigungen (als **Vormerkung**) festgehalten werden. Die Vormerkung erfüllt damit nicht den Charakter einer Verbindlichkeit, in welcher sowohl die Höhe wie auch die Fälligkeit der Verpflichtung sicher sind. Gleichwohl darf dadurch nicht wiederholt auf die Haushaltsermächtigungen zugegriffen werden.

Optik / Aufbau der Teilhaushalte – Muster 8 A Allgemeiner Teil

Das laut Ausführungserlass 2017 für verbindlich erklärte **Muster 8 A** fordert für Teilhaushalte diesbezüglich folgende Angaben:

Beispiel:
Teilhaushalt (Muster 8 A vereinfacht):

A. Wesentliche Produkte des Teilhaushalts

im Teilhaushalt abgebildeter Produktbereich (verbindlich):
ggf. Angabe der Produktgruppen/Produkte/Leistungen

Zuordnung zum Verantwortungsbereich

Budgetierungsbestimmungen

Haushaltsvermerke, den Teilhaushalt betreffende Bewirtschaftungsregelungen

übrige Erläuterungen

Die nach § 4 Abs. 7 KomHKVO zum Teilhaushalt gehörenden einzelnen Produktbeschreibungen, dazugehörende Leistungen sowie die möglichen Zielbeschreibungen mit den dazu geplanten Maßnahmen sowie Kennzahlen zur Zielerreichung sind als Anlagen beizufügen.

Neben der verbindlich vorgeschriebenen Angabe für den abgebildeten Produktbereich, sind womöglich (»ggf.«) auch die Produktgruppen, Produkte und Leistungen in Textform abzulesen.

Mit der Formulierung in § 4 I 3 KomHKVO »... werden die ihnen zugeordneten Produkte abgebildet« ist kein weiteres Formerfordernis für das Vorblatt verbunden. Es ist kein Muster, keine Tabelle oder ähnliches für die Abbildung der Produkte vorgeschrieben. Das Abbildungserfordernis wird z. B. schon durch eine Darstellung z. B. der Produktnummer mit der Produktbezeichnung erfüllt. Eine verbale Bestimmung der Produkte führt allerdings zu einer wesentlich höheren Transparenz des kommunalen Verwaltungshandelns. So wird deutlich, welchem angestrebten Ziel die bereitgestellten Haushaltsermächtigungen dienen und was sie bewirken sollen. Neben den reinen Ergebnis- und Zahlungsgrößen in den Teilergebnis- und Teilfinanzhaushalten ist durch die verbalen Ergänzungen der Leistungsdaten im Vorblatt erkennbar, was, wieviel und mit welchem Mitteleinsatz erreicht werden soll. Erst durch die Integration der formulierten Ziele für die kommunalen Produkte wird der Anlass und der Grund verdeutlicht, warum die Ergebnis- und Zahlungsgrößen für diesen Zweck bereitzustellen sind.

Optik / Aufbau der Teilhaushalte – Muster 8 B Teilergebnishaushalt

Der Ergebnishaushalt setzt sich aus den Teilergebnishaushalten zusammen. Die Teilergebnishaushalte sind dabei in der Regel strukturgleich wie der Ergebnishaushalt auf Gesamtebene. Sie sind also mit gleicher Zeileneinteilung aufgebaut. Optische Unterschiede können sich ergeben, sofern die Möglichkeit des § 4 VIII KomHKVO genutzt wird.

§ 4 IV 1 und 2 KomHKVO regeln den **Aufbau der Teilergebnishaushalte:**
(4) [1]Die Teilergebnishaushalte werden nach § 2 Abs. 1 bis 4 aufgestellt. [2]Für jeden Teilergebnishaushalt wird ein Jahresergebnis nach § 2 Abs. 5 dargestellt.

Insofern stellen die Teilergebnishaushalte die auf die einzelnen Verwaltungsbereiche oder Produkte verteilten Ansätze des Ergebnishaushalts und damit den jeweiligen Anteil zur Änderung der Nettoposition im Gesamthaushalt dar. So werden mit Hilfe der Teilergebnishaushalte die Ressourcenverbräuche ermächtigt und zusammen mit dem Ressourcenaufkommen nachgewiesen und gesteuert. Auch hier ist das entsprechende Zahlenwerk laut verbindlichem Haushalts-Muster 8 B in Staffelform aufzustellen.

In Abweichung zum Ergebnishaushalt werden im Teilergebnishaushalt nach dem Jahresergebnis noch **interne Leistungsbeziehungen** abgebildet (Zeilen 26 bis 29). Hierbei handelt es sich um Service-Leistungen für die eigene Aufgabenerledigung innerhalb der Organisationseinheiten, die weiter keine Außenwirkung haben.

§ 4 IV 3 KomHKVO ermöglicht die Aufnahme interner Leistungsbeziehungen:
(4) [3]Soweit Erträge und Aufwendungen aus internen Leistungsbeziehungen erfasst werden, werden entsprechende Ansätze in den jeweiligen Teilhaushalt aufgenommen.

Erträge aus internen Leistungsbeziehungen ergeben sich für den Teilhaushalt, der eine Leistung für eine andere Organisationseinheit abgibt. Entsprechend wird das in Zeile 29 ausgewiesene Ergebnis verbessert. Aufwendungen aus internen Leistungsbeziehungen ergeben sich für den Teilhaushalt, welcher eine Leistung von einer anderen Organisationseinheit in Anspruch nimmt. Entsprechend wird das in Zeile 29 ausgewiesene Ergebnis verschlechtert.

§ 15 III 1 KomHKVO ergänzt:
(3) [1]Interne Leistungen zwischen den Organisationseinheiten einer Kommune sollen in angemessenem Umfang in den Teilergebnishaushalten veranschlagt und verrechnet werden (Innere Verrechnungen).

Die Leistungsbeziehungen der verschiedenen Organisationseinheiten einer Kommune untereinander sollen durch interne Leistungsverrechnungen verdeutlicht werden. Trotz dieses Aufforderungscharakters ist eine Ausweisung und Verrechnung nicht zwingend, d. h. ein Abweichen von der Soll-Vorschrift wäre möglich. Die Kommune wird eine Entscheidung treffen müssen, ob sie den vollständigen verursachungsgerechten Ressourcenverbrauch und das -aufkommen der kommunalen Aktivität aus Transparenzgründen auf jeden Fall dokumentieren und in den jeweiligen Teilhaushalten aufnehmen möchte. Dieses geschieht oft vor dem Hintergrund, das wirtschaftliche Verwaltungshandeln beider Organisationseinheiten jeweils im Teilergebnis erfassen und steuern zu wollen.

Sollte sich die Kommune für eine Veranschlagung der inneren Verrechnungen entscheiden, sind die folgenden Zeilen im Muster 8 B (Teilergebnishaushalt) zu füllen:

25. Jahresergebnis **Überschuss (+) / Fehlbetrag (-)**	
26. Erträge aus internen Leistungsbeziehungen	
27. Aufwendungen aus internen Leistungsbeziehungen	
28. Saldo aus internen Leistungsbeziehungen	
29. Ergebnis unter Berücksichtigung der internen Leistungsbeziehungen	

Die Darstellung innerer Verrechnungen erfolgt ausschließlich auf Ebene der Teilergebnishaushalte. Entsprechend wird im verbindlichen Muster 8 B ein Jahresergebnis vor (Zeile 25) und nach (Zeile 29) der Leistungsverrechnung ausgewiesen.

§ 15 III 2 KomHKVO fordert den Ausgleich der inneren Verrechnungen:
(3) [2]Die sich aus Inneren Verrechnungen ergebenden Erträge und Aufwendungen müssen sich insgesamt ausgleichen.

Da sich die Erträge und Aufwendungen aus internen Leistungsbeziehungen (Zeile 26 und 27 der jeweiligen Teilergebnishaushalte) in der Gesamtebene gegenseitig aufheben, entfallen diese Zeilen im Ergebnishaushalt. Aufgrund der fehlenden Zahlungsströme, d. h. Ab- oder Zufluss von Bar- und Buchgeld, sind diese Beziehungen auch nicht in den Teilfinanzhaushalten ausgewiesen.

Optik / Aufbau der Teilhaushalte – Muster 8 C Teilfinanzhaushalt

Der Finanzhaushalt setzt sich aus den Teilfinanzhaushalten zusammen. Die Teilfinanzhaushalte sind dabei in der Regel strukturgleich wie der Finanzhaushalt auf Gesamtebene. Sie sind also mit gleicher Zeileneinteilung aufgebaut. Optische Unterschiede können sich ergeben, sofern die Möglichkeit des § 4 VIII KomHKVO genutzt wird.

§ 4 V 1 KomHKVO regelt den **Aufbau der Teilfinanzhaushalte:**
(5) [1]Die Teilfinanzhaushalte werden nach § 3 aufgestellt.

Insofern stellen die Teilfinanzhaushalte die auf die einzelnen Verwaltungsbereiche oder Produkte verteilten Ansätze des Finanzhaushalts und damit den jeweiligen Anteil zur Änderung der liquiden Mittel im Gesamthaushalt dar. So werden mit Hilfe der Teilfinanzhaushalte die Zahlungsströme in Abhängigkeit ihres Volumens separat nachgewiesen und gesteuert. Gleichzeitig stellen die veranschlagten investiven Auszahlungen die Ermächtigungsgrundlage für die Verwaltung dar, entsprechende Investitions- und Investitionsförderungsmaßnahmen durchzuführen.

Auch hier ist das entsprechende Zahlenwerk laut verbindlichem Haushalts-Muster 8 C in Staffelform aufzustellen. Hierbei enthalten die Teilfinanzhaushalte die Zeilen in der gleichen Reihenfolge wie im Finanzhaushalt, d. h. sowohl die Ansätze für die laufende Verwaltungstätigkeit als auch für die Investitions- und Finanzierungstätigkeit. Auch hier schließen die drei Ursachenbereiche der Zahlungsflüsse – wie auf der Gesamtebene – jeweils mit einem eigenen Zwischensaldo (Zeilen 17, 31 und 35) ab. Nach den beiden ersten Ursachenbereichen der laufenden und investiven Tätigkeit wird das Ergebnis (Summen Zeile 17 und 31) in einem Zwischenschritt in Zeile 32 als Finanzmittel-Überschuss oder -Fehlbetrag ausgewiesen. In Zeile 36 ergibt sich die Finanzmittelveränderung als Ergebnis (Summe Zeile 32 und 35) aller drei Ursachenbereiche.

§ 4 V 2 KomHKVO ermöglicht eine vereinfachte Darstellung der Teilfinanzhaushalte:
(5) [2]Die Einzahlungen und Auszahlungen aus laufender Verwaltungstätigkeit können jeweils in einer Summe angegeben werden.

Wie bereits dargestellt, stellt der Teilfinanzhaushalt für die laufende Verwaltungstätigkeit lediglich den Nachweis (nicht die Ermächtigungsgrundlage) der Liquidität dar. Ermächtigungen zu Auszahlungen für die laufende Verwaltungstätigkeit ergeben sich nicht aus dem Teilfinanzhaushalt, sondern aus den Ermächtigungen für Aufwendungen im Teilergebnishaushalt. Insofern ist die laufende Verwaltungstätigkeit in den Teilfinanzhaushalten nur nachrichtlich, d. h. zur weiteren Information, enthalten, so dass diese Einzahlungen und Auszahlungen (Zeilen 1 bis 8 und 10 bis 15) in den jeweiligen Teilfinanzhaushalten auch aus Vereinfachungsgründen in einer Summe angegeben werden können.
Sie werden nur noch als Saldenbeträge dokumentiert, so dass der Fokus im investiven Teil liegt. Die Darstellung der einzelnen Zeilen für die Zahlungsgrößen der laufenden Verwaltungstätigkeit lediglich im Finanzhaushalt – und nicht im Teilfinanzhaushalt – wäre also ausreichend. Trotz einer vereinfachten Abbildung im Teilfinanzhaushalt sind die Ein- und Auszahlungen der laufenden Verwaltungstätigkeit theoretisch gleichwohl genauso detailliert und produktbezogen zu planen wie diejenigen der Investiti-

onstätigkeit. In der Praxis kann es gleichwohl softwaretechnisch bedingt dazu kommen, dass die Zahlungsbeträge der laufenden Verwaltungstätigkeit nicht direkt geplant, sondern aus der Planung der Erträge und Aufwendungen abgeleitet werden.
Nach der Betrachtung des vertikalen Zeilenaufbaus im Muster 8 C (Teilergebnishaushalt) ist auf den besonderen horizontalen Aufbau hinzuweisen, der im Muster 8 B (Teilfinanzhaushalt) eine zusätzliche Spalte aufweist. So ist hier neben der Ansatzspalte des Haushaltsjahres (Nr. 4) eine weitere Spalte für die Verpflichtungsermächtigungen des Haushaltsjahres (Nr. 5) enthalten. Da Verpflichtungsermächtigungen nur für Investitionen und Investitionsförderungsmaßnahmen relevant sind, kommt hier für die Zeilen 24 bis 29 die nach § 11 KomHKVO erforderliche Veranschlagung in den Teilhaushalten zum Ausdruck. Neben der Darstellung des Gesamtbetrags in § 3 der Haushaltssatzung und der Darstellung auf dieser Teilfinanzhaushaltsebene beinhaltet der Finanzhaushalt für die örtliche Gesamtsicht hingegen keine Spalte für Verpflichtungsermächtigungen.

Optik / Aufbau der Teilhaushalte – Muster 8 D Einzeldarstellung von Investitionen und Investitionsförderungsmaßnahmen

Im Hinblick auf besondere Investitionen und Investitionsförderungsmaßnahmen ist gefordert, diese einzeln darzustellen.

§ 4 VI 1 und 2 KomHKVO fordern zusätzliche Inhalte für **Teilfinanzhaushalte:**
(6) [1]In den Teilfinanzhaushalten werden Investitionen und Investitionsförderungsmaßnahmen, die sich über mehrere Jahre erstrecken, und Investitionen und Investitionsförderungsmaßnahmen oberhalb einer von der Gemeinde festgelegten Wertgrenze einzeln dargestellt. [2]Dabei werden die bisher bereitgestellten Haushaltsmittel und die Gesamtinvestitionssumme sowie die Verpflichtungsermächtigungen für die Folgejahre angegeben.

Danach sind bestimmte Investitionen und Investitionsförderungsmaßnahmen in den Teilfinanzhaushalten maßnahmenscharf, d. h. einzeln auszuweisen. Der Vertretung wird so die Möglichkeit gegeben, jede einzelne Investition und Investitionsförderungsmaßnahme zu beraten und zu beschließen. Hierdurch kommt besonders die Etathoheit der kommunalen Entscheidungsgremien zum Ausdruck. Gerade die Festlegung der Investitionen und Investitionsförderungsmaßnahmen ist für die kommunale Haushaltswirtschaft von erheblicher, zukunftsträchtiger Bedeutung und muss den politischen Gremien vorbehalten bleiben. Dieses ist auch praxisgerecht, denn im Bereich der Investitionstätigkeit, die den Bestand längerfristig dienender Güter des immateriellen Vermögens und des Sach- und Finanzvermögens verändert, herrscht in den Sitzungen der Vertretung oftmals großer Rede- und Diskussionsbedarf. Infolgedessen kann die Auszahlungsermächtigung für Investitionen und Investitionsförderungsmaßnahmen, die einen von der Kommune festgelegten Wert übersteigen, aus dieser Übersicht direkt abgelesen werden.

§ 4 VI 3 KomHKVO enthält eine Vereinfachungsmöglichkeit für die Einzeldarstellung der Investitionen und Investitionsförderungsmaßnahmen:
(6) [3]Unbedeutende Investitionen und Investitionsförderungsmaßnahmen können in einem Ansatz zusammengefasst werden.

Unbedeutende Investitionen und Investitionsförderungsmaßnahmen, d. h. Vorhaben von z. B. geringer finanzieller Bedeutung, können als Ausnahme zur Einzeldarstellung in einem Ansatz zusammengefasst werden. Für die Auslegung des unbestimmten Rechtsbegriffes »unbedeutend« hat die Kommune als Selbstbindung oft eine Wertgrenze in § 6 der Haushaltssatzung festgelegt.

Das **Muster 8 D** setzt die Vorgabe der Einzeldarstellung von Investitionen und Investitionsförderungsmaßnahmen in eine optische Form um:

Investitionsmaßnahme	Gesamtinvestitionssumme -Euro-	Ansatz Jahr ... -Euro-	bisher bereitgestellt[2] -Euro-	VE's[3] für die Jahre ... ... -Euro-
1	2	3	4	5

[2] In den Vorjahren durch Haushaltsplan bereitgestellt
[3] jeweils je Planungsjahr in besonderen Spalten

Spalte 1 enthält die individuelle Bezeichnung der einzelnen Investitionsmaßnahme. Hier wird die Vorgabe des § 11 S. 1 KomHKVO aufgegriffen, wonach Verpflichtungsermächtigungen maßnahmenbezogen zu veranschlagen sind. Üblicherweise werden hier sowohl die Art der Investition oder Investitionsförderungsmaßnahme (z. B. Hochbau, Tiefbau, Erweiterung, Anbau, Anschluss Schmutzwasserkanal u. ä.) wie auch die Lage innerhalb der Kommune (z. B. Umbau Verwaltungstrakt in der Grundschule, am Bahnhof) angegeben. **Spalte 2** enthält die Gesamtinvestitionssumme, die nachrichtlich die Summe der Investition oder Investitionsförderungsmaßnahme enthält. Es geht also weder um die anteiligen, ausschließlich auf das Haushaltsjahr bezogenen, noch um die noch in den Folgejahren verbleibenden Auszahlungen, sondern vielmehr um eine rein informatorische Darstellung des Gesamtbetrages der investiven Maßnahmen. Damit verfolgt diese Spalte allgemeine Informationszwecke und lässt sich nicht unbedingt, insbesondere aufgrund der mangelnden Integration der mittelfristigen Planung, aus den weiteren Spalten errechnen. **Spalte 3** greift mit dem Ansatz des Haushaltsjahres die Spalte 4 des Musters 8 C wieder auf. **Spalte 4** bezieht sich auf die in den Vorjahren durch Haushaltsplan bereitgestellten Haushaltsmittel, ausgenommen die Verpflichtungsermächtigungen. **Spalte 5** setzt § 11 S. 2 KomHKVO um, wonach die Belastungen der künftigen Haushaltsjahre, hier je belastetem Jahr in besonderen Spalten, anzugeben sind. So ist direkt für jede Investitions- und jede Investitionsförderungsmaßnahme abzulesen, wann und in welcher Höhe die Verpflichtungsermächtigungen aus Spalte 5 des Musters 8 C zu kassenwirksamen Auszahlungen führen.

Auf einen Blick: Teilhaushalte

Die **Teilhaushalte** als Bestandteil des Haushaltsplans nach **§ 1 I Nr. 3 KomHKVO und § 4 KomHKVO** setzen sich jeweils nach dem **Muster 8** aus vier Teilen zusammen. Die formale Gestaltung darf dabei unter Einhaltung des Mindestinhaltes der Haushalts-Muster geringfügig abweichen.

Vorblatt

- **Muster 8, Teil A**
  - Wesentliche Produkte des Teilhaushalts
  - Haushaltsvermerke, Budgetierungsbestimmungen usw.
  - Produktbeschreibungen mit den dazugehörenden Leistungen, Zielbestimmungen mit den dazu geplanten Maßnahmen sowie Kennzahlen zur Zielerreichung
- **Muster 8, Teil B**
  - (Ansätze der Haushaltspositionen zum) Teil**ergebnis**haushalt
- **Muster 8, Teil C**
  - (Ansätze der Haushaltspositionen zum) Teil**finanz**haushalt
- **Muster 8, Teil D**
  - Einzeldarstellung der Investitionen und -förderungsmaßnahmen

Abbildung 13: Vierteilung der Teilhaushalte

Aus der Summe aller geplanten Ergebnis- und Zahlungsgrößen sämtlicher Arbeitsergebnisse einer Organisationseinheit oder des Produktplans der Kommune ergeben sich die Planwerte für die Teilhaushalte. Durch deren Addition ergeben sich die Haushalte auf der Gesamtebene. Die Haushaltsansätze der Teilergebnishaushalte werden in der örtlichen Gesamtsicht zum Ergebnishaushalt und die Haushaltsansätze der Teilfinanzhaushalte werden in der örtlichen Gesamtsicht zum Finanzhaushalt kumuliert.

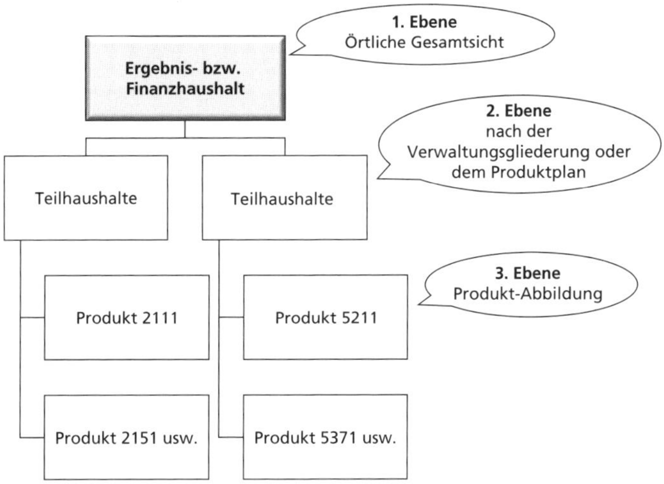

Abbildung 14: Haushaltsebenen

2.5 MITTELFRISTIGE PLANUNG – EINE PLANUNG ÜBER DAS HAUSHALTSJAHR HINAUS

Auch wenn der Beschluss des jährlichen Haushalts im Haushaltsprozess der maßgebende Schritt ist, mit dem die Vertretung wichtige Haushaltsentscheidungen trifft, haben die meisten dieser Maßnahmen weit über den jährlichen Haushaltszyklus hinausreichende finanzielle Auswirkungen. So stellt eine Einjahresperspektive keine ausreichende Basis für eine solide Haushaltsplanung dar.

2.5.1 Integrierte mittelfristige Ergebnis- und Finanzplanung

Die Haushaltswirtschaft ist nicht nur für einzelne Haushaltsjahre separat und losgelöst von der Zukunft zu planen, sondern hat zeitlich umfassender auszufallen.

> **§ 110 I NKomVG** fordert die stetige Aufgabenerfüllung:
> (1) Die Kommunen haben ihre Haushaltswirtschaft so zu planen und zu führen, dass die stetige Erfüllung ihrer Aufgaben gesichert ist.

Die Beachtung einer *stetigen* Aufgabenerfüllung macht es für die Vertretung erforderlich, den Blick nicht nur auf das jeweils aktuelle Haushaltsjahr zu richten. Vielmehr müssen auch die Bedürfnisse kommender Jahre so berücksichtigt werden, dass deren Erfüllung realistisch ist. Die Planung sollte sich also auf eine mehrjährige Planung stützen, die sich an einem mittelfristigen Rahmen ausrichtet. So hat die Kommune als Grundlage der Planaufstellung und Planausführung des Haushalts von einem längeren (mittelfristigen) Zeitraum auszugehen, um die Kommune auch (dauerhaft) in den Folgejahren leistungsfähig zu halten und ihre Zukunftsfähigkeit sicherzustellen.

Zudem muss auf den Zeitraum der mittelfristigen Planung besonderes Augenmerk liegen. Je weiter er in die Zukunft reicht, desto unsicherer wird jede Planung. Tatsächlicher Verschleiß, aber auch technischer Fortschritt und Preisentwicklung sowie die Entwicklung des kommunalen Aufgabenspektrums werden mit zunehmendem Prognosezeitraum immer schwerer einschätzbar.

> **§ 118 I 1 NKomVG** regelt zur Grundlage der Haushaltswirtschaft:
> (1) [1]Die Kommunen haben ihrer Haushaltswirtschaft eine mittelfristige Ergebnis- und Finanzplanung für fünf Jahre zugrunde zu legen.

Die im Haushaltsplan integrierte mittelfristige Ergebnis- und Finanzplanung blickt folglich über die einjährige Planung hinaus. Sie zeigt den erweiterten Zeithorizont der Haushaltspolitik einschließlich der Festlegung politischer Prioritäten und mittelfristiger Haushaltsziele. Die mittelfristige Darstellung hat so den Vorteil, dass die Haushaltslage im Haushaltsjahr wie auch deren zukünftige Entwicklung in den Folgejahren auf einen Blick ersichtlich ist. So wird eine kontinuierliche Haushaltswirtschaft ermöglicht und gleichzeitig eine dauerhafte Ordnung der kommunalen Finanzen unterstützt. Eine mittelfristige Ergebnis- und Finanzplanung auf Ebene der Haushaltssatzung erfolgt gleichwohl nicht. In dieser werden nur jahresbezogene Volumina ausgewiesen.

Die mittelfristige Ergebnis- und Finanzplanung, die im Verwaltungsjargon »Mifri Fi« genannt wird, erstreckt sich über fünf Jahre und beginnt mit der Darstellung des Vorjahres.

§ 118 I 2 NKomVG zum Beginn der mittelfristigen Ergebnis- und Finanzplanung:
(1) [2]Das erste Planungsjahr ist dabei das Haushaltsjahr, das demjenigen Haushaltsjahr vorangeht, für das die Haushaltssatzung gelten soll.

Um den vorgegebenen Planungszeitraum von fünf Jahren zu erreichen, setzt sich die mittelfristige Ergebnis- und Finanzplanung sodann mit dem Haushaltsjahr und den drei echten (wirklich neuen) zukünftigen Planungsjahren fort.

§ 9 I KomHKVO ergänzt den Zeitraum der mittelfristigen Planung:
(1) Die mittelfristige Ergebnis- und Finanzplanung umfasst die in § 1 Abs. 3 Nrn. 2 bis 4 genannten Ansätze und wird in den Haushaltsplan einbezogen.

Der hier erwähnte Bezug auf die »genannten Ansätze« bestätigt bei genauerer Betrachtung der angegebenen Rechtsgrundlagen den geforderten Fünf-Jahreszeitraum.

§ 1 III Nr. 2 bis 4 KomHKVO formulieren die Inhalte der **Ansatzspalten:**
(3) In den Ansatzspalten werden ausgewiesen
2. die Ansätze des Vorjahres, ausgenommen die Verpflichtungsermächtigungen,
3. die Ansätze des Haushaltsjahres, für das der Haushaltsplan aufgestellt wird, bei einem Haushaltsplan für zwei Jahre die Ansätze nach Jahren getrennt, und
4. die Ansätze der drei dem Haushaltsjahr nach Nummer 3 folgenden Jahre der mittelfristigen Ergebnis- und Finanzplanung, gegliedert nach Jahren.

Die Einbindung in den Haushaltsplan bedeutet eine Erweiterung der Planung um drei weitere Folgejahre, d. h. die Integration weiterer Planungsspalten. Sie ist in alle Planungsebenen des Ergebnis- und Finanzhaushalts und der Teilhaushalte integriert, womit sich mit den Rechnungsergebnissen des Vorvorjahres insgesamt sechs **Ansatzspalten** ergeben.

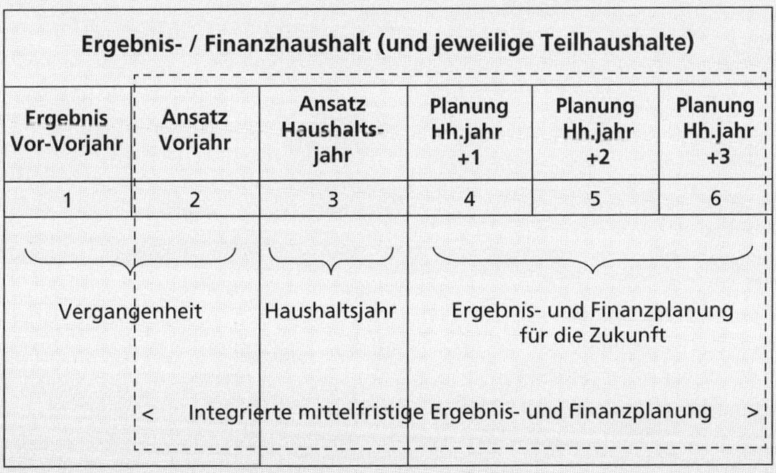

Abbildung 15: Mittelfristige Ergebnis- und Finanzplanung

Mit dieser Planung soll die Kommune zeigen, welche Aufwendungen und Auszahlungen für die Aufgabenerfüllung innerhalb der fünf Jahre zu erwarten sind und welche Erträge und Einzahlungen zu deren Deckung bzw. Finanzierung voraussichtlich zur Verfügung stehen.

§ 118 II NKomVG regelt die Darstellungen der mittelfristigen Ergebnis- und Finanzplanung:
(2) In der mittelfristigen Ergebnis- und Finanzplanung sind Umfang und Zusammensetzung der voraussichtlichen Aufwendungen und Auszahlungen und ihre Deckungsmöglichkeiten darzustellen.

Die Kommune ist so gezwungen, den allgemeinen Haushaltsgrundsatz der stetigen Aufgabenerfüllung in finanzieller Hinsicht nicht nur im Haushaltsjahr, sondern auch mittelfristig auszuweisen. Die mittelfristige Ergebnis- und Finanzplanung lässt auch erkennen, ob und ggf. zu welchem Zeitpunkt Haushaltsdefizite auftreten.

Beispiel:

Abbildung der Ansatzspalten im Haushaltsplan für das Haushaltsjahr 2025

Sachliche Dimension	Zeitliche Dimension					
Beispiel >>>	Rechnungsergebnis des Vorvorjahres 2023 -Euro-	Ansatz des Vorjahres 2024 -Euro-	**Ansatz des Haushaltsjahres 2025 -Euro-**	Ansatz des ersten Jahres der mittelfristigen Ergebnis- und Finanzplanung 2026 -Euro-	Ansatz des zweiten Jahres der mittelfristigen Ergebnis- und Finanzplanung 2027 -Euro-	Ansatz des dritten Jahres der mittelfristigen Ergebnis- und Finanzplanung 2028 -Euro-
1	2	3	4	5	6	7
Ordentliche Erträge						
1. Steuern und ähnliche Abgaben				Folgejahre stellen lediglich eine unverbindliche Planungsvorausschau dar.		
2. Zuwendungen und allgemeine Umlagen						
3. Auflösungserträge aus Sonderposten						
…						
…						

Spalte 1 enthält die Bezeichnung der Haushaltspositionen. Die **Spalten 2 und 3** beinhalten Vergangenheitswerte. Spalte 2 erfasst das Rechnungsergebnis des dem zu planenden Jahr (Haushaltsjahr 2025) zweitvorangegangenen Haushaltsjahres (Vorvorjahr 2023), welches im Normalfall bei Planaufstellung für 2025 (ca. im Herbst 2024) auch feststehen müsste. Spalte 3 umfasst den Ansatz des dem Haushaltsjahr vorgelagerten Jahres, welches bei fristgerechter Haushaltsaufstellung für 2025 nach dem Grundsatz der Vorherigkeit nach § 114 I 2 NKomVG das laufende Jahr (Vorjahr 2024) darstellt. Dessen Rechnungsergebnis kann (noch) nicht dargestellt werden, da dessen Feststellung noch bis März des sich anschließenden Haushaltsjahres erlaubt ist. In der **Spalte 4** (dunkler schattiert) sind die Ansätze des konkret

zu planenden Haushaltsjahres (Haushaltsjahr 2025) aufzunehmen. Zudem stellt auch § 1 IV KomHKVO fest, dass die Ansätze in dieser Spalte (auf Ebene der Teilhaushalte) als »planmäßige Haushaltsansätze« gelten. Nur die Haushaltsmittel dieses Haushaltsjahres sind für die Haushaltsausführung verbindlich und werden durch den Vertretungsbeschluss über die Haushaltssatzung festgesetzt. Die **Spalten 5 bis 7** enthalten keine verbindlichen Festsetzungen, die Ausgangspunkt für die Planbewirtschaftung sein werden. Sie beinhalten vielmehr die Planwerte für die echte mittelfristige Ergebnis- und Finanzplanung, d. h. die Fortschreibung um drei Jahre über das konkrete Haushaltsjahr hinaus (2026 bis 2028). Die hier abgebildeten Beträge der Folgejahre haben keinen Ermächtigungscharakter, sondern stellen lediglich einen informatorischen Rahmen, also eine unverbindliche Planungsvorausschau, dar.

Dabei ist es für die Kommune oftmals schwierig, die Entwicklung von Erträgen und Aufwendungen (insbesondere der staatlichen Zuwendungen) verlässlich abzuschätzen, wenn diese von außerhalb des Einflussbereiches der Kommune stehenden gesamtwirtschaftlichen Einflüssen bestimmt werden.

§ 9 III KomHKVO ergänzt:
(3) Bei der Aufstellung und Fortschreibung der mittelfristigen Ergebnis- und Finanzplanung sollen die zum Zeitpunkt der Haushaltsplanaufstellung vorliegenden, vom für Inneres zuständigen Ministerium bekannt gegebenen Orientierungsdaten berücksichtigt werden.

Die jährlichen **Orientierungsdaten** sollen eine Hilfestellung für die Planungen der Kommunen geben. Bei diesen Voraussagen handelt es sich um Durchschnittswerte und generelle Tendenzen auf Länderebene, die die örtlichen individuellen Mittelfristplanungen unterstützen können. Die Bekanntgabe dieser Orientierungsdaten für den fünfjährigen Planungszeitraum erfolgt im Niedersächsischen Ministerialblatt. Die Kommune steht über die Formulierung als Soll-Vorschrift gleichwohl in der Pflicht, anhand der Empfehlungen unter Berücksichtigung der eigenen örtlichen und strukturellen Besonderheiten, die für ihre Planung zutreffenden bzw. erforderlichen Einzelwerte selbst zu ermitteln und aufzunehmen. Die Orientierungsdaten sind also als Hinweise und Tendenzen zu verstehen, die vor Ort unter Zuhilfenahme von Informationen über örtliche Besonderheiten zu validieren sind. Dieses gilt insbesondere für die Schätzung der Gewerbe- und Grundsteuererträge, die je nach wirtschaftlichen Gegebenheiten vor Ort erheblich von einer prognostizierten Durchschnittsentwicklung auf Landesebene abweichen können. Insbesondere die Gewerbesteuer ist von der Situation der in der Gemeinde befindlichen Betriebe oder Betriebsstätten abhängig, die trotz allgemein guter Konjunktur gegenläufige branchenstrukturelle und unternehmensspezifische Entwicklungen aufzeigen können. Die Struktur der ansässigen Wirtschaftsbetriebe ist insofern zu beobachten und einzubeziehen.

Auch wenn die Wertigkeit des Haushaltsplans durch die direkte Integration in Form der Zusatzspalten erhöht werden soll, ist die mittelfristige Planung nicht unveränderbar. Es handelt sich vielmehr um eine sich ständig wandelnde und mit der Entwicklung einhergehende Fortführung der Planung.

§ 118 IV NKomVG fordert eine jährliche Aktualisierung der mittelfristigen Planung:
(4) Die mittelfristige Ergebnis- und Finanzplanung und das Investitionsprogramm sind jährlich der Entwicklung anzupassen und fortzuführen.

Die Mittelfristplanung stellt folglich hinsichtlich der Zukunftswirkung lediglich einen unverbindlichen Orientierungsrahmen dar.

Auf einen Blick: Mittelfristige Ergebnis- und Finanzplanung

Der Zeitraum eines Haushaltsjahres ist viel zu kurz, um längerfristige Auswirkungen der Aufgabenerfüllung aufzuzeigen. So kommt zu der Jahresplanung auf jeder Seite des Haushaltsplans (nicht jedoch in der Haushaltssatzung) nach **§ 118 NKomVG und § 9 KomHKVO** noch eine **fünfjährige mittelfristige Ergebnis- und Finanzplanung** hinzu, die spaltenweise in einer Zeitreihe darzustellen ist. Der Haushaltsplan ist also ein mehrjähriges Planungsinstrument.
Durch die Integration in den Haushaltsplan stehen die **Ansatzspalten** bei der politischen Beratung automatisch im Blickpunkt und sind als Prognoseinstrument deutlich aufgewertet. Die Anschaulichkeit des Planwerks sowie dessen Transparenz sind durch die zusätzlichen Informationen erhöht. Der Bürger erhält einen differenzierten und umfassenden Blick auf die Planungen der Ergebnis- und Zahlungsgrößen und kann in einer mehrjährigen Perspektive die Zukunftsfähigkeit der Kommune verfolgen.
Eine Verpflichtung der Kommune, die Planzahlen für das jeweilige Haushaltsjahr unverändert aus der mittelfristigen Ergebnis- und Finanzplanung zu übernehmen, besteht gleichwohl nicht, so dass sie lediglich eine Art **Absichtserklärung** darstellt.

2.5.2 Investitionsprogramm

Kommunales Handeln ist in hohem Maße mit Investitionen und Investitionsförderungsmaßnahmen verknüpft, die wiederum von hoher kommunalpolitischer Bedeutung sind. Um sich hierüber zu informieren gibt es ein Investitionsprogramm, welches die Grundlage der mittelfristigen Ergebnis- und Finanzplanung darstellt. Es symbolisiert zugleich eine Art langjährige Fortsetzung des investiven Teils des Finanzhaushalts.

§ 118 III NKomVG zur Grundlage der mittelfristigen Ergebnis- und Finanzplanung:
(3) Als Grundlage für die mittelfristige Ergebnis- und Finanzplanung ist ein Investitionsprogramm aufzustellen, in das die geplanten Auszahlungen für Investitionen und Investitionsförderungsmaßnahmen aufgenommen werden.

Das Investitionsprogramm ist demnach die Basis für die mittelfristige Ergebnis- und Finanzplanung. Die geplanten Auszahlungen für Investitionen (§ 60 Nr. 22 KomHKVO) und Investitionsförderungsmaßnahmen (§ 60 Nr. 23 KomHKVO) sind dem zweiten Ursachenbereich des Finanzhaushalts zu entnehmen. Auf die dortigen Ausführungen wird verwiesen.

Die weiteren formalen Vorgaben in der KomHKVO bestätigen, dass das Investitionsprogramm einen eingeschlossenen Teil in der mittelfristigen Ergebnis- und Finanzplanung darstellt.

§ 9 II 1 KomHKVO erläutert weiter zum Investitionsprogramm:
(2) [1]Die mittelfristige Ergebnis- und Finanzplanung schließt das Investitionsprogramm ein.

So finden sich hier z. B. mittelfristige Großprojekte im Bereich des Straßenbaus, der Ortsteilerneuerung oder Schulsanierungsprojekte, die sich ggf. über mehrere Jahre erstrecken können. In diesem Zusammenhang ist der zeitliche Ablauf nicht unbeachtlich, denn die damit verbundenen Auszahlungen sind pro Jahr anzugeben.

§ 9 II 2 KomHKVO erläutert den Inhalt des Investitionsprogramms:
(2) [2]Das Investitionsprogramm besteht aus den in § 1 Abs. 3 Nrn. 2 bis 4 genannten Ansätzen und Erläuterungen der Auszahlungen für Investitionstätigkeit in den Teilfinanzhaushalten mit den im Planungszeitraum vorgesehenen Investitionen und Investitionsförderungsmaßnahmen nach dem jeweiligen Jahresbedarf.

Der Gesamtbetrag für Investitionsauszahlungen muss also auf die betreffenden Jahre aufgeteilt werden. Andererseits kann es auch bei einer sorgfältigen Planung des Investitionsprogramms zum Anpassungsbedarf der Investitionszahlen kommen. Eine Fortschreibung kann notwendig werden, wenn fachlich oder technisch neue Anforderungen im Zeitraum der Durchführung einer Investition verbindlich werden. Vor allem dringende größere Baumaßnahmen, aber auch die erst in der Realisierungsphase erkennbaren Mehrauszahlungen laufender Investitionsprojekte, führen immer wieder zu einer notwendigen Anpassung der Haushaltsansätze bzw. zu einer Verschiebung bereits geplanter Investitionsvorhaben. Auch können neue, bisher nicht vorgesehene Maßnahmen sachlich erforderlich werden, die die vorgesehene Reihenfolge der Investitionen und Investitionsförderungsmaßnahmen verschieben können. Auch finanzwirtschaftliche Probleme können dazu führen, die Realisierung einzelner Maßnahmen des Investitionsprogramms zeitlich zu strecken und damit die Investitionsprioritäten zu ändern. Das Investitionsprogramm ist demnach jährlich zu aktualisieren.

§ 118 IV NKomVG fordert die jährliche Aktualisierung des Investitionsprogramms:
(4) Die mittelfristige Ergebnis- und Finanzplanung und das Investitionsprogramm sind jährlich der Entwicklung anzupassen und fortzuführen.

Das Aktualisierungskriterium verdeutlicht den Status als (lediglich) politische Absichtserklärung und jährlich fortzuschreibende Vorausschau sowie als Arbeitsprogramm der priorisierten Investitionen und Investitionsförderungsmaßnahmen für die Verwaltung.

Auf einen Blick: Investitionsprogramm

Im **Investitionsprogramm** nach **§ 118 III NKomVG und § 9 II KomHKVO** wird auf fünf Jahre hinaus festgelegt, in welche Maßnahmen investiert werden soll. Zudem ist bei Investitionen und Investitionsförderungsmaßnahmen im Haushaltsjahr abzulesen, mit welchem Volumen sie zeitlich abgewickelt werden, d. h. wie viele Auszahlungen bisher in den Vorjahren bereitgestellt wurden und welche Ansätze nach dem jeweiligen Jahresbedarf dafür eingeplant sind.

HAUSHALTSPLANUNG UND -BEWIRTSCHAFTUNG

2.6 HAUSHALTSGRUNDSÄTZE – HISTORISCH GEWACHSENE PRINZIPIEN

Jeder Euro, den die Kommune einnimmt oder ausgibt, ist Geld der Bürger. Die Größe der öffentlichen Haushalte erfordert feste Regeln und grundlegende Handlungsanweisungen für die Haushaltsführung durch die öffentliche Hand. So sind das Haushalten – Planen, Veranschlagen, Feststellen, Bewirtschaften und Nachweisen von Haushaltsermächtigungen – und der Umgang mit den öffentlichen Mitteln streng reglementiert.

Rund 49 Paragrafen in dem NKomVG (achter Teil mit vier Abschnitten) sowie 35 Paragrafen in der KomHKVO (erster bis fünfter Abschnitt) befassen sich mit der Haushaltswirtschaft. Neben vielen Einzelvorschriften bestimmt das Regelwerk vor allem die **Haushaltsgrundsätze**, die bei der Planung und Bewirtschaftung eines Haushaltsplans zu beachten sind. In Abhängigkeit ihrer inhaltlichen Ausgestaltung sind sie entweder in der Phase der Haushaltsaufstellung oder in der Phase der Haushaltsausführung oder in beiden Phasen zu beachten.

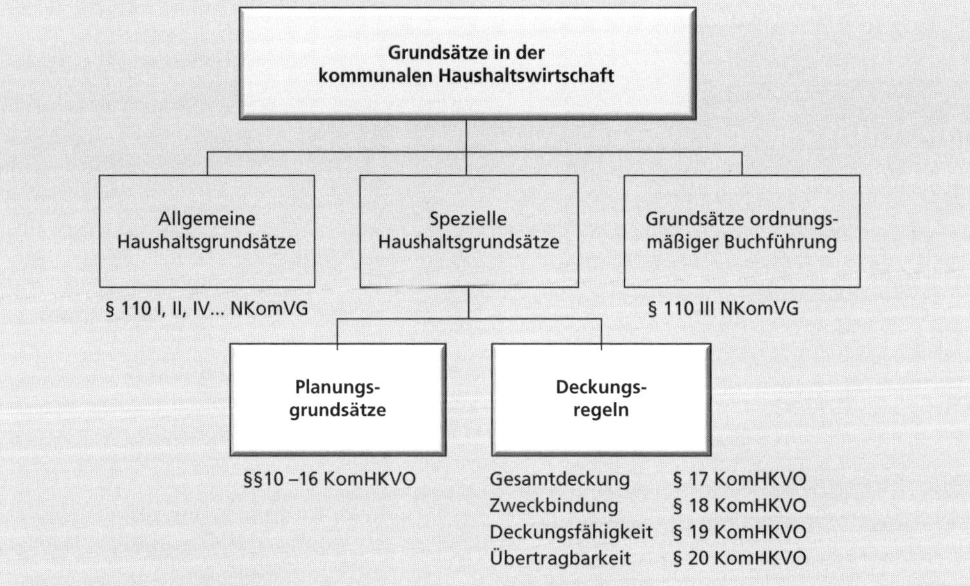

Abbildung 16: Haushaltsgrundsätze

Die **allgemeinen Haushaltsgrundsätze** sind von zentraler Bedeutung und gelten in allen Phasen des Haushaltskreislaufes. Die **Planungsgrundsätze** beinhalten Vorschriften und Verfahren zur Erstellung von Prognosen für die Haushaltsaufstellung. Sie stellen sicher, dass der Haushaltsplan mit seinen Ansätzen ein vollständiges und übersichtliches Bild über die zur Erfüllung der kommunalen Aufgaben erforderlichen Ressourcen gibt. Diese sehr starren Regelungen lassen eine flexible Haushaltsausführung, d. h. ein Reagieren der Verwaltung auf Veränderungen gegenüber der von der Vertretung beschlossenen Planung, oft unmöglich erscheinen. Deshalb ist gleichzeitig zu vielen Haushaltsgrundsätzen ein System von **Ausnahmen** in der KomHKVO festgeschrieben worden, die den Haushaltsgrundsätzen ihre Komplexität verleihen.

Zur Übersicht werden einige ausgewählte Haushaltsgrundsätze vorgestellt, die Anforderungen an die Gestaltung der kommunalen Haushaltswirtschaft stellen und die einen besonderen inhaltlichen Bezug zur Zwei-Komponenten-Planung aufweisen.[7]

Allgemeine Planungsgrundsätze, §10 KomHKVO Veranschlagung, Ansatzermittlung	**Besondere Planungsgrundsätze, §§11 – 16 KomHKVO**
❍ Bruttoprinzip, ❍ Einzelveranschlagung, ❍ Zuordnungsprinzipien des Ergebnis- und Finanzhaushaltes ...	❍ Verpflichtungs-ermächtigungen, ❍ Investitionen, ❍ Verfügungsmittel, Deckungsreserve, ❍ Haushaltsunwirksame Zahlungen, ❍ Erläuterungen

Abbildung 17: Planungsgrundsätze

2.6.1 Stetige Aufgabenerfüllung

Jede Kommune setzt ihre Haushaltsmittel – im Rahmen der Gesetze und rechtlichen Verpflichtungen – nach eigenem Ermessen ein. Der Haushaltsplan stellt dabei das zentrale Planungs- und Steuerungsinstrument für alle ergebnis- und finanzrelevanten Aktivitäten dar und bildet den Rahmen für alle kommunalpolitischen Tätigkeiten. Der Kerngegenstand des kommunalen Verwaltungsgeschehens ist das Erfüllen von Aufgaben und so ist die Haushaltswirtschaft so auszurichten, dass die Erfüllung der Aufgaben jederzeit gewährleistet ist.

§ 110 I NKomVG formuliert einen zentralen allgemeinen Haushaltsgrundsatz:
(1) Die Kommunen haben ihre Haushaltswirtschaft so zu planen und zu führen, dass die stetige Erfüllung ihrer Aufgaben gesichert ist.

Damit steht die gemeinwohlorientierte dauerhafte **Sicherung der Aufgabenerfüllung** an erster Stelle der allgemeinen Haushaltsgrundsätze. Diese haushaltsrechtliche Vorgabe verlangt es, dass bei vermögenswirksamen Entscheidungen neben der Vermögenslage und der Aufgabenerfüllung auch die Interessen der Vertretung und der externen Adressaten der Haushaltswirtschaft berücksichtigt werden. Für die Aufstellung und Ausführung des Haushaltsplans ist ein sachgerechtes Maß im Rahmen der örtlich und eigenverantwortlich zu treffenden Entscheidungen anzuwenden, um eine Überforderung zu verhindern bzw. die Sicherstellung der Leistungsfähigkeit nicht zu gefährden. Die Aufgabenerfüllung soll zudem nicht nur im Haushaltsjahr gesichert werden. Die Verpflichtung einer stetigen Aufgabenerfüllung bedingt

[7] Zur weiteren Vertiefung wird auf die einschlägige haushaltsrechtliche Literatur verwiesen.

vielmehr, dass sich die Vertretung auch darüber hinaus mit den Erfordernissen der nächsten Haushaltsjahre auseinandersetzt. Die kommunale Aufgabenerfüllung muss längerfristig gesichert sein, so dass auf die Ausführungen zur integrierten mittelfristigen Ergebnis- und Finanzplanung verwiesen wird.

Die besondere Bedeutung der Aufgabenerfüllung wird für die Bewirtschaftung der Haushaltsansätze durch eine weitere Vorschrift aufgegriffen.

§ 27 I KomHKVO regelt zur Bewirtschaftung der Aufwendungen, Auszahlungen und Verpflichtungsermächtigungen:
(1) [1]Die Haushaltsansätze werden so bewirtschaftet, dass sie für die im Haushaltsjahr anfallenden Aufwendungen und Auszahlungen ausreichen. [2]Sie dürfen erst dann in Anspruch genommen werden, wenn die Erfüllung der Aufgaben es erfordert.

Diese Vorgabe lässt sich nur mit Hilfe einer sorgfältigen Aufgaben- und Haushaltsplanung erreichen. Die stetige Aufgabenerfüllung kann andererseits dem Grundsatz des gesamtwirtschaftlichen Gleichgewichts zuwiderlaufen. So haben Bund und Länder nach § 1 des Gesetzes zur Förderung der Stabilität und des Wachstums der Wirtschaft (StWG) bei ihren wirtschafts- und finanzpolitischen Maßnahmen die **Erfordernisse des gesamtwirtschaftlichen Gleichgewichts** zu beachten. Die Maßnahmen sind so zu treffen, dass sie im Rahmen der marktwirtschaftlichen Ordnung gleichzeitig zur Stabilität des Preisniveaus, zu einem hohen Beschäftigungsstand und außenwirtschaftlichem Gleichgewicht bei stetigem und angemessenem Wirtschaftswachstum beitragen. Nach § 16 I StWG haben (auch) Gemeinden und Gemeindeverbände bei ihrer Haushaltswirtschaft den Zielen des § 1 Rechnung zu tragen. Unter Beachtung des gesamtwirtschaftlichen Gleichgewichts müssten die Kommunen in Zeiten schwacher Konjunktur sodann einerseits verstärkt investieren und die Steuern senken, um z. B. die Konjunktur zu stützen und die Wirtschaft zu fördern. Dieses **antizyklische Verhalten** entgegen des Konjunkturverlaufs mag die wirtschaftliche Entwicklung zwar stabilisieren, ist gleichwohl angesichts dauerhaft angespannter Finanzen kaum durchzusetzen. Andererseits sollten die Kommunen in Zeiten stärkeren Wirtschaftswachstums ihre öffentliche Nachfrage einschränken und mit Hilfe der steigenden Steuern aufgrund der erhöhten privaten Nachfrage ihre Schulden wieder abzahlen und Rücklagen aufbauen. Eine Zurückhaltung im investiven Bereich könnte gleichwohl den Grundsatz der stetigen Aufgabenerfüllung behindern, so dass konjunkturelle Gründe oft vernachlässigt werden.

Auf einen Blick: Stetige Aufgabenerfüllung
Der in **§ 110 I NKomVG** geforderte **Grundsatz der stetigen Aufgabenerfüllung** bezieht sich auf die Planaufstellung wie auch auf die Planausführung. Die Haushaltswirtschaft ist insgesamt so zu planen und zu führen, dass von der Finanzlage keine Beeinträchtigung der von der Kommune wahrgenommenen Aufgaben eintritt. Der Haushaltsplan zeigt alle mit der Aufgabenerfüllung und angestrebten Zielerreichung verbundenen Erträge und Einzahlungen sowie Aufwendungen und Auszahlungen auf. So dient er der Feststellung und Deckung des Finanzbedarfs, der zur Aufgabenerfüllung der Kommune im Haushaltsjahr voraussichtlich notwendig sein wird. Der Haushaltsplan ist damit eine finanzielle Plattform für die öffentlichen Aufgaben, die eine Kommune im Interesse und zum Wohle seiner Bevölkerung erfüllt.

2.6.2 Sparsamkeit und Wirtschaftlichkeit

Die Kommune hat sich in ihrer Bewirtschaftung an sparsamen und wirtschaftlichen Aspekten zu orientieren.

§ 110 II NKomVG formuliert einen weiteren zentralen allgemeinen Haushaltsgrundsatz:
(2) Die Haushaltswirtschaft ist sparsam und wirtschaftlich zu führen.

Die Haushaltswirtschaft umfasst alle Handlungen, Maßnahmen und Entscheidungen aller Ebenen in der Vertretung und der Verwaltung, die mit der Planaufstellung, der Festsetzung, dem Vollzug und der Rechenschaftslegung einschließlich der Entlastung zusammenhängen. Wirtschaftlich handeln bedeutet (vereinfacht), ein optimales Verhältnis von Mitteln und zugehörigem Ergebnis anzustreben. Weitere Ausführungen zur Sparsamkeit und Wirtschaftlichkeit sind auch in den Verwaltungsvorschriften zu § 7 der Landes- und Haushaltsordnung enthalten: Nach dem Grundsatz der Wirtschaftlichkeit ist die günstigste Relation zwischen dem verfolgten Zweck und den einzusetzenden Mitteln (Ressourcen) anzustreben. Der Grundsatz der Wirtschaftlichkeit umfasst das Sparsamkeits- und das Ergiebigkeitsprinzip. Das Sparsamkeitsprinzip (Minimalprinzip) verlangt, ein bestimmtes Ergebnis mit möglichst geringem Mitteleinsatz zu erzielen. Das Ergiebigkeitsprinzip (Maximalprinzip) verlangt, mit einem bestimmten Mitteleinsatz das bestmögliche Ergebnis zu erzielen.

Der Sparsamkeitsgedanke ist unter Berücksichtigung eines möglichst geringen Mitteleinsatzes zum Anschaffungszeitpunkt damit eher kurzfristig ausgerichtet ist. Der Wirtschaftlichkeitsgedanke ist unter Berücksichtigung von Folgekosten und -nutzen hingegen eher langfristig angelegt.

Hiermit stehen insbesondere die Investitionen im Fokus.

§ 12 I KomHKVO fordert besondere Berechnungen für Investitionen:
(1) [1]Bevor Investitionen von erheblicher finanzieller Bedeutung oberhalb einer von der Kommune festgelegten Wertgrenze beschlossen werden, soll durch einen Wirtschaftlichkeitsvergleich unter mehreren in Betracht kommenden Möglichkeiten die für die Gemeinde wirtschaftlichste Lösung ermittelt werden. [2]Externe Effekte können berücksichtigt werden. [3]Vor Beginn einer Investition mit unerheblicher finanzieller Bedeutung bis zu der nach Satz 1 festgelegten Wertgrenze muss eine Folgekostenberechnung vorgenommen werden.

Die in § 12 I 1 KomHKVO geforderten »in Betracht kommenden Möglichkeiten« erhält die Kommune, indem sie dem Abschluss von Verträgen über Lieferungen und Leistungen nach § 28 KomHKVO für die Vergabe öffentlicher Aufträge eine öffentliche Ausschreibung vorausgehen lässt, wenn nicht die Natur des Geschäfts oder besondere Umstände eine Ausnahme rechtfertigen. Über den Verweis in § 12 I 2 KomHKVO auf »externe Effekte« können auch Klimaschutz Aspekte in den Wirtschaftlichkeitsvergleich einbezogen werden.

Auch durch die Vorgaben des § 27 KomHKVO zur Bewirtschaftung der Aufwendungen, Auszahlungen und Verpflichtungsermächtigungen wird das Erfordernis der Wirtschaftlichkeit und Sparsamkeit gestärkt. Danach werden die Haushaltsansätze so bewirtschaftet, dass sie für die im Haushaltsjahr anfallenden Aufwendungen und Auszahlungen ausreichen. Sie dürfen erst dann in Anspruch genommen werden, wenn die Erfüllung der Aufgaben es erfordert. Ermächtigungen zu Auszahlungen für Investitionen und Investitionsförderungsmaßnahmen dürfen nur in Anspruch genommen werden, soweit Deckungsmittel rechtzeitig bereitgestellt werden können. Dadurch darf die Finanzierung anderer, bereits begonnener Maßnahmen nicht beeinträchtigt werden. § 20 V 1 KomHKVO bekräftigt, dass im Haushaltsjahr nicht in Anspruch genommene Ermächtigungen für Aufwendungen und Auszahlungen nur in der erforderlichen Höhe in das Folgejahr übertragen werden dürfen. Auch die Vorschriften zur Weiterführung begonnener Investitionen und Investitionsförderungsmaßnahmen in der Interimsphase und zur Nachrangigkeit der Kreditaufnahmen unterstützen diesen Grundsatz.

Auf einen Blick: Sparsamkeit und Wirtschaftlichkeit
Nach **§ 110 II NKomVG** ist die Haushaltswirtschaft sparsam und wirtschaftlich zu führen. Mit der Sparsamkeit sind die Ausgaben auf das unbedingt notwendige Maß zu beschränken. Damit rückt das Verhältnis von geplantem Mitteleinsatz zu tatsächlichem Mitteleinsatz in den Focus. Bei einem kurzen Betrachtungszeitraum sollen die Ausgaben in erster Linie niedrig gehalten werden. Bei der Wirtschaftlichkeit geht es um einen längeren Betrachtungszeitraum. Mit dem geringstem Aufwand soll ein möglichst großer Nutzen erzielt werden.

2.6.3 Haushaltsausgleich

Die Regelungen zum **Haushaltsausgleich** stellen einen Maßstab für die Orientierung der Haushaltswirtschaft zur Sicherung der dauernden Leistungsfähigkeit und stetigen Aufgabenerfüllung dar, der gleichzeitig dem Schutz zukünftiger Generationen dient. So sollen sich der Zuwachs und der Abgang von Ressourcen die Waage halten.

> **§ 110 IV 1 und 2 NKomVG** formulieren einen weiteren zentralen allgemeinen Haushaltsgrundsatz:
> (4) [1]Der Haushalt soll in jedem Haushaltsjahr in Planung und Rechnung ausgeglichen sein. [2]Er ist ausgeglichen, wenn der Gesamtbetrag der ordentlichen Erträge mindestens dem Gesamtbetrag der ordentlichen Aufwendungen und der Gesamtbetrag der außerordentlichen Erträge mindestens dem Gesamtbetrag der außerordentlichen Aufwendungen entspricht.

Die Formulierung »Haushalt« erfasst dabei nicht nur den durch die Haushalts- bzw. Nachtragshaushaltssatzung festgesetzten Haushaltsplan (genauer Ergebnishaushalt) einschließlich Nachtragshaushaltsplan, sondern entsprechend der Ergänzung »in Planung und Rechnung« auch seine Ausführung und seinen Abschluss. Die Formulierung als **Soll-Vorschrift** ist grundsätzlich so verbindlich wie eine Muss-Vorschrift, d. h. in der Regel ist die vorgesehene Rechtsfolge zu ziehen bzw. die gesetzliche Vorgabe anzuwenden. Nur wenn es besondere Umstände rechtfertigen, darf davon abgewichen werden.

Entscheidender Ausgangspunkt für den Haushaltsausgleich ist primär der **Ergebnishaushalt** wie auch die Ergebnisrechnung, welche die entscheidenden Planungs- und Rechengrößen beinhalten. Ziel ist im Kern, dass die entstehenden Aufwendungen im Haushaltsjahr durch entsprechend anfallende Erträge mindestens gedeckt werden. Hier wird die **Leitidee der »intergenerativen Gerechtigkeit«** deutlich, die besagt, dass eine Generation nicht mehr öffentliche Leistungen beanspruchen und damit den Ressourcenverbrauch der öffentlichen Verwaltung verursachen soll, als sie auch neue Vermögenswerte erwirtschaftet hat (sog. Ressourcenverbrauchskonzept).[8] Jede Generation soll die von ihr verbrauchten Ressourcen auch wieder ersetzen, so dass das von der Vorgänger-Generation erhaltene Vermögen uneingeschränkt der Nachfolger-Generation übergeben werden kann. Zukünftige Generationen dürfen nicht zu Lasten der gegenwärtigen Generation und die gegenwärtige Generation darf nicht zu Lasten der zukünftigen Generation beansprucht werden. Bezogen auf das Haushaltsjahr soll der konsumtiv verursachte Vermögensverzehr den Vermögenszugang grundsätzlich nicht übersteigen.
Um die künftigen haushaltswirtschaftlichen Grundlagen zu sichern, sowie spätere Generationen vor den Lasten der Verschuldung zu bewahren, sollten die kommunalen Entscheidungsträger also eine stärkere Ausrichtung auf die Nachhaltigkeit und damit auf den geforderten Haushaltsausgleich im Blick haben. Ein ausgeglichenes Ergebnis führt sodann im Haushaltsjahr regelmäßig zu einem Überschuss der Einzahlungen aus laufender Verwaltungstätigkeit über die Auszahlungen aus laufender Verwaltungstätigkeit, da nicht zahlungswirksame Aufwendungen (z. B. Abschreibungen, Rückstellungen) ganz oder in Teilen gedeckt werden. Dieser Zahlungsmittelüberschuss ist vorrangig zur Tilgung von Investitionskrediten und von Liquiditätskrediten einzusetzen oder anzusparen, um daraus in späteren Jahren z. B. Ersatzinvestitionen zu finanzieren. Über die Erwirtschaftung des zahlungsunwirksamen Werteverzehrs werden die finanziellen Voraussetzungen für eine Reinvestition nach Ablauf der betriebsgewöhnlichen Nutzungsdauer geschaffen und die Belastung durch die Investition wird nicht auf folgende Generationen verlagert.

Im Folgenden soll aus Sicht der Planung lediglich der **Haushaltsausgleich des ordentlichen Ergebnisses** betrachtet werden. Der Haushaltsausgleich des außerordentlichen Ergebnisses erfolgt quasi analog und wird hier nicht weiter erläutert.[9]

---

[8] Rose, Kommunales Haushaltsrecht Niedersachsen, Kiel 2022, bezeichnet Ressourcen als die zur Verfügung gestellten Geld-, Sach- oder Personalmittel für die Erfüllung einer Aufgabe bzw. die Erstellung eines Produktes oder einer Leistung.

[9] Weitere Vertiefungen sind der einschlägigen haushaltsrechtlichen Literatur zu entnehmen.

Wenn der Gesamtbetrag der ordentlichen Erträge nach der Planung insgesamt mindestens so hoch ist wie der Gesamtbetrag der ordentlichen Aufwendungen, dann ist der Haushalt ausgeglichen. Das Wort »mindestens« ist dabei ausschlaggebend. Ist der Gesamtbetrag der ordentlichen Erträge nach der Planung insgesamt höher als der Gesamtbetrag der ordentlichen Aufwendungen ergibt sich ein **Überschuss;** der Haushaltsausgleich ist gleichwohl erreicht. Ist der Gesamtbetrag der ordentlichen Erträge nach der Planung insgesamt niedriger als der Gesamtbetrag der ordentlichen Aufwendungen ergibt sich ein **Fehlbedarf** (voraussichtlicher Fehlbetrag) und der Haushaltsausgleich ist nicht erreicht.

Diese Gesamtsummen der ordentlichen Erträge und Aufwendungen sind direkt im Ergebnishaushalt darzustellen und abzulesen:

Auszug Muster 6 (Ergebnishaushalt):

12	**Summe ordentliche Erträge**	
	Ordentliche Aufwendungen	
13	Personalaufwendungen	
14	......	
19	Sonstige ordentliche Aufwendungen	
20	**Summe ordentliche Aufwendungen**	
21	**Ordentliches Ergebnis**	

In einer Gegenüberstellung der Summe der ordentlichen Erträge (Zeile 12) und der Summe der ordentlichen Aufwendungen (Zeile 20) stellt sich das ordentliche Ergebnis (Zeile 21) des Haushaltsausgleichs als ausgeglichen (Null bzw. positiver Wert) oder als nicht ausgeglichen (negativer Wert) dar. Das ordentliche Ergebnis wird auch in der Verordnung als zusätzlicher Ausweis gefordert.

§ 2 V KomHKVO regelt die Saldenbildung im Ergebnishaushalt:
(5) Im Ergebnishaushalt werden für jedes Haushaltsjahr zusätzlich ausgewiesen
Nr. 1: der Saldo aus der Summe der ordentlichen Erträge und der Summe der ordentlichen Aufwendungen als ordentliches Ergebnis, ...

Danach ist das ordentliche Ergebnis des Ergebnishaushalts aus der Summe der ordentlichen Erträge (Zeilen 1–11) abzüglich der Summe der ordentlichen Aufwendungen (Zeilen 13-19) zu ermitteln, so dass sich der Überschuss (positiver Wert) bzw. der Fehlbedarf (negativer Wert) für den Ergebnishaushalt an dem Saldo direkt in Zeile 21 ablesen lässt.
Auch in der Haushaltssatzung werden die ausgeglichenen oder nicht ausgeglichenen Gesamtsummen der ordentlichen Erträge und ordentlichen Aufwendungen sichtbar. Die Höhe des ordentlichen Überschusses oder ordentlichen Fehlbedarfs selbst ergibt sich gleichwohl erst durch einen weiteren Rechenschritt, d. h. einer Saldierung der ordentlichen Aufwendungen von den ordentlichen Erträgen.

Der Haushaltsausgleich kann allerdings durch verschiedene Faktoren, die sowohl die ordentliche Ertrags- als auch die ordentliche Aufwandseite betreffen können, auch im negativen Sinne aus dem Gleichgewicht geraten. So können Steuerausfälle, zu niedrige Beiträge und Gebühren, steigende Energie- und Personalkosten, steigende Unterhaltungsaufwendungen oder steigende Sachaufwendungen für kommunale Einrichtungen, erhöhte soziale Leistungen, neue Aufgabenfelder, Änderungen beim kommunalen Finanzausgleich o. ä. zu höheren Aufwendungen als Erträge führen. Andererseits müssen die Abschreibungen über die Erträge auch erwirtschaftet werden, damit am Ende der Nutzungszeit eine Wiederbeschaffung der abnutzbaren Vermögensgegenstände erfolgen kann. Da es in der Natur der Sache liegt, dass die kommunale Vermögensseite anlagenintensiv ist (Infrastrukturvermögen, Wasser- und Abwasserleitungen, Gebäude für Kindergärten, Schulen, Dorfgemeinschaftshäuser, Hallenbäder etc.), wird der Ausgleich des Ergebnishaushalts durch die Veranschlagung der Abschreibungen deutlich erschwert.

Die gewachsenen Strukturen und das sozioökonomische Umfeld erschweren also die Herbeiführung des Haushaltsausgleichs. Infolgedessen kann sodann trotz Einsparbemühungen und Ausschöpfung aller möglichen Erträge ein Fehlbedarf entstehen, d. h. die ordentlichen Erträge können die ordentlichen Aufwendungen nicht kompensieren und der geforderte Haushaltsausgleich wird unterlaufen. Der Haushaltsausgleich gilt dabei unter bestimmten Umständen nach einer Fiktion dennoch als erfüllt.

§ 110 V 1 NKomVG formuliert zur **Verpflichtung des Haushaltsausgleichs:**
(5) [1]Die Verpflichtung nach Absatz 4 Sätze 1 und 2 gilt als erfüllt, wenn
1. voraussichtliche Fehlbeträge im ordentlichen und im außerordentlichen Ergebnis mit Überschussrücklagen (§ 123 Abs. 1 Satz 1) verrechnet werden können oder ein voraussichtlicher Fehlbetrag im ordentlichen Ergebnis mit Überschüssen im außerordentlichen Ergebnis oder ein voraussichtlicher Fehlbetrag im außerordentlichen Ergebnis mit Überschüssen im ordentlichen Ergebnis gedeckt werden kann oder
2. nach der mittelfristigen Ergebnis- und Finanzplanung die vorgetragenen Fehlbeträge spätestens im zweiten dem Haushaltsjahr folgenden Jahr ausgeglichen werden können.

Auffällig ist, dass zunächst die Ergebnisspaltung zu beachten und das ordentliche und außerordentliche Ergebnis getrennt zu betrachten ist. Die Reihenfolge der Ausgleichsfiktion für voraussichtliche Fehlbeträge ist sodann wie folgt geregelt:
1. Haushaltsrückgriff auf vorhandene Überschussrücklagen des jeweiligen Ergebnisbereiches (Überschüsse der Vergangenheit) nach § 110 V 1 Nr. 1 NKomVG

Reichen die entsprechenden Überschussrücklagen nicht aus, entfällt die Ergebnisspaltung sodann:
2. Haushaltsübergriff auf Überschüsse des jeweils anderen Ergebnisbereiches nach § 110 V 1 Nr. 1 NKomVG (Überschüsse des Haushaltsjahres)
3. Haushaltsvorgriff auf Überschüsse des ersten Folgejahres nach § 110 V 1 Nr. 2 NKomVG
4. Haushaltsvorgriff auf Überschüsse des zweiten Folgejahres nach § 110 V 1 Nr. 2 NKomVG.

Wird in der Aufstellungsphase bei einem geplanten, unausgeglichenen Ergebnishaushalt noch von einem Fehlbedarf ausgegangen, so wird dieser in der Rechnungsphase bei einer tatsächlich unausgeglichenen Ergebnisrechnung als Fehlbetrag bezeichnet. Ein bereits bei der Planung voraussichtlicher Fehlbetrag ist nach der Haushaltsausgleichsfiktion also akzeptabel, wenn er nicht strukturbedingt ist, d. h. durch die gennannten Alternativen wieder abgebaut werden kann. Der strukturelle voraussichtliche Fehlbetrag ist dabei ein Defizit, welches in einem Haushaltsjahr neu entsteht. Erst wenn die genannten Alternativen zur Haushaltsausgleichsfiktion nicht greifen, muss ein **Haushaltssicherungskonzept** aufgestellt und von der Vertretung beschlossen werden.

§ 110 VIII 1 bis 3 NKomVG formulieren zum **Haushaltssicherungskonzept:**
(8) [1]Die Kommune hat ein Haushaltssicherungskonzept aufzustellen, wenn der Haushaltsausgleich nicht erreicht werden kann oder eine Überschuldung abgebaut oder eine drohende Überschuldung abgewendet werden muss. [2]In dem Haushaltssicherungskonzept ist festzulegen,
1. innerhalb welcher Zeiträume der Haushaltsausgleich sowie die Beseitigung der Überschuldung oder der drohenden Überschuldung erreicht,
2. wie der im Haushaltsplan ausgewiesene Fehlbetrag und die Verschuldung abgebaut und
3. wie das Entstehen eines neuen Fehlbetrages und einer zusätzlichen Verschuldung vermieden

werden sollen. [3]Das Haushaltssicherungskonzept ist spätestens mit der Haushaltssatzung zu beschließen und der Kommunalaufsichtsbehörde mit der Haushaltssatzung vorzulegen.

Als Ursache für einen voraussichtlichen Fehlbetrag wird durch die Praxis oft der Rückgang der Erträge aus Steuern, Steuerbeteiligungen und Finanzausgleichszuweisungen genannt. Ein unausgeglichener Ergebnisaushalt zehrt irgendwann die Nettoposition der Kommune auf, engt künftige Finanzspielräume ein und führt so zu einer geringeren Attraktivität im räumlichen Wettbewerb für potenzielle Zuwanderer. Bei der Beschreibung der vorgesehenen Möglichkeiten zur Beseitigung der entstandenen Fehlentwicklung im Haushaltssicherungskonzept sind alle Möglichkeiten der Ertragsverbesserung oder Aufwandsreduzierung zu überprüfen. Empfehlungen zum Abbau des ausgewiesenen Fehlbetrags sind unter Berücksichtigung der Zusammenhänge und Interdependenzen von Aufgaben, Zuständigkeiten und Finanzierungsmöglichkeiten festzulegen. Angesichts der systematischen Verknüpfung von Aufgabenerledigung und damit einhergehender Ressourcennutzung ist es jedoch schwierig, bei Streichungen oder Kürzungen einen politischen Konsens und umsetzbare Optimierungsfelder zu finden. Hinter jeder Aufwendung steckt auch eine Aufgabe, die dann unter Umständen nicht mehr im bisherigen Umfang oder überhaupt nicht mehr erfüllt werden kann. So kann insbesondere die Entwicklung der Sozialleistungen in ihrer Tendenz von den Kommunen nicht wesentlich beeinflusst werden. Einflussmöglichkeiten bieten sich hier höchstens hinsichtlich des Standards der Aufgabenerledigungen. Die freiwilligen Leistungen, die andererseits das größte Kürzungspotential bieten, sind detailliert aufzulisten und kritisch auf ihre Erforderlichkeit hin zu überprüfen. Jede Maßnahme, die eine Kommune zur Haushaltskonsolidierung treffen kann, wird die eigenen Bürger auf die eine oder andere Art belasten – entweder indirekt durch eine Verringerung des Leistungsangebotes oder direkt durch die Erhöhung von Steuern, Gebühren oder Beiträgen. Vor dem Hintergrund der notwendigen strategischen Maßnahmenplanung und der Wiedererlangung des Haushaltsausgleichs sind rechtliche Vorgaben, politische Zielsetzungen sowie gesellschaftliche Prioritäten sorgsam abzuwägen.

Vor dem Hintergrund der stetigen Aufgabenerfüllung, die eine dauernde Leistungsfähigkeit der Kommune voraussetzt, sowie des Abbaus von Fehlbetragen und der Vermeidung einer Überschuldung, hat das Haushaltssicherungskonzept damit eine besondere Bedeutung. Es dient zudem der Umsetzung der in § 110 II NKomVG normierten Grundsätze von Sparsamkeit und Wirtschaftlichkeit und ist erforderlich, um bei den betreffenden Kommunen eine geordnete Haushaltwirtschaft feststellen zu können.

Um eine nach § 110 VIII 3 NKomVG erforderliche Beurteilung der Haushaltssicherungskonzepte durch die Kommunalaufsichtsbehörde zu ermöglichen, werden in dem RdErl. d. MI vom 17.09.2019 (Nds. MBl. 2019 Nr. 38, S. 1368) Hinweise für die Aufstellung und inhaltliche Ausgestaltung von Haushaltssicherungskonzepten sowie von Haushaltssicherungsberichten (§ 110 VIII 4 NKomVG) gegeben, die hier zum Teil wiedergegeben werden:
Nach Punkt 2.1 des Runderlasses sind in dem Haushaltssicherungskonzept die Ausgangslage, die Ursachen der entstandenen Fehlentwicklung und deren vorgesehene Beseitigung zu beschreiben. Dazu gehören insbesondere auch Aussagen, wie das Entstehen neuer Fehlbeträge in zukünftigen Jahren vermieden werden kann. Das Haushaltssicherungskonzept soll die schnellstmögliche Wiedererlangung des Haushaltsausgleichs gewährleisten.
Nach Punkt 2.2 des o. g. Runderlasses sind die notwendigen Maßnahmen konkret und verbindlich zu beschreiben. Der genaue Umsetzungszeitpunkt, die Umsetzungsmethode und das bezifferte Konsolidierungsvolumen jeder Einzelmaßnahme ist zu benennen. Die Wirkungen dieser Maßnahmen dürfen nicht bereits in vorherigen Haushaltssicherungskonzepten berücksichtigt worden sein und dort für den Haushaltsausgleich gesorgt haben oder teilweise dazu herangezogen worden sein. Werden Maßnahmen aus Haushaltssicherungskonzepten früherer Jahre fortgeführt, ist auch zu verdeutlichen, ob und in welcher Höhe sich daraus zusätzliche Konsolidierungseffekte ergeben. Die finanziellen Auswirkungen der einzelnen Umsetzungsschritte sind im Hinblick auf die Erträge und Aufwendungen der Haushalte des Aufstellungsjahres und der Folgejahre festzulegen. Für die Darstellung der finanziellen Auswirkungen auf die mittelfristige Ergebnis- und Finanzplanung im Konsolidierungszeitraum ist zudem eine tabellarische Zusammenfassung vorgeschrieben. Dabei ist die Gesamtwirkung der Maßnahmen durch eine vergleichende Gegenüberstellung jeweils mit und ohne die beschriebenen Haushaltssicherungsmaßnahmen zu veranschaulichen.

Bei Haushaltssicherungskonzepten, die den Haushaltsausgleich zum Ziel haben, sind nach Punkt 2.3 des o. g. Runderlasses auf der Aufwandsseite alle nicht auf Gesetz beruhenden Leistungen detailliert aufzulisten, kritisch auf ihre Erforderlichkeit hin zu überprüfen und ggf. konsequent zu reduzieren. Auch bei pflichtigen Verwaltungsaufgaben ist zu prüfen, ob die Quantität und Qualität der Aufgabenwahrnehmung

noch gerechtfertigt ist und ob ggf. Aufwandssenkungen im Rahmen der gesetzlichen Vorschriften möglich sind. Aufwandserhöhungen im Bereich der nicht auf Gesetz beruhenden Leistungen sind einzeln darzustellen und zu begründen.
Alle Möglichkeiten der Ertragsverbesserung sind zu überprüfen. Hierbei sind insbesondere die Grundsätze der Finanzmittelbeschaffung nach § 111 NKomVG zu beachten. In diesem Zusammenhang ist ebenfalls die Angemessenheit der Benutzungsgebühren zu prüfen. Sofern die Aufwandssenkungen und die anderen Ertragssteigerungen in ihrer Gesamtwirkung nicht ausreichen, um den Haushaltsausgleich wiederherzustellen, ist auch eine Erhöhung des Steueraufkommens zu prüfen. Hierbei können die landesdurchschnittlichen Hebesätze der jeweiligen Gemeindegrößenklasse eine Orientierung bieten.
Ein bloßer Hinweis im Haushaltssicherungskonzept auf abstrakte Prüfungsaufträge genügt dabei nach Punkt 2.4 des o. g. Runderlasses nicht den besonderen Anforderungen des § 110 VIII NKomVG. Kann trotz Ausnutzung aller Sparmöglichkeiten und Ausschöpfung aller Ertragsmöglichkeiten der Haushaltsausgleich nicht erreicht werden, kann ein **pauschaler Konsolidierungsbeitrag** als Haushaltsverbesserung vorgesehen werden. Ergänzend zu den oben beschriebenen Maßnahmen kann eine **pauschale Minderung der Aufwandspositionen** unter Angabe der zu kürzenden Produktbereiche angegeben werden. Der pauschale Konsolidierungsbeitrag darf einen Betrag von 2 % der Summe der ordentlichen Aufwendungen nicht überschreiten. Er ist als Maßnahme in der tabellarischen Darstellung des Haushaltssicherungskonzepts für das Haushaltsjahr entsprechend anzugeben. Werden die pauschalen Konsolidierungsbeiträge nach der Darstellung im Haushaltssicherungsbericht nicht realisiert oder ist in der Haushaltsaufstellungsphase für das folgende Jahr absehbar, dass die pauschalen Konsolidierungsbeiträge nicht realisiert werden, so kann diese Maßnahme im folgenden Haushaltsjahr nicht genutzt werden.
Weitere Hinweise für ein Haushaltssicherungskonzept, mit dem eine drohende Überschuldung abgewendet werden soll oder für ein Haushaltssicherungskonzept bei bereits vorliegender Überschuldung, sind dem o. g. Runderlass zu entnehmen.

Ein Haushaltssicherungskonzept, dass innerhalb der in dem Runderlass genannten Zeiträume den Haushaltsausgleich nicht wiederherstellen kann und/oder den Abbau der Überschuldung oder die Vermeidung der Überschuldung nicht darstellt, genügt nach Punkt 2.8 des Runderlasses nicht den Voraussetzungen des § 110 VIII NKomVG. Erst mit Vorlage eines Haushaltssicherungskonzepts, das den Anforderungen dieser Hinweise entspricht, liegen die notwendigen Grundlagen vor, um im Rahmen der Entscheidung über die genehmigungspflichtigen Teile der Haushaltssatzung (insbesondere § 119 IV und § 120 II NKomVG) mindestens eine geordnete Haushaltswirtschaft feststellen zu können. Die Frist nach § 176 I 6 NKomVG beginnt grundsätzlich erst mit Vorlage eines hinreichenden Haushaltssicherungskonzepts. Wird ein Haushaltssicherungskonzept nicht vorgelegt oder entspricht es nicht den Anforderungen dieser Hinweise, so kommen statt einer Feststellung der Unvollständigkeit und einer Zurückweisung des Haushalts auch (Teil-)Versagungen oder Genehmigungen mit Nebenbestimmungen in Betracht. Legt eine Kommune in einem den formalen Anforderungen genügenden Haushaltssicherungskonzept dar, dass ein Haushaltsausgleich trotz entsprechender und fortgesetzter Anstrengungen nicht zu erreichen ist, kann die Kommunalaufsichtsbehörde dies bei ihrer Aufsichtsführung berücksichtigen.

Das Haushaltssicherungskonzept ist gemäß § 1 II Nr. 4 KomHKVO Anlage des Haushaltsplans. Aus der engen Verbindung zum Haushaltsplan und aus dem allgemeinen Grundsatz der Jährlichkeit des Haushalts ergibt sich die Notwendigkeit der jährlichen Fortschreibung (Neufestsetzung) und der erneuten Beschlussfassung durch die Vertretung (§ 58 I Nr. 9 NKomVG). Dies gilt nach Punkt 2.9 des o. g. Runderlasses auch dann, wenn inhaltliche Änderungen gegenüber dem Vorjahr nicht vorgenommen werden. Denn auch ein unausgeglichener Haushalt, der sich im Rahmen des Haushaltssicherungskonzepts des Vorjahres bewegt, verstößt gegen § 110 IV 1 NKomVG. Eine Verpflichtung zur Fortschreibung liegt ebenso vor, wenn auf der Grundlage des Haushaltssicherungskonzepts ein Haushaltsausgleich erreicht wird, aber eine Überschuldung droht oder weiterhin besteht.

Ein neu festgesetztes Haushaltssicherungskonzept soll auf dem bisherigen Konzept und den Ergebnissen des Vorjahres aufgebaut werden. Die jährliche Neufestsetzung ist so lange erforderlich, bis der formelle Ausgleich des Haushalts wieder erreicht, die drohende Überschuldung abgewendet oder die Überschuldung abgebaut ist.

§ 110 VIII 4 und 5 NKomVG formulieren zum **Haushaltssicherungsbericht:**
[4]Ist nach Satz 1 ein Haushaltssicherungskonzept aufzustellen und war dies bereits für das Vorjahr der Fall, so ist über den Erfolg der Haushaltssicherungsmaßnahmen ein Haushaltssicherungsbericht beizufügen. [5]Auf Anforderung der Kommunalaufsichtsbehörde hat die für die Rechnungsprüfung zuständige Stelle zu dem Haushaltssicherungsbericht Stellung zu nehmen.

Im Haushaltssicherungsbericht ist die Umsetzung der Haushaltssicherungskonzepte der vergangenen Jahre darzustellen. In dem o. g. RdErl. d. MI vom 17.09.2019 (Nds. MBl. 2019 Nr. 38, S. 1368) sind auch hierzu Vorgaben gemacht worden. So ist nach Punkt 2.7 des Runderlasses darzustellen, welche Maßnahmen umgesetzt wurden, welchen haushaltswirtschaftlichen Erfolg die jeweilige Maßnahme erbracht hat, welche Maßnahmen mit welcher Begründung nicht umgesetzt wurden, welche Kompensationsmaßnahmen dafür im Laufe des Jahres realisiert wurden und wie hoch das Konsolidierungsvolumen ausfällt.

Haushaltssicherungsberichte, die das Ziel des Haushaltsausgleichs und/oder den Abbau der Überschuldung jährlich hinausschieben, ohne dass die im Haushaltssicherungskonzept beschriebenen Maßnahmen umgesetzt werden, genügen nicht den Bedingungen für ein ausreichendes Haushaltssicherungsverfahren. Der Haushaltssicherungsbericht ist nach § 110 VIII 4 NKomVG zusammen mit dem aktuell zur Beschlussfassung anstehenden Haushaltssicherungskonzept der Vertretung und anschließend der Kommunalaufsichtsbehörde vorzulegen. Liegen zum Zeitpunkt der Beschlussfassung die Informationen über die Umsetzung des bisherigen Haushaltssicherungskonzepts nicht vollständig vor, ist auf der Grundlage von Zwischenergebnissen zu berichten.

Für den **Finanzhaushalt** ist hingegen nicht gefordert, dass die Einzahlungen den Auszahlungen mindestens entsprechen sollen.

§ 110 IV 3 NKomVG fordert für den Finanzhaushalt:
(4) [3]Daneben sind die Liquidität der Kommune sowie die Finanzierung ihrer Investitionen und Investitionsförderungsmaßnahmen sicherzustellen.

Es ist vielmehr lediglich sicherzustellen, dass die Kommune zu jeder Zeit ihren Zahlungsverpflichtungen termingerecht und vollständig nachkommen kann und dass die Deckungsmittel für die Investitionsfinanzierung rechtzeitig bereitstehen.

§ 60 KomHKVO enthält folgende Begriffsbestimmung:
Nr. 33 Liquidität:
die Fähigkeit der Kommune, zu jeder Zeit ihren Zahlungsverpflichtungen termingerecht und vollständig nachzukommen;

Es ist also sicherzustellen, dass der Kommunalkasse entsprechende Zahlungsmittel vorliegen oder sie durch zulässige Kreditaufnahmen beschaffen kann.

Auf einen Blick: Haushaltsausgleich
Der in **§ 110 IV NKomVG** geforderte **Grundsatz des Haushaltsausgleichs** bezieht sich auf die Planaufstellung wie auch auf die Planausführung. Er bezieht sich vorrangig auf den Ausgleich des Ergebnishaushalts und verlangt, dass der Gesamtbetrag der ordentlichen Erträge mindestens dem Gesamtbetrag der ordentlichen Aufwendungen entspricht. Gleiches gilt für den außerordentlichen Ergebnisbereich. Für den Finanzhaushalt ist kein Haushaltsausgleich der Einzahlungen und Auszahlungen vorgeschrieben.

2.6.4 Jährlichkeit

Für jedes Haushaltsjahr ist (nur) eine Haushaltssatzung zu beschließen.

> **§ 112 I NKomVG** fordert für die **Haushaltssatzung:**
> (1) Die Kommunen haben für jedes Haushaltsjahr eine Haushaltssatzung zu erlassen.

Diese Vorschrift verankert den **Grundsatz der Jährlichkeit** für die Aufstellung der Haushaltssatzung und des durch sie festgesetzten Haushaltsplans. Das Haushaltsjahr ist nach § 112 IV NKomVG das Kalenderjahr, soweit nicht für einzelne Bereiche durch Gesetz oder Verordnung etwas anderes bestimmt ist (z. B. Forst- oder Landwirtschaftsjahr mit abweichenden Haushaltsjahren). Hintergrund für diesen Grundsatz ist, dass die Haushaltsplanung regelmäßig für einen übersichtlichen Zeitraum erfolgen soll, um den Finanzbedarf möglichst exakt ermitteln zu können. Die jährlichen Planungs- und Abrechnungszeiträume erleichtern zudem die Kontrolle der Haushaltswirtschaft und unterstützen so die Kontrollfunktion des Haushaltsplans.

Eine Besonderheit stellt die Möglichkeit dar, einen **Doppelhaushalt** aufzustellen.

> **§ 112 III 2 NKomVG** ermöglicht für die **Haushaltssatzung:**
> (3) [2]Sie kann Festsetzungen für zwei Haushaltsjahre, nach Jahren getrennt, enthalten.

Werden in der Haushaltssatzung Festsetzungen für zwei Haushaltsjahre getroffen, so werden im Haushaltsplan nach § 7 KomHKVO die Erträge und Aufwendungen, die Einzahlungen und Auszahlungen und die Verpflichtungsermächtigungen für jedes der beiden Haushaltsjahre getrennt veranschlagt. Ein Doppelhaushalt beinhaltet damit Festsetzungen für zwei Haushaltsjahre in einer Haushaltssatzung bzw. in einem Haushaltsplan. Da die Festsetzungen nach Jahren getrennt (in zwei Spalten oder gesonderten Zeilen) erfolgen, stellt dieses keine Ausnahme zur Jährlichkeit dar.

> **Auf einen Blick: Jährlichkeit**
> Nach **§ 112 I NKomVG** haben die Kommunen für jedes Haushaltsjahr eine Haushaltssatzung zu erlassen. Hierdurch erfolgt die Haushaltsplanung jeweils regelmäßig für den Zeitraum des Kalenderjahres, wobei der jährliche Rhythmus die stetige Haushaltswirtschaft fördert. Auch beim Erlass von Festsetzungen für zwei Haushaltsjahre (Doppelhaushalt) wird dieser Jährlichkeitsgrundsatz nicht durchbrochen, da eine Trennung nach Haushaltsjahren erfolgt.

2.6.5 Haushaltseinheit

Wie zuvor dargestellt, haben die Kommunen hat für jedes Haushaltsjahr nach § 112 I NKomVG (nur) eine Haushaltssatzung zu erlassen. Entsprechend haben die Kommunen auch (nur) einen Haushaltsplan aufzustellen.

> **§ 113 I 1 NKomVG** (auszugsweise) fordert für den Haushaltsplan:
> (1) [1]Der Haushaltsplan enthält alle im Haushaltsjahr für die Erfüllung der Aufgaben der Kommune voraussichtlich ...

Nach der Formulierung im Singular (»Der Haushaltsplan...«) gibt es für die Planungen der verschiedenen mittelbewirtschaftenden Verwaltungsstellen nur einen einzigen Haushaltsplan je Kommune. Hintergrund für diesen Grundsatz ist, dass eine Zersplitterung der Planungen der einzelnen Organisationseinheiten in mehreren Haushaltsplänen nur zu mangelnder Transparenz führen würde. Neben- und Schattenhaushalte mit ausgegliederten Planungen werden vermieden, um die Finanzsituation nicht zu verschleiern. So sind alle Planwerte (Erträge und Aufwendungen, Ein- und Auszahlungen sowie Verpflichtungsermächtigungen) in diesem einen Haushaltsplan zu veranschlagen. Für die Abwicklung der Zahlungen der

Kommune entspricht diesem Grundsatz, dass diese von der Kommunalkasse (§ 126 NKomVG) als »Einheitskasse« durchgeführt werden.

§ 113 I 2 NKomVG regelt für Sonder- und Treuhandvermögen:
(1) [2]Die Vorschriften des Zweiten Abschnitts bleiben unberührt.

Im Zweiten Abschnitt des Achten Teils des NKomVG sind in § 130 bis § 135 NKomVG Vorschriften über Sondervermögen und Treuhandvermögen enthalten. Sondervermögen der Kommune ist z. B. in § 130 NKomVG gelistet und Treuhandvermögen in § 131 NKomVG näher erläutert. Für Eigenbetriebe, rechtlich selbständige Stiftungen, nicht unbedeutendes Treuhandvermögen, Eigengesellschaften etc. sind in einer Ausnahme zu dem Grundsatz der Haushaltseinheit z. B. besondere Haushaltspläne aufzustellen und Sonderrechnungen zu führen.

Auf einen Blick: Haushaltseinheit
Nach **§ 113 I 1 NKomVG** enthält der Haushaltsplan alle Planungsgrößen sowie Verpflichtungsermächtigungen. Danach sind alle im betrachteten Haushaltsjahr voraussichtlich anfallenden Erträge und eingehenden Einzahlungen, alle entstehenden Aufwendungen und zu leistenden Auszahlungen sowie alle notwendigen Verpflichtungsermächtigungen in einem Haushaltsplan auszuweisen. Das Einheitsprinzip soll insbesondere die Schaffung von Neben- bzw. Schattenhaushalten verhindern.

2.6.6 Vollständigkeit

Der **Grundsatz der Vollständigkeit** fordert, **alle** voraussichtlichen ergebnis- und zahlungswirksamen Finanzvorfälle im Haushaltsplan zu veranschlagen. Nur durch Aufnahme sämtlicher haushaltswirksamer Planungsgrößen kann der Haushaltsplan eine verlässliche und transparente Grundlage für die kommunale Haushaltswirtschaft darstellen.

§ 113 I 1 NKomVG formuliert zur Vollständigkeit des Haushaltsplans:
(1) [1]Der Haushaltsplan **enthält** alle im Haushaltsjahr für die Erfüllung der Aufgaben der Kommune voraussichtlich
1. anfallenden Erträge und eingehenden Einzahlungen,
2. entstehenden Aufwendungen und zu leistenden Auszahlungen und
3. notwendigen Verpflichtungsermächtigungen.

Diese Vorgabe für den Haushaltsplan gilt sowohl für die Gesamtebene wie auch für die Ebene der Teilhaushalte. Die Verpflichtungsermächtigungen sind neben der Darstellung des Gesamtbetrags in § 3 der Haushaltssatzung nach § 11 KomHKVO jedoch nur auf Teilfinanzhaushaltsebene, d. h. nicht im Finanzhaushalt, abzubilden. Entsprechend enthält nur Muster 8 C eine Spalte (Nr. 5) für Verpflichtungsermächtigungen. Hintergrund für diesen Grundsatz ist, dass unvollständige Haushaltspläne die finanzwirtschaftliche Situation verschleiern und ggf. zu fehlenden Ermächtigungsgrundlagen führen würden. Eine Beurteilung über den Stand und die Entwicklung der Haushaltswirtschaft ist nur möglich und aussagekräftig, wenn alle voraussichtlichen Planungsgrößen haushaltswirksam erfasst werden.

Ausnahmen zur Vollständigkeit

Außerhalb des Haushaltsplans dürfen grundsätzlich keine Ressourcenbewirtschaftungen bzw. Geldvorgänge behandelt werden. Es sind jedoch nicht alle Finanzvorfälle haushaltswirksam und damit im Haushaltsplan zu veranschlagen. Ausnahmen gibt es für haushaltsunwirksame Zahlungen.

§ 14 KomHKVO regelt mit den haushaltsunwirksamen Einzahlungen und Auszahlungen Ausnahmen zur Vollständigkeit: Im Haushaltsplan werden nicht veranschlagt

1. durchlaufende Zahlungen,
2. Zahlungen, die die Kommune auf Grund rechtlicher Vorschriften unmittelbar in den Haushalt eines anderen öffentlichen Aufgabenträgers zu buchen hat einschließlich der ihr zur Selbstbewirtschaftung zugewiesenen Zahlungsmittel,
3. Zahlungen, die die Kasse des endgültigen Trägers der Zahlungsverpflichtung oder eine andere Kasse, die unmittelbar mit dem endgültigen Träger der Zahlungsverpflichtung abrechnet, an Stelle der Kommunalkasse annimmt oder auszahlt, und
4. die Einzahlungen und Rückzahlungen aus der Aufnahme von Liquiditätskrediten und
5. die Einzahlungen, Auszahlungen und Rückzahlungen aus der Aufnahme von Krediten und Liquiditätskrediten nach § 111 Abs. 7 Satz 1 NKomVG.

In dieser Vorschrift ist mit den **haushaltsunwirksamen Zahlungen** eine Ausnahme zum Grundsatz der Vollständigkeit geregelt. Die gelisteten haushaltsunwirksamen Einzahlungen und Auszahlungen werden nicht in den Haushaltsplan aufgenommen.

§ 60 KomHKVO enthält folgende Begriffsbestimmung:
Nr. 13 durchlaufende Zahlungen:
Beträge, die für einen Dritten lediglich angenommen oder ausgezahlt werden;

Durchlaufende Zahlungen entstehen auf Veranlassung Dritter und werden durch die Kommune im Wege der Amtshilfe oder als Erfüllungsgehilfe lediglich in der Planausführung bearbeitet und dokumentiert, ohne jedoch eigene Entscheidungsmöglichkeiten auf die Verwendung der Gelder zu besitzen. Bei den Sachverhalten sind mindestens drei Personengruppen betroffen: z. B. erstens ein Bürger, der eine Zahlung leistet, zweitens die Kommune, die die Zahlung des Bürgers annimmt, und drittens eine weitere außerhalb der Kommunalverwaltung stehende Person oder Einrichtung (z. B. eine Firma, ein Verein oder die Kirchen), an welche die Zahlung durch die Kommune weitergeleitet wird. Durchlaufende Zahlungen stellen in der Kommune damit lediglich Kassenvorgänge dar, so dass sie in der Planaufstellung unberücksichtigt bleiben.

Auch die Einzahlungen und Rückzahlungen aus der Aufnahme von Liquiditätskrediten werden nicht im Finanzhaushalt, sondern lediglich in der Zahlungsabwicklung gesondert erfasst. Der Höchstbetrag der Liquiditätskredite ist zudem in § 4 der örtlichen Haushaltssatzung festgesetzt.

Haushaltsunwirksame Zahlungen werden im Haushalt, d. h. in der Planungsphase zwar vernachlässigt, als Zahlung in der Kasse, d. h. in der Bewirtschaftungsphase gleichwohl gesondert behandelt. So werden sie auf der empfohlenen Kontengruppe 67 (haushaltsunwirksame Einzahlungen) und 77 (haushaltsunwirksame Auszahlungen) gebucht, d. h. gemäß § 42 II 3 KomHKVO in der Zahlungsabwicklung gesondert erfasst.

Beispiel:
Ausnahmen zum Grundsatz der Vollständigkeit

Sachverhalt:
Die gemeindlichen Vollstreckungsbeamten zahlen bei der Stadtkasse 2.000 Euro aus Einziehungsaufträgen anderer Kommunen für rückständige Ausleihgebühren ein. Der Kassenleiter bittet um Aufnahme in den Haushaltsplan.

Lösung:
Der Haushaltsplan enthält nach dem Grundsatz der Vollständigkeit nach § 113 I 1 NKomVG grundsätzlich alle haushaltswirksamen Finanzvorfälle, die für die Erfüllung der Aufgaben der Kommune entstehen.
Hier liegt jedoch eine durchlaufende Zahlung nach § 14 Nr. 1 KomHKVO i. V. m. § 60 Nr. 13 KomHKVO vor. Der Umgang mit den Beträgen erfolgt auf Veranlassung Dritter. Die Ausleihgebühren werden für andere Kommunen als Dritte lediglich angenommen und an diese weitergeleitet, d. h. über kommunale Girokonten abgewickelt. Sie berühren gleichwohl nicht die Aufgabenerfüllung der Kommune und entziehen sich der Etathoheit der Vertretung. Obgleich die Kommune die Finanzvorfälle zu bearbeiten und zu dokumentieren hat, sind sie als haushaltsunwirksame Zahlungen nicht im Haushaltsplan zu veranschlagen.

Auf einen Blick: Vollständigkeit

Der **Grundsatz der Vollständigkeit** in **§ 113 I 1 NKomVG** erfordert es, alle im Haushaltsjahr für die Aufgabenerfüllung voraussichtlichen Planungsgrößen, die den Bestand der Nettoposition oder den Bestand der liquiden Mittel verändern, im Haushaltsplan zu veranschlagen. Es sind sämtliche haushaltswirksame voraussichtlich anfallende Erträge, entstehende Aufwendungen, eingehende Einzahlungen und zu leistende Auszahlungen in den Haushaltsplan aufzunehmen. Auch notwendige Verpflichtungsermächtigungen, die zu investiven Auszahlungen in künftigen Haushaltsjahren führen, sind zu veranschlagen.

Ausnahmen dieses Grundsatzes ergeben sich durch **§ 14 KomHKVO. Haushaltsunwirksame Einzahlungen und Auszahlungen** werden danach nicht im Haushaltsplan veranschlagt.

2.6.7 Bruttoprinzip

Der **Grundsatz des Bruttoprinzips** schreibt vor, dass im Ergebnishaushalt die Erträge von den Aufwendungen bzw. im Finanzhaushalt die Einzahlungen von den Auszahlungen zu trennen sind. Die Planungsgrößen sind jeweils in voller Höhe und getrennt voneinander, d. h. in unterschiedlichen Konten, also auch in unterschiedlichen Haushaltspositionen, aufzunehmen.

§ 10 I KomHKVO formuliert zum Bruttoprinzip für die Veranschlagung und Ansatzermittlung:
(1) Die Erträge, Aufwendungen, Einzahlungen und Auszahlungen werden **in voller Höhe und getrennt voneinander** veranschlagt, soweit in dieser Verordnung nichts anderes bestimmt ist.

Die Überschrift der Vorschrift verdeutlicht, dass Aussagen zu der Veranschlagung und der Ansatzermittlung gegeben werden, d. h. dass hier Grundsätze für die Planaufstellung sowohl des Ergebnis- als auch des Finanzhaushalts und auch der Teilhaushalte geregelt werden. Danach dürfen die Erträge im Ergebnishaushalt weder von den Aufwendungen vorweg abgezogen noch angerechnet werden. Auch gleich hohe Erträge dürfen nicht mit gleich hohen Aufwendungen in der Weise verrechnet werden, dass eine Veranschlagung unterbleibt. Gleiches gilt für die Einzahlungen und Auszahlungen im Finanzhaushalt. Auch wenn ein Händler im Außenverhältnis auf seiner Rechnung einen verrechneten Betrag ausweist, hat eine Aufrechnung der Ergebnis- und Zahlungsgrößen im Innenverhältnis der Kommune gänzlich zu unterbleiben. Hintergrund für diesen Grundsatz ist, dass durch eine Saldierung der Finanzvorfälle vor ihrer Veranschlagung der Umfang und die Übersicht über das tatsächliche Ressourcenaufkommen und den Ressourcenverbrauch bzw. der Zahlungsströme beeinträchtigt, wenn nicht sogar verloren gehen würde.

Rabatt und Skonto sind gleichwohl auszunutzen. Eingeräumte Rabatte oder Skonti stellen als Preisnachlässe keine Erträge oder Einzahlungen, d. h. auch keine Ausnahme vom Bruttoprinzip, dar.

§ 47 II 3 KomHKVO regelt für die Wertansätze für Vermögensgegenstände:
(2) [3]Minderungen des Anschaffungspreises werden abgesetzt.

Rabatt und Skonto werden in diesem Sinne sowohl im Bereich der laufenden wie auch im Bereich der investiven Verwaltungstätigkeit als Minderung des Anschaffungspreises abgesetzt. Sofern die Minderung bereits bei der Planaufstellung bekannt ist, ist vor dem Hintergrund der durch § 110 II NKomVG geforderten Sparsamkeit und Wirtschaftlichkeit bereits der geminderte Anschaffungspreis zu veranschlagen.

Beispiel:
Grundsatz des Bruttoprinzips

Sachverhalt:
Die Kommune plant für die Stadtbücherei eine Aufstockung der audiovisuellen Medien (einzeln unter 1.000 Euro netto) und berechnet einen Haushaltsansatz von 1.800 Euro. Sie erhält gleichzeitig einen Zuwendungsbescheid, wonach das Projekt mit 50 % vom Land mit finanziert wird. Der Fachdienst äußert per Mittelanmeldung den Wunsch, die Zuwendung bei der Ansatzer-

HAUSHALTSPLANUNG UND -BEWIRTSCHAFTUNG

mittlung direkt mindernd zu berücksichtigen und für die Anschaffung der Medien ein entsprechendes Aufwendungs- und Auszahlungskonto mit einem Ansatz von 900 Euro zu veranschlagen.

Lösung:
Die Kommune muss für die Maßnahme zwar nur 900 Euro an Eigenmitteln aufbringen. Nach dem Grundsatz des Bruttoprinzips nach § 10 I KomHKVO dürfen die Aufwendungen und Auszahlungen (Audiovisuelle Medien) gleichwohl nicht vorweg um die Erträge und Einzahlungen (Zuwendung vom Land) gekürzt werden. Der Finanzvorfall ist in vollem Umfang zu veranschlagen. Die Umsätze von Büchereien der Gemeinden oder der Gemeindeverbände sind nach § 4 Nr. 20 a UStG steuerfrei.

Im Ergebnishaushalt sind 1.800 Euro als Aufwendungen und 900 Euro als Erträge zu veranschlagen. Im Finanzhaushalt sind 1.800 Euro als Auszahlungen der laufenden Verwaltungstätigkeit und 900 Euro als Einzahlungen der laufenden Verwaltungstätigkeit zu veranschlagen.

Ausnahmen zum Bruttoprinzip

Der Grundsatz des Bruttoprinzips steht nach § 10 I Hs. 2 KomHKVO unter dem Vorbehalt, dass in der KomHKVO »nichts anderes bestimmt ist«, verweist also auf die Möglichkeit anderer Bestimmungen in der Verordnung. Hierzu zählt als Ausnahme die **Absetzungspflicht von Rückzahlungen nach § 29 KomHKVO**.

§ 29 I bis II KomHKVO formulieren die Ausnahmen zum Bruttoprinzip in der Planausführung:
(1) Die Rückzahlung zuviel eingegangener Erträge und Einzahlungen wird bei den entsprechenden Buchungsstellen abgesetzt.
(2) [1]Die Rückzahlung zuviel ausgezahlter Aufwendungen und Auszahlungen wird bei den entsprechenden Buchungsstellen abgesetzt. [2]Entsprechendes gilt bei der Rückzahlung von Investitionszuwendungen.

Die hier vorgeschriebene Absetzung der Rückzahlungen betrifft die Rechnungsebene. So erfolgt die Rückzahlung in der Ausführungsphase jeweils als entgegengesetzte Buchung, die im Saldo bei den entsprechenden Buchungsstellen die Überzahlung ausgleicht. Es besteht gleichwohl auch für die Planungsebene eine entsprechende Regelung.

§ 29 III KomHKVO regelt die Anwendung der Ausnahmen zum Bruttoprinzip für die Planaufstellung:
(3) Bei der Veranschlagung sind zu erwartende Rückzahlungen entsprechend den Absätzen 1 und 2 zu berücksichtigen.

Auch für die Planungsphase ist eine Absetzung vorgesehen, so dass bei einer erwarteten Rückzahlung bei der entsprechenden Buchungsstelle nur der saldierte Wert veranschlagt wird. Hierüber wird sichergestellt, dass im Haushaltsplan nur der Betrag aufgenommen wird, der voraussichtlich zum Ende des Haushaltsjahres im Jahresabschluss auch als Rechnungsergebnis nachgewiesen wird.

Es kann vorkommen, dass sich das Erfordernis der Rückzahlung erst in späteren Haushaltsjahren ergibt. Da diese Vorgänge im Rahmen der Verwaltungstätigkeit regelmäßig anfallen und keine besonderen Ereignisse darstellen, sind auch diese Rückzahlungen bei den entsprechenden Buchungsstellen, d. h. im ordentlichen Ergebnis nachzuweisen. Rückzahlungen aus Überzahlungen aus Vorjahren sind damit zwar periodenfremd, aber nicht im außerordentlichen Ergebnis nachzuweisen, so dass jegliche Periodenabgrenzung aufgehoben wird. Die Absetzungspflicht gilt demnach nicht nur für Rückzahlungen innerhalb des Haushaltsjahres, sondern auch dann, wenn sich die Rückzahlungen auf Finanzvorfälle aus Vorjahren beziehen.

Beispiel:
Ausnahmen zum Grundsatz des Bruttoprinzips

Sachverhalt:
Im Haushaltsplanentwurf ist die Grundsteuer B mit einem Ansatz in Höhe von 1.800.000 Euro enthalten. Aufgrund einer Überprüfung eines Steuerfalles wird festgestellt, dass die Kommune eine im Vorjahr zuviel eingezahlte Grundsteuer B von 200 Euro an

einen Bürger zurückzuzahlen hat. Der Fachdienst äußert per Mittelanmeldung den Wunsch, hierfür ein entsprechendes Aufwendungs- und Auszahlungskonto zu veranschlagen.

Lösung:
Grundsätzlich sind die Finanzvorfälle nach dem Bruttoprinzip getrennt voneinander zu veranschlagen, d. h. eine Verrechnung ist nicht statthaft. § 10 I KomHKVO lässt durch die Formulierung »... soweit in dieser Verordnung nichts anderes bestimmt ist« jedoch eine Ausnahme zu.

Hier ist § 29 I und III KomHKVO einschlägig.
Das Tatbestandsmerkmal »Rückzahlung« ist erfüllt, da die Grundsteuer B (sog. Abgabe nach § 1 NKAG) an den ursprünglichen Einzahler zurückzuzahlen ist. Auch das Tatbestandsmerkmal »zuviel eingegangener Erträge und Einzahlungen« ist mit einem Betrag von 200 Euro erfüllt.
Die Rechtsfolge »wird bei den entsprechenden Buchungsstellen abgesetzt« bedeutet, dass der ursprünglich für die Grundsteuer B geschätzte Haushaltsansatz von 1.800.000 Euro um 200 Euro zu reduzieren ist. Ein Ermessen ist nicht eröffnet. Diese Rechtsfolge gilt entsprechend für die Veranschlagung. In der Planaufstellung wird also kein Aufwendungs- und Auszahlungskonto benötigt, da eine Absetzung zu erfolgen hat (Ertrags- und Einzahlungsansatz: 1.799.800 Euro).

Auf einen Blick: Bruttoprinzip
Der **Grundsatz des Bruttoprinzips** in **§ 10 I KomHKVO** erfordert es, die jeweiligen Planungs- und Rechengrößen »Erträge und Aufwendungen« sowie »Einzahlungen und Auszahlungen« voneinander zu trennen. Diese Trennung fördert den Vergleich der für die Aufgabenerfüllung erforderlichen Haushaltsmittel mit den zur Verfügung stehenden Deckungsmitteln. Nur so kann der tatsächliche Umfang des Finanzvorfalles wie auch der korrekte Anschaffungs- und Herstellungswert nachgehalten werden. Zudem ermöglicht dieser Grundsatz die von der Vertretung, der Verwaltung und der Öffentlichkeit gewünschte Transparenz des Haushaltsplans.

Ausnahmen dieses Grundsatzes ergeben sich durch **§ 29 KomHKVO. Rückzahlungen** sind danach sowohl in der Planausführung wie auch in der Planaufstellung bei den ursprünglichen Buchungsstellen abzusetzen.

2.6.8 Periodengerechtigkeit

Nach welchem zeitlichen Kriterium die Planungsgrößen im Ergebnishaushalt zu veranschlagen sind, ist zunächst in dem NKomVG geregelt. Danach gilt sowohl für den Ergebnishaushalt wie auch für die Teilergebnishaushalte der **Grundsatz der Periodisierung bzw. der Periodengerechtigkeit.**

§ 113 I 1 NKomVG regelt zum Inhalt des Haushaltsplans:
(1) [1]Der Haushaltsplan enthält alle im Haushaltsjahr für die Erfüllung der Aufgaben der Kommune voraussichtlich
1. anfallenden Erträge und eingehenden Einzahlungen,
2. entstehenden Aufwendungen und zu leistenden Auszahlungen und
3. notwendigen Verpflichtungsermächtigungen.

Im Ergebnishaushalt sind die *anfallenden* Erträge und die *entstehenden* Aufwendungen zu veranschlagen, wobei die Adjektive bereits ein erstes Indiz für die vorzunehmende ergebniswirksame Zuordnung darstellen. Das Zuordnungsprinzip wird in der KomHKVO noch genauer präzisiert.

§ 10 II 1 KomHKVO formuliert zum Grundsatz der **Periodengerechtigkeit** genauer:
(2) [1]Die Erträge und Aufwendungen werden in ihrer voraussichtlichen Höhe in dem Haushaltsjahr veranschlagt, dem sie wirtschaftlich zuzurechnen sind.

An der Entwicklung der durch Erträge und Aufwendungen veränderten Nettoposition lässt sich feststellen, ob die Kommune nachhaltig wirtschaftet oder von der Substanz lebt. Um das Ergebnis **periodengerecht** abzubilden, ist es entscheidend, welchem Haushaltsjahr ein Finanzvorfall wirtschaftlich zuzurechnen ist. Für die Planung der Ergebnisgrößen ist demnach der Zeitpunkt der wirtschaftlichen Verursachung relevant und es ist auf die Entstehung, Umwandlung oder Auflösung eines wirtschaftlichen Wertes abzustellen. Dieser geht i. d. R. mit dem Zeitpunkt bzw. Zeitraum des Leitungsaustauschs einher.

Dabei richtet sich die Veranschlagung der **Erträge** danach, wie viel im Haushaltsjahr durch die Leistungserstellung zum Wertezuwachs des Haushaltsjahres voraussichtlich beigetragen wird. Je nach Wertezuwächse für Güter und Dienstleistungen ist anteilig auf die Monate des Haushaltsjahres abzugrenzen. Die Veranschlagung der **Aufwendungen** richtet sich danach, wie viel im Haushaltsjahr für die Leistungserstellung zum Werteverzehr des Haushaltsjahres voraussichtlich aufgewendet wird. Sollte für einen Finanzvorfall z. B. eine Abrechnung erfolgen, die nicht dem Haushaltsjahr entspricht, ist eine haushaltsjahrbezogene Aufteilung vorzunehmen. Je nach Verbrauch oder Abnutzung von Gütern und die Inanspruchnahme von Dienstleistungen ist auch hier anteilig auf die Monate des Haushaltsjahres abzugrenzen. Für die Veranschlagung der Planungsgrößen im Ergebnishaushalt ist demnach der Zeitraum entscheidend, in dem die Verwaltungstätigkeit, die das Ressourcenaufkommen bzw. den Ressourcenverbrauch verursacht, voraussichtlich anfällt bzw. entsteht. Auf den Zahlungszeitpunkt eines ergebniswirksamen Finanzvorfalles kommt es nicht an.

Da das Haushaltsrecht gemäß § 112 I und IV NKomVG auf das Kalenderjahr abstellt, erfolgt die Periodisierung im kommunalen Haushalt jahresbezogen. Hintergrund für dieses Periodisierungsprinzip ist, dass sich die Ergebnisermittlung verursachungsgerecht auf das jeweilige Haushaltsjahr beziehen soll und dadurch die o. g. intergenerative Gerechtigkeit - vereinfacht verstanden als Vermögenserhaltung - unterstützt werden kann. Die zeitliche Abgrenzung mit dem Ziel der periodengerechten, also zeitraumrichtigen, Ergebnisermittlung steht in engem Zusammenhang mit der Rechnungsabgrenzung, d. h. den transitorischen oder antizipativen Posten, die im speziellen Teil der Buchführung näher erläutert werden.

Auf einen Blick: Periodengerechtigkeit

Der **Grundsatz der Periodengerechtigkeit** nach **§ 113 I 1 NKomVG i. V. m. § 10 II 1 KomHKVO** erfordert es, die Erträge und Aufwendungen in ihrer voraussichtlichen Höhe in dem Haushaltsjahr zu veranschlagen, dem sie wirtschaftlich zuzurechnen sind. Bei der Frage, welchem Haushaltsjahr die leistungsbezogenen anfallenden Erträge und entstehenden Aufwendungen zuzuordnen sind, ist ausschließlich der Zeitpunkt der wirtschaftlichen Verursachung relevant. Der Zeitpunkt der damit verbundenen Zahlungsvorgänge ist für die ergebniswirksame Veranschlagung irrelevant.

2.6.9 Kassenwirksamkeit

Nach welchem zeitlichen Kriterium die Planungsgrößen im Finanzhaushalt zu veranschlagen sind, ist zunächst in dem NKomVG geregelt. Danach gilt sowohl für den Finanzhaushalt wie auch für die Teilfinanzhaushalte der **Grundsatz der Kassenwirksamkeit**.

§ 113 I 1 NKomVG regelt zum Inhalt des Haushaltsplans:
(1) [1]Der Haushaltsplan enthält alle im Haushaltsjahr für die Erfüllung der Aufgaben der Kommune voraussichtlich
1. anfallenden Erträge und eingehenden Einzahlungen,
2. entstehenden Aufwendungen und zu leistenden Auszahlungen und
3. notwendigen Verpflichtungsermächtigungen.

Im Finanzhaushalt sind die *eingehenden* Einzahlungen und die *zu leistenden A*uszahlungen zu veranschlagen, wobei die Adjektive bereits ein erstes Indiz für die vorzunehmende zahlungswirksame Zuordnung darstellen. Das Zuordnungsprinzip wird in der KomHKVO noch genauer präzisiert.

§ 10 II 2 KomHKVO formuliert zum Grundsatz der **Kassenwirksamkeit** genauer:
(2) [2]Die Einzahlungen und Auszahlungen werden in Höhe der im Haushaltsjahr voraussichtlich eingehenden oder zu leistenden Beträge veranschlagt.

Dabei richtet sich die Veranschlagung der **Einzahlungen** danach, in welcher Höhe mit dem Zufluss von Bar- und Buchgeld im Haushaltsjahr voraussichtlich zu rechnen sein wird. Die Veranschlagung der **Aus-**

zahlungen richtet sich danach, in welcher Höhe mit dem Abfluss von Bar- und Buchgeld im Haushaltsjahr voraussichtlich zu rechnen sein wird. Für die Veranschlagung der Planungsgrößen im Finanzhaushalt ist der Zahlungszeitpunkt entscheidend, in dem die Einzahlungen voraussichtlich eingehen und die Auszahlungen voraussichtlich zu leisten sind. Auf den Zeitpunkt der wirtschaftlichen Verursachung eines Zahlungsvorganges kommt es nicht an. Auch bei mehrjährigen Investitionen ist nur das im Haushaltsjahr erforderliche Auszahlungsvolumen zu veranschlagen. Hintergrund für dieses Kassenwirksamkeitsprinzip ist, dass der Finanzhaushalt lediglich liquiditätsorientiert aufgebaut ist. So werden die Zahlungsgrößen je nach dem Zeitpunkt der Änderung der liquiden Mittel dargestellt.

Auf einen Blick: Kassenwirksamkeit

Der **Grundsatz der der Kassenwirksamkeit** nach **§ 113 I 1 NKomVG i.V.m. § 10 II 2 KomHKVO** erfordert es, die Einzahlungen in Höhe der im Haushaltsjahr voraussichtlich eingehenden und die Auszahlungen in Höhe der im Haushaltsjahr voraussichtlich zu leistenden Beträge zu veranschlagen. Bei der Frage, in welcher Höhe die Einzahlungen und Auszahlungen im Haushaltsjahr eingehen und zu leisten sind, ist ausschließlich der Zeitpunkt der Zahlungswirksamkeit relevant. Der Zeitpunkt der wirtschaftlichen Verursachung ist für die zahlungswirksame Veranschlagung irrelevant.

Beispiel:
Anwendung der Zuordnungsprinzipien

Sachverhalt:

Die Kommune möchte ab dem 01.08. des Haushaltsjahres eine Lagerhalle für monatlich 1.000 Euro anmieten. Die Jahresmiete ist bereits im Voraus, d. h. im Juli des Haushaltsjahres, zu entrichten.

Lösung:

Nach dem Grundsatz der Periodengerechtigkeit nach § 113 I 1 NKomVG und § 10 II 1 KomHKVO werden die entstehenden Aufwendungen je nach wirtschaftlicher Ursache veranschlagt. Dem Haushaltsjahr ist die Anmietung von August bis Dezember (fünf Monate * 1.000 Euro) wirtschaftlich zuzurechnen.
Nach dem Grundsatz der Kassenwirksamkeit nach § 113 I 1 NKomVG und § 10 II 2 KomHKVO werden die zu leistenden Auszahlungen je nach Zahlungszeitpunkt veranschlagt. Im Haushaltsjahr sind zu leistende Beträge in Höhe von 12.000 Euro (Zahlungsabfluss vorschüssig für zwölf Monate) zu veranschlagen.

Im Ergebnishaushalt sind 5.000 Euro als Aufwendungen zu veranschlagen. Im Finanzhaushalt sind 12.000 Euro als Auszahlungen der laufenden Verwaltungstätigkeit zu veranschlagen.

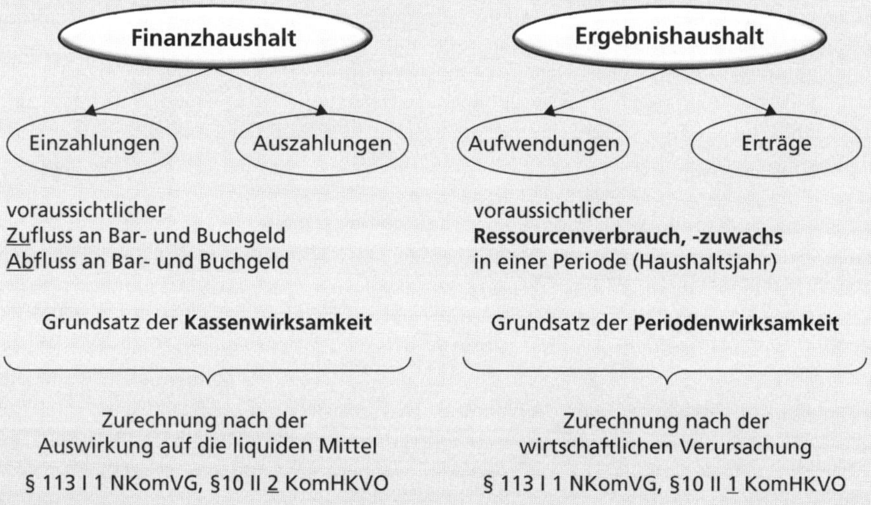

Abbildung 18: Zuordnungsprinzipien der Haushalte

2.6.10 Einzelveranschlagung

Nach der Bruttoveranschlagung werden die Erträge und Aufwendungen sowie die Einzahlungen und Auszahlungen *voneinander* getrennt. Nach der Einzelveranschlagung hingegen werden die Planungsgrößen jeweils *untereinander* getrennt, d. h. der Ertrag für Hundesteuer ist vom Ertrag für Grundsteuer und der Aufwand für Mieten und Pachten ist vom Aufwand für die Haltung von Fahrzeugen etc. zu trennen. Hintergrund für diesen Grundsatz ist, dass die Planung und Bewirtschaftung so zu einer sachlichen Spezifizierung und damit zur Transparenz beitragen kann. So sind für die Erträge und Einzahlungen jeweils nach ihrem **Entstehungsgrund** und für die Aufwendungen und Auszahlungen jeweils nach ihrem **Verwendungszweck** einzelne Konten vorgesehen. Wird der verbindliche Kontenrahmen sodann beachtet, kann es keinen Verstoß gegen diesen Grundsatz geben. Der Kontenrahmen ist nach § 4 II KomHKVO durch die Landesstatistikbehörde verbindlich festgelegt und in diesem sind die Konten bereits je nach sachlicher Zugehörigkeit einzeln vorgegeben.

In dem Kontenrahmen spiegeln sich in den Kontenklassen 6 und 7 (Ein- und Auszahlungen) die zuvor im Finanzhaushalt vorgestellten drei Ursachenbereiche: die laufende Verwaltungstätigkeit, die Investitionstätigkeit und die Finanzierungstätigkeit. Die Zahlungsgrößen der laufenden Verwaltungstätigkeit sind dabei in einer Eins-zu-Eins-Beziehung mit Ergebnisgrößen (Aufwendungen und Erträge) verknüpft, welches der buchhalterischen Betrachtung entspricht. Bei einem verhängten Bußgeld entstehen Forderungen. Ein anderer Posten auf der Aktivseite der Bilanz ist zunächst nicht betroffen, so dass die Nettoposition steigt und Erträge anfallen. Wird die Forderung beglichen, werden die liquiden Mittel verändert und es gehen Einzahlungen ein.

Erträge (Kontenklasse 3) sind also mit Einzahlungen (KGr. 60 bis 67) verbunden und Aufwendungen (Kontenklasse 4) sind mit Auszahlungen (KGr. 70 bis 77) verbunden, d.h. es ist jeweils ein Pendant vorhanden. Erträge entsprechen den Einzahlungen der laufenden Verwaltungstätigkeit und Aufwendungen entsprechen den Auszahlungen der laufenden Verwaltungstätigkeit. Die Kontensystematik bildet dieses ab, denn es unterscheidet sich lediglich die erste Ziffer, die die Kontenklasse bezeichnet und die weiteren Ziffern sind identisch.

Um eine Kontierung zu bestimmen fällt also keine doppelte Arbeit an und es kann die »**Dreier-Regel**« angewendet werden: Ergebniskonten referenzieren (durch Addition von drei Punkten auf die erste Ziffer) auf die Finanzkonten: Kontenklasse 3 für Erträge + 3 (Addition von drei Punkten auf die Kontenklasse) ergibt die Kontenklasse 6 für Einzahlungen. Dieses ist auch umgekehrt (Subtraktion) möglich: Einzahlungen mit der Kontenklasse 6 – 3 (Subtraktion von drei Punkten auf die Kontenklasse) ergeben die Kontenklasse 3 für Erträge.

Im Ursachenbereich der investiven Tätigkeit greift diese Regel (mit einem Austausch der ersten Ziffer) nicht. Schließlich steigt bei einem Kauf eines Fahrzeuges das Sachvermögen und die liquiden Mittel sinken. Das Sachvermögen wird als aktives Bestandskonto geführt, welches für die Planung nicht weiter in Erscheinung tritt und lediglich für die Buchhaltung relevant ist. Für den Erwerb ist lediglich die investive Auszahlung zu planen. Da die Planung sich andererseits über ein Kalenderjahr erstreckt und nicht nur den Anschaffungszeitpunkt erfasst, sind die Wertminderungen bei abnutzbaren Vermögensgegenständen zugleich über Abschreibungen zu planen. Auch im Ursachenbereich der Finanzierungstätigkeit greift die Regel nicht. Einer Einzahlung aus einer Kreditaufnahme steht ein passives Bestandskonto (Verbindlichkeiten aus Kreditaufnahmen) gegenüber, so dass die Zahlungsgrößen nicht direkt mit Ergebnisgrößen verbunden sind.

Werden die Konten noch einzeln geplant, so sind sie gleichwohl nicht einzeln in dem Haushaltsplan abgebildet. Eine derartig ausdifferenzierte Plandarstellung ist durch die lt. Ausführungserlass 2017 verbindlichen Muster nicht gefordert. Die Ergebnis- und Zahlungskonten, d. h. die **Produkt-Konten** mit Angabe der Produktnummer, der Kontonummer und des Teilhaushalts sowie der Bezeichnung des Kontos, sind zwar nach ihrer sachlichen Zugehörigkeit einzeln zu planen und zu bewirtschaften. Im Ergebnis- und Finanzhaushalt wie auch in den Teilhaushalten werden sie jedoch nicht einzeln, sondern als **Haushaltspositionen** aggregiert, abgebildet. Für die Kombination aus Produkt und (Sach-)konto (Produktnummer.Kontonummer) hat sich in der Praxis aufgrund der eingesetzten Software oftmals der Begriff »Buchungsstelle« entwickelt. Dieser ist zwar gesetzlich nicht belegt, aber er hat sich auch in der Lehre weitestgehend festgesetzt. Eine Buchungsstelle kann daher auch Produkt-Konto genannt werden.

So setzt sich eine Haushaltsposition (vereinfacht: Zeile) im Haushaltsplan sowohl auf Gesamt- wie auch auf Teilhaushaltsebene aus vielen einzelnen Buchungsstellen zusammen, die im Haushaltsplan nach relevanten Ertrags- und Aufwandsarten bzw. Ein- und Auszahlungsarten zusammengefasst dargestellt werden. Die Verdichtung der Buchungsstellen richtet sich nach der Vorgabe des Textes der in den verbindlichen Mustern ersichtlichen Zeilen, die grundsätzlich der Strukturvorgabe der § 2 und § 3 KomHKVO i. V. m. § 4 IV und V KomHKVO entsprechen. Die Verknüpfung von der Buchungsstelle zur Zeile im Muster ist softwaretechnisch hinterlegt, so dass der einzelne Bedienstete diese Zusammenfassung nicht selbst veranlasst.

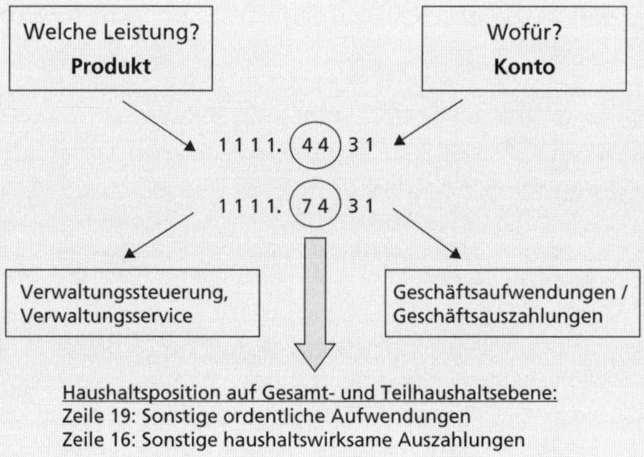

Abbildung 19: Produkt-Konto

Die Zeilenebene entspricht dabei zwar nicht durchgängig, im Bereich der laufenden Verwaltungstätigkeit aber weitestgehend, der Ebene der Kontengruppe (zweistellig). Die Addition sämtlicher zu der Zeile gehörenden Buchungsstellen ergibt den Planwert der Haushaltsposition des jeweiligen Teilhaushalts und in der Addition dieser Werte ergibt sich die Haushaltsposition im Gesamthaushalt.

Auszug aus dem Kontenrahmen

Kontenklasse	Kontengruppe	Kontenart	Konto	
3				**Erträge**
	30			**Steuern und ähnliche Abgaben**
		301		**Realsteuern**
			3011	Grundsteuer A
			3012	Grundsteuer B
			3013	Gewerbesteuer
		302		**Gemeindeanteile an den Gemeinschaftssteuern**
			3021	Gemeindeanteil an der Einkommensteuer
			3022	Gemeindeanteil an der Umsatzsteuer
		303		**Sonstige Gemeindesteuern**
			3031	Vergnügungssteuer
			3032	Hundesteuer
			3033	Jagdsteuer
			3034	Zweitwohnungssteuer
			3039	Sonstige örtliche Steuern
		304		**Steuerähnliche Erträge**
			3049	Sonstige steuerähnliche Erträge
		305		**Ausgleichsleistungen**
			3052	Leistungen des Landes aus der Umsetzung des 4. Gesetzes für moderne Dienstleistungen am Arbeitsmarkt

Der Kontenrahmen ist nach dem Zehnersystem (dekadisches System) aufgebaut. Von links nach rechts gelesen gibt die (mindestens) vierstellige Kontennummer immer detailliertere Informationen als die Ebene zuvor. Sind die Konten im Kontenrahmen (mindestens) vierstellig angegeben, so stellt dieses eine verbindliche Vorgabe für die finanzstatistischen und haushaltsrechtlichen Anforderungen dar. Die weitere Ausdifferenzierung der verbindlich vorgeschriebenen Konten ist jedoch der Kommune überlassen. So werden von der einzelnen Kommune oftmals Erweiterungen nach deren eigenem Ermessen vorgenommen, die den Bedürfnissen und der eingesetzten Software besser entsprechen. Sind die vierstelligen Konten in runde Klammern (_) gesetzt, stellt diese Angabe einen Vorschlag für die weitere Unterteilung dar. Diese Empfehlungen sind beispielhaft zu verstehen. Sie werden in der Praxis gleichwohl größtenteils übernommen. Sind in dem Kontenrahmen mehr als vier Stellen angegeben (z. B. 33611 für Tourismusbeiträge), so sind diese Vorgaben auch zu verwenden. Jede Kommune wird auf dieser Grundlage einen eigenen Kontenplan aufstellen, dessen Gestaltung so an den eigenen Bedürfnissen ausgerichtet ist.

Werden die Steuerarten noch **einzeln** geplant, werden sie sodann in Zeile 1 »Steuern und ähnliche Abgaben« des Musters 6 für den Ergebnishaushalt, welche der Haushaltsposition nach § 2 II Nr. 1 KomHKVO entspricht, **kumuliert** abgebildet. Im Muster 7 für den Finanzhaushalt ist es ebenfalls die Zeile 1, die hier der Haushaltsposition nach § 3 Nr. 1 a KomHKVO entspricht.

In den Mustern 8 B und C für den Teilergebnis- und Teilfinanzhaushalt ist, den Vorgaben der §§ 4 IV 1 und V 1 KomHKVO folgend, ebenfalls die Zeile 1 anzusprechen. Die Zeile 1 entspricht jeweils der Ebene der Kontengruppe (zweistellig) »30« (Steuern u. ä. Abgaben als Erträge) bzw. »60« (Steuern u. ä. Abgaben als Einzahlungen). Die Höhe der Grundsteuer-, der Gewerbesteuer- und der Hundesteuer ist dem Haushaltsplan damit nicht mehr einzeln zu entnehmen.

Gleiches gilt für die Aufwandsseite:

Kontenklasse	Kontengruppe	Kontenart	Konto	
4				**Aufwendungen**
	40			**Personalaufwendungen**
		401		**Dienstaufwendungen**
			4011	Beamte
			4012	Arbeitnehmer
			4018	AGH-Kräfte
			4019	Sonstige Beschäftigte
		402		**Beiträge zu Versorgungskassen**
			4021	Beamte
			4022	Arbeitnehmer
			4029	Sonstige Beschäftigte
		403		**Beiträge zur gesetzlichen Sozialversicherung**
			4031	Beamte
			4032	Arbeitnehmer
			4039	Sonstige Beschäftigte
		404		**Beihilfen, Unterstützungsleistungen für Beamte und Arbeitnehmer**
			4041	Beihilfen und Unterstützungsleistungen für Beamte und Arbeitnehmer
		405		**Zuführungen zu Pensionsrückstellungen für Beamte und Arbeitnehmer**
			4051	Zuführungen zu Pensionsrückstellungen für Beamte und Arbeitnehmer
		406		**Zuführungen zu Beihilferückstellungen für Beamte und Arbeitnehmer**
			4061	Zuführungen zu Beihilferückstellungen für Beamte und Arbeitnehmer
		407		**Zuführungen zu Rückstellungen für Altersteilzeit und andere Maßnahmen**

Die einzelnen Arten der Personalaufwendungen bzw. -auszahlungen werden jeweils in Zeile 13 »Personalaufwendungen« des Musters 6 für den Ergebnishaushalt und des Musters 8 B für den Teilergebnishaushalt aggregiert ausgewiesen. Im Muster 7 für den Finanzhaushalt und im Muster 8 C für den Teilfinanzhaushalt befindet sich die Angabe in Zeile 10 »Personalauszahlungen«. Beide Haushaltspositionen entsprechen nach § 2 III Nr. 1 KomHKVO und § 3 Nr. 1 a KomHKVO der Ebene der Kontengruppe (40 Personalaufwendungen und 70 Personalauszahlungen).

Um **Personalaufwendungen** handelt es sich in Abgrenzung zu Versorgungsaufwendungen immer dann, wenn die Aufwendungen für noch aktives i. S. v. noch nicht ausgeschiedenes Personal entstehen. Hierzu zählen sowohl die laufenden Dienstaufwendungen wie Bezüge der Beamten, tarifliche und frei vereinbarte Entgelte für Arbeitnehmer nebst sozialversicherungspflichtigen Beiträgen und

Beihilfen als auch die Zuführungen zu **Pensions- und Beihilferückstellungen für aktives Personal**. Rückstellungen stellen, vereinfacht dargestellt, im Haushaltsjahr entstandene Belastungen für die Zukunft dar.
In dieser Haushaltsposition / Kontengruppe wird gleichwohl nicht jeder mögliche Finanzvorfall im Zusammenhang mit Personal veranschlagt und gebucht. Bestimmte Finanzvorfälle wie z. B. Personaleinstellungen, Umzugskostenvergütungen etc. sind auf dem Konto 4411/7411 »Sonstige Personal- und Versorgungsaufwendungen/-auszahlungen« unter der Haushaltsposition »sonstige ordentliche Aufwendungen/Auszahlungen« zu veranschlagen. Kosten für Aus- und Fortbildung etc. sind auf dem Konto 4261/7261 »Besondere Aufwendungen/Auszahlungen für Beschäftige« unter der Haushaltsposition »Aufwendungen/Auszahlungen für Sach- und Dienstleistungen« zu veranschlagen.

Die Ein- und Auszahlungen der Investitionstätigkeit werden hingegen im Finanzhaushalt und in den Teilfinanzhaushalten sehr viel detaillierter untereinander dargestellt. Entgegen den Kontengruppen (zweistellig), die grundsätzlich für die Haushaltspositionen im Bereich der laufenden Verwaltungstätigkeit relevant sind, erfolgt hier in der Regel eine Abbildung der Haushaltspositionen auf Ebene der Kontenarten (dreistellig). So werden z. B. die investiven Auszahlungen in bis zu sechs Zeilen im Muster 7 (Zeilen 24 bis 29) dargestellt, die alle zu der Kontengruppe 78 gehören. Die Abbildung auf Ebene der Kontenarten wird dabei als konkrete Zuordnung über eine Software gestützte Verknüpfung vom Konto zur Kontenart sichergestellt, die zur jeweiligen Zeile führt. Auch im investiven Einzahlungsbereich münden vielmehr die Kontenarten in die Zeilen 18 bis 22 des Musters 7.

Beispiel:
Grundsatz der Einzelveranschlagung

Sachverhalt:
Der Fachdienst äußert per Mittelanmeldung den Wunsch, dass die Aufwendungen für Personaleinstellungen der Arbeitnehmer im Teilergebnishaushalt zusammen mit den tariflichen Entgelten für Arbeitnehmer dargestellt werden sollen, also beides bei einer (einzigen) Haushaltsposition. So könne der Personalaufwand an zentraler Stelle verdeutlicht werden.

Lösung:
Hier ist der Grundsatz der Einzelveranschlagung relevant. Die jeweiligen Finanzvorfälle sind auf einzelnen Konten zu beplanen. Die Personaleinstellungen sind lt. Kontenrahmen dem Konto 4411 und die tariflichen Entgelte dem Konto 4012 zugeordnet. Diese Vorgabe im Kontenrahmen ist nach § 4 II KomHKVO verbindlich. Auch wenn beide Leistungen personalrechtliche Arbeitsergebnisse dokumentieren, so sind sie einzeln zu beplanen und im Haushaltsplan auch unter verschiedenen Haushaltspositionen darzustellen.
Die Aufwendungen für Personaleinstellungen der Arbeitnehmer werden aufgrund der Kontengruppe 44 im Teilergebnishaushalt unter der Haushaltsposition nach § 4 IV 1 KomHKVO i. V. m. § 2 III Nr. 7 KomHKVO als sonstige ordentliche Aufwendungen veranschlagt. Die tariflichen Entgelte für Arbeitnehmer werden aufgrund der Kontengruppe 40 im Teilergebnishaushalt unter der Haushaltsposition nach § 4 IV 1 KomHKVO i. V. m. § 2 III Nr. 1 KomHKVO als Personalaufwendungen veranschlagt.

Hintergrund für diese Bündelung zu Haushaltspositionen ist, dass dadurch das Ziel der ergebnis- (nicht input-) orientierten Steuerung besser verfolgt werden kann. In diesem Sinne werden die Einzelansätze auf den Produkt-Konten im Haushaltsplan aus Gründen der Übersichtlichkeit lediglich als aggregierte Beträge dargestellt. Durch die höhere Abstraktionsebene entfällt die Überfrachtung mit Details. Andererseits wird durch die reduzierte Informationsfülle gleichzeitig die Transparenz der Ergebnis- und Zahlungskomponenten erhöht und der Blick auf das Wesentliche, d. h. die Ziele, gelenkt.

§ 21 II KomHKVO formuliert zur **Grundlage der Planung:**
(2) Ziele und Kennzahlen sollen zur Grundlage von Planung, Steuerung und Erfolgskontrolle des Haushalts gemacht werden.

Auch wenn die jeweiligen Ergebnis- und Zahlungskonten nicht direkt im Haushaltsplan abzulesen sind, haben sie gleichwohl eine besondere Bedeutung: Sie ermöglichen der Verwaltung, die Finanzvorfälle in der Planungs- und Bewirtschaftungsphase richtig zuzuordnen. So stellen sie für die mittelbewirtschaftenden Stellen die **Planungs- und Buchungsebene** dar, sind also sowohl für die Aufstellung wie auch für die Ausführung des Haushaltsplans maßgebend. Die einzelnen Produkt-Konten enthalten den Ansatz und stellen so die Ermächtigungsgrundlage dar.

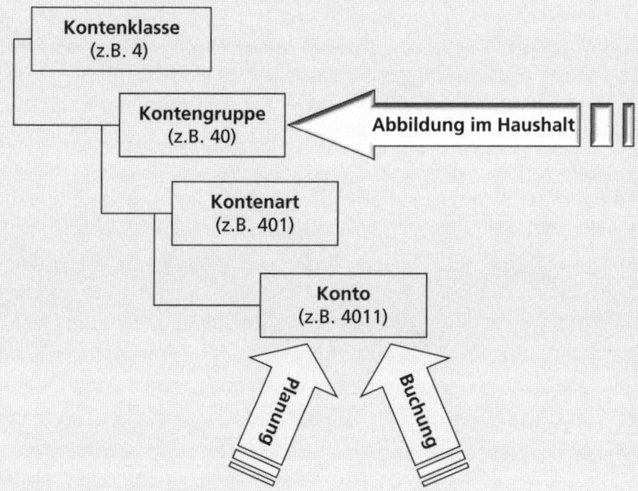

Abbildung 20: Planungstiefe versus Haushaltssicht

Beispiel:
Übungen zur Zuordnung zum Produkt-Konto

Schauen Sie sich die folgenden Finanzvorfälle (linke Spalte) an und verdecken Sie die Lösung (rechte Spalte) zur Selbstkontrolle zunächst mit einem Bogen Papier.

Entscheiden Sie, ob der Finanzvorfall sowohl ergebnis- wie auch zahlungswirksam ist.
Ordnen Sie sodann mit Hilfe des Produkt- und Kontenrahmens die jeweiligen Produkt-Konten zu. Geben Sie die Kontonummern dafür in voller verbindlicher Länge bzw. nach den empfohlenen Konten des Kontenrahmens an.

Finanzvorfälle	Lösung (Produkt-Konto)
Beamtenbezüge im Ordnungsamt (Meldewesen)	1221.4011 / 7011
Raum-Vermietung im Jugendzentrum	3661.3411 / 6411
Dienstkleidung für Friedhofmitarbeiter	5531_.4261 / 7261
Kreditaufnahme für Investitionen beim Bund	6121. - / 6920
Hundesteuer	6111.3032 / 6032
Verwaltungsgebühren in der Bücherei	2721.3311 / 6311
Lehrmaterial für die Grundschule	2111.4271 / 7271
Ausbau der Feuerwehrhauptwache (ohne Fertigstellung)	1261. - / 7871
Reinigung der Vorhänge im Kindergarten	3651.4241 / 7241
Zuweisung vom Landkreis für den Betrieb des kommunalen Theaters	2611.3142 / 6142
Tilgung von Krediten für Investitionen beim Land	6121. - / 7921
Raum-Anmietung für die Musikschule	2631.4231 / 7231
Verkauf eines Fahrzeugs zum Restbuchwert	5731. - / 68311
Verbrauchsgüter wie z. B. Stifte in der Volkshochschule	2711.4271 / 7271
Abschreibungen des Realschul-Gebäudes	2151.47113 / –
Zuschuss an einen Verein für allgemeine (lvermögensunwirksame) Umweltschutzmaßnahmen	5611.4318 / 7318
Müllabfuhrgebühren	5371.3321 / 6321

Gebrauchsgegenstand (z. B. Locher) für das Hauptamt	1111.4222 / 7222
Schlüsselzuweisungen	6111.3111 / 6111
Zinsen für den Investitions-Kredit bei der Sparkasse	6121.4517 / 7517

Erläuterung der **Lösung:**
Die ersten vier Ziffern stellen das Produkt dar. Da dieses im verbindlichen Produktrahmen in der Regel nicht vorgeschrieben ist, wurde das Produkt durchgängig mit einer »1« für die vierte Ziffer dargestellt, welches der grundlegenden Systematik des Produktrahmens entspricht. Auch in der Praxis wird für die weitere (nach rechts) anzuhängende Ziffer, die frei wählbar ist, in der Regel die »1« gewählt.

Das **Produkt** wird sodann durch einen Punkt von der **Kontierung** getrennt.
Die folgenden vier oder mehr Ziffern stellen die ergebniswirksame Kontierung (Erträge und Aufwendungen) dar. Kreditaufnahmen wie auch die Tilgung, Baumaßnahmen (die noch nicht fertiggestellt wurden) oder auch die Veräußerung von Vermögensgegenständen zum Restbuchwert verändern nicht die Nettoposition, so dass hierfür keine Erträge oder Aufwendungen (siehe Darstellung »– / ...«) zugeordnet werden können.
Die nach dem » / « folgenden vier oder mehr Ziffern stellen die zahlungswirksame Kontierung (Einzahlungen und Auszahlungen) dar. Abschreibungen sind zahlungsunwirksam, so dass dem Aufwand keine Auszahlung zuzuordnen ist (siehe Darstellung »... / –«).

Ein weiteres Beispiel für die Einzelveranschlagung ist die erforderliche Darstellung von Investitionen und Investitionsförderungsmaßnahmen.

§ 4 VI KomHKVO formuliert zur **Darstellung von Investitionen und Investitionsförderungsmaßnahmen:**
(6) [1]In den Teilfinanzhaushalten werden Investitionen und Investitionsförderungsmaßnahmen, die sich über mehrere Jahre erstrecken, und Investitionen und Investitionsförderungsmaßnahmen oberhalb einer von der Kommune festgelegten Wertgrenze einzeln dargestellt. [2]Dabei werden die bisher bereitgestellten Haushaltsmittel und die Gesamtinvestitionssumme sowie die Verpflichtungsermächtigungen für die Folgejahre angegeben. [3]Unbedeutende Investitionen und Investitionsförderungsmaßnahmen können in einem Ansatz zusammengefasst werden.

Nur wenn die benannten Investitionen und Investitionsförderungsmaßnahmen in den Teilfinanzhaushalten über das dafür vorgesehene Muster 8 D einzeln ausgewiesen werden, kann die Vertretung jede Investition und Investitionsförderungsmaßnahme maßnahmescharf beraten und beschließen. Hierdurch kommt besonders die Etathoheit der kommunalen Entscheidungsgremien zum Ausdruck. Dieses ist auch praxisgerecht, denn im Bereich der Investitionstätigkeit, die den Bestand längerfristig dienender Güter des immateriellen Vermögens und des Sach- und Finanzvermögens verändert, herrscht in den Sitzungen der Vertretung oftmals großer Rede- und Diskussionsbedarf.

Ausnahmen zur Einzelveranschlagung

In einer Ausnahme zu dem Grundsatz der Einzelveranschlagung können Aufwendungen und entsprechende Auszahlungen ohne nähere Angabe des Verwendungszwecks als **zweckfreie Ansätze** veranschlagt werden.

§ 13 I KomHKVO ermöglicht die Veranschlagung von **Verfügungsmitteln:**
(1) Aufwendungen und entsprechende Auszahlungen der ehrenamtlichen Bürgermeisterin oder des ehrenamtlichen Bürgermeisters und der Hauptverwaltungsbeamtin oder des Hauptverwaltungsbeamten, die aus dienstlichem Anlass entstehen und für die nicht an anderer Stelle Mittel veranschlagt sind, können in angemessener Höhe als Verfügungsmittel veranschlagt werden.

Die Verfügungsmittel für die laufende Verwaltungstätigkeit (erkennbar an der Formulierung »für Aufwendungen und *entsprechende* Auszahlungen«) stellen Haushaltsmittel der ehrenamtlichen Stellvertreterin oder des ehrenamtlichen Stellvertreters (nach § 81 II NKomVG) und der Hauptverwaltungsbeamtin oder des Hauptverwaltungsbeamten dar, die als zweckfreie Ansätze (in pauschaler Form) für die verschiedensten dienstlichen Zwecke veranschlagt und verwendet werden können.

Grundsätzlich wird jede Buchungsstelle zweckorientiert geplant und veranschlagt, d. h. für einen konkreten Verwendungszweck vorgehalten. Mit den Verfügungsmitteln dürfen die berechtigten Personen mit den Konten 4429 und 7429 über einen ihnen zustehenden Fonds verfügen, der zweckübergreifend eingesetzt werden kann. Diese Mittel stehen zur freien Verfügung und sind ohne vorherige Festlegung von Einzelzwecken in den Haushaltsplan aufgenommen. Es ist lediglich vorgeschrieben, dass der Finanzvorfall »aus dienstlichem Anlass«, also nicht für private Zwecke, entstehen muss. Verfügungsmittel können z. B. für Gastgeschenke bei Besuchen in Partnergemeinden, für Geld- oder Sachgeschenke bzw. für Ehrungen aus besonderem Anlass etc. eingesetzt werden. Hier handelt es sich in der Regel um nicht regelmäßig vorhersehbare Repräsentationszwecke, deren Finanzierung den berechtigten Personen aus ihren persönlichen Mitteln nicht zugemutet werden kann. Die repräsentative Vertretung umfasst diejenigen Handlungen, mit welchen die Teilnahme und Anteilnahme der politischen Körperschaft am gesellschaftlichen Leben symbolisiert werden soll. Die Wahrnehmung dieser Aufgabe ist nicht eingegrenzt und kann eine breite Palette von Aktivitäten umfassen. Von der schlichten Teilnahme an Veranstaltungen jeder Art über Grußworte, symbolische Akte wie Grundsteinlegungen, Freigabe von Straßen und Einrichtungen, Kranzniederlegungen, Teilnahme an Umzügen, Schirmherrschaften bis hin zu offiziellen Festreden etc. Sofern für diese Repräsentationszwecke »an anderer Stelle Mittel veranschlagt sind«, sind diese vorrangig zu verwenden und die Begleichung aus den Verfügungsmitteln scheidet aus.

§ 13 II KomHKVO ermöglicht die Veranschlagung einer **Deckungsreserve:**
(2) Mittel zur Deckung über- und außerplanmäßiger Aufwendungen und entsprechender Auszahlungen können in angemessener Höhe als Deckungsreserve veranschlagt werden.

Die Deckungsreserve für die laufende Verwaltungstätigkeit (erkennbar an der Formulierung »Aufwendungen und *entsprechender* Auszahlungen«) stellt eine Haushaltsermächtigung zur Deckung über- und außerplanmäßiger Aufwendungen und entsprechender Auszahlungen bereit, die als zweckfreier Ansatz (in pauschaler Form) für die verschiedensten Zwecke veranschlagt und später in der Planausführung bei Bedarf in Anspruch genommen werden kann. Über die Bezugnahme auf aufwendungsentsprechende Auszahlungen kann die Deckungsreserve nicht zur Deckung von Auszahlungen für Investitions- oder Finanzierungstätigkeit dienen.

Das Erfordernis der »Deckung über- und außerplanmäßiger Aufwendungen und entsprechender Auszahlungen« ist in dem NKomVG formuliert.

§ 117 I 1 NKomVG enthält Zulässigkeitsvoraussetzungen, um vom Haushaltsplan abzuweichen:
(1) [1]Über- und außerplanmäßige Aufwendungen und Auszahlungen sind nur zulässig, wenn sie zeitlich und sachlich unabweisbar sind; ihre Deckung muss gewährleistet sein.

Hintergrund ist, dass auch bei sorgfältigster Planaufstellung in der Planausführung unabweisbare Finanzvorfälle anfallen können. Um in solchen Fällen die entstehenden über- und außerplanmäßigen Aufwendungen und entsprechenden Auszahlungen abwickeln zu können, können auf einem zentralen Konto (empfohlen ist das Ergebniskonto 4621 und das Zahlungskonto 7621) Ermächtigungen als »Notgroschen« für Personal- oder sonstige Vorgänge vorgehalten werden. So ist der spätere Verwendungszweck der Deckungsreserve zum Zeitpunkt der Aufstellung des Haushaltsplans noch unklar. Entsprechend ist sie auch zentral dem Produktbereich 61 »Allgemeine Finanzwirtschaft«, Produktgruppe 612, und keinem konkreten Produktbereich zugeordnet. Die Deckungsreserve bietet sodann in der Planausführung die Möglichkeit, für alle Mehrbelastungen der laufenden Verwaltungstätigkeit herangezogen zu werden. Der konkrete Zweck wird erst mit der Inanspruchnahme durch das Deckungserfordernis über- und außerplanmäßiger Aufwendungen und Auszahlungen ersichtlich.

§ 13 III KomHKVO formuliert für die Bewirtschaftung der Verfügungsmittel wie auch für die Deckungsreserve gewisse Grenzen:

(3) Die Ansätze nach den Absätzen 1 und 2 dürfen nicht überschritten werden; sie sind nicht mit anderen Aufwendungen und Auszahlungen deckungsfähig und dürfen nicht zeitlich übertragen werden.

Um die Sonderstellung zu betonen, dürfen sowohl die Verfügungsmittel wie auch die Deckungsreserve nicht überschritten, d. h. durch ein Verfahren nach § 117 NKomVG überplanmäßig erhöht, werden. Eine Erhöhung ist jeweils nur durch Korrektur des Ansatzes über den Nachtragshaushaltsplan möglich. Die Deckungsfähigkeit nach § 19 KomHKVO mit anderen Aufwendungen und Auszahlungen ist ausgeschlossen, d. h. Einsparungen bei anderen Konten können nicht für Mehraufwendungen und -auszahlungen bei den Verfügungsmitteln bzw. zur Verstärkung der Deckungsreserve herangezogen werden. Andererseits dürfen eingesparte Verfügungsmittel auch nicht ersatzweise für andere Zwecke in Anspruch genommen werden. Auch die zeitliche Übertragung nach § 20 KomHKVO ist ausgeschlossen, so dass im Haushaltsjahr nicht ausgeschöpfte Verfügungsmittel oder eine im Haushaltsjahr nicht ausgeschöpfte Deckungsreserve nicht auch noch im Folgejahr in Anspruch genommen werden dürfen.

Auf einen Blick: Einzelveranschlagung

Der **Grundsatz der Einzelveranschlagung** erfordert es, die Finanzvorfälle auf Produkt-Kontenebene je nach Entstehungsgrund bzw. Verwendungszweck einzeln zu planen. Der Kontenrahmen ist nach § 4 II KomHKVO durch die Landesstatistikbehörde wiederum verbindlich festgelegt. Im Haushaltsplan werden diese Buchungsstellen sodann zu Haushaltspositionen verdichtet. Die Verdichtung der Detailplanung richtet sich für den Ergebnishaushalt nach der Strukturvorgabe des § 2 KomHKVO und für den Finanzhaushalt nach § 3 KomHKVO. Die vorgegebenen Zeilen der Muster 6 (Ergebnishaushalt) und Muster 7 (Finanzhaushalt) wiederum folgen dieser Vorgabe. Gleiches gilt für die Teilhaushalte. Die im Haushaltsplan ausgewiesenen Haushaltspositionen stellen sodann die kumulierten Zahlenwerte der jeweils dazugehörigen Produkt-Konten dar.

Ausnahmen dieses Grundsatzes ergeben sich durch **§ 13 KomHKVO. Die Verfügungsmittel** und die **Deckungsreserve** werden zweckungebunden geplant und stehen in der Planausführung für die verschiedensten Verwendungszwecke zur Verfügung.

2.6.11 Haushaltswahrheit

Wenn ein Haushalt nach dem Grundsatz der Vorherigkeit im Vorjahr beschlossen wird, lässt sich nicht immer abschätzen, in welcher Höhe genau die Finanzvorfälle ein Jahr später Wertezuwächse bzw. Werteverzehr oder Zahlungszu- bzw. -abgänge verursachen werden. Gleichwohl ist die Haushaltsplanung im Rahmen des **Grundsatzes der Haushaltswahrheit** (auch Genauigkeit, Richtigkeit, Willkürfreiheit) wahrheitsgemäß und korrekt, d. h. mit einem hohen Maß an Präzision bzw. gewissenhafter Schätzung, zu erstellen.

Die Qualität eines Haushaltsplans sowie eine geordnete Haushaltswirtschaft hängen andererseits weitgehend von der Richtigkeit und Genauigkeit der Planungsdaten ab. Bei diesem Grundsatz geht es demnach um die Validität der für die Haushaltsplanung herangezogenen Prognosen. Hintergrund für diesen Grundsatz ist, dass der Haushaltsplan verlässliche, belastbare und glaubwürdige Planungsinformationen enthalten muss, um die gemäß § 113 III NKomVG erforderliche verbindliche Grundlage für die Haushaltswirtschaft darzustellen.

§ 10 II 3 KomHKVO erläutert die Vorgehensweise zur Ansatzermittlung:

(2) [3]Die Höhe eines Ansatzes wird sorgfältig geschätzt, soweit der Betrag nicht errechenbar ist.

Die Höhe der Ansätze (Erträge, Aufwendungen, Ein- und Auszahlungen, Verpflichtungsermächtigungen) wird nach Möglichkeit **zunächst** genau **errechnet**, wobei die Planung unter Verwendung des richtigen Zahlenmaterials auf den einzelnen sachlich zutreffenden Buchungsstellen zu erfolgen hat. Für die An-

satzermittlung kommen z. B. Vorschriften, Verträge bzw. Tarife in Betracht, die im Rahmen ihrer Konstellation als eindeutige und nachvollziehbar dokumentierte rechtliche Verpflichtungen zu errechenbaren Ansätzen führen. Die vorrangige Pflicht zur genauen Berechnung der Ansätze greift damit nur auf wenige Finanzvorfälle, wie z. B. Mieten, Pachten, Mitglieds- und Versicherungsbeiträge etc. aufgrund der vorhandenen vertraglichen Regelungen.
Sofern eine Berechnung nicht möglich ist, werden die Ansätze z. B. anhand des Ist-Ergebnisses des Vorjahres unter Berücksichtigung der Verläufe des Haushaltsjahres und zu erwartender Änderungen, anhand der Orientierungsdaten oder der mittelfristigen Ergebnis- und Finanzplanung bzw. anhand von Angeboten, Preisabfragen, Prognosen etc., **sorgfältig geschätzt**. Eine sorgfältige Schätzung erfordert, dass die Höhe der Ansätze nicht allgemein, pauschal geschätzt, sondern in jedem Einzelfall möglichst exakt und nachvollziehbar sowie plausibel ermittelt wird. Auch Verbrauchsanalysen oder Bedarfsermittlungen können helfen, den Finanzbedarf möglichst wirklichkeitsnah und treffsicher zu ermitteln. Die Planungsgrößen sind hierfür realistisch und bei vorsichtiger Abwägung aller in Betracht kommenden Umstände zu schätzen, damit der Haushaltsplan dem Inhalt nach möglichst zutreffend und realitätsnah ist. Die bestmögliche Schätzung der Ansätze ist im besonderen Interesse der Verwaltung, damit nicht zu wenige Mittel bereitgestellt werden und um damit in der Ausführungsphase über- oder außerplanmäßige Bereitstellungen zu vermeiden. Insbesondere Scheinansätze oder willkürliche Ansätze, z. B. unreelle, zu hohe Erträge oder zu niedrige Aufwendungen zur Erreichung des Haushaltsausgleichs, sind nicht erlaubt und Fehleinschätzungen sind zu vermeiden. Erhöhte Aufwendungs- bzw. Auszahlungsansätze führen andererseits zu einem Risiko der Überfinanzierung oder eines erhöhten Liquiditätsbedarfs. Sollten Mittel bereitgestellt werden, die in dieser Höhe eigentlich nicht notwendig sind, könnte auch eine Verschwendung öffentlicher Mittel drohen.

Hinsichtlich der Höhe der Planungsgrößen gibt es eine Vereinfachungsmöglichkeit, um diese nicht mit Euro und Cent Beträgen ausweisen zu müssen.

Nr. 5 des Ausführungserlasses, RdErl. d. MI v. 24.04.2017:
Die gemäß § 10 II KomHKVO zu veranschlagenden Ansätze können auf 100 Euro gerundet werden.

Für die Rundungsmöglichkeit bietet sich das **Prinzip der Vorsicht** an. Nach diesem Prinzip ist eine Überschätzung der Erträge und Einzahlungen wie auch eine Unterschätzung der Aufwendungen und Auszahlungen zu vermeiden. Erträge und Einzahlungen werden danach auf volle 100 Euro abgerundet und Aufwendungen und Auszahlungen auf volle 100 Euro aufgerundet. Üblicherweise erfolgt die Rundung bereits auf Ebene der einzelnen Buchungsstelle, so dass auch im Haushaltsplan gerundete Haushaltsansätze abgebildet werden. Da die Vorschrift ein Ermessen bietet (»können ... gerundet werden.«) muss in schriftlichen Leistungsnachweisen im Sachverhalt ein entsprechender Hinweis gegeben werden, ob gerundet werden soll (z. B.: »Die Stadt hat festgelegt, dass Haushaltsansätze gemäß Ausführungserlass zur KomHKVO auf volle 100 Euro gerundet werden.«). In der Haushaltsausführung (Buchführung) und bei der Jahresrechnung wird gleichwohl auf den Cent genau bewirtschaftet und abgerechnet, so dass der Vertretung ein korrektes Rechnungsergebnis vorgelegt werden kann.

Beispiel:
Grundsatz der Haushaltswahrheit

Sachverhalt:
Der Fachdienst äußert per Mittelanmeldung den Wunsch, dass die Ausleihgebühren bei der Stadtbücherei in dem zu planenden Haushaltsjahr höher angesetzt werden sollen, weil nicht auszuschließen sei, dass gegenüber dem laufenden Jahr höhere Gebührenerträge, -einzahlungen erzielt werden könnten.

Lösung:
Nach dem Grundsatz der Haushaltswahrheit (auch Genauigkeit, Richtigkeit, Willkürfreiheit) hat die Veranschlagung in voraussichtlicher Höhe wahrheitsgemäß korrekt zu erfolgen. Nach § 10 II 3 KomHKVO ist der Ansatz hierzu sorgfältig zu schätzen, da eine Errechenbarkeit der Gebühren nicht möglich ist.

Im Rahmen der geforderten gewissenhaften Schätzung ist fraglich, ob ein höheres Aufkommen tatsächlich zu erwarten ist. Bei vorsichtiger Abwägung aller Umstände zur Inanspruchnahme des Angebots der Stadtbücherei, rechtfertigt die hier vorgebrachte Erklärung »höheres Aufkommen sei nicht auszuschließen« keine Erhöhung des Ansatzes. Die Umstände sind nicht hinreichend konkret genug belegt, es handelt sich hier nur um eine fiktive Annahme.
Höhere Gebühren sind noch nicht sicher abzusehen. Mutmaßungen widersprechen gleichwohl dem Grundsatz der Haushaltswahrheit und eine Überschätzung sollte vermieden werden. Der Ansatz sollte also auch aus Gründen der Vorsicht nicht erhöht werden.

Auf einen Blick: Haushaltswahrheit

Der **Grundsatz der Haushaltswahrheit** nach **§ 10 II 3 KomHKVO** erfordert es, die Ansätze der Planungsgrößen zunächst nach Möglichkeit zu errechnen. Nicht errechenbare Ansätze werden sorgfältig, d. h. auf der Basis möglichst verlässlicher Grundlagen, geschätzt. Die Höhe der Planungsgrößen muss in jedem Fall genau ermittelt werden, d. h. die Ansätze müssen wahr sein. Die Prognose ist nach den gültigen Regeln gewissenhaft zu erstellen und muss unter Berücksichtigung der örtlichen Gegebenheiten schlüssig und nachvollziehbar sein.
Ziel der gewissenhaften Planung ist es, Abweichungen zwischen den Ansätzen in der Planung und den Rechnungsergebnissen im Jahresabschluss so gering wie möglich zu halten.

2.6.12 Haushaltsklarheit

Mit dem Grundsatz der Haushaltswahrheit ist der **Grundsatz der Haushaltsklarheit**, der unter anderem die Lesbarkeit und die Qualität der äußeren Gestaltung umfasst, eng verbunden. Nach diesem muss der Haushaltsplan verständlich, klar und übersichtlich gestaltet und systematisch geordnet sein.

Die umfangreichen Vorgaben zur Haushaltssystematik beeinflussen auch die daraus abzuleitenden Produkt-Konten, welche wiederum der Kommunalkasse als Buchungsstelle dienen.

§ 178 IV NKomVG zur **Aufstellung** eines Konten- und Produktrahmens:
(4) [1]Die Landesstatistikbehörde stellt einen Kontenrahmen und einen Produktrahmen auf und benennt die dazu erforderlichen Zuordnungskriterien. [2]Die Kommunen sind zur Verwendung der Buchführungshilfen nach Satz 1 verpflichtet.

§ 4 II KomHKVO zur **Verbindlichkeit** des Konten- und Produktrahmens:
(2) Die Landesstatistikbehörde legt den Kontenrahmen und den Produktrahmen sowie die dazu erforderlichen Zuordnungsvorschriften verbindlich fest und veröffentlicht die Regelungen im Niedersächsischen Ministerialblatt.

Die systematischen Regelungen sind durch die verbindliche Vorgabe des Produkt- und Kontenrahmens und der dazu erforderlichen Zuordnungsvorschriften landesweit einheitlich und zu beachten.

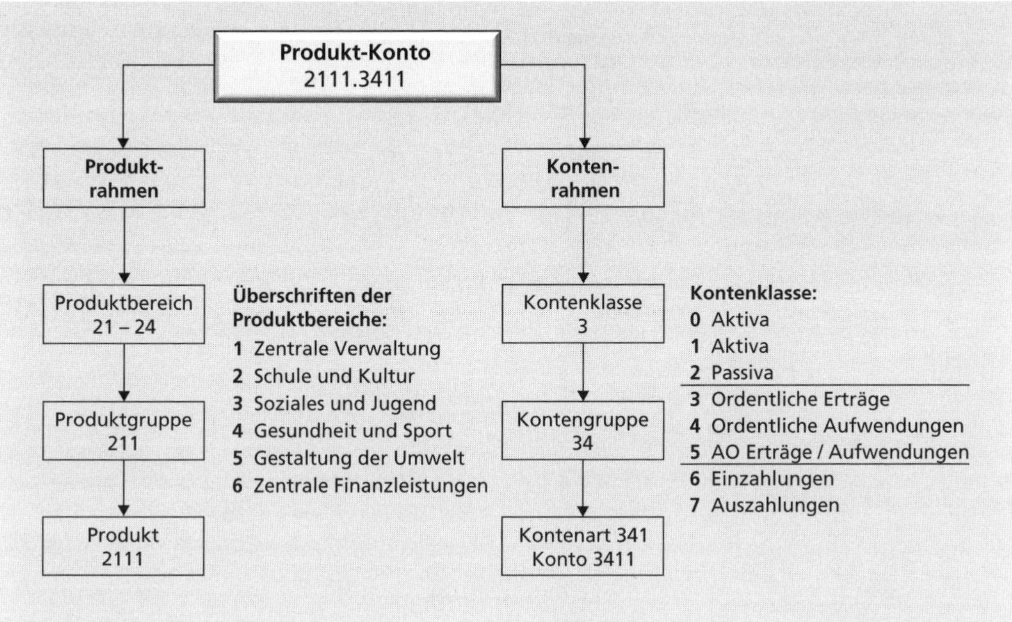

Abbildung 21: Haushaltssystematik

Hintergrund für diesen Grundsatz ist, dass hierdurch eine bessere interkommunale Vergleichbarkeit erreicht, finanzstatistische Auswertungen untereinander ermöglicht und eine Koordinierung der Ergebnis- und Finanzplanungen im öffentlichen Bereich erleichtert werden sollen. Nur so ist im Rahmen der Datenlieferung für die Finanzstatistiken eine einheitliche Erfassung und Vergleichbarkeit der Finanzvorfälle aller niedersächsischen Kommunen zu gewährleisten. Zugleich wird auch die Nachprüfbarkeit der Aufgabenerledigung für die Gremien, die Bürger sowie die Aufsichtsbehörden erleichtert.

§ 178 III NKomVG verdeutlicht die notwendige **Vergleichbarkeit der Haushalte:**
(3) Die Kommunen sind verpflichtet, Muster zu verwenden, die das für Inneres zuständige Ministerium aus Gründen der Vergleichbarkeit der Haushalte für verbindlich erklärt hat, insbesondere für die Haushaltssatzung und die Nachtragshaushaltssatzung.

Entsprechend sind die **Muster** (Anlagen 1 bis 18 des Ausführungserlasses 2017) aus Gründen der Einheitlichkeit und Vergleichbarkeit der kommunalen Haushalte für verbindlich erklärt worden. Die einheitliche Haushaltssystematik sorgt nicht zuletzt für die Ordnungsfunktion und Durchschaubarkeit des Haushaltsplans, indem die Vielzahl der verschiedenartigen Haushaltsmittel in einer vorgegebenen Systematik dargestellt wird.

Auch **§ 10 III KomHKVO** trägt zur **Haushaltsklarheit** bei:
(3) [1]Für denselben Zweck sollen Erträge und Aufwendungen sowie Ein- und Auszahlungen nicht an verschiedenen Stellen veranschlagt werden. [2]Wird ausnahmsweise anders verfahren, so wird in Erläuterungen auf die Ansätze gegenseitig verwiesen.

Dieses Erfordernis trägt auch dem oben genannten Grundsatz der Einzelveranschlagung Rechnung. Politik und Bürger als Zielgruppen haben einen Anspruch auf Lesbarkeit, d. h. Transparenz und Vollständigkeit, sowie auf Verständlichkeit der Informationen. Auch die gemäß § 4 VII KomHKVO zu beschreibenden wesentlichen Produkte mit den dazugehörenden Leistungen und die Bestimmung der zu erreichenden Ziele mit den dazu geplanten Maßnahmen sowie die Kennzahlen zur Zielerreichung führen zur notwendigen Durchschaubarkeit. Zudem werden im Haushaltsplan nach § 1 III KomHKVO in den

Ansatzspalten neben den Werten des laufenden auch die Ansätze des vorhergehenden Haushaltsjahres sowie die Rechnungsergebnisse des Vorvorjahres und die Ansätze der drei dem Haushaltsjahr folgenden Jahre dargestellt. Damit ist insbesondere für die Haushaltsberatungen eine finanzielle Entwicklung abzulesen, welche eine - wenn auch begrenzte - zeitliche Vergleichbarkeit herstellt und ebenfalls zur Transparenz beiträgt.

Auch wenn vom Zahlenwerk die Rede ist: Der Haushaltsplan enthält neben vielen Zahlen auch textliche **Erläuterungen** zur Information aller wesentlichen Umstände.

Auch **§ 16 KomHKVO** trägt mit **Erläuterungen zur Haushaltsklarheit bei:**
Im Vorbericht oder im Haushaltsplan werden mindestens erläutert
1. die wesentlichen Erträge, Aufwendungen, Einzahlungen und Auszahlungen, soweit sie von den Ansätzen des Vorjahres erheblich abweichen, ...

Zu dem Grundsatz der Klarheit gehört es, dass z. B. auch erläutert wird, weshalb sich einzelne Ansätze erheblich verändert haben oder welche neuen Maßnahmen in Angriff genommen werden sollen. So wichtig die Genauigkeit beim Haushaltsplan ist, darf doch der Gesamtüberblick nicht verloren gehen. Diesen liefern auch die durch § 1 II 1 KomHKVO geforderten zahlreichen Pflichtanlagen und Übersichten. Auch der als Pflichtanlage geforderte Vorbericht führt über die in § 6 KomHKVO formulierten Anforderungen dazu, dass ein Überblick über die Entwicklung und den Stand der Haushaltswirtschaft gewonnen sowie die finanzielle Lage und ihre voraussichtliche Entwicklung analysiert werden kann.

Auf einen Blick: Haushaltsklarheit

Der **Grundsatz der Haushaltsklarheit** nach z. B. **§§ 4, 6, 10 III 1 oder § 16 KomHKVO** erfordert es, den Haushaltsplan als finanzielles Gesamtprogramm überschaubar und aussagekräftig zu gestalten. Nur so kann die Vertretung ihre Etathoheit umfassend ausüben und der Haushaltsplan dem interessierten Leser sowie den einzelnen Verwaltungsstellen ausreichende Informationen liefern. Der Haushaltsplan ist ein für jedes Haushaltsjahr aufzustellendes, systematisch gegliedertes Planwerk. Während die Haushaltswahrheit die inhaltlichen Vorgaben für eine genaue Haushaltsplanung beinhaltet, umfasst die Haushaltsklarheit mehr die formalen Vorgaben.

Der Produkt- und Kontenrahmen sowie die dazu erforderlichen Zuordnungsvorschriften wie auch die Muster sind aus Gründen der Einheitlichkeit und Vergleichbarkeit der kommunalen Haushalte verbindlich.

2.7 DECKUNGSREGELN IN DER KOMHKVO – FLEXIBILITÄT IN DER BEWIRTSCHAFTUNG

Die Deckungsregeln sind im zweiten Abschnitt der KomHKVO enthalten. Sie beziehen sich von der Gesamtdeckung, der Zweckbindung und der Deckungsfähigkeit auf die bewegliche Bewirtschaftung zwischen Konten bis hin zur Übertragbarkeit und damit auf die bewegliche Bewirtschaftung der Ermächtigungsgrundlagen zwischen Haushaltsjahren.

2.7.1 Gesamtdeckung

Nach dem **Grundsatz der Gesamtdeckung** ähnelt der Haushalt einer großen »Auffangschale«: Sämtliche Erträge stehen dem Ergebnisbereich und sämtliche Einzahlungen stehen dem Finanzbereich zur Verfügung. Aus dem gesamten Ergebnisbereich werden wiederum alle Aufwendungen gedeckt bzw. aus dem gesamten Finanzbereich werden alle Auszahlungen bezahlt. Also dienen grundsätzlich alle Erträge bzw. Einzahlungen zur Deckung für alle Aufwendungen bzw. Auszahlungen. Hintergrund für diesen Grundsatz ist, dass die Gewichtung der Aufwendungen und der Vollzug der Auszahlungen nicht durch die Realisierung bestimmter Erträge bzw. durch die Entwicklung bestimmter Einzahlungen abhängig gemacht werden sollen. Die Gesamtdeckung sichert so die für die Mittelbewirtschaftung notwendige Beweglichkeit und Elastizität eines vielseitigen Einsatzes der Deckungsmittel.

§ 17 I Nr. 1 KomHKVO formuliert zur Deckungsregel der Gesamtdeckung im Ergebnisbereich:
(1) Soweit in dieser Verordnung nichts anderes bestimmt ist, dienen
1. die ordentlichen Erträge des Ergebnishaushalts insgesamt zur Deckung der ordentlichen Aufwendungen des Ergebnishaushalts und die außerordentlichen Erträge des Ergebnishaushalts insgesamt zur Deckung der außerordentlichen Aufwendungen des Ergebnishaushalts und …

Im Rahmen der Ergebnisspaltung dürfen außerordentliche Aufwendungen nicht durch ordentliche Erträge gedeckt werden und umgekehrt. Hintergrund ist, dass insbesondere die Hebung von stillen Reserven bei der Vermögensveräußerung, die außerordentliche Erträge ergeben, nicht direkt zu einem Ausgleich des ordentlichen Ergebnishaushalts führen sollen, um zu verhindern, dass Kommunen einen Haushaltsausgleich erreichen, wenn laufende Aufwendungen überwiegend aus geplanten Veräußerungserlösen bestritten werden. Über die in § 24 KomHKVO bestehende Regelung der Inanspruchnahme der Überschüsse des *außerordentlichen* Ergebnisses zum Ausgleich des *ordentlichen* Ergebnisses kann aber bei einem tatsächlich in der Jahresrechnung festgestellten außerordentlichen Überschuss eine entsprechende Verrechnung mit einem Fehlbetrag des ordentlichen Ergebnisses vorgenommen werden.
Ansonsten stellt es der Grundsatz der Gesamtdeckung der Kommune innerhalb des Ergebnishaushalts frei, wie sie die veranschlagten Deckungsmittel zur Finanzierung der einzelnen Aufwendungen in ihrem Haushalt einplant und verwendet. Ordentliche Erträge eines einzelnen Teilhaushalts stehen auch zur Deckung von ordentlichen Aufwendungen in anderen Teilhaushalten zur Verfügung, so dass die Zuordnung zu Teilhaushalten irrelevant ist.

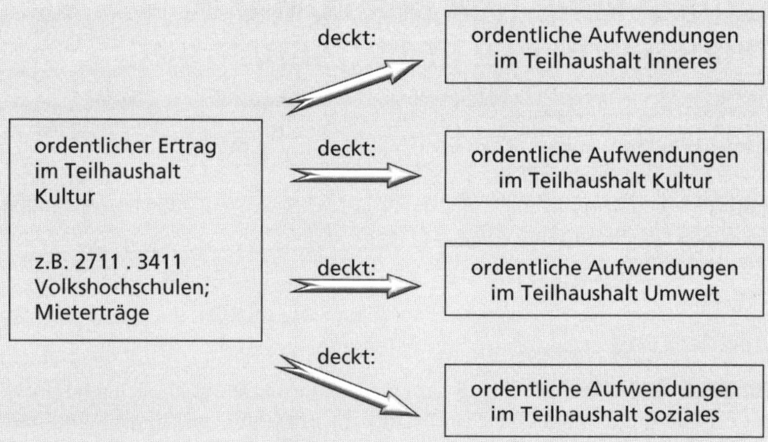

Abbildung 22: Gesamtdeckung im Ergebnishaushalt

Die Deckung des Zahlungsbereiches und damit der Umgang mit Einzahlungen für laufende Verwaltungstätigkeit des Finanzhaushaltes gestaltet sich komplexer.

§ 17 I Nr. 2 KomHKVO formuliert zur Deckungsregel der Gesamtdeckung im Zahlungsbereich:
(1) Soweit in dieser Verordnung nichts anderes bestimmt ist, dienen
2. die Einzahlungen für laufende Verwaltungstätigkeit des Finanzhaushalts insgesamt zur Deckung der Auszahlungen für laufende Verwaltungstätigkeit sowie für die Auszahlungen zur ordentlichen Tilgung von Investitionskrediten und zur Rückzahlung innerer Darlehen.

Die Einzahlungen für laufende Verwaltungstätigkeit decken **erstens** die Auszahlungen für laufende Verwaltungstätigkeit sowie die Auszahlungen zur ordentlichen Tilgung von Investitionskrediten und zur Rückzahlung innerer Darlehen.

Die Einzahlungen für laufende Verwaltungstätigkeit sind **zweitens** – soweit nach der o. g. Deckung noch ein weiterer Zahlungsüberschuss verbleibt – grundsätzlich zum Abbau von kurzfristig laufenden Verbindlichkeiten aus Liquiditätskrediten, die mit einer Laufzeit von mehr als einem Jahr aufgenommen wurden, einzusetzen. Sollte jedoch ein dauerhafter Bestand von Verbindlichkeiten aus Liquiditätskrediten vorhanden sein, der im Zeitraum der mittelfristigen Ergebnis- und Finanzplanung oder darüber hinaus erforderlich ist, ist eine Rückführung dieser Kredite kurzfristig i.d.R. nicht möglich, so dass die vorrangige Rückführung sodann davon ausgenommen ist.

§ 17 II KomHKVO regelt den weiteren Umgang mit Zahlungsüberschüssen aus laufender Verwaltungstätigkeit:
[1]Übersteigen die Einzahlungen aus laufender Verwaltungstätigkeit die Auszahlungen aus laufender Verwaltungstätigkeit einschließlich der Auszahlungen für die ordentliche Tilgung von Investitionskrediten und die ordentliche Rückzahlung innerer Darlehen, so wird der übersteigende Betrag zur Tilgung von Liquiditätskrediten eingesetzt. [2]Davon ausgenommen ist der dauerhafte Bestand von Verbindlichkeiten aus Liquiditätskrediten, der im Zeitraum der mittelfristigen Ergebnis- und Finanzplanung oder darüber hinaus erforderlich ist, soweit die Liquiditätskredite mit einer Laufzeit von mehr als einem Jahr aufgenommen wurden.

Ergibt sich also aus den Zahlungen des Ergebnisbereichs abzüglich der Auszahlungen für die ordentliche Tilgung von Investitionskrediten und abzüglich der ordentlichen Rückzahlung innerer Darlehen ein weiterer, noch verbleibender positiver Saldo aus laufender Verwaltungstätigkeit, so ist dieser grundsätzlich vorrangig für die Rückführung der Liquiditätskredite zu verwenden. Diese Regelung nimmt Bezug auf die bereits durch § 122 I NKomVG geregelte nachrangige Bedeutung der Liquiditätskredite als Deckungsmittel. Danach können die Kommunen zur rechtzeitigen Leistung ihrer Auszahlungen Liquiditätskredite bis zu dem in der Haushaltssatzung festgesetzten Höchstbetrag aufnehmen, soweit der Kasse keine anderen Mittel zur Verfügung stehen. Liquiditätskredite können demnach nur in Anspruch genommen werden, wenn keine anderen freien Finanzmittel vorhanden sind. Eine Finanzierung der Auszahlungen für die Investitionstätigkeit durch Zahlungsüberschüsse aus laufender Verwaltungstätigkeit ist bei bestehenden Verbindlichkeiten aus Liquiditätskrediten damit grundsätzlich ausgeschlossen.

Diese Regelung ist gleichwohl im engen Kontext mit Finanzvorfällen zu sehen, die erst in späteren Haushaltsjahren zu Zahlungen führen und deshalb unterjährig nicht zur Verfügung stehen. Eine Verwendung von Zahlungsüberschüssen aus laufender Verwaltungstätigkeit für die Rückführung von Liquiditätskrediten kommt demnach nur in Betracht, soweit die übersteigenden Beträge nicht für andere Zwecke wie z. B. zur Abdeckung zukünftiger Fehlbeträge in der Finanzplanung oder zur Sicherstellung der Liquidität für nicht im Haushaltsplan veranschlagte Ein- und Auszahlungen, d. h. Rückstellungen und Haushaltsreste, benötigt werden. Aufgrund der geplanten Aufwendungen und entsprechenden Auszahlungen war die Liquidität zum Zeitpunkt der Bildung der Rückstellungen und Haushaltsreste vorhanden und die dazugehörigen Finanzmittel standen zur Verfügung. Bei Bildung von Rückstellungen und Haushaltsresten im Haushaltsjahr, sind die dafür gedachten Auszahlungen gleichwohl erst in späteren Haushaltsjahren zu leisten. In diesen Jahren muss diese Liquidität nun auch für die Inanspruchnahme der Rückstellungen und Haushaltsreste reserviert bleiben. Die zum Zeitpunkt der Entstehung der Zahlungsüberschüsse aus laufender Verwaltungstätigkeit vorhandene Liquidität muss also unverändert auch zum Zeitpunkt der Verwendung für die Rückstellungen und Haushaltsresten bestehen bleiben, so dass es sich empfiehlt, diese Beträge aus dem genannten Saldo herauszurechnen.

Erst nach der grundsätzlichen Rückführung der Liquiditätskredite sind verbleibende Zahlungsüberschüsse aus laufender Verwaltungstätigkeit neben den Einzahlungen für Investitionstätigkeit und den Einzahlungen aus der Aufnahme von Krediten und inneren Darlehen **drittens** zur Deckung der Auszahlungen für die Investitionstätigkeit zu verwenden.

§ 17 III KomHKVO regelt die Gesamtdeckung der Investitionstätigkeit:
(3) [1]Ein nach Anwendung des Absatzes 2 verbleibender übersteigender Betrag sowie Einzahlungen für Investitionstätigkeit und Einzahlungen aus der Aufnahme von Krediten und inneren Darlehen dienen insgesamt zur Deckung der Auszahlungen für die Investitionstätigkeit. [2]Die Einzahlungen aus der Aufnahme von Investitionskrediten und inneren Darlehen dürfen für die Deckung der Auszahlungen für die ordentliche Tilgung und die Rückzahlung von inneren Darlehen nicht verwendet werden.

Diese Vorschrift regelt in Satz 1 die Deckung der Auszahlungen für die Investitionstätigkeit, die neben den verbleibenden Zahlungsüberschüssen aus laufender Verwaltungstätigkeit und den Einzahlungen für Investitionstätigkeit nachrangig auch aus Einzahlungen aus der Aufnahme von Krediten und inneren Darlehen erfolgen kann. Über den Bezug auf den zuvor anzuwendenden Absatz 2 ist die Investitionsfähigkeit damit u. a. von den Zahlungsüberschüssen der laufenden Verwaltungstätigkeit und den – nach § 17 I Nr. 2 NKomVG zu beachtenden - vorrangigen Vorwegabzügen zur Schuldentilgung geprägt.

Da die letztgenannten Investitionskredite andererseits aufgrund der Beschränkung des § 120 NKomVG nur für Investitionen und Investitionsförderungsmaßnahmen aufgenommen werden dürfen, werden nach Anwendung des Absatzes 2 verbleibende übersteigende Beträge der laufenden Verwaltungstätigkeit damit neben den Einzahlungen für Investitionstätigkeit zugleich bei der Ermittlung der Höhe der Kreditaufnahmen berücksichtigt. Über den in § 120 NKomVG geregelten Bezug auf die Rangfolge der Finanzmittelbeschaffung des § 111 VI 1 NKomVG sind die Einzahlungen aus der Aufnahme von Krediten und inneren Darlehen in § 17 III 1 KomHKVO folgerichtig als »letztes Element« genannt. Zur Deckung der Auszahlungen für die Investitionstätigkeit sind folglich zuerst die nach Anwendung des Absatzes 2 verbleibenden Zahlungsüberschüsse aus laufender Verwaltungstätigkeit und sodann die Einzahlungen für

Investitionstätigkeit zu verwenden, bevor die Aufnahme von Krediten und inneren Darlehen in Betracht kommt. Entsprechend soll nach § 6 Satz 3 Nr. 2 KomHKVO auch eine Darstellung im Vorbericht enthalten sein, inwieweit die Finanzierung der im Haushaltsjahr geplanten Investitionen und Investitionsförderungsmaßnahmen mit vorgesehenen Kreditaufnahmen oder mit den nach § 17 III KomHKVO zur Finanzierung von Investitionstätigkeit verwendbaren Zahlungsüberschüssen aus laufender Verwaltungstätigkeit des Finanzhaushalts erfolgt.

Darüber hinaus dürfen die Einzahlungen aus der Aufnahme von Investitionskrediten und die Einzahlungen aus der Aufnahme von inneren Darlehen nach § 17 III 2 KomHKVO nicht zur Deckung der Auszahlungen für die ordentliche Tilgung und die Rückzahlung von inneren Darlehen verwendet werden. Diese Regelung verfolgt das Ziel, eine doppelte Kreditfinanzierung zu vermeiden und einer Überschuldung entgegenzuwirken. Damit wird indirekt ein Bezug zu § 17 I Nr. 2 KomHKVO hergestellt, so dass die Tilgungsauszahlungen von Investitionskrediten und die Rückzahlung von inneren Darlehen im Prinzip nur durch einen Überschuss aus der laufenden Verwaltungstätigkeit gedeckt werden können.

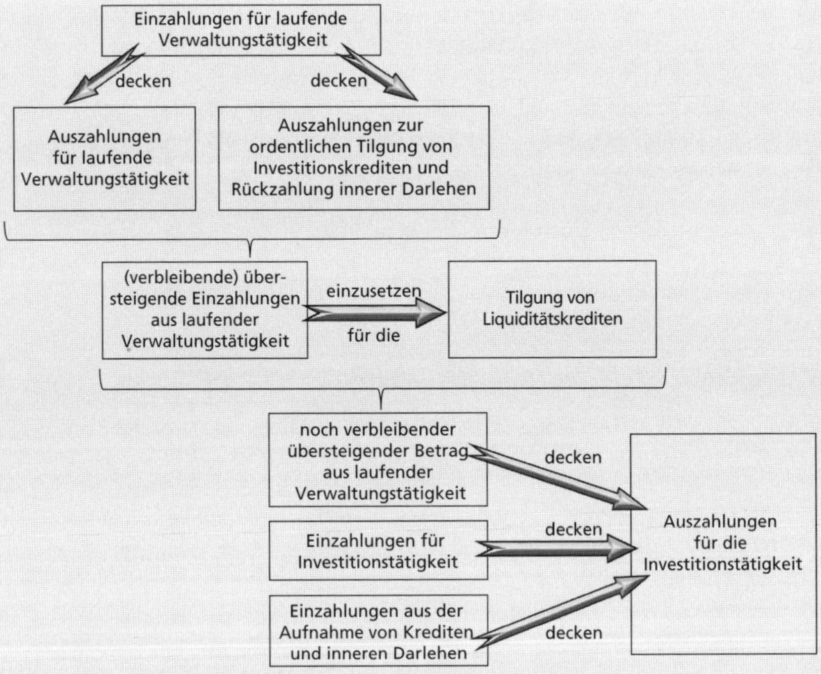

Abbildung 23: Gesamtdeckung im Finanzhaushalt

Auf einen Blick: Gesamtdeckung

Nach dem Grundsatz der Gesamtdeckung in § 17 KomHKVO decken alle ordentlichen Erträge alle ordentlichen Aufwendungen. Gleiches gilt für die außerordentlichen Ergebnisgrößen. Die Ergebnisspaltung wird also beibehalten. Innerhalb dieser Spaltung stehen einzelne Erträge gleichwohl nicht bestimmten Aufwendungen gegenüber, so dass die Deckung der Aufwendungen durch Erträge innerhalb des gleichen Ergebnisbereiches grundsätzlich keinen weiteren Einschränkungen unterliegt. Dieser Grundsatz wirkt so einer unrationellen und starren Mittelbewirtschaftung entgegen.

Die Deckung der investiven Auszahlungen erfolgt durch – nach Deckung der Auszahungen zur ordentlichen Tilgung von Investitionskrediten und zur Rückzahlung innerer Darlehen sowie nach Tilgung kurzfristiger Liquiditätskredite – verbleibende Zahlungsüberschüsse der laufenden Verwaltungstätigkeit sowie Einzahlungen für Investitionstätigkeit und Einzahlungen aus der Aufnahme von Krediten und inneren Darlehen.

2.7.2 Ausnahmen zur Gesamtdeckung (Zweckbindung)

Der Grundsatz der Gesamtdeckung steht unter dem Vorbehalt, dass in der KomHKVO »nichts anderes bestimmt ist«, verweist also auf die Möglichkeit anderer Bestimmungen in der Verordnung. Hierzu zählt als Ausnahme die sogenannte **Zweckbindung nach § 18 KomHKVO**. Zweckbindung bedeutet, dass Erträge nur für genau bestimmte Zwecke verwendet werden dürfen und damit aus der Gesamtdeckung herausgenommen werden. Die Verwendung der Erträge ist auf bestimmte Aufwendungen beschränkt. So dürfen Erträge nicht für andere Zwecke genutzt werden und es kommt zur Einzeldeckung bzw. Kopplung für konkret benannte Aufwendungen.

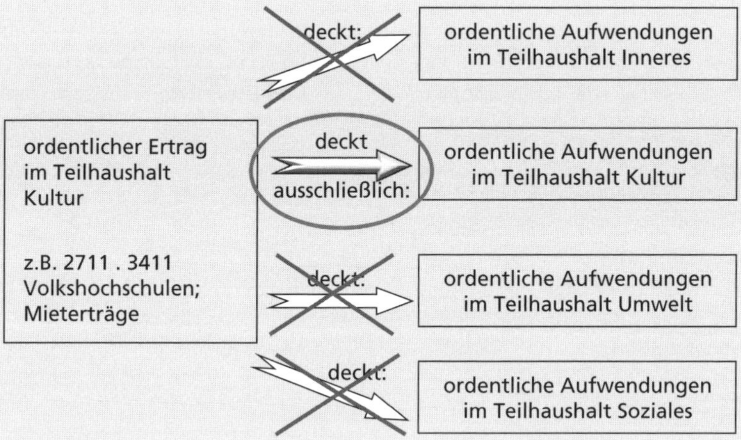

Abbildung 24: Zweckbindung

Zweckbindung kraft Gesetz bei rechtlicher Verpflichtung

§ 18 I 1 KomHKVO formuliert die erste Variante der Zweckbindung:
(1) [1]Erträge sind auf die Verwendung für bestimmte Aufwendungen beschränkt, soweit dafür eine rechtliche Verpflichtung besteht.

Die Formulierung **»Erträge ... für bestimmte Aufwendungen«** eröffnet den Anwendungsbereich für die laufende Verwaltungstätigkeit, d. h. für den Ergebnishaushalt.

Erträge sind danach zweckgebunden, d. h. nur »für bestimmte Aufwendungen« zu verwenden, wenn sich dieses aus einer rechtlichen Verpflichtung ergibt. Die Zweckbestimmung kann wirtschaftlicher, sozialer, kultureller, wissenschaftlicher, politischer oder sonstiger Art sein. Das Tatbestandsmerkmal **»eine rechtliche Verpflichtung«** kann sich z. B. aus einer Rechtsvorschrift (z. B. Ablösungszahlungen für notwendige Stellplätze § 47 VII NBauO), einem Verwaltungsakt (z. B. Bewilligungsbescheid von Bund oder Land für eine Zuwendung an die Kommune), einem Vertrag (z. B. Schenkung / Spende §§ 516 ff. BGB) oder aufgrund sonstiger Rechtspflichten (z. B. Testament §§ 1937, 2064 ff. BGB) ergeben.

Spenden sind Zuwendungen von z. B. Privatpersonen oder Unternehmen, bei denen das Motiv der Förderung der jeweiligen Behörde oder Einrichtung dominant ist. Der Spender erwartet keine Gegenleistung. In der Regel gibt der Spender gleichwohl ausdrücklich oder schlüssig vor, wozu seine Spende verwendet werden soll. Auch wenn der Vertrag, durch den eine Leistung schenkungsweise versprochen wird, nach § 518 I BGB grundsätzlich einer notariellen Beurkundung des Versprechens bedarf, so kann der Mangel der Form nach § 518 II BGB durch die Bewirkung der versprochenen Leistung geheilt werden. Mit der Annahme der Spende verpflichtet sich die Kommune sodann, die Spende auch dem Zweck entsprechend einzusetzen. Das Tatbestandsmerkmal »rechtliche Verpflichtung« liegt damit in Form eines Schenkungsvertrages vor und die Kommune hat die Spende (Ertrag) nur für den gewünschten Zweck (Aufwendung) zu verwenden.

Vor dem Hintergrund der strengen strafrechtlichen Vorschriften und der zunehmenden Sensibilisierung der Öffentlichkeit für Probleme bei der Entgegennahme von Zuwendungen durch Amtsträger ist eine Regelung für die Annahme und Vermittlung von freiwilligen Zuwendungen geschaffen worden, um ein transparentes Verfahren zu schaffen und gleichzeitig jeglichen Anschein der Vorteilsannahme zu vermeiden.

§ 111 VIII NKomVG regelt das Verfahren zur **Einwerbung und Annahme von Zuwendungen**:
(8) [1]Die Kommunen dürfen zur Erfüllung ihrer Aufgaben Spenden, Schenkungen und ähnliche Zuwendungen einwerben und annehmen oder an Dritte vermitteln, die sich an der Erfüllung von Aufgaben beteiligen. [2]Für die Einwerbung und die Entgegennahme des Angebots einer Zuwendung ist die Hauptverwaltungsbeamtin oder der Hauptverwaltungsbeamte zuständig. [3]Über die Annahme oder Vermittlung entscheidet die Vertretung. [4]Die Kommunen erstellen jährlich einen Bericht, in dem die Zuwendungsgeber, die Zuwendungen und die Zuwendungszwecke anzugeben sind, und übersenden ihn der Kommunalaufsichtsbehörde. [5]Das für Inneres zuständige Ministerium wird ermächtigt, durch Verordnung Wertgrenzen für Zuwendungen zu bestimmen und das Verfahren für Zuwendungen unterhalb der Wertgrenzen abweichend von den Sätzen 2 bis 4 zu regeln.

Die Einwerbung und Entgegennahme sowie die Vermittlung von Spenden, Schenkungen und ähnlichen Zuwendungen ist demnach ausdrücklich zugelassen. Dies gilt für alle Aufgabenbereiche der Kommune. Aufgrund der Verordnungsermächtigung gibt es zu dieser Vorschrift eine weitere Regelung, die ein weniger aufwändiges Verfahren zur Annahme und Vermittlung von Zuwendungen bis zu gewissen Wertgrenzen ermöglicht.

§ 26 I KomHKVO formuliert zur **Annahme und Vermittlung von Zuwendungen:**
(1) [1]Abweichend von § 111 Abs. 8 Satz 3 NKomVG entscheidet die Hauptverwaltungsbeamtin oder der Hauptverwaltungsbeamte über die Annahme oder Vermittlung von Zuwendungen mit einem Wert von bis zu 100 Euro. [2]Zuwendungen nach Satz 1 müssen in dem Bericht nach § 111 Abs. 8 Satz 4 NKomVG nicht angegeben werden. [3]Zuwendungen nach Satz 1 in Geld sind unter Angabe der Geberinnen und Geber, der Höhe und der Zwecke zu dokumentieren.

Trotz Vereinfachung bietet dieses Verfahren gleichwohl noch ein Mindestmaß an Transparenz und gewährleistet insbesondere die Nachvollziehbarkeit von Spendenvorgängen.

Die Rechtsfolge der Zweckbindung tritt sofort ein (»... *sind* ... beschränkt«). Die zweckentsprechende Verwendung der Erträge ist nicht weiter haushaltsrechtlich, d. h. formell über den Haushaltsplan, sicherzustellen und ein Zweckbindungsvermerk ist entbehrlich. Bei rechtlichen Verpflichtungen besteht zwischen den Ergebnisgrößen automatisch die sog. **Zweckbindung kraft Gesetz**.

Beispiel:
Überprüfung des Ausweises einer Zweckbindung im Haushaltsplan

Sachverhalt:
Das Land wird für die Aufwendungen zur Jubiläumsfeier der Stadtbücherei eine Zuwendung in Höhe 500 Euro gewähren. Ein entsprechender Bewilligungsbescheid liegt bereits vor und das zuständige Organ hat die Zustimmung zur Annahme erteilt. Der Fachdienst äußert per Mittelanmeldung den Wunsch, die zweckentsprechende Mittelverwendung haushaltsrechtlich sicherzustellen.

Lösung:
Als Rechtsgrundlage kommt § 18 I 1 KomHKVO in Betracht. Das Tatbestandsmerkmal »rechtliche Verpflichtung« liegt vor, da der Bewilligungsbescheid einen Verwaltungsakt darstellt. Die Landeszuweisung ist schon durch die Formulierung des Bewilligungsbescheides auf die Jubiläumsfeier beschränkt und damit ausdrücklich nur für diesen Zweck zu verwenden.

Die Rechtsfolge (»sind ... beschränkt«) führt zu einer Zweckbindung kraft Gesetz. Im Haushaltsplan ist die zweckentsprechende Mittelverwendung nicht weiter haushaltsrechtlich sicherzustellen. Es ist insbesondere kein Zweckbindungsvermerk notwendig.

Zweckbindung kraft Haushaltsvermerk bei sachlichem Zusammenhang

§ 18 I 2 KomHKVO formuliert die zweite Variante der Zweckbindung:
(1) [2]Wenn eine Beschränkung wegen des sachlichen Zusammenhangs geboten ist, darf eine Zweckbindung auch über Satz 1 hinaus durch Haushaltsvermerk vorgenommen werden.

Eine weitere Zweckbindung (»über Satz 1 hinaus«) im Ergebnishaushalt kommt zum Tragen, wenn eine Beschränkung wegen des sachlichen Zusammenhangs geboten ist. Das Tatbestandsmerkmal **»wegen des sachlichen Zusammenhangs«** ist als Beziehung zwischen Erträgen und Aufwendungen zu verstehen. Ein sachlicher Zusammenhang kann als gegeben angesehen werden, wenn es sich um Erträge und Aufwendungen zur Erstellung eines Produktes oder innerhalb derselben Produktgruppe handelt oder diese in einer sinnvollen und zweckmäßigen Verbindung zueinander stehen. Dabei stehen die Erträge und Aufwendungen desselben Produkts oder derselben Produktgruppe in einer unmittelbaren Wechselwirkung zueinander und bedingen sich quasi einander. Das Vorliegen des Tatbestandsmerkmals muss unter Auslegung des unbestimmten Rechtsbegriffs im konkreten Einzelfall beurteilt werden.

Das Tatbestandsmerkmal **»Beschränkung ... geboten«** fordert die nicht nur zufällige Zweckbindung. Die Verwendungsbeschränkung muss aufgrund des sachlichen Zusammenhangs der Erträge und Aufwendungen sinnvoll erscheinen und durch eine bewusste Entscheidung der Kommune getroffen werden. Das Gebot der Zweckbindung ergibt sich aus dem individuell festzustellenden Anspruch des Mittelgebers auf die ausschließlich spezielle Verwendung der Erträge durch den Mittelnehmer, die bewusst aus dem Gesamtdeckungsbereich herausgenommen werden sollen. Ein plausibler Grund, der die Herausnahme aus der Gesamtdeckung gebietet, ergibt sich z. B. bei Teilnahmeentgelten für eine Veranstaltung. Hier erwarten die Teilnehmer, dass ihre Entgelte auch zweckentsprechend nur für die Maßnahme und nicht für andere Aufwendungen zweckentfremdet verwendet werden.

Als Rechtsfolge »darf« eine Zweckbindung erfolgen. Die Kommune hat ein Ermessen, d. h. es steht ihr frei, von dieser Vorschrift Gebrauch zu machen. Möchte die Kommune die Zweckbindung vornehmen und die Planungsgrößen aus der Gesamtdeckung herausnehmen, so ist dieses formell (haushaltsrechtlich) durch einen ausdrücklichen Haushaltsvermerk im Haushaltsplan kenntlich zu machen, sog. **Zweckbindung kraft Haushaltsvermerk**. Da Haushaltsvermerke zu Ansätzen des Haushaltsplans weitere Bestimmungen festlegen, können sie ausschließlich in der nächsten Haushaltsplanung oder unterjährig in der Nachtragshaushaltsplanung angebracht werden.

§ 60 KomHKVO enthält folgende Begriffsbestimmung:
Nr. 20 Haushaltsvermerke:
Einschränkende oder erweiternde Bestimmungen zu Ansätzen des Haushaltsplans;

Der **Zweckbindungsvermerk** ist im Haushaltsplan auf dem Vorblatt des jeweiligen Teilhaushalts abzulesen und softwaretechnisch bei den einzelnen Produkt-Konten hinterlegt.

Beispiel:
Teilhaushalt (Muster 8 A vereinfacht):

A. Wesentliche Produkte des Teilhaushalts

im Teilhaushalt abgebildeter Produktbereich (verbindlich):

Produktbereich	21–24	Schulträgeraufgaben
Produktgruppe	211	Grundschulen
Produkt	2111	Grundschule

Zuordnung zum Verantwortungsbereich
Fachdienst 400 Schulangelegenheiten

...

Haushaltsvermerke, den Teilhaushalt betreffende Bewirtschaftungsregelungen
»Die Erträge des Produkt-Kontos 2111.3411 (Grundschule; Mieten) sind zweckgebunden für die Aufwendungen des Produkt-Kontos 2111.4271 (Grundschule; Veranstaltungen).«

Hieraus ist abzulesen, dass die Mieterträge der Grundschule aus der grundsätzlichen Gesamtdeckung herausgenommen sind und nicht zur Deckung anderer Aufwendungen der Kommune zur Verfügung stehen. Sie dürfen vielmehr nur für die Veranstaltungsaufwendungen in der Grundschule verwendet werden.

Beispiel:
Überprüfung einer möglichen Zweckbindung

Sachverhalt:
Der Fachdienst äußert per Mittelanmeldung den Wunsch, das Produkt-Konto 2721.3411 (Stadtbücherei; Mieten) für zweckgebunden mit dem Produkt-Konto 2721.4271 (Stadtbücherei; Anschaffung audiovisueller Medien) zu erklären.

Lösung:
Als Rechtsgrundlage kommt § 18 I 2 KomHKVO in Betracht.
Das Tatbestandsmerkmal »sachlicher Zusammenhang« liegt hier vor, da sowohl der Ertrag wie auch die Aufwendung zur Erstellung desselben Produktes (hier der Stadtbücherei 2721) dienen und in einer unmittelbaren Wechselwirkung zueinander stehen. Zudem liegt auch das Tatbestandsmerkmal »Beschränkung ... geboten« vor, da es sinnvoll ist, die Erträge aus der Vermietung von Räumen der Stadtbücherei ausschließlich für bestimmte Aufwendungen in der Stadtbücherei zu verwenden und sie aus der Gesamtdeckung herauszunehmen.

Die Rechtsfolge (»... darf eine Zweckbindung ... vorgenommen werden«) beinhaltet eine Ermessenseröffnung. Sie ist sinnvollerweise durch die Anbringung eines Zweckbindungsvermerkes beim Ertragskonto (vereinfacht: »Die Erträge bei 2721.3411 sind zweckgebunden für die Aufwendungen bei 2721.4271.«) abzuschließen.

Vorteile und Folgen der Zweckbindung

Beide Zweckbindungen (kraft Gesetz und kraft Haushaltsvermerk) wirken sich direkt auf die Planausführung aus. Als Folge beider Zweckbindungen können (»dürfen«) in Anwendung der sogenannten ***unechten* Deckungsfähigkeit** über die veranschlagte Summe hinausgehende Erträge (Mehrerträge) für entsprechende zusätzliche Aufwendungen (Mehraufwendungen) verwendet werden.

§ 18 I 3 KomHKVO beinhaltet die **unechte Deckungsfähigkeit:**
(1) [3]Zweckgebundene Mehrerträge dürfen für entsprechende Mehraufwendungen verwendet werden, wenn entsprechende Einzahlungen vorhanden oder rechtsverbindlich zugesagt worden sind.

Erwirtschaftet die Kommune Erträge über dem veranschlagten Niveau und sind diese auch bereits in der Kasse eingegangen (»entsprechende Einzahlungen vorhanden«), so kann sie die zweckgebundenen Mehrerträge dazu verwenden, entsprechende Mehraufwendungen, d. h. Aufwendungen über den Ansatz des einzelnen Kontos hinaus, zu verursachen. Eine Verpflichtung dieses zu tun, besteht selbstverständlich nicht. Diese unechte Deckungsfähigkeit ist nicht weiter haushaltsrechtlich, d. h. über den Haushaltsplan, sicherzustellen. Sie tritt als Folge der Zweckbindung in der Mittelbewirtschaftung automatisch ein.

Sind noch keine entsprechenden Einzahlungen vorhanden, dürfen zweckgebundene Mehrerträge bereits verwendet werden, wenn rechtsverbindliche Zusagen durch Dritte, z. B. durch einen (bestandskräftigen) Bewilligungsbescheid als Verwaltungsakt einer Behörde oder durch einen Vertrag, vorliegen. So löst bereits die rechtsverbindliche Zusage die gewünschte haushaltsrechtliche Ermächtigung aus, um erforderliche Aufträge vergeben oder Beschaffungen tätigen zu dürfen. Sollte die Zuwendung mit einem Vorbehalt versehen sein, dass sie als Förderung kommunaler Vorhaben nur gewährt wird, soweit ausreichende Eigenmittel zur Verfügung stehen, so ist die Zuwendung noch nicht rechtsverbindlich zugesagt. Damit müssten neben Mehrerträgen auch entsprechende Einzahlungen vorliegen, um Mehraufwendungen entstehen lassen und eine vorherige Auftragsvergabe vornehmen zu können. Auch ein privatrechtliches Schenkungsversprechen erfüllt diese Voraussetzung nicht.

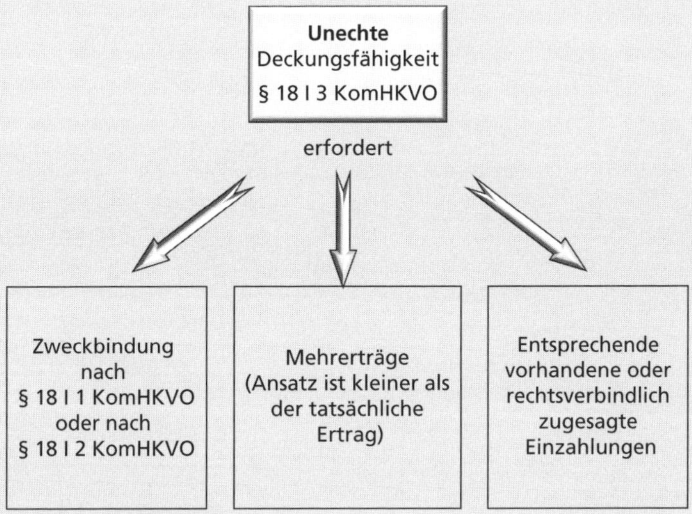

Abbildung 25: Unechte Deckungsfähigkeit

§ 18 I 5 KomHKVO formuliert zur Verwaltungsvereinfachung:
(1) [5]Mehraufwendungen nach Satz 3 gelten nicht als über- oder außerplanmäßig.

Die Berechtigung, Mehraufwendungen entstehen zu lassen, kann von der mittelbewirtschaftenden Stelle ohne Einschaltung der Finanzverwaltung, d. h. ohne besonderen Verwaltungsaufwand ausgeübt werden. Dabei bleibt der Ansatz der Aufwendung gleichwohl unverändert, er darf vielmehr ohne eine Antragsstellung o. ä. in der Planausführung überschritten werden und es erfolgt lediglich eine Dokumentation in der Haushaltsüberwachungsliste. Das förmliche Bewilligungsverfahren nach § 117 I NKomVG für über- oder außerplanmäßige Aufwendungen und Auszahlungen ist entbehrlich, so dass eine Flexibilität in der Haushaltsbewirtschaftung erreicht wird. Als Folge werden die mittelbewirtschaftenden Stellen kreativ und innovativ und suchen im Rahmen der gestärkten Eigenverantwortung selbst nach Potenzialen für zahlungswirksame Mehrerträge.

Alle Ausführungen zur Zweckbindung sind gleichwohl nicht nur auf den Ergebnisbereich beschränkt.

§ 18 II KomHKVO verweist auf die Anwendbarkeit für die Zahlungsgrößen:
(2) Absatz 1 gilt für Zweckbindungen bei Einzahlungen und Auszahlungen entsprechend.

Die Zweckbindung kraft Gesetz (§ 18 I 1 KomHKVO) und kraft Haushaltsvermerk (§ 18 I 1 und 2 KomHKVO) bzw. die unechte Deckungsfähigkeit (§ 18 I 3 KomHKVO) gelten für Zweckbindungen bei Ein- und Auszahlungen entsprechend. Da die Zahlungsgrößen der laufenden Verwaltungstätigkeit mit den Ergebnisgrößen (Erträge und Aufwendungen) verbunden sind, ist mit der Formulierung »Einzahlungen und Auszahlungen« nur der jeweilige Bereich der Investitionstätigkeit und der Finanzierungstätigkeit des Finanzhaushalts gemeint.

Beispiel:
Auswirkungen der Zweckbindung für die Planausführung

Sachverhalt:
Beim Produkt-Konto 2111.3461 (Grundschule; sonstige privatrechtliche Leistungsentgelte) ist ein Ansatz i. H. v. 2.600 Euro veranschlagt. Zudem ist der Haushaltsvermerk »2111.3461 ist zweckgebunden für 2111.4271« angebracht. Das Produkt-Konto 2111.4271 (Grundschule; Lehr- und Unterrichtsmaterial) ist mit einem Ansatz i. H. v. 6.700 Euro veranschlagt.
In der Bewirtschaftung wurden bei 2111.3461 Erträge i. H. v. 2.900 Euro gebucht. Dabei ist eine Forderung i. H. v. 100 Euro noch nicht zahlungswirksam geworden, so dass das verbundene Produkt-Konto 2111.6461 Einzahlungen i. H. v. 2.800 Euro ausweist. Die Aufwendung 2111.4271 weist einen Buchungsstand von 5.900 Euro aus.

Es ist zu klären, in welcher Höhe noch Lehr- und Unterrichtsmaterial beschafft werden kann.

Lösung:
Zur Ermittlung der Aufwendungsermächtigung ist bei dem Ansatz der entsprechenden Buchungsstelle (hier 2111.4271 mit 6.700 Euro) zu beginnen. Weiter zu berücksichtigen wären Änderungen durch einen Nachtragshaushaltsplan oder durch eine Haushaltssperre und die aus Vorjahren übertragenen Haushaltsreste. Hier liegen keine diesbezüglichen Informationen vor, so dass zunächst 6.700 Euro zur Verfügung stehen.

Hinzu kommt die Berücksichtigung der unechten Deckungsfähigkeit nach § 18 I 3 KomHKVO. Danach darf der Aufwendungsansatz bis zur Höhe der zweckgebundenen (hier aufgrund des Zweckbindungsvermerks nach § 18 I 2 KomHKVO erfüllt) zahlungswirksam eingegangenen Mehrerträge (hier 200 Euro; der Ertrags-Ansatz bei 2111.3461 mit 2.600 Euro ist kleiner als die tatsächliche Einzahlung bei 2111.6461 i. H. v. 2.800 Euro) überschritten werden. Daraus ergibt sich eine Gesamtermächtigung i. H. v. 6.900 Euro (6.700 Euro + 200 Euro).
Von der so ermittelten Gesamtbewirtschaftungsermächtigung werden die bisher angeordneten Beträge (hier entstandene Aufwendungen i. H. v. 5.900 Euro) und eventuelle Vormerkungen (erteilte Aufträge etc.) subtrahiert.

Es ergibt sich ein verfügbarer Betrag bei 2111.4271 i. H. v. 1.000 Euro, den die mittelbewirtschaftende Stelle noch für die Anschaffung des Lehr- und Unterrichtsmaterials einsetzen und verwenden darf. Neben der Ermächtigung in dieser Höhe Aufwendungen entstehen zu lassen, ist auch die Ermächtigung zur Leistung von Auszahlungen für die laufende Verwaltungstätigkeit – die wiederum bei 2111.7271 nachzuweisen sind – verbunden, die sich unmittelbar aus der dazugehörigen Aufwandsermächtigung ergibt.

Auf einen Blick: Ausnahmen zur Gesamtdeckung (Zweckbindung)
Ausnahmen zur Gesamtdeckung ergeben sich durch **§ 18 KomHKVO.** Erträge decken danach im Rahmen der **Zweckbindung** nicht alle Aufwendungen. Sie können vielmehr nur für bestimmte Aufwendungen, d. h. nur beschränkt zur Finanzierung konkret benannter Zwecke, verwendet werden. Gleiches gilt für die Zahlungsgrößen. Die Zweckbindung stellt also die spezielle Mittelverwendung sicher. Gleichzeitig führt die Zweckbindung über die unechte Deckungsfähigkeit zu mehr Flexibilität in der Mittelbewirtschaftung.

2.7.3 Sachliche Bindung

Nach dem **Grundsatz der sachlichen Bindung** hat sich die Bewirtschaftung der Haushaltsermächtigungen sowohl qualitativ wie auch quantitativ nach den Vorgaben des Haushaltsplans zu richten. Hintergrund für diesen Grundsatz ist, dass die Verwaltung den von der Vertretung beschlossenen jeweiligen Verwendungszweck akzeptieren und die Ansatzhöhe der einzelnen Buchungsstelle beachten soll. Während der Grundsatz der Einzelveranschlagung für die Planaufstellung gilt, ist die ihm ähnliche sachliche Bindung quasi als Ergänzung dieses Grundsatzes für die Planausführung, d. h. für die Bewirtschaftung der Haushaltsermächtigungen, relevant.

§ 113 III 1 und 2 NKomVG fixieren für die sachliche Bindung:
(3) [1]Der Haushaltsplan ist Grundlage für die Haushaltswirtschaft der Kommunen. [2]Er ist nach Maßgabe dieses Gesetzes und der aufgrund dieses Gesetzes erlassenen Vorschriften für die Haushaltsführung verbindlich.

Die *qualitative* Ausprägung des Grundsatzes bedeutet, dass der festgelegte Verwendungszweck jeder einzelnen Buchungsstelle in der Planausführung verbindlich ist. Dieser ergibt sich aus der Bezeichnung des Produkt-Kontos. Die genutzten Haushaltsermächtigungen sind bei der Buchungsstelle nachzuweisen, zu der sie sachlich gehören; die Verwaltung ist an den Zweck grundsätzlich gebunden. Aufwendungen für die Beleuchtung in der Realschule sind z. B. in der Planausführung bei dem sachlich richtigen Produkt-Konto (2151.4241) zu buchen.

Für die Bewirtschaftung der Aufwendungen, Auszahlungen und Verpflichtungsermächtigungen gibt es im fünften Abschnitt der KomHKVO weitere Vorschriften für die Haushaltswirtschaft und damit auch für den o. g. Grundsatz.

§ 27 I KomHKVO ergänzt zur sachlichen Bindung:
(1) [1]Die Haushaltsansätze werden so bewirtschaftet, dass sie für die im Haushaltsjahr anfallenden Aufwendungen und Auszahlungen ausreichen. [2]Sie dürfen erst dann in Anspruch genommen werden, wenn die Erfüllung der Aufgaben es erfordert.

Entsprechend bedeutet die *quantitative* Ausprägung des Grundsatzes, dass die festgelegte Ansatzhöhe jeder einzelnen Buchungsstelle in der Planausführung verbindlich ist. Die Haushaltsansätze bilden eine Obergrenze, d. h. der zur Verfügung stehende Ansatz der Aufwendungen und Auszahlungen darf in der Planausführung nicht überschritten werden; die Verwaltung ist an den Umfang grundsätzlich gebunden.

§ 27 III KomHKVO regelt die Bewirtschaftung der Aufwendungen, Auszahlungen und Verpflichtungsermächtigungen:
(3) [1]Die Inanspruchnahme der haushaltsrechtlichen Ermächtigungen wird überwacht. [2]Die bei den einzelnen Teilhaushalten noch zur Verfügung stehenden Mittel müssen stets erkennbar sein.

Um die Vorgabe der haushaltsrechtlichen Ermächtigungen auch einzuhalten, wird die Einhaltung derselben also permanent beobachtet. Werden Haushaltsansätze einer Buchungsstelle in der Planausführung nicht in der geplanten Höhe genutzt, so dürfen sie grundsätzlich nicht für andere Zwecke eingesetzt werden. Sie gelten als erspart.

Auf einen Blick: Sachliche Bindung
Nach dem Grundsatz der sachlichen Bindung in § 113 III 1, 2 NKomVG und § 27 I KomHKVO sind bei der Bewirtschaftung der Haushaltsansätze enge Grenzen gesetzt. Im Rahmen der Verbindlichkeit des Haushaltsplans sind sowohl der Verwendungszweck zu beachten wie auch der Ansatz der sachlich richtigen Buchungsstelle als Obergrenze zu verstehen. Es ist grundsätzlich eine über das gesamte Haushaltsjahr zügige Aufgabenerfüllung ohne Haushaltsüberschreitung und ohne vorzeitige Leistung von Aufwendungen bzw. Auszahlungen zu sichern.

2.7.4 Ausnahmen zur sachlichen Bindung (Deckungsfähigkeit)

Als Ausnahme greift die sogenannte **Deckungsfähigkeit nach § 19 KomHKVO**, welche sich im Gegensatz zur unechten Deckungsfähigkeit nur auf die Aufwendungsseite bezieht. Die Ansätze der Aufwendungen können in der Planausführung untereinander von einer deckungspflichtigen Aufwendung zu einer deckungsberechtigten Aufwendung quasi verschoben werden, so dass sich dort eine geänderte Ermächtigung ergibt, Aufwendungen entstehen zu lassen. Damit ist die Bindungskraft des Haushaltsplans, welche die Verwaltung an die Vorgaben der Vertretung bindet, aufgeweicht. So kann die Verwaltung die Ermächtigungen gänzlich anders einsetzen, als dies über die Festlegung der Konten durch die Ansatzhöhe oder des Verwendungszwecks benannt ist. Die Gesamtsumme der Aufwendungen, d. h. das Volumen der Haushaltssatzung, bleibt bei der Inanspruchnahme der Deckungsfähigkeit gleichwohl insgesamt unverändert, weshalb das Verfahren in der Praxis als ***echte* Deckungsfähigkeit** bezeichnet wird.

Deckungsfähigkeit kraft Gesetz innerhalb eines Budgets

§ 19 I KomHKVO formuliert die erste Variante der Deckungsfähigkeit:
(1) Ansätze für Aufwendungen einschließlich der Haushaltsreste innerhalb eines Budgets sind gegenseitig deckungsfähig, wenn im Haushaltsplan nichts anderes bestimmt wird.

HAUSHALTSPLANUNG UND -BEWIRTSCHAFTUNG

Die Formulierung **»Ansätze für Aufwendungen einschließlich der Haushaltsreste«** eröffnet den Anwendungsbereich für die laufende Verwaltungstätigkeit, d. h. für den Ergebnishaushalt.

Das Tatbestandsmerkmal **»innerhalb eines Budgets«** setzt ein durch einen Budgetvermerk nach § 4 III 1 KomHKVO wirksam erklärtes Budget voraus. Hier wird auf die noch folgenden Ausführungen zur Budgetierung verwiesen.

Die Rechtsfolge der Deckungsfähigkeit tritt sofort ein (»*sind* ... gegenseitig deckungsfähig«). Die Deckungsfähigkeit ist nicht weiter haushaltsrechtlich, d. h. formell über den Haushaltsplan, sicherzustellen und ein Deckungsvermerk (neben dem erforderlichen Budgetvermerk) ist entbehrlich. Innerhalb der durch den Budgetvermerk begründeten Bewirtschaftungseinheit besteht grundsätzlich, d. h. »wenn im Haushaltsplan nichts anderes bestimmt wird«, die **Deckungsfähigkeit kraft Gesetz**.

Will die Kommune von dem Regelfall abweichen und die Rechtsfolge einschränken, d. h. entsprechend der Möglichkeit »etwas anderes« bestimmen, muss sie die Deckungsfähigkeit im Haushaltsplan per Haushaltsvermerk ausdrücklich aufheben. Auch eine Begrenzung ist möglich, so dass einige Konten des Budgets von der automatischen Deckungsfähigkeit innerhalb des Budgets partiell ausgeschlossen werden können.

Deckungsfähigkeit kraft Haushaltsvermerk bei sachlichem Zusammenhang

§ 19 II KomHKVO formuliert die zweite Variante der Deckungsfähigkeit:
(2) Ansätze für Aufwendungen einschließlich der Haushaltsreste, die nicht nach Absatz 1 deckungsfähig sind, können für einseitig oder gegenseitig deckungsfähig erklärt werden, wenn sie in einem sachlichen Zusammenhang stehen.

Die Formulierung **»Ansätze für Aufwendungen einschließlich der Haushaltsreste«** eröffnet den Anwendungsbereich für die laufende Verwaltungstätigkeit, d. h. für den Ergebnishaushalt.

Das Tatbestandsmerkmal **»die nicht nach Absatz 1 deckungsfähig sind«** regelt den Anwendungsbereich für Ergebnisgrößen, die nicht durch § 19 I KomHKVO erfasst sind, also solche außerhalb eines Budgets.

Das Tatbestandsmerkmal **»wenn sie in einem sachlichen Zusammenhang stehen«** ist als Beziehung z. B. zwischen mindestens zwei Aufwendungen zu prüfen. Diese müssen in einem sachlichen Zusammenhang zueinander stehen. Dieser kann einerseits bei Aufwendungen gesehen werden, die zur Erstellung eines Produktes dienen oder zur selben Produktgruppe gehören. Die Konten können dabei aus vertikaler Sicht unterschiedlicher Art, d. h. verschiedenen Kontengruppen zugehörig, sein. Andererseits kann der sachliche Zusammenhang bei Aufwendungen gesehen werden, die derselben Aufwandsart (aufwandsgleicher Charakter) angehören und damit in einer Art Wechselwirkung zueinander stehen. Es können also auch Konten für gleichartige Einzelzwecke aus horizontaler Sicht über verschiedene Produkte und womöglich verschiedene Teilhaushalte in einem sachlichen Zusammenhang stehen. Das Vorliegen des Tatbestandsmerkmals muss unter Auslegung des unbestimmten Rechtsbegriffs im konkreten Einzelfall beurteilt werden.

Als Rechtsfolge »kann« eine einseitige oder gegenseitige Deckungsfähigkeit erklärt werden. Die Kommune hat ein Ermessen, d. h. es steht ihr frei, von dieser Vorschrift Gebrauch zu machen. Möchte die Kommune die Deckungsfähigkeit vornehmen und die Ansätze für Aufwendungen aus der sachlichen Bindung herausnehmen, so ist dieses formell (haushaltsrechtlich) durch einen ausdrücklichen Haushaltsvermerk im Haushaltsplan kenntlich zu machen, sog. **Deckungsfähigkeit kraft Haushaltsvermerk**. Da Haushaltsvermerke zu Ansätzen des Haushaltsplans weitere Bestimmungen festlegen, können sie ausschließlich in der nächsten Haushaltsplanung oder unterjährig in der Nachtragshaushaltsplanung angebracht werden.

§ 60 KomHKVO enthält folgende Begriffsbestimmung:
Nr. 20 Haushaltsvermerke:
Einschränkende oder erweiternde Bestimmungen zu Ansätzen des Haushaltsplans;

Der **Deckungsvermerk** ist im Haushaltsplan auf dem Vorblatt des jeweiligen Teilhaushalts abzulesen und softwaretechnisch bei den einzelnen Produkt-Konten hinterlegt.

Beispiel:
Teilhaushalt (Muster 8 A vereinfacht):

A. Wesentliche Produkte des Teilhaushalts

im Teilhaushalt abgebildeter Produktbereich (verbindlich):

Produktbereich	21-24	Schulträgeraufgaben
Produktgruppe	211	Grundschulen
Produkt	2111	Grundschule

Zuordnung zum Verantwortungsbereich
Fachdienst 400 Schulangelegenheiten

...

Haushaltsvermerke, den Teilhaushalt betreffende Bewirtschaftungsregelungen
»Die Aufwendungen des Produkt-Kontos 2111.4271 (Grundschule; Lehr- und Unterrichtsmaterial) sind gegenseitig deckungsfähig mit den Aufwendungen des Produkt-Kontos 2111.4431 (Grundschule; Bücher und Zeitschriften).«

Hieraus ist abzulesen, dass der Aufwendungsansatz für Lehr- und Unterrichtsmaterial wie auch der Aufwendungsansatz für Bücher und Zeitschriften der Grundschule von der grundsätzlichen sachlichen Bindung befreit sind, d. h. die Ansätze sind nicht mehr nur für den jeweiligen Zweck zu verwenden. Damit verbunden kann im Gegenzug die Ansatzhöhe einer Aufwendung bei vorliegenden Einsparungen einer anderen Aufwendung überschritten werden. Wird z. B. der Ansatz für Lehr- und Lernmaterial bei der Planausführung anteilig eingespart, so darf dieser Betrag grundsätzlich auch für Bücher und Zeitschriften eingesetzt werden.

Beispiel:
Überprüfung einer möglichen Deckungsfähigkeit

Sachverhalt:
Der Fachdienst äußert per Mittelanmeldung den Wunsch, die Aufwendungen bei 2721.4211 (Stadtbücherei; Gebäudeunterhaltung) und 2721.4241 (Stadtbücherei; Gebäudebewirtschaftung) für gegenseitig deckungsfähig zu erklären.

Lösung:
Als Rechtsgrundlage kommt § 19 II KomHKVO in Betracht.
Dieser Anwendungsbereich ist zu wählen, da »Ansätze für Aufwendungen ...« vorliegen. Anhand der Kontenklasse 4 ist zu erkennen, dass der Finanzvorfall dem Ergebnishaushalt zuzuordnen ist.
Das Tatbestandsmerkmal »nicht nach Abs. 1 deckungsfähig« liegt vor, da die Stadtbücherei nicht zu einem Budget erklärt wurde (hierfür wäre nach § 4 III 1 KomHKVO ein ausdrücklicher Hinweis im Sachverhalt bzw. ein Budgetvermerk im Haushaltsplan notwendig). Der Anwendungsbereich des § 19 I KomHKVO ist damit nicht eröffnet.
Auch das Tatbestandsmerkmal »sachlicher Zusammenhang« liegt vor, da beide Aufwendungen zur Erstellung desselben Produktes (hier der Stadtbücherei 2721) dienen.

Die Rechtsfolge (»können für ... deckungsfähig erklärt werden«) beinhaltet eine Ermessenseröffnung. Sie ist durch die Anbringung eines Deckungsvermerkes bei den Aufwandskonten (vereinfacht: »Die Aufwendungen bei 2721.4211 und 2721.4241 sind gegenseitig deckungsfähig.«) abzuschließen.

Alle Ausführungen zur Deckungsfähigkeit sind gleichwohl nicht nur auf den Ergebnisbereich beschränkt.

§ 19 III KomHKVO verweist auf die Anwendbarkeit für die Auszahlungsansätze und für Verpflichtungsermächtigungen:
(3) [1]Die Absätze 1 und 2 gelten für die Auszahlungsansätze im Finanzhaushalt einschließlich der Haushaltsreste und für Verpflichtungsermächtigungen entsprechend. [2]Die gegenseitige Deckungsfähigkeit ist nicht zulässig zwischen Auszahlungen aus laufender Verwaltungstätigkeit und Auszahlungen für Investitionstätigkeit oder für Finanzierungstätigkeit.

Da die Auszahlungen der laufenden Verwaltungstätigkeit durch die verbundenen Ergebnisgrößen (Aufwendungen) ermächtigt sind, ist mit der Formulierung »Auszahlungsansätze im Finanzhaushalt einschließlich der Haushaltsreste« nur die Deckungsfähigkeit für die Auszahlungen und Haushaltsreste der Investitions- und Finanzierungstätigkeit gemeint. Der Bezug in Satz 1 auf die Absätze 1 und 2 greift die Deckungsfähigkeit kraft Gesetz im Budget und die Deckungsfähigkeit kraft Haushaltsvermerk auf. Beide Deckungsfähigkeiten gelten auch für die Auszahlungen der Investitions- und Finanzierungstätigkeit.

Dabei verbleibt die Deckungsfähigkeit nach § 19 III 2 KomHKVO gleichwohl im jeweiligen Ursachenbereich des Finanzhaushalts. In Auslegung der Vorschrift dürfen Einsparungen bei der Investitionstätigkeit z. B. ausschließlich für andere Investitionen, jedoch nicht auch für laufende Verwaltungstätigkeit verwendet werden. Auszahlungen für die Investitionstätigkeit dürfen also nicht zugunsten von Auszahlungen für die laufende Verwaltungstätigkeit für einseitig deckungsfähig erklärt werden. Dieses widerspricht schon dem Grundsatz der Gesamtdeckung nach § 17 KomHKVO, der eine grundsätzliche Trennung der laufenden bzw. investiven Tätigkeit vorschreibt. Lediglich § 19 IV KomHKVO verknüpft die verschiedenen Ursachenbereiche der Zahlungsgrößen. Die Vorstellung dieser Vorschrift erfolgt im Kapitel über die Budgetierung. Eine Verquickung von Ergebnis- und Zahlungsgrößen ist ebenfalls nicht möglich, d. h. Aufwendungen dürfen nicht mit Auszahlungen für deckungsfähig erklärt werden.

Aufwendungen oder Auszahlungen können auch nicht mit Verpflichtungsermächtigungen für deckungsfähig erklärt werden, da die letztgenannten im Haushaltsjahr nicht ergebnis- bzw. zahlungswirksam sind. Verpflichtungsermächtigungen können nur untereinander im Budget deckungsfähig sein bzw. außerhalb eines Budgets per Haushaltsvermerk dazu erklärt werden. Im Rahmen der Deckungsfähigkeit können Verpflichtungsermächtigungen höher in Anspruch genommen werden, wenn andere Verpflichtungsermächtigungen dafür eingespart werden und der in der Haushaltssatzung festgesetzte Gesamtbetrag der Verpflichtungsermächtigungen damit nicht überschritten wird.

Vorteile und Folgen der Deckungsfähigkeit

Beide Deckungsfähigkeiten (kraft Gesetz und kraft Haushaltsvermerk) wirken sich direkt auf die Planausführung aus. Die Deckungsfähigkeit ist als Berechtigung zu verstehen, die Haushaltsansätze sachlich übertragen zu dürfen. Überschreitungen einer Buchungsstelle (Mehraufwendungen) können durch Einsparungen (Minderaufwendungen) einer anderen Buchungsstelle oder mehrerer anderer Buchungsstellen ausgeglichen werden.

Für die Beweglichkeit innerhalb dieses Mittelaustausches kommt es darauf an, wie die Deckungsfähigkeit geregelt ist. Der Ansatz bei einer Buchungsstelle (oder bei mehreren Buchungsstellen) kann *gegenseitig deckungsfähig* mit einer anderen Buchungsstelle (oder mit mehreren Buchungsstellen) sein bzw. erklärt werden. Alternativ kann der Ansatz bei einer Buchungsstelle (oder bei mehreren Buchungsstellen) *einseitig zugunsten* einer anderen Buchungsstelle (oder zugunsten mehrerer Buchungsstellen) für deckungsfähig erklärt werden.

Bei der **gegenseitigen** Deckungsfähigkeit können die einbezogenen Buchungsstellen wechselseitig (in beiden Richtungen) verstärkt werden. Einsparungen (Minderaufwendungen und eingesparte Haushaltsreste) berechtigen zu entsprechenden Verstärkungen (Mehraufwendungen) und umgekehrt. Die Ansätze und Haushaltsreste sind sowohl deckungsberechtigt (nehmen die Mittel an) als auch deckungspflichtig (geben die Mittel ab). Dabei sollte die Ersparnis des deckungspflichtigen Ansatzes bis Jahresende bestehen bleiben, d. h. dass dieser Betrag nach Abgabe der Haushaltsmittel nicht wieder zurückgefordert werden kann.

Bei der **einseitigen** Deckungsfähigkeit ist nur ein Ansatz deckungsberechtigt, während der andere Ansatz nur deckungspflichtig ist, d. h. er kann Mittel an die deckungsberechtigte Buchungsstelle abgeben. Hier wird durch die Formulierung des Deckungsvermerks festgelegt, welcher Ansatz deckungsberechtigt und damit begünstigt ist, d. h. zu Lasten des deckungspflichtigen Ansatzes verstärkt werden kann.

Beispiel:

Gegenseitige Deckungsfähigkeit
Es liegt folgender Deckungsvermerk vor:
Die Aufwendungen bei 2111.4211 (Grundschule; Unterhaltung der Grundstücke) und bei 2111.4431 (Grundschule; Geschäftsbedarf) sind gegenseitig deckungsfähig.

Die Haushaltsmittel aus den Ansätzen der Aufwendungen 2111.4211 und 2111.4431 dürfen gegeneinander ausgetauscht werden, d. h. für Aufwendungen steht die Summe aus beiden Ansätzen insgesamt zur Verfügung. Softwaretechnisch wird oft der Begriff »Deckungskreis« verwendet, der jedoch in der KomHKVO haushaltsrechtlich nicht belegt ist. Erst wenn dieser Betrag nicht ausreicht, kommt es zu einer überplanmäßigen Aufwendung.

Die **gegenseitige** Deckungsfähigkeit wirkt wechselseitig in beide Richtungen.

Einseitige Deckungsfähigkeit
Es liegt folgender Deckungsvermerk vor:
Die Aufwendungen bei 2111.4211 (Grundschule; Unterhaltung der Grundstücke) sind einseitig deckungsfähig zugunsten der Aufwendungen bei 2111.4431 (Grundschule; Geschäftsbedarf).

Ausschließlich die Nehmer-Buchungsstelle 2111.4431 ist »begünstigt«, kann also als deckungsberechtigte Buchungsstelle Mehraufwendungen zu Lasten des Geber-Kontos 2111.4211 auslösen. Sollte gleichwohl bei dem deckungspflichtigen Produkt-Konto (2111.4211) ein Mehrbedarf bestehen, der prinzipiell durch Einsparungen bei dem eigentlich deckungsberechtigten Produkt-Konto (2111.4431) gedeckt werden könnte, kann der Deckungsvermerk nicht in Anspruch genommen werden. Hier muss ein Antrag auf Bewilligung überplanmäßiger Aufwendungen gestellt werden. Die dafür nach § 117 I 1 NKomVG für die Nachbewilligung bei 2111.4211 erforderliche Deckung könnte aus der Buchungsstelle 2111.4431 erfolgen.

Die **einseitige** Deckungsfähigkeit wirkt nur in eine Richtung.

So schafft die Deckungsfähigkeit mehr Flexibilität in der Haushaltsbewirtschaftung, da die Haushaltsansätze der Buchungsstellen nur noch in gewissem Umfang bzw. gar nicht mehr sachgebunden zu verwenden sind. Deckungsfähige Haushaltsansätze können bedarfsgerecht verwendet werden, auch wenn diese dann nicht mehr der ursprünglichen Veranschlagung zugeführt werden. Eingesparte Haushaltsansätze können dadurch für andere Zwecke auf einer anderen Buchungsstelle verwendet werden, so dass der Grundsatz der sachlichen Bindung durchbrochen wird. Dabei ist der Finanzvorfall auch bei der Inanspruchnahme der Deckungsfähigkeit gleichwohl immer auf der jeweils sachlich zutreffenden Buchungsstelle anzuordnen und zu buchen.

§ 19 VI KomHKVO formuliert zur Verwaltungsvereinfachung:
(6) Die Planabweichungen nach den Absätzen 1 bis 4 gelten nicht als überplanmäßig.

Die Berechtigung, Mehraufwendungen entstehen zu lassen, kann von der mittelbewirtschaftenden Stelle ohne Einschaltung der Finanzverwaltung, d. h. ohne besonderen Verwaltungsaufwand ausgeübt werden. Dabei bleibt der Haushaltsansatz der verstärkten Aufwendung (bis auf Fälle nach § 19 V KomHKVO) gleichwohl unverändert, er darf vielmehr ohne eine Antragsstellung o. ä. in der Planausführung überschritten werden und es erfolgt lediglich eine Dokumentation in der Haushaltsüberwachungsliste. Das förmliche Bewilligungsverfahren nach § 117 I NKomVG für über- und außerplanmäßige Aufwendungen und Auszahlungen ist entbehrlich, so dass eine Flexibilität in der Haushaltsbewirtschaftung erreicht wird. Die mittelbewirtschaftenden Stellen können sich als Folge der gestärkten Eigenverantwortung Gestaltungsräume schaffen und bedarfsadäquate Umschichtungen zwischen den einzelnen Verwendungszwecken selbst entscheiden.

Beispiel:
Auswirkungen der Deckungsfähigkeit

Sachverhalt:
Beim Produkt-Konto 2111.4271 (Grundschule; Lehr- und Unterrichtsmaterial) ist ein Ansatz i. H. v. 4.200 Euro veranschlagt. Zudem ist der Haushaltsvermerk »2111.4271 ist gegenseitig deckungsfähig mit 2111.4431.« angebracht. Zugleich ist das Produkt-Konto 2111.4431 (Grundschule; Geschäftsbedarf) mit einem Ansatz i. H. v. 4.500 Euro veranschlagt.
In der Bewirtschaftung werden bei 2111.4271 Aufwendungen i. H. v. 3.000 Euro gebucht. Die Aufwendung 2111.4431 weist einen Buchungsstand von 4.100 Euro aus.

Es ist zu klären, in welcher Höhe noch Lehr- und Unterrichtsmaterial beschafft werden kann.

Lösung:
Zur Ermittlung der Aufwendungsermächtigung ist bei dem Ansatz der sachlich richtigen Buchungsstelle (hier 2111.4271 mit 4.200 Euro) zu beginnen. Hinzu kämen Änderungen durch einen Nachtragshaushaltsplan oder durch eine Haushaltssperre und die aus Vorjahren übertragenen Haushaltsreste. Hier liegen keine diesbezüglichen Informationen vor, so dass zunächst 4.200 Euro zur Verfügung stehen.

Hinzu kommt die Berücksichtigung der echten Deckungsfähigkeit nach § 19 II KomHKVO, wonach der Aufwendungsansatz bis zur Höhe der Minderaufwendung bei dem für gegenseitig deckungsfähig erklärten Konto 2111.4431 (hier 400 Euro; der Aufwands-Ansatz in Höhe von 4.500 Euro ist größer als die tatsächliche Aufwendung in Höhe von 4.100 Euro) überschritten werden darf. Es wird unterstellt, dass das Produkt-Konto 2111.4431 mit der Einsparung einen Endstand ausweist und bis zum Jahresabschluss auch kein weiterer Geschäftsbedarf benötigt wird. Daraus ergibt sich eine Gesamtermächtigung i. H. v. 4.600 Euro (4.200 Euro + 400 Euro).

Von der so ermittelten Gesamtbewirtschaftungsermächtigung werden die bisher angeordneten Beträge des entsprechenden Kontos (hier entstandene Aufwendungen i. H. v. 3.000 Euro bei 2111.4271) und eventuelle Vormerkungen (erteilte Aufträge etc.) subtrahiert.

Es ergibt sich ein verfügbarer Betrag bei 2111.4271 i. H. v. 1.600 Euro, den die mittelbewirtschaftende Stelle noch für die Anschaffung des Lehr- und Unterrichtsmaterials einsetzen und verwenden darf. Neben der Ermächtigung in dieser Höhe Aufwendungen entstehen zu lassen, ist auch die Ermächtigung zur Leistung von Auszahlungen für die laufende Verwaltungstätigkeit – die wiederum bei 2111.7271 nachzuweisen sind – verbunden, die sich unmittelbar aus der dazugehörigen Aufwandsermächtigung ergibt.

Auf einen Blick: Ausnahmen zur sachlichen Bindung (Deckungsfähigkeit)
Ausnahmen zum Grundsatz der sachlichen Bindung ergeben sich durch **§ 19 KomHKVO**. Ansätze der Aufwendungen, Auszahlungen und Verpflichtungsermächtigungen können danach im Rahmen der (echten) **Deckungsfähigkeit** zu Lasten anderer Ansätze der Ergebnis- wie auch Zahlungsgrößen und Verpflichtungsermächtigungen in der Planausführung überschritten werden. Die Deckungsfähigkeit stellt also den Mittelaustausch zwischen Buchungsstellen sicher. So führt die echte Deckungsfähigkeit zu mehr Flexibilität in der Mittelbewirtschaftung.

2.7.5 Unechte und echte Deckungsfähigkeit

Folgendes Schaubild (vereinfacht) vergleicht die Berechtigungen in der Planbewirtschaftung. Es wird deutlich, dass sowohl die unechte als auch die echte Deckungsfähigkeit dazu berechtigen, Mehraufwendungen bzw. Mehrauszahlungen entstehen lassen zu dürfen. So öffnen sich der Verwaltung umfassende Optionen, Mehraufwendungen entstehen zu lassen bzw. Mehrauszahlungen zu leisten, ohne ein förmliches Verfahren anzustrengen und die Vertretung einzubinden. Die Verwendung der Ermächtigungen wird durch die genannten Flexibilisierungsinstrumente damit vollständig in die Entscheidungshoheit der Verwaltung verschoben.

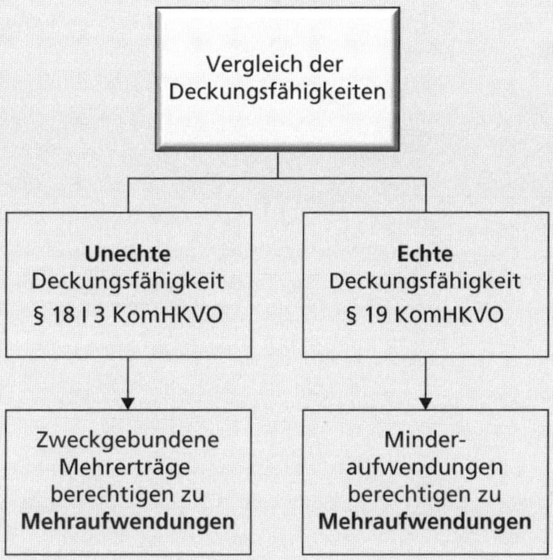

Abbildung 26: Flexibilitäten im Haushaltsvollzug

Auf einen Blick: Unechte und echte Deckungsfähigkeit

Würden keine Vorschriften zur flexiblen Haushaltsführung über die Deckungsregeln bestehen, wäre die Verwaltung exakt an die Haushaltsansätze der Produkt-Konten gebunden. In Folge bewirkt die **unechte** Deckungsfähigkeit nach § 18 I 3 KomHKVO neben der **echten** Deckungsfähigkeit nach § 19 KomHKVO eine große Beweglichkeit beim Vollzug des Haushaltsplans und Verwaltungsaufwand kann eingespart werden. Dadurch wird auch der in § 110 II NKomVG geforderte Grundsatz der Sparsamkeit und Wirtschaftlichkeit noch einmal besonders betont.

Die Haushaltsansätze können in der Bewirtschaftungsphase flexibler gehandhabt und ohne weiteres Antragsverfahren in der Planausführung überschritten werden. Dies ermöglicht es andererseits, die Haushaltsansätze in der Planaufstellung knapp zu kalkulieren, ohne in der Bewirtschaftungsphase eine Vielzahl von Anträgen auf Nachbewilligungen zu riskieren.

2.7.6 Zeitliche Bindung

Nach dem **Grundsatz der zeitlichen Bindung** ist die Haushaltswirtschaft an einen Zeitraum gebunden. Während der Grundsatz der Jährlichkeit für die Planaufstellung gilt, ist die ihm ähnliche zeitliche Bindung quasi als Ergänzung dieses Grundsatzes für die Planausführung, d. h. die Bewirtschaftung der Haushaltsermächtigungen, relevant.

§ 112 III 1 NKomVG formuliert zur Geltungsdauer der Haushaltssatzung:
(3) [1]Die Haushaltssatzung wird am Tag nach dem Ende der öffentlichen Auslegung des Haushaltsplans nach § 114 Abs. 2 Satz 3, frühestens mit Beginn des Haushaltsjahres wirksam; sie gilt für das Haushaltsjahr.

Der letzte Halbsatz »sie gilt für das Haushaltsjahr« konkretisiert die zeitliche Bindung. Danach gilt die Haushaltssatzung (nur) für das Haushaltsjahr. Dieses entspricht nach § 112 IV NKomVG dem Kalenderjahr. Hintergrund für diesen Grundsatz ist, dass die Haushaltsbewirtschaftung in einem übersichtlichen Zeitrahmen erfolgen soll, um die Mittelverwendung für den Finanzbedarf möglichst zeitnah nachhalten zu können. Die Ermächtigungen des durch die Haushaltssatzung festgesetzten Haushaltsplans stehen nur im Kalenderjahr zur Verfügung und können nur vom 01.01. bis 31.12. eines Jahres in Anspruch genommen werden. Die Ermächtigungen dürfen nur in dem vorgesehenen Zeitraum verwendet werden und die mittelbewirtschaftenden Stellen sind damit temporär an das Haushaltsjahr gebunden.

Der Haushaltsplan ist wichtig zur Feststellung des voraussichtlichen Finanzbedarfs. Er ist jedoch nur eine Prognose der zukünftigen tatsächlichen Verhältnisse. Sollte die Verwaltung die Aufwendungs- und Auszahlungsermächtigungen im Haushaltsjahr nun verhalten bewirtschaftet und zum Jahresende nicht alle haushaltsrechtlichen Ermächtigungen ausgenutzt, andererseits aber die veranschlagten Erträge und Einzahlungen erwirtschaftet haben, freut sich der Kämmerer über ein gutes Ergebnis im Jahresabschluss bzw. über ein Plus in der Kasse. Haushaltsermächtigungen, die bis zum Jahresablauf nicht in Anspruch genommen wurden, gelten grundsätzlich als erspart und verfallen.

Nicht verbrauchte Haushaltsermächtigungen sind für die Kämmerei andererseits ein Zeichen dafür, dass für den angeführten Zweck auch ein geringerer Haushaltsansatz ausgereicht hätte, so dass im nächsten Haushaltsjahr oft von vornherein ein geringerer Betrag bereitgestellt wird. Diese Erfahrungen bzw. vielmehr Befürchtungen führen in der Praxis nicht selten zum sogenannten **Dezemberfieber.**

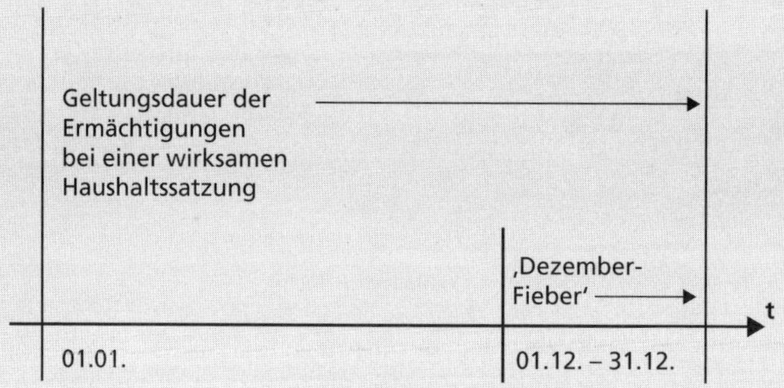

Abbildung 27: Geltungsdauer der Haushaltssatzung

Gegen Ende des Haushaltsjahres sind die mittelbewirtschaftenden Stellen besonders aufmerksam und neigen dazu, nicht verbrauchte Haushaltsermächtigungen nicht verfallen zu lassen. So verwenden sie noch vorhandene Haushaltsermächtigungen vorzeitig und oft ohne konkrete Notwendigkeit, um sie so vor dem Zugriff des Kämmerers zu retten. Dieses Verhalten verstößt natürlich gegen § 27 I KomHKVO, wonach die Haushaltsansätze nicht vollständig in Anspruch genommen werden dürfen, wenn dafür kein sich aus der Aufgabenerfüllung heraus ergebender Grund vorliegt. Auch ein Verstoß gegen die in § 110 II NKomVG geforderte Sparsamkeit und Wirtschaftlichkeit ist wahrscheinlich.

> **Auf einen Blick: Zeitliche Bindung**
> Nach dem Grundsatz der zeitlichen Bindung in § 112 III 1 NKomVG stehen die Haushaltsermächtigungen des durch die Haushaltssatzung festgesetzten Haushaltsplans nur bis zum Ablauf des maßgeblichen Kalenderjahres zur Verfügung. Die durch den Haushaltsplan zur Verfügung gestellten Ermächtigungen dürfen grundsätzlich nur in dem Zeitraum vom 01.01. bis 31.12. des Haushaltsjahres in Anspruch genommen werden.

2.7.7 Ausnahmen zur zeitlichen Bindung (Übertragbarkeit)

Als Ausnahme greift die Möglichkeit der **(zeitlichen) Übertragbarkeit nach § 20 KomHKVO.** Die bei nicht voll ausgeschöpften Haushaltsermächtigungen verbleibenden Aufwendungs- und Auszahlungsermächtigungen stehen bei Anwendung der Übertragbarkeit sodann auch über das abzurechnende Haushaltsjahr hinaus zur Verfügung. Dadurch können sie bei Bedarf auch noch in dem Haushaltsjahr folgenden Jahr verwendet werden, d. h. sie müssen im neuen Haushaltsplan nicht ein weiteres Mal eingestellt werden.

Zeitliche Übertragbarkeit kraft Gesetz für Investitionstätigkeiten

> **§ 20 I KomHKVO** formuliert zur Übertragbarkeit für die Investitionstätigkeit:
> (1) [1]Die Ermächtigung für Auszahlungen für eine Investition und Investitionsförderungsmaßnahme bleibt bis zur Abwicklung der letzten Zahlung für ihren Zweck verfügbar, wenn mit der Investition oder Investitionsförderungsmaßnahme vor Ablauf des übernächsten Haushaltsjahres begonnen wird. [2]Dies gilt auch für über- und außerplanmäßig bewilligte Ermächtigungen.

Die Formulierung **»Auszahlungen für eine Investition und Investitionsförderungsmaßnahme«** eröffnet den Anwendungsbereich für investive Auszahlungen, d. h. für den Finanzhaushalt. Investitionen und Investitionsförderungsmaßnahmen sind mit Hilfe der Begriffsbestimmungen in § 60 Nr. 22 und 23 KomHKVO zu prüfen. Insoweit wird auf die o. g. Ausführungen zum Anwendungsbereich der Investitionstätigkeit im Finanzhaushalt verwiesen.

Die Rechtsfolge der zeitlichen Übertragbarkeit tritt sofort ein (»Ermächtigung .... *bleibt ... verfügbar*«). Derartige Übertragbarkeiten sind nicht weiter haushaltsrechtlich, d. h. formell über den Haushaltsplan, sicherzustellen und ein Übertragbarkeitsvermerk ist entbehrlich. Auch eine Zuordnung zu einem Budget ist nicht gefordert. Für die Investitionstätigkeit besteht die **Übertragbarkeit kraft Gesetz.**

> **Beispiel:**
> **Überprüfung der Übertragbarkeit (aus Planungssicht)**
>
> **Sachverhalt:**
> Die Stadtbücherei soll vergrößert werden. Für den Anbau ist ein voraussichtlicher Fertigstellungstermin zum September des Haushaltsjahres terminiert. Die Baukosten wie auch die Abschreibungen sind bereits vollständig im Haushaltsentwurf berücksichtigt.
> Der Fachdienst äußert per Mittelanmeldung den Wunsch, einen entsprechenden Mitteltransfer haushaltsrechtlich sicherzustellen, falls die vorgesehenen Auszahlungen für den Anbau unter Umständen doch erst im Folgejahr benötigt werden.
>
> **Lösung:**
> Als Rechtsgrundlage kommt § 20 I 1 KomHKVO in Betracht.
>
> Das Tatbestandsmerkmal »Investition« liegt vor, da der Anbau eine Baumaßnahme i. S. d. § 60 Nr. 10 KomHKVO darstellt und die Finanzmittel nach § 60 Nr. 22 KomHKVO für die Veränderung des Bestandes längerfristig dienender Güter des Sachvermögens verwendet werden.
>
> Die Rechtsfolge (»bleibt ... verfügbar«) führt zu einer Übertragbarkeit kraft Gesetz. Im Haushaltsplan ist der Ermächtigungstransfer der Auszahlungen für die Investitionstätigkeit nicht weiter haushaltsrechtlich sicherzustellen. Es ist insbesondere kein Übertragbarkeitsvermerk notwendig.

Zeitliche Übertragbarkeit kraft Gesetz für laufende Verwaltungstätigkeiten innerhalb eines Budgets

> **§ 20 II 1 KomHKVO** formuliert zur Übertragbarkeit für die laufende Verwaltungstätigkeit:
> (2) [1]Ermächtigungen für Aufwendungen und die damit verbundenen Auszahlungen innerhalb eines Budgets sind übertragbar, wenn im Haushaltsplan nichts anderes bestimmt wird.

Die Formulierung **»Aufwendungen und die damit verbundenen Auszahlungen«** eröffnet den Anwendungsbereich für die laufende Verwaltungstätigkeit, d. h. für den Ergebnishaushalt.

Das Tatbestandsmerkmal **»innerhalb eines Budgets«** setzt ein durch einen Budgetvermerk nach § 4 III 1 KomHKVO wirksam erklärtes Budget voraus. Hier wird auf die noch folgenden Ausführungen zur Budgetierung verwiesen.

Die Rechtsfolge der zeitlichen Übertragbarkeit tritt sofort ein (»Ermächtigungen ... *sind* übertragbar«). Die Übertragbarkeit ist nicht weiter haushaltsrechtlich, d. h. formell über den Haushaltsplan, sicherzustellen und ein Übertragbarkeitsvermerk (neben dem erforderlichen Budgetvermerk) ist entbehrlich. Innerhalb der durch den Budgetvermerk begründeten Bewirtschaftungseinheit besteht auch für die laufende Verwaltungstätigkeit grundsätzlich, d. h. »wenn im Haushaltsplan nichts anderes bestimmt wird«, die **Übertragbarkeit kraft Gesetz.**

Will die Kommune von dem Regelfall abweichen und die Rechtsfolge einschränken, d. h. entsprechend der Möglichkeit »etwas anderes« bestimmen, muss sie die Übertragbarkeit im Haushaltsplan per Haushaltsvermerk ausdrücklich aufheben. Auch eine Begrenzung ist möglich, so dass einige Konten des Budgets von der automatischen Übertragbarkeit partiell ausgeschlossen werden können.

Zeitliche Übertragbarkeit kraft Haushaltsvermerk für laufende Verwaltungstätigkeiten außerhalb eines Budgets

> **§ 20 II 2 KomHKVO** formuliert eine weitere Übertragbarkeit für die laufende Verwaltungstätigkeit:
> (2) [2]Außerhalb eines Budgets können Ansätze für Aufwendungen und die damit verbundenen Auszahlungen ganz oder teilweise für übertragbar erklärt werden.

Das Tatbestandsmerkmal **»außerhalb eines Budgets«** regelt den Anwendungsbereich für Finanzvorfälle, die nicht durch § 20 II 1 KomHKVO erfasst sind, also solche die nicht zu einem Budget gehören.

Die Formulierung **»Ansätze für Aufwendungen und die damit verbundenen Auszahlungen«** eröffnet auch hier den Anwendungsbereich für die laufende Verwaltungstätigkeit, d. h. für den Ergebnishaushalt.

Als Rechtsfolge kann die vollständige oder teilweise Übertragbarkeit erklärt werden. Die Kommune hat ein Ermessen, d. h. es steht ihr frei, von dieser Vorschrift Gebrauch zu machen und inwieweit sie die zeitliche Übertragbarkeit innerhalb des Ansatzes (»ganz oder teilweise«) aussprechen möchte. Möchte die Kommune die Übertragbarkeit nutzen und die Ansätze für Aufwendungen mit den damit verbundenen Auszahlungen von der zeitlichen Bindung befreien, so ist dieses formell (haushaltsrechtlich) durch einen ausdrücklichen Haushaltsvermerk im Haushaltsplan kenntlich zu machen, sog. **Übertragbarkeit kraft Haushaltsvermerk.** Da Haushaltsvermerke zu Ansätzen des Haushaltsplans weitere Bestimmungen festlegen, können sie ausschließlich in der nächsten Haushaltsplanung oder unterjährig in der Nachtragshaushaltsplanung angebracht werden.

> **§ 60 KomHKVO** enthält folgende Begriffsbestimmung:
> **Nr. 20 Haushaltsvermerke:**
> Einschränkende oder erweiternde Bestimmungen zu Ansätzen des Haushaltsplans;

Der Übertragbarkeitsvermerk ist im Haushaltsplan auf dem Vorblatt des jeweiligen Teilhaushalts abzulesen und softwaretechnisch bei den einzelnen Produkt-Konten hinterlegt.

Beispiel:
Teilhaushalt (Muster 8 A vereinfacht):

A. Wesentliche Produkte des Teilhaushalts

im Teilhaushalt abgebildeter Produktbereich (verbindlich):

Produktbereich	21-24	Schulträgeraufgaben
Produktgruppe	211	Grundschulen
Produkt	2111	Grundschule

Zuordnung zum Verantwortungsbereich
Fachdienst 400 Schulangelegenheiten

...

Haushaltsvermerke, den Teilhaushalt betreffende Bewirtschaftungsregelungen
»Die Aufwendungen des Produkt-Kontos 2111.4271 (Grundschule; Lehr- und Unterrichtsmaterial) sind übertragbar.«

Sollten die Aufwendungsermächtigungen bis zum Jahresende nicht ausgeschöpft werden, so kann die grundsätzliche zeitliche Bindung aufgrund des vorliegenden Übertragbarkeitsvermerks vernachlässigt werden. Gleichzeitig besteht die Möglichkeit, die Einsparungen in das dem Haushaltsjahr folgende Jahr zu übertragen, um sie dort bei Bedarf noch für den ursprünglich geplanten Finanzvorfall zu nutzen.

Dauer der zeitlichen Übertragbarkeit

Der Zyklus der Verfügbarkeit ist für die Investitionstätigkeit unterschiedlich zur laufenden Verwaltungstätigkeit geregelt.

§ 20 I KomHKVO regelt die Geltungsdauer der Ermächtigungen im Bereich der investiven Tätigkeit:
(1) [1]Die Ermächtigung für Auszahlungen für eine Investition und Investitionsförderungsmaßnahme bleibt bis zur Abwicklung der letzten Zahlung für ihren Zweck verfügbar, wenn mit der Investition oder Investitionsförderungsmaßnahme vor Ablauf des übernächsten Haushaltsjahres begonnen wird. [2]Dies gilt auch für über- und außerplanmäßig bewilligte Ermächtigungen.

Die Dauer der Übertragbarkeit ist an der Formulierung »bleibt bis ... verfügbar« zu erkennen. Nicht verbrauchte Haushaltsermächtigungen der Investitionstätigkeit dürfen bei Bedarf nach Beginn der Maßnahme mehrmals »bis zur Abwicklung der letzten Zahlung für ihren Zweck«, d. h. letztlich bis zum Abschluss der Gesamtmaßnahme, in das jeweils folgende Jahr übertragen werden. Der Halbsatz »wenn mit der Investition oder Investitionsförderungsmaßnahme vor Ablauf des übernächsten Haushaltsjahres begonnen wird« grenzt die Verfügbarkeit investiver Zahlungsermächtigungen gleichwohl ein. Als **Beginn der Maßnahme** ist der Zeitpunkt der Auftragserteilung für die Maßnahme anzusehen. Sollten die geplanten Investitions- oder Investitionsförderungsmaßnahmen im Haushaltsjahr noch nicht begonnen sein, bleiben die Zahlungsermächtigungen zunächst bis zum Ende des »übernächsten«, d. h. des zweiten dem Haushaltsjahr folgenden, Jahres verfügbar. Sollten die geplanten Maßnahmen jedoch auch zwei Jahre nach der ursprünglichen Veranschlagung im Haushaltsplan nicht beauftragt worden sein, erlischt die Zahlungsermächtigung. Soweit die Auszahlungsermächtigung weiterhin benötigt wird, muss die Investition oder Investitionsförderungsmaßnahme im Haushaltsplan neu veranschlagt werden. Die Vertretung soll damit die Möglichkeit erhalten, erneut über dieses Projekt zu beraten und zu beschließen. Dies dient insgesamt der Stärkung der kommunalen Selbstverwaltung und Eigenverantwortung.

§ 20 II 3 KomHKVO regelt die Geltungsdauer der Ermächtigungen im Bereich der laufenden Verwaltungstätigkeit:
(2) [3]Die übertragenen Ermächtigungen bleiben bis längstens ein Jahr nach Schluss des Haushaltsjahres verfügbar.

Die Dauer der Übertragbarkeit ist auch hier an der Formulierung »bleiben bis ... verfügbar« zu erkennen. Der Bezug auf »Die übertragenen Ermächtigungen« regelt die Anwendung für die zuvor genannten Sätze 1 und 2, d. h. für Fälle der laufenden Verwaltungstätigkeit innerhalb und außerhalb eines Budgets. Nicht verbrauchte Haushaltsermächtigungen der laufenden Verwaltungstätigkeit dürfen bei Bedarf nur einmal auf das dem Haushaltsjahr folgende Jahr übertragen werden. Die Zugehörigkeit zum Budget ist irrelevant. Auffällig ist der einjährige Modus. Übertragene Aufwendungs- und damit verbundene Auszahlungsermächtigungen zählen sodann zwar zur Haushaltsermächtigung des Folgejahres, können aber im Gegensatz zu den Ermächtigungen im investiven Bereich nicht ein weiteres Mal übertragen werden.

Von der Übertragbarkeit ausgeschlossene Haushaltsmittel

Verpflichtungsermächtigungen sind von der Übertragbarkeit nach § 20 KomHKVO nicht erfasst, da sie im Haushaltsjahr keine Auszahlungsermächtigungen darstellen. Sie gelten gleichwohl über das Haushaltsjahr hinaus bis zum Wirksamwerden der Haushaltssatzung für das nächste Haushaltsjahr.

§ 119 III NKomVG regelt die Geltungsdauer der **Verpflichtungsermächtigungen:**
(3) Verpflichtungsermächtigungen gelten bis zum Ende des Haushaltsjahres und darüber hinaus bis zum Wirksamwerden der Haushaltssatzung für das nächste Haushaltsjahr (§ 112 Abs. 3 Satz 1).

Sollte also die Haushaltssatzung für das dem Haushaltsjahr folgende Jahr nicht pünktlich am 01.01. wirksam geworden sein, so gilt die nicht in Anspruch genommene Verpflichtungsermächtigung aus dem abgeschlossenen Haushaltsjahr bis zum Wirksamwerden dieser neuen Haushaltssatzung. Weitere Ausführungen sind in den Ausführungen zur Vorläufigen Haushaltsführung enthalten.

Auch die Auszahlungen für Ausleihungen, für die ordentliche Kredittilgung und für die Darlehensgewährung sind durch § 20 KomHKVO nicht erfasst, so dass die Auszahlungen für die Finanzierungstätigkeit nicht zeitlich übertragbar sind. Nach § 13 III KomHKVO sind auch die Verfügungsmittel wie auch die Deckungsreserve ausdrücklich von einer überjährigen Verfügbarkeit ausgeschlossen.

Vorteile und Folgen der Übertragbarkeit

Beide Übertragbarkeiten (kraft Gesetz oder kraft Haushaltsvermerk) wirken sich direkt auf die Planausführung bzw. die Jahresabschlussarbeiten aus. Die nicht ausgeschöpften, angesammelten freien Ermächtigungen können über Jahresgrenzen hinweg noch in Anspruch genommen werden. Soll die Möglichkeit der Übertragbarkeit zum Jahresabschluss genutzt werden, erfolgt anschließend die **tatsächliche Übertragung**. Mit dieser werden die aus dem abgeschlossenen Haushaltsjahr nicht verbrauchten Haushaltsermächtigungen (vereinfacht: Ansatz des Produkt-Kontos zzgl. unechte und echte Deckungsfähigkeit abzüglich bereits entstandener Aufwendungen bzw. geleisteter Auszahlungen) in das folgende, neue Haushaltsjahr übernommen. So können sie dort bei Bedarf noch zusätzlich zum neuen, aktuellen Haushaltsansatz ausgeschöpft werden.

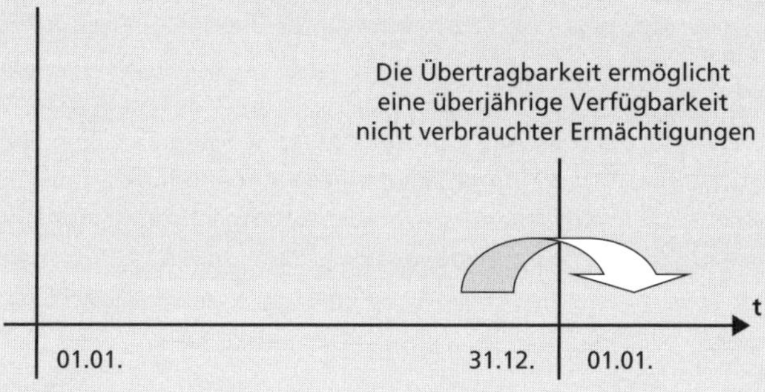

Abbildung 28: Übertragbarkeit

Sollte sich ein Finanzvorfall verzögern, wird durch die Übertragung in das Folgejahr ein fließender Übergang gewährleistet sowie eine reibungslose, jahresübergreifende Abwicklung sichergestellt. Darüber hinaus wird eine nochmalige Veranschlagung der verbleibenden Aufwendungs- und Auszahlungsermächtigung vermieden, die erforderlich wäre, sofern eine haushaltsrechtliche Ermächtigung im abzurechnenden Haushaltsjahr nicht in Anspruch werden konnte, diese im Folgejahr gleichwohl noch benötigt wird. Gerade Investitionen (z. B. Hoch- oder Tiefbaumaßnahmen) oder Investitionsförderungsmaßnahmen sind häufig zeitlich sehr umfangreich und erstrecken sich nicht selten über mehrere Haushaltsjahre. Die Übertragung gewährleistet, dass Verschiebungen einer Maßnahme nicht zu weiteren Verzögerungen oder Problemen in der Abwicklung führen, weil die aus dem abzurechnenden Haushaltsjahr nicht verbrauchten Ermächtigungen im Haushaltsplan des Folgejahres nicht eingeplant sind. Gleichzeitig wird auch eine wirtschaftliche Bewirtschaftung im Abschlussjahr gefördert, da der vermeintliche Zwang, die nicht verbrauchten Haushaltsermächtigungen noch vor Ablauf des Haushaltsjahres auszuschöpfen, wegfällt.

Übertragung durch Haushaltsreste

Die geregelte Übertragbarkeit bedeutet für den Jahresabschluss gleichwohl kein Automatismus. Insbesondere die vorgesehene Übertragbarkeit kraft Gesetz bedeutet nicht gleichzeitig auch die tatsächliche Übertragung in der Planausführung. Die am Jahresende nicht in Anspruch genommenen Ermächtigungen werden also nicht automatisch in das nächste Jahr vorgetragen. Soll die rechtliche Möglichkeit der Theorie tatsächlich umgesetzt werden, um die nicht verbrauchten Haushaltsermächtigungen noch im Folgejahr nutzen zu können, ist die tatsächliche Übertragung in der Praxis vielmehr in jedem Einzelfall formell zu veranlassen. Dabei ist die Übertragung nicht ausgeschöpfter Ermächtigungen kein physischer, sondern vielmehr ein bürokratischer Arbeitsschritt. In diesem Sinn ist ein Antrag auf Bildung eines Haushaltsrestes zu stellen.

§ 60 KomHKVO enthält folgende Begriffsbestimmung:
Nr. 19 Haushaltsreste:
Haushaltsermächtigungen, die in das folgende Haushaltsjahr übertragen werden;

Für Haushaltsermächtigungen, die in das folgende Haushaltsjahr übertragen werden sollen, muss nach der Feststellung der generellen Übertragbarkeit eine gesonderte Entscheidung über die Höhe der Übertragung, d. h. der Bildung eines Haushaltsrestes, getroffen werden. Die tatsächliche Übertragung im Rahmen des Jahresabschlusses greift sowohl für die Ergebnis- wie auch für die Zahlungsgrößen gleichwohl nur für die Fälle, in denen die Haushaltsermächtigungen noch frei sind. Die jeweiligen Ermächtigungen dürfen noch voll nicht in Anspruch genommen worden sein, d. h. der Aufwand darf im Haushaltsjahr noch nicht entstanden bzw. die Auszahlung darf noch nicht geleistet worden sein.

Zur **Entscheidung im Bereich der laufenden Verwaltungstätigkeit** kann folgendes (vereinfachtes) Schaubild dienen:

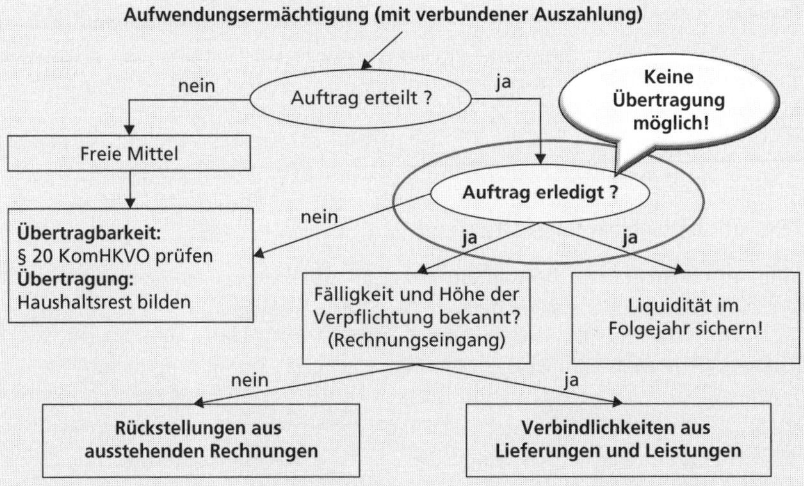

Abbildung 29: Entscheidungsablauf im Jahresabschluss

Unter Berücksichtigung der anzuwendenden Periodengerechtigkeit im Ergebnisbereich und der vorrangigen Bildung von Rückstellungen (Ausführungen folgen im speziellen Teil der Buchführung) ist die zeitliche Übertragung im Rahmen des Jahresabschlusses nur für solche Fälle möglich, in denen aufgrund eines nicht erteilten Auftrages (linker Pfad: »Auftrag erteilt? Nein«) oder aufgrund eines erteilten, aber noch nicht ausgeführten Auftrages (rechter Pfad: »Auftrag erteilt? Ja«, »Auftrag erledigt? Nein«) im Haushaltsjahr noch freie Ermächtigungen zur Verfügung stehen. Sollte ein Auftrag erteilt und bereits ausgeführt sein (rechter Pfad), sind die Ermächtigungen in Anspruch genommen und stehen für eine Übertragung nicht mehr zur Verfügung. Die Inanspruchnahme der Dienstleistung zeigt, dass die Aufwendung im Haushaltsjahr wirtschaftlich entstanden und so auch periodengerecht zuzuordnen ist. Bei vorliegender Rechnung ist eine Verbindlichkeit aus Lieferungen und Leistungen einzubuchen. Sollte die Dienstleistung erbracht, bis zum Jahresabschluss jedoch noch keine Rechnung eingegangen sein, ist eine Rückstellung aus ausstehenden Rechnungen einzubuchen. In beiden Fällen ist die Übertragbarkeit nicht zu prüfen und die Bildung eines Haushaltsrestes kommt nicht in Betracht.

Zur **Entscheidung im Bereich der investiven Tätigkeit** kommt die tatsächliche Übertragung im Rahmen des Jahresabschlusses lediglich für die Fälle in Betracht, in denen der Vermögensgegenstand noch nicht erworben und damit noch nicht aktiviert bzw. die Auszahlungsermächtigungen noch nicht in Anspruch genommen wurden. Sollte ein Investitions-Auftrag erteilt, aber noch nicht ausgeführt worden sein, kommt die Übertragung ebenfalls in Betracht.

Beispiel:
Übertragbarkeit von Haushaltsermächtigungen

Sachverhalt:
Für die folgenden Sachverhalte ist jeweils die Übertragbarkeit zu klären.
a) Für die Grundschule sind Lehr- und Lernmittel (jeweils unter 1.000 Euro netto) geliefert worden; die noch im Haushaltsjahr eingegangene Rechnung ist im Folgejahr zu zahlen.

b) Die eingeplanten Lehr- und Lernmittel (jeweils unter 1.000 Euro netto) sollen erst im nächsten Haushaltsjahr bestellt werden.

Lösung:
a) Die Haushaltsermächtigungen sind durch die Bestellung und Lieferung der Lehr- und Lernmittel vollständig in Anspruch genommen worden. Die Aufwendung ist wirtschaftlich im Haushaltsjahr entstanden, so dass diese periodengerecht zuzuordnen und das Ergebnis des Haushaltsjahres zu belasten ist. Eine Übertragung kommt für diesen Finanzvorfall nicht in Betracht. Die Bildung eines Haushaltsrestes ist nicht möglich.

b) Es ist noch keine Bestellung erfolgt. Die Aufwendung ist im Haushaltsjahr noch nicht entstanden, so dass freie Haushaltsermächtigungen vorhanden sind. Sofern die Voraussetzungen nach § 20 II 1 oder 2 KomHKVO erfüllt sind (Budget- oder Übertragbarkeitsvermerk liegt vor), ist für die tatsächliche Übertragung ein Aufwendungsrest zu bilden, um die Haushaltsermächtigungen aus dem abzurechnenden Haushaltsjahr noch im Folgejahr in Anspruch nehmen zu können und sie nicht verfallen zu lassen. Ansonsten würde im neuen Jahr die notwendige Ermächtigung fehlen.

Bildung und Bewirtschaftung der Haushaltsreste

Für die Bildung der Haushaltsreste besteht ein Ermessensspielraum, d. h. es steht den Kommunen frei, von dieser Vorschrift Gebrauch zu machen.

§ 20 V 1 KomHKVO begrenzt die Höhe der möglichen Übertragung:
(5) [1]Die Ermächtigungen für Aufwendungen und Auszahlungen dürfen nur in der erforderlichen Höhe übertragen werden.

Nach Feststellung der Höhe der noch verfügbaren Haushaltsermächtigungen muss am Jahresende geprüft werden, ob und in welcher Höhe sie noch im Folgejahr benötigt werden oder ob sie zum Ende des Haushaltsjahres als eingespart gelten können. Die hier angesprochenen »Ermächtigungen für Aufwendungen und Auszahlungen« beziehen sich auf die zuvor in den Absätzen 1 bis 4 geregelten Übertragbarkeiten, d. h. sowohl auf die der laufenden als auch auf die der investiven Tätigkeit. Eine Übertragung der Ermächtigungen hat sich dabei an der erforderlichen Höhe zu orientieren. Eine Übertragung über den tatsächlichen Bedarf hinausgehender Beträge widerspricht dem Grundsatz der Sparsamkeit und Wirtschaftlichkeit nach § 110 II NKomVG und ist nicht zulässig.

Beispiel:
Übertragbarkeit von Haushaltsermächtigungen

Sachverhalt:
Für den folgenden Sachverhalt ist die Übertragbarkeit zu klären.
Im Teilfinanzhaushalt sind für ein Investitionsvorhaben Auszahlungen für Baumaßnahmen i. H. v. 1 Mio. Euro veranschlagt. Im September des Haushaltsjahres wird eine Abschlagszahlung i. H. v. 750.000 Euro ausgezahlt. Aufgrund der Witterung kommt es zu Bauverzögerungen und der Bau kann wider Erwarten erst im Folgejahr fertig gestellt werden. Das Bauamt teilt dazu mit, dass das Bauvorhaben insgesamt nur 950.000 Euro kosten wird.

Lösung:
Die Auszahlungsermächtigungen sind noch nicht in Anspruch genommen und abgeflossen, stehen also für eine Übertragung grundsätzlich zur Verfügung. Nach der Übertragbarkeit kraft Gesetz gemäß § 20 I 1 KomHKVO ist für die tatsächliche Übertragung ein Auszahlungsrest zu bilden, um die Investitionsermächtigungen noch im Folgejahr vorzuhalten und sie nicht verfallen zu lassen. Nach § 20 V 1 KomHKVO und § 110 II NKomVG darf der Haushaltsrest nur in der erforderlichen Höhe gebildet werden. Die Baumaßnahme wird insgesamt 950.000 Euro kosten, 750.000 Euro sind davon bereits im Haushaltsjahr ausgezahlt. Für die Baufortsetzung im Folgejahr werden noch 200.000 Euro benötigt, so dass ein Auszahlungsrest in dieser Höhe zu bilden ist.

Im Rahmen der Aufstellung des Jahresabschlusses trifft der Hauptverwaltungsbeamte sodann die Entscheidung über die Bildung der Haushaltsreste, die mit dem Beschluss der Vertretung über den Jahresabschluss nach § 58 I Nr. 10 NKomVG i.V.m. § 129 I 3 NKomVG noch formal gebilligt werden müssen.

Da noch keine Aufwendung entstanden und auch noch keine Auszahlung zu leisten ist, werden bei der Bildung der Haushaltsreste keine Buchungen vorgenommen. Die Aufwendungsreste wirken sich damit nicht negativ auf das Ergebnis des abzurechnenden Haushaltsjahres aus. Dieses Ergebnis fällt im Plan-

Ist-Vergleich hingegen besser aus, da vorgesehene eingeplante Aufwendungen nicht realisiert und in das folgende Haushaltsjahr verschoben werden. Die **Bildung von Haushaltsresten** bedeutet lediglich, dass dieses **per Aktenvermerk** gesondert belegt und in eine Liste eingetragen wird.

§ 27 IV KomHKVO fordert für die Bewirtschaftung der Aufwendungen, Auszahlungen und Verpflichtungsermächtigungen:
(4) Für Haushaltsreste gilt § 25 Abs. 2 entsprechend.

§ 25 II KomHKVO fordert für die Bewirtschaftung der Erträge und Einzahlungen:
(2) Haushaltsreste werden zu ihrer Bewirtschaftung in den Haushaltsüberwachungslisten für das Folgejahr vorgetragen.

Für diese Liste gibt es kein verbindliches Muster, so dass es der Kommune selbst überlassen ist, diese zu gestalten.

Es gibt Aufwendungs-, Auszahlungs- und Einzahlungsreste. Aufwendungsreste sind dabei immer von den aufgrund der einzuhaltenden Periodengerechtigkeit vorrangig zu passivierenden Rückstellungen zu unterscheiden. Rückstellungen sind zu buchen, wenn Aufwendungen im Haushaltsjahr entstanden und damit periodengerecht zuzuordnen sind, die Höhe oder Fälligkeit der Verpflichtung aber noch ungewiss ist. Haushaltsreste hingegen können gebildet werden, wenn der Aufwand im Haushaltsjahr nicht entstanden ist und vielmehr erst im nachfolgenden Jahr entstehen wird.

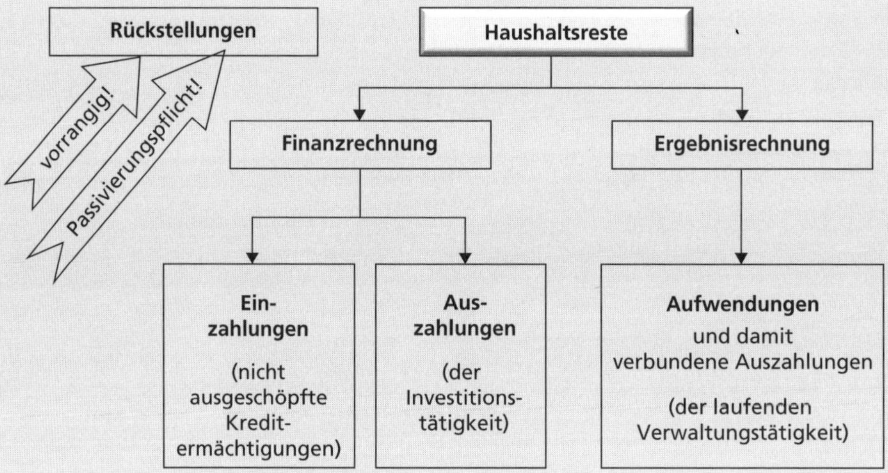

Abbildung 30: Rückstellungen versus Haushaltsreste

Der linke Bereich des Schaubildes zeigt, dass das Rückstellungserfordernis vorrangig zu beachten ist. Nach § 20 V 3 KomHKVO bleibt § 45 KomHKVO unberührt, d. h. der Paragraph findet Anwendung. Wenn also der Tatbestand für eine Rückstellungsbildung vorliegt (wird im Kapitel Jahresabschluss vorgestellt), hat diese Vorrang gegenüber der Übertragung per Restebildung. Der rechte Bereich des Schaubildes zeigt sodann die verschiedenen Arten der Haushaltsreste.

Von links nach rechts gelesen ergeben sich folgende Konstellationen:
Einzahlungsreste kommen nach § 120 III NKomVG nur für nicht ausgeschöpfte Kreditermächtigungen in Betracht. **Auszahlungsreste** kommen lediglich für den Bereich der Investitionstätigkeit in Betracht. Ist die im abgeschlossenen Haushaltsjahr noch verbleibende Ermächtigung der laufenden Verwaltungstätigkeit per **Aufwendungsrest** zeitlich in das Folgejahr übertragen worden, bedarf es für die dazugehö-

rige Auszahlung im Folgejahr keines weiteren Auszahlungsrestes. Diese Ermächtigung zur Auszahlung für die laufende Verwaltungstätigkeit ergibt sich vielmehr aus dem verbundenen übertragenen Aufwendungsrest.

Die Bewirtschaftungsstelle kann im Folgejahr über die Haushaltsreste – neben dem Ansatz des neuen Haushaltsjahres – zusätzlich verfügen. Das von der Kommune in einem Haushaltsjahr potentiell zu realisierende Bewirtschaftungsvolumen - sei es im Bereich der laufenden oder investiven Verwaltungstätigkeit - setzt sich mithin aus den Haushaltsermächtigungen des aktuellen Haushaltsjahres zuzüglich der aus dem Vorjahr übernommenen Haushaltsreste zusammen. Die Haushaltsreste stehen dabei schon mit Beginn des neuen Haushaltsjahres zur Verfügung, unabhängig davon, ob die neue Haushaltssatzung bereits wirksam ist. Mit der Inanspruchnahme des Haushaltsrestes erfolgt eine Belastung des Folgejahres, die sich mit der o. g. Entlastung des abgeschlossenen Haushaltsjahres gegenseitig aufhebt. So findet durch die **Übertragung** insgesamt lediglich eine **Verschiebung zwischen zwei Haushaltsjahren** statt.

Sollte sich im Folgejahr herausstellen, dass die Haushaltsreste nicht in voller Höhe benötigt werden, können diese bei bestehender Deckungsfähigkeit nach § 19 KomHKVO für andere Zwecke verwendet werden oder als Deckungsvorschlag nach § 117 I NKomVG für über- und außerplanmäßige Aufwendungen und Auszahlungen dienen.

> ⓘ **Auf einen Blick: Ausnahmen zur zeitlichen Bindung (Übertragbarkeit)**
> Ausnahmen zum Grundsatz der zeitlichen Bindung ergeben sich durch **§ 20 KomHKVO.** Im Haushaltsjahr nicht verwendete Ermächtigungen der Ergebnis- wie auch Zahlungsgrößen können danach im Rahmen der **(zeitlichen) Übertragbarkeit** in das folgende Haushaltsjahr übertragen werden. Die Übertragbarkeit stellt also den Mitteltransfer zwischen Haushaltsjahren sicher. Sie führt so zu einer erhöhten Flexibilität über den Jahreswechsel hinaus.

2.8 VORLÄUFIGE HAUSHALTSFÜHRUNG – BEWIRTSCHAFTUNGEN IN DER HAUSHALTSLOSEN ZEIT

Sollte die Haushaltssatzung zu Beginn des Haushaltsjahres noch nicht beschlossen, genehmigt bzw. verkündet oder die Auslegung des Haushaltsplans mit seinen Anlagen noch nicht abgeschlossen sein, ist die neue Haushaltssatzung am 01.01. noch nicht wirksam. Der neue Haushaltsplan stellt also auch noch keine Ermächtigungsgrundlage dar und die Kommune befindet sich in der haushaltslosen Zeit.

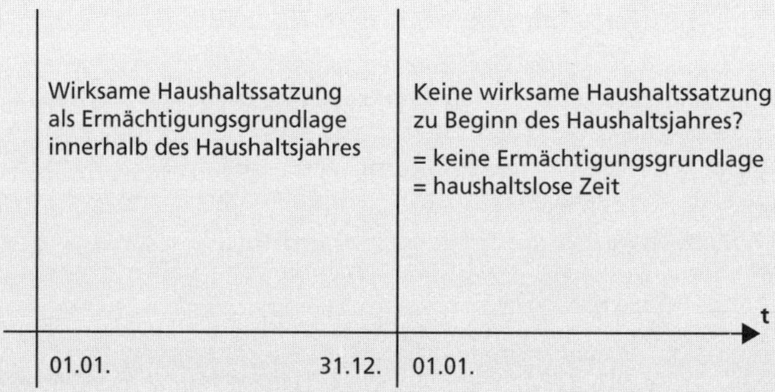

Abbildung 31: Haushaltssatzung als Ermächtigungsgrundlage

Hat die Kommune zu Beginn des Haushaltsjahres noch keine wirksame Haushaltssatzung, liegt andererseits ein Verstoß gegen den Grundsatz der Vorherigkeit vor. Nach diesem Grundsatz soll die Vorlage der von der Vertretung beschlossene Haushaltssatzung mit ihren Anlagen spätestens einen Monat vor Beginn des Haushaltsjahres erfolgen.

§ 114 I 2 NKomVG enthält den **Grundsatz der Vorherigkeit:**
(1) [2]Die Vorlage soll spätestens einen Monat vor Beginn des Haushaltsjahres erfolgen.

Da die Haushaltssatzung für jedes Haushaltsjahr zu erlassen ist und das Haushaltsjahr dem Kalenderjahr entspricht, erwächst hieraus die Frist für den Beschluss der Vertretung und die Vorlage bei der Kommunalaufsichtsbehörde bis zum 30.11. des Vorjahres.

Naturgemäß ist eine vernünftige Schätzung der Ansätze jedoch umso schwieriger, je weiter der betreffende Zeitraum in der Zukunft und damit vor Beginn des Haushaltsjahres liegt. Daher kollidiert der Grundsatz der Haushaltswahrheit oft mit dem Grundsatz der Vorherigkeit. Die Missachtung der Sollvorschrift ist in der Praxis nicht selten, da gewisse Eckdaten für das neue Haushaltsjahr, wie z. B. die Steuerschätzungen, die vom für Inneres zuständigen Ministerium bekanntgegebenen Orientierungsdaten oder auch die Information über den Grundbetrag je Einwohner des Finanzausgleichs oftmals noch abgewartet werden sollen. Auch die Bescheide über den Gemeindeanteil an der Einkommensteuer, die Umsatzsteuerbeteiligung oder die Schlüsselzuweisungen können noch fehlen. Diese Informationen betreffen eine innerhalb des Haushaltsvolumens relevante Bewirtschaftungsgrundlage, so dass erst sehr spät gesicherte Zahlen über wichtige Ertragsquellen vorliegen und ein Haushaltsentwurf ohne diese zentralen Zahlen innerhalb weniger Tage Makulatur sein könnte. Daher wird die Nichteinhaltung der Terminvorgabe für diese begründeten Ausnahmefälle in Kauf genommen, um zu materiell besser fundierten Planungsgrundlagen zu gelangen und um die Qualität des Haushaltsplans zu erhöhen. Hintergrund für die

Verzögerung kann auch die Kommunalwahl und die damit verbundene politische Neuorientierung sein, die zu Vertagungen der Vertretungssitzung über den 30.11. hinaus führt, wenn sich keine Mehrheit für den aufzustellenden Haushaltsplan findet. Deshalb ist es nicht ungewöhnlich, dass die Haushaltssatzung erst kurz vor der Weihnachtspause oder sogar erst im aktuellen Haushaltsjahr beschlossen wird. Der Verstoß gegen diese Ordnungsvorschrift hat im Außenverhältnis gleichwohl keine negativen Rechtsfolgen. Durch die Sollvorschrift wird lediglich ein Tun für den Regelfall vorgeschrieben und ein Abweichen hiervon ist im Einzelfall unter bestimmten Umständen möglich.

2.8.1 Vorläufige Haushaltsführung nach dem NKomVG

Ein Haushaltsplan, der sich nur im Entwurfsstadium befindet oder zwar durch die Vertretung über die Haushaltssatzung beschlossen, aber noch nicht genehmigt, verkündet oder ausgelegt wurde, stellt keine rechtskräftige Grundlage für die Haushaltswirtschaft der Kommune dar. Grundsätzlich dürfte die Verwaltung dann keine Personalaufwendungen entstehen lassen, Sozialleistungen entsprechend der Sozialgesetzbücher erbringen, das Infrastrukturvermögen instand halten oder Bauvorhaben um- und fortsetzen. Nach § 1 NKomVG ist jedoch das Ziel der Gemeinwohlorientierung vorgeschrieben und § 110 I NKomVG fordert, dass die Haushaltswirtschaft so zu planen und zu führen ist, dass die stetige Erfüllung der Aufgaben gesichert ist. Die beschriebene Situation eines Stillstandes würde also zu einem inakzeptablen Erliegen der Daseinsvorsorge der Kommune führen. Im neuen Haushaltsjahr darf jedoch kein Stillstand eintreten, so dass die Kommune auch in dieser Interimsphase in der Lage sein muss, ihre Aufgaben, wenn auch stark eingeengt, zu erfüllen. Da andererseits das Vorjahr abgeschlossen ist und der letzte Haushaltsplan keine Ermächtigungsgrundlage mehr darstellen kann, sind besondere Regelungen für eine **vorläufige Haushaltsführung** vorhanden.

§ 116 I 1 Nr. 1 NKomVG eröffnet Möglichkeiten zur vorläufigen Haushaltsführung aus Aufwendungs- und Auszahlungssicht:
(1) [1]Ist die Haushaltssatzung bei Beginn des Haushaltsjahres noch nicht wirksam (§ 112 Abs. 3 Satz 1), so dürfen die Gemeinden 1. Aufwendungen entstehen lassen und Auszahlungen leisten, zu denen sie rechtlich verpflichtet sind oder die für die Weiterführung notwendiger Aufgaben unaufschiebbar sind, und in diesem Rahmen insbesondere Investitionen und Investitionsförderungsmaßnahmen fortsetzen, für die im Haushaltsplan eines Vorjahres Beträge vorgesehen waren, ...

Auffällig ist, dass die Vorschrift mit der Rechtsfolge (»... so dürfen die Gemeinden...«) beginnt. Obgleich die neue Haushaltssatzung für das aktuelle Haushaltsjahr noch nicht wirksam ist, dürfen die Gemeinden unter den genannten Voraussetzungen Aufwendungen entstehen lassen und Auszahlungen leisten. Die Formulierung macht deutlich, dass der durch die aktuelle noch nicht wirksame Haushaltssatzung festgesetzte Haushaltsplan in einer Art »Vorgriff« bereits als Ermächtigungsgrundlage genutzt werden kann. Die Vorschrift bezieht sich also auf Finanzvorfälle, die für das aktuelle Haushaltsjahr geplant wurden. Hierdurch werden der Verwaltung Ersatzermächtigungen anstelle der geplanten Ermächtigung aus dem Haushaltsplan gegeben, die Übergangsregelungen bis zum Wirksamwerden der Haushaltssatzung darstellen.

§ 116 I 1 Nr. 1 NKomVG enthält zwei Alternativen für die Bewirtschaftung der Finanzvorfälle in der vorläufigen Haushaltsführung. Bei der Prüfung der Voraussetzungen zur Zulässigkeit von Aufwendungen oder Auszahlungen im Rahmen der vorläufigen Haushaltsführung genügt es, wenn eine der beiden genannten Voraussetzungen erfüllt ist. Eine Prüfung kann damit jeweils direkt auf die zutreffende Alternative bezogen werden.

Eine nach § 116 I 1 Nr. 1 Alternative 1 NKomVG zulässige Bewirtschaftung darf erfolgen, sofern die Gemeinden dazu »**rechtlich verpflichtet**« sind. Die Auslösung der Aufwendungen bzw. Leistung der Auszahlungen beruht danach auf einer Verpflichtung aus einer Rechtsnorm, einem Vertrag oder aus einem Verwaltungsakt. Hierbei handelt es sich um Verbindlichkeiten, die vor Beginn der haushaltslosen Zeit eingegangen wurden oder die rechtlich bereits mit Beginn des Haushaltsjahres entstanden sind. Die Kommune ist hier durch die begründeten Verpflichtungen faktisch gebunden. So dürfen beispielsweise keine Sozialleistungen verweigert werden, auf welche die Empfänger einen gesetzlichen Anspruch haben.

Bei der nach § 116 I 1 Nr. 1 Alternative 2 NKomVG zulässigen »**Weiterführung notwendiger Aufgaben**« muss zunächst geklärt werden, um welche notwendige Aufgabe (z. B. Pflichtaufgaben, aber auch freiwillige Selbstverwaltungsaufgaben) es sich handelt und warum diese noch unbedingt in der Zeit der vorläufigen Haushaltsführung weitergeführt werden muss. Erstmalig wahrgenommene Aufgaben werden also nicht erfasst. Die Aufwendungen und Auszahlungen zu deren Weiterführung müssen zudem »**unaufschiebbar**« sein. Die Unaufschiebbarkeit dieser Weiterführung ist ein unbestimmter Rechtsbegriff, der nach dem Gesamtbild der Verhältnisse in jedem Einzelfall entschieden werden muss. Derartige Maßnahmen dulden keinen Aufschub und können nicht bis zum Wirksamwerden der Haushaltssatzung zurückgestellt werden. Hierzu zählen z. B. die auch im Interesse des Bürgers erforderliche Inganghaltung bestehender öffentlicher Einrichtungen, die Fortführung des Betriebs und der Unterhaltung von Versorgungs- und Verkehrseinrichtungen oder auch – ganz allgemein – solche zur wirtschaftlichen, sozialen und kulturellen Betreuung der Einwohnerinnen und Einwohner. Auch die Aufrechterhaltung des Verwaltungsbetriebes, wie auch Instandhaltungsarbeiten im Allgemeinen zählen zu den Maßnahmen, die im Interesse der Kommune notwendig und unaufschiebbar sind.

Das genannte Beispiel » in diesem Rahmen insbesondere Investitionen und Investitionsförderungsmaßnahmen fortsetzen, für die im Haushaltsplan eines Vorjahres Beträge vorgesehen waren« bezieht sich auf Investitionstätigkeiten, für deren Weiterführung Auszahlungen im aktuellen, noch nicht wirksamen Haushaltsplan veranschlagt sind und deren Ermächtigungen in der vorläufigen Haushaltsführung bereits in Anspruch genommen werden sollen. Ein Baustopp oder auch eine Unterbrechung oder eine Verzögerung begonnener Investitionen und Investitionsförderungsmaßnahmen würde womöglich zu Bauschäden oder Verteuerungen führen, die dem Gebot der Sparsamkeit und Wirtschaftlichkeit des § 110 II NKomVG widersprächen.

Unter Berücksichtigung der genannten Kriterien einer rechtlichen Verpflichtung oder der unaufschiebbaren Weiterführung notwendiger Aufgaben scheiden **freiwillige Leistungen**, wie z. B. Zuwendungen an Dritte ohne Gegenleistungsverpflichtung, aus. Sie dürfen in der vorläufigen Haushaltsführung nicht geleistet und müssen bis zum Wirksamwerden der Haushaltssatzung zurückgestellt werden. Nach § 37 II 1 Verwaltungsverfahrensgesetz kann ein Verwaltungsakt schriftlich, elektronisch, mündlich oder in anderer Weise erlassen werden. So könnte z. B. eine mündliche Zusicherung durch die Kommune vorliegen, Zuwendungen an Dritte leisten zu wollen. Diese sind in der Interimsphase gleichwohl nicht unter der Norm zu subsumieren. Nach § 38 I 1 Verwaltungsverfahrensgesetz bedarf eine von der zuständigen Behörde erteilte Zusage, einen bestimmten Verwaltungsakt später zu erlassen oder zu unterlassen (Zusicherung), zu ihrer Wirksamkeit vielmehr der schriftlichen Form.

Bisher wurde die Aufwendungs- und Auszahlungssicht betrachtet, denn hinsichtlich der Vereinnahmung finanzieller Mittel regelt die Vorschrift wenig. Erträge und Einzahlungen dürfen auch während der vorläufigen Haushaltsführung, d. h. ohne Berücksichtigung des Wirksamwerdens der Haushaltssatzung, anfallen bzw. eingehen, da sie aufgrund spezieller auf Dauer angelegter Normen erhoben werden. Der Haushaltsplan erzeugt für diese Planungs- und Rechengrößen keine direkten Rechtswirkungen, sondern lediglich eine deklaratorische Wirkung. Die Kommunen erhalten einen Großteil der Erträge und Einzahlungen aufgrund gesetzlicher oder vertraglicher Ansprüche, so dass es nicht auf den Status einer wirksamen Haushaltssatzung ankommt. Lediglich die Steuererträge und -einzahlungen sind explizit geregelt.

§ 116 I 1 Nr. 2 NKomVG eröffnet Möglichkeiten zur vorläufigen Haushaltsführung aus Ertrags- und Einzahlungssicht:
(1) [1]Ist die Haushaltssatzung bei Beginn des Haushaltsjahres noch nicht wirksam (§ 112 Abs. 3 Satz 1), so dürfen die Gemeinden
2. Grund- und Gewerbesteuer nach den in der Haushaltssatzung des Vorjahres festgesetzten Hebesätzen erheben und ...

Die hier genannten Hebesätze der Realsteuern (Grund- und Gewerbesteuer) sind in § 5 der Haushaltssatzung festgesetzt und liegen im Ermessen der Gemeinden, auch wenn die grundsätzlichen Regelungen außerhalb der Haushaltssatzung durch Bundesrecht erfolgen. Mangelt es an einer wirksamen Haushaltssatzung fehlen auch die Hebesätze, so dass die Sonderregelung nötig ist. Diese Regelung greift allerdings nur, wenn die Gemeinde nicht eine besondere Hebesatzsatzung nach Maßgabe des Grundsteuergesetzes und des Gewerbesteuergesetzes erlassen hat, die dann vorrangig anzuwenden wäre. Hier könnten z. B. auch Hebesatzerhöhungen gegenüber dem Vorjahr festgelegt werden, auch wenn die Haushaltssatzung noch nicht wirksam wäre. Für alle anderen Erträge und Einzahlungen stellt der Haushaltsplan lediglich eine Aufkommenschätzung, also keine Ermächtigungsgrundlage dar. Diese können unabhängig von dem Wirksamwerden der Haushaltssatzung auch in der Zeit der vorläufigen Haushaltsführung in Höhe der nach ihren speziellen Rechtsgrundlagen relevanten Beträge anfallen und erhoben werden. Nur für die Erhebung der Realsteuern hat die Gemeinde in der Interimsphase die Hebesätze des Vorjahres anzuwenden, die dann durch Multiplikation mit der Bemessungsgrundlage die zu erhebende Steuer ergeben.

Für die Einzahlungen aus der Kreditumschuldung ist ebenfalls eine Sondervorschrift vorhanden:

§ 116 I 1 Nr. 3 NKomVG eröffnet Möglichkeiten zur vorläufigen Haushaltsführung:
(1) [1]Ist die Haushaltssatzung bei Beginn des Haushaltsjahres noch nicht wirksam (§ 112 Abs. 3 Satz 1), so dürfen die Gemeinden
3. Kredite umschulden.

Die Gemeinde darf danach jederzeit, d. h. unabhängig von dem Wirksamwerden der Haushaltssatzung, Kredite umschulden. Auch in der Interimsphase darf sie Auszahlungen zur Rückzahlung eines Kredits leisten, die durch Einzahlungen durch die Aufnahme eines neuen Kredits in der Regel mit günstigeren Konditionen bedingt sind. Hintergrund dieser Regelung ist, dass die Kreditaufnahme ursprünglich auf eine Ermächtigung in einer vorherigen Haushaltssatzung zurückgeht und dass eine Umschuldung den Grundsatz der Wirtschaftlichkeit und Sparsamkeit des § 110 II NKomVG verfolgt.

Für die Einzahlungen aus Finanzierungstätigkeit (Kreditermächtigung) hat die Haushaltssatzung eine festsetzende Wirkung. Insofern wird für neue **Kreditaufnahmen in der vorläufigen Haushaltsführung** eine Vorschrift benötigt, die die ermächtigende Wirkung der noch nicht wirksamen Haushaltssatzung ersetzt.

§ 116 II NKomVG zur Kreditaufnahme in der vorläufigen Haushaltsführung:
(2) [1]Reichen die Finanzierungsmittel für die Fortsetzung der Bauten, der Beschaffungen und der sonstigen Leistungen des Finanzhaushalts nach Absatz 1 Satz 1 Nr. 1 nicht aus, so dürfen die Kommunen mit Genehmigung der Kommunalaufsichtsbehörde Kredite für Investitionen und Investitionsförderungsmaßnahmen bis zur Höhe eines Viertels des Gesamtbetrages der in der Haushaltssatzung des Vorjahres vorgesehenen Kreditermächtigung aufnehmen. [2]§ 120 Abs. 2 Sätze 2 und 3 gilt entsprechend.

Diese Vorschrift bezieht sich auf die Finanzierungsmittel von Investitionen (»Bauten, Beschaffungen und sonstige Leistungen des Finanzhaushalts«), die fortgesetzt werden, d. h. auf solche, für die im Vorjahr bereits Ansätze veranschlagt wurden. Aufgrund des Tatbestandsmerkmals »Reichen die Finanzierungsmittel ... nicht aus...« sind zunächst andere Finanzierungsmöglichkeiten auszuschöpfen, bevor auf die neue Kreditermächtigung für Investitionen und Investitionsförderungsmaßnahmen vorgegriffen wird. In Betracht kommen Kreditaufnahmen nach § 120 III NKomVG, d. h. die Inanspruchnahme von Einzahlungsresten, deren Prüfung später noch vorgestellt wird. Die Möglichkeit, die neue Kreditermächtigung mit Genehmigung der Kommunalaufsichtsbehörde trotz mangelnder Wirksamkeit bereits in Anspruch zu nehmen, berechnet sich sodann für die Höhe der maximalen Kreditaufnahme nach einem (rein rechnerischen) Bezug zum Vorjahr. Die danach erfolgten Kreditaufnahmen bis zur Höhe eines Viertels des Gesamtbetrages der in der Haushaltssatzung des Vorjahres vorgesehenen Kreditermächtigung werden sodann betraglich auf die noch nicht wirksame Kreditermächtigung des neuen Haushaltsjahres angerechnet, so dass es sich um einen **Vorgriff** handelt. Sollte die Kreditermächtigung für das neue Haushaltsjahr geringer sein als ein Viertel des Gesamtbetrages der in der Haushaltssatzung des Vorjahres vorgesehenen Kreditermächtigung, so stellt die Kreditermächtigung der neuen noch nicht wirksamen Haushaltssatzung, auf die vorgegriffen wird, gleichwohl die Höchstgrenze dar.

Für die Genehmigung der nach § 116 II 1 NKomVG beabsichtigten Kreditaufnahme für Investitionen und Investitionsförderungsmaßnahmen wird in § 116 II 2 NKomVG auf die entsprechend geltenden § 120 II 2 NKomVG und § 120 II 3 NKomVG verwiesen. Danach soll die Genehmigung nach den Grundsätzen einer geordneten Haushaltswirtschaft erteilt oder versagt werden; sie kann unter Bedingungen und Auflagen erteilt werden. Sie ist in der Regel zu versagen, wenn die Kreditverpflichtungen nicht mit der dauernden Leistungsfähigkeit der Kommune im Einklang stehen.

Beispiel:
Bewirtschaftungen in der Zeit der vorläufigen Haushaltsführung

Sachverhalt:
Die Renovierungsarbeiten an der Stadtbücherei müssen fortgesetzt werden. Der Auftrag war im Vorjahr ordnungsgemäß erteilt worden. Es ist fraglich, ob das Bauamt den fälligen Abschlag in der Interimsphase zur Zahlung anweisen kann. Eine Veranschlagung des Ansatzes im neuen Haushaltsplan ist erfolgt.

Lösung:
Nach § 116 I 1 Nr. 1 Alt. 1 NKomVG liegt in dem mit der Firma im Vorjahr geschlossenen Werkvertrag eine rechtliche Verpflichtung vor. Der Abschlag, der Aufwendungen für Sach- und Dienstleistungen und damit verbundene Auszahlungen der laufenden Verwaltungstätigkeit auslösen wird, kann in der Interimsphase geleistet werden.

Sachverhalt:
Im Vorjahr war ein Ansatz für den Kauf eines Krankentransportwagens im Bereich des Rettungsdienstes veranschlagt, der jedoch aufgrund von Lieferschwierigkeiten der Firma nicht zur Auszahlung kam und im Rahmen des Vorjahresabschlusses ordnungsgemäß per Bildung eines Haushaltsrestes in das neue Jahr übertragen wurde. Es ist fraglich, ob der Kaufpreis nach Auslieferung des Wagens in der Interimsphase gezahlt werden kann.

Lösung:
Die (ursprüngliche) Ermächtigung stammt aus dem Vorjahr, d. h. § 116 NKomVG kann nicht angewendet werden, da keine Haushaltsermächtigungen aus der neuen (noch nicht wirksamen) Haushaltssatzung berührt sind. Die im Rahmen des § 20 I 1 KomHKVO mögliche Übertragung nicht verbrauchter Investitionsermächtigungen in das Folgejahr ist ordnungsgemäß durch Bildung eines Haushaltsauszahlungsrestes erfolgt. Die Kaufpreiszahlung, die Auszahlungen für den Erwerb von beweglichem Sachvermögen auslösen wird, kann in der Interimsphase geleistet werden. Hierzu wird der nach § 27 IV KomHKVO i. V. m. § 25 II KomHKVO in der Haushaltsüberwachungsliste eingetragene Haushaltsrest verwendet.

Sachverhalt:
Es ist fraglich, ob das Tiefbauamt die Straßenreinigungsgebühren für die Reinigungsklasse I in der Interimsphase nach dem für das Haushaltsjahr lt. Gebührensatzung neuen Gebührensatz von 37,29 Euro jährlich je Meter Straßenfront (im Vorjahr 35,68 Euro) erheben kann.

Lösung:
§ 116 I 1 Nr. 2 NKomVG ist nicht einschlägig, da er sich auf Abgaben nach den in der Haushaltssatzung des Vorjahres festgesetzten Hebesätzen, d. h. auf die in § 5 der Haushaltssatzung festgesetzten Hebesätze für Realsteuern, bezieht.
Die Gebühren können auch in der Interimsphase, unabhängig von dem Wirksamwerden der Haushaltssatzung, nach den neuen Sätzen der Gebührensatzung erhoben werden. Mit dieser liegt eine gesonderte Satzung als spezielle Rechtsgrundlage vor und der Haushaltsplan stellt hinsichtlich dieser Erträge und Einzahlungen lediglich eine Aufkommenschätzung dar. Die Verbindlichkeiten Dritter (hier aufgrund der Gebührensatzung) werden durch den Haushaltsplan nach § 113 III 3 NKomVG nicht aufgehoben.

Auf einen Blick: Vorläufige Haushaltsführung nach dem NKomVG
Sollte die Haushaltssatzung zu Beginn des Haushaltsjahres noch nicht wirksam sein, darf gleichwohl eine Fortführung notwendiger Aufgaben erfolgen, dieses im Grundsatz jedoch lediglich auf der Basis der Finanzverhältnisse des Vorjahres. So hat die Kommune über **§ 116 NKomVG** in der vorläufigen Haushaltsführung die Möglichkeit, bis zum Abschluss der Interimsphase z. B. Aufwendungen entstehen zu lassen und Auszahlungen zu leisten, die nach besonderen Kriterien zu beurteilen sind. Auch wenn der durch die noch nicht wirksame Haushaltssatzung festgesetzte Haushaltsplan noch keine Ermächtigungsgrundlage darstellt, darf auf diesen – bei Vorliegen der genannten Voraussetzungen – bereits vorgegriffen werden. Die Vorschriften untersagen im Regelfall hingegen Zusicherungen auf freiwillige Leistungen, den Beginn neuer Maßnahmen oder das Eingehen neuer Verpflichtungen in der **Interimsphase**.

2.8.2 Vorläufige Haushaltsführung nach Sondervorschriften

§ 119 III NKomVG zur erweiterten **Geltungsdauer der Verpflichtungsermächtigungen:**
(3) Verpflichtungsermächtigungen gelten bis zum Ende des Haushaltsjahres und darüber hinaus bis zum Wirksamwerden der Haushaltssatzung für das nächste Haushaltsjahr (§ 112 Abs. 3 Satz 1).

Nach dem ersten Halbsatz gelten Verpflichtungsermächtigungen im zeitlichen Minimum einerseits »bis zum Ende des Haushaltsjahres ...«. Wird die Haushaltssatzung für das nächste Haushaltsjahr sodann pünktlich (am 01.01.) wirksam, greift die einjährige Geltungsdauer der Verpflichtungsermächtigungen auch nur für dieses Kalenderjahr. Die Formulierung »darüber hinaus« im zweiten Halbsatz zeigt, dass eine erweiterte Geltungsdauer über das Haushaltsjahr hinaus geregelt wird.

Sollte die nächste Haushaltssatzung bei Beginn des Haushaltsjahres nun noch nicht wirksam sein, so tritt automatisch die Zeit der vorläufigen Haushaltsführung ein. Die erweiterte Geltungsdauer bezieht sich demnach auf die Zeit der vorläufigen Haushaltsführung des nächsten Haushaltsjahres. Sollten die Verpflichtungsermächtigungen im abgeschlossenen Haushaltsjahr einerseits nicht vollständig ausgeschöpft worden sein, so kann der nicht ausgenutzte Teil des Gesamtbetrags der Verpflichtungsermächtigungen bei Bedarf noch in der Interimsphase des Folgejahres ausgeschöpft werden. Sollten die investiven, aus der Verpflichtungsermächtigung resultierenden, Verpflichtungen zu Lasten künftiger Haushaltsjahre andererseits jedoch bereits im abgeschlossenen Haushaltsjahr in Höhe des in § 3 der Haushaltssatzung festgesetzten Gesamtbetrags eingegangen worden sein, so sind die veranschlagten Verpflichtungsermächtigungen in voller Höhe in Anspruch genommen und eine weitere Ausnutzung ist ausgeschlossen.

§ 120 III NKomVG zur erweiterten **Geltungsdauer der Kreditermächtigung:**
(3) Die Kreditermächtigung gilt bis zum Ende des auf das Haushaltsjahr folgenden Jahres und darüber hinaus bis zum Wirksamwerden der Haushaltssatzung für das übernächste Haushaltsjahr (§ 112 Abs. 3 Satz 1).

Nach dem ersten Halbsatz gilt die Kreditermächtigung im zeitlichen Minimum bereits länger als ein Kalenderjahr, d. h. »bis zum Ende des auf das Haushaltsjahr folgenden Jahres«. Hier zeigt sich die sog. **zeitliche Übertragbarkeit kraft Gesetz für Kreditaufnahmen**. Wurde die Kreditermächtigung einerseits aufgrund verzögerter Investitionen und Investitionsförderungsmaßnahmen im abgeschlossenen Haushaltsjahr nicht benötigt, d. h. der Gesamtbetrag wurde nicht ausgeschöpft, kann bei Bedarf eine

Übertragung des nicht ausgenutzten Teils des Gesamtbetrags in das Folgejahr erfolgen. Ist im abgeschlossenen Haushaltsjahr eine Kreditaufnahme in Höhe des in § 2 der Haushaltssatzung festgesetzten Gesamtbetrags andererseits erfolgt, so ist die veranschlagte Kreditermächtigung in voller Höhe in Anspruch genommen und eine weitere Ausnutzung ist ausgeschlossen.

Soll die nicht ausgeschöpfte Kreditermächtigung in das Folgejahr übertragen werden, ist sodann ein Einzahlungsrest zu bilden und in die Haushaltsüberwachungslisten einzutragen.

§ 25 II KomHKVO fordert für die Bewirtschaftung der Erträge und Einzahlungen:
(2) Haushaltsreste werden zu ihrer Bewirtschaftung in den Haushaltsüberwachungslisten für das Folgejahr vorgetragen.

Der Einzahlungsrest kann im Folgejahr zusätzlich zu der neuen Kreditermächtigung in Anspruch genommen werden, sobald ein Kredit tatsächlich aufgenommen werden soll. Wird die Haushaltssatzung für das wiederum nächste Haushaltsjahr sodann pünktlich (am 01.01.) wirksam, greift die reguläre Geltungsdauer der Kreditermächtigung für zwei Kalenderjahre. Die Formulierung »darüber hinaus« im zweiten Halbsatz zeigt, dass eine erweiterte Geltungsdauer über das erste dem Haushaltsjahr folgenden Jahr hinaus geregelt wird.

Sollte die Haushaltssatzung bei Beginn des übernächsten Haushaltsjahres nun noch nicht wirksam sein, so tritt automatisch die Zeit der vorläufigen Haushaltsführung ein. Die erweiterte Geltungsdauer bezieht sich also auf die Zeit der vorläufigen Haushaltsführung des übernächsten Haushaltsjahres. Wird der Einzahlungsrest, d. h. die nicht in Anspruch genommene Kreditermächtigung des Ursprungs-Haushaltsjahres, auch im Folgejahr nicht genutzt, kann er bei Bedarf weiter in das übernächste Haushaltsjahr übernommen werden. Der Einzahlungsrest wird hierfür weiter in die Haushaltsüberwachungslisten des übernächsten Haushaltsjahres vorgetragen und kann dort noch in der Interimsphase ohne weitere Einschaltung der Kommunalaufsichtsbehörde (Genehmigung) ausgeschöpft werden. Sollte auch dieser Einzahlungsrest für die Fortsetzung der Bauten, der Beschaffungen und der sonstigen Leistungen des Finanzhaushalts nicht ausreichen, ist eine weitere Kreditaufnahme nach § 116 II NKomVG zu prüfen, die oben bereits vorgestellt wurde.

§ 122 I 2 NKomVG zur erweiterten **Geltungsdauer der Liquiditätskredite:**
(1) [2]Diese Ermächtigung gilt über das Haushaltsjahr hinaus bis zum Wirksamwerden der neuen Haushaltssatzung (§ 112 Abs. 3 Satz 1).

Die Ermächtigung, Liquiditätskredite als in der Regel kurzfristige Verbindlichkeiten bis zu dem in der Haushaltssatzung festgesetzten Höchstbetrag aufzunehmen, gilt im zeitlichen Minimum für ein Haushaltsjahr. Wird die Haushaltssatzung für das nächste Haushaltsjahr sodann pünktlich (am 01.01.) wirksam, greift die einjährige Geltungsdauer der Liquiditätskreditermächtigung auch nur für dieses Kalenderjahr. Die Formulierung »Ermächtigung gilt über das Haushaltsjahr hinaus ...« zeigt, dass eine erweiterte Geltungsdauer über das Kalenderjahr hinaus geregelt wird.

Sollte die nächste »neue« Haushaltssatzung bei Beginn des Haushaltsjahres nun noch nicht wirksam sein, so tritt automatisch die Zeit der vorläufigen Haushaltsführung ein. Die erweiterte Geltungsdauer bezieht sich also auf die Zeit der vorläufigen Haushaltsführung des nächsten Haushaltsjahres. Sollten der Kommunalkasse in dieser Zeit keine anderen Mittel zur Verfügung stehen, darf die Kommune auch in der vorläufigen Haushaltsführung unterjährige Finanzierungsspitzen zur Sicherung der Liquidität ausgleichen, d. h. zur rechtzeitigen Leistung ihrer Auszahlungen Liquiditätskredite bis zu dem festgesetzten Höchstbetrag zur Überbrückung des verzögerten Eingangs von Deckungsmitteln aufnehmen.

§ 122 I 3 und II NKomVG regeln ebenfalls die erweiterte **Geltungsdauer der Liquiditätskredite:**
(1) [3]Satz 2 gilt auch für einen in der neuen, noch nicht wirksamen Haushaltssatzung höher festgesetzten Höchstbetrag, soweit er den Betrag nach Absatz 2 nicht übersteigt.
(2) Der in der Haushaltssatzung festgesetzte Höchstbetrag bedarf der Genehmigung der Kommunalaufsichtsbehörde, wenn er ein Sechstel der im Finanzhaushalt veranschlagten Einzahlungen aus laufender Verwaltungstätigkeit übersteigt.

Sollte in der neuen, noch nicht wirksamen Haushaltssatzung ein im Gegensatz zum abgeschlossenen Haushaltsjahr höherer Höchstbetrag zur Aufnahme von Liquiditätskrediten festgesetzt sein, so ist die oben genannte Vorschrift grundsätzlich anwendbar. Die Bezugnahme auf § 122 I 2 NKomVG verdeutlicht zunächst die danach auf jeden Fall bestehende Ermächtigung, auch in der Zeit der vorläufigen Haushaltsführung Liquiditätskredite zur rechtzeitigen Leistung der kommunalen Auszahlungen aufnehmen zu dürfen, soweit der Kasse keine anderen Mittel zur Verfügung stehen.

Die Formulierung »gilt auch« zeigt, dass mit § 122 I 3 NKomVG eine erweiterte Rechtsfolge beabsichtigt ist. Hiernach ist in der Zeit der vorläufigen Haushaltsführung eine vom Volumen her erweiterte Aufnahme von Liquiditätskrediten möglich, als dieses ohnehin schon nach § 122 I 2 NKomVG möglich wäre. Das Liquiditätskreditvolumen ist dabei in seiner Höchstgrenze auf den »Betrag nach Absatz 2« begrenzt. Dieser § 122 II NKomVG regelt die Genehmigungsbedürftigkeit des in der Haushaltssatzung festgesetzten Höchstbetrages der Liquiditätskredite. Nach der Formulierung des § 122 I 3 NKomVG geht es um den dort fixierten Betrag, nicht jedoch um die grundsätzliche Genehmigungsbedürftigkeit der Liquiditätskredite in der Haushaltssatzung. Dieser Betrag (ein Sechstel der im Finanzhaushalt veranschlagten Einzahlungen aus laufender Verwaltungstätigkeit) darf sodann in der Interimsphase nicht überschritten werden – also auch nicht mit Genehmigung. Sollte der genehmigungsfreie Betrag der Liquiditätskredite der neuen noch nicht wirksamen Haushaltssatzung also höher sein als der Höchstbetrag der Liquiditätskredite des Vorjahres, so kann dieser über die Anwendung des § 122 I 3 NKomVG genutzt werden.

Auf einen Blick: Vorläufige Haushaltsführung nach Sondervorschriften
Auch die Regelungen zur **vorläufigen Haushaltsführung** in Sondervorschriften erlauben einen nur bedingten Zugriff auf die neue noch nicht wirksame Haushaltssatzung. Grundgedanke der Vorschriften zur vorläufigen Haushaltsführung in den Sondervorschriften § 119 III NKomVG, § 120 III NKomVG und § 122 I 2, 3 NKomVG ist auch hier die Sicherung der Handlungsfähigkeit der Verwaltung. Die Kommune hat jedoch in der haushaltslosen Zeit grundsätzlich lediglich eingeschränkte Bewirtschaftungsmöglichkeiten hinsichtlich der Inanspruchnahme von Verpflichtungsermächtigungen, der Möglichkeiten zur Kreditaufnahme und zur Aufnahme von Liquiditätskrediten.

2.9 BUDGET – EINE BEWIRTSCHAFTUNGSEINHEIT

Das Budget stellt eine Bewirtschaftungseinheit für Teilhaushalte, Produktbereiche, Produktgruppen oder Produkte dar, die mit umfangreichen Flexibilisierungs- aber auch Verantwortungsinstrumenten ausgestattet ist.

2.9.1 Grundlagen

Ziel der Budgetbestrebungen ist es, die Praxis der Mittelbewirtschaftung zu vereinfachen und gleichzeitig auch Einsparungen durch veränderte einheitliche Verantwortungsbereiche anzustreben.

§ 4 III 1 KomHKVO enthält die **Legaldefinition »Budget«:**
(3) [1]Teilhaushalte, Produktbereiche, Produktgruppen oder Produkte können ganz oder teilweise durch Haushaltsvermerk zu einer Bewirtschaftungseinheit erklärt werden (Budget), jedoch nicht die durch einen Haushaltsvermerk zur Zweckbindung nach § 18 Abs. 1 Satz 2 gebundenen Haushaltsmittel.

Das Tatbestandsmerkmal »**Teilhaushalte, Produktbereiche, Produktgruppen oder Produkte**« eröffnet einen weiten Anwendungsbereich. Auf das Tatbestandsmerkmal der (organisationsorientierten oder produktplan-orientierten) Teilhaushalte nach § 4 I KomHKVO wurde bereits beim Aufbau des Haushaltsplans näher eingegangen. Alternativ können auch für Produktbereiche (§ 60 Nr. 38 KomHKVO), Produktgruppen (§ 60 Nr. 39 KomHKVO) oder für die individuell gebildeten Produkte (§ 60 Nr. 37 KomHKVO) Budgets gebildet werden. Damit können Budgets nach finanz- bzw. betriebswirtschaftlichen Gesichtspunkten, im Einzelfall auf das Niveau eines Produktbudgets, definiert werden.

Der Halbsatz »jedoch nicht die durch einen Haushaltsvermerk zur Zweckbindung nach § 18 Abs. 1 Satz 2 gebundenen Haushaltsmittel« schließt diese Haushaltsmittel von der Budgetbildung aus. Nach der genannten Rechtsgrundlage darf eine Zweckbindung durch Haushaltsvermerk vorgenommen werden, wenn die Beschränkung der Erträge auf die Verwendung für bestimmte Aufwendungen wegen des sachlichen Zusammenhangs der Erträge und Aufwendungen geboten ist. Diese Zweckbindung kraft Haushaltsvermerk führt automatisch zur zeitlichen Übertragbarkeit kraft Gesetz, welche in § 20 IV KomHKVO geregelt ist. Danach bleiben die Ermächtigungen für die entsprechenden Aufwendungen und Auszahlungen bis zur Abwicklung der letzten Zahlung für ihren Zweck verfügbar. Bei zweckgebundenen Erträgen und Einzahlungen besteht damit eine unbegrenzte zeitliche Übertragbarkeit der entsprechenden Aufwendungen und Auszahlungen. Um diese Ausweitung der zeitlichen Übertragbarkeit durch Ausbringung von Zweckbindungsvermerken für die im Budget ausgewiesenen Erträge und Aufwendungen zu vermeiden, ist der genannte Halbsatz erforderlich. Sollte also in einem Budget auch ein Zweckbindungsvermerk angebracht sein, so hat die damit zum Ausdruck gebrachte Beschränkung der Verwendung der Erträge auf bestimmte Aufwendungen stets Vorrang vor der Flexibilität der Mittelverwendung in einem Budget.

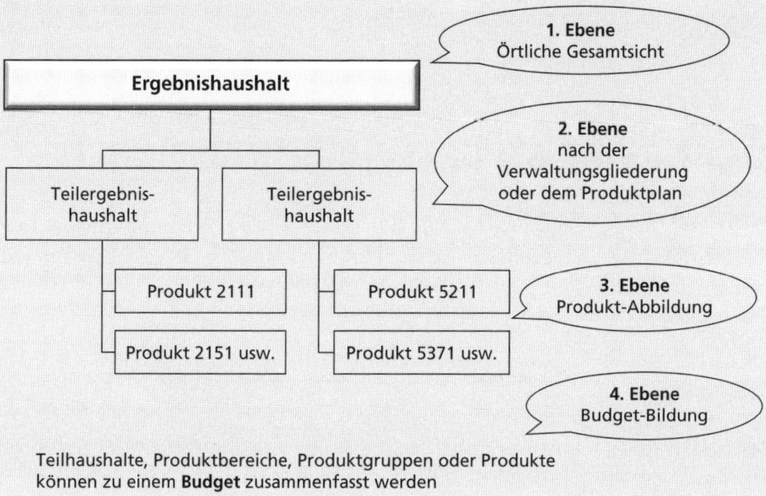

Abbildung 32: Haushalts- und Budgetebenen

Als **Rechtsfolge** »können« Budgets gebildet werden. Die Kommune hat also ein Ermessen, d. h. es steht ihr frei, von dieser Vorschrift Gebrauch zu machen. Im Rahmen der Ermessensentscheidung ist zu überlegen, ob die Budgetbildung überhaupt erfolgen soll, wie viele Budgets gebildet und in welchem Umfang die Planungsgrößen zugeordnet werden sollen. Die Bildung eines Budgets kann »ganz oder teilweise« erklärt, also auf Teilbereiche beschränkt werden.

Möchte die Kommune die Budgetbildung vornehmen, so ist dieses formell (haushaltsrechtlich) durch einen ausdrücklichen Haushaltsvermerk im Haushaltsplan kenntlich zu machen, sog. **Budgetvermerk.** Da Haushaltsvermerke zu Ansätzen des Haushaltsplans weitere Bestimmungen festlegen, können sie ausschließlich in der nächsten Haushaltsplanung oder unterjährig in der Nachtragshaushaltsplanung angebracht werden.

Der Haushaltsvermerk ist im Haushaltsplan auf dem Vorblatt des jeweiligen Teilhaushalts abzulesen und könnte wie folgt lauten:
»Der Teilhaushalt / der Produktbereich / die Produktgruppe / das Produkt – (es folgt sodann die Nennung des jeweiligen Bereichs) ist budgetiert.«

Das Verständnis der Budgetierung als eigenverantwortlicher Bewirtschaftungsrahmen ist an die dezentral geleiteten Verwaltungseinheiten der Kommune gekoppelt und bedarf so einer eindeutigen Festlegung von Verantwortlichkeiten.

§ 4 III 2 KomHKVO fordert die Bestimmung von Verantwortlichen für ein Budget:
(3) [2]Die Verantwortung für ein Budget wird der fachlich zuständigen Organisationseinheit entsprechend der Verwaltungsgliederung zugeordnet.

Die Budgetverantwortlichen sind sodann abschließend für die Verwendung des Budgets und die Einhaltung haushaltsrechtlicher Bestimmungen verantwortlich. Mit der Bündelung und Erhöhung der finanziellen Verantwortlichkeit sind Anforderungen an ein gesteigertes wirtschaftliches Handeln der Budgetverantwortlichen verbunden.

Aufgrund der Entscheidungsmöglichkeit, ob die Budgetbildung »ganz oder teilweise« erfolgen soll oder wie viele Budgets mit welchem Volumen gebildet werden sollen, ist es sinnvoll, sich an zentraler Stelle einen Überblick verschaffen zu können.

§ 1 II 1 KomHKVO listet die Pflichtanlagen des Haushaltsplans:
(2) [1]Zum Haushaltsplan gehören als Anlagen …
12. eine Übersicht über die gebildeten Budgets (§ 4 Abs. 3).

Mit Hilfe dieser Pflichtanlage ist auf einen Blick ersichtlich, welche budgetierten Bewirtschaftungseinheiten gebildet worden sind. Es sind in der Regel Einrichtungen, Betriebe, Fachämter, Fachdienste etc. der Kommune, denen bestimmte Finanzmittel zur eigenverantwortlichen Bewirtschaftung und mit bestimmten Bewirtschaftungserleichterungen (Einzelheiten hierzu sind in der Praxis den Budgetregeln zu entnehmen) zur Verfügung gestellt werden.

Auf einen Blick: Grundlagen des Budgets
Ein Budget nach § 4 III KomHKVO stellt einen mit finanziellen Mitteln ausgestatteten Handlungsbereich dar, der einem abgegrenzten Verantwortungsbereich zur Verfügung gestellt wird. Es bedeutet nach der Formulierung zunächst nichts anderes als eine Bewirtschaftungseinheit, die aus einem vollständigen Teilhaushalt oder Teilen daraus bestehen kann. Das Budget selbst wird durch einen Haushaltsvermerk im Haushaltsplan dokumentiert.

2.9.2 Bewirtschaftungserleichterungen

Bewirtschaftungserleichterungen für Aufwendungen bzw. Auszahlungen im Budget sind kraft Gesetz insbesondere im Rahmen der echten Deckungsfähigkeit (§ 19 I und III KomHKVO) und der zeitlichen Übertragbarkeit für die laufende Verwaltungstätigkeit (§ 20 II 1 KomHKVO) vorhanden. Auf die dortigen Ausführungen wird verwiesen.

Beispiel:
Flexibilität innerhalb eines Budgets, Teil I

Sachverhalt:
Für die Grundschule (Produkt 2111) ist im Haushaltsplan ein nach § 4 III 1 KomHKVO zulässiger Budgetvermerk angebracht worden. Es existieren u. a. folgende Produkt-Konten: 2111.4231 Grundschule; Mieten und Pachten und 2111.4241 Grundschule; Bewirtschaftung der Grundstücke und baulichen Anlagen.

Der Fachdienst äußert nunmehr den Wunsch, noch den folgenden Haushaltsvermerk aufzunehmen: »Die Produkt-Konten 2111.4231 und 2111.4241 sind gegenseitig deckungsfähig.«

Lösung:
Als Rechtsgrundlage kommt § 19 I KomHKVO in Betracht.
Der Anwendungsbereich »Ansätze für Aufwendungen …« ist mit den Ergebniskonten 4231 und 4241 eröffnet.
Das Tatbestandsmerkmal »innerhalb eines Budgets« liegt ebenfalls vor, da laut Sachverhalt ein Budgetvermerk vorhanden ist.

Die Rechtsfolge (»sind gegenseitig deckungsfähig, wenn im Haushaltsplan nichts anderes bestimmt wird.«) führt zu einer grundsätzlichen Deckungsfähigkeit kraft Gesetz. Hier soll gerade der Regelfall eintreten und die Rechtsfolge soll nicht eingeschränkt werden, d. h. es soll nichts anderes bestimmt werden. Im Haushaltsplan ist die Möglichkeit des Mittelaustauschs zwischen den Konten nicht weiter haushaltsrechtlich sicherzustellen. Es ist insbesondere kein Deckungsvermerk notwendig.

Die gegenseitige Deckungsfähigkeit sichert den Budgetverantwortlichen, dass die zugewiesenen Ansätze für Aufwendungen und Auszahlungen im Rahmen des Haushaltsvollzuges »frei« im Sinne der bestmöglichen Zielerreichung eingesetzt werden können. Die so garantierte Deckungsfähigkeit verbleibt jedoch im jeweiligen – laufenden bzw. investiven – Tätigkeitsfeld der budgetierten Einheit. Einsparungen im Bereich der laufenden Tätigkeit können nur für Mehraufwendungen im Bereich der laufenden

Tätigkeit verwendet werden. Gleiches gilt für den Mittelaustausch im Bereich der investiven Tätigkeit. Soll andererseits ein Mittelaustausch zwischen verschiedenen Ursachenbereichen ermöglicht werden, um z. B. Einsparungen der laufenden Verwaltungstätigkeit für höhere Investitionsauszahlungen nutzen zu können, ist vielmehr eine Sondervorschrift anzuwenden:

§ 19 IV KomHKVO enthält weitere Bewirtschaftungsmöglichkeiten innerhalb eines Budgets:
(4) [1]Ansätze für zahlungswirksame Aufwendungen aus laufender Verwaltungstätigkeit in einem Budget können zugunsten von unerheblichen Auszahlungen für Investitions- oder Finanzierungstätigkeit innerhalb des Budgets als einseitig deckungsfähig erklärt werden. [2]Mit der Inanspruchnahme wird zugleich der den Auszahlungen nach Satz 1 entsprechende Aufwandsansatz in Höhe der Auszahlung gesperrt.

Bei Aufnahme eines entsprechenden Haushaltsvermerks (erkennbar an der Formulierung »erklärt werden«) dürfen insbesondere Einsparungen bei zahlungswirksamen Aufwendungen aus laufender Verwaltungstätigkeit (z. B. Unterhaltung der Grundstücke) zur Deckung unerheblicher Auszahlungen für Investitions- oder Finanzierungstätigkeit innerhalb des Budgets verwendet werden. Die Vorgabe der Deckungsfähigkeit für »unerhebliche« Auszahlungen für Investitions- oder Finanzierungstätigkeit stellt einen unbestimmten Rechtsbegriff dar, der hinsichtlich der Höhe situativ auszulegen und von den jeweiligen örtlichen Umständen abhängig ist. Die mittelbewirtschaftende Stelle hat so in der Planausführung die Option, Einsparungen der laufenden Verwaltungstätigkeit zugunsten höherer investiver Auszahlungen zu nutzen. Umgekehrt ist die Deckungsfähigkeit nicht möglich. Sie kann nur einseitig zu Lasten der laufenden Verwaltungstätigkeit und zugunsten der Investitions- bzw. Finanzierungstätigkeit formuliert werden.

Beispiel:
Flexibilität innerhalb eines Budgets, Teil II

Sachverhalt:
Für die Grundschule (Produkt 2111) ist im Haushaltsplan ein nach § 4 III 1 KomHKVO zulässiger Budgetvermerk angebracht worden. Der Schulhausmeister hat bereits mehrfach bemängelt, dass ständig Schwierigkeiten mit der Zuverlässigkeit der beauftragten Winterdienstfirma auftauchen. Er regt an, dass die Winterdienstkosten eingespart und stattdessen eine kleine Schneefräse angeschafft werden könnte, mit der er selbst die Schneeräumung vornehmen könnte. Die endgültige Entscheidung darüber soll nach weiteren Beobachtungen im Frühjahr getroffen werden. Der Fachdienst äußert per Mittelanmeldung den Wunsch, dafür eine haushaltsrechtliche Möglichkeit vorzusehen, um bei Bedarf flexibel reagieren zu können.

Lösung:
§ 19 I KomHKVO ist nicht einschlägig, da kein Mittelaustausch im gleichen Ursachenbereich (z. B. Minderaufwendungen der laufenden Verwaltungstätigkeit sollen zu Mehraufwendungen der laufenden Verwaltungstätigkeit berechtigen) gewünscht ist.

Einsparungen der laufenden Verwaltungstätigkeit (Schneeräumung) sollen vielmehr zugunsten von Investitionsauszahlungen (Anschaffung Schneefräse) verwendet werden. Mangels angegebener Preise für eine Schneefräse (Konto 78311) wird hier zu Übungszwecken unterstellt, dass eine solche Anschaffung in dieser Kommune eine unerhebliche Investitionsauszahlung darstellt. Damit kommt der Anwendungsbereich des § 19 IV 1 KomHKVO in Betracht.

Das Tatbestandsmerkmal »Ansätze für zahlungswirksame Aufwendungen aus laufender Verwaltungstätigkeit« liegt vor, da das Aufwendungskonto für die Schneeräumung (Konto 4241) auch zu einem Abfluss liquider Mittel (Konto 7241) führt.
Das weitere Tatbestandsmerkmal »in einem Budget« liegt ebenfalls vor, da laut Sachverhalt ein Budgetvermerk vorhanden ist.

Die Rechtsfolge (»können zugunsten von ... als einseitig deckungsfähig erklärt werden«) beinhaltet eine Ermessenseröffnung. Sie ist durch die Anbringung eines einseitigen Deckungsvermerkes bei den betroffenen Konten (»Das Produkt-Konto 2111.4241 (Grundschule; Schneeräumung) ist einseitig deckungsfähig zugunsten 2111.78311 (Grundschule; Auszahlungen für den Erwerb von beweglichen Vermögensgegenständen über 1.000 Euro)«) abzuschließen. Dieser Haushaltsvermerk stellt nun die haushaltsrechtliche Möglichkeit dar, um im Haushaltsjahr flexibel auf die jeweilige Situation reagieren zu können.

Durch einen zusätzlichen Haushaltsvermerk kann nach § 19 IV 3 KomHKVO ferner bestimmt werden, dass zahlungswirksame zweckgebundene Erträge innerhalb des Budgets für unerhebliche Investitions- oder Finanzierungsauszahlungen verwendet werden dürfen.

> ⓘ **Auf einen Blick: Bewirtschaftungserleichterungen im Budget**
> In der Budgetierung liegen Möglichkeiten und Chancen, den Verantwortlichen der betroffenen Verwaltungseinheiten, Produktbereiche, Produktgruppen oder Produkte die eigenverantwortliche finanzielle Gestaltungsfreiheit einzuräumen. Über die Ausübung der Selbstbestimmung in haushaltsrechtlichen Angelegenheiten erhalten die budgetierten Einheiten zusätzlichen Freiraum in finanzieller Hinsicht. Über die jeweils im Budget eingeräumte Deckungsfähigkeit und die Übertragbarkeit besteht die Möglichkeit, die Buchungsstellen sowohl unterjährig wie auch überjährig je nach Bedarf flexibel zu bewirtschaften.

2.10 ÜBER- UND AUSSERPLANMÄSSIGE FINANZVORFÄLLE – BEWIRTSCHAFTUNGEN ABWEICHEND VOM HAUSHALTSPLAN

Die Ermächtigungen im Haushaltsplan und die übertragenen Ermächtigungen aus Vorjahren sollen im Idealfall für die Bewirtschaftung im Haushaltsjahr auskömmlich sein. Trotz Berechnung bzw. sorgfältiger Schätzung der Haushaltsansätze in der Planaufstellung bestehen gleichwohl in der Planausführung noch erhebliche Unsicherheitsfaktoren. Bei Baumaßnahmen können einerseits z. B. trotz aller Sorgfalt Planänderungen aufgrund geänderter Ausschreibungsunterlagen der Architekten oder Baufirmen entstehen. Auch geänderte Zuschnitte der Haustechnik o. ä. können Zeitverschiebungen in der Bauausführung eine Anpassung des Bauzeitplans erfordern und damit Mehrkosten verursachen. Für diese Eventualitäten gibt es mit der Regelung zu über- und außerplanmäßigen Aufwendungen und Auszahlungen eine Möglichkeit, vom Haushaltsplan abzuweichen.

2.10.1 Grundlagen

Mit Beschluss der Haushaltssatzung hat die Vertretung den Rahmen und die Ermächtigungsgrundlagen für die Haushaltsführung festgelegt.

§ 113 III 1 und 2 NKomVG stellen die besondere Bedeutung des Haushaltsplans fest:
(3) [1]Der Haushaltsplan ist Grundlage für die Haushaltswirtschaft der Kommunen. [2]Er ist nach Maßgabe dieses Gesetzes und der auf Grund dieses Gesetzes erlassenen Vorschriften für die Haushaltsführung verbindlich.

Im Rahmen der so festgestellten Verbindlichkeit und der quantitativen Ausprägung des Grundsatzes der sachlichen Bindung stellen die Haushaltsansätze grundsätzlich eine verbindliche Obergrenze dar, für den jeweiligen Zweck Aufwendungen entstehen zu lassen und Auszahlungen zu leisten.

§ 27 I KomHKVO regelt die Bewirtschaftung der Aufwendungen, Auszahlungen und Verpflichtungsermächtigungen:
(1) [1]Die Haushaltsansätze werden so bewirtschaftet, dass sie für die im Haushaltsjahr anfallenden Aufwendungen und Auszahlungen ausreichen. [2]Sie dürfen erst dann in Anspruch genommen werden, wenn die Erfüllung der Aufgaben es erfordert.

Im Realfall ist es hingegen oft unvermeidlich, dass Aufwendungen ausgelöst bzw. Auszahlungen geleistet werden müssen, die über den im Haushaltsplan gesetzten Rahmen hinausgehen, d. h. auch unter Berücksichtigung der Deckungsregeln reichen die Ermächtigungen nicht aus. Mehraufwendungen und -auszahlungen kommen in der Praxis in nicht unerheblichem Maße vor, weil bei der Aufstellung des Haushaltsplans eine Reihe von Ansätzen andererseits auch nur geschätzt werden können. Auch bei den errechenbaren Ansätzen kann die tatsächliche Entwicklung von der voraussichtlichen Planung abweichen. Der Haushaltsplan wird in der Regel im Vorjahr aufgestellt und durch die Haushaltssatzung festgesetzt, so dass im weiteren Verlauf des Haushaltsjahres auch hier Veränderungen eintreten können.

Die Abweichungen von den Festsetzungen des Haushaltsplans müssten grundsätzlich gemäß § 115 I 1 NKomVG mittels Erlass einer Nachtragshaushaltssatzung und Aufstellung eines Nachtragshaushaltsplans korrigiert werden. Da hierfür die Vorschriften der Haushaltssatzung gelten, ist dieses Verfahren in der Regel zeit- und arbeitsintensiv. Da es sich andererseits um Abweichungen vom Etatrecht der Vertretung handelt, sind die Voraussetzungen dafür an anderer Stelle im NKomVG erläutert.

§ 117 I 1 NKomVG eröffnet eine Möglichkeit, um vom Haushaltsplan abzuweichen:
(1) [1]**Über- und außerplanmäßige Aufwendungen und Auszahlungen** sind nur zulässig, wenn sie zeitlich und sachlich unabweisbar sind; ihre Deckung muss gewährleistet sein.

Um die Haushaltswirtschaft nicht übermäßig zu behindern und eine flexible Haushaltsführung zu ermöglichen, ist ein formelles Verfahren zur Bereitstellung von Haushaltsüberschreitungen bei Aufwendungen und Auszahlungen ohne Erlass einer Nachtragshaushaltssatzung und -plan vorgesehen. Auch wenn dieses Verfahren mit der Prüfung bestimmter Tatbestandsmerkmale und einer förmlichen Ermächtigungsbereitstellung verbunden ist, stellt es sich gleichwohl weniger aufwändiger als das Nachtragshaushaltsverfahren dar.

Prüfung der Ermächtigung

Für den Einstieg in § 117 NKomVG ist zunächst die Ermächtigung zu prüfen, die sich je nach Vorliegen einer laufenden bzw. investiven Tätigkeit unterschiedlich ergibt. Im Einstieg zur Fallbearbeitung ist also festzustellen, ob es sich um einen Aufwand (laufende Verwaltungstätigkeit), um eine Auszahlung für Investitionen (§ 60 Nr. 22 KomHKVO) oder um eine Auszahlung aus Finanzierungstätigkeit handelt.

Für Aufwendungen ergibt sich die Ermächtigung aus dem Ansatz der einzelnen Buchungsstelle im Teilergebnishaushalt. Für Auszahlungen für laufende Verwaltungstätigkeit ergibt sich die Ermächtigung aus der dazugehörigen Ermächtigung für Aufwendungen. Liegt also ein Fall der laufenden Verwaltungstätigkeit vor, so ist es ausreichend, sich in der weiteren Prüfung auf die »Aufwendung« zu beziehen, d. h. die Benennung von entsprechenden Auszahlungen ist entbehrlich. Für Auszahlungen für Investitionstätigkeit oder für Finanzierungstätigkeit ergibt sich die Ermächtigung aus dem Ansatz der einzelnen Buchungsstelle im Teilfinanzhaushalt.

Ermittlung des Mehrbedarfs

Bevor Haushaltsmittel in Anspruch genommen werden dürfen, schließt sich sodann die Prüfung an, ob bei der entsprechenden Buchungsstelle noch ausreichende Mittel zur Verfügung stehen.

- **Planmäßige Haushaltsansätze § 1 IV KomHKVO**
  - Ansätze in den Teilhaushalten nach § 1 III Nr. 3 KomHKVO
  - Ansätze des Haushaltsjahres, für das der Haushaltsplan aufgestellt wird
- **<u>Außer</u>planmäßige Haushaltsansätze, § 60 Nr. 7 KomHKVO**
  - Aufwendungen oder Auszahlungen,
    für deren Zweck im Haushalt keine Ermächtigungen veranschlagt und
    keine aus Vorjahren übertragenen Ermächtigungen verfügbar sind
- **<u>Über</u>planmäßige Haushaltsansätze, § 60 Nr. 47 KomHKVO**
  - Aufwendungen oder Auszahlungen,
    die die Ermächtigungen im Haushaltsplan
    und die übertragenen Ermächtigungen aus Vorjahren übersteigen

Abbildung 33: Begriffsbestimmungen

Die Höhe einer **außerplanmäßigen** Aufwendung oder Auszahlung ergibt sich mangels vorhandener Ermächtigungen im Haushalt oder mangels verfügbarer Haushaltsreste für deren Zweck aus dem Bedarf unmittelbar. Es kommt dabei nicht darauf an, ob genau das Ereignis, welches den Finanzvorfall auslöst, eingeplant war. Es ist vielmehr relevant, ob für den nun anstehenden Finanzvorfall (z. B. Unterhaltung der Grundstücke und baulichen Anlagen, Haltung von Fahrzeugen oder Auszahlungen für den Erwerb von beweglichen Vermögensgegenständen über 1.000 Euro ohne Umsatzsteuer) eine passende Ermächtigung auf einer Buchungsstelle vorhanden ist.

Zur Feststellung der Höhe der **überplanmäßigen** Aufwendung oder Auszahlung ist zunächst die Berechnung des Mehrbedarfs notwendig, für den weder entsprechende Haushaltsermächtigungen zur Verfügung stehen noch die Aufstellung eines Nachtragshaushaltsplans erforderlich ist. Für den Zweck stehen im Haushaltsjahr zwar Ermächtigungen im Haushaltsplan oder in der Haushaltsüberwachungsliste vorgetragene Haushaltsreste aus Vorjahren zur Verfügung, sie sind für die Auslösung des Finanzvorfalles jedoch nicht auskömmlich. Der übersteigende Betrag stellt sodann den überplanmäßigen Bedarf auf der jeweiligen Buchungsstelle dar.

Ermittlung einer überplanmäßigen Aufwendung bzw. Auszahlung

Haushaltsrest aus Vorjahren nach §§ 20, 25 II, 27 IV KomHKVO oder/und Inanspruchnahme von Rückstellungen nach § 45 KomHKVO (jeweils für die konkrete Buchungsstelle)	
+	Haushaltsansatz der Buchungsstelle
+/ -	Veränderungen aus Nachtragshaushaltsplänen
+	Haushaltsermächtigung aus der Zweckbindung nach § 18 KomHKVO (unechte Deckungsfähigkeit § 18 I 3 KomHKVO)
+/-	Inanspruchnahme der (echten) Deckungsfähigkeit nach § 19 KomHKVO
-	Haushaltswirtschaftliche Sperre nach § 32 KomHKVO
=	**Gesamtbewirtschaftungsermächtigung**
-	bisherige entstandene Aufwendungen bzw. geleistete Auszahlungen
-	bestehende Vormerkungen[10] (z. B. erteilte Aufträge)
=	noch verfügbarer Betrag (s. entsprechende Eintragung (»noch verfügbar«) in der HÜL)
-	bis Jahresende noch bestehender (nicht vorgemerkter) Bedarf
=	**Ergebnis**
(positive Zahl oder Null = Ermächtigung reicht aus, d. h. kein überplanmäßiger Bedarf; negative Zahl = Ermächtigung reicht nicht aus, d. h. überplanmäßiger Bedarf)	

In schriftlichen Leistungsnachweisen könnte diese Berechnung in Bezug auf die Anwendbarkeit der Deckungsregeln des § 18 KomHKVO und § 19 KomHKVO mit der Aufgabenstellung der textlichen Begleitung gefordert werden. So muss unterhalb der Berechnung insbesondere mit Erläuterung von Rechtsgrundlagen hergeleitet werden, warum die Haushaltsermächtigung aus der Zweckbindung bei Vorliegen von zweckgebundenen, eingezahlten oder rechtsverbindlich zugesagten Mehrerträgen bzw. -einzahlungen bzw. die Inanspruchnahme der Deckungsfähigkeit bei Vorliegen von deckungspflichtigen Minderaufwendungen bzw. -auszahlungen in die Gesamtbewirtschaftungsermächtigung einbezogen wird.

Sollte die mittelbewirtschaftende Stelle einen über- oder außerplanmäßigen Bedarf feststellen, so hat sie bei dem Amt für Finanzen / der Kämmerei einen **Antrag** auf Bewilligung der fehlenden Haushaltsermächtigungen zu stellen.

Bestimmte über- und außerplanmäßige Aufwendungen und Auszahlungen können allerdings nur durch eine Nachtragshaushaltssatzung bereitgestellt werden.

---

[10] Auch wenn noch keine Aufwendung entstanden ist bzw. Auszahlung geleistet wurde, sind die Vormerkungen über die Haushaltsmittel bereits zu berücksichtigen, damit nicht wiederholt über die Mittel verfügt wird.

§ 117 IV NKomVG räumt dem Erlass einer Nachtragshaushaltssatzung den Vorrang vor einer über- oder außerplanmäßigen Aufwendung oder Auszahlung ein:
(4) § 115 Abs. 2 bleibt unberührt.

Die Nachtragshaushaltssatzungspflicht bleibt demnach ausdrücklich unberührt, d. h. der genannte Paragraph findet Anwendung. Damit ist vor der Zulässigkeit über- und außerplanmäßiger Aufwendungen und Auszahlungen grundsätzlich das Etatrecht der Vertretung im Rahmen eines Beschlusses über die Nachtragshaushaltssatzung zu wahren. Das Verfahren des Nachtragshaushaltssatzungsrechts und die Aufnahme von Aufwendungen und Auszahlungen im Nachtragshaushaltsplan sind vorrangig anzuwenden. Der Verweis auf § 115 II NKomVG bedeutet, dass hier sinnvollerweise sowohl § 115 II Nr. 1 NKomVG als auch § 115 II Nr. 2 NKomVG zu prüfen sind. Sowohl in § 115 II Nr. 1 NKomVG als auch in § 115 II Nr. 2 NKomVG ist das Tatbestandsmerkmal einer erheblichen Veränderung (erheblicher Fehlbetrag bzw. bisher nicht veranschlagte oder zusätzliche Aufwendungen und Auszahlungen im erheblichen Umfang) zu prüfen. Die Wertgrenze hierfür legt die Kommune selbst fest. Damit kommen über- und außerplanmäßige Bewilligungen insbesondere für geringfügige, nicht vermeidbare Abweichungen von der quantitativen Bindung des Haushaltsplans in Betracht. Bei diesen wäre das zeitintensive Verfahren der Nachtragshaushaltssatzung nicht praktikabel und würde einer wirtschaftlichen Aufgabenerfüllung zuwiderlaufen. Mit über- und außerplanmäßigen Bewilligungen wird nur eine einzelne Aufwendung oder Auszahlung (einschließlich der als Deckung verwendeten Buchungsstelle/-n), mit der Nachtragshaushaltssatzung einschließlich -plan hingegen der gesamte Haushalt umfassend aktualisiert.

Liegt einer der Fälle des § 115 II Nr. 1 NKomVG oder des § 115 II Nr. 2 NKomVG vor, nach der unverzüglich eine Nachtragshaushaltssatzung zu erlassen ist, kann die Kommune den Finanzvorfall grundsätzlich nicht über- bzw. außerplanmäßig abwickeln und das Verfahren nach § 117 NKomVG ist ausgeschlossen. Der Erlass einer Nachtragshaushaltssatzung darf also nicht zwingend erforderlich sein.

Nach § 115 II Nr. 1 NKomVG ist ein **Fehlbetrag** zu prüfen. Nach der Haushaltsausgleichsregel des § 110 IV 1 und 2 NKomVG entsteht ein Fehlbetrag, wenn die ordentlichen Erträge hinter den ordentlichen Aufwendungen bzw. die außerordentlichen Erträge hinter den außerordentlichen Aufwendungen zurückbleiben. Insofern bezieht sich ein Fehlbetrag unter Beachtung der Ergebnisspaltung für den ordentlichen und außerordentlichen Bereich immer auf den Ergebnisbereich. Ein Mehrbedarf bei den Aufwendungen kann folglich weder durch Einsparungen bei anderen Aufwendungen noch durch zusätzliche Erträge gedeckt werden, so dass die Deckung im Rahmen der Gesamtdeckung bzw. durch eine Deckungsreserve bereits an dieser Stelle zu antizipieren ist.

Ein Fehlbetrag kann demnach nicht durch Finanzvorfälle berührt sein, bei welchen es sich um investive Auszahlungen handelt, denn diese sind neben den Abschreibungen nicht weiter ergebniswirksam. Sollte eine überplanmäßige oder eine außerplanmäßige investive Auszahlung vorliegen, so ist an dieser Stelle hinsichtlich der (mittelbaren) Ergebniswirksamkeit vielmehr auf die Regelung des § 117 V 1 NKomVG hinzuweisen. Danach werden nicht im Haushaltsplan veranschlagte Abschreibungen oder die veranschlagten Abschreibungen überschreitende Abschreibungen von der Hauptverwaltungsbeamtin oder dem Hauptverwaltungsbeamten ermittelt und in die Erstellung des Jahresabschlusses einbezogen. Nach § 117 V 3 KomHKVO findet § 117 I NKomVG hierbei keine Anwendung. Es ist also kein Antrag auf Neu- oder Nachbewilligung von Abschreibungen zu stellen und es erfolgt keine Prüfung von Tatbestandsmerkmalen.

Liegt eine **nicht veranschlagte** Aufwendung oder Auszahlung bei einer einzelnen Haushaltsposition (gemeint ist die Buchungsstelle) vor, die nicht in einem im Verhältnis zu den Gesamtaufwendungen oder Gesamtauszahlungen erheblichen Umfang entsteht oder geleistet werden muss, ist nach § 115 II Nr. 2

NKomVG keine Nachtragshaushaltssatzung zu erlassen. Es ist vielmehr mit der Prüfung der **außer**planmäßigen Bereitstellung fortzufahren. Liegt eine **zusätzliche** Aufwendung oder Auszahlung bei einer einzelnen Haushaltsposition (gemeint ist die Buchungsstelle) vor, die nicht in einem im Verhältnis zu den Gesamtaufwendungen oder Gesamtauszahlungen erheblichen Umfang entsteht oder geleistet werden muss, ist nach § 115 II Nr. 2 NKomVG keine Nachtragshaushaltssatzung zu erlassen. Es ist vielmehr mit der Prüfung der **über**planmäßigen Bereitstellung fortzufahren.

Auch im Bereich der Verpflichtungsermächtigungen gibt es eine Möglichkeit, diese über- und außerplanmäßig in Anspruch zu nehmen.

§ 119 V NKomVG ermöglicht über- und außerplanmäßige Verpflichtungsermächtigungen:
(5) [1]Verpflichtungen im Sinne des Absatzes 1 dürfen über- und außerplanmäßig eingegangen werden, wenn sie unabweisbar sind und der in der Haushaltssatzung festgesetzte Gesamtbetrag der Verpflichtungsermächtigungen nicht überschritten wird. [2]§ 117 Abs. 1 Satz 2 gilt entsprechend.

Mit der Formulierung »Verpflichtungen im Sinne des Absatzes 1« sind Verpflichtungsermächtigungen gemeint. Sollten diese veranschlagt, jedoch nicht auskömmlich, sein oder für den Zweck im Haushalt keine Verpflichtungsermächtigungen veranschlagt sein, entstehen die Verpflichtungen über- bzw. außerplanmäßig. Sie dürfen sodann eingegangen werden, wenn sie unabweisbar sind. Die geforderte Unabweisbarkeit der Verpflichtungen ist in zeitlicher wie auch in sachlicher Hinsicht auszulegen. Auf die u. g. Ausführungen dieses unbestimmten Rechtsbegriffs (2.10.2) wird insofern verwiesen. Mit der Formulierung »der in der Haushaltssatzung festgesetzte Gesamtbetrag der Verpflichtungsermächtigungen nicht überschritten wird« ist eine zu gewährleistende Deckung gemeint. Unter Berücksichtigung der über- und außerplanmäßigen Verpflichtungen darf die Summe aller Verpflichtungsermächtigungen nicht über den Gesamtbetrag in § 3 Haushaltssatzung hinausgehen. Diese Deckung kann nur durch Verzicht auf die Inanspruchnahme einer planmäßigen Verpflichtungsermächtigung erfolgen. Die Vertretung beschließt sodann nach § 58 I Nr. 9 NKomVG über die über- und außerplanmäßigen Verpflichtungen nach Maßgabe des § 119 NKomVG. § 119 I 2 NKomVG verweist auf die Anwendbarkeit des § 117 I 2 NKomVG, der mit der alleinigen Zuständigkeit des Hauptverwaltungsbeamten noch erläutert wird.

Sollte keine andere planmäßige Verpflichtungsermächtigung als Deckungsvorschlag angeboten werden können, ist das Tatbestandsmerkmal nicht erfüllt und die Verpflichtung kann nicht über- bzw. außerplanmäßig eingegangen werden. Sollte der in der Haushaltssatzung festgesetzte Gesamtbetrag der Verpflichtungsermächtigungen jedoch überschritten werden müssen, ist gleichwohl eine Ermächtigung erforderlich. Da die Haushaltssatzung wiederum nur durch eine Nachtragshaushaltssatzung geändert werden kann, kann der Gesamtbetrag der Verpflichtungsermächtigungen nur über den Erlass einer Nachtragshaushaltssatzung erhöht werden.

Es gibt jedoch auch einige Aufwendungen und entsprechende Auszahlungen, die von der Möglichkeit, hierfür über- und außerplanmäßige Verstärkungen zu bewilligen, ausgeschlossen sind.

§ 13 III KomHKVO stellt zu den Verfügungsmitteln und der Deckungsreserve fest:
(3) Die Ansätze nach den Absätzen 1 und 2 dürfen nicht überschritten werden; sie sind nicht mit anderen Aufwendungen und Auszahlungen deckungsfähig und dürfen nicht zeitlich übertragen werden.

Die Verfügungsmittel (Ansätze nach Absatz 1) wie auch die Deckungsreserve (Ansätze nach Absatz 2) »dürfen nicht überschritten werden«, d. h. sie dürfen im Verfahren nach § 117 NKomVG nicht erhöht werden. Die in den Konten veranschlagten Beträge stellen den ausgewiesenen Rahmen für die Verfügungsmittel und die Deckungsreserve dar, der in der Planausführung nicht überschritten werden darf. Bei den aufgaben- oder finanzpolitisch besonders sensiblen Verfügungsmitteln bzw. der Deckungsreserve kommen überplanmäßige Aufwendungen und Auszahlungen damit nicht in Betracht und eine Erhöhung kann nur durch eine planmäßige Veranschlagung in einem Nachtragshaushaltsplan erfolgen.

Auf einen Blick: Grundlagen über- und außerplanmäßiger Aufwendungen und Auszahlungen
Aufwendungen oder Auszahlungen, für deren Zweck im Haushalt keine Ermächtigungen veranschlagt und keine aus Vorjahren übertragenen Ermächtigungen verfügbar sind, können **außerplanmäßig** bereitgestellt werden. Aufwendungen oder Auszahlungen, die die Ermächtigungen im Haushaltsplan und die übertragenen Ermächtigungen aus Vorjahren übersteigen, können **überplanmäßig** bereitgestellt werden. Die Vorschriften hierzu sind in **§ 117 NKomVG** enthalten, welcher über den Absatz vier die vorrangige Überprüfung der Nachtragshaushaltssatzungspflicht nach § 115 II NKomVG erfordert. Auch Verpflichtungen zur Leistung von Auszahlungen für Investitionen und für Investitionsförderungsmaßnahmen in künftigen Jahren können nach § 119 V NKomVG über- und außerplanmäßig eingegangen werden.

2.10.2 Zulässigkeit über- und außerplanmäßiger Finanzvorfälle

Nach Feststellung außerplanmäßigen des Bedarfs bzw. der Berechnung des Mehrbedarfs und Ausschluss der vorrangigen Nachtragshaushaltssatzungspflicht sind die Voraussetzungen zu prüfen, unter denen eine über- und außerplanmäßige Aufwendung bzw. Auszahlung zulässig ist. Liegen die Tatbestandsmerkmale nicht vor oder wird die notwendige Entscheidung nicht erteilt, muss ein Nachtragshaushaltsplan erstellt bzw. eine Nachtragshaushaltssatzung beschlossen werden, um die Aufwendung entstehen lassen bzw. die Auszahlung leisten zu dürfen.

§ 117 I 1 NKomVG enthält Zulässigkeitsvoraussetzungen, um vom Haushaltsplan abzuweichen:
(1) [1]Über- und außerplanmäßige Aufwendungen und Auszahlungen sind nur zulässig, wenn sie zeitlich und sachlich unabweisbar sind; ihre Deckung muss gewährleistet sein.

Zunächst ist das Tatbestandsmerkmal »zeitlich und sachlich unabweisbar« zu prüfen. Der Begriff der Unabweisbarkeit ist weder im NKomVG noch in der KomHKVO definiert und stellt damit einen unbestimmten Rechtsbegriff dar, der situativ auszulegen und von den jeweiligen örtlichen Umständen abhängig ist.

Aufwendungen und Auszahlungen sind **zeitlich unabweisbar** und damit vom Zeitaspekt her dringlich, wenn eine Verschiebung auf einen Zeitpunkt, an dem die Haushaltsmittel durch den nächsten Nachtragshaushaltsplan im Haushaltsjahr oder den nächstjährigen Haushaltsplan zur Verfügung stehen, für die Kommune nicht ohne Nachteil möglich oder eine Zurückstellung wirtschaftlich unzweckmäßig i. S. v. § 110 II NKomVG wäre. Die über- und außerplanmäßigen Aufwendungen und Auszahlungen sind in diesem Sinne so eilbedürftig, dass sie unverzüglich noch im Haushaltsjahr bereitzustellen sind.
Für schriftliche Leistungsnachweise ist es nötig, eine allgemeine Auslegung (z. B. die Mittelüberschreitung kann nicht zurückgestellt werden bis zum Erlass einer Nachtragshaushaltssatzung bzw. bis zum Erlass der nächstjährigen Haushaltssatzung, bzw. die Zurückstellung wäre wirtschaftlich unzweckmäßig i. S. v. § 110 II NKomVG) voranzustellen, bevor mit der einzelfallbezogenen Prüfung der zeitlichen Unabweisbarkeit fortgesetzt wird.

Sachlich unabweisbar sind Aufwendungen und Auszahlungen, bei denen aufgrund rechtlicher oder faktischer Zwänge keine Handlungsalternativen bestehen. Diese über- und außerplanmäßigen Aufwendungen und Auszahlungen müssen aus rechtlichen oder sonstigen sachlich zwingenden Gründen zur Wahrnehmung bzw. Finanzierung der Aufgabenerfüllung entstehen bzw. geleistet werden. Für schriftliche Leistungsnachweise ist es nötig, eine allgemeine Auslegung (z. B. es besteht ein Rechtsanspruch auf Zahlung z B. aus Vertrag, Verwaltungsakt oder Rechtsnorm, bzw. die Mittelüberschreitung ist aus sonstigen Gründen sachlich zwingend notwendig) voranzustellen, bevor mit der einzelfallbezogenen Prüfung der sachlichen Unabweisbarkeit fortgesetzt wird.

Es ist sodann das Tatbestandsmerkmal »ihre Deckung muss gewährleistet sein« zu prüfen. Die **Deckung** der erforderlichen über- und außerplanmäßigen Aufwendungen und Auszahlungen muss noch im gleichen Haushaltsjahr nachgewiesen werden, d. h. der Haushalt muss die zusätzlichen Haushaltsmittel durch Deckungsmittel an anderer Stelle bis zum Jahresende auch tragen können. Liegen über- oder außerplanmäßige Aufwendungen der laufenden Verwaltungstätigkeit vor, müssen im Ergebnishaushalt also an anderer Stelle ergebniswirksame Mittel freigestellt werden. Dieses Deckungserfordernis entspricht im Ergebnishaushalt der Verpflichtung zum Haushaltsausgleich nach § 110 IV 1 NKomVG und § 110 IV 2 NKomVG, wobei insbesondere keine Verschlechterung des ordentlichen bzw. außerordentlichen Ergebnisses eintreten darf. Liegen andererseits über- oder außerplanmäßige Auszahlungen der investiven Tätigkeit vor, müssen im Finanzhaushalt an anderer Stelle liquide Mittel freigestellt werden. Hier entspricht das Deckungserfordernis der Verpflichtung nach § 110 IV 3 NKomVG, die Liquidität sicherzustellen. Aufgrund der Formulierung »muss gewährleistet sein« hat eine Bereitstellung entsprechender Deckungsmittel auf jeden Fall, d. h. unabhängig von der Höhe der über- und außerplanmäßigen Aufwendungen und Auszahlungen, zu erfolgen.

Die Deckung selbst ist unter Beachtung des Grundsatzes der Gesamtdeckung nach § 17 KomHKVO bzw. durch die Inanspruchnahme der Deckungsreserve zu prüfen. Je nachdem, ob der Mehrbedarf im Bereich der laufenden Verwaltungstätigkeit oder der Investitionstätigkeit liegt, ist für die Prüfung der in einem Fall genannten Deckungsvorschläge eine genaue Zitation (Gesamtdeckung nach § 17 I Nr. 1 KomHKVO für Fälle der laufenden Tätigkeit oder Gesamtdeckung nach § 17 III 1 KomHKVO für Fälle der investiven Tätigkeit) erforderlich.

Nach **§ 17 I Nr. 1 KomHKVO** decken die ordentlichen Erträge des Ergebnishaushalts insgesamt die ordentlichen Aufwendungen des Ergebnishaushalts. Die Deckungsregel gilt nach dieser Formulierung für die Abwicklung von *planmäßigen* Finanzvorfällen. Sind jedoch *über- bzw. außerplanmäßige* Aufwendungen für die laufende Verwaltungstätigkeit, bei welcher die Ermächtigungen und die aus Vorjahren übertragenen Ermächtigungen nicht ausreichen bzw. nicht vorhanden sind, in der Planausführung zu decken, muss dieses durch über die Planung oder außerhalb der Planung hinausgehende Entwicklungen erfolgen.

So sind unter Beachtung der Ergebnisspaltung über die Planung hinausgehende Mehrerträge oder außerhalb der Planung entstehende Einsparungen bei Haushaltsansätzen oder Haushaltsresten für Aufwendungen anderer Buchungsstellen zu generieren. In diesem Sinne können im **Ergebnishaushalt** z. B. Mehrerträge (nicht geplante zusätzliche Erträge) oder Minderaufwendungen (bis zum Jahresende dauerhaft bestehende Einsparungen bei Aufwendungsansätzen) im jeweiligen (ordentlichen oder außerordentlichen) Ergebnisbereich zur Deckung der über- und außerplanmäßigen Aufwendungen verwendet werden. Einsparungen bei *ordentlichen* Aufwendungsansätzen dürfen hingegen nicht zur Deckung der *außerordentlichen* über- und außerplanmäßigen Aufwendungen verwendet werden. Umgekehrt kann auch kein Deckungsvorschlag des außerordentlichen Bereiches für einen über- oder außerplanmäßigen Finanzvorfall im ordentlichen Ergebnisbereich verwendet werden. Die hierdurch zum Ausdruck kommende Ergebnisspaltung ist in jedem Fall zu beachten. Sollten Haushaltsreste (aus Vorjahren übertragene Ermächtigungen) für Aufwendungen ganz oder teilweise für ihren eigentlichen Zweck im Haushaltsjahr nicht mehr benötigt werden, können auch diese Einsparungen als Deckung verwendet werden.

Aufwendungen sind i. d. R. zahlungswirksam. Da die Ergebniswirksamkeit im Bereich der laufenden Verwaltungstätigkeit die führende, relevante Komponente ist, ist die Liquidität nur nachrangig zu sichern. Ist die Deckung für die über- bzw. außerplanmäßige Aufwendung vielmehr im ergebniswirksamen Bereich gewährleistet, ist gleichzeitig auch die Ermächtigung zur Leistung der verbundenen über- bzw. außerplanmäßigen Auszahlung gegeben. Diese ergibt sich unmittelbar aus der dazugehörigen Aufwendung. So ist die Liquidität später lediglich sicherzustellen und nicht gesondert als (weitere) Deckung bzw. Ermächtigungsgrundlage zu bewilligen. Ist mit einer über- bzw. außerplanmäßigen Aufwendung zugleich eine Auszahlung verbunden (zahlungswirksame Mehraufwendungen), empfiehlt es sich gleichwohl, auch einen zahlungswirksamen Vorschlag als Deckung auszuwählen, um spätere Liquiditätsschwierigkeiten zu vermeiden. Damit können zahlungswirksame Mehraufwendungen durch Einsparungen bei zahlungswirksamen Aufwendungen oder durch zahlungswirksame Mehrerträge gedeckt werden.

Zahlungsunwirksame Mehraufwendungen können auch durch Einsparungen bei zahlungsunwirksamen Aufwendungen oder durch zahlungsunwirksame Mehrerträge gedeckt werden.

Nachrangig kann für die Deckung über- und außerplanmäßiger Aufwendungen und entsprechender Auszahlungen, also für Finanzvorfälle der laufenden Verwaltungstätigkeit, auch die **Deckungsreserve** herangezogen werden. Diese kann gemäß § 13 II KomHKVO in angemessener Höhe bei den empfohlenen Konten 4621 und 7621 in der Produktgruppe 612 veranschlagt sein. Über die Bezugnahme auf »entsprechende Auszahlungen« kann die Deckungsreserve jedoch nicht zur Deckung von Auszahlungen für Investitions- oder Finanzierungstätigkeit dienen, da diesen Auszahlungen kein unmittelbarer Aufwand gegenübersteht. Die Auszahlung muss dem Aufwand entsprechen, so dass die Deckungsreserve nur für die laufende Verwaltungstätigkeit zur Verfügung steht. In der Planausführung wird die Deckungsreserve im Bedarfsfall bei der Inanspruchnahme sodann lediglich über Eintragungen in der Haushaltsüberwachungsliste bewirtschaftet, d. h. die Deckungsreserve wird nicht direkt bebucht. Die Buchungen erfolgen ausschließlich bei den sachlich auszuwählenden Aufwendungs- und entsprechenden Auszahlungskonten, bei denen die über- oder außerplanmäßige Aufwendung wirtschaftlich verursacht wurde und die dazugehörige Auszahlung zu leisten ist. Bei jeder Inanspruchnahme der Deckungsreserve wird die Ermächtigung lediglich entnommen und der zur Verfügung stehende Betrag um den jeweiligen zu deckenden Betrag gekürzt. Auch die Formulierung in den Zuordnungsvorschriften »Nur Planungskonto« bestätigt, dass die Deckungsreserve ausschließlich für die Planung relevant ist und Aufwendungen mit entsprechenden Auszahlungen auf diesen Planungskonten nicht bewirkt werden dürfen. So ist die Deckungsreserve bei der Planaufstellung ausschließlich eine Art Platzhalter, um später in der Planausführung über- und außerplanmäßige Finanzvorfälle der laufenden Verwaltungstätigkeit bei anderen Konten aufzufangen, also decken zu können.

Im **Finanzhaushalt** dienen die Einzahlungen der laufenden Verwaltungstätigkeit nach § 17 I Nr. 2 KomHKVO insgesamt zur Deckung der Auszahlungen für laufende Verwaltungstätigkeit sowie für die Auszahlungen zur ordentlichen Tilgung von Investitionskrediten und zur Rückzahlung innerer Darlehen. Übersteigen die Einzahlungen aus laufender Verwaltungstätigkeit die Auszahlungen aus laufender Verwaltungstätigkeit einschließlich der Auszahlungen für die ordentliche Tilgung von Investitionskrediten und die ordentliche Rückzahlung innerer Darlehen, so wird der übersteigende Betrag nach § 17 II 1 KomHKVO grundsätzlich zur Tilgung von Liquiditätskrediten eingesetzt. Sollte danach noch ein übersteigender Betrag verbleiben, dient dieser nach **§ 17 III 1 KomHKVO** neben den Einzahlungen für Investitionstätigkeit und den Einzahlungen aus der Aufnahme von Krediten und inneren Darlehen insgesamt zur Deckung der Auszahlungen für die Investitionstätigkeit. Auch diese Deckungsregel gilt für die Abwicklung von *planmäßigen* Finanzvorfällen. Sind jedoch *über- bzw. außerplanmäßige* Auszahlungen für die Investitionstätigkeit, bei welcher die Ermächtigungen und die aus Vorjahren übertragenen Ermächtigungen nicht ausreichen bzw. nicht vorhanden sind, in der Planausführung zu decken, muss dieses durch über die Planung oder außerhalb der Planung hinausgehende Entwicklungen erfolgen. Die Deckung kann grundsätzlich durch über die Planung hinausgehende Einzahlungen (Mehreinzahlungen) oder durch außerhalb der Planung entstehende Einsparungen bei Haushaltsansätzen oder Haushaltsresten für Auszahlungen anderer Buchungsstellen generiert werden.

Dabei können Mehreinzahlungen oder Minderauszahlungen der laufenden Verwaltungstätigkeit zur Deckung der über- und außerplanmäßigen Finanzvorfälle für die laufende Verwaltungstätigkeit *oder* bei Vorliegen eines daraus folgenden Zahlungsüberschusses unter den Voraussetzungen des § 17 II, III 1 KomHKVO auch für die Investitionstätigkeit genutzt werden. Ein nach Anwendung des § 17 II KomHKVO verbleibender übersteigender Betrag aus laufender Verwaltungstätigkeit muss gleichwohl sicher zu erwarten sein. Daraus folgt, dass allein Mehreinzahlungen bei Grundsteuern als Deckungsvorschlag für überplanmäßige Investitionszahlungen unterjährig nicht ausreichen, da diese keine Aussage über das bis zum Ende des Haushaltsjahres zu erwartende Ergebnis der laufenden Verwaltungstätigkeit zulassen. Mehreinzahlungen oder Minderauszahlungen der Investitionstätigkeit können andererseits nur zur Deckung der über- und außerplanmäßigen Auszahlungen für die Investitionstätigkeit genutzt werden. Eine Deckung für den Bereich der laufenden Verwaltungstätigkeit ist aufgrund der mangelnden unmittelbaren Ergebniswirksamkeit investiver Finanzvorfälle nicht zulässig.

Die Zuordnung der Deckungsvorschläge zu den Teilhaushalten oder Produkten ist unter Berücksichtigung der Gesamtdeckung jeweils irrelevant, d. h., dass die über- und außerplanmäßigen Aufwendungen und Auszahlungen und der jeweilige Deckungsvorschlag unterschiedliche Teilhaushalte oder Produkte berühren können. Die Abweichung wird als über- oder außerplanmäßige Aufwendung oder Auszahlung in voller Höhe bei der sachlich richtigen Buchungsstelle nachgewiesen, bei welchem der Betrag zuzuordnen ist. Die entsprechende Deckung wird bei der herangezogenen Buchungsstelle lediglich in der Haushaltsüberwachungsliste nachgewiesen.

Andererseits dürfen über die Anwendung der Gesamtdeckung grundsätzlich keine Mehrerträge oder -einzahlungen verwendet werden, die für bestimmte Aufwendungen oder Auszahlungen zweckgebunden sind. Nur wenn die Mehrerträge oder -einzahlungen für ihren Zweck nicht benötigt werden, könnten sie als Deckung in Betracht kommen. Auch Minderaufwendungen oder -auszahlungen, die mit anderen Aufwendungen oder Auszahlungen deckungsfähig sind, dürfen grundsätzlich nicht verwendet werden. Sie könnten im Rahmen der Gesamtdeckung nur verwendet werden, sofern die Deckungsfähigkeit bei den deckungsberechtigten Konten nicht in Anspruch genommen werden soll.

Die Deckung nach § 117 I 1 NKomVG darf also nicht mit der aufgrund einer vorliegenden Zweckbindung automatisch folgenden unechten Deckungsfähigkeit nach § 18 I 3 KomHKVO oder mit der echten Deckungsfähigkeit nach § 19 KomHKVO verwechselt werden. Die aus diesen Bewirtschaftungserleichterungen berechtigten Mehraufwendungen und -auszahlungen sind nach § 18 I 5 KomHKVO und § 19 VI KomHKVO vielmehr ohne Verfahren nach § 117 NKomVG zulässig. Eine Prüfung der Zweckbindung oder der Deckungsfähigkeit ist bei dem Tatbestandsmerkmal der Deckung des § 117 I 1 NKomVG nicht mehr notwendig. Da die unechte Deckungsfähigkeit bereits bei der Mehrbedarfsermittlung geprüft wurde, sind bei eventuellen Mehrerträgen und –einzahlungen, die zur Deckung herangezogen werden sollen, folglich auch keine Zweckbindungsvermerke notwendig. Liegt keine Zweckbindung vor, so bestätigt dieses vielmehr, dass die Erträge und Einzahlungen im Rahmen der Gesamtdeckung zur Verfügung stehen. Gleiches gilt für eventuelle Minderaufwendungen und -auszahlungen. Auch hier sind keine Deckungsvermerke notwendig, die nur dazu führen würden, dass die Einsparungen für deckungsberechtigte Aufwendungen und Auszahlungen bereits bei der Mehrbedarfsermittlung reserviert sein würden.

Bei schriftlichen Leistungsnachweisen könnten mehre Deckungsvorschläge gegeben werden. Hier ist dann zu überprüfen, ob sie bereits über eine Anwendung des § 18 KomHKVO und § 19 KomHKVO in die Berechnung des Mehrbedarfs einfließen können. Sie sind sodann gezielt auszuwählen und kommen bei Inanspruchnahme aufgrund des § 18 I 5 KomHKVO und § 19 VI KomHKVO für die Deckung nach § 117 I 1 NKomVG anschließend nicht mehr in Betracht. Lediglich die restlichen Deckungsvorschläge finden Eingang bei der Prüfung des Tatbestandsmerkmals der Deckung. Insgesamt korrespondiert der Gesamtbetrag der Deckung zudem mit dem zuvor festgestellten Mehrbedarf.

So ist äußerste Sorgfalt bei der Auswahl notwendig, welche Deckungsvorschläge bereits über die Bewirtschaftungserleichterungen der unechten und echten Deckungsfähigkeit nach § 18 KomHKVO und § 19 KomHKVO in der Mehrbedarfsermittlung verwendet werden können und auf welche – lediglich – die Gesamtdeckung des § 17 KomHKVO zutrifft. In der Praxis müssen Minderaufwendungen und -auszahlungen zudem auch bis zum Jahresende Bestand haben, d. h. die Einsparungen dürfen im Laufe des Haushaltsjahres nicht wieder angefordert werden. In schriftlichen Leistungsnachweisen könnte diese Kennzeichnung durch den Zusatz im Sachverhalt erfolgen, dass die Maßnahme abgeschlossen oder vollständig abgewickelt ist.

Auf einen Blick: Zulässigkeit über- und außerplanmäßiger Aufwendungen und Auszahlungen

Die **zeitliche Unabweisbarkeit** i. S. d. § 117 I 1 NKomVG bedeutet, dass die Mittelüberschreitung entweder nicht bis zum Erlass einer Nachtragshaushaltssatzung bzw. bis zum Erlass der nächstjährigen Haushaltssatzung zurückgestellt werden kann oder auch, dass eine Zurückstellung wirtschaftlich unzweckmäßig i.S.v. § 110 II NKomVG wäre.
Die **sachliche Unabweisbarkeit** i. S. d. § 117 I 1 NKomVG bedeutet, dass ein Rechtsanspruch auf Zahlung z. B. aus Vertrag, Verwaltungsakt oder Rechtsnorm besteht oder auch, dass die Mittelüberschreitung aus sonstigen Gründen sachlich zwingend notwendig ist.
Die zu gewährleistende **Deckung** i. S. d. § 117 I 1 NKomVG ist unter Berücksichtigung der Gesamtdeckung nach § 17 KomHKVO zu prüfen. Sie ist grundsätzlich möglich durch:

- Einsparungen aus Haushaltsansätzen für Aufwendungen und Auszahlungen bei anderen Buchungsstellen,
- Einsparungen aus Haushaltsresten für Aufwendungen und Auszahlungen bei anderen Buchungsstellen,
- die (nachrangige) Inanspruchnahme der Deckungsreserve nach § 13 II KomHKVO,
- Mehrerträge bzw. -einzahlungen bei Buchungsstellen, soweit diese für ihren Zweck nicht benötigt werden.

Treffen die Tatbestandsmerkmale des § 117 I 1 NKomVG zu, so ist das Ergebnis festzustellen, dass die über- oder außerplanmäßige Aufwendung oder Auszahlung **zulässig** ist.

2.10.3 Entscheidungsbefugnisse und Unterrichtungspflichten

Sind die Zulässigkeitsvoraussetzungen durch die mittelbewirtschaftende Verwaltungsstelle und der Kämmerei unter Nachweis der Unabweisbarkeit sowie eines Deckungsvorschlags festgestellt, ist die abschließende Entscheidung einzuholen. Die Zuständigkeit ist je nach Höhe der über- und außerplanmäßigen Aufwendung und Auszahlung unterschiedlich festgelegt.

§ 58 I Nr. 9 NKomVG regelt die Zuständigkeit der Vertretung:
(1) Die **Vertretung** beschließt ausschließlich über
9. die Haushaltssatzung, das Haushaltssicherungskonzept, **über- und außerplanmäßige Aufwendungen, Auszahlungen** und Verpflichtungen nach Maßgabe der §§ 117 und 119 sowie über das Investitionsprogramm

Grundsätzlich hat die Vertretung auch hier das Etatrecht inne, sofern nicht vorrangige Maßgaben vorliegen.

§ 117 I 2 NKomVG regelt die Zuständigkeit der Hauptverwaltungsbeamtin oder des Hauptverwaltungsbeamten wie folgt:
(1) [2]In Fällen von unerheblicher Bedeutung entscheidet die Hauptverwaltungsbeamtin oder der Hauptverwaltungsbeamte; die Vertretung und der Hauptausschuss sind spätestens mit der Vorlage des Jahresabschlusses zu unterrichten.

Der Hauptverwaltungsbeamte entscheidet Fälle von unerheblicher Bedeutung (sogenannte **Bagatellfälle**) direkt und allein, d. h. unabhängig davon, ob es sich um einen dringenden Fall handelt oder nicht. Bei der unerheblichen Bedeutung handelt es sich um einen unbestimmten Rechtsbegriff. Dieser bezieht sich auf eine betraglich unerhebliche Bedeutung, also auf einen Fall mit geringem Wert. Sachliche As-

pekte (thematische Belanglosigkeit in Bezug auf die Aufgabenerfüllung) sind hiermit nicht gemeint. Feste Werte, inwieweit über- und außerplanmäßige Aufwendungen und Auszahlungen als unerheblich anzusehen sind, sind nicht standardmäßig im Gesetz festgelegt. Die Beurteilung ist nach dem Gesamtbild der finanziellen Verhältnisse vielmehr individuell vorzunehmen und kann sich nach der Größe der Kommune und deren Haushaltsvolumen richten. Ggf. ist eine Wertgrenze in § 6 der Haushaltssatzung festgelegt. Sind die Fälle danach unerheblich, trifft der Hauptverwaltungsbeamte die Entscheidung ohne vorherige Zustimmung der Vertretung. Er hat seine Entscheidung allerdings der Vertretung und dem Hauptausschuss durch die geforderte Unterrichtung spätestens mit der Vorlage des Jahresabschlusses nachträglich zur Kenntnis zu bringen.
Auch wenn § 117 I 2 NKomVG auf »Fälle von unerheblicher Bedeutung« und § 115 II NKomVG auf einen »erheblichen Fehlbetrag bzw. Umfang« abstellt, so ist die Wertgrenze für die Erheblichkeit gleichwohl nicht identisch. Sollte die Kommune nur die Wertgrenze für § 117 I 2 NKomVG geregelt haben, ist abzuleiten, dass die Wertgrenzen nach § 115 II NKomVG für die Nachtragshaushaltssatzungspflicht vermutlich höher liegen wird. Schließlich ist die Folge eines Nachtragshaushaltssatzungsverfahrens zeitlich umfangreicher und nicht mit der Zuständigkeit des Hauptverwaltungsbeamten vergleichbar.

Sollte kein Bagatellfall vorliegen, bedarf der Vertretungsbeschluss der vorherigen Einladung wie auch der Vorbereitung durch den Hauptausschuss, d. h. der Finanzvorfall darf nicht eilbedürftig sein. Für diese keinen Aufschub duldenden Fälle (sogenannte Eilentscheidungen) ist eine andere Zuständigkeit geregelt.

§ 89 Sätze 1 bis 4 NKomVG regeln die **Eilentscheidungen** wie folgt:
[1]In dringenden Fällen, in denen die vorherige Entscheidung der Vertretung nicht eingeholt werden kann, entscheidet der Hauptausschuss. [2]Kann in Fällen des Satzes 1 oder in anderen Fällen die vorherige Entscheidung des Hauptausschusses nicht eingeholt werden und droht der Eintritt erheblicher Nachteile oder Gefahren, so trifft die Hauptverwaltungsbeamtin oder der Hauptverwaltungsbeamte im Einvernehmen mit einer Stellvertreterin oder einem Stellvertreter nach § 81 Abs. 2 die notwendigen Maßnahmen. [3]Sie oder er hat die Vertretung und den Hauptausschuss unverzüglich zu unterrichten. [4]Eine Anhörung nach § 94 Abs. 1 Sätze 1 und 2 sowie § 96 Abs. 1 Satz 5 kann vor Eilentscheidungen unterbleiben.

Bei der Betrachtung der Sätze 1 und 2 ist auffällig, dass sie verschiedene Dringlichkeitsstufen und davon abhängig verschiedene Zuständigkeiten (Hauptausschuss bzw. Hauptverwaltungsbeamtin oder Hauptverwaltungsbeamter im Einvernehmen mit einer Stellvertreterin oder einem Stellvertreter nach § 81 Abs.2) enthalten. Die Entscheidung des Hauptausschusses kann nach § 78 III NKomVG auch im Umlaufverfahren erfolgen, wenn kein Mitglied des Hauptausschusses widerspricht. Die Auslegung der unbestimmten Rechtsbegriffe (»in dringenden Fällen« bzw. »droht der Eintritt erheblicher Nachteile oder Gefahren) ist jeweils einzelfallbezogen auszulegen. In schriftlichen Leistungsnachweisen könnte in dem Sachverhalt hierfür ein Verweis auf den Sitzungskalender bzw. Hinweise wie »ist eilig« oder »muss unverzüglich erledigt werden« enthalten sein, der für die Argumentation eine Hilfestellung bietet.

Erst nach dieser Entscheidung über die über- oder außerplanmäßige Aufwendung bzw. Auszahlung darf die rechtliche Verpflichtung (Auftragserteilung, Vertragsabschluss o. ä.) eingegangen werden, die *später* im Laufe des Haushaltsjahres zu der Haushaltsüberschreitung führt.

§ 117 III NKomVG stellt fest:
(3) Die Absätze 1 und 2 sind entsprechend auf Maßnahmen anzuwenden, durch die später im Laufe des Haushaltsjahres über- oder außerplanmäßige Aufwendungen und Auszahlungen entstehen können.

§ 117 I NKomVG regelt die Zulässigkeit von über- und außerplanmäßigen Aufwendungen und Auszahlungen. Die Vorschrift des § 117 III NKomVG hingegen ist auf »Maßnahmen« anzuwenden. Mit Maßnahmen sind z. B. zivilrechtliche Vertragsabschlüsse oder öffentlich-rechtliche Leistungsbescheide gemeint, die bereits eine Ausgabe begründen. Schon *vor* dem Eingehen dieser Verpflichtungen (z. B. Bewilligung von Sozialleistungen, Auftragserteilung an einen Handwerker bzw. Vertragsabschluss zum Kauf eines Vermögensgegenstandes etc.), die *später* über- oder außerplanmäßige Aufwendungen und Auszahlungen auslösen könnten, muss geprüft werden, ob die haushaltsrechtlichen Voraussetzungen des § 117 I NKomVG vorliegen. Entsprechend muss auch schon vor Begründung der Verpflichtung geprüft werden, ob eine ausreichend hohe Ermächtigung zur Verfügung steht. Sollte dieses nicht der Fall sein, sind die vorgeschriebenen Entscheidungen nach § 117 NKomVG rechtzeitig einzuholen.

In der Praxis ist auf dem Antrag auf Bewilligung der über- und außerplanmäßigen Aufwendung und Auszahlung von der mittelbewirtschaftenden Stelle zu bescheinigen, dass verpflichtende Erklärungen noch nicht abgegeben worden sind, d. h. dass noch keine Aufträge, Bestellungen etc. erteilt wurden.

Auf einen Blick: Entscheidungsbefugnisse und Unterrichtungspflichten über- und außerplanmäßiger Aufwendungen und Auszahlungen

Grundsätzlich beschließt die Vertretung nach § 58 I Nr. 9 NKomVG ausschließlich über über- und außerplanmäßige Aufwendungen und Auszahlungen. Dabei ist die Maßgabe des § 117 NKomVG zu beachten.
Danach entscheidet im **Bagatellfall** (Fälle von unerheblicher Bedeutung) der Hauptverwaltungsbeamte nach § 117 I 2 NKomVG allein.
Liegt kein Bagatellfall vor und kann die Vertretung nicht rechtzeitig entscheiden, entscheidet in dringenden Fällen nach § 89 S. 1 NKomVG **(Eilentscheidungen)** der Hauptausschuss. Kann auch dieser nicht rechtzeitig entscheiden und droht der Eintritt erheblicher Nachteile oder Gefahren, trifft nach § 89 S. 2 NKomVG der Hauptverwaltungsbeamte im Einvernehmen mit der »Repräsentationsvertretung« nach § 81 II NKomVG die notwendigen Maßnahmen.
Die Vertretung und der Hauptausschuss sind bei Eilentscheidungen nach § 89 S. 3 NKomVG unverzüglich und in Bagatellfällen nach § 117 I 2 NKomVG spätestens mit der Vorlage des Jahresabschlusses zu unterrichten.

2.10.4 Haushaltsvorgriff

Sollte die Deckung im aktuellen Haushaltsjahr nicht gewährleistet sein, so gibt es eine Sondervorschrift, um Investitionen und Investitionsförderungsmaßnahmen nicht scheitern zu lassen.

§ 117 II NKomVG eröffnet die Möglichkeit eines (unechten) **Haushaltsvorgriffs:**
(2) [1]Für Investitionen und Investitionsförderungsmaßnahmen, die im folgenden Haushaltsjahr fortgesetzt werden, sind überplanmäßige Auszahlungen auch dann zulässig, wenn ihre Deckung erst im folgenden Haushaltsjahr gewährleistet ist. [2]Absatz 1 Satz 2 gilt entsprechend.

Die Vorschrift bezieht sich auf Investitionen und Investitionsförderungsmaßnahmen, die mit den Begriffsbestimmungen in § 60 Nr. 22 KomHKVO und § 60 Nr. 23 KomHKVO zu subsumieren sind. Es muss sich zudem um überplanmäßige Auszahlungen (§ 60 Nr. 47 KomHKVO) handeln, so dass neue (außerplanmäßige) Investitionen und Investitionsförderungsmaßnahmen von der Rechtsfolge nicht erfasst sind. Die Investitionstätigkeit muss im folgenden Haushaltsjahr fortgesetzt (Fortsetzungsmaßnahmen) werden, so dass die Vorschrift nicht gilt, wenn die Investitionen und Investitionsförderungsmaßnahmen noch im aktuellen Haushaltsjahr beendet werden.

Sollte die Deckung sodann nicht im Haushaltsjahr, sondern erst im folgenden Haushaltsjahr möglich sein, sind überplanmäßige Auszahlungen gleichwohl zulässig. Aufgrund der überjährigen Betrachtung der Deckung im Folgejahr wird die Vorschrift als Möglichkeit zu einem (unechten) Haushaltsvorgriff bezeichnet. Dieser Vorgriff auf das nächste Haushaltsjahr kann im Jahresabschluss sodann zu einer Liquiditätslücke in der Finanzrechnung führen, die im folgenden Jahr durch einen entsprechenden Einzahlungsüberschuss gedeckt wird. Für die Zustimmungszuständigkeiten der überplanmäßigen Bewilligung wird in § 117 II 2 NKomVG auf § 117 I 2 NKomVG verwiesen, der entsprechend gilt. Insofern wird auf die obigen Ausführungen (2.10.3) verwiesen. Der (unechte) Haushaltsvorgriff ermöglicht damit eine kontinuierliche Fortsetzung der Investitionstätigkeit und erleichtert den wirtschaftlichen Ablauf von Investitionsvorhaben.

Auf einen Blick: Haushaltsvorgriff

§ 117 II NKomVG räumt die Möglichkeit ein, erst im folgenden Haushaltsjahr bewilligte Haushaltsmittel für fortzusetzende Investitionen und Investitionsförderungsmaßnahmen bereits im Haushaltsjahr in Anspruch zu nehmen. Sollten die genannten investiven Maßnahmen schneller abgewickelt werden und z. B. Baumaßnahmen zügiger voranschreiten können, als für das Haushaltsjahr geplant, so können sie über diesen Haushaltsvorgriff noch im Haushaltsjahr kassenwirksam werden. Der Vorgriff auf Deckungsmittel des folgenden Jahres bildet damit die Grundlage für einen zeitlich vorgezogenen Mittelabruf.

3 BUCHFÜHRUNG UND BILANZIERUNG

In den folgenden Kapiteln werden die wesentlichen Regeln zur Buchführung und Bilanzierung vorgestellt. Nach der Vorstellung der **Grundlagen** und der **Organisation** der Buchführung werden **spezielle Buchungsfälle** behandelt. Dabei wird zwischen den klassischen hoheitlichen Aufgaben einer Kommune und möglichen stärker wirtschaftlich orientierten Betätigungsfelder unterschieden. Dieser Teil endet mit der Erstellung des **Jahresabschlusses**.

3.1 GRUNDLAGEN

Im Rahmen der Grundlagen wird die Systematik der Buchführung erklärt. Insbesondere die Ausführungen zu den Bestandskonten und den Buchungssätzen sind für das Verständnis der Buchführung unabdingbar, da die dort vermittelten Fähigkeiten in allen folgenden Kapiteln benötigt werden. Die Kapitel zu den Finanzkonten und dem Drei-Komponenten-System sind für alle Leser besonders relevant, die bereits Grundkenntnisse in der kaufmännischen Buchführung haben, da hier die wesentlichen systematischen Unterschiede zwischen der kaufmännischen und der kommunalen Buchführung aufgezeigt werden.

3.1.1 Grundbegriffe

In § 36 KomHKVO sind die Aufgaben der Buchführung aufgeführt:
(1) Die Buchführung dient
1. der Dokumentation der einzelnen Finanzvorfälle,
2. der Aufstellung des Jahresabschlusses und der Durchführung des Plan-Ist-Vergleichs (§ 54),
3. der Überprüfung des Umgangs mit öffentlichen Mitteln unter den Gesichtspunkten der Rechtmäßigkeit, der Wirtschaftlichkeit und der Sparsamkeit und
4. der Bereitstellung von Informationen über den Haushaltsvollzug und für die künftige Haushaltsplanung.

Mit Hilfe der Buchführung werden **alle** finanziellen Vorgänge einer Kommune schriftlich erfasst. Dies betrifft z. B. sowohl den Bau einer Kläranlage für mehrere Millionen Euro als auch den Kauf eines Bleistifts für wenige Cent. Nur eine **geordnete Aufzeichnung** jedes Finanzvorfalles[11] ermöglicht eine **Überwachung** und **Überprüfung**, um Unregelmäßigkeiten bzw. Verschwendung aufzudecken und Maßnahmen dagegen einzuleiten.
Bevor die Finanzfälle einzeln erfasst werden können, ist es erforderlich, jeweils am Jahresende den aktuellen Wert an Vermögensgegenständen, z. B. Bargeld oder Gebäude, zu kennen. Dieser wird im Rahmen einer Inventur erfasst.

[11] In der Privatwirtschaft bzw. im Handelsrecht wird von Geschäftsvorfall gesprochen.

In **§ 39 KomHKVO** werden die Inventur und das Inventar behandelt:
(1) [1]Zum Schluss eines jeden Haushaltsjahres nimmt die Kommune
1. in sinngemäßer Anwendung des § 39 der Abgabenordnung die in ihrem wirtschaftlichen Eigentum stehenden Vermögensgegenstände und

2. ihre Schulden ... unter Beachtung der Grundsätze ordnungsmäßiger Inventur vollständig auf und gibt dabei auch den Wert der einzelnen Vermögensgegenstände, Schulden ... an. [2]Die Vermögensgegenstände werden ... in der Regel durch eine körperliche Bestandsaufnahme aufgenommen. ...
(4) Die Ergebnisse der Inventur werden in einem Inventar dokumentiert.

Die **Inventur** stellt die **mengen- und wertmäßige** Bestandsaufnahme **aller Vermögensgegenstände,** z. B. Grundstücke, Gebäude, Schreibtische und Bargeld, sowie **Schulden** einer Kommune zu einem bestimmten Stichtag dar, d. h. alle Vermögensgegenstände werden je nach ihrer Art gemessen, gewogen oder gezählt und mit dem entsprechenden Eurobetrag bewertet.
Die durch die Inventur ermittelten Bestände der einzelnen Vermögensgegenstände[12] werden in einer **Liste fortlaufend geordnet** aufgeführt. Dieses **Bestandsverzeichnis** in Form einer Tabelle mit der Angabe von Mengen, Einzelwerten und Gesamtwerten heißt **Inventar**. Neben den Vermögensgegenständen werden zusätzlich auch die Schulden aufgenommen, um zu sehen, wie viel Geld die Kommune noch an Dritte zu zahlen hat. Zusätzlich wird im Inventar die Differenz zwischen dem Wert der aufgegliederten Vermögensgegenstände und der Schulden angegeben. Dieser Betrag heißt bei den Kommunen **Nettoposition**[13].
Was ist nun die Aussage der Nettoposition? Wenn die Bürger einer Kommune beschließen könnten, ihre Kommune aufzulösen und alle Vermögensgegenstände zu dem im Inventar stehenden Wert zu verkaufen, müssten sie mit dem dann vorhandenen Geld die bestehenden Schulden zurückzahlen. Das Geld, das danach noch übrig ist, entspricht der Nettoposition. Dieses Geld würde jedem Bürger als Eigentümer der Kommune jeweils anteilig zustehen. Ist die Nettoposition jedoch negativ, d. h. die Schulden sind höher als der Wert der Vermögensgegenstände, müssten die Bürger als Eigentümer bei einer Auflösung der Kommune jeweils anteilig die Differenz tragen.
Im Inventar herrscht bei den **Vermögensgegenständen** das **Ordnungsprinzip** der **Liquidität (Liquidierbarkeit)** bzw. Flüssigkeit. Am Anfang stehen die Vermögensgegenstände, die sich nur sehr schwer verkaufen lassen, z. B. Grundstücke und Gebäude, am Ende wird das Bargeld aufgelistet, das sofort gegen andere Vermögensgegenstände eingetauscht werden kann.
Die **Schulden** werden nach der **Fälligkeit (Fristigkeit)** geordnet. Am Anfang stehen die Schulden, die erst spät zurückgezahlt werden müssen (nach 5 Jahren), darauf folgen die Schulden, die innerhalb der nächsten 1 bis 5 Jahre zu tilgen sind, und zum Schluss die, die bereits innerhalb des folgenden Jahres fällig sind. Man spricht in diesem Zusammenhang auch von langfristigen (über 5 Jahre), mittel- (1 bis 5 Jahre) und kurzfristigen (unter 1 Jahr) Verbindlichkeiten.

BUCHFÜHRUNG UND BILANZIERUNG

[12] Im Handelsrecht werden die Vermögensgegenstände zusätzlich in Anlage- und Umlaufvermögen eingeteilt. Das **Anlagevermögen** umfasst alle Gegenstände, die dem Unternehmen langfristig dienen, z. B. Gebäude oder Maschinen. Im **Umlaufvermögen** sind die Positionen zusammengefasst, die sich ständig im Umlauf befinden und deshalb in ihrer Höhe schwanken, z. B. Rohstoffe.
[13] Die Nettoposition heißt im Handelsrecht Eigenkapital. Das Fremdkapital entspricht den Schulden.

Beispiel:

Stark vereinfachtes kommunales Inventar:

Inventar der Gemeinde X zum 31.12.20XX	**Einzelwerte in €**	**Summe in €**
A Vermögen		
1. Sachvermögen		4.580.000
1.1 Grundstück		1.000.000
Rathausplatz 1	600.000	
Rathausplatz 2	400.000	
1.2 Gebäude		3.000.000
Rathaus	2.000.000	
Bürogebäude	1.000.000	
1.3 Fahrzeuge		500.000
Feuerwehrfahrzeug	260.000	
Müllentsorgungsfahrzeug	240.000	
1.4 Rohstoffe lt. Inventurliste 1	50.000	50.000
2. Bankguthaben		30.000
2.1 Stadtsparkasse x	20.000	
2.2 Volksbank Y	10.000	
B Schulden		
1. Langfristige Schulden		580.000
1.1 Darlehen bei der Stadtsparkasse	380.000	
1.2 Darlehen bei der Volksbank	200.000	
C Ermittlung der Nettoposition		
Summe des Vermögens		4.580.000
Abzgl. Summe der Schulden		580.000
Nettoposition		4.000.000

Aus dem Inventar lässt sich die Bilanz entwickeln.

In § 55 KomHKVO wird die Gliederung der Bilanz aufgezeigt:

(1) [1]**Die Bilanz wird in Kontoform aufgestellt.** [2]In der Bilanz werden die in den Absätzen 2 bis 4 bezeichneten Posten in der angegebenen Reihenfolge gesondert ausgewiesen. [3]Für die Veröffentlichung kann die Bilanz nach einem von dem für Inneres zuständigen Ministerium vorgegebenen Muster zusammengefasst werden.

(2) **Die Aktivseite** wird **wie folgt gegliedert:**

1. **Immaterielles Vermögen**
2. **Sachvermögen**
3. **Finanzvermögen**
4. **Liquide Mittel**
5. Aktive Rechnungsabgrenzung.

(3) [1]**Die Passivseite wird wie folgt gegliedert:**

1. **Nettoposition**
2. **Schulden**
3. Rückstellungen
4. Passive Rechnungsabgrenzung

Da im Inventar **alle** Vermögensgegenstände und Schulden aufgelistet werden, ist es nicht übersichtlich. Deshalb werden die Werte der einzelnen Positionen in einer **Bilanz** zu übergreifenden Bilanzpositionen zusammengefasst. Eine Bilanz besteht immer aus zwei Seiten. Aufgrund ihres Aussehens spricht man auch von der Darstellung in T-Kontoform. Auf der linken Seite (**Aktiva**) stehen die Vermögenswerte und auf der rechten Seite (**Passiva**) die Nettoposition und die Schulden. **Beide Seiten müssen gleich groß sein, d. h. betragsmäßig übereinstimmen.**

Die **Aktivseite** gibt Auskunft über die **Kapitalverwendung**, d. h. was hat die Kommune für das Geld, das sie z. B. durch Steuern erhalten hat, an Wertgegenständen angeschafft.
Von der **Passivseite** kann man ablesen, woher das **Kapital** kommt, mit dem die Vermögensgegenstände angeschafft wurden; entweder ist dies das Geld der Bürger (z. B. Steuern), das in die **Nettoposition** eingeht oder, falls dieses Geld nicht ausreicht, um alle erforderlichen Vermögensgegenstände zu erwerben, muss eine Kommune **Schulden** machen. Die Aktivseite ist nach der Liquidierbarkeit der Vermögensgegenstände geordnet, die Passivseite nach der Fristigkeit des eingesetzten Kapitals.

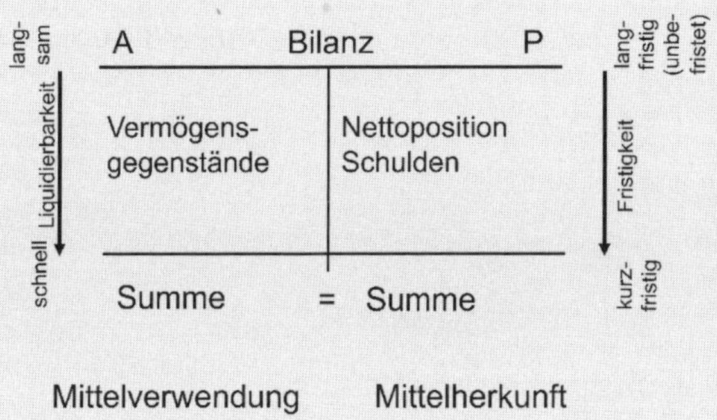

Abbildung 34: Bilanzaufbau

Beispiel:

Stark vereinfachte kommunale Bilanz, abgeleitet aus obigem Inventar:

Aktiva in €			Passiva in €
Grundstücke	1.000.000	Nettoposition	4.000.000
Gebäude	3.000.000	Schulden	580.000
Fahrzeuge	500.000		
Rohstoffe	50.000		
Liquide Mittel	30.000		
	4.580.000		4.580.000

Auf einen Blick: Grundbegriffe der Buchführung
Die **Inventur** stellt die Bestandsaufnahme von Vermögensgegenständen und Schulden dar. Die Ergebnisse der Inventur werden im **Inventar** als Bestandsverzeichnis der Vermögensgegenstände und Schulden in Staffelform aufgelistet. In der **Bilanz** wird in T-Kontenform das zu größeren Bilanzpositionen zusammengefasste Vermögen auf der linken und die Schulden sowie die Nettoposition auf der rechten Bilanzseite dargestellt. Auf der linken Bilanzseite, der Aktiva, stehen die Vermögensgegenstände und auf der rechten, der Passiva, die Nettoposition und die Schulden.

3.1.2 Bilanzveränderungen durch Finanzvorfälle

Jeder Finanzvorfall von der Gründung bis zur Auflösung eines (kommunalen) Betriebs bzw. einer Kommune spiegelt sich in dessen bzw. deren Bilanz wider. Dies wird in den folgenden Beispielen anhand eines Museums dargestellt. Dabei gründet eine Gemeinde ein Museum, das nach den Regeln der kommunalen Buchführung eine Bilanz aufstellt. Diese Vorübung dient lediglich zur Erhöhung des grundsätzlichen Verständnisses des Zusammenhangs zwischen Finanzvorfällen und Bilanz. Die tatsächliche Umsetzung in der Praxis wird in den folgenden Kapiteln erarbeitet. Darüber hinaus werden die vier Bilanzveränderungstypen behandelt. Die durch die jeweiligen Finanzvorfälle veränderten Bilanzpositionen sind fett markiert.

1. Gründung

Für die Gründung eines Betriebes bzw. einer Kommune bringen die kommunalen **Eigentümer** bzw. die Bürger die **Nettoposition** auf. Da dieses Geld als Bankguthaben zur Verfügung steht, wird es auf der Aktivseite als Vermögensgegenstand eingetragen. Durch den gleichzeitigen Ausweis als Nettoposition auf der Passivseite der Bilanz wird deutlich, dass die Summe von den Eigentümern bereit gestellt ist. Falls dieses Geld für alle anstehenden Investitionen nicht ausreicht, wird zusätzlich **Fremdkapital** aufgenommen. Dies kann von Banken, vom Land oder Bund kommen. Auch dieses Geld stellt auf der Aktivseite einen Vermögensgegenstand dar, denn das Geld befindet sich auf dem Bankkonto des Betriebs bzw. der Kommune. Gleichzeitig muss es auf der **Passivseite** als **Verbindlichkeit** ausgewiesen werden, denn es ist nach einer vertraglich abgestimmten Frist wieder an den Kapitalgeber **zurückzuzahlen**.

Beispiel:

Eine Kommune stellt als Eigentümer und Betreiber zur Museumsgründung 1.000.000 € zur Verfügung, die auf das Bankkonto des Museums eingezahlt werden. Zudem nimmt das Museum einen langfristigen Kredit über 400.000 € auf.

Aktiva			**Passiva**
Bank	**1.400.000**	Nettoposition Langfristige Verbindlichkeit	**1.000.000** **400.000**
	1.400.000		1.400.000

2. Investition mit vorhandenen Mitteln

Während eines Haushaltsjahres müssen neue Vermögensgegenstände, z. B. Fahrzeuge, beschafft werden. In der Bilanz nimmt durch solche investive Maßnahmen auf der Aktivseite das Bankguthaben ab, während gleichzeitig neue Bilanzpositionen auf der Aktivseite der Bilanz erscheinen. Da sich nur auf der Aktivseite der Bilanz Veränderungen ergeben (an der Finanzierung des Museums ändert sich durch die Investition nichts), wird dieser Finanzvorfall als **Aktivtausch** bezeichnet.

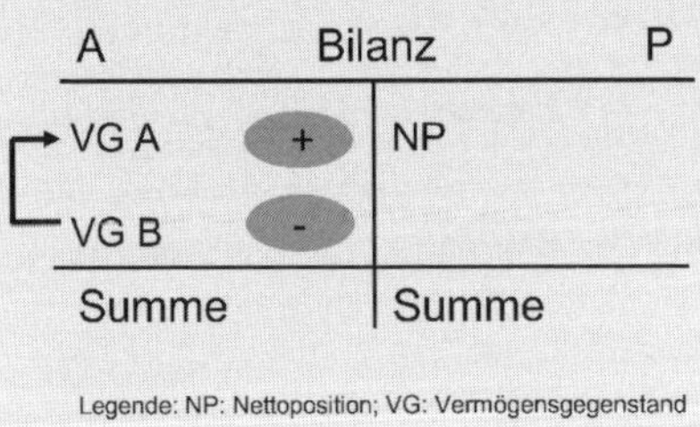

Abbildung 35: Aktivtausch

Beispiel:

Das Museum kauft Vermögensgegenstände gegen Banküberweisung:

Kauf Gebäude	400.000 €
Kauf Maschinen	200.000 €
Kauf Ausstellungsvitrinen	300.000 €
Kauf Rohstoffe	50.000 €
Kauf Waren für Museumsladen	20.000 €

Aktiva			**Passiva**
Gebäude	**400.000**	Nettoposition	1.000.000
Maschinen	**200.000**	Langfristige Verbindlichkeit	400.000
BGA[14]	**300.000**		
Rohstoffe	**50.000**		
Waren	**20.000**		
Bank	**430.000**		
	1.400.000		1.400.000

3. Investition auf Kredit

Wenn das Bankguthaben nicht ausreicht oder für spätere Auszahlungen gespart werden soll, dennoch aber weitere Investitionen zu tätigen sind, besteht die Möglichkeit, Vermögensgegenstände auf **Rechnung** zu kaufen. Dies bedeutet, dass der Lieferant der Vermögensgegenstände dem Kunden einen kurzfristigen Kredit in der Regel für vier Wochen einräumt. Durch die Rechnung entsteht dem Kunden eine **Verbindlichkeit** gegenüber dem Lieferanten, in der Buchführung spricht man von »Verbindlichkeiten aus Lieferungen und Leistungen« (Verbindlichkeiten LL) bzw. einem Kauf auf Ziel.
Da sich durch diesen Finanzvorfall sowohl die Aktivseite (es sind nach der Lieferung **mehr Vermögensgegenstände** als vorher vorhanden) als auch die **Passivseite** vergrößert (**verlängert**), wird dieser Finanzvorfall **Bilanzverlängerung** oder **Aktiv-Passiv-Mehrung** genannt.

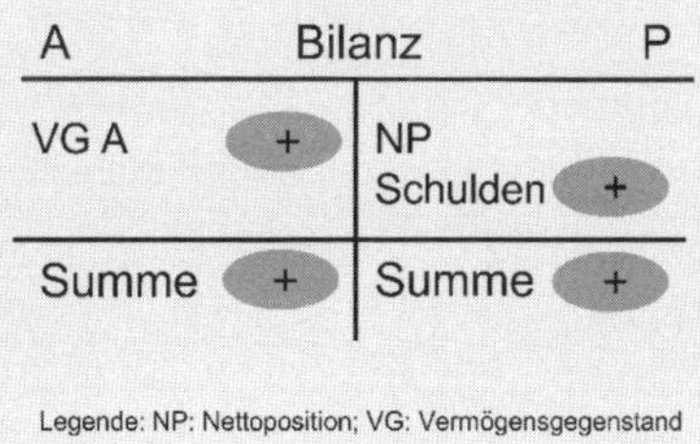

Abbildung 36: Aktiv-Passiv-Mehrung

Beispiel:

Das Museum kauft weitere Vitrinen auf Ziel für 50.000 €

Aktiva			**Passiva**
Gebäude	400.000	Nettoposition	1.000.000
Maschinen	200.000	Langfristige Verbindlichkeit	400.000
BGA	**350.000**	Verbindlichkeiten LL	**50.000**
Rohstoffe	50.000		
Waren	20.000		
Bank	430.000		
	1.450.000		1.450.000

[14] Tische, Schränke und ähnliches Mobiliar werden in der Buchführung unter dem Begriff »Betriebs- und Geschäftsausstattung« (BGA) zusammengefasst.

4. Leistungserstellung auf Lager

Wenn eigene Mitarbeiter Leistungen erstellen, verbrauchen sie Vermögensgegenstände, z. B. durch ihre Arbeitszeit, durch den Verbrauch von Werkstoffen[15], z. B. Holz, und die Abnutzung der Maschinen und Gebäude.

Durch die verbrauchte Arbeitszeit verringert sich das Bankguthaben, da die Mitarbeiter bezahlt werden müssen. Durch den Verbrauch von Rohstoffen vermindert sich der Rohstoffbestand und durch die Abnutzung der Maschinen und Gebäude verringert sich deren Wert. Die Abnutzung von Vermögensgegenständen wird in der Buchführung allgemein mit dem Begriff **Abschreibung** ausgedrückt.

Gleichzeitig wird ein neuer Vermögensgegenstand, z. B. eine Vitrine, geschaffen. Dessen Wert in der Buchführung ist die Summe **aller** im Rahmen der Herstellung verbrauchter Ressourcen (also auch der Arbeitszeit und der Maschinen- bzw. Gebäudeabnutzung). Dieser Wert des neu erschaffenen Vermögensgegenstandes wird unter der entsprechenden Bilanzposition auf der Aktivseite eingestellt. In der Buchführung wird dieser Vorgang als **aktivierte Eigenleistung** bezeichnet.

Der Bestand an Vermögen insgesamt ändert sich dadurch nicht, es sind jedoch verschiedene **Bilanzpositionen** auf der Aktivseite verändert worden. Die Passivseite bleibt gleich. Damit liegt auch hier ein Aktivtausch vor. Zwar ist eine betriebliche Leistung (z. B. die Erstellung von Vitrinen) erzielt worden, diese Leistung entspricht jedoch wertmäßig dem Verbrauch an Vermögensgegenständen (bzw. Ressourcen) während der Herstellung.

Beispiel:

Es werden im Museum weitere Vitrinen für eigene Zwecke produziert. Ihr Wert setzt sich folgendermaßen zusammen:

Rohstoffe	20.000 €
Maschinenabnutzung	5.000 €
Auszahlung für Löhne und Energie	15.000 €
Wert der Vitrinen	40.000 €

Aktiva			Passiva
Gebäude	400.000	Nettoposition	1.000.000
Maschinen	**195.000**	Langfristige Verbindlichkeit	400.000
BGA	**390.000**	Verbindlichkeiten LL	50.000
Rohstoffe	**30.000**		
Waren	20.000		
Bank	**415.000**		
	1.450.000		1.450.000

5. Verkauf eigener Produkte

Grundsätzlich werden im privatwirtschaftlichen Bereich die selbst hergestellten Produkte oder eingekaufte Handelswaren teurer verkauft, als sie eingekauft wurden. Im kommunalen Bereich ist das zwar nicht immer so, jedoch soll vorerst aus Vereinfachungsgründen auch hier davon ausgegangen werden. Damit bezahlen die Kunden die **Kosten für die Herstellung** und zusätzlich einen **Preisaufschlag**. An die Kommune fließen somit durch den Verkauf die Gelder zurück, die bei der Herstellung der Produkte aufgewandt wurden und stehen für erneute Investitionen, z. B. zur Auffüllung des Rohstofflagers oder dem Ersatz alter Maschinen, zur Verfügung. Darüber hinaus entsteht ein Überschuss, der Gewinn. Der durch die Kommune selbst erwirtschaftete Gewinn erhöht die Nettoposition.

[15] Werkstoffe spalten sich in Roh-, Hilfs- und Betriebsstoffe auf. **Rohstoffe** bilden den Hauptbestandteil eines Produkts, z. B. Holz, **Hilfsstoffe** einen Nebenbestandteil, z. B. Lacke oder Kleber, und **Betriebsstoffe** gehen nicht in das Produkt ein, sondern treiben z. B. die für die Produktion erforderlichen Maschinen an, z. B. Strom oder Schmieröle. Anstelle von Werkstoffen wird in der Buchführung von **Vorräten** gesprochen.

Beispiel:

Das Museum verkauft alle Handelswaren für 35.000 €. Der Verkaufserlös geht auf dem Bankkonto ein.

Aktiva			**Passiva**
Gebäude	400.000	Nettoposition	**1.015.000**
Maschinen	195.000	Langfristige Verbindlichkeit	400.000
BGA	390.000	Verbindlichkeiten LL	50.000
Rohstoffe	30.000		
Waren	**0**		
Bank	**450.000**		
	1.465.000		1.465.000

6. Begleichung der kurzfristigen Verbindlichkeiten

Die Zeit, in der ein Lieferant einem Betrieb Vermögensgegenstände auf Rechnung zur Verfügung stellt, ist in der Regel auf 30 Tage begrenzt. Deshalb müssen die kurzfristigen Verbindlichkeiten spätestens nach 30 Tagen beglichen werden. Dadurch mindern sich auf der Aktiva das Bankguthaben und gleichzeitig die Verbindlichkeiten auf der Passiva. Dieser Finanzvorfall heißt deshalb **Bilanzverkürzung** oder **Aktiv-Passiv-Minderung**.

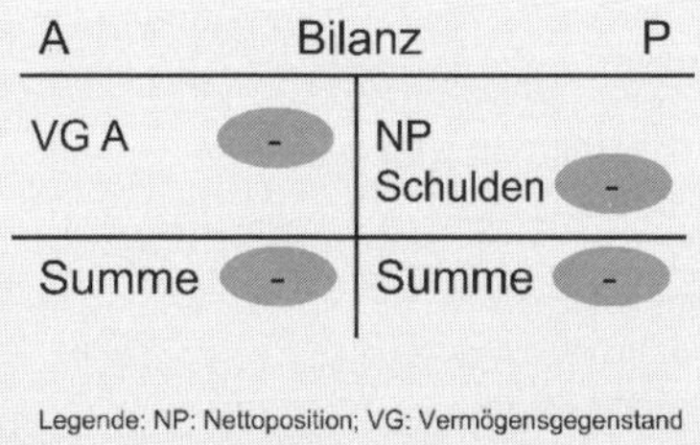

Abbildung 37: Aktiv-Passiv-Minderung

Beispiel:

Das Museum tilgt kurzfristige Verbindlichkeiten über 30.000 € per Banküberweisung.

Aktiva			**Passiva**
Gebäude	400.000	Nettoposition	1.015.000
Maschinen	195.000	Langfristige Verbindlichkeit	400.000
BGA	390.000	Verbindlichkeiten LL	**20.000**
Rohstoffe	30.000		
Waren	**0**		
Bank	**420.000**		
	1.435.000		1.435.000

7. Umschuldung

Nach Ablauf der Zahlungsfrist für die kurzfristigen Verbindlichkeiten müssen diese grundsätzlich beglichen werden. Tritt allerdings ein vorübergehender Liquiditätsengpass bei einem guten Kunden auf, so kann der Lieferant auf Anfrage einer Verlängerung des Kredits zustimmen. So wird aus einer kurzfristigen Verbindlichkeit eine mittel- oder langfristige, die dann z. B. erst nach einem Jahr an den Lieferanten gezahlt werden muss. Dieser Finanzvorfall heißt **Passivtausch**, da sich nur zwei Positionen auf der Passivseite verändern.

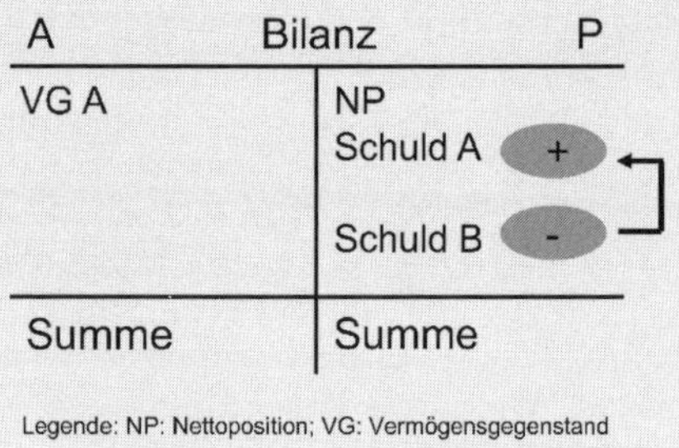

Abbildung 38: Passivtausch

Beispiel:

Die noch ausstehenden 20.000 € an kurzfristigen Verbindlichkeiten werden in eine langfristige Verbindlichkeit umgewandelt.

Aktiva			**Passiva**
Gebäude	400.000	Nettoposition	1.015.000
Maschinen	195.000	Langfristige Verbindlichkeit	**420.000**
BGA	390.000	Verbindlichkeiten LL	**0**
Rohstoffe	30.000		
Waren	0		
Bank	420.000		
	1.435.000		1.435.000

Auf einen Blick: Bilanzveränderungstypen

1. Beim **Aktivtausch** werden zwei Positionen auf der Aktivseite verändert, eine nimmt zu, die andere ab.
2. Beim **Passivtausch** werden zwei Positionen auf der Passivseite verändert, eine nimmt zu, die andere ab.
3. Bei der **Aktiv-Passiv-Mehrung (Bilanzverlängerung)** werden sowohl eine Position auf der Aktivseite als auch auf der Passivseite verändert. Beide Positionen nehmen zu.
4. Bei der **Aktiv-Passiv-Minderung (Bilanzverkürzung)** werden sowohl eine Position auf der Aktivseite als auch auf der Passivseite verändert. Beide Positionen nehmen ab.

3.1.3 Bestandskonten

In der Praxis ist es nicht möglich, für jeden Finanzvorfall eine neue Bilanz zu erstellen bzw. alle Bilanzveränderungen direkt in der Bilanz zu erfassen. Deshalb erhält jede Bilanzposition mindestens ein eigenes Konto, auf dem alle Mehrungen und Minderungen während eines Haushaltsjahres außerhalb der Bilanz erfasst werden. Zur Erhöhung der Genauigkeit werden die meisten Bilanzpositionen in mehrere Konten aufgegliedert, die der Buchhalter beim Jahresabschluss wieder zu einer Bilanzposition zusammenfasst.

Je nachdem auf welcher Bilanzseite sich die Bilanzposition befindet, von der die Konten abgeleitet werden, unterscheidet man zwischen **aktiven und passiven Bestandskonten**. Die aktiven Bestandskonten (kurz **Aktivkonten**) spiegeln den Wert der **Vermögensgegenstände** wider. Den Beständen der **Passivkonten** ist zu entnehmen, ob das Vermögen des Betriebs bzw. der Kommune mit Geldern der Eigentümer (Nettoposition) oder mit Fremdkapital (Schulden) **finanziert** wird.

Auch diese Konten werden in der bereits von der Bilanz bekannten T-Form geführt, die **linke** Seite heißt hier »**Soll**« (S) bzw. Sollseite, die **rechte** »**Haben**« (H) bzw. Habenseite. Diese Ausdrücke sind somit andere Bezeichnungen für links und rechts in der Buchhaltung und haben ansonsten keine tiefere Bedeutung. Demzufolge gilt zur Unterscheidung: auf der Bilanzebene wird von Aktiva und Passiva gesprochen, wenn es um die beiden Seiten geht, auf der Kontenebene von Soll und Haben.

Auf den **Aktivkonten** stehen die **Anfangsbestände** jeweils im **Soll**, d. h. auf der linken Seite. **Zugänge** werden unter dem Anfangsbestand erfasst (im **Soll**), **Abgänge** untereinander auf der **Habenseite**. Um den Schlussbestand eines Kontos am Jahresende für den Jahresabschluss zu bestimmen, müssen die Zugänge zum Anfangsbestand addiert und davon die Abgänge abgezogen werden.
Es gilt demnach für alle Bestandskonten:

Anfangsbestand + Zugänge – Abgänge = Schlussbestand

Die Summe aus Anfangsbestand und Zugänge wird als Kontensumme bezeichnet und **unter dem Strich** auf beiden Kontenseiten eingetragen. Wie bei der Bilanz müssen die beiden Kontenseiten beim Kontenabschluss wertmäßig gleich sein.

Bei den **Passivkonten** stehen die Anfangsbestände hingegen auf der **Habenseite**. **Zugänge** werden hier ebenfalls aufgelistet (im **Haben**), **Abgänge** auf der **Sollseite**. Der **Schlussbestand** steht auf der **Sollseite**.

Aktivkonto	
Anfangsbestand (AB) Zugänge …	Abgänge … Schlussbestand (SB)
Kontensumme	Kontensumme

Passivkonto	
Abgänge … Schlussbestand (SB)	Anfangsbestand (AB) Zugänge …
Kontensumme	Kontensumme

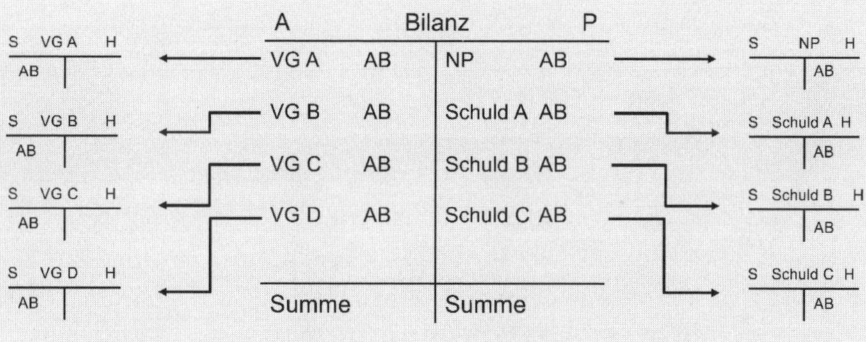

Legende: AB: Anfangsbestand; H: Haben; NP: Nettoposition; S: Soll; VG: Vermögensgegenstand, A: Aktiva, P: Passiva

Abbildung 39: Bestandskonten

Beispiel:

Der Anfangsbestand eines Vorratskontos (Konto für Werkstoffe) beträgt 5.000 €. Während eines Haushaltsjahres kommt es zu einer Lieferung á 1.000 €. Außerdem werden Vorräte in Höhe von 2.000 € dem Lager entnommen.

Soll		**Vorräte**	**Haben**
Anfangsbestand	5.000	Lagerentnahme (Abgang)	2.000
Lieferung (Zugang)	1.000	Schlussbestand	►(3) 4.000
	(1) 6.000	——————►	(2) 6.000

Ermittlung des Schlussbestands:

1. Addition der Sollseite: 5.000 + 1.000 = 6.000 (Kontensumme)
2. Übertrag der Kontensumme auf die Habenseite
3. Ermittlung des Schlussbestands (Saldo) auf der Habenseite durch Subtraktion der bestehenden Posten auf der Habenseite von der Kontensumme: 6.000 – 2.000 = 4.000

Zur Eröffnung der Konten werden T-Konten angelegt und die Anfangsbestände für alle Bestandskonten aus der Eröffnungsbilanz des Haushaltsjahres übernommen und jeweils auf der richtigen Kontenseite eingetragen (Aktivkonten auf der linken Seite, Passivkonten auf der rechten Seite).[16]
Bei jedem **Finanzvorfall** wird nicht nur ein Konto angesprochen, sondern **mindestens zwei Konten** (deshalb auch doppelte Buchführung).

Folgende Fragen sind generell bei der Buchung eines Finanzvorfalls auf Konten in der folgenden Reihenfolge zu beantworten:

1. Welche Konten sind durch den Finanzvorfall betroffen?
2. Welcher Kontotyp liegt jeweils vor (Aktiv- oder Passivkonto)?
3. Wie verändert sich das relevante Konto (Mehrung oder Minderung)?

Um sofort erkennen zu können, welchem Kontotyp die einzelnen Konten angehören, stehen in diesem Buch die Aktivkonten auf der linken Seite, die Passivkonten auf der rechten und die Eröffnungs- und Abschlusskonten in der Mitte.

Beispiel:

Folgende stark vereinfachte Eröffnungsbilanz eines kommunalen Betriebs liegt vor.

Aktiva	**Eröffnungsbilanz**		**Passiva**
BGA	270.000	Nettoposition	362.000
Forderungen	85.000	Verbindlichkeiten LL	68.000
Bank	75.000		
	430.000		430.000

Es werden drei Finanzvorfälle jeweils auf T-Konten gebucht.
Finanzvorfälle:
1. Der Betrieb kauft Schreibtische auf Ziel[22] für 20.000 €.
2. Der Betrieb erhält 14.000 € von seinen Kunden zum Ausgleich einer bereits bei ihm eingebuchten Forderung per Banküberweisung.
3. Der Betrieb begleicht die bereits gebuchte Lieferrechnung über die Schreibtische durch Banküberweisung in Höhe von 20.000 €.

Finanzvorfall 1 (F1): Zielkauf von Schreibtischen für 20.000 €
Frage 1: betroffene Konten: BGA für Schreibtische und Verbindlichkeiten LL, da Kauf auf Ziel
Frage 2: BGA: Aktivkonto, Verbindlichkeiten LL: Passivkonto
Frage 3: BGA: Zugang (links), Verbindlichkeiten LL: Zugang (rechts)

Die Konten BGA und Verbindlichkeiten LL sehen nach der Konteneröffnung und der Buchung des ersten Finanzvorfalls folgendermaßen aus:

S	**BGA**		**H**
AB	270.000		
F1 Schreibtische	**20.000**		

S	**Verbindlichkeiten LL**		**H**
		AB	68.000
		F1 Schreibtische	**20.000**

[16] Diese Aussage ist eine didaktische Vereinfachung zum jetzigen Zeitpunkt. Da jede Bilanzposition eine Zusammenfassung der Endbestände mehrerer Konten darstellt, können in der Praxis nicht die Bilanzbestände als Anfangsbestand für die Konten herangezogen werden, sondern die Endbestände auf den Konten des letzten Haushaltsjahres stellen die Anfangsbestände der Konten für das folgende Haushaltsjahr dar.

[17] **Kauf auf Ziel** bzw. Zieleinkauf bedeutet, dass der Lieferant etwas gegen Rechnung (mit einem Zahlungsziel von in der Regel 30 Tagen) ausgeliefert hat, d. h. die Tische werden geliefert, der Betrieb zahlt die Rechnung aber erst später.

Finanzvorfall 2 (F2): Geldeingang auf Bankkonto in Höhe von 14.000 €
Frage 1: betroffene Konten: Bank und Forderungen
Frage 2: Bank: Aktivkonto, Forderungen: Aktivkonto
Frage 3: Bank: Zugang (links), Forderungen: Abgang (rechts)
Die beiden Konten haben nach der Kontoeröffnung und der Buchung des Finanzvorfalls folgende Gestalt:

S	Bank		H
AB	75.000		
F2 Geldeingang	**14.000**		

S	Forderungen		H
AB	85.000	F2 Geldeingang	**14.000**

Finanzvorfall 3 (F3): Begleichung der Rechnung über 20.000 €
Frage 1: betroffene Konten: Bank und Verbindlichkeiten LL
Frage 2: Bank: Aktivkonto, Verbindlichkeiten LL: Passivkonto
Frage 3: Bank: Abgang (rechts), Verbindlichkeiten LL: Abgang (links)

Die beiden Konten haben nach der Buchung des Finanzvorfalls folgende Gestalt:

S	Bank		H
AB	75.000	F3 Rechnungs-begleichung	**20.000**
F2 Geldeingang	14.000		

S	Verbindlichkeiten LL		H
F3 Rechnungs-begleichung	**20.000**	AB	68.000
		F1 Schreibtische	**20.000**

Am Jahresende werden alle Bestandskonten abgeschlossen und die jeweiligen Schlussbestände in die Schlussbilanz übertragen:
Dabei wird folgendermaßen vorgegangen:

1. Die Zugänge werden zum **Anfangsbestand** (AB) addiert, um die **Kontensumme** zu erhalten, die unter dem Strich auf beiden Kontenseiten eingetragen wird.
2. Die **Differenz** zwischen der **Kontensumme** und der Summe der **Abgänge** ist der **Schlussbestand** (SB) (auch Saldo genannt), der immer auf der Kontenseite eingetragen wird, die nicht den Anfangsbestand enthält.
   Die **Schlussbestände der Aktivkonten** stehen somit immer rechts, d. h. auf der **Habenseite**, die **Schlussbestände der Passivkonten** immer links, d. h. auf der **Sollseite**.

Beispiel (Fortführung):

Obige Bestandskonten haben nach dem Kontenabschluss folgende Gestalt:

S	BGA		H
AB	270.000	SB	**290.000**
F1 Schreibtische	20.000		
	290.000		290.000

S	Nettoposition		H
SB	**362000**	AB	362.000
	362.000		362.000

BUCHFÜHRUNG UND BILANZIERUNG

S	Forderungen		H
AB	85.000	F2 Begleichung	14.000
		SB	**71.000**
	85.000		85.000

S	Verbindlichkeiten LL		H
F3 Bezahlung Schreibtische	20.000	AB	68.000
SB	**68.000**	F1 Schreibtische	20.000
	88.000		88.000

S	Bank		H
AB	75.000	F3 Rechnungs-begleichung	20.000
F2 Forderungs-eingang	14.000	SB	**69.000**
	89.000		89.000

Nach dem Kontoabschluss werden die jeweiligen Schlussbestände noch in die Schlussbilanz übertragen:

Aktiva	**Schlussbilanz**		**Passiva**
BGA	290.000	Nettoposition	362.000
Forderungen	71.000	Verbindlichkeiten LL	68.000
Bank	69.000		
	430.000		430.000

Auf einen Blick: Bestandskonten

Die **Anfangsbestände** stehen bei **Aktivkonten** auf der **linken** Seite, bei **Passivkonten** auf der **rechten** Seite (vgl. Lage der Bilanzpositionen). **Zugänge** erfolgen immer auf der Seite des **Anfangsbestands**, **Abgänge** immer auf der dem Anfangsbestand gegenüberliegenden Seite. Der Schlussbestand wird ermittelt, indem vom Anfangsbestand zuzüglich der Zugänge die Abgänge abgezogen werden. Der Schlussbestand steht immer auf der dem Anfangsbestand gegenüberliegenden Kontoseite. Die Kontensumme muss auf beiden Seiten immer übereinstimmen.

3.1.4 Buchungssätze

In **§ 38 KomHKVO** sind die Grundlagen der Buchführung kodifiziert:

(1) [1]Die Buchungen werden in zeitlicher Ordnung und in sachlicher Ordnung nach dem Stand der Technik vorgenommen, dieses kann in einem Grundbuch und in einem Hauptbuch geschehen …

(2) Die Buchung in zeitlicher Ordnung umfasst mindestens

1. eine eindeutige Belegnummer,
2. den Buchungstag,
3. einen Hinweis, der die Verbindung mit der Buchung in sachlicher Ordnung herstellt und
4. den Betrag.

(3) Die Buchung in sachlicher Ordnung wird auf den für die Aufstellung der Ergebnisrechnung, der Finanzrechnung und der Bilanz erforderlichen Sachkonten vorgenommen.

Auf den verschiedenen T-Konten werden die Finanzvorfälle eines Haushaltsjahres in **sachlicher** Hinsicht geordnet, denn aus den T-Konten können der Anfangsbestand, die Zugänge, die Abgänge und der Schlussbestand der einzelnen Konten während eines Haushaltsjahres abgelesen werden. Alle T-Konten zusammen werden als **Hauptbuch** der Buchführung bezeichnet. Letztendlich kann man sich das wie zwei Ordner vorstellen. In dem einen werden die Buchungssätze hintereinander entsprechend ihres Anfalls in eine Tabelle eingetragen (Grundbuch) und in dem zweiten befinden sich alle T-Konten-Blätter, die dann je nach Bedarf herausgesucht werden und die Beträge werden jeweils entsprechend vermerkt (Hauptbuch).

Um die einzelnen Beträge auf den T-Konten leichter verorten zu können bzw. um die Vorgänge nachvollziehen zu können, wird vor dem entsprechenden Betrag das Konto bzw. werden die Konten angegeben, das bzw. die durch den jeweiligen Finanzvorfall auch geändert wird bzw. werden. Außerdem ist es hilfreich, die Buchungsnummer (1. Finanzvorfall, 2. Finanzvorfall) zu nennen, um eine evtl. Nachverfolgung bzw. Fehlersuche zu vereinfachen.

Beispiel:

Eine Kommune kauft Vorräte auf Ziel für 2.000 €
(Anfangsbestand Vorräte 10.000 €, Anfangsbestand Verbindlichkeiten LL 5.000 €).

S	Vorräte		H
AB	10.000		
F1 Verbindlichkeiten LL	2.000		

S	Verbindlichkeiten LL		H
		AB	5.000
		F1 Vorräte	2.000

Daneben werden alle Finanzvorfälle, die in einem Haushaltsjahr anfallen, zusätzlich im **Grundbuch (Journal) zeitlich** (chronologisch) geordnet. Dies geschieht in Form von **Buchungssätzen**.
Ein **Buchungssatz** besteht in der einfachsten Form aus zwei Konten. Als erstes wird das Konto genannt, das im Soll angesprochen wird, und anschließend das, welches im Haben bebucht wird. Die Verbindung erfolgt durch das Wort »an« oder einfach nur durch »/«.
In der Kurzform heißt das dann:

Soll an Haben oder Soll / Haben

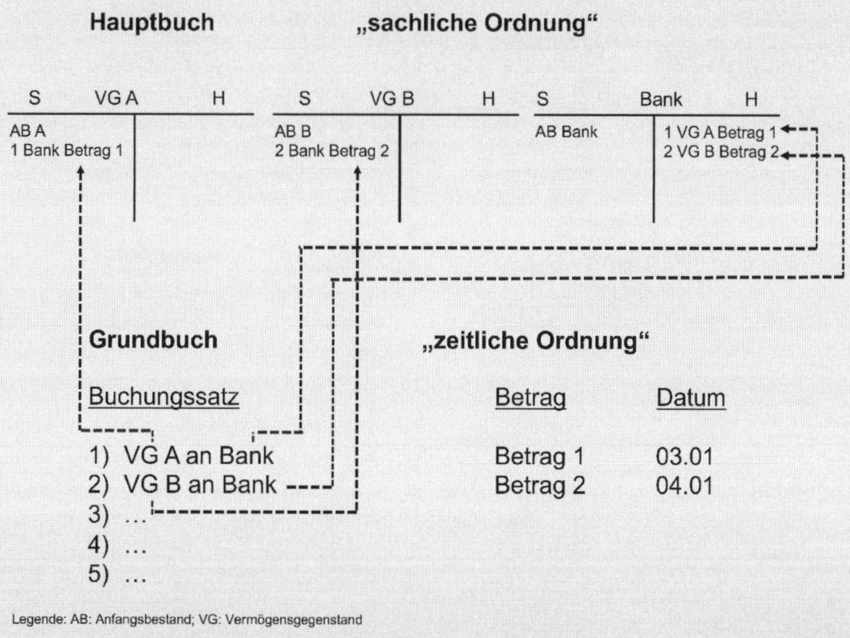

Abbildung 40: Grund- und Hauptbuch

Im Grundbuch werden in der Regel die laufende Buchungsnummer (z. B. 223) das Belegdatum (z. B. 15.04.2024), ein Belegvermerk mit Belegnummer (z. B. AR[18] 158), ein Buchungstext (z. B. Einkauf von Streusalz bei Schmidt KG), die Kontierung (z. B. Rohstoffe an Verbindlichkeiten LL) und der Buchungsbetrag (z. B. 2.000 €) angegeben. Auf das »an« wird in den folgenden Darstellungen verzichtet, es ist gedanklich zwischen das Soll- und Habenkonto zu setzen.

Beispiel:

Ausschnitt aus einem Grundbuch

Buchungsnummer	Buchungsdatum	Belegnummer	Buchungstext	Sollkonto	Habenkonto
222	...	...	...	...	...
223	15.04.2024	AR 158	Einkauf von Streusalz bei der Schmidt KG	Rohstoffe 2.000	Verbindlichkeiten LL 2.000
224	...	...	...	...	...

Durch diese Darstellung lässt sich jeder Finanzvorfall während der Aufbewahrungsfristen bis zum einzelnen Beleg zurückverfolgen.
In der Praxis ist die Erstellung der Buchungssätze die Hauptaufgabe eines Buchhalters, da die EDV anhand der Buchungssätze die T-Konten selbstständig führt.
Wenn die Buchungssätze **manuell** in die T-Konten übertragen werden, ist wie folgt vorzugehen:

1. In das Konto, das **links** vom »an« steht, wird der Betrag auf der **linken** Seite (**Sollseite**) des entsprechenden T-Kontos eingetragen und das entsprechende Gegenkonto davor geschrieben.
2. In das Konto, das **rechts** vom »an« steht, wird der Betrag auf der **rechten** Seite (**Habenseite**) des entsprechenden Kontos eingetragen und das entsprechende Gegenkonto davor geschrieben.

Beispiel:

Eine Kommune kauft Vorräte in Höhe von 2.000 € auf Ziel.
Buchungssatz[19]: Vorräte an (oder/) Verbindlichkeiten LL 2.000

Bestandskonten			
Nr.	**Buchungssatz**	**Soll**	**Haben**
1.	Vorräte	2.000	
	an Verbindlichkeiten LL		2.000

S	Vorräte		H
AB	10.000		
F1 Verbindlichkeiten LL	2.000		

S	Verbindlichkeiten LL		H
		AB	5.000
		F1 Vorräte	2.000

Neben den einfachen Buchungssätzen, bei denen lediglich zwei Konten angesprochen werden, gibt es auch **zusammengesetzte Buchungssätze**, bei denen durch einen Finanzvorfall mehrere Konten angesprochen werden. Hier muss der Betrag hinter jedem Konto stehen. Die Summe der Beträge im Soll muss stets der Summe der Beträge im Haben entsprechen!

[18] AR: Ausgangsrechnung

[19] Aus Vereinfachungsgründen werden zu Übungszwecken im Folgenden lediglich die Ordnungsnummer, der Buchungssatz sowie die Konten mit dem jeweiligen Betrag genannt.

Beispiel:

Eine Kommune begleicht die Rechnung eines Lieferanten über 20.000 € durch Banküberweisung (18.000 €) und die restlichen 2.000 € bar.

Bestandskonten			
Nr.	**Buchungssatz**	**Soll**	**Haben**
1.	Verbindlichkeiten LL	20.000	
	an Bank und Kasse		18.000 2.000

Auf einen Blick: Buchungssatz

Es gilt die Grundregel: **Soll an Haben.** Dabei steht das Konto an erster Stelle, das im Soll (auf der linken Seite) angesprochen wird (ggf. ergänzt um den entsprechenden Betrag). An zweiter Stelle steht »an« oder einfach »/« zur Trennung der beiden Konten und an dritter Stelle steht das Konto, das im Haben (auf der rechten Seite) angesprochen wird (ggf. ergänzt um den entsprechenden Betrag). Anschließend werden diese Informationen in die T-Konten übertragen. Der Betrag des Sollkontos wird immer auf die linke Seite (Sollseite) und der Betrag des Habenkontos immer auf die rechte Seite (Habenseite) der im Buchungssatz genannten Konten eingetragen und das jeweilige Gegenkonto aus dem Buchungssatz vor den Betrag geschrieben.

3.1.5 Eröffnungs- und Schlussbilanzkonto

§ 46 KomHKVO beinhaltet die grundlegenden Bewertungsregeln:

(1) Für die Bewertung der Vermögensgegenstände, der Schulden und der Rückstellungen im Jahresabschluss gelten die Absätze 2 bis 5.

(2) Die Wertansätze in der Eröffnungsbilanz des Haushaltsjahres müssen mit denen der Schlussbilanz des Vorjahres übereinstimmen.

In den vorangegangenen Kapiteln wurden die Anfangsbestände der einzelnen Bestandskonten direkt aus der Bilanz entnommen. Dies stellte eine Vereinfachung dar, denn der Anfangsbestand jedes Kontos muss durch einen Buchungssatz in das jeweilige Konto eingebucht werden und darf nicht einfach als Anfangsbestand übertragen werden.
Deshalb gibt es als weiteres Konto das **Eröffnungsbilanzkonto** (EBK), dessen alleinige Aufgabe es ist, das Gegenkonto für die Anfangsbestände zu sein.
Da bei **Aktivkonten** der Anfangsbestand auf dem T-Konto im Soll steht, muss das Eröffnungsbilanzkonto als Gegenkonto nach der Grundregel eines Buchungssatzes (Soll an Haben) auf der Habenseite angesprochen werden.

Beispiel:

Eine Kommune eröffnet das aktive Bestandskonto Vorräte mit einem Anfangsbestand in Höhe von 10.000 €.

Bestandskonten			
Nr.	**Buchungssatz**	**Soll**	**Haben**
1.	Vorräte	10.000	
	an EBK		10.000

Da bei **Passivkonten** der Anfangsbestand im Haben steht, muss das Eröffnungsbilanzkonto dementsprechend auf der Sollseite angesprochen werden.

Beispiel:

Eine Kommune eröffnet das passive Bestandskonto Verbindlichkeiten LL mit einem Anfangsbestand in Höhe von 5.000 €.

Bestandskonten			
Nr.	**Buchungssatz**	**Soll**	**Haben**
1.	EBK	5.000	
	an Verbindlichkeiten LL		5.000

In den T-Konten erscheint demzufolge nicht der Begriff »Anfangsbestand«, sondern »EBK« als Gegenkonto mit der Buchungsnummer vor dem jeweiligen Betrag. Das Konto EBK ist ein eigenständiges Konto und kann demzufolge auch in Form eines T-Kontos dargestellt werden.

Beispiel:

Die T-Konten Vorräte, Verbindlichkeiten LL und das Eröffnungsbilanzkonto aus den beiden obigen Beispielen haben nach der Eröffnung folgendes Aussehen:

S	Vorräte		H
E1[20] EBK	10.000		

S	Verbindlichkeiten LL		H
		E2 EBK	5.000

S	Eröffnungsbilanzkonto (Ausschnitt)		H
E2 Verb. LL …	5.000	E1 Vorräte …	10.000

Beim EBK stehen somit die Positionen, die in der Bilanz auf der Aktiva stehen, auf der Habenseite und die Positionen, die in der Bilanz auf der Passiva stehen, auf der Sollseite. Damit ist es ein **Spiegelbild der Eröffnungsbilanz**[21]. Der **einzige Zweck des EBK** ist die **Aufnahme der Anfangsbestände** für alle anderen Bestandskonten. Während und zum Abschluss des Haushaltsjahres tritt es nicht mehr in Erscheinung.

Beispiel:

Eröffnungsbilanz zum 01.01. eines Haushaltsjahres

Aktiva	Eröffnungsbilanz		Passiva
Vorräte Bank	28.000 47.000	Nettoposition Verbindlichkeiten LL	50.000 25.000
	75.000		75.000

[20] E1 steht hier für Eröffnungsvorfall 1 im Gegensatz zu F1.

[21] Allerdings werden in der Praxis im EBK alle Bestandskonten aufgelistet, während in der Eröffnungsbilanz einzelne Konten zu übergreifenden Bilanzpositionen zusammengefasst werden. Aus Vereinfachungsgründen wird jedoch im Folgenden zuerst noch davon ausgegangen, dass jeder Bilanzposition ein Konto entspricht.

Die vier Bilanzpositionen der Eröffnungsbilanz sind als Konten zu eröffnen.

Bestandskonten			
Nr.	**Buchungssatz**	**Soll**	**Haben**
1.	Vorräte	28.000	
	an EBK		28.000
2.	Bank	47.000	
	an EBK		47.000
3.	EBK	50.000	
	an Nettoposition (NP)		50.000
4.	EBK	25.000	
	an Verbindlichkeiten LL		25.000

Die entsprechenden T-Konten haben folgendes Aussehen:

S	Vorräte		H
E1 EBK	28.000		

S	Nettoposition		H
		E3 EBK	50.000

S	Bank		H
2 EBK	47.000		

S	Verbindlichkeiten LL		H
		E4 EBK	25.000

S	EBK		H
E3 Nettoposition	50.000	E1 Vorräte	28.000
E4 Verbindlichkeiten LL	25.000	E2 Bank	47.000
	75.000		75.000

Folgende Finanzvorfälle sind außerdem angefallen:

1. Eine Kommune kauft Vorräte auf Ziel in Höhe von 20.000 €.
2. Eine Kommune bezahlt Lieferantenverbindlichkeiten durch Banküberweisung in Höhe von 10.000 €.

Bestandskonten			
Nr.	**Buchungssatz**	**Soll**	**Haben**
1.	Vorräte	20.000	
	an Verbindlichkeiten LL		20.000
2.	Verbindlichkeiten LL	10.000	
	an Bank		10.000

Die entsprechenden T-Konten haben nach der Erfassung der beiden Finanzvorfälle folgendes Aussehen:

S	Vorräte		H
E1 EBK	28.000		
F1 Verb. LL	20.000		

S	Nettoposition		H
		E3 EBK	50.000

S	Bank		H
E2 EBK	47.000	F2 Verb. LL	10.000

S	Verbindlichkeiten LL		H
F2 Bank	10.000	E4 EBK	25.000
		F1 Vorräte	20.000

Die Schlussbestände der einzelnen Konten werden vergleichbar dem Anfangsbestand über einen Buchungssatz in das **Schlussbilanzkonto** (SBK) übertragen. Demzufolge wird in den T-Konten anstelle des Schlussbestands das Gegenkonto SBK genannt.
Da bei Aktivkonten der Schlussbestand im Haben steht, muss das SBK nach der Systematik der Buchungssätze im Soll angesprochen werden.
Da bei Passivkonten der Schlussbestand im Soll steht, muss das SBK nach der Systematik der Buchungssätze im Haben angesprochen werden.
Beim **SBK** stehen die Positionen auf der Sollseite, die in der Bilanz auf der Aktiva stehen, und die Positionen auf der Habenseite, die in der Bilanz auf der Passiva stehen. Damit **entspricht das SBK** vom Aufbau her bereits der **Schlussbilanz**, nur werden dort ggf. noch einzelne Kontenschlussbestände zu übergreifenden Bilanzpositionen zusammengefasst.
Somit lässt sich festhalten, dass das SBK ein direktes Spiegelbild zum Eröffnungsbilanzkonto des folgenden Jahres ist, wobei sich jeweils aus dem EBK bzw. SBK die jeweilige Eröffnungs- bzw. Schlussbilanz ableiten lässt. Die Schlussbilanz eines Haushaltsjahres ist dabei gleichzeitig die Eröffnungsbilanz für das nächste Haushaltsjahr. Dieser Grundsatz wird **Bilanzidentität** genannt. Das SBK des Vorjahres ist deshalb auch das direkte Spiegelbild des EBK des aktuellen Jahres.

Beispiel (Fortführung):
Die entsprechenden T-Konten haben nach dem jeweiligen Kontenabschluss das folgende Aussehen:

S	Vorräte		H
E1 EBK	28.000	S1[22] SBK	48.000
F1 Verb. LL	20.000		
	48.000		

S	Nettoposition		H
S3 SBK	50.000	E3 EBK	50.000
	50.000		50.000

S	Bank		H
E2 EBK	47.000	F2 Verb. LL	10.000
		S2 SBK	37.000
	47.000		47.000

S	Verbindlichkeiten LL		H
F2 Bank	10.000	E4 EBK	25.000
S4 SBK	35.000	F1 Vorräte	20.000
	45.000		45.000

Bestandskonten			
Nr.	**Buchungssatz**	**Soll**	**Haben**
1.	SBK	48.000	
	an Vorräte		48.000
2.	SBK	37.000	
	an Bank		37.000
3.	Nettoposition	50.000	
	an SBK		50.000
4.	Verbindlichkeiten LL	35.000	
	an SBK		35.000

Daraus lässt sich das SBK aufstellen:

S	SBK		H
S1 Vorräte	48.000	S3 Nettoposition	50.000
S2 Bank	37.000	S4 Verbindlichkeiten LL	35.000
	85.000		85.000

[22] S1 steht hier für Schlussbuchungen.

Aus dem SBK lässt sich in diesem Beispiel direkt die Schlussbilanz ableiten:

Aktiva	Schlussbilanz		Passiva
Vorräte	48.000	Nettoposition	50.000
Bank	37.000	Verbindlichkeiten LL	35.000
	85.000		85.000

Auf einen Blick: EBK und SBK
Die **Anfangsbestände** werden durch **Buchungssätze** in die **Bestandskonten** eingebucht mit dem **Eröffnungsbilanzkonto (EBK)** als Gegenkonto. Das **Schlussbilanzkonto (SBK)** ist das Gegenkonto für die Buchung der **Schlussbestände**. Aus diesem wird die Bilanz für das entsprechende Haushaltsjahr entwickelt. Außerdem stellt das SBK das Spiegelbild des EBKs des nächsten Haushaltsjahres dar, da wegen der Bilanzidentität die Schlussbilanz des Vorjahres der Eröffnungsbilanz des aktuellen Haushaltsjahres entspricht.

3.1.6 Ergebniskonten

§ 52 I KomHKVO beinhaltet die Basisregeln für die Ergebnisrechnung:
(1) [1]In der Ergebnisrechnung werden die dem Haushaltsjahr zuzurechnenden Erträge und Aufwendungen gegenübergestellt. [2]Erträge und Aufwendungen dürfen nicht miteinander verrechnet werden. [3]Rückzahlungen nach § 29 Abs. 1 und 2 bleiben unberührt.

Die bisher behandelten Finanzvorfälle hatten keine Auswirkungen auf die Nettoposition. Dies entspricht jedoch nicht der Praxis, da viele Finanzvorfälle die Nettoposition direkt beeinflussen. So erzeugt z. B. ein Steuer- oder Gebührenbescheid einen **Ertrag als Wertzugang**, der die Nettoposition erhöht, und gleichzeitig eine Forderung bzw. eine Erhöhung des Bargeldbestands. Weitere typische Ertragsarten im kommunalen Bereich sind Zins- und Mieterträge. Daneben gibt es möglicherweise noch vereinzelt Provisionserträge sowie Verkaufserlöse. Die Nettoposition erhöht sich, da die Erträge eines Betriebs den Eigentümern bzw. bei Kommunen den Bürgern zustehen.

Der **Verbrauch von vorhandenen Ressourcen** vermindert demgegenüber als **Aufwand** die Nettoposition und führt gleichzeitig zu einem Verbrauch von Vermögensgegenständen, z. B. Rohstoffen bzw. Maschinen bei der Abschreibung, oder einem Geldabgang, z. B. bei der Zahlung von Gehältern. Weitere Aufwandsarten sind der Verbrauch von Hilfs- und Betriebsstoffen, Miete, Zinsen, Werbung oder Büromaterial. Die Nettoposition vermindert sich, da Verbräuche eines Betriebs von den Eigentümern bzw. bei Kommunen den Bürgern zu tragen sind.

Im privatwirtschaftlichen Bereich ist es deshalb in der Regel das Ziel eines Betriebes, dass die in einem Jahr erwirtschafteten Erträge höher als die dafür angefallenen Aufwendungen sind. Dieser Überschuss wird als Gewinn bezeichnet und der Saldo zwischen den Aufwendungen und Erträgen steht den Eigentümern zu.

Im kommunalen Bereich ist es ein Ziel, dass sich die Aufwendungen und Erträge eines Haushaltsjahres zumindest ausgleichen. Wurde dieses Ziel erreicht, spricht man von einem ausgeglichenen Ergebnis der Kommune.

Da eine direkte Erfassung aller Aufwendungen und Erträge während eines Haushaltsjahres auf der Nettoposition unübersichtlich ist, bildet man **Aufwands**- und **Ertragskonten** (Ergebniskonten) als Unterkonten der Nettoposition. Die Finanzvorfälle, die Aufwendungen bzw. Erträge beinhalten, werden somit nicht auf dem Passivkonto »Nettoposition« sondern stattdessen auf dem entsprechenden Aufwands- bzw. Ertragskonto erfasst.

Aufwandskonten werden grundsätzlich im **Soll** angesprochen, da sie zu einer Minderung der Nettoposition führen, **Ertragskonten** demzufolge im **Haben**, da sie die Nettoposition erhöhen. **Anstelle der**

BUCHFÜHRUNG UND BILANZIERUNG

Nettoposition wird im Buchungssatz und in den T-Konten jeweils das entsprechende Ergebniskonto gestellt, d. h. die Veränderungen finden bei den **Ergebniskosten auf derselben Seite** wie bei der **Nettoposition** statt. Das T-Konto Nettoposition verändert sich in der Praxis somit lediglich im Rahmen der Erstellung des Jahresabschlusses.

Ergebniskonten haben keinen Anfangsbestand. Sie werden jeweils bei Bedarf eröffnet, sobald der erste entsprechender Aufwand oder Ertrag in einem Haushaltsjahr auftritt.

Beispiel:

Aktiva	Eröffnungsbilanz[23]		Passiva
Vorräte	60.000	Nettoposition	150.000
Bank	90.000		
	150.000		150.000

Finanzvorfälle:

1. Mitarbeiter einer Kommune entnehmen laut Materialentnahmeschein für 1.000 € Streusalz (Vorrat) aus dem Lager, das sofort ausgebracht wird.
2. Die Kommune bezahlt Gehälter in Höhe von 10.000 € durch Banküberweisung.
3. Die Kommune verzeichnet einen Zinseingang in Höhe von 50.000 €.

Buchungssätze zu den Finanzvorfällen

Bestands- und Ergebniskonten			
Nr.	**Buchungssatz**	**Soll**	**Haben**
1.	~~Nettoposition~~ Verbrauch von Vorräten	1.000	
	an Vorräte		1.000
2.	~~Nettoposition~~ Dienstaufwand	10.000	
	an Bank		10.000
3.	Bank	50.000	
	an ~~Nettoposition~~ Zinserträge		50.000

Bestandskonten

S	Vorräte		H
E1 EBK	60.000	F1 Verbrauch von Vorräten	1.000

S	Bank		H
E3 EBK	90.000	F2 Dienstaufwand	10.000
F3 Zinsertrag	50.000		

Ergebniskonten

S	Verbrauch von Vorräten		H
F1 Vorräte	1.000		

S	Zinsertrag		H
		F3 Bank	50.000

[23] Die Eröffnungsbuchungssätze sowie die Erstellung des Eröffnungsbilanzkontos wurden hier aus Vereinfachungsgründen weggelassen.

S	Dienstaufwand	H
F2 Dienstaufwand	10.000	

Am Ende eines Haushaltsjahres werden die **Aufwands- und Ertragskonten** abgeschlossen. Das Abschlusskonto ist hier jedoch nicht das SBK und auch nicht die Nettoposition, sondern es wird noch das »**Ergebnisrechnungskonto**« (Handelsrecht (HR): Gewinn- und Verlustkonto (GuV)) als Zwischenkonto eingefügt. Dort werden die Aufwendungen den Erträgen gegenübergestellt und aus der Differenz der beiden ergibt sich dann als Saldo das Jahresergebnis. Auf der Sollseite des Ergebnisrechnungskontos stehen dabei aufgrund der Buchungssystematik die Abschlusswerte aller Aufwandskonten und auf der Habenseite die Abschlusswerte aller Ertragskonten. Die Addition der jeweils größeren Seite ergibt die Kontensumme. Die Differenz zur Summe der kleineren Seite ergibt im nächsten Schritt das Jahresergebnis. Wenn die Erträge größer als die Aufwendungen sind, ist dies **positiv** (HR: Gewinn), d. h. die Differenz (Saldo) steht auf der Sollseite. Wenn die Aufwendungen höher als die Erträge sind, ist es **negativ** (HR: Verlust), d. h. die Differenz (Saldo) steht auf der Habenseite. Nur dieser Saldo des Ergebnisrechnungskontos wird dann in die **Nettoposition** übertragen. Ein positiver Saldo erhöht die Nettoposition, ein negativer vermindert diese.
Beim Kontenabschluss werden zuerst die Ergebniskonten über das Ergebnisrechnungskonto (ERK) abgeschlossen, dann wird der Saldo des Ergebnisrechnungskontos in die Nettoposition übertragen und danach werden die Bestandskonten über das Schlussbilanzkonto abgeschlossen. Wichtig ist deshalb, dass ganz klar zwischen Bestands- und Ergebniskonten unterschieden wird.

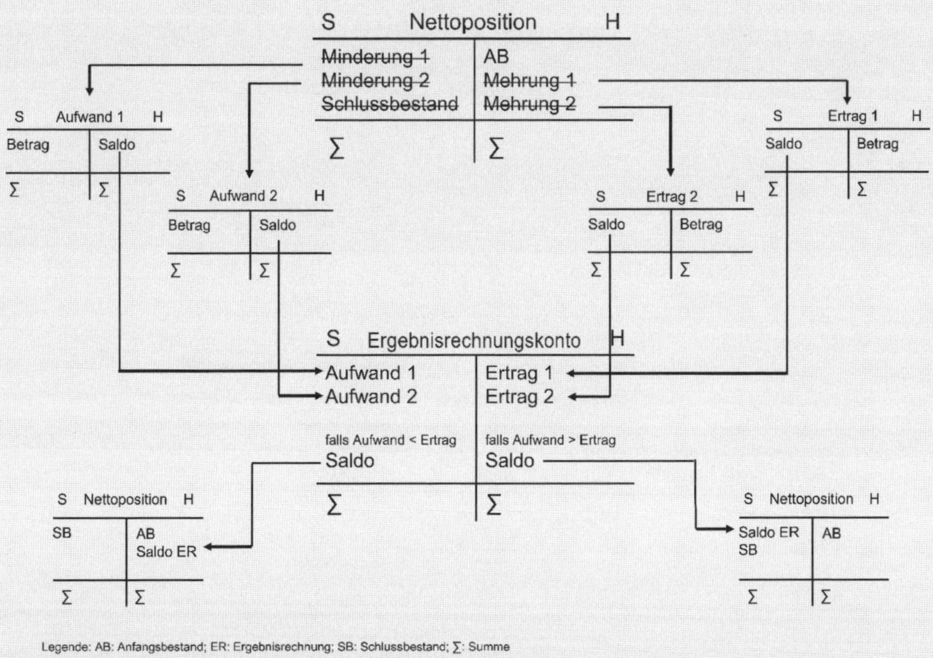

Abbildung 41: Ergebnisrechnungskonto

Beispiel (Fortführung):

Abschluss der Ergebniskonten:

S	Verbrauch von Vorräten		H
F1 Vorräte	1.000	S1[24]ERK	1.000
	1.000		1.000

S	Zinsertrag		H
S3 ERK	50.000	F3 Bank	50.000
	50.000		50.000

S	Dienstaufwand		H
F2 Bank	10.000	S2 ERK	10.000
	10.000		10.000

Bestands- und Ergebniskonten			
Nr.	**Buchungssatz**	**Soll**	**Haben**
1.	ERK	1.000	
	an Verbrauch von Vorräten		1.000
2.	ERK	10.000	
	an Dienstaufwand		10.000
3.	Zinsertrag	50.000	
	an ERK		50.000

Das Ergebnisrechnungskonto hat dann folgendes Aussehen:

S	Ergebnisrechnungskonto (ERK)		H
S1 Verbrauch von Vorräten	1.000	S3 Zinsertrag	50.000
S2 Dienstaufwand	10.000		

Auf der Sollseite stehen somit in Summe 11.000 €, auf der Habenseite 50.000 €. Somit liegt der Saldo bei 39.000 €. Da die Ertragsseite im ERK (die rechte Seite) größer ist als die Aufwandsseite (die linke Seite) liegt hier ein positives Jahresergebnis vor. Nach dem Kontenabschluss hat das Ergebnisrechnungskonto folgende Gestalt:

S	Ergebnisrechnungskonto (ERK)		H
S1 Verbrauch von Vorräten	1.000	S3 Zinsertrag	50.000
S2 Dienstaufwand	10.000		
S4 Nettoposition	39.000		
	50.000		50.000

… und es ergibt sich ein weiterer Schlussbuchungssatz:

Bestands- und Ergebniskonten			
Nr.	**Buchungssatz**	**Soll**	**Haben**
4.	Ergebnisrechnungskonto	39.000	
	an Nettoposition		39.000

[24] S1 steht hier für Schlussbuchungen

Jetzt sind alle Vorarbeiten vorgenommen, um die Bestandskonten wie gewohnt abzuschließen:

S	Vorräte		H
E1 EBK	60.000	F1 Verbrauch von Vorräten	1.000
		S5 SBK	59.000
	60.000		60.000

S	Nettoposition		H
S7 SBK	189.000	E4 EBK	150.000
		S4 EBK	39.000
	189.000		189.000

S	Bank		H
E2 EBK	90.000	F2 Dienstaufwand	10.000
F3 Zinsertrag	50.000	S6 SBK	130.000
	140.000		140.000

Es ergeben sich noch folgende Schlussbuchungssätze für die Bestandskonten:

Bestands- und Ergebniskonten			
Nr.	**Buchungssatz**	**Soll**	**Haben**
5.	SBK	59.000	
	an Vorräte		59.000
6.	SBK	130.000	
	an Bank		130.000
7.	Nettoposition	189.000	
	an SBK		189.000

Damit lässt sich das Schlussbilanzkonto aufstellen:

S	SBK		H
S5 Vorräte	59.000	S7 Nettoposition	189.000
S6 Bank	130.000		
	189.000		189.000

Gemäß den gesetzlichen Bestimmungen (§ 52 I 2 KomHKVO) werden die Beträge jeweils **brutto**, d. h. unsaldiert erfasst. So wird z. B. bei der Erstellung eines Hundesteuerbescheids über 100 € der komplette Betrag als Ertrag gebucht. Dem stehen als Aufwand das Gehalt des Mitarbeiters, Portokosten für den Versand des Bescheids, Aufwand für Büromaterial etc. gegenüber, die aber nicht direkt dem einzelnen Bescheid zugeordnet werden können, sondern nur als Aufwandskategorien summarisch in das Ergebnisrechnungskonto eingehen.

Beim **Verkauf von Waren** wird die Entnahme der Ware als Aufwand in der Höhe des Anschaffungspreises gebucht. Daneben fallen beim Verkauf noch weitere Aufwendungen an, z. B. Gehalt des Verkäufers, Miete für Verkaufsräume etc., die ebenfalls, z. B. beim Gehalt am Monatsende, als Aufwand gebucht werden. Demgegenüber wird der Verkaufspreis als Ertrag in voller Höhe erfasst.

Bei dem **Verkauf von selbst hergestellten Produkten** wird bei der Rechnungserstellung der komplette Verkaufspreis als Ertrag gebucht. Dem steht als Aufwand der Werteverzehr gegenüber, der bei der Herstellung angefallen ist (z. B. für Energie, Gehälter, Verbrauch von Vorräten etc.).

Ein **Ertrag** entsteht in der Regel mit der **Erstellung** bzw. dem Versand der **Rechnung** bzw. des Bescheids (Forderung an Ertrag). Durch den Zahlungsvorgang erlischt die Forderung und das Bankkonto erhöht sich. Es kann nicht noch einmal ein Ertrag anfallen!

Ähnlich entsteht ein **Aufwand** mit dem **Eingang einer Rechnung** (Aufwand für ... an Verbindlichkeiten aus LL). Durch den Zahlungsvorgang vermindern sich dann lediglich noch das Bankkonto und die Verbindlichkeiten aus LL.

Die Ergebniskonten werden für jeweils ein Haushaltsjahr geführt. Ihre Abschlusssalden umfassen demzufolge ein Haushaltsjahr (z. B. alle angefallenen Zinserträge eines Haushaltsjahres). Man sagt auch, dass sie **zeitraumbezogen** sind. Damit unterscheiden sie sich von den Bestandskonten, deren Saldo den Wert der entsprechenden Vermögensgegenstände bzw. Schulden an einem bestimmten Stichtag darstellt. Die Ergebniskonten stehen deshalb am Jahresanfang bei null, d. h. sie haben **keinen Anfangsbestand**.

Auf einen Blick: Ergebniskonten
Zur Erhöhung der Übersichtlichkeit werden Aufwendungen und Erträge nicht direkt auf der Nettoposition sondern auf **Ergebniskonten als Unterkonten der Nettoposition** erfasst. Aufwandskonten erfassen **alle Werteverbräuche**, Ertragskonten **alle Wertzugänge**. Die Ergebniskonten werden über das Ergebnisrechnungskonto abgeschlossen, das das Jahresergebnis ausweist. Nur der Saldo des Ergebnisrechnungskontos wird als positives oder negatives Ergebnis in die Nettoposition übertragen. Erst danach darf die Nettoposition über das SBK abgeschlossen werden.

3.1.7 Finanzkonten

§ 42 VI KomHKVO beinhaltet die Regeln für die Zahlungsabwicklung und **§ 53 KomHKVO** die Grundregeln für die Finanzrechnung:

§ 42 Zahlungsanweisung, Zahlungsabwicklung
(6) [1]Die Zahlungsmittelkonten werden an jedem Buchungstag mit den Bankkonten abgeglichen. [2]Am Ende des Haushaltsjahres werden sie für die Aufstellung des Jahresabschlusses abgeschlossen und es wird der Bestand an Zahlungsmitteln festgestellt.

§ 53 Finanzrechnung
(1) In der Finanzrechnung werden die im Haushaltsjahr eingegangenen Einzahlungen und geleisteten Auszahlungen wie folgt ausgewiesen: …

Bis jetzt wurden alle Zahlungsvorgänge entweder auf dem Konto »**Kasse**« oder »**Bank**« (zusammen: **Liquide Mittel**) gebucht. Diese Informationen sind für **statistische Zwecke** aber nicht ausreichend. Deshalb wird im **kommunalen** Rechnungswesen **zusätzlich** erfasst (mitkontiert), **wofür** genau **Zahlungen** auf den Konten »Bank« oder »Kasse« ein- bzw. ausgegangen sind. So wird in jedem Buchungssatz angegeben, ob eine Zahlung bar (Kasse) oder unbar (Bank) erfolgt ist und darüber hinaus muss noch erfasst werden, welcher Kategorie eine Zahlung zuzuordnen ist, z. B. Auszahlung für Gebäudebewirtschaftung oder für Gehälter und Einzahlungen für Mieten, Pachten, Hunde- oder Gewerbesteuer. Da diese Informationen lediglich zusätzlich erhoben werden und für die Systematik der Buchhaltung nicht erforderlich sind, wird das jeweilige Finanzkonto bei den Buchungssätzen nur **mitkontiert**, d. h. es wird zusätzlich zu den Konten »Bank« oder »Kasse« angegeben.
Ein Verzicht auf das direkte Buchen der Konten »Bank« oder »Kasse« wie bei der Nettoposition ist nicht möglich, da nach § 42 VI 1 KomHKVO die intern in der Buchführung geführten Zahlungsmittelkonten (Bank; Kasse) zu Kontrollzwecken **täglich** mit den externen Bankkonten bzw. dem vorhandenen Kassenbestand abgeglichen werden müssen.
Da die Finanzkonten eine **Art Unterkonto der aktiven** Bestandskonten »**Bank« bzw. »Kasse«** sind, werden **Zugänge** von liquiden Mitteln auf den **Einzahlungskonten** im **Soll**, **Abgänge** an liquiden Mitteln auf den **Auszahlungskonten** im **Haben** gebucht. Die Abschlusssalden der genannten Konten werden in das »**Finanzrechnungskonto**« eingestellt, welches den Nettozu- bzw. -abfluss von Zahlungsmitteln im Haushaltsjahr (vgl. Ergebnisrechnungskonto) darstellt. Da die Finanzkonten aber nur mitkontiert werden, bleibt der Saldo auf dem »Finanzrechnungskonto« stehen. Auch werden die Finanzkonten nicht in den T-Konten als Gegenkonten vermerkt, sondern es bleibt allein bei der Nennung von »Bank« oder »Kasse«.
Wie die Ergebniskonten sind auch die Finanzkonten **zeitraum**bezogen, d. h. sie erfassen die Ein- und Auszahlungen innerhalb eines Haushaltsjahres. Deshalb haben auch sie **keinen Anfangsbestand**!

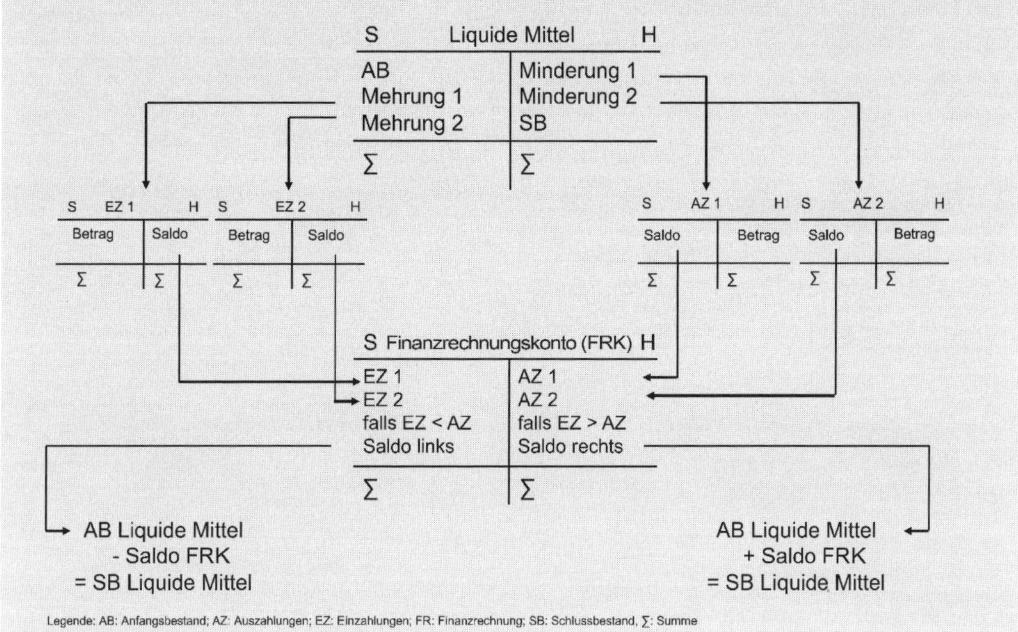

Abbildung 42: Finanzrechnungskonto (FRK)

Beispiel:

Es liegt folgende Eröffnungsbilanz vor:

Aktiva	Eröffnungsbilanz		Passiva
Forderungen Bank	40.000 60.000	Nettoposition Verbindlichkeiten LL	70.000 30.000
	100.000		100.000

Folgende Finanzvorfälle fallen an:

1. Ein Unternehmer begleicht den fälligen Gewerbesteuerbescheid in Höhe von 30.000 € bei der Kommune.
2. Die Kommune überweist die fällige Stromrechnung über 10.000 € per Banküberweisung.

Buchungssätze:
F1: Bank (Einzahlung Gewerbesteuer) an Forderungen 30.000 €
F2: Verbindlichkeiten LL an Bank (Auszahlung Gebäudebewirtschaftung) 10.000 €

Im Grundbuch sehen diese oben skizzierten Buchungssätze dann so aus:

Bestands- und Ergebniskonten				
Nr.	**Buchungssatz**	**Soll**	**Haben**	**mitkontiert**
1.	Bank	30.000		Gewerbesteuer(-einzahlung)
	an Forderungen		30.000	
2.	Verb. LL	10.000		
	an Bank		10.000	(Auszahlung für) Gebäudebewirtschaftung

Aufgrund der drei unterschiedlichen Kontotypen ist es zur Erhöhung der Übersichtlichkeit empfehlenswert, die T-Konten jeweils zu den drei Kontengruppen Bestands-, Ergebnis- und Finanzkonten zusammenfassend anzulegen.

Bestandskonten

S	Forderungen		H
E1 EBK	40.000	F1 Bank	30.000

S	Nettoposition		H
		E3 EBK	70.000

S	Bank		H
E2 EBK	60.000	F2 Verb. LL	10.000
F1 Forderungen	30.000		

S	Verbindlichkeiten LL		H
F2 Bank	10.000	E4 EBK	30.000

Finanzkonten

S	Gewerbesteuer(-einzahlung)		H
F1 Forderungen	30.000		

S	(Auszahlung für) Gebäudebewirtschaftung		H
		F2 Verb. LL	10.000

Nach dem Abschluss haben die Konten folgende Gestalt:

Bestandskonten

S	Forderungen		H
E1 EBK	40.000	F1 Bank	30.000
		S3 SBK	10.000
	40.000		40.000

S	Nettoposition		H
S5 SBK	70.000	E3 EBK	70.000
	70.000		70.000

S	Bank		H
E2 EBK	60.000	F2 Verb. LL	10.000
F1 Forderungen	30.000	S4 SBK	80.000
	90.000		90.000

S	Verbindlichkeiten LL		H
F2 Bank	10.000	E4 EBK	30.000
S6 SBK	20.000		
	30.000		30.000

Finanzkonten

S	Gewerbesteuer(-einzahlung)		H
F1 Forderungen	30.000	S1 FRK	30.000
	30.000		30.000

S	(Auszahlung für) Gebäudebewirtschaftung		H
S2 FRK	10.000	F2 Verb. LL	10.000
	10.000		10.000

Abschlussbuchungssätze:

1. Finanzkonten

Bestands- und Ergebniskonten			
Nr.	**Buchungssatz**	**Soll**	**Haben**
1.	FRK	30.000	
	an Gewerbesteuer (-einzahlung)		30.000
2.	(Auszahlung für) Gebäudebewirtschaftung	10.000	
	an FRK		10.000

2. Bestandskonten

Nr.	Buchungssatz	Soll	Haben
3.	SBK	10.000	
	an Forderungen		10.000
4.	SBK	80.000	
	an Bank		80.000
5.	NP	70.000	
	an SBK		70.000
6.	Verbindlichkeiten LL	20.000	
	an SBK		20.000

3. Abschlusskonten

S	Finanzrechnungskonto (FRK)		H
S1 Gewerbesteuer (-einzahlung)	30.000	S2 (Auszahlung für) Gebäudebewirtschaftung	10.000
		Finanzsaldo	20.000
	30.000		30.000

S	SBK		H
S3 Forderungen	10.000	S5 Nettoposition	70.000
S4 Bank	80.000	S6 Verbindlichkeiten LL	20.000
	90.000		90.000

Da die Einzahlungen höher als die Auszahlungen sind, ergibt sich aus dem Finanzsaldo ein Überschuss an Liquiden Mitteln in Höhe von 20.000 €. Demzufolge sind am Ende des Haushaltsjahres 20.000 € mehr auf dem Bankkonto (ggf. auch auf dem Kassenkonto) als am Anfang. Diese Information ist auch direkt aus dem Bestandskonto Bank zu entnehmen durch den Vergleich des Schlussbestands mit dem Anfangsbestand. Aus rein buchungstechnischer Sicht ist die Mitkontierung der Finanzkonten demnach überflüssig.

Auf einen Blick: Finanzkonten

Die strukturierte **zusätzliche Erfassung der Ein- und Auszahlungen** auf den Finanzkonten schafft **Transparenz** über die Finanzmittelherkunft und -verwendung. Die Finanzkonten übernehmen bei der Darstellung der Veränderungen des Finanzmittelbestandes eine vergleichbare Aufgabe wie die Ergebniskonten bei der Veränderung der Nettoposition. Der Anfangsbestand der Liquiden Mittel zuzüglich des auf dem Finanzrechnungskonto ausgewiesenen Liquiditätssaldos entspricht dem Endbestand der Liquiden Mittel zum Bilanzstichtag.

Die Daten aus den Finanzkonten werden an den Landesbetrieb für Statistik und Kommunikationstechnologie Niedersachsen (LSKN) weitergeleitet. Sie dienen hauptsächlich finanzstatistischen Zwecken.

3.1.8 Abgrenzung relevanter Begriffe im Rechnungswesen

Im **§ 60 KomHKVO** werden wesentliche Begriffe des Rechnungswesens näher bestimmt:

4. Aufwendungen:
   die in Geld bewerteten Werteverzehre durch Verbrauch oder Abnutzung von Gütern und Dienstleistungen in einem Haushaltsjahr;
5. Ausgaben:
   Auszahlungen sowie das Entstehen von Schulden und Forderungsminderungen;
8. Auszahlungen:
   der Abfluss von Bar- und Buchgeld;

28. Kosten:
der in Geld bewertete Werteverzehr durch Verbrauch oder Abnutzung von Gütern und die Inanspruchnahme von Dienstleistungen zur Leistungserstellung in einer bestimmten Periode;
14. Einnahmen:
Einzahlungen sowie das Entstehen von Forderungen und Schuldenminderungen;
15. Einzahlungen:
der Zufluss von Bar- und Buchgeld;
16. Erträge:
in Geld bewertete Wertezuwächse für Güter und Dienstleistungen in einem Haushaltsjahr;
31. Leistungen:
bewertbare Arbeitsergebnisse einer Verwaltungseinheit, die zur Aufgabenerfüllung erzeugt werden;

In den vorangegangenen Kapiteln wurden die Begriffspaare Aufwand und Ertrag sowie Auszahlung und Einzahlung besprochen. In der Umgangssprache werden die Begriffe Auszahlung, Ausgabe, Aufwand und Kosten auf der einen Seite sowie Einzahlung, Einnahme, Ertrag und Leistung auf der anderen Seite zum Teil zur Beschreibung von gleichen Sachverhalten verwendet, obwohl damit im Rechnungswesen unterschiedliche Vorgänge beschrieben werden.

Auszahlung, Ausgabe, Aufwand, Kosten

- **Auszahlung**: Abnahme der Liquiden Mittel, d. h. des Bank- bzw. Kassenbestands.
- **Ausgabe**: Abnahme des verfügbaren Geldvermögens. Zum verfügbaren Geldvermögen gehören neben den Liquiden Mitteln auch die Forderungen, allerdings müssen davon die Verbindlichkeiten abgezogen werden:
  Verfügbares Geldvermögen = Liquide Mittel + Forderungen – Verbindlichkeiten.
- **Aufwand**: Ein Aufwand stellt einen Werteverzehr innerhalb der Betrachtungsperiode dar, durch den sich sowohl das Vermögen als auch die Nettoposition vermindert.
- **Kosten**: Kosten sind ein Begriff des **internen** Rechnungswesens (Kosten- und Leistungsrechnung (KLR)). Darunter wird ein »bewerteter, durch die Leistungserstellung bedingter Güterverzehr«[25] verstanden. Ein großer Teil der Aufwendungen stellt gleichzeitig auch Kosten dar. Dieser Aspekt wird intensiver im Rahmen der Kosten- und Leistungsrechnung betrachtet.

Beispiel:

Barkauf von Rohstoffen für 1.000 €:
1. Eine Auszahlung liegt vor, da die Kasse und damit die Liquiden Mittel abnehmen.
2. Eine Ausgabe liegt vor, da das verfügbare Geldvermögen abnimmt: Die Liquiden Mittel nehmen ab, die Forderungen und die Verbindlichkeiten verändern sich nicht.
3. Es liegt kein Aufwand vor, da es allein durch den Kaufvorgang zu keinem Werteverzehr kommt.
4. Es liegen auch keine Kosten vor, denn ohne einen Werteverzehr kann es entsprechend auch keinen betriebsbedingten Werteverzehr geben.

Finanzvorfall	Auszahlung	Ausgabe	Aufwand	Kosten
Barkauf von Rohstoffen	**Ja**, da Minderung von Liquiden Mitteln (Kasse)	**Ja**, da Minderung des Geldvermögens durch Minderung der Liquiden Mittel	**Nein**, da kein Werteverzehr	**Nein**, da kein betriebsbedingter Werteverzehr
Kauf von Rohstoffen auf Rechnung	**Nein**, da keine Minderung von Liquiden Mitteln	**Ja**, da Minderung des Geldvermögens durch Erhöhung der Verbindlichkeiten	**Nein**, da kein Werteverzehr	**Nein**, da kein betriebsbedingter Werteverzehr

[25] HUMMEL / MÄNNEL, S. 69

Beispiel:

Finanzvorfall	Auszahlung	Ausgabe	Aufwand	Kosten
Verbrauch von Rohstoffen zur Herstellung von Fertigerzeugnissen	**Nein**, da keine Minderung von Liquiden Mitteln	**Nein**, da keine Minderung des Geldvermögens	**Ja**, da Werteverzehr	**Ja**, da betriebsbedingter Werteverzehr
Überweisung einer Spende für Erdbebenopfer	**Ja**, da Minderung der Liquiden Mittel (Bank)	**Ja**, da Minderung des Geldvermögens	**Ja**, da Werteverzehr des Vermögens	**Nein**, da nicht betriebsbedingt
Tilgung eines Kredits	**Ja**, da Minderung der Liquiden Mittel	**Nein**, da keine Änderung des Geldvermögens (Abnahme der Liquiden Mittel bei gleichzeitiger Abnahme der Verbindlichkeiten in gleicher Höhe)	**Nein**, da kein Werteverzehr	**Nein**, da kein betriebsbedingter Werteverzehr

Einzahlung, Einnahme, Ertrag, Leistung

- **Einzahlung**: Zunahme der Liquiden Mittel
- **Einnahme**: Zunahme des Geldvermögens
- **Ertrag**: Erhöhung des Vermögens und gleichzeitig Erhöhung der Nettoposition
- **Leistung**: Ergebnis der betrieblichen Tätigkeit (Begriff aus dem internen Rechnungswesen)

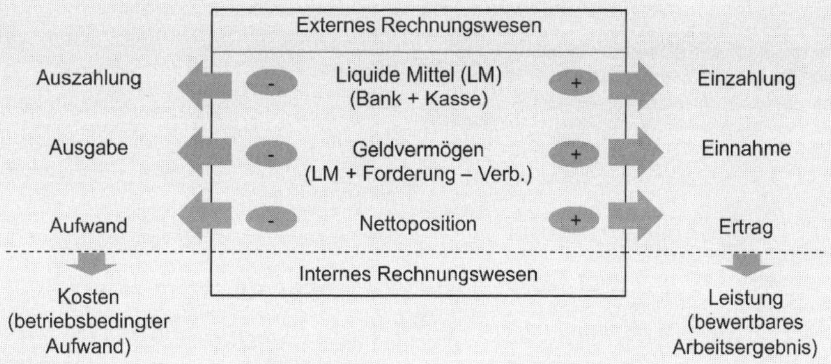

Abbildung 43: Abgrenzung relevanter Begriffe

Beispiel:

Finanzvorfall	Einzahlung	Einnahme	Ertrag	Leistung
Barerhebung einer Verwaltungsgebühr	**Ja**, da Mehrung von Liquiden Mitteln (Kasse)	**Ja**, da Mehrung des Geldvermögens durch Mehrung der Liquiden Mittel	**Ja**, da Erhöhung des Geldvermögens und der Nettoposition	**Ja**, da Ergebnis der betrieblichen Tätigkeit
Versand eines Gebührenbescheids mit gleichzeitiger Fälligkeit	**Nein**, da keine Erhöhung von Liquiden Mitteln	**Ja**, da Mehrung des Geldvermögens durch Erhöhung der Forderungen	**Ja**, da Erhöhung des Geldvermögens und der Nettoposition	**Ja**, da Ergebnis der betrieblichen Tätigkeit
Eingang der Grundsteuer durch einen Steuerpflichtigen	**Ja**, da Mehrung der Liquiden Mittel (Bank)	**Nein**, da keine Änderung des Geldvermögens (Erhöhung des Bestands an Liquiden Mitteln bei gleichzeitiger Abnahme der Forderungen)	**Nein**, da keine Vermögensmehrung und keine Mehrung der Nettoposition	**Nein**, da kein Ergebnis aufgrund einer betrieblichen Tätigkeit
Aufnahme eines Kredits	**Ja**, da Mehrung der Liquiden Mittel	**Nein**, da keine Änderung des Geldvermögens (Zunahme der Liquiden Mittel bei gleichzeitiger Zunahme der Verbindlichkeiten in gleicher Höhe)	**Nein**, da kein Einfluss auf die Nettoposition	**Nein**, da kein Ergebnis aufgrund einer betrieblichen Tätigkeit

Auf einen Blick: Begriffsdefinitionen
Auszahlung / Einzahlung: Abnahme bzw. Zunahme der Liquiden Mittel
Ausgabe / Einnahme: Abnahme bzw. Zunahme des Geldvermögens (Geldvermögen = Liquide Mittel + Forderungen – Verbindlichkeiten
Aufwand / Ertrag: Werteverzehr bzw. Wertezuwachs in einem Haushaltsjahr, d. h. Abnahme bzw. Zunahme der Nettoposition

3.1.9 Drei-Komponenten-System

Die **Bilanz** sowie die **Ergebnis**- und die **Finanzrechnung** bilden zusammen die **drei Komponenten** der kommunalen Buchführung.
Buchungssystematisch stellt die **Bilanz** den wichtigsten Baustein dar, da grundsätzlich alle Finanzvorfälle auch direkt über die Bestandskonten abgewickelt werden könnten (**1. Komponente**).

Da jedoch viele Finanzvorfälle eine Mehrung bzw. Minderung der Nettoposition beinhalten, würde auf diesem Konto die Übersichtlichkeit sehr schnell verloren gehen und konkrete Analysen der Mehrungen und Minderungen sehr aufwendig. Deshalb werden **Mehrungen der Nettoposition** auf **Ertragskonten** und **Minderungen** auf **Aufwandskonten** als Unterkonten der »Nettoposition« erfasst. Diese Konten werden über das »**Ergebnisrechnungskonto**« abgeschlossen und nur dessen Saldo an die »Nettoposition« übertragen (**2. Komponente**).

Ähnlich verhält es sich mit den Konten »Bank« und »Kasse« (Liquide Mittel), über die der gesamte Zahlungsverkehr und somit auch sehr viele Finanzvorfälle abgewickelt werden. Zur Verbesserung der Übersichtlichkeit und aus **finanzstatistischen** Gründen werden **Mehrungen** der Konten **»Bank« oder »Kasse«** auf **Einzahlungskonten** und **Minderungen** auf **Auszahlungskonten** mitkontiert. Die Ein- und Auszahlungskonten werden über das »**Finanzrechnungskonto**« abgeschlossen (**3. Komponente**).

Da diese Miterfassung jedoch für das Funktionieren des Systems der Buchführung nicht erforderlich ist, wird der Saldo nicht weiter verbucht, sondern dient lediglich Kontrollzwecken.

Wichtig ist die strikte Trennung der Kontotypen. Ergebniskonten verändern die Nettoposition, Zahlungskonten (auch Finanzkonten genannt) verändern die Liquiden Mittel.

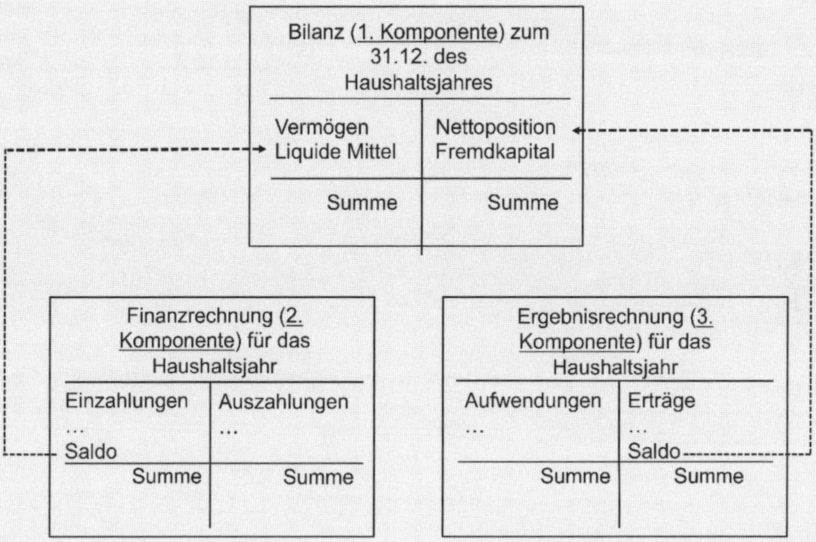

Abbildung 44: Drei-Komponenten-System

Beispiel:

Es liegt folgende Eröffnungsbilanz vor:

Aktiva	Eröffnungsbilanz		Passiva
Forderungen Bank	40.000 60.000	Nettoposition	100.000
	100.000		100.000

Folgende Finanzvorfälle fallen an:
1. Eine Gemeinde versendet an ein Unternehmen einen Gebührenbescheid in Höhe von 30.000 €.
2. Die Zahlung des Bescheides geht zwei Wochen später auf dem Bankkonto der Kommune ein.
3. Die Handwerkerrechnung für die Reparatur des Rathausdachs über 10.000 € geht ein.
4. Die Bezahlung der Rechnung erfolgt zwei Wochen später per Banküberweisung von der Kommune.

Bestands- und Ergebniskonten				
Nr.	**Buchungssatz**	**Soll**	**Haben**	**mitkontiert**
1.	Forderung	30.000		
	an Gebührenertrag		30.000	
2.	Bank	30.000		Gebühren (einzahlung)
	an Forderung		30.000	
3.	Aufwand für Unterhaltung	10.000		
	an Verbindlichkeiten LL		10.000	
4.	Verbindlichkeiten LL	10.000		
	an Bank		10.000	(Auszahlung für) Unterhaltung

Ergebniskonten

S	Aufwand für Unterhaltung		H
F3 Verbindlichkeiten LL	10.000		
	10.000		

S	Gebührenertrag		H
		F1 Forderungen	30.000

Finanzkonten

S	Gebühren(-einzahlung)		H
F2 Forderungen	30.000		

S	(Auszahlung für) Unterhaltung		H
		F4 Verbindlichkeiten LL	10.000
			10.000

Bestandskonten

S	Forderungen		H
E1 EBK	40.000	F2 Bank	30.000
F1 Gebührenertrag	30.000		
			10.000

S	Nettoposition		H
		E3 EBK	100.000
			10.000

S	Bank		H
E2 EBK	60.000	F4 Verbindlichkeiten LL	10.000
F2 Forderungen	30.000		
			10.000

S	Verbindlichkeiten LL		H
F4 Bank	10.000	F3 Aufwand für Unterhaltung	10.000
	10.000		10.000

Nach dem Abschluss haben die Konten folgende Gestalt:

Ergebniskonten

S	Aufwand für Unterhaltung		H
F3 Verbindlichkeiten LL	10.000	S2 ERK	10.000
	10.000		10.000

S	Gebührenertrag		H
S1 ERK	30.000	F1 Forderungen	30.000
	30.000		30.000

Finanzkonten

S	Gebühren(-einzahlung)		H
F2 Forderungen	30.000	S4 FRK	30.000
	30.000		30.000

S	(Auszahlung für) Unterhaltung		H
S5 FRK	10.000	F4 Verbindlichkeiten LL	10.000
	10.000		10.000

Bestandskonten

S	Forderungen		H
E1 EBK	40.000	F2 Bank	30.000
F1 Gebührenertrag	30.000	S6 SBK	40.000
	70.000		70.000

S	Nettoposition		H
S8 SBK	120.000	E3 EBK	100.000
		S3 ERK	20.000
	120.000		120.000

S	Bank		H
E2 EBK	60.000	F4 Verbindlichkeiten LL	10.000
F2 Forderungen	30.000	S7 SBK	80.000
	90.000		90.000

Abschlussbuchungssätze

Nr.	Buchungssatz	Soll	Haben
1.	Gebührenertrag	30.000	
	an ERK		30.000
2.	ERK	10.000	
	an Aufwand für Unterhaltung		10.000
3.	ERK	20.000	
	an Nettoposition		20.000
4.	FRK	10.000	
	an Gebühren(-einzahlung)		10.000
5.	(Auszahlung für) Unterhaltung	10.000	
	an FRK		10.000
6.	SBK	40.000	
	an Forderungen		40.000
7.	SBK	80.000	
	an Bank		80.000
8.	Nettoposition	120.000	
	an SBK		120.000

Abschlusskonten

S	Ergebnisrechnungskonto		H
S2 Aufwand für Unterhaltung	10.000	S1 Gebührenertrag	30.000
S3 Nettoposition	20.000		
	30.000		30.000

S	Finanzrechnungskonto		H
S4 Gebühren (-einzahlung)	30.000	S5 (Auszahlung für) Unterhaltung	10.000
		Finanzsaldo	20.000
	30.000		30.000

S	SBK		H
S6 Forderungen	40.000	S8 Nettoposition	120.000
S7 Bank	80.000		
	120.000		120.000

ⓘ **Auf einen Blick: Drei-Komponenten-System**

In der kommunalen Buchhaltung gibt es die drei Komponenten Bilanz, Ergebnisrechnung und Finanzrechnung. Die **Bilanz** beinhaltet die aktiven und passiven Bestandskonten. Sie wird jeweils zum Stichtag 31.12. eines Haushaltsjahres aufgestellt. In der **Ergebnisrechnung** werden den Aufwendungen die Erträge eines Haushaltsjahres gegenübergestellt. Die Differenz zwischen den beiden Kontotypen ist das positive oder negative Jahresergebnis und mindert oder mehrt die Nettoposition. Die **Finanzrechnung** dient überwiegend statistischen Zwecken. Dabei werden den Einzahlungen die Auszahlungen eines Haushaltsjahres gegenübergestellt, der Saldo verkörpert eine Erhöhung oder Verminderung des Bestands an Liquiden Mitteln (Bank- und Kassenbestand) im Vergleich zum Beginn des Haushaltsjahres.
Das Gegenstück zur Ergebnisrechnung stellt in der Planung der Ergebnishaushalt dar. Entsprechend ist das planerische Gegenstück zur Finanzrechnung der Finanzhaushalt. Eine Planbilanz ist nicht vorgesehen.

3.1.10 Kontenrahmen

§ 4 II KomHKVO und **§ 37 I und IV KomHKVO** beinhalten Regelungen zur Systematisierung der Buchführung:

§ 4 Teilhaushalte, Budgets
(2) Die Landesstatistikbehörde legt den Kontenrahmen und den Produktrahmen sowie die dazu erforderlichen Zuordnungsvorschriften verbindlich fest und veröffentlicht die Regelungen im Niedersächsischen Ministerialblatt.

§ 37 Anforderungen an die Buchführung
(1) [1]Die Buchführung muss so beschaffen sein, dass sie einer oder einem sachverständigen Dritten innerhalb angemessener Zeit einen Überblick über die Finanzvorfälle und über die wirtschaftliche Lage der Kommune vermittelt. [2]Die Finanzvorfälle müssen sich in ihrer Entstehung und Abwicklung verfolgen lassen. …
(4) Für die eingerichteten Konten wird ein Kontenplan aufgestellt.

Wenn es keine genauen Vorgaben zur Bezeichnung der einzelnen Konten gäbe, bestände die Gefahr, dass jeder Buchhalter unterschiedliche Bezeichnungen wählen würde. Dies könnte sehr schnell zu Verwirrung und Missverständnissen führen. Außerdem fordert § 37 I S. 1 KomHKVO, dass sich ein sachverständiger Externer durch die im Rahmen der Buchführung erstellten Aufzeichnungen einen Überblick über die wirtschaftliche Lage der Kommune innerhalb angemessener Zeit verschaffen kann. Um dies gewährleisten zu können, gibt es einheitliche **Kontenrahmen** für die einzelnen Branchen (z. B. Industrie, Groß- und Außenhandel, Einzelhandel, Banken- und Versicherung, Verwaltung). Diese **normieren** sowohl die **Bezeichnungen** als auch die **Reihenfolge** der Konten. Außerdem weisen sie den einzelnen Konten einheitliche **Kontonummern** zu, was insbesondere die Bearbeitung durch die EDV erleichtert. Die Kontonummern sind nach dem Zehnersystem aufgebaut, d. h. es gibt 10 Kontenklassen mit der Anfangszahl 0 bis 9. Jede Kontenklasse (1. Ziffer) lässt sich wieder in zehn Kontengruppen (2. Ziffer), jede Kontengruppe in 10 Kontenarten (3. Ziffer) und jede Kontenart in zehn Kontenunterarten (4. Ziffer) untergliedern.
Der Landesbetrieb für Statistik und Kommunikationstechnologie Niedersachsen (LSKN) hat den »Verbindlichen Kontenrahmen für Niedersachsen« herausgegeben. Die Verantwortung liegt bei dem Landesbetrieb, da die Daten der drei Komponenten der kommunalen Jahresabschlüsse auch die Grundlage für statistische Auswertungen bilden. Um sicherzustellen, dass alle Kommunen in Niedersachsen gleiche Finanzvorfälle auch auf den gleichen Konten erfassen, gibt es über den Kontenrahmen hinaus die **Zuordnungsvorschriften**, in denen weitere Hinweise gegeben werden, welche Sachverhalte auf den einzelnen Konten zu erfassen sind. Daneben lässt sich aus der vom Innenministerium herausgegebenen **Abschreibungstabelle** genauer entnehmen, auf welchen Konten einzelne Vermögensgegenstände zu erfassen sind.
Bei Bedarf können die Kommunen den Kontenrahmen an ihre spezifischen Verhältnisse anpassen. So ist es möglich, bestimmte Konten, die nicht genutzt werden, zu streichen oder die Kontenunterarten noch weiter zu untergliedern. Der jeweils individualisierte Kontenrahmen einer Kommune wird als **Kontenplan** bezeichnet.

Der folgenden Tabelle ist zu entnehmen, welche Kontentypen welcher Kontenklasse zugeordnet sind und mit welcher Ziffer sie beginnen. Beispielsweise beginnen alle aktiven Bestandskonten im kommunalen Bereich in Niedersachsen mit einer 0 oder 1. Die Kontenklasse 9 ist für die Kosten- und Leistungsrechnung (KLR) reserviert und hat keine direkte Verbindung mit der Finanzbuchhaltung.

	Kontenklasse		Inhalt der Kontenklasse
Finanzbuchhaltung	**Bestandskonten**	0	Immaterielle Vermögensgegenstände und Sachvermögen
		1	Finanzvermögen und Aktive Rechnungsabgrenzung
		2	Nettoposition, Sonderposten, Verbindlichkeiten, Rückstellungen und Passive Rechnungsabgrenzung
	Ergebniskonten	3	Ordentliche Erträge
		4	Ordentliche Aufwendungen
		5	Außerordentliche Erträge und Aufwendungen
	Finanzkonten	6	Einzahlungen
		7	Auszahlungen
		8	Abschlusskonten
KLR		9	Kosten- und Leistungsrechnung

Konten, die im Kontenrahmen ohne Klammer aufgeführt sind, sind für die statistischen Auswertungen erforderlich und dürfen deshalb von den Kommunen nicht verändert werden. Sie entsprechen der obersten erforderlichen Gliederungsstufe. Die Konten in Klammern sind Vorschläge zur weiteren Unterteilung der jeweils darüberstehenden Art.

In der praktischen Buchführung dienen die **Kontenbezeichnungen** nur zur **Veranschaulichung** der Buchungsvorfälle. Die eigentlichen Buchungsvorfälle werden vollständig über die Kontonummern abgebildet.

Wenn im Kontenrahmen nur die Kontenart, also drei Ziffern vorgegeben sind, wird bei den folgenden Beispielen jeweils eine »1« ergänzt, da nicht auf den Kontenarten, sondern nur auf Konten gebucht wird.

In der Praxis haben die Konten je nach eingesetztem Buchungsprogramm in der Regel deutlich mehr als vier Stellen.

Ausschnitt aus dem Kontenrahmen Version 2024

Konten klasse	Konten-gruppe	Konten-art	Konto	Bereichs-abgrenzung	Bezeichnung
0					**Immaterielle Vermögensgegenstände und Sachvermögen**
	02				**Bebaute Grundstücke und grundstücksgleiche Rechte an bebauten Grundstücken**
		(021)			***Grundstücke mit Wohnbauten***
			(0211)		*Grund und Boden mit Wohnbauten*
			(0212)		*Gebäude und Aufbauten bei Wohnbauten*
		(022)			***Grundstücke mit sozialen Einrichtungen***
			(0221)		*Grund und Boden mit sozialen Einrichtungen*
			(0222)		*Gebäude und Aufbauten bei sozialen Einrichtungen*
…	…	…	…		…
	17				**Liquide Mittel**
		171			**Sichteinlagen bei Banken und Kreditinstituten**
			1711		Sichteinlagen bei Banken und Kreditinstituten
		172			**Sonstige Einlagen**
			1721		Sonstige Einlagen
		173			**Bargeld**
			1731		Kassenbestand
…					
	23				**Verbindlichkeiten aus Kreditaufnahmen**
		231			**Verbindlichkeiten aus Krediten für Investitionen**
			231-	B – D	Verbindlichkeiten aus Kreditaufnahmen für Investitionen
…					
		341			**Mieten und Pachten**
			3411		Mieten und Pachten
…					
		641			**Mieten und Pachten**
			6411		Mieten und Pachten
…					
		692			**Kreditaufnahmen für Investitionen**
			692-	B – D	Kreditaufnahmen für Investitionen
	78				**Auszahlungen aus Investitionstätigkeit**
		782			**Auszahlungen für den Erwerb von Grundstücken und Gebäuden**
			7821		Auszahlungen für den Erwerb von Grundstücken und Gebäuden

Ausschnitt aus den Zuordnungsvorschriften Version 2024

02	Bebaute Grundstücke und grundstücksgleiche Rechte an bebauten Grundstücken
(021)	Grundstücke mit Wohnbauten
(0211)	Grund und Boden mit Wohnbauten Die Position umfasst auch die Erschließungskosten, sofern es sich um erstmalige Erschließungskosten handelt.
(0212)	Gebäude und Aufbauten bei Wohnbauten Wohnbauten: Gebäude, die ausschließlich oder hauptsächlich zu Wohnzwecken genutzt werden, einschließlich aller zugehörigen Bauten, wie etwa Garagen, und aller fester Einrichtungen, die üblicherweise in Wohnräumen installiert sind. Die Position umfasst auch die Erschließungskosten. (Einmalige Erschließungskosten zu 0211.) Unfertige Wohnbauten fallen insoweit darunter, wie der Endverwender feststeht, sei es, dass die Wohnung für die Eigennutzung gebaut wird oder dass sie vertraglich in das Eigentum des Endverwenders übergegangen ist. z. B. auch Obdachlosenunterkünfte

Ausschnitt aus der Abschreibungstabelle des Innenministeriums

Vermögensgegenstand	Nutzungsdauer für Niedersachsen (ND)	Lineare Abschreibung in Niedersachsen v. H.	Konto
...			
Vertikutierer	9	11,1	072
Verwaltungs- und Wohngebäude, massiv	90	1,1	0212
Verwaltungs- und Wohngebäude, teilmassiv	50	2	0212
...			

Beispiel:

Eine Kommune kauft ein Grundstück. Darauf befindet sich ein massives Wohngebäude. Der Kaufpreis beträgt 1.000.000 €. 25 % entsprechen dem Grundstückswert, der Rest ist dem Gebäude zuzuordnen. Die Kommune bezahlt den Kauf per Banküberweisung.

Nr.	Konto	Buchungssatz	Soll	Haben	mitkontiert
1.	0211 0212	Grundstücke und Wohngebäude	250.000 750.000		
	1711	an Bank		1.000.000	7821

Fortführung des Beispiels:
Falls die Kommune in ihrem Kontenplan ihre Gebäudetypen noch weiter untergliedert hätte und zwar in massive Wohngebäude (Konto 02121) und teilmassive Wohngebäude (Konto 02122), würde obiger Buchungssatz so lauten:

Nr.	Konto	Buchungssatz	Soll	Haben	mitkontiert
2.	0211 02121	Grundstücke und massive Wohngebäude	250.000 750.000		
	1711	an Bank		1.000.000	7821

Darüber hinaus gibt es noch eine **Bereichsabgrenzung** bei bestimmten Kontenarten. Dies ist für finanz- und gesamtwirtschaftliche Zwecke bei bestimmten Kontenarten zum Nachweis der Ergebnis- und Zahlungsströme notwendig, um die Herkunft bzw. den Empfänger zu kennzeichnen. Diese werden durch weitere Ziffern zusätzlich spezifiziert. Es gibt die Bereichsabgrenzungen A, B, C, D. Innerhalb der Bereichsabgrenzung gibt es wieder zehn mögliche Ziffern (0–9), die jedoch nicht in allen vier Bereichen vollständig belegt sind. Die Bereichsabgrenzungen A und B spezifizieren in der Regel die Einheit, die durch die Transaktion betroffen ist. Die Bereichsabgrenzung C umfasst Laufzeiten und die Bereichsabgrenzung D unterscheidet insbesondere zwischen Euro- und Fremdwährung.

Bereichsabgrenzung A	**Bereichsabgrenzung B**	**Bereichsabgrenzung C**	**Bereichsabgrenzung D**
..0 Bund	**..0** Bund	(..0 Berichtigungen)	**..0** Euro-Währung
..1 Land	**..1** Land	**..1** Laufzeit bis einschl. 1 Jahr	**..1** …
..2 Gemeinden (GV)	**..2** Gemeinden (GV)	**..2** Laufzeit über 1 Jahr bis einschl. 5 Jahre	**..2** Fremde Währungen
..3 Zweckverbände und dergl.	**..3** Zweckverbände und dergl.	**..3** Laufzeit mehr als 5 Jahre	**..3** …
..4 Sonstiger öffentlicher Bereich	**..4** Sonstiger öffentlicher Bereich	**..4** …	(..4 Umschuldungen)
..5 Verbundene Unternehmen, Beteiligungen und Sondervermögen	**..5** Verbundene Unternehmen, Beteiligungen und Sondervermögen	**..5** …	(..5 Ordentliche Tilgung)
..6 Sonstige öffentliche Sonderrechnungen	**..6** Öffentliche Sonderrechnungen	(..6 Sonstige Zugänge)	(..6 Außerordentliche Tilgung)
..7 Private Unternehmen	**..7** Kreditinstitute	(..7 Sonstige Abgänge)	**..7** …
..8 Übrige Bereiche	**..8** Sonstiger inländischer Bereich	**..8** …	**..8** …
..9 …	**..9** Sonstiger ausländischer Bereich	**..9** …	**..9** …

Beispiel:

Eine Kommune nimmt einen Investitionskredit über 100.000 € bei einem Kreditinstitut auf. Die Laufzeit des Kredits beträgt sechs Jahre, der Zinssatz ist variabel. Der Kredit wird über das Bankkonto bereitgestellt.
1. Ermitteln Sie die erforderlichen Konten.
2. Bilden Sie den entsprechenden Buchungssatz.

Lösung:
1. Erforderliche Konten

1711 Sichteinlagen bei Banken und Kreditinstituten
231 (B – D) Verbindlichkeiten aus Kreditaufnahmen für Investitionen
692 (B – D) Kreditaufnahmen für Investitionen

2. Buchung

Nr.	Konto	Buchungssatz	Soll	Haben	mitkontiert
1.	1711	Bank	100.000		692 (B – D)
	231(B – D)	an Investitionskredit		100.000	

Durch die Information »B–D« unter der Spalte Bereichsabgrenzung im Kontenrahmen wird deutlich, dass an die Konten des Kontenrahmens noch drei Ziffern für die Bereichsabgrenzung angehängt werden müssen, nämlich die Bereichsabgrenzung B, C und D. Demzufolge lautet der vollständige Buchungssatz:

Nr.	Konto	Buchungssatz	Soll	Haben	mitkontiert
1.	1711	Bank	100.000		692730
	231730	an Investitionskredit		100.000	

Eine weitere Besonderheit ist der **Verbund** zwischen **Ertrags- und Einzahlungskonten** auf der einen und zwischen **Aufwands- und Auszahlungskonten** auf der anderen Seite. So sind bei Ertrags- und Einzahlungskonten, die denselben Inhalt haben, auch die letzten drei Ziffern der Kontonummer gleich. Bei einem Ertragskonto steht an erster Stelle eine 3 für die Kontenklasse und bei einem Einzahlungskonto entsprechend eine 6. Vergleichbar verhält es sich bei den Aufwandskonten, die mit einer 4 beginnen, und den hierzu gehörenden Auszahlungskonten, deren erste Ziffer eine 7 ist.

Beispiel:

Die Miete für eine von der Kommune vermietete Wohnung wird von dem Mieter per Banküberweisung in Höhe von 900 € beglichen.
1. Ermitteln Sie die erforderlichen Konten.
2. Bilden Sie den entsprechenden Buchungssatz.

Lösung:
1. Erforderliche Konten

1711 Sichteinlagen bei Banken und Kreditinstituten
3411 Mieten und Pachten
6411 Mieten und Pachten

2. Buchung

Nr.	Konto	Buchungssatz	Soll	Haben	mitkontiert
1.	1711	Bank	900		6411
	3411	an Mieten und Pachten		900	

Auf einen Blick: Kontenrahmen, Zuordnungsvorschriften, Bereichsabgrenzung, Kontenplan
Der **Kontenrahmen** weist den einzelnen Konten feststehende Bezeichnungen und **feste Kontonummern** zu. Dadurch und durch die zusätzlichen Informationen aus den **Zuordnungsvorschriften** ist gewährleistet, dass in den niedersächsischen Kommunen **gleiche Finanzvorfälle** auf den **gleichen Konten** gebucht werden und es keine Missverständnisse wegen unterschiedlicher Kontenbezeichnungen gibt. Zudem vereinfacht sich die elektronische Buchungserfassung und -verarbeitung.
Durch die **Bereichsabgrenzung** werden einige Konten zur Kennzeichnung der Herkunft bzw. des Empfängers **weiter spezifiziert.** Wenn eine Kommune nicht alle Konten des Kontenrahmens benötigt bzw. bestimmte Konten noch weiter untergliedern möchte, besteht die Möglichkeit, den Kontenrahmen in gewissem Umfang zu individualisieren. Dieser **individualisierte Kontenrahmen** wird als **Kontenplan** bezeichnet.

BUCHFÜHRUNG UND BILANZIERUNG

3.1.11 Belegorganisation

§ 38 IV KomHKVO, § 41 KomHKVO und **§ 42 III KomHKVO** beschreiben den Umgang mit Belegen:

§ 38 Bücher, Belege
(4) [1]Buchungen müssen durch begründende Unterlagen belegt sein. [2]Die Buchungsbelege müssen Hinweise enthalten, die eine Verbindung zu den Eintragungen in den Büchern nach Absatz 1 ermöglichen.

§ 41 Aufbewahrung von Unterlagen
(1) [1]Die Kommune bewahrt ... die Buchungsbelege und die begründenden Unterlagen sowie die Unterlagen über den Zahlungsverkehr geordnet und sicher auf. [2]Soweit begründende Unterlagen nicht den Kassenanordnungen beigefügt sind, obliegt ihre Aufbewahrung den anordnenden Stellen.
(2) [1]Der Jahresabschluss und der konsolidierte Gesamtabschluss werden in ausgedruckter Form dauernd aufbewahrt. [2]Bücher, Inventare, Belege sowie sonstige Unterlagen werden zehn Jahre lang aufbewahrt. [3]Die Frist beginnt am 1. Januar des Jahres, das der Beschlussfassung der Vertretung über den Jahresabschluss oder über den konsolidierten Gesamtabschluss folgt.
(3) [1]Die Bücher, die Unterlagen über die Inventur, die Kassenanordnungen, die Buchungsbelege, die Unterlagen über den Zahlungsverkehr sowie die sonstigen Unterlagen mit Ausnahme der in Absatz 2 Satz 1 genannten können in digitaler Form aufbewahrt werden. [2]Dabei und bei der Sicherung der Bücher und der sonst erforderlichen Aufzeichnungen auf Datenträger oder Bildträger muss sichergestellt sein, dass der Inhalt der Daten- oder Bildträger mit den Originalen übereinstimmt, während der Dauer der Aufbewahrungsfrist verfügbar ist und jederzeit innerhalb einer angemessenen Frist lesbar gemacht werden kann. [3]Werden elektronische Verfahren, die zur Speicherung von Büchern und Belegen genutzt werden, geändert oder abgelöst, so muss die Auswertung

der gespeicherten Daten innerhalb der Aufbewahrungsfristen durchgängig gewährleistet bleiben. [4]Andere Rechtsvorschriften über die Aufbewahrung von Büchern und Unterlagen bleiben unberührt.
(4) Die Unterlagen nach Absatz 2 oder die zu ihrer Sicherheit verwendeten Daten- oder Bildträger sind sicher aufzubewahren und die Verantwortlichkeiten dafür sind schriftlich festzulegen.

§ 42 Zahlungsanweisung, Zahlungsabwicklung
(3) [1]Jeder Zahlungsanspruch und jede Zahlungsverpflichtung werden zu ihrer sachlichen und rechnerischen Feststellung auf ihren Grund und ihre Höhe geprüft und festgestellt. [2]Die Befugnis zur Feststellung sowie deren Inhalt und Umfang werden schriftlich in einer Dienstanweisung geregelt.

Um nachvollziehen zu können, wie die einzelnen Buchungen zustande gekommen sind, gilt in der Buchführung der Grundsatz:

Keine Buchung ohne Beleg!

Demzufolge darf grundsätzlich nur dann eine Buchung durchgeführt werden, wenn auch ein Beleg vorliegt.
Nach der Herkunft der Belege lassen sich externe und interne Belege unterscheiden. **Externe** Belege erhält die Kommune im Geschäftsverkehr von Außenstehenden, z. B. Eingangsrechnungen, Quittungen, Kontoauszüge. **Interne** Belege werden von der Kommune selbst erstellt, z. B. Kopien von Ausgangsrechnungen, Quittungsdurchschriften, Lohn- und Gehaltslisten, Belege über Storno- und Abschlussbuchungen.
Um gebucht werden zu können, bereiten die verantwortlichen Sachbearbeiter die Belege vor (Vorkontierung). Dazu ist im Vorfeld, z. B. im Rahmen einer Dienstanweisung, festzulegen, welche Buchungsbelege herangezogen werden, um eventuelle Doppelbuchungen zu vermeiden (z. B. Überweisungsvordruck **oder** Kontoauszug).
Verwaltungsmitarbeiter müssen bei der Bearbeitung von Eingangsrechnungen bzw. Quittungen bei Bareinkäufen folgende Punkte beachten:

1. Der verantwortliche Sachbearbeiter überprüft die **sachliche** und **rechnerische** Richtigkeit. Die sachliche Richtigkeit umfasst die Überprüfung der Art und Menge der gelieferten Gegenstände. Zudem muss er kontrollieren, ob auf der Abrechnung richtig **gerechnet** wurde. Zur organisatorischen Vereinfachung wird entweder ein Buchungsstempel auf der Rechnung angebracht oder es wird per EDV ein zusätzlicher Beleg erstellt. Wenn alles in Ordnung ist, unterschreibt der Sachbearbeiter für die sachliche und rechnerische Richtigkeit, falls nicht, muss er sich um die Korrektur der fehlerhaften Angaben kümmern.

   Der Mitarbeiter bestätigt durch seine Unterschrift bei **»sachlich richtig«** bzw. **»sachlich und rechnerisch richtig«** dass alle Angaben, auf die sich die Anordnung begründet, richtig sind. Mit dieser Unterschrift ist eine **umfangreiche Verantwortung** verbunden.

   Der Unterzeichner ist insbesondere verpflichtet

   1. die tatsächlichen Angaben im Rechnungsbeleg zu prüfen,
   2. zu prüfen, ob nach den geltenden Vorschriften und nach den Grundsätzen der Sparsamkeit und Wirtschaftlichkeit verfahren worden ist,
   3. die Lieferung oder Leistung als solche und auch die Art ihrer Ausführung geboten war,
   4. die Lieferung und Leistung entsprechend den zugrundeliegenden Vereinbarungen, Verträgen oder Bestellungen sachgemäß und vollständig ausgeführt worden sind,
   5. Abschlagszahlungen, Vorauszahlungen, Pfändungen und Abtretungen vollständig und richtig berücksichtigt worden sind,
   6. die Ersatzpflicht Dritter zu prüfen,
   7. alle rechtsbegründenden Unterlagen als Anlage zur Kassenanordnung beizufügen,

8. zu prüfen, ob alle auf einer Berechnung beruhenden Angaben in den Anordnungen und den sie begründenden Unterlagen richtig sind. Dies beschränkt sich nicht nur auf die Nachrechnung der Rechnungsbelege; es erstreckt sich auch auf die Richtigkeit der den Berechnungen zugrunde liegenden Ansätze (z. B. Gesetze, Bestimmungen, Verträge, Tarife).

2. Zudem ist es meist Aufgabe des Sachbearbeiters die Vorkontierung durchzuführen. Dazu müssen die durch den Finanzvorfall relevanten Konten herausgesucht und auf dem Buchungsstempel bzw. dem EDV-Vordruck vermerkt werden.
   Wenn es eine **zentrale** Buchungsstelle in der Kommune gibt, in der **alle** Finanzvorfälle buchungstechnisch erfasst werden, wird der Beleg mit dem Buchungsstempel bzw. dem EDV-Vordruck an die zentrale Buchungsstelle geschickt und dort verbucht, d. h. per EDV in das Buchungsprogramm eingegeben.
   Wird in der Kommune **dezentral** gebucht, erfasst der Sachbearbeiter oder ein Buchungsbeauftragter in der entsprechenden Abteilung die vorkontierten Daten selbstständig per EDV. Die Buchhaltungsabteilung ist dann nur für Sonderfälle verantwortlich.
3. Das EDV-Programm vergibt dann für jeden Finanzvorfall nach einer bestimmten Ordnungssystematik eine Buchungsnummer, die der jeweilige Verantwortliche auf dem Beleg vermerken muss. **(Unterscheide Buchungsnummer und Belegnummer!)** Nach dem vorgegebenen Ordnungssystem sind die Belege dann in der Regel bei den anordnenden Stellen zu archivieren, um bei Bedarf den entsprechenden Beleg problemlos und kurzfristig wiederzufinden. Häufig werden dabei die Belege nach Belegarten, z. B. Ausgangsrechnungen, Eingangsrechnungen, Kassenbelege etc. sortiert.
4. Wegen des Vier-Augen-Prinzips muss jede einzelne Buchung zusätzlich noch von einem zweiten Mitarbeiter auf Plausibilität überprüft und entsprechend von diesem abgezeichnet werden.
5. Anschließend erhält die Zahlstelle (Gemeindekasse) durch eine Kassenanordnung die Anweisung, den jeweiligen Betrag auszuzahlen.

Beispiel:

Der Sachbearbeiterin Elfi Meyer einer Kommune liegt die untenstehende Rechnung vor, die sie auf sachliche und rechnerische Richtigkeit prüfen und vorkontieren muss. Laut Dienstanweisung 23/2017 ist dazu ein zusätzlicher Beleg anzufertigen, der fest mit der Rechnung verbunden und an die zentrale Buchhaltung weitergegeben wird. Nach Abschluss der Vorkontierung ist die Richtigkeit zusätzlich aufgrund des Vier-Augen-Prinzips von dem Mitarbeiter Oscar Schmidt mit seiner Unterschrift zu bestätigen.
1. Ermitteln Sie die erforderlichen Konten.
2. Erstellen Sie den Beleg zur Vorkontierung.

Lösung:

1. Erforderliche Konten:

0721 Betriebs- und Geschäftsausstattung
2511 Verbindlichkeiten aus Lieferungen und Leistungen

2. Ausgefüllter Buchungsbeleg

Konto	Soll	Haben
0721	2.499	
2511		2.499
Sachlich und rechnerisch richtig		
20.11.20 Elfi Meyer		
Genehmigt: Oscar Schmidt		

Office Top Möbel
An der Laderampe 2
26130 Huntetal

Rechnung

Beleg Nr. 543-8
Eingang Kommune A
16.11.2020

für:
Kommune A
Am Huntetal 2
26130 Huntetal

15.11.2020

Anzahl		Einzelpreis in Euro netto	Produkt-Nummer	Gesamtpreis in Euro netto	Gesamtpreis in Euro brutto
2	Konferenztische Teamwork 500	1.050,00	99-025-3	2.100,00	2.499,00
			Gesamt (inkl. 19 % MwSt.)		**2.499,00**

Bei Zahlung innerhalb von 10 Tagen gewähren wir 2 % Skonto.

Bankverbindungen:

Sparkasse
IBAN: DE35 7607 0024 0101 0055 00
BIC: BYLADEM1COB

Volksbank
IBAN: DE78 7835 0000 0000 992 00
BIC: GENODEF1COS

Deutsche Bank
IBAN: DE86 7836 0000 0008 8911 06
BIC: DEUTDEDB760

Für die Aufbewahrung der Belege gelten die jeweiligen gesetzlichen Bestimmungen, d. h. alle Buchungsbelege müssen nach § 41 II und III KomHKVO im Original oder in digitaler Form noch mindestens zehn volle Jahre, nachdem die Vertretung über den jeweils relevanten Jahresabschluss abgestimmt hat, aufbewahrt werden. Die 10-Jahres Frist beginnt dabei erst am 1. Januar des auf die Beschlussfassung folgenden Jahres zu laufen.

Beispiel:

Ein Beleg wird am 03.01.2024 gebucht. Der Jahresabschluss für das Jahr 2024 wird am 30.03.2025 aufgestellt, von der Vertretung aber erst am 05.01.2026 beschlossen. Demzufolge beginnt die Aufbewahrungsfrist für alle Buchungsbelege des Jahres 2024 am 01.01.2027 und endet am 31.12.2036.

Auf einen Blick: Belegorganisation

In der Buchhaltung können nur Finanzvorfälle auf der Grundlage von **Belegen** gebucht werden. Diese sind durch den relevanten Sachbearbeiter vorzukontieren und auf **sachliche** und **rechnerische Richtigkeit** zu überprüfen. Die tatsächliche EDV-Erfassung nimmt dann bei dezentraler Buchungsorganisation entweder der Sachbearbeiter selbst bzw. ein Buchungsbeauftragter der Abteilung oder bei zentraler Buchungsorganisation die Zentralbuchhaltung der Kommune vor. Die **Belege** sind im Original oder in digitaler Form entsprechend der **gesetzlichen Fristen** zu **archivieren**.

3.1.12 Bücher der Finanzbuchhaltung

Im **§ 38 KomHKVO** werden die verschiedenen Bücher der Buchhaltung explizit genannt:

(1) [1]Die Buchungen werden in zeitlicher Ordnung und in sachlicher Ordnung nach dem Stand der Technik vorgenommen, dieses kann in einem Grundbuch und in einem Hauptbuch geschehen. [2]Die Buchführung kann durch das Führen von Vor- und Nebenbüchern ergänzt werden. [3]Die Ergebnisse der Vorbücher werden mindestens vierteljährlich in die Buchführung übernommen. [4]Für die Anlagenbuchhaltung wird ein Nebenbuch geführt.

Die beiden wesentlichen Bücher der Buchhaltung, das **Hauptbuch** mit den T-Konten für die sachliche Ordnung und das **Grundbuch** mit den chronologisch sortierten Buchungssätzen, sind bereits bekannt. Darüber hinaus müssen für einzelne Sachkonten noch weitere Informationen erfasst werden, um wesentliche Einzelheiten erkennen zu können. Dies geschieht in den **Nebenbüchern**. Folgende Nebenbücher lassen sich dabei unterscheiden:

1. In der Kontokorrentbuchhaltung wird für jeden Kunden bzw. Bürger, jeden Lieferanten und jedes Bankkonto ein eigenes internes Konto geführt.
2. In der Anlagenbuchhaltung wird für jeden Anlagegegenstand über einer bestimmten Wertgrenze ein eigenes Konto geführt.
3. In der Lagerbuchhaltung werden die Bestände der vorhandenen Werkstoffe und der fertigen sowie unfertigen Erzeugnisse auf jeweils eigenen Konten erfasst.

Dieses Kapitel befasst sich im Folgenden mit der Kontokorrentbuchhaltung. Die Anlagen- und Lagerbuchhaltung werden später bei den entsprechenden Kapiteln näher betrachtet.
Bei der Buchung der **Forderungen** und **Verbindlichkeiten** aus LL. (Kontokorrentbuch) erhält jeder **Debitor** (Schuldner, d. h. Kunde bzw. Bürger) und jeder **Kreditor** (Gläubiger, d. h. Lieferant) eine eigene Kontonummer außerhalb des Kontenplans. Diese Konten werden auch als Personenkonten bezeichnet. Dies ist notwendig, damit die Kommune zu jedem Zeitpunkt erkennen kann, wie hoch der Forderungsbestand (offene Posten) gegenüber jedem einzelnen Kunden bzw. Bürger ist und wann bestimmte Forderungen fällig sind, um bei überfälligen Forderungen das Mahnverfahren einleiten zu können.

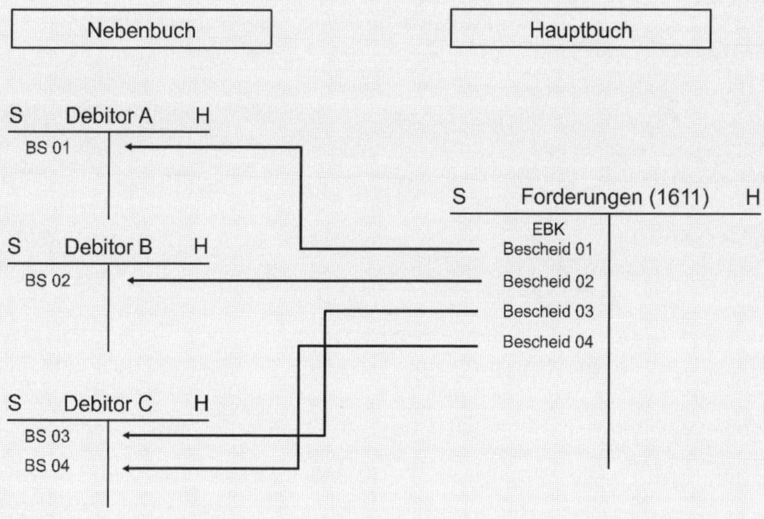

Abbildung 45: Nebenbuch Debitoren

Vergleichbar verhält es sich bei den Verbindlichkeiten. Auch hier muss gewährleistet sein, dass die Kommune ihre Zahlungsverpflichtungen (offene Posten) nicht nur in Summe, sondern gegenüber jedem einzelnen Kreditor kennt, um innerhalb der Zahlungsfristen ggf. unter Einhaltung der Skontofrist[26] die fälligen Verbindlichkeiten begleichen zu können.

[26] Wird innerhalb einer bestimmten Frist (meist 7 bis 10 Tage nach Rechnungsstellung) bezahlt, gewährt der Lieferant häufig 1 bis 3 % als Skonto, d. h. diesen Betrag kann die Kommune vom Rechnungsbetrag einbehalten.

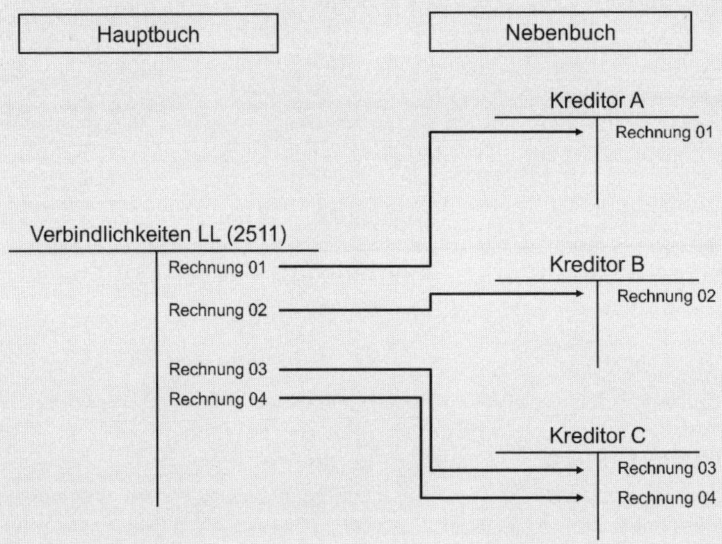

Abbildung 46: Nebenbuch Kreditoren

Die **Personenkonten** der Nebenbuchhaltung werden am Jahresende **nicht abgeschlossen**, da die offenen Posten über den Jahresabschluss hinaus in voller Höhe weiter bestehen. Die Summe aller offenen Posten muss jeweils mit dem dahinter stehenden Sachbuch übereinstimmen. So muss die Summe aller offenen Posten bei den Debitoren denselben Betrag aufweisen wie die entsprechenden Forderungskonten. Vergleichbar muss die Summe aller Kreditoren mit dem jeweiligen Schlussbestand auf dem Konto 2511 »Verbindlichkeiten aus Lieferung und Leistung« übereinstimmen.

Ähnlich verhält es sich bei den **Banken**. Dort muss bei der Buchung festgehalten werden, bei welcher Bank bzw. auf welchem Bankkonto ein Geldeingang bzw. Geldabgang eingetreten ist, um den entsprechenden Kontobestand auf allen Bankkonten jederzeit angeben zu können. Die Bankkonten können jedoch auch als Unterkonten zum Konto 1711 im Kontenplan geführt werden (z. B. 17111 für Sparkassenkonto, 17112 für Konto bei der Volksbank).

Bei der Buchung über EDV werden nur diese Konten im Grundbuch anstelle der entsprechenden Hauptbuchkonten eingegeben. Das Buchungsprogramm fasst selbständig die Debitoren und Kreditoren bzw. die einzelnen Bankkonten auf dem Hauptbuch Forderungen und Verbindlichkeiten aus Lieferung und Leistung bzw. Bank zusammen und weist den jeweiligen Gesamtbetrag aus.

Beispiel:

In der Finanzbuchhaltung einer Gemeinde weist das Debitorenkonto Frau A (Kontonummer 10001) und das Kreditorenkonto Fa. B (Kontonummer 50001) folgende offene Posten auf:

S	10001 Debitor A		H
BS[27] 407	23.200		

S	50001 Kreditor Fa. B		H
		ER[28] 67	34.800

Daneben hat die Kommune zwei Bankkonten. Das Konto bei der Sparkasse hat intern nach Kontenplan die Kontonummer 17111, das Konto bei der Volksbank die Kontonummer 17112.

[27] BS = Bescheid

[28] Eingangsrechnung

S	17111 (Sparkasse)		H
EBK	18.500		

S	17112 (Volksbank)		H
EBK	11.500		

Folgende weitere hier relevante Hauptbuchkonten werden zu Jahresbeginn eröffnet:

S	1591 (öffentlich-rechtliche Forderungen)		H
EBK	23.200		

S	2511 (Verbindlichkeiten LL)		H
		EBK	34.800

Folgende Finanzvorfälle fallen an

1. Frau A (interne Kontonummer 10001) bezahlt die Gewerbesteuer aufgrund des Bescheides 407 in Höhe von 23.200 € über das Konto bei der Sparkasse.
2. Die Kommune versendet den Gewerbesteuerbescheid an Frau A in Höhe von 50.000 € (Bescheid Nr. 411).
3. Die Kommune erhält von der Fa. B eine Rechnung (RG[29]-Nr. 83) über 15.000 € für die Lieferung von Rohstoffen.
4. Die Kommune begleicht die Eingangsrechnung (RG-Nr. 67) über das Sparkassenkonto.
5. Die Kommune bucht vom Konto der Volksbank 5.000 € auf das Konto der Sparkasse.

1. Ermitteln Sie die erforderlichen Konten.
2. Bilden Sie die entsprechenden Buchungssätze.

Lösung:

1. Erforderliche Konten:

10001	*Debitor A (Nebenbuch)*
50001	*Kreditor Fa. B (Nebenbuch)*
0811	Rohstoffe/Fertigungsmaterial
1591	Kommunale Steuern und übrige öffentlich-rechtliche Forderungen
1711	Sichteinlagen bei Banken und Kreditinstituten
17111	Sichteinlagen bei der Sparkasse
17112	Sichteinlagen bei der Volksbank
2511	Verbindlichkeiten aus Lieferungen und Leistungen
3013	Gewerbesteuer (Ertrag)
6013	Gewerbesteuer (Einzahlung)
6791	Haushaltsunwirksame Einzahlungen
72811	Rohstoffe/Fertigungsmaterial
7791	Haushaltsunwirksame Auszahlungen

2. Buchung

Nr.	Konto	Buchungssatz	Soll	Haben	mitkontiert
1.	17111	Sparkasse	23.200		6013
	10001 (407)	an Debitor A[30]		23.200	
2.	10001 (411)	Debitor A	50.000		
	3013	an Gewerbesteuer		50.000	
3.	0811	Rohstoffe	15.000		
	50001 (83)	an Kreditor Fa. B		15.000	

[29] RG = Rechnung

[30] Im Buchungssatz wird demzufolge nicht das Forderungskonto 1591 eingegeben, sondern direkt das Debitorenkonto. Das EDV-Programm bucht den Betrag selbstständig auf dem dahinterstehenden Sachkonto 1591.

Nr.	Konto	Buchungssatz	Soll	Haben	mitkontiert
4.	50001 (67)	Kreditor Fa. B	34.800		
	17111	an Sparkasse		34.800	72811
5.	17111	Sparkasse	5.000		6791
	17112	an Volksbank		5.000	7791

Die Personenkonten haben nach der Erfassung obiger Finanzvorfälle folgende Gestalt:

S	10001 Debitor A		H
~~BS[31] 407~~	~~23.200~~	~~(1) BS 407~~	~~23.200~~
(2) BS 411	50.000		

S	50001 Kreditor Fa. B		H
~~(4) ER 67~~	~~34.800~~	~~ER 67~~	~~34.800~~
		(3) ER 83	15.000

Die Bankkonten sehen folgendermaßen aus:

S	17111 (Sparkasse)		H
EBK	18.500	(4) 2711 (ER 67)	34.800
(1) 1591 (BS 407)	23.200	SBK	
(5) 17112	5.000		11.900
	46.700		46.700

S	17112 (Volksbank)		H
EBK	11.500	(5) 17111	5.000
		SBK	6.500
	11.500		11.500

Die beiden relevanten Sachkonten haben nach dem Jahresabschluss folgendes Aussehen:

S	1591		H
EBK	23.200	(1) 17111	23.200
(2) 3013	50.000	SBK	50.000

S	2511		H
(4) 17111	34.800	EBK	34.800
SBK	15.000	(3) 0811	15.000
	49.800		49.800

ⓘ **Auf einen Blick: Nebenbuchhaltung**

Die Nebenbuchhaltung ist erforderlich, um jederzeit einen **Überblick** über die **Forderungen** gegen jeden Debitor und die **Verbindlichkeiten** bei jedem Kreditor zu bekommen, um ggf. das **Mahnverfahren** einleiten bzw. bestimmte **Zahlungsfristen** einhalten zu können. Die Summe der offenen Posten auf den Debitorenkonten muss mit der Saldensumme auf den Forderungskonten, und die Summe der offenen Posten auf den Kreditorenkonten muss mit dem Saldo auf dem Konto Verbindlichkeiten aus LL übereinstimmen.

Abschluss der Buchungssystematik

Mit der Darstellung der Nebenbuchhaltung endet die Behandlung der Buchungssystematik. Mit dem vorgestellten Werkzeug können grundsätzlich alle Buchungen durchgeführt werden. In den folgenden Kapiteln werden einige Aspekte noch tiefer gehend behandelt und es wird auf Besonderheiten eingegangen. Grundsätzlich werden im Folgenden nur die Buchungssätze angegeben, die T-Konten werden bei Bedarf aufgezeigt, um besondere Problemfälle zu veranschaulichen. Auf die Angabe der Nebenbücher wird aus Vereinfachungsgründen verzichtet.

Darüber hinaus wird die im 1. Teil des Buches behandelte Planung aufgegriffen und die Finanzvorfälle in den Beispielen werden, soweit sinnvoll und möglich, in den entsprechenden Haushalten veranschlagt und nach der tatsächlichen Umsetzung gebucht.

[31] Zur besseren Übersicht wurden die beglichenen Forderungen jeweils durchgestrichen, da nur die offenen Posten relevant sind. In der EDV unterstützten Buchführung kann sich der Sachbearbeiter sowohl die offenen als auch die bereits beglichenen Posten anzeigen lassen.

Außerdem werden die Buchungssätze ab hier im **doppischen** Verbund dargestellt.
Der bisher vorgestellte **technische Verbund** hatte folgende Gestalt:

Nr.	Konto	Buchungssatz	Soll	Haben	mitkontiert
1.	1711	Bank	900		6411
	3411	an Mieten und Pachten		900	

Beim **doppischen Verbund** werden neben den Bestands- und Ergebniskonten die Finanzkonten als eigene Kategorie mitgeführt. Ob das Konto im Soll oder im Haben gebucht wird, lässt sich daran erkennen, ob hinter der Kontonummer der Betrag im Soll oder im Haben steht, d. h. die Spalten 3 und 4 sind für das Sollkonto, die Spalten 5 und 6 für das Habenkonto und die Spalten 7 bis 10 für die Finanzkonten reserviert. In der Spalte 1 werden die Buchungssätze nummeriert und in der Spalte 2 steht der Buchungssatz ausgeschrieben mit den Kontobezeichnungen. Wenn die Liquiden Mittel im Buchungssatz nicht vorkommen, bleiben die Spalten 7 bis 10 entsprechend leer.

Bestands- und Ergebniskonten						Finanzkonten			
1	2	3	4	5	6	7	8	9	10
Nr.	Buchungssatz	Konto	Soll	Konto	Haben	Konto	Soll	Konto	Haben
1.	Bank	1711	900			6411	900		
	an Mieten und Pachten			3411	900				

BUCHFÜHRUNG UND BILANZIERUNG

3.2 SACHVERMÖGEN

Im Bereich der Sachanlagen geht es um alle Vorgänge, die das längerfristig in einer Kommune gebundene Vermögen betreffen. Dabei wird dargestellt, was bei der Anschaffung bzw. der eigenen Herstellung dieser Vermögensgegenstände zu beachten ist. Recht umfassend sind die beiden Kapitel »Abschreibungen« und »Geringwertige Vermögensgegenstände« dargestellt, bevor kurz die buchungstechnische Behandlung des Verkaufs von Gegenständen des Anlagevermögens behandelt wird. Im Anschluss wird noch die Beschaffung von Vorräten behandelt.

3.2.1 Anschaffungswerte

§ 47 II KomHKVO behandelt die Anschaffungswerte:
(2) [1]Anschaffungswerte sind die Geldbeträge oder geldwerten Leistungen, die aufgewendet werden, um einen Vermögensgegenstand zu erwerben und ihn in einen betriebsbereiten Zustand zu versetzen, soweit die Geldbeträge oder geldwerten Leistungen dem Vermögensgegenstand einzeln zugeordnet werden können. [2]Zu den Anschaffungswerten gehören auch die Nebenkosten und die nachträglichen Anschaffungswerte. [3]Minderungen des Anschaffungspreises werden abgesetzt.

Bei dem Erwerb von Vermögensgegenständen ist zunächst zu unterscheiden, ob der Vermögensgegenstand längerfristig in der Kommune genutzt werden soll oder für Wiederverkaufszwecke angeschafft wird. Dieses Kapitel beschäftigt sich mit Vermögensgegenständen, die längerfristig in der Kommune vorhanden bleiben und für die Erfüllung der kommunalen Aufgaben erforderlich sind. Im allgemeinen wirtschaftlichen Sprachgebrauch gehören diese Gegenstände zum Anlagevermögen. Beim Erwerb ist für die Buchung der Rechnungsbetrag maßgeblich. Da eine Kommune grundsätzlich nicht vorsteuerabzugsberechtigt ist, muss sie den Vermögensgegenstand mit dem Bruttorechnungsbetrag, d. h. dem Rechnungsbetrag **einschließlich** der **Umsatzsteuer**[32] von zurzeit 19 % in die Aktivseite der Bilanz aufnehmen (aktivieren).
Neben dem Rechnungsbetrag können aber noch weitere Kosten anfallen, die im direkten Zusammenhang zum Erwerb stehen. Zu denken ist hier beispielsweise an Fracht, Verpackung, Zölle oder Versicherungen. Diese Aufwendungen werden als **Nebenkosten** bezeichnet und erhöhen den Anschaffungswert des Vermögensgegenstandes. Sie werden direkt auf dem entsprechenden Anlagenkonto gebucht. Daneben gibt es Geldbeträge, die anfallen, damit der Vermögensgegenstand überhaupt eingesetzt werden kann, z. B. für Montage oder Testläufe (Versetzen in einen **betriebsbereiten Zustand**). Auch diese Beträge erhöhen den Anschaffungswert des Gegenstands.
Zudem kann es zu **Minderungen** des ursprünglich vereinbarten Rechnungspreises, z. B. durch nachträgliche Rabatte wegen Mängelrügen oder der Gewährung von **Skonto**, kommen. Das **Skonto** ist ein nachträglicher Rabatt, den der Verkäufer dem Käufer einräumen kann, wenn er bis spätestens in der Regel sieben oder zehn Tage nach Rechnungsstellung den Kaufpreis begleicht und nicht das eingeräumte Zahlungsziel von meist 30 Tagen ausschöpft. Das Skonto ist somit eine vom Verkäufer gewährte Zinsvergütung für eine vorzeitige Zahlung. Es enthält aber auch eine Prämie für die Ersparung von Risiko und Aufwand, die mit Zielverkäufen verbunden sind. Es lohnt sich in der Regel, Rechnungen innerhalb der Skontofirst zu bezahlen, was auch dem Sparsamkeitsgrundsatz nach § 110 Abs. 2 NKomVG entspricht. Häufig wird als Abzugsbetrag ein bis drei Prozent der Rechnungssumme gewährt. Da der Rechnungs-

[32] Die Umsatzsteuer wird in Kapitel 3.7 eingehend behandelt.

betrag zum Zeitpunkt der Bezahlung in der Regel bereits in voller Höhe als Verbindlichkeit gebucht und der Vermögensgegenstand entsprechend aktiviert ist, wird in der klassischen kaufmännischen Buchführung eine Korrekturbuchung in Höhe des nachträglich gewährten Rabattes bei der Bezahlung vorgenommen, damit der Vermögensgegenstand mit dem tatsächlich gezahlten Betrag in den Büchern steht. Auch § 45 Abs. 2 Satz 3 KomHKVO fordert, dass Minderungen des Anschaffungspreises abgesetzt werden. In der Haushaltsplanung wird deshalb in der Regel direkt der geminderte Betrag angesetzt und die Ermächtigungsgrundlage ist auch nur in dieser Höhe vorhanden und auch in der kommunalen Buchführung wird in der Regel direkt der um das Skonto verminderte Rechnungsbetrag als Verbindlichkeit aus Lieferung und Leistung gebucht. Diese Variante können auch die meisten kommunalen Buchführungsprogramme so verarbeiten, so dass die Skontierung bereits automatisch bei der Rechnungserfassung über die Option »skontierfähig« vorgenommen wird.

Kaufpreis
\+ Aufwand für Versetzung in betriebsbereiten Zustand
\+ Nebenkosten der Anschaffung
\+ nachträgliche Anschaffungskosten
\- nachträgliche Anschaffungspreisminderungen
= Anschaffungswert

Abbildung 47: Anschaffungswerte

Beispiel:

Eine Kommune plant für den hoheitlichen Bereich eine Maschine auf Ziel für 20.000 € zu kaufen. Zudem wird erwartet, dass Transportkosten in Höhe von 1.000 € anfallen werden. In der Buchhaltung liegen nach dem durchgeführten Kauf zwei getrennte Rechnungen vor, die getrennt gezahlt werden müssen, da die Rechnungssteller unterschiedliche Unternehmen sind. Die Maschinenfabrik gewährt der Kommune 2 % Skonto bei Begleichung der Rechnung innerhalb von sieben Tagen nach Rechnungseingang.

1. Ermitteln Sie die erforderlichen Konten.
2. Veranschlagen Sie den Finanzvorfall in den Haushalten (ohne Abschreibungen).
3. Bilden Sie die entsprechenden Buchungssätze, wenn der Finanzvorfall wie geplant umgesetzt wird.

Lösung:

Erforderliche Konten:

0621	Maschinen und Technische Anlagen
1711	Sichteinlagen bei Banken und Kreditinstituten
2511	Verbindlichkeiten aus Lieferungen und Leistungen
78311	Auszahlungen für den Erwerb von beweglichen Vermögensgegenständen über 1.000 Euro und Sachgesamtheiten

1. Veranschlagung:

Da Abschreibungen nicht berücksichtigt werden sollten, ist mit dem Finanzvorfall keine weitere Ergebniswirksamkeit verbunden.

Finanzhaushalt (modifiziertes Muster 7)	**Konto** (nur nachrichtlich)	**Ansatz des Kontos** (nur nachrichtlich) **-Euro-**	**Ansatz des Haushaltsjahres** **-Euro-**
Auszahlungen für den Erwerb von beweglichen Vermögensgegenständen über 1.000 Euro und Sachgesamtheiten	78311	20.600	
26. Erwerb von beweglichem Sachvermögen			20.600

Bei dieser Veranschlagung wird bereits in der Planungsphase davon ausgegangen, dass die Skontierung im Sinne des nach § 110 II NKomVG gebotenen Grundsatzes der Sparsamkeit und Wirtschaftlichkeit in der Ausführungsphase auch erfolgt.

BUCHFÜHRUNG UND BILANZIERUNG

2. Buchung:
1a. Rechnungseingang Maschine (Skontierung erfolgt erst bei Zahlung)
2. Rechnungseingang Transport
3a. Rechnungsausgleich Maschine (Skontierung erfolgt erst bei Zahlung)
4. Rechnungsausgleich Transport
Alternative:
1b Rechnungseingang Maschine (Skontierung erfolgt bereits bei Rechnungseingabe)
3b Rechnungsausgleich Maschine (Skontierung erfolgte bereits bei Rechnungseingabe)

Bestands- und Ergebniskonten						Finanzkonten			
Nr.	**Buchungssatz**	**Konto**	**Soll**	**Konto**	**Haben**	**Konto**	**Soll**	**Konto**	**Haben**
1a	Maschinen an Verb. LL	0621	20.000	2511	20.000				
2.	Maschinen an Verb. LL	0621	1.000	2511	1.000				
3a	Verb. LL an Maschinen und Bank	2511	20.000	1711 0621	19.600 400			78311	19.600
4.	Verb. LL an Bank	2511	1.000	1711	1.000			78311	1.000
Alternative: Skontierung erfolgt bereits bei Rechnungseingabe									
1b	Maschinen an Verb. LL	0621	19.600	2511	19.600				
3b	Verb. LL an Maschinen und Bank	2511	19.600	1711	19.600			78311	19.600

Auf einen Blick: Beschaffung von Vermögensgegenständen
Der Anschaffungswert von Vermögensgegenständen setzt sich insbesondere aus folgenden Positionen zusammen:
Anschaffungswert =
Rechnungsbetrag inkl. Umsatzsteuer
+ Anschaffungsnebenkosten
– nachträgliche Anschaffungspreisminderungen

3.2.2 Herstellungswerte

§ 47 III KomHKVO behandelt die Herstellungswerte:
(3) [1]Herstellungswerte sind die Aufwendungen, die durch den Verbrauch von Gütern und die Inanspruchnahme von Diensten für die Herstellung eines Vermögensgegenstandes, seine Erweiterung oder für eine über seinen ursprünglichen Zustand hinausgehende wesentliche Verbesserung entstehen. [2]Dazu gehören die Materialkosten, die Fertigungskosten und die Sonderkosten der Fertigung. [3]Bei der Berechnung der Herstellungswerte sollen auch angemessene Teile der notwendigen Materialgemeinkosten, der notwendigen Fertigungsgemeinkosten und des Werteverzehrs des Vermögens, soweit er durch die Fertigung veranlasst ist, eingerechnet werden. …

Falls ein Vermögensgegenstand nicht erworben, sondern **selbst erstellt** wird, fallen keine Anschaffungswerte, sondern Herstellungswerte an. Durch die Herstellung entstehen **Aufwendungen**, z. B. für den Verbrauch von Rohstoffen sowie Energie und / oder für Arbeitskräfte. Die Periode der Herstellung soll jedoch nicht mit diesen Aufwendungen belastet werden, da der Vermögensgegenstand der Kommune langfristig zur Verfügung steht und deshalb die Perioden den Aufwand tragen sollen, in denen der Vermögensgegenstand genutzt und damit verbraucht wird (vgl. das folgende Kapitel Abschreibungen). Deshalb wird zur **Neutralisierung** in Höhe der Summe aller für die Herstellung angefallener Aufwendungen ein **Ertrag** angesetzt. Dafür wird das Ertragskonto **»Aktivierte Eigenleistung«** genutzt. Das Gegenkonto ist das entsprechende Sachkonto, auf dem der Vermögensgegenstand aktiviert wird. Damit ist die Herstellung eines langfristig nutzbaren Vermögensgegenstands zwar bilanz- nicht aber ergebniswirksam.

<u>Herstellungswerte: Herstellung, Erweiterung oder wesentliche Verbesserung</u>

Materialeinzelkosten + Fertigungseinzelkosten + Sonderkosten der Fertigung	Pflichtbestandteile
+ Materialgemeinkosten + Fertigungsgemeinkosten + notwendige Abschreibungen	Sollbestandteile

Abbildung 48: Herstellungswert

Beispiel:

Eine Kommune plant, mit eigenen Arbeitskräften einen Spielplatz zu erstellen. Es wird mit Herstellungsaufwendungen von insgesamt 30.000 € gerechnet. 10.000 € werden voraussichtlich für die vom Lager verbrauchten Rohstoffe und 20.000 € für Entgelte für die Mitarbeiter anfallen.

1. Ermitteln Sie die erforderlichen Konten.
2. Veranschlagen Sie den Finanzvorfall in den Haushalten.
3. Bilden Sie die entsprechenden Buchungssätze, wenn der Finanzvorfall wie geplant umgesetzt wird.

Lösung:

1. Erforderliche Konten:

0242	Gebäude und Aufbauten bei Kultur-, Sport-, Freizeit und Gartenanlagen
0811	Rohstoffe/Fertigungsmaterial
3711	Aktivierte Eigenleistungen
42811	Rohstoffe/Fertigungsmaterial

2. Veranschlagung:

Ergebnishaushalt (modifiziertes Muster 6)	**Konto** (nur nachrichtlich)	**Ansatz des Kontos** (nur nachrichtlich) **-Euro-**	**Ansatz des Haushaltsjahres** **-Euro-**
Aktivierte Eigenleistungen	3711	30.000	
9. Aktivierte Eigenleistungen			30.000
Rohstoffe / Fertigungsmaterial	42811	10.000	
15. Aufwendungen für Sach- und Dienstleistungen			10.000

Kontengruppe 40 und 70, keine explizite Veranschlagung durch diesen Finanzvorfall, da die Personalaufwendung / -auszahlung als Summe von der Personalabteilung veranschlagt wird. Auch ohne die Erstellung des Spielplatzes wären Personalaufwendungen / -auszahlungen angefallen.

3. Buchung:

1. Entnahme der Rohstoffe vom Rohstofflager laut Materialentnahmeschein
2. Aktivierung des Herstellungswerts

	Bestands- und Ergebniskonten					**Finanzkonten**			
Nr.	**Buchungssatz**	**Konto**	**Soll**	**Konto**	**Haben**	**Konto**	**Soll**	**Konto**	**Haben**
1.	Rohstoffe (Aufwand) an Rohstoffe	42811	10.000	0811	10.000				
2.	Gebäude an Aktivierte Eigenleistungen	0242	30.000	3711	30.000				

Der Personalaufwand wird von der Personalabteilung mit allen anderen Personalaufwendungen der Kommune in Summe gebucht (vgl. Veranschlagung).

> **Auf einen Blick: Herstellung von Vermögensgegenständen**
> Der Herstellungswert von Vermögensgegenständen entspricht dem **Aufwand**, den die **Erstellung** verursacht hat. Zur **Neutralisierung** des Aufwands in der Ergebnisplanung und -rechnung muss der Herstellungswert über das **Ertragskonto »Aktivierte Eigenleistung«** erfasst werden.

3.2.3 Abschreibungen

In **§ 49 KomHKVO** sind die Abschreibungen näher erläutert:

(1) [1]Bei Vermögensgegenständen des immateriellen Vermögens und des Sachvermögens, deren Nutzung zeitlich begrenzt ist, werden die Anschaffungs- oder Herstellungswerte um planmäßige Abschreibungen vermindert. [2]Satz 1 gilt nicht für Vorräte. [3]Die planmäßige Abschreibung erfolgt grundsätzlich in gleichen Jahresraten über die Dauer, in der der Vermögensgegenstand voraussichtlich genutzt werden kann (lineare Abschreibung). [4]Soweit Rechtsvorschriften es vorsehen, ist eine Abschreibung mit fallenden Beträgen (degressive Abschreibung) oder nach Maßgabe der Leistungsabgabe (Leistungsabschreibung) zulässig. [5]Maßgeblich ist die betriebsgewöhnliche Nutzungsdauer.

(2) [1]Für die Bestimmung der betriebsgewöhnlichen Nutzungsdauer von abnutzbaren Vermögensgegenständen gibt das für Inneres zuständige Ministerium eine Abschreibungstabelle vor. [2]Von dieser kann mit einer Begründung, die im Anhang zum Jahresabschluss dokumentiert wird, abgewichen werden. [3]Wird durch eine aktivierungspflichtige Instandsetzung des Vermögensgegenstandes eine Verlängerung der Nutzungsdauer erreicht, so wird die Restnutzungsdauer aufgrund einer Schätzung neu bestimmt; entsprechend wird verfahren, wenn infolge einer voraussichtlich dauernden Wertminderung eine Verkürzung der Nutzungsdauer eintritt.

(3) [1]Der Abschreibungszeitraum beginnt in dem Monat, in dem der Vermögensgegenstand angeschafft oder hergestellt wurde. [2]Bei der Abschreibung werden nur volle Monate berücksichtigt.

Die Vermögensgegenstände, die langfristig in der Kommune bleiben, z. B. Gebäude, Kraftfahrzeuge oder Einrichtungsgegenstände, unterliegen durch die Nutzung einem Werteverzehr, der auch in der Buchhaltung abzubilden ist. Daneben gibt es Vermögensgegenstände, wie Computer oder Software, die nach einiger Zeit technisch überholt sind und deshalb ausgetauscht werden. Diese Vermögensgegenstände haben zur Zeit des Tausches keinen Wert mehr und sollten zu diesem Zeitpunkt vollständig abgeschrieben sein. Jeder Werteverzehr durch Abnutzung von Anlagevermögen führt demnach zu einem Verbrauch von Ressourcen, so dass Abschreibungen einen Aufwand darstellen. Das Gegenkonto zu der Aufwandsbuchung ist das jeweilige Bestandskonto des abzuschreibenden Vermögensgegenstands. Gebräuchlich ist für Abschreibung auch der Begriff »Absetzung für Abnutzung« (AfA) aus dem Steuerrecht.
Die **Abschreibungen** spiegeln somit die Wertminderungen vergangener Investitionsentscheidungen wider und sind nicht zahlungswirksam. Sie hängen vielmehr mit der Anschaffung oder Herstellung eines Vermögensgegenstandes zusammen. Die Investitionsvorfälle selbst berühren die Höhe der Liquiden Mittel wie auch die Höhe der Vermögensgegenstände jeweils auf der Aktivseite der Bilanz (Aktivtausch). Somit hat eine Investition zunächst keine Auswirkung auf die Nettoposition. **Lediglich die Abnutzung** der Vermögensgegenstände, die als Abschreibung über die einzelnen Jahre der Nutzungsdauer verteilt wird, stellt **Aufwand** dar.

Die Abschreibungen sind von drei Größen abhängig:

1. Abschreibungsbasis (wovon wird abgeschrieben)
2. Abschreibungsdauer (wie lange wird abgeschrieben)
3. Abschreibungsart (wie wird abgeschrieben)

Die **Abschreibungsbasis** ist in der Buchführung der **Anschaffungs- oder Herstellungswert.**
Die durchschnittliche **Abschreibungsdauer** eines Vermögensgegenstandes lässt sich einer Tabelle des Innenministeriums des Landes Niedersachsen entnehmen (siehe zweite Spalte der Tabelle: Abschreibungsdauer entspricht Nutzungsdauer). Es werden nur volle Monate abgeschrieben, wobei der Abschreibungszeitraum den Anschaffungsmonat vollständig, bei einer Veräußerung den Verkaufsmonat aber nicht mehr umfasst.

(vereinfachter) Ausschnitt aus der Tabelle

Vermögensgegenstand	Nutzungsdauer für Niedersachsen (ND)	Lineare Abschreibung in Niedersachsen v. H.
Abfallbehälter	13	7,7
Abfallkörbe	13	7,7
Abrollcontainer	9	11,1
Absaugpumpen	9	11,1
...	...	...

Die im kommunalen Bereich relevante **Abschreibungsart** ist die **lineare Abschreibung**[33]. Dabei wird die Abschreibungsbasis gleichmäßig auf die Nutzungsdauer verteilt (vgl. dritte Spalte in der Tabelle des Innenministeriums).

$$\text{Abschreibungsbetrag} = \frac{\textit{Abschreibungsbasis}}{\textit{Nutzungsdauer}} \quad \text{oder}$$

$$\text{Abschreibungsbetrag} = \frac{\textit{Abschreibungsbasis} \bullet \textit{Prozentsatz}}{100}$$

Sollte sich das Anlagegut nach Ablauf der geplanten Nutzungsdauer weiterhin im Bestand der Kommune befinden und auch genutzt werden, kann es im Anlagenkonto mit einem Erinnerungswert von 1 € ausgewiesen werden. Die Abschreibung des letzten Jahres ist entsprechend zu verringern.
In der Praxis wird im Rahmen der Anlagenbuchhaltung für jeden Anlagegegenstand ein Nebenbuch geführt, in dem die relevanten Informationen über den Vermögensgegenstand (Anschaffungswert, Anschaffungszeitpunkt, Abschreibungsdauer, Abschreibungssatz) in einer Anlagenkarte erfasst sind.

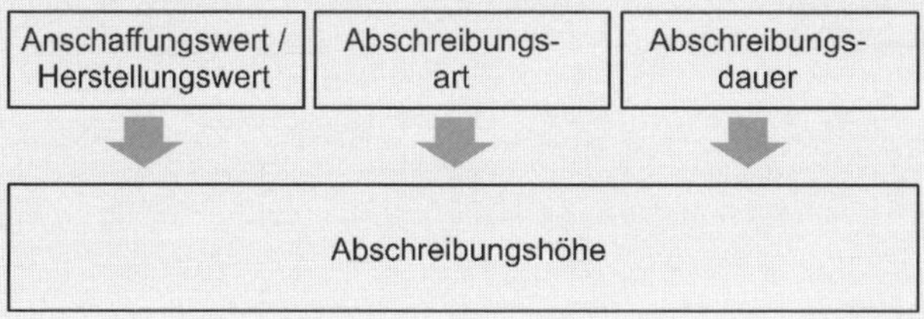

Abbildung 49: Determinanten der Abschreibung

Beispiel:

Eine Kommune plant für den hoheitlichen Bereich eine Absaugpumpe für 10.000 € im April eines Haushaltsjahres zu erwerben. Die Nutzungsdauer ist obiger Tabelle des Innenministeriums zu entnehmen.

1. Ermitteln Sie die erforderlichen Konten.
2. Erstellen Sie einen Abschreibungsplan für die Pumpe.
3. Veranschlagen Sie den Finanzvorfall in den Haushalten (Kauf und Abschreibung 1. Jahr).
4. Bilden Sie die entsprechenden Buchungssätze, wenn der Finanzvorfall wie geplant umgesetzt wird (Kauf, Abschreibung 1. Jahr und Abschlussbuchung des Bestandskontos Maschinen und Technische Anlagen).

[33] Daneben gibt es insbesondere noch die degressive und die variable Abschreibung.

Lösung:

1. Erforderliche Konten:

0621	Maschinen und technische Anlagen
1711	Sichteinlagen bei Banken und Kreditinstituten
2511	Verbindlichkeiten aus Lieferungen und Leistungen
47115	Abschreibungen auf Maschinen und technische Anlagen
78311	Auszahlungen für den Erwerb von beweglichen Vermögensgegenständen über 1.000 Euro und Sachgesamtheiten

2. Abschreibungsplan:

Abschreibungsbasis: Anschaffungswert in Höhe von 10.000,00 €
Abschreibungsdauer: 9 Jahre
Abschreibungsart: lineare Abschreibung

Jährlicher Abschreibungsbetrag = 10.000 · 11,1/100 = 1.110 €
Da die Anschaffung jedoch erst im April erfolgt, wird für das erste Jahr ab 01. April abgeschrieben, d. h. für 9 Monate: 1.110 · 9/12= 832,50, und im letzten Jahr nur für 3 Monate: 1.110 · 3/12 = 287,50

Somit ergibt sich folgender Abschreibungsplan:

Anlagegegenstand: Absaugpumpe Typ Pumpi 3-456
Anschaffungszeitpunkt: 23.04.2024
Abschreibungsart: linear
Abschreibungsdauer: 9 Jahre
Abschreibungsbeginn: 01.04.2024
Abschreibungsende: 30.03.2033

Jahr	Abschreibung	Restbuchwert am Jahresende
2024	832,50	9.167,50
2025	1.110,00	8.057,50
2026	1.110,00	6.947,50
2027	1.110,00	5.837,50
2028	1.110,00	4.727,50
2029	1.110,00	3.617,50
2030	1.110,00	2.507,50
2031	1.110,00	1.397,50
2032	1.110,00	287,50
2033	287,50	0
Summe	**10.000,00**	

3. Veranschlagung:

Ergebnishaushalt (modifiziertes Muster 6)	**Konto** (nur nachrichtlich)	**Ansatz des Kontos** (nur nachrichtlich) **-Euro-**	**Ansatz des Haushaltsjahres** **-Euro-**
Abschreibungen auf Maschinen und technische Anlagen	47115	832,50	
16. Abschreibungen			832,50

Finanzhaushalt (modifiziertes Muster 7)	**Konto** (nur nachrichtlich)	**Ansatz des Kontos** (nur nachrichtlich) **-Euro-**	**Ansatz des Haushaltsjahres** **-Euro-**
Auszahlungen für den Erwerb von beweglichen Vermögensgegenständen über 1.000 Euro und Sachgesamtheiten	78311	10.000,00	
26. Erwerb von beweglichem Sachvermögen			10.000,00

4. Buchung:
1. Rechnungseingang für die Anschaffung
2. Rechnungsausgleich
3. Buchung der Abschreibung im 1. Jahr
4. Abschluss des Bestandskontos Maschinen und Technische Anlagen

Bestands- und Ergebniskonten						Finanzkonten			
Nr.	**Buchungssatz**	**Konto**	**Soll**	**Konto**	**Haben**	**Konto**	**Soll**	**Konto**	**Haben**
1.	Maschinen an Verb. LL	0621	10.000,00	2511	10.000,00				
2.	Verb. LL an Bank	2511	10.000,00	1711	10.000,00			78311	10.000,00
3.	Abschreibungen an Maschinen	47115	832,50	0621	832,50				
4.	SBK an Maschinen	SBK	9.167,50	0621	9.167,50				

Auf einen Blick: Abschreibungen
Abschreibungen werden zum einen auf dem Abschreibungskonto im Soll als Werteverzehr und damit Aufwand und zum anderen auf dem Bestandskonto des entsprechenden Vermögensgegenstandes im Haben als Minderung erfasst. Im kommunalen Bereich wird in der Regel linear vom Kaufpreis des Vermögensgegenstandes abgeschrieben, die Abschreibungsdauer lässt sich einer Liste des Innenministeriums entnehmen.

3.2.4 Geringwertige Vermögensgegenstände

In **§ 47 V und VI KomHKVO** wird beschrieben, wie mit geringwertigen Vermögensgegenständen umzugehen ist.

§ 47 Wertansätze für Vermögensgegenstände und Schulden
(2) ...[2]Zu den Anschaffungswerten gehören auch die Nebenkosten und die nachträglichen Anschaffungswerte. ...
(5) Bewegliche Vermögensgegenstände, deren Anschaffungs- oder Herstellungswerte den Einzelwert von 1000 Euro ohne Umsatzsteuer nicht überschreiten und die selbständig genutzt werden können und einer Abnutzung unterliegen, werden als geringwertige Vermögensgegenstände unmittelbar als Aufwand berücksichtigt. ...
(6) [1]Bewegliche Vermögensgegenstände können als ein Vermögensgegenstand aktiviert werden, wenn es sich um technisch oder wirtschaftlich zusammengehörige Gegenstände handelt, die in ihrer Gesamtheit zusammen genutzt werden, und wenn der Gesamtbetrag der Anschaffungs- oder Herstellungswerte 1000 Euro ohne Umsatzsteuer übersteigt ...

Bewegliche **Vermögensgegenstände**, deren Anschaffungs- oder Herstellungswerte **einzeln,** d. h. pro Gegenstand, **unter 1.000 €** ohne Umsatzsteuer, d. h. insgesamt unter 1.190 € kosten, werden geringwertige Vermögensgegenstände genannt, sofern sie selbstständig nutzbar sind und auch einem Werteverzehr unterliegen. Da es zu aufwendig wäre, diese im Bestandsverzeichnis zu führen und entsprechend ihrer betriebsgewöhnlichen Nutzungsdauer abzuschreiben, sind sie zur Vereinfachung direkt als **Aufwand** auf dem Konto 4222 zu erfassen. Sie werden demzufolge nicht aktiviert.
Davon zu unterscheiden sind Einbauteile, die nicht selbstständig genutzt werden können, z. B. ein nachträglich fest installiertes Navigationsgerät in einem Fahrzeug. Derartige Gegenstände sind über das Fahrzeug nachträglich zu aktivieren (vgl. § 47 II 2 KomHKVO).
Falls eine größere Anzahl von geringwertigen Vermögensgegenständen angeschafft wird, die in einem **technischen** oder **wirtschaftlichen** Zusammenhang stehen, **können** diese als so genannte **Sachgesamtheit** aktiviert werden, wenn der Gesamtbetrag über 1.000 € zuzüglich Umsatzsteuer liegt. In diesem Fall hat die Kommune die **Entscheidungsfreiheit**, ob sie die Vermögensgegenstände als Sachgesamtheit aktivieren oder als Aufwand buchen möchte (vgl. § 47 VI KomHKVO).

Vermögensgegenstände (VG), Kaufpreis ohne Umsatzsteuer	0 – 1.000	über 1.000
mit Umsatzsteuer	0 – 1.190	über 1.190
	⬇ gering-wertige VG ⬇ Erfassung als Aufwand auf Konto 4222	⬇ zu aktivierende VG ⬇ Erfassung auf entsprechenden Aktivkonten und Abschreibung nach den Regelungen

Abbildung 50: Klassifikation von Vermögensgegenständen

Beispiel:

Fall 1:
Eine Kommune plant am 12. Februar eines Haushaltsjahres einen Bürostuhl für 300 € netto für den hoheitlichen Bereich zu kaufen.

1. Ermitteln Sie die erforderlichen Konten.
2. Veranschlagen Sie den Finanzvorfall in den Haushalte.
3. Bilden Sie die entsprechenden Buchungssätze, wenn der Finanzvorfall wie geplant umgesetzt wird (Kauf, Abschreibung und Jahresabschluss 1. Jahr).

Lösung:

1. Erforderliche Konten:

1711 Sichteinlagen bei Banken und Kreditinstituten
2511 Verbindlichkeiten aus Lieferungen und Leistungen
4222 Erwerb geringwertiger Vermögensgegenstände
7222 Erwerb geringwertiger Vermögensgegenstände

2. Veranschlagung:

Ergebnishaushalt (modifiziertes Muster 6)	**Konto** (nur nachrichtlich)	**Ansatz des Kontos** (nur nachrichtlich) **-Euro-**	**Ansatz des Haushaltsjahres** **-Euro-**
Erwerb geringwertiger Vermögensgegenstände	4222	357	
15. Aufwendungen für Sach- und Dienstleistungen			357

Finanzhaushalt (modifiziertes Muster 7)	**Konto** (nur nachrichtlich)	**Ansatz des Kontos** (nur nachrichtlich) **-Euro-**	**Ansatz des Haushaltsjahres -Euro-**
Erwerb geringwertiger Vermögensgegenstände	7222	357	
12. Auszahlungen für Sach- und Dienstleistungen und für geringwertige Vermögensgegenstände			357

3. Buchung:
1. Rechnungseingang
2. Rechnungsausgleich

Bestands- und Ergebniskonten						Finanzkonten			
Nr.	**Buchungssatz**	**Konto**	**Soll**	**Konto**	**Haben**	**Konto**	**Soll**	**Konto**	**Haben**
1.	Erwerb geringwertiger Vermögensgegenstände an Verb. LL	4222	357,00	2511	357,00				
2.	Verb. LL an Bank	2511	357,00	1711	357,00			7222	357,00

Fall 2:
Eine Kommune plant, im Januar eines Jahres zehn Schreibtische für je 160 € und dazu zehn Rollcontainer für 100 € für den hoheitlichen Bereich zu kaufen.
1. Ermitteln Sie die erforderlichen Konten.
2. Veranschlagen Sie den Finanzvorfall in den Haushalten.
3. Bilden Sie die entsprechenden Buchungssätze, wenn der Finanzvorfall wie geplant umgesetzt wird.
4. Gehen Sie nun abweichend von 1 bis 3 davon aus, dass die geringwertigen Vermögensgegenstände zusammen genutzt werden und somit ein wirtschaftlicher Zusammenhang besteht.

Lösung:

1. Erforderliche Konten:

1711 Sichteinlagen bei Banken und Kreditinstituten
2511 Verbindlichkeiten aus Lieferungen und Leistungen
4222 Erwerb geringwertiger Vermögensgegenstände
7222 Erwerb geringwertiger Vermögensgegenstände

2. Veranschlagung:

Ergebnishaushalt (modifiziertes Muster 6)	**Konto** (nur nachrichtlich)	**Ansatz des Kontos** (nur nachrichtlich) **-Euro-**	**Ansatz des Haushaltsjahres -Euro-**
Erwerb geringwertiger Vermögensgegenstände	4222	2.600	
15. Aufwendungen für Sach- und Dienstleistungen			2.600

Finanzhaushalt (modifiziertes Muster 7)	**Konto** (nur nachrichtlich)	**Ansatz des Kontos** (nur nachrichtlich) **-Euro-**	**Ansatz des Haushaltsjahres -Euro-**
Erwerb geringwertiger Vermögensgegenstände	7222	2.600	
12. Auszahlungen für Sach- und Dienstleistungen und für geringwertige Vermögensgegenstände			2.600

3. Buchung:
1. Rechnungseingang
2. Rechnungsausgleich

Bestands- und Ergebniskonten						Finanzkonten			
Nr.	**Buchungssatz**	**Konto**	**Soll**	**Konto**	**Haben**	**Konto**	**Soll**	**Konto**	**Haben**
1.	Erwerb geringwertiger Vermögensgegenstände an Verb. LL	4222	2.600	2511	2.600				
2.	Verb. LL an Bank	2511	2.600	1711	2.600			7222	2.600

4. Fallvariation (Aktivierung als Sachgesamtheit)
Die Kommune kann sich entscheiden, ob sie die Büromöbel als Aufwand direkt im Haushaltsjahr der Anschaffung bucht oder als Sachgesamtheit aktiviert und entsprechend der Nutzungsdauer laut Tabelle über 18 Jahre abschreibt.

1. Erforderliche Konten:
0721 Betriebs- und Geschäftsausstattung
1711 Sichteinlagen bei Banken und Kreditinstituten
2511 Verbindlichkeiten aus Lieferungen und Leistungen
47117 Abschreibungen auf Betriebs- und Geschäftsausstattung
78311 Auszahlungen für den Erwerb von beweglichen Vermögensgegenständen über 1.000 Euro und Sachgesamtheiten

2. Veranschlagung:

Ergebnishaushalt (modifiziertes Muster 6)	**Konto** (nur nachrichtlich)	**Ansatz des Kontos** (nur nachrichtlich) **-Euro-**	**Ansatz des Haushaltsjahres** **-Euro-**
Abschreibungen auf Betriebs- und Geschäftsausstattung	47117	144,44	
16. Abschreibungen			144,44

Finanzhaushalt (modifiziertes Muster 7)	**Konto** (nur nachrichtlich)	**Ansatz des Kontos** (nur nachrichtlich) **-Euro-**	**Ansatz des Haushaltsjahres** **-Euro-**
Auszahlungen für den Erwerb von beweglichen Vermögensgegenständen über 1.000 Euro und Sachgesamtheiten	78311	2.600	
26. Erwerb von beweglichem Sachvermögen			2.600

3. Buchung:
1. Rechnungseingang
2. Rechnungsausgleich
3. Abschreibung (über 18 Jahre nach der Abschreibungstabelle)

Bestands- und Ergebniskonten						Finanzkonten			
Nr.	**Buchungssatz**	**Konto**	**Soll**	**Konto**	**Haben**	**Konto**	**Soll**	**Konto**	**Haben**
1.	BGA an Verb. LL	0721	2.600	2511	2.600				
2.	Verb. LL an Bank	2511	2.600	1711	2.600			78311	2.600
3.	Abschreibung an BGA	47117	144,44	0721	144,44				

Fall 3:
Eine Kommune plant zur Ausschmückung des Rathaussaals im Rahmen einer Veranstaltung fünf **Schnittblumensträuße** für insgesamt 1.250 € auf Rechnung zu kaufen und wenige Tage später zu bezahlen. Die Sträuße werden nach der Veranstaltung entsorgt, da sie nicht haltbar sind, sodass keine Aktivierung als Vermögensgegenstand möglich ist.
1. Ermitteln Sie die erforderlichen Konten.
2. Veranschlagen Sie den Finanzvorfall in den Haushalten.
3. Bilden Sie die entsprechenden Buchungssätze, wenn der Finanzvorfall wie geplant umgesetzt wird.

Lösung:

1. Erforderliche Konten:

1711	Sichteinlagen bei Banken und Kreditinstituten
2511	Verbindlichkeiten aus Lieferungen und Leistungen
4271	Besondere Verwaltungs- und Betriebsaufwendungen
7271	Besondere Verwaltungs- und Betriebsauszahlungen

2. Veranschlagung:

Ergebnishaushalt (modifiziertes Muster 6)	**Konto** (nur nachrichtlich)	**Ansatz des Kontos** (nur nachrichtlich) **-Euro-**	**Ansatz des Haushaltsjahres** **-Euro-**
Besondere Verwaltungs- und Betriebsaufwendungen	4271	1.250	
15. Aufwendungen für Sach- und Dienstleistungen			1.250

Finanzhaushalt (modifiziertes Muster 7)	**Konto** (nur nachrichtlich)	**Ansatz des Kontos** (nur nachrichtlich) **-Euro-**	**Ansatz des Haushaltsjahres** **-Euro-**
Besondere Verwaltungs- und Betriebsauszahlungen	7271	1.250	
12. Auszahlungen für Sach- und Dienstleistungen und für geringwertige Vermögensgegenstände			1.250

3. Buchung:
1. Rechnungseingang
2. Rechnungsausgleich

	Bestands- und Ergebniskonten					**Finanzkonten**			
Nr.	**Buchungssatz**	**Konto**	**Soll**	**Konto**	**Haben**	**Konto**	**Soll**	**Konto**	**Haben**
1.	Besondere Verwaltungs- und Betriebsaufwendungen an Verb. LL	4271	1.250	2511	1.250				
2.	Verb. LL an Bank	2511	1.250	1711	1.250			7271	1.250

ⓘ **Auf einen Blick: Erfassung von Vermögensgegenständen**
Es gelten folgende Zuordnungen bei Einzelbewertung ohne Umsatzsteuer:

AHW[34] ≤ **1.000 €** **sofort Aufwand** auf Konto 4222 und Auszahlung für laufende Verwaltungstätigkeit auf Konto 7222

AHW > **1.000 €** entsprechendes Konto des **Sachvermögens,** z.B. 061, ergebniswirksamer Abschreibungsaufwand auf Konto 4711_ und investive Auszahlung auf Konto 78311

3.2.5 Verkauf von Vermögensgegenständen

§ 60 KomHKVO definiert relevante Begriffe näher:

...

6. außerordentliche Aufwendungen und Erträge:
Aufwendungen und Erträge, die auf unvorhersehbaren, seltenen oder ungewöhnlichen Vorgängen beruhen, insbesondere ... Erträge und Aufwendungen aus Vermögensveräußerungen ...

Manchmal kann es vorkommen, dass ein **Anlagegut** nicht bis zum Ende der Nutzungsdauer in einer Kommune verbleibt, sondern vorher veräußert wird. In diesen Fällen sind die planmäßigen **Abschreibungen** noch bis zum Ende des vorhergehenden Monats anteilig zu berücksichtigen. Der nach

[34] AHW = Anschaffungs- oder Herstellungswert eines Vermögensgegenstands

BUCHFÜHRUNG UND BILANZIERUNG

der Abschreibung verbleibende Buchwert ist mit dem Verkaufspreis des Vermögensgegenstands zu vergleichen. Sofern eine Differenz auftritt, ist diese je nachdem, ob mehr oder weniger als der Buchwert erlöst wird, als **außerordentlicher** Ertrag oder Aufwand zu buchen. Außerdem ist der Buchwert auf dem entsprechenden Vermögenskonto auszubuchen.

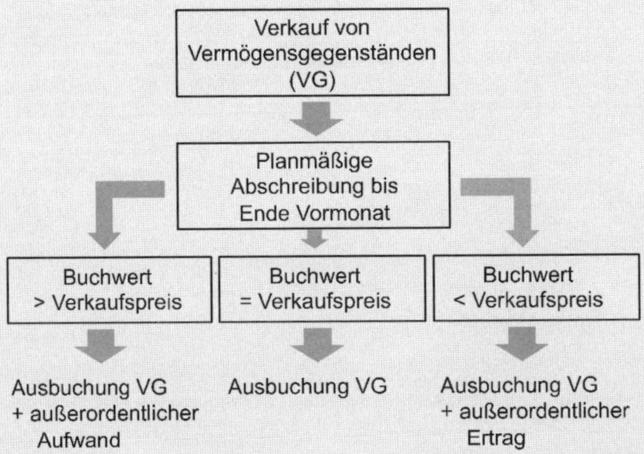

Abbildung 51: Verkauf von Vermögensgegenständen

Beispiel:

Eine Kommune plant am 24. April eines Haushaltsjahres ein Müllfahrzeug aus dem hoheitlichen Bereich, das zum ersten Januar noch einen Buchwert von 12.000 € hat und jährlich mit 6.000 € abgeschrieben wird, zu verkaufen.

1. Ermitteln Sie die erforderlichen Konten.
2. Veranschlagen Sie den kompletten Finanzvorfall in den Haushalten. Gehen Sie davon aus, dass das Fahrzeug für folgende Beträge gegen Rechnung veräußert wird und die Zahlung einige Tage später erfolgt:
   Fall 1: 10.500 €
   Fall 2: 8.000 €
   Fall 3: 15.000 €
3. Bilden Sie alle erforderlichen Buchungssätze für die drei Fälle, wenn der Finanzvorfall wie geplant umgesetzt wird.

Lösung:

1. Erforderliche Konten:

0611	Fahrzeuge
1611	Privatrechtliche Forderungen aus Dienstleistungen
1711	Sichteinlagen bei Banken und Kreditinstituten
47116	Abschreibungen auf Fahrzeuge
5312	Erträge aus der Veräußerung von beweglichen Vermögensgegenständen oberhalb der Wertgrenze i. H. v. 1.000 Euro bei Anschaffung oder Herstellung
5322	Aufwendungen aus der Veräußerung von beweglichen Vermögensgegenständen oberhalb der Wertgrenze von 1.000 Euro bei Anschaffung oder Herstellung
68311	Einzahlungen aus der Veräußerung von beweglichen Vermögensgegenständen über 1.000 Euro

2. Veranschlagung:

Ergebnishaushalt – Fall 1 (modifiziertes Muster 6)	**Konto** (nur nachrichtlich)	**Ansatz des Kontos** (nur nachrichtlich) **-Euro-**	**Ansatz des Haushaltsjahres** **-Euro-**
Abschreibungen auf Fahrzeuge	47116	1.500	
16. Abschreibungen			1.500

Finanzhaushalt – Fall 1 (modifiziertes Muster 7)	**Konto** (nur nachrichtlich)	**Ansatz des Kontos** (nur nachrichtlich) **-Euro-**	**Ansatz des Haushaltsjahres** **-Euro-**
Einzahlungen aus der Veräußerung von beweglichen Vermögensgegenständen über 1.000 Euro	68311	10.500	
20. Veräußerung von Sachvermögen			10.500

Ergebnishaushalt – Fall 2 (modifiziertes Muster 6)	**Konto** (nur nachrichtlich)	**Ansatz des Kontos** (nur nachrichtlich) **-Euro-**	**Ansatz des Haushaltsjahres** **-Euro-**
Abschreibungen auf Fahrzeuge	47116	1.500	
16. Abschreibungen			1.500
Aufwendungen aus der Veräußerung von beweglichen Vermögensgegenständen oberhalb der Wertgrenze von 1.000 Euro bei Anschaffung oder Herstellung	5322	2.500	
24. Außerordentliche Aufwendungen			2.500

Finanzhaushalt – Fall 2 (modifiziertes Muster 7)	**Konto** (nur nachrichtlich)	**Ansatz des Kontos** (nur nachrichtlich) **-Euro-**	**Ansatz des Haushaltsjahres** **-Euro-**
Einzahlungen aus der Veräußerung von beweglichen Vermögensgegenständen über 1.000 Euro	68311	8.000	
20. Veräußerung von Sachvermögen			8.000

Ergebnishaushalt – Fall 3 (modifiziertes Muster 6)	**Konto** (nur nachrichtlich)	**Ansatz des Kontos** (nur nachrichtlich) **-Euro-**	**Ansatz des Haushaltsjahres** **-Euro-**
Abschreibungen auf Fahrzeuge	47116	1.500	
16. Abschreibungen			1.500
Erträge aus der Veräußerung von beweglichen Vermögensgegenständen oberhalb der Wertgrenze i. H. v. 1.000 Euro bei Anschaffung oder Herstellung	5312	4.500	
23. Außerordentliche Erträge			4.500

Finanzhaushalt – Fall 3 (modifiziertes Muster 7)	**Konto** (nur nachrichtlich)	**Ansatz des Kontos** (nur nachrichtlich) **-Euro-**	**Ansatz des Haushaltsjahres** **-Euro-**
Einzahlungen aus der Veräußerung von beweglichen Vermögensgegenständen über 1.000 Euro	68311	15.000	
20. Veräußerung von Sachvermögen			15.000

3. Buchung:
1. Zeitanteilige Abschreibung

Bestands- und Ergebniskonten						Finanzkonten			
Nr.	**Buchungssatz**	**Konto**	**Soll**	**Konto**	**Haben**	**Konto**	**Soll**	**Konto**	**Haben**
1.	Abschreibungen an Fahrzeuge	47116	1.500	0611	1.500				

2. Rechnungsstellung
3. Rechnungsausgleich

Fall 1:

Bestands- und Ergebniskonten						Finanzkonten			
Nr.	**Buchungssatz**	**Konto**	**Soll**	**Konto**	**Haben**	**Konto**	**Soll**	**Konto**	**Haben**
2.	Forderungen an Fahrzeuge	1611	10.500	0611	10.500				
3.	Bank an Forderungen	1711	10.500	1611	10.500	68311	10.500		

Fall 2:

Bestands- und Ergebniskonten						Finanzkonten			
Nr.	**Buchungssatz**	**Konto**	**Soll**	**Konto**	**Haben**	**Konto**	**Soll**	**Konto**	**Haben**
2.	Forderungen und a. o. Aufwendungen an Fahrzeuge	1611 5322	8.000 2.500	0611	10.500				
3.	Bank an Forderungen	1711	8.000	1611	8.000	68311	8.000		

Fall 3:

Bestands- und Ergebniskonten						Finanzkonten			
Nr.	**Buchungssatz**	**Konto**	**Soll**	**Konto**	**Haben**	**Konto**	**Soll**	**Konto**	**Haben**
2.	Forderungen an Fahrzeuge und a. o. Erträge	1611	15.000	0611 5312	10.500 4.500				
3.	Bank an Forderungen	1711	15.000	1611	15.000	68311	15.000		

Auf einen Blick: Verkauf von Vermögensgegenständen des Anlagevermögens
Werden Vermögensgegenstände des Anlagevermögens verkauft, so sind diese bis einschließlich des **Vormonats** in Bezug zum Verkaufszeitpunkt planmäßig **abzuschreiben**. Eine **Differenz** zwischen Buchwert und Verkaufspreis ist als **außerordentlicher** Aufwand bzw. Ertrag zu erfassen.

3.2.6 Bestandsorientierte Beschaffung von Vorräten

§ 47 II KomHKVO stellt auch die Basis für die Beschaffung von Vorräten dar:
(2) [1]Anschaffungswerte sind die Geldbeträge oder geldwerten Leistungen, die aufgewendet werden, um einen Vermögensgegenstand zu erwerben und ihn in einen betriebsbereiten Zustand zu versetzen, soweit die Geldbeträge oder geldwerten Leistungen dem Vermögensgegenstand einzeln zugeordnet werden können. [2]Zu den Anschaffungswerten gehören auch die Nebenkosten und die nachträglichen Anschaffungswerte. [3]Minderungen des Anschaffungspreises werden abgesetzt.

Vorräte, in der klassischen Betriebswirtschaftslehre auch als Werkstoffe bezeichnet, ist der Oberbegriff für Roh-, Hilfs- und Betriebsstoffe. **Rohstoffe** bilden den Hauptbestandteil eines Produkts, z. B. Holz, **Hilfsstoffe** einen Nebenbestandteil, z. B. Lacke oder Kleber, und **Betriebsstoffe** gehen nicht in das Produkt ein, sondern treiben z. B. die für die Produktion erforderlichen Maschinen an, z. B. Diesel oder Schmieröle. Die Beschaffung von Vorräten erfolgt grundsätzlich nach denselben Kriterien wie

die bereits im vorherigen Kapitel besprochene Beschaffung von Gegenständen des Anlagevermögens. Neben dem eigentlichen **Rechnungsbetrag** sind demzufolge ggf. **Anschaffungsnebenkosten**, z. B. für Transport, Versicherung oder eine mögliche Verzollung der Vorräte, zu entrichten. Demgegenüber sind von dem Rechnungsbetrag **Minderungen**, insbesondere für Skonto oder nachträgliche Rabatte wegen Mängelrügen, abzuziehen. Sollte ein Teil der Vorräte so große **Mängel** aufweisen, dass sie an den Lieferanten **zurückgeschickt** werden, ist eine **Korrekturbuchung** vorzunehmen. Dazu werden die Konten, die bei der Buchung im Buchungssatz im Soll standen, ins Haben gesetzt und umgekehrt.
Die Buchung des **Verbrauchs** von Vorräten erfolgt entweder fortlaufend anhand von **Materialentnahmescheinen** in einem zweistufigen Verfahren oder nachträglich anhand der **Inventur** (Inventurmethode) als Differenz zwischen Anfangsbestand zuzüglich der Zugänge abzüglich des Schlussbestands. Wird mit Materialentnahmescheinen gearbeitet, wird jede Entnahme sofort als Verbrauch gebucht. Am Ende des Haushaltsjahres ist zu überprüfen, ob es eine Differenz zwischen dem Sollbestand nach Buchführung und dem Istbestand laut Inventur gibt. Diese Differenz (in der Regel ist der Istbestand geringer als der Buchbestand) wird als zusätzlicher Aufwand erfasst. Bei der einstufigen Inventurmethode erfolgt die Ermittlung des Verbrauchs nur am Jahresende, indem vom Anfangsbestand zuzüglich der Zugänge der durch die Inventur ermittelte Schlussbestand abgezogen wird.

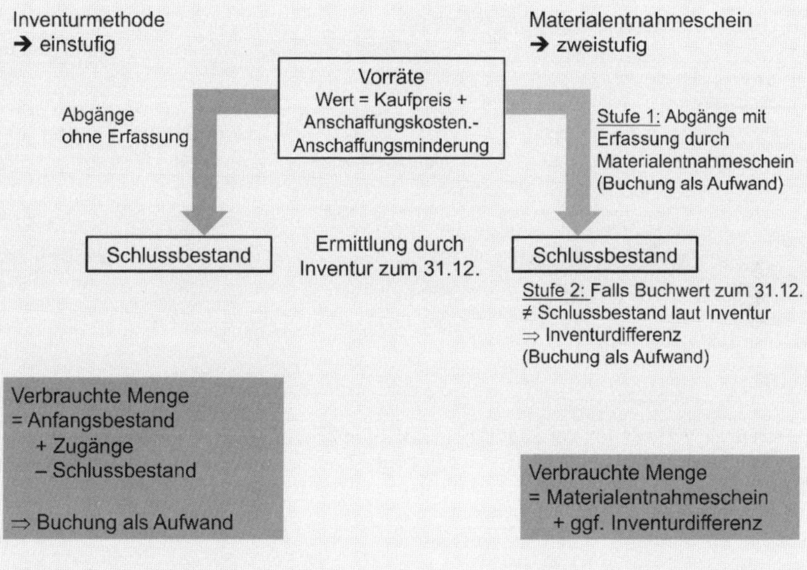

Abbildung 52: Verbrauch von Vorräten (bestandsorientiert)

Beispiel:

Eine Kommune plant für den hoheitlichen Bereich Rohstoffe im Wert von 10.000 € auf Rechnung zu kaufen und wenige Tage später zu bezahlen. Für den Transport muss die Kommune weitere 500 € auf Ziel an einen Spediteur entrichten. Bereits jetzt ist absehbar, dass im Haushaltsjahr laut Materialentnahmeschein lediglich Rohstoffe im Wert von 6.000 € entnommen werden.

1. Ermitteln Sie die erforderlichen Konten.
2. Veranschlagen Sie den Finanzvorfall in den Haushalten.
3. Bilden Sie die entsprechenden Buchungssätze, wenn der Finanzvorfall wie geplant umgesetzt wird.

Lösung:

1. Erforderliche Konten:

0811 Rohstoffe/Fertigungsmaterial
1711 Sichteinlagen bei Banken und Kreditinstituten
2511 Verbindlichkeiten aus Lieferungen und Leistungen
42811 Rohstoffe/Fertigungsmaterial
72811 Rohstoffe/Fertigungsmaterial

2. Veranschlagung:

Ergebnishaushalt (modifiziertes Muster 6)	**Konto** (nur nachrichtlich)	**Ansatz des Kontos** (nur nachrichtlich) **-Euro-**	**Ansatz des Haushaltsjahres** **-Euro-**
Rohstoffe/Fertigungsmaterial	42811	10.500	
15. Aufwendungen für Sach- und Dienstleistungen			10.500

Im bestandsrechnerischen Verfahren wird für den Rechnungsausgleich das Konto 72811 angesprochen. Bei dieser Lösung wird davon ausgegangen, dass die Auszahlung der laufenden Verwaltungstätigkeit (72811) softwaretechnisch mit der dazugehörigen Aufwendung (42811) verbunden wurde. Nach der herrschenden Lehre ergibt sich die Ermächtigung für Auszahlungen der laufenden Verwaltungstätigkeit aus der dazugehörigen Aufwendung. Für die Lieferung der Rohstoffe ist folglich eine ausreichende Aufwands-Ermächtigung einzuplanen, um das Ausbuchen der Verbindlichkeit aus Lieferungen und Leistungen später auslösen und die mit dem Aufwand verbundene Auszahlung zunächst leisten zu können. In der Planung würde damit der Haushaltsausgleich erschwert.
Sofern die eingeplanten Aufwendungen in der Ausführung nicht in voller Höhe in Anspruch genommen werden (laut Sachverhalt findet der Ressourcenverbrauch in geringerer Höhe statt), wird das tatsächliche Ergebnis gegenüber der Planung verbessert. Nach dem Ressourcenverbrauchskonzept hätte bei der Kenntnis, dass nur Rohstoffe im Wert von 6.000 € entnommen werden, eine Aufwendung von 6.000 € ausgereicht. Systembedingt hat sich die Aufwendung hier jedoch an der verbundenen Auszahlung für laufende Tätigkeit zu orientieren, um eine ausreichende Ermächtigungsgrundlage vorzuhalten. In der Praxis mögen andere Lösungen gefunden und softwaretechnisch umgesetzt werden.

Finanzhaushalt (modifiziertes Muster 7)	**Konto** (nur nachrichtlich)	**Ansatz des Kontos** (nur nachrichtlich) **-Euro-**	**Ansatz des Haushaltsjahres** **-Euro-**
Rohstoffe/Fertigungsmaterial	72811	10.500	
12. Auszahlungen für Sach- und Dienstleistungen und für geringwertige Vermögensgegenstände			10.500

3. Buchung:

1. Einkauf der Rohstoffe auf Rechnung
2. Eingang der Transportrechnung
3. Rechnungsausgleich der Transportrechnung
4. Entnahme der Rohstoffe vom Lager

	Bestands- und Ergebniskonten					**Finanzkonten**			
Nr.	**Buchungssatz**	**Konto**	**Soll**	**Konto**	**Haben**	**Konto**	**Soll**	**Konto**	**Haben**
1.	Rohstoffe an Verb. LL	0811	10.000	2511	10.000				
2.	Rohstoffe an Verb. LL	0811	500	2511	500				
3.	Verb. LL an Bank	2511	500	1711	500			72811	500
4.	Rohstoffverbrauch an Rohstoffe	42811	6.000	0811	6.000				

1. Fortführung des Beispiels

Gehen Sie nun davon aus, dass Rohstoffe im Wert von 1.000 € vor der Bezahlung an den Lieferanten wegen eines Mangels zurückgeschickt werden.

Lösung:

1. Veranschlagung:
Keine Veranschlagung möglich, da der Finanzvorfall nicht planbar ist.

2. Buchung:
5. Rückbuchung
6. Rechnungsausgleich

Bestands- und Ergebniskonten						Finanzkonten			
Nr.	**Buchungssatz**	**Konto**	**Soll**	**Konto**	**Haben**	**Konto**	**Soll**	**Konto**	**Haben**
5.	Verb. LL an Rohstoffe	2511	1.000	0811	1.000				
6.	Verb. LL an Bank und Rohstoffe	2511	9.000	1711	9.000			72811	9.000

2. Fortführung des Beispiels
Gehen Sie nun zusätzlich davon aus, dass der Anfangsbestand auf obigem Rohstoffkonto 3.000 € betragen hat. Die Inventur am Jahresende ergibt einen Schlussbestand im Wert von 5.000 €.

Lösung:

1. Veranschlagung:
Es bleibt bei den voraussichtlichen Aufwendungen und den verbundenen Auszahlungen der laufenden Verwaltungstätigkeit von jeweils 10.500 €. Der festgestellte Inventurbestand am Jahresende wirkt sich lediglich in der Rechnungsebene aus.

2. Buchung:
7. Eröffnungsbuchung
8. Abschlussbuchung
9. Ausbuchen der Inventurdifferenz

Bestands- und Ergebniskonten						Finanzkonten			
Nr.	**Buchungssatz**	**Konto**	**Soll**	**Konto**	**Haben**	**Konto**	**Soll**	**Konto**	**Haben**
7.	Rohstoffe an EBK	0811	3.000	EBK	3.000				
8.	SBK an Rohstoffe	SBK	5.000	0811	5.000				
9.	Rohstoffverbrauch an Rohstoffe	42811	1.500	0811	1.500				

Das T-Konto Rohstoffe hat demzufolge folgende Gestalt:

S	0811		H
EBK	3.000	42811	6.000
2511	10.000	SBK	5.000
2511	500	2511	1.000
		42811 (Differenz)	**1.500**
	13.500		13.500

Nach der Eröffnung des Kontos, der Buchung der Finanzvorfälle und der Buchung des Inventurbestands ist das T-Konto noch nicht ausgeglichen. Der Kontosumme von 13.500 € auf der Sollseite stehen nur 12.000 € auf der Habenseite gegenüber. Für den Kontenausgleich müssen demzufolge noch 1.500 € auf die Habenseite eingetragen werden. Für den Saldo von 1.500 € kann es mehrere Ursachen geben. Möglicherweise hat ein Mitarbeiter vergessen, einen Materialentnahmeschein auszufüllen oder er hat einen falsch ausgefüllt. Denkbar ist auch, dass Rohstoffe entwendet wurden. Beim Jahresabschluss lässt sich der Grund für die Differenz häufig nicht mehr feststellen, in jedem Fall muss die Differenz als weiterer Rohstoffverbrauch über das entsprechende Aufwandskonto erfasst werden.

> **Auf einen Blick: Bestandsorientierte Beschaffung von Vorräten**
> Der Anschaffungswert der Vorräte setzt sich aus folgenden Positionen zusammen:
> Anschaffungswert =
> Rechnungsbetrag inkl. Umsatzsteuer
> + Anschaffungsnebenkosten
> – nachträgliche Anschaffungspreisminderungen
> Bei **Rücksendungen** von Vorräten ist eine **Korrekturbuchung** erforderlich.
> Die Entnahmen werden entweder fortlaufend anhand von Materialentnahmescheinen oder nachträglich anhand der Inventur als Aufwand erfasst.

3.2.7 Aufwandsorientierte Beschaffung von Vorräten

Neben der bestandsorientierten Beschaffung von Vorräten gibt es die aufwandsorientierte (auch aufwandsrechnerisches Verfahren genannt). Dahinter steht die Vorstellung, dass Vorräte nicht langfristig gelagert werden, sondern direkt nach dem Erwerb verbraucht werden. In der klassischen Betriebswirtschaftslehre wird in diesem Zusammenhang vom »Just in time-Konzept« gesprochen, d. h. dass die Werkstoffe nicht gelagert, sondern genau dann (just in time) angeliefert werden, wenn sie für den Produktionsprozess erforderlich sind. Ziel dieses Verfahrens ist eine Verminderung des Lageraufwands.
Für die Buchhaltung bedeutet dies, dass der **Eingang** einer Rechnung für Vorräte **direkt** auf dem entsprechenden **Aufwandskonto** »Verbrauch von Vorräten« (4281) gebucht wird, da davon ausgegangen wird, dass die gelieferten Vorräte sofort verbraucht werden. Anschaffungsnebenkosten, z. B. für Transport, Zölle Versicherungen etc., sowie nachträgliche Preisnachlässe sind ebenfalls über das Aufwandskonto zu buchen.
Sollte trotzdem ein kleiner Lagerbestand, z. B. für Notfälle, vorgehalten werden und die Inventur ergeben, dass sich der **Lagerbestand** auf den entsprechenden Bestandskonten **verändert** hat, ist eine **Korrektur** der **Bestandskonten** am **Jahresende** mit dem Aufwandskonto als Gegenkonto erforderlich. Bei einer **Bestandsmehrung** muss der Wert des zusätzlichen Bestands im Vergleich zum Vorjahr auf dem Bestandskonto als Zugang erfasst und das Aufwandskonto korrigiert werden, da ein höherer Aufwand gebucht als tatsächlich verbraucht wurde. Bei einer **Bestandsminderung** muss der Aufwand erhöht werden, da in dem Haushaltsjahr mehr Vorräte verbraucht als eingekauft wurden.
Auf dem Bestandskonto befinden sich bei der aufwandsorientierten Beschaffung somit nur der Anfangs- und der Endbestand sowie als Saldo die Bestandsveränderung an Vorräten[35].

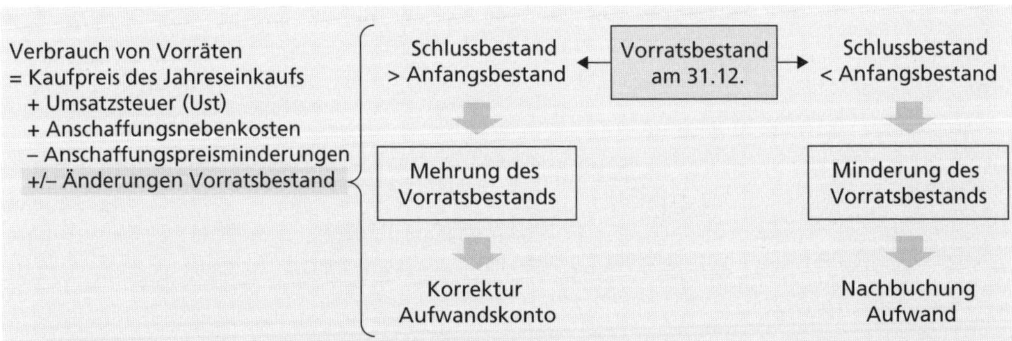

Abbildung 53: Aufwandsorientierte Beschaffung

[35] Die Bestandsveränderung von **Vorräten** darf nicht mit der Bestandsveränderung von **Fertigprodukten** verwechselt werden, die später noch besprochen wird. Da in der öffentlichen Verwaltung primär Dienstleistungen und kaum lagerfähige Produkte hergestellt werden, hat die Bestandsveränderung von Fertigprodukten nur eine untergeordnete Bedeutung.

Beispiel:

Bei der Haushaltsaufstellung wird davon ausgegangen, dass sich zu Jahresbeginn Rohstoffe im Wert von für 30.000 € auf dem Rohstoffkonto befinden. Während des Haushaltsjahres wird eine Lieferung à 20.000 € für den hoheitlichen Bereich eingeplant (Lieferung auf Rechnung, Bezahlung einige Tage nach Rechnungseingang). Man rechnet damit, dass sich bei der Inventur am Jahresende noch folgende Werte an Rohstoffen im Lager befinden:

Fall 1: 30.000 €
Fall 2: 20.000 €
Fall 3: 35.000 €

1. Ermitteln Sie die erforderlichen Konten.
2. Veranschlagen Sie den Finanzvorfall für die drei Fälle in den Haushalten.
3. Bilden Sie die entsprechenden Buchungssätze von der Eröffnungs- bis zur Schlussbilanz des Haushaltsjahres, wenn der Finanzvorfall wie geplant umgesetzt wird.

Lösung:

1. Erforderliche Konten:

0811 Rohstoffe/Fertigungsmaterial
1711 Sichteinlagen bei Banken und Kreditinstituten
2511 Verbindlichkeiten aus Lieferungen und Leistungen
42811 Rohstoffe/Fertigungsmaterial
72811 Rohstoffe/Fertigungsmaterial

2. Veranschlagung:

Ergebnishaushalt – Fall 1 (modifiziertes Muster 6)	**Konto** (nur nachrichtlich)	**Ansatz des Kontos** (nur nachrichtlich) **-Euro-**	**Ansatz des Haushaltsjahres** **-Euro-**
Rohstoffe/Fertigungsmaterial	42811	20.000	
15. Aufwendungen für Sach- und Dienstleistungen			20.000

Finanzhaushalt – Fall 1 (modifiziertes Muster 7)	**Konto** (nur nachrichtlich)	**Ansatz des Kontos** (nur nachrichtlich) **-Euro-**	**Ansatz des Haushaltsjahres** **-Euro-**
Rohstoffe/Fertigungsmaterial	72811	20.000	
12. Auszahlungen für Sach- und Dienstleistungen und für geringwertige Vermögensgegenstände			20.000

Ergebnishaushalt – Fall 2 (modifiziertes Muster 6)	**Konto** (nur nachrichtlich)	**Ansatz des Kontos** (nur nachrichtlich) **-Euro-**	**Ansatz des Haushaltsjahres** **-Euro-**
Rohstoffe/Fertigungsmaterial	42811	30.000	
15. Aufwendungen für Sach- und Dienstleistungen			30.000

Im Rahmen der Periodengerechtigkeit ist der Ressourcenverbrauch (30.000 €) in voller Höhe im Haushaltsjahr wirtschaftlich verursacht. Da mit dem Inventurbestand bereits bei der Planaufstellung gerechnet wurde, ist der Verbrauch von Vorräten diesem Jahr auch planerisch zuzurechnen.

Finanzhaushalt – Fall 2 (modifiziertes Muster 7)	**Konto** (nur nachrichtlich)	**Ansatz des Kontos** (nur nachrichtlich) **-Euro-**	**Ansatz des Haushaltsjahres** **-Euro-**
Erwerb von Rohstoffen	72811	20.000	
12. Auszahlungen für Sach- und Dienstleistungen und für geringwertige Vermögensgegenstände			20.000

Im Rahmen der Kassenwirksamkeit fließen nur 20.000 € an liquiden Mitteln ab.

Ergebnishaushalt – Fall 3 (modifiziertes Muster 6)	**Konto** (nur nachrichtlich)	**Ansatz des Kontos** (nur nachrichtlich) **-Euro-**	**Ansatz des Haushaltsjahres** **-Euro-**
Rohstoffe/Fertigungsmaterial	42811	20.000	
15. Aufwendungen für Sach- und Dienstleistungen			20.000

Im aufwandsrechnerischen Verfahren wird für den Rechnungseingang das Konto 42811 angesprochen. Für die Lieferung der Rohstoffe ist folglich eine ausreichende Aufwands-Ermächtigung einzuplanen, um das Einbuchen der Verbindlichkeiten aus Lieferungen und Leistungen auslösen und die Aufwendung zunächst entstehen lassen zu können. Der Haushaltsausgleich ist hierdurch für die Planung erschwert. Dies ergibt sich systembedingt aus dem gewählten aufwandsorientierten Verfahren.
Sofern die eingeplanten Aufwendungen in der Ausführung nicht in voller Höhe in Anspruch genommen werden (siehe spätere Korrekturbuchung, die aufgrund des festgestellten Lagerbestands den Aufwand mindert), wird das tatsächliche Ergebnis gegenüber der Planung verbessert. Der Haushaltsausgleich orientiert sich für den Jahresabschluss nunmehr folgerichtig am tatsächlichen Ressourcenverbrauch.

Finanzhaushalt – Fall 3 (modifiziertes Muster 7)	**Konto** (nur nachrichtlich)	**Ansatz des Kontos** (nur nachrichtlich) **-Euro-**	**Ansatz des Haushaltsjahres** **-Euro-**
Rohstoffe/Fertigungsmaterial	72811	20.000	
12. Auszahlungen für Sach- und Dienstleistungen und für geringwertige Vermögensgegenstände			20.000

3. Buchung:
1. Kontoeröffnung
2. Rechnungseingang
3. Rechnungsausgleich

Bestands- und Ergebniskonten						**Finanzkonten**			
Nr.	**Buchungssatz**	**Konto**	**Soll**	**Konto**	**Haben**	**Konto**	**Soll**	**Konto**	**Haben**
1.	Rohstoffe an EBK	0811	30.000	EBK	30.000				
2.	Rohstoffverbrauch an Verb. LL	42811	20.000	2511	20.000				
3.	Verb. LL an Bank	2511	20.000	1711	20.000			72811	20.000

Fall 1:
1. Abschlussbuchung

Bestands- und Ergebniskonten						**Finanzkonten**			
Nr.	**Buchungssatz**	**Konto**	**Soll**	**Konto**	**Haben**	**Konto**	**Soll**	**Konto**	**Haben**
1.	SBK an Rohstoffe	SBK	30.000	0811	30.000				

Keine weitere Buchung erforderlich, da der Verbrauch beim Zugang bereits in voller Höhe als Aufwand erfasst wurde.

Fall 2:
1. Abschlussbuchung
2. Ausgleich der Differenz von 10.000 €

Bestands- und Ergebniskonten						**Finanzkonten**			
Nr.	**Buchungssatz**	**Konto**	**Soll**	**Konto**	**Haben**	**Konto**	**Soll**	**Konto**	**Haben**
1.	SBK an Rohstoffe	SBK	20.000	0811	20.000				
2.	Rohstoffverbrauch an Rohstoffe	42811	10.000	0811	10.000				

Es wurden neben dem Zugang noch weitere Rohstoffe im Wert von 10.000 € vom Lager genommen, die noch nicht als Aufwand gebucht wurden. Dies ist am Jahresende nachzuholen (Bestandsminderung von Rohstoffen).

Fall 3:
1. Abschlussbuchung
2. Ausgleich der Differenz von 5.000 €

Bestands- und Ergebniskonten						Finanzkonten			
Nr.	**Buchungssatz**	**Konto**	**Soll**	**Konto**	**Haben**	**Konto**	**Soll**	**Konto**	**Haben**
1.	SBK an Rohstoffe	SBK	35.000	0811	35.000				
2.	Rohstoffe an Rohstoffverbrauch	0811	5.000	42811	5.000				

Es wurden weniger Rohstoffe verbraucht, als Aufwand erfasst wurde. Deshalb ist die Aufwandsbuchung um den zu viel eingebuchten Betrag zu korrigieren und der Lagerbestand entsprechend zu erhöhen.

Auf einen Blick: Aufwandsorientierte Beschaffung
Jeder Zugang von Vorräten wird sofort auf einem Aufwandskonto erfasst. Am **Jahresende** müssen bei **Bestandsveränderungen Korrekturbuchungen** vorgenommen werden. Bei einer Bestandsmehrung ist der zu viel erfasste Aufwand zu korrigieren, bei einer Bestandsminderung muss der noch nicht erfasste Verbrauch als zusätzlicher Aufwand erfasst werden.

3.3 ZUWENDUNGEN

Eine Kommune kann **Zuwendungen** für verschiedene Zwecke **gewähren**, z. B. eine Förderung an einen kirchlichen Kindergarten zur Anschaffung von Spielgeräten, oder **empfangen**, z. B. eine Förderung vom Land zur energetischen Gebäudesanierung. Darüber hinaus lassen sich Zuwendungen in **Zuweisungen** und **Zuschüsse** untergliedern. Von Zuweisungen wird gesprochen, wenn der Empfänger und der Geber eine öffentlich-rechtliche Organisationsform aufweisen. Sind der Empfänger bzw. Geber privatrechtlich organisiert, handelt es sich um Zuschüsse.

3.3.1 Gewährung

§ 44 IV KomHKVO ist die relevante Rechtsgrundlage für geleistete investive Zuwendungen:
(4) [1]Von der Kommune mit einer mehrjährigen Zweckbindung oder mit einer vereinbarten Gegenleistungsverpflichtung geleistete Investitionszuwendungen werden als immaterielle Vermögensgegenstände aktiviert. [2]Sie werden planmäßig über die Dauer der Zweckbindung oder über den Zeitraum, in dem die Gegenleistungsverpflichtung besteht, abgeschrieben.

Grundsätzlich lassen sich investive von konsumtiven Zuwendungen unterscheiden. Von einer Investition wird im Allgemeinen gesprochen, wenn Anlagen beschafft werden, die länger als ein Jahr im Betrieb verbleiben. So handelt es sich bei der Förderung eines Erweiterungsbaus um eine investive Zuwendung und bei der Zuwendung für den laufenden Betrieb einer Einrichtung um eine konsumtive Maßnahme.

Wenn eine Kommune **investive** Zuwendungen **gewährt**, sind die entsprechenden Beträge nach § 44 IV KomHKVO als immaterielle Vermögensgegenstände (004) zu **aktivieren** und **planmäßig** über die Zweckbindungsdauer **abzuschreiben** (471101). Der immaterielle Vermögensgegenstand stellt das Recht der gewährenden Kommune dar, die Zuwendung zumindest anteilig innerhalb der Zweckbindungsfrist von dem Empfänger zurückzufordern, falls dieser die Zuwendung nicht entsprechend der im Zuwendungsbescheid festgelegten Bestimmungen nutzt.

Konsumtive Zuwendungen sind demgegenüber neben der kassenwirksamen Auszahlung für die laufende Verwaltungstätigkeit direkt als Aufwand in der entsprechenden Periode zu erfassen (z. B. 731A bzw. 431A). Diese Zuwendungen stellen Übertragungen von Ressourcen auf Dritte ohne Gegenleistung und damit Transfervorgänge dar. Sie werden von der Kommune gewährt, ohne dass die Kommune dadurch einen Anspruch auf eine konkrete Gegenleistung erwirbt.

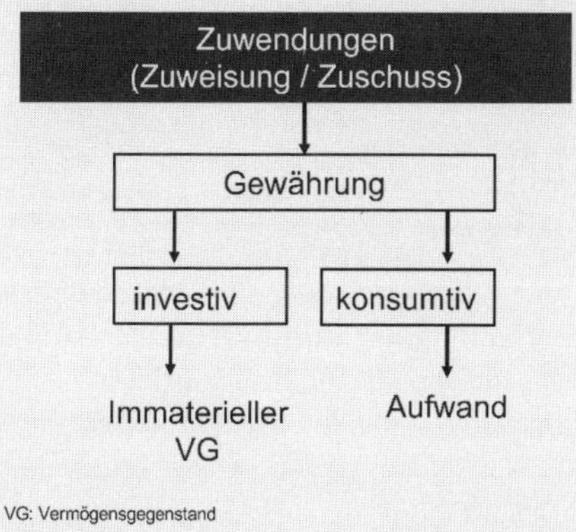

Abbildung 54: Gewährte Zuwendungen

Beispiel 1:

Ein Landkreis plant einer Gemeinde eine Zuweisung zum Kauf eines Müllfahrzeugs über 80.000 € zu gewähren. Die Nutzungsdauer beträgt 10 Jahre. Der Zuweisungsbescheid soll am 18.01. des Haushaltsjahres erstellt und versendet werden. Es wird davon ausgegangen, dass das Fahrzeug am 01.07. des Jahres gekauft wird und die Rechnungskopie am 20.07.beim Landkreis eingeht. Da damit alle Zahlungsvoraussetzungen vorliegen, weist der Landkreis die Zahlung 10 Tage später an. Die Zweckbindungsdauer entspricht laut Bescheid der Nutzungsdauer des Fahrzeugs.

1. Ermitteln Sie die erforderlichen Konten (für den Landkreis).
2. Veranschlagen Sie den Finanzvorfall in den Haushalten.
3. Bilden Sie die entsprechenden Buchungssätze, wenn der Finanzvorfall wie geplant umgesetzt wird.

Lösung:

1. Erforderliche Konten:

0041 Geleistete Investitionszuwendungen
1711 Sichteinlagen bei Banken und Kreditinstituten
2661 Verbindlichkeiten aus Investitionszuwendungen
471101 Abschreibungen auf immaterielle Vermögensgegenstände aus geleisteten Investitionszuwendungen
7812 Zuweisungen und Zuschüsse für Investitionen an Gemeinden und Gemeindeverbände

2. Veranschlagung (der Kommune):

Ergebnishaushalt (modifiziertes Muster 6)	**Konto** (nur nachrichtlich)	**Ansatz des Kontos** (nur nachrichtlich) **-Euro-**	**Ansatz des Haushaltsjahres** **-Euro-**
Abschreibungen auf immaterielle Vermögensgegenstände aus geleisteten Investitionszuwendungen	471101	4.000	
16. Abschreibungen			4.000

Finanzhaushalt (modifiziertes Muster 7)	**Konto** (nur nachrichtlich)	**Ansatz des Kontos** (nur nachrichtlich) **-Euro-**	**Ansatz des Haushaltsjahres** **-Euro-**
Zuweisungen und Zuschüsse für Investitionen an Gemeinden und Gemeindeverbände	7812	80.000	
28. Auszahlungen für aktivierbare Zuwendungen			80.000

3. Buchung:
1. Bescheiderstellung und -versand
2. Erhalt der Rechnungskopie
3. Zahlung der Zuwendung
4. Jährliche Abschreibung

Bestands- und Ergebniskonten						Finanzkonten			
Nr.	**Buchungssatz**	**Konto**	**Soll**	**Konto**	**Haben**	**Konto**	**Soll**	**Konto**	**Haben**
1.	Keine Buchung, da die Verbindlichkeit erst entsteht, wenn alle Zahlungsvoraussetzungen vorliegen.								
2.	Investitionszuwendungen an Verb. Invest.	0041	80.000	2661	80.000				
3.	Verb. Invest. an Bank	2661	80.000	1711	80.000			7812	80.000
4.	Abschreibungen an Investitionszuwendungen	471101	4.000	0041	4.000				

Beispiel 2:

Ein Landkreis plant einer Kommune eine Zuweisung für laufende Zwecke über 10.000 € zu gewähren. Der Zuweisungsbescheid soll am 18.10. des Haushaltsjahres erstellt werden, die Zahlung soll sechs Wochen später erfolgen.
1. Ermitteln Sie die erforderlichen Konten (für den Landkreis).
2. Veranschlagen Sie den Finanzvorfall in den Haushalten.
3. Bilden Sie die entsprechenden Buchungssätze, wenn der Finanzvorfall wie geplant umgesetzt wird.

Lösung:

1. Erforderliche Konten:

1711	Sichteinlagen bei Banken und Kreditinstituten
2631	Verbindlichkeiten aus Zuweisungen und Zuschüssen für laufende Zwecke
4312	Zuweisungen und Zuschüsse für laufende Zwecke an Gemeinden und Gemeindeverbände
7312	Zuweisungen und Zuschüsse für laufende Zwecke an Gemeinden und Gemeindeverbände

2. Veranschlagung:

Ergebnishaushalt (modifiziertes Muster 6)	**Konto** (nur nachrichtlich)	**Ansatz des Kontos** (nur nachrichtlich) **-Euro-**	**Ansatz des Haushaltsjahres** **-Euro-**
Zuweisungen und Zuschüsse für laufende Zwecke an Gemeinden und Gemeindeverbände	4312	10.000	
18. Transferaufwendungen			10.000

Finanzhaushalt (modifiziertes Muster 7)	**Konto** (nur nachrichtlich)	**Ansatz des Kontos** (nur nachrichtlich) **-Euro-**	**Ansatz des Haushaltsjahres** **-Euro-**
Zuweisungen und Zuschüsse für laufende Zwecke an Gemeinden und Gemeindeverbände	7312	10.000	
14. Transferauszahlungen			10.000

3. Buchung:
1. Versand des Bescheides
2. Zahlung

Bestands- und Ergebniskonten						Finanzkonten			
Nr.	**Buchungssatz**	**Konto**	**Soll**	**Konto**	**Haben**	**Konto**	**Soll**	**Konto**	**Haben**
1.	Laufende Zuweisungen an Laufende Verbindlichkeiten	4312	10.000	2631	10.000				
2.	Laufende Verbindlich-keitend an Bank	2631	10.000	1711	10.000			7312	10.000

Auf einen Blick: Gewährte Zuwendungen
Gewährte Zuwendungen, die mit einer Zweckbindung ausgegeben werden, sind als immaterieller Vermögensgegenstand zu erfassen und über die Dauer der Zweckbindung abzuschreiben. Gewährte konsumtive Zuwendungen stellen Aufwand dar.

3.3.2 Empfang

§ 44 V KomHKVO ist die relevante Rechtsgrundlage für empfangene investive Zuwendungen:
(5) [1]Empfangene Investitionszuwendungen für abnutzbare Vermögensgegenstände werden als Sonderposten nachgewiesen; diese Sonderposten werden entsprechend der Nutzungsdauer des Vermögensgegenstandes aufgelöst. [2]Empfangene Investitionszuwendungen für nicht abnutzbare Vermögensgegenstände werden auf der Passivseite in einer Rücklage nachgewiesen; liegt eine Zweckbindung nicht vor, so werden sie direkt beim Reinvermögen nachgewiesen. [3]Die nach Satz 2 Halbsatz 1 nachgewiesene Rücklage ist durch Umwandlung in Basisreinvermögen aufzulösen, wenn die Zweckbindung entfällt. ...

Empfangene investive Zuwendungen zur Anschaffung bzw. Herstellung von **abnutzbaren** Vermögensgegenständen müssen nach **§ 44 V 1 KomHKVO** auf dem Passivkonto **»Sonderposten aus Investitionszuwendungen und für Sammelposten« (2111 bzw. 2112)** ausgewiesen werden, wenn die Einzahlung erfolgt ist. Liegen alle Voraussetzungen für den Erhalt der Zuwendung vor, ist der Betrag bis zum tatsächlichen Erhalt des Geldes auf dem Konto **»Sonderposten ohne Einzahlungen aus Investitionszuwendungen« (2161)** zu erfassen. Da sie nicht im Jahr der Gewährung in voller Höhe ergebniswirksam sind, sind sie analog zu den Abschreibungen »entsprechend der Nutzungsdauer des Vermögensgegenstandes«, also periodisiert, ertragswirksam aufzulösen (3161 und 3162). Eine direkte Absetzung der Zuwendung von dem Anschaffungs- bzw. Herstellungswert des Vermögensgegenstandes darf aufgrund des Bruttoprinzips[36] nicht erfolgen. Der Zahlungsmittelabfluss für die Auszahlung wird auf der Finanzebene durch die gewährte Zuwendung aufgefangen. Auch auf der Ergebnisebene steht den getrennt auszuweisenden Aufwendungen (Abschreibungen) ein entsprechender Ertrag aus der Auflösung des Sonderpostens gegenüber, der periodengerecht auf die Jahre der Nutzung zu verteilen ist. Die Ergebnisbelastung der Abschreibungen wird somit anteilig durch die Ergebnisentlastung der Auflösungserträge aus Sonderposten aufgefangen.

Bei **Zuwendungen** für **nicht abnutzbares Vermögen** ist zu unterscheiden, ob der Vorgang mit einer Zweckbindung belegt wurde oder nicht. Bei einer **Zweckbindung** dürfen bestimmte Mittel nur für einen gesetzlich oder vertraglich genau festgelegten Zweck verwendet werden. Wird dieser Zweck nicht eingehalten, kann der Zuwendungsgeber die Zuwendung zurückfordern. Deshalb dürfen nur erhaltene Gelder ohne Zweckbindung direkt beim Reinvermögen eingestellt werden, da diese vom Geber nicht mehr zurückgefordert werden können. Empfangene Gelder mit Zweckbindung sind so lange bei der Rücklage 203 »Rücklagen aus Investitionszuwendungen und Beiträge für nicht abnutzbare Vermögensgegenstände« einzustellen, bis die Zweckbindung entfallen ist und sie damit nicht mehr zurückgefordert werden können. Nach diesem Zeitpunkt sind sie in das Basisreinvermögen umzubuchen.

[36] nach § 10 I und § 44 II 1, § 52 I 2 KomHKVO

Konsumtive Zuwendungen (Schlüsselzuweisungen, allgemeine Zuweisungen, Zuwendungen für laufende Zwecke und allgemeine Umlagen) unterliegen in der Regel keiner Zweckbindung und haben keinen investiven Charakter. Diese Zuwendungen, die die Kommune für die laufende Verwaltungstätigkeit (»außer für Investitionen«) erhält, sind deshalb sofort als Ertrag in der entsprechenden Periode zu erfassen. Daneben sind diese Erträge auch zahlungswirksam.

Grundsätzlich ist die Einwerbung und Annahme sowie die Vermittlung von Spenden, Schenkungen und ähnlichen Zuwendungen zur Erfüllung der Aufgaben in § 111 VIII NKomVG ausdrücklich zugelassen. § 26 KomHKVO regelt ein weniger aufwändiges Verfahren zur Annahme und Vermittlung von Zuwendungen bis zu gewissen Wertgrenzen, das gleichwohl ein Mindestmaß an Transparenz bietet und insbesondere die Nachvollziehbarkeit von Spendenvorgängen gewährleistet.

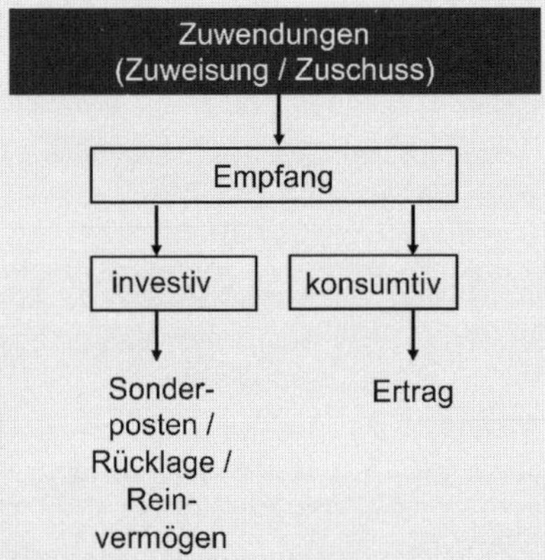

Abbildung 55: Empfangene Zuwendungen

Beispiel 1:

Eine Kommune plant im Januar ein Müllfahrzeug zum Preis von 120.000 € und einer Nutzungsdauer von 10 Jahren zu kaufen. Sie wird dafür vom Land eine Zuweisung in Höhe von 40.000 € erhalten. Das nach § 111 VIII NKomVG i. V. m. § 26 KomHKVO zuständige Organ hat seine Zustimmung zur Annahme bereits erteilt.

1. Ermitteln Sie die erforderlichen Konten.
2. Veranschlagen Sie den Finanzvorfall in den Haushalten.
3. Bilden Sie die entsprechenden Buchungssätze, wenn der Finanzvorfall wie geplant umgesetzt wird.

Lösung:

1. Erforderliche Konten:

0611	Fahrzeuge
1591	Kommunale Steuern und übrige öffentlich-rechtliche Forderungen
1711	Sichteinlagen bei Banken und Kreditinstituten
2111	Sonderposten aus Investitionszuwendungen
2161	Sonderposten ohne Einzahlung aus Investitionszuwendungen
2511	Verbindlichkeiten aus Lieferungen und Leistungen
3161	Erträge aus der Auflösung von Sonderposten aus Investitionszuwendungen
47116	Abschreibungen auf Fahrzeuge
6811	Investitionszuwendungen vom Land
78311	Auszahlungen für den Erwerb von beweglichen Vermögensgegenständen über 1.000 Euro und Sachgesamtheiten

2. Veranschlagung:

Ergebnishaushalt (modifiziertes Muster 6)	**Konto** (nur nachrichtlich)	**Ansatz des Kontos** (nur nachrichtlich) **-Euro-**	**Ansatz des Haushaltsjahres** **-Euro-**
Erträge aus der Auflösung von Sonderposten aus Investitionszuwendungen	3161	4.000	
3. Auflösungserträge aus Sonderposten			4.000
Abschreibungen auf Fahrzeuge	47116	12.000	
16. Abschreibungen			12.000

Finanzhaushalt (modifiziertes Muster 7)	**Konto** (nur nachrichtlich)	**Ansatz des Kontos** (nur nachrichtlich) **-Euro-**	**Ansatz des Haushaltsjahres** **-Euro-**
Investitionszuwendungen vom Land	6811	40.000	
18. Zuwendungen für Investitionstätigkeit			40.000
Auszahlungen für den Erwerb von beweglichen Vermögensgegenständen über 1.000 Euro und Sachgesamtheiten	78311	120.000	
26. Erwerb von beweglichem Sachvermögen			120.000

3. Buchung:
1. Eingang des Zuweisungsbescheids
2. Rechnungseingang Müllfahrzeug
3. Rechnungsausgleich Müllfahrzeug
4. Versand der Rechnungskopie an das Land
5. Zahlungseingang vom Land
6. Jährliche Abschreibung für ein Jahr
7. Jährliche Auflösung des Sonderpostens für ein Jahr

Zu 1. Keine Buchung; die Forderung der Gemeinde entsteht erst, wenn alle Zuwendungsvoraussetzungen erfüllt sind, d. h. die Rechnungskopie beim Zuwendungsgeber eingereicht wurde.

Bestands- und Ergebniskonten						**Finanzkonten**			
Nr.	**Buchungssatz**	**Konto**	**Soll**	**Konto**	**Haben**	**Konto**	**Soll**	**Konto**	**Haben**
2.	Fahrzeuge an Verb. LL	0611	120.000	2511	120.000				
3.	Verb LL. an Bank	2511	120.000	1711	120.000			78311	120.000
4.	Forderungen an Sonderposten ohne Einzahlung aus Iz	1591	40.000	2161	40.000				
5. a)	Bank an Forderungen	1711	40.000	1591	40.000	6811	40.000		
5. b)	Sonderposten ohne Einzahlung aus Iz an Sonderposten aus Investitionszuwendungen	2161	40.000	2111	40.000				
6.	Abschreibungen an Fahrzeuge	47116	12.000	0611	12.000				
7.	Sonderposten aus Investitionszuwendungen an Erträge aus der Auflösung von Sonderposten	2111	4.000	3161	4.000				

Beispiel 2:

Eine Kommune wird vom Land eine Zuweisung für laufende Zwecke in Höhe von 350.000 € erhalten. Das nach § 111 VIII NKomVG i. V. m. § 26 KomHKVO zuständige Organ hat seine Zustimmung zur Annahme bereits erteilt.

1. Ermitteln Sie die erforderlichen Konten.
2. Veranschlagen Sie den Finanzvorfall in den Haushalten.
3. Bilden Sie die entsprechenden Buchungssätze, wenn der Finanzvorfall wie geplant umgesetzt wird.

Lösung:

1. Erforderliche Konten:

1531 Forderungen aus Transferleistungen
1711 Sichteinlagen bei Banken und Kreditinstituten
3141 Zuweisungen und Zuschüsse für laufende Zwecke vom Land
6141 Zuweisungen und Zuschüsse für laufende Zwecke vom Land

2. Veranschlagung:

Ergebnishaushalt (modifiziertes Muster 6)	**Konto** (nur nachrichtlich)	**Ansatz des Kontos** (nur nachrichtlich) **-Euro-**	**Ansatz des Haushaltsjahres** **-Euro-**
Zuweisungen und Zuschüsse für laufende Zwecke vom Land	3141	350.000	
2. Zuwendungen und allgemeine Umlagen			350.000

Finanzhaushalt (modifiziertes Muster 7)	**Konto** (nur nachrichtlich)	**Ansatz des Kontos** (nur nachrichtlich) **-Euro-**	**Ansatz des Haushaltsjahres** **-Euro-**
Zuweisungen und Zuschüsse für laufende Zwecke vom Land	6141	350.000	
2. Zuwendungen und allgemeine Umlagen			350.000

3. Buchung:

1. Erhalt des Bescheides
2. Zahlungseingang

Bestands- und Ergebniskonten						**Finanzkonten**			
Nr.	**Buchungssatz**	**Konto**	**Soll**	**Konto**	**Haben**	**Konto**	**Soll**	**Konto**	**Haben**
1.	Forderungen aus Transferleistungen an laufende Zuweisungen	1531	350.000	3141	350.000				
2.	Bank an Forderungen aus Transferleistungen	1711	350.000	1531	350.000	6141	350.000		

Auf einen Blick: Empfangene Zuwendungen

Bei dem Empfang von Zuwendungen ist zwischen investiven und konsumtiven Zuwendungen zu unterscheiden. Investive Zuwendungen für abnutzbare Vermögensgegenstände sind in einen Sonderposten einzustellen und über die Nutzungsdauer des dadurch geförderten Vermögensgegenstands ertragswirksam aufzulösen. Konsumtive Zuwendungen werden sofort als Ertrag gebucht.

3.4 KOMMUNALE ABGABEN

Eine Kommune kann in ihrem Hoheitsgebiet kommunale Abgaben erheben, wenn sie dafür eine örtliche Satzung erlässt. Die Abgaben sind im Niedersächsischen Kommunalabgabengesetz (NKAG) geregelt und lassen sich im Wesentlichen nach § 1 NKAG in Steuern, Gebühren und Beiträge unterscheiden.

3.4.1 Steuern

§ 1 **NKAG** bildet die Grundlage für die Erhebung von kommunalen Abgaben in Niedersachsen

(1) Die Kommunen sind berechtigt, nach Maßgabe dieses Gesetzes kommunale Abgaben (Steuern, Gebühren, Beiträge) zu erheben, soweit nicht Bundes- oder Landesrecht etwas anderes bestimmt.
(2) Dieses Gesetz gilt auch für Steuern, Gebühren und Beiträge, die von den Kommunen aufgrund anderer Gesetze erhoben werden, soweit diese keine Bestimmung treffen.

§ 3 NKAG bildet die Grundlage für die Erhebung von kommunalen Steuern. Der **§ 29 I KomHKVO** ist bei der Rückzahlung von Steuern zu beachten:

§ 3 NKAG
(1) Die Gemeinden und Landkreise können Steuern erheben. Die Besteuerung desselben Steuergegenstandes durch eine kreisangehörige Gemeinde und den Landkreis ist unzulässig.
(2) Vergnügungssteuer kann von Gemeinden, Jagdsteuer von Landkreisen und kreisfreien Städten erhoben werden. Von der Jagdsteuer ausgenommen bleibt die Ausübung der Jagd in nicht verpachteten Eigenjagdbezirken des Bundes und des Landes sowie auf Grundstücken, die diesen Bezirken angegliedert worden sind.
(3) Die Erhebung einer Getränkesteuer sowie einer Schankerlaubnissteuer ist unzulässig.
(5) Die Gemeinden und Landkreise sollen Steuern nur erheben, soweit ihre sonstigen Einnahmen zur Deckung der Ausgaben nicht ausreichen. Dies gilt nicht für die Erhebung der Vergnügungssteuer und der Hundesteuer.
(6) Durch Satzung kann bestimmt werden, dass der Steuerpflichtige Vorauszahlungen auf die Steuer zu entrichten hat, die er für den laufenden Veranlagungszeitraum voraussichtlich schulden wird. In der Satzung ist zu bestimmen, wann die Vorauszahlungen fällig werden

§ 29 KomHKVO
(1) Die Rückzahlung zu viel eingegangener Erträge und Einzahlungen wird bei den entsprechenden Buchungsstellen abgesetzt.

Steuern werden ohne **Gegenleistung** erhoben. Die wichtigsten kommunalen Steuern sind die Gewerbe- und die Grundsteuer. Daneben gibt es noch die Hunde- und die Vergnügungssteuer. Außerdem sind Kommunen an der Einkommen- und Umsatzsteuer beteiligt. Diese erheben die Kommunen jedoch nicht selbst, sondern die ihnen zustehenden Anteile werden ihnen im Rahmen des kommunalen Finanzausgleichs vom Land zugewiesen.
In den Kommunen stellen die Steuern eine der wichtigsten Ertragsarten dar. Es ist grundsätzlich zwischen Ertrags- und Sachsteuern zu unterscheiden. Die Höhe der **Sachsteuern**, z. B. Grundsteuer oder Hundesteuer, bemisst sich an der Besteuerungsgrundlage, z. B. Größe des Grundstücks. Die Höhe wird im Rahmen einer Satzung von der Kommune festgesetzt. Die Grundlage der Gewerbesteuer als **Ertragssteuer** bemisst sich demgegenüber an dem Gewinn eines Gewerbebetriebs. Problematisch ist, dass der Gewinn eines Kalenderjahres erfahrungsgemäß erst im übernächsten Jahr feststeht. Deshalb werden für das betreffende Haushaltsjahr von der Kommune **Vorauszahlungen** festgesetzt, die sich am Gewinn

des letzten vorliegenden Jahresabschlusses des Gewerbebetriebs orientieren. Erst wenn der tatsächliche Gewinn feststeht, d. h. wenn der Jahresabschluss des Gewerbebetriebs festgestellt und der maßgebliche Gewinn mittels Steuermessbescheid durch das Finanzamt ermittelt ist, erfolgt die endgültige Steuerfestsetzung. Dadurch kann sich für die Kommune eine Steuernachforderung oder eine Rückzahlungsverpflichtung ergeben. Bei einer **Rückzahlungsverpflichtung** wird das Ertragskonto korrigiert, d. h. die Rückzahlung wird nach § 29 I KomHKVO bei der entsprechenden Buchungsstelle abgesetzt. Obwohl weder die Rückzahlungsverpflichtung noch die Nachforderung der dann laufenden Periode als Ertrag zuzurechnen sind, werden sie nicht im außerordentlichen, sondern im ordentlichen Ergebnis veranschlagt und gebucht.

Zudem ist zu beachten, dass **Steuerbescheide** häufig **unbefristet** für die Zukunft gelten, wobei in dem Bescheid mehrere **Fälligkeitstermine** angegeben werden. In diesen Fällen entsteht allein durch den Versand des Bescheids weder eine Forderung noch ein Ertrag, da die Steuer zu diesem Zeitpunkt erst festgesetzt wird. Die Forderung wird mit dem Ertrag in voller Höhe zu Beginn des entsprechenden Haushaltsjahres eingebucht. Da der Jahresbetrag aber in der Regel in vier Raten jeweils zur Quartalsmitte zu begleichen ist, brauchen die Zahlungspflichtigen nur ein Viertel der Gesamtforderung zu den angegebenen Fälligkeitsterminen entrichten. Kann die Kommune zur Quartalsmitte keinen oder nur einen zu niedrigen Zahlungseingang verzeichnen, beginnt sie nach einigen Tagen mit dem Mahnverfahren.

Beispiel 1:

Eine Kommune plant an einen Bürger mit Hund einen Steuerbescheid über 80 Euro mit sofortiger Fälligkeit zu versenden.

1. Ermitteln Sie die erforderlichen Konten.
2. Veranschlagen Sie den Finanzvorfall in den Haushalten.
3. Bilden Sie die entsprechenden Buchungssätze, wenn der Bürger den geforderten Betrag im Haushaltsjahr bar bei der Gemeindekasse einzahlt.

Lösung:

1. Erforderliche Konten:

1591 Kommunale Steuern und übrige öffentlich-rechtliche Forderungen
1731 Kassenbestand
3032 Hundesteuer
6032 Hundesteuer

2. Veranschlagung:

Ergebnishaushalt (modifiziertes Muster 6)	**Konto** (nur nachrichtlich)	**Ansatz des Kontos** (nur nachrichtlich) **-Euro-**	**Ansatz des Haushaltsjahres** **-Euro-**
Hundesteuer	3032	80	
1. Steuern und ähnliche Abgaben			80

Finanzhaushalt (modifiziertes Muster 7)	**Konto** (nur nachrichtlich)	**Ansatz des Kontos** (nur nachrichtlich) **-Euro-**	**Ansatz des Haushaltsjahres** **-Euro-**
Hundesteuer	6032	80	
1. Steuern und ähnliche Abgaben			80

3. Buchung:
1. Versand des Steuerbescheides
2. Zahlungseingang

Bestands- und Ergebniskonten						Finanzkonten			
Nr.	**Buchungssatz**	**Konto**	**Soll**	**Konto**	**Haben**	**Konto**	**Soll**	**Konto**	**Haben**
1.	Forderungen an Hundesteuer	1591	80	3032	80				
2.	Kassenbestand an Forderungen	1731	80	1591	80	6032	80		

Beispiel 2:

Eine Kommune wird am 12.12.2024 einen Gewerbesteuervorauszahlungsbescheid für das Haushaltsjahr 2025 versenden. Als Zahlungstermine sind der 15.02., 15.05., 15.08. und der 15.11.2025 angegeben. Zu zahlen sind jeweils 2.400 €.
Am 18.11.2026 kommt der endgültige Festsetzungsbescheid für 2025, wonach von dem Gewerbetreibenden für das Veranlagungsjahr 2025 tatsächlich zu entrichten sind:

Fall 1: 8.900 €
Fall 2: 10.000 €

1. Ermitteln Sie die erforderlichen Konten.
2. Veranschlagen Sie den Finanzvorfall in den Haushalten.
3. Bilden Sie die entsprechenden Buchungssätze, wenn der Bürger bzw. die Kommune die Zahlungsverpflichtung wenige Tage nach Bescheidversand ausgleichen.

Lösung:

1. Erforderliche Konten:

1591 Kommunale Steuern und übrige öffentlich-rechtliche Forderungen
1711 Sichteinlagen bei Banken und Kreditinstituten
3013 Gewerbesteuer
6013 Gewerbesteuer

2. Veranschlagung:
Die Vorauszahlungen für die Gewerbesteuer entstehen nach § 21 GewStG erst mit Beginn des Kalendervierteljahres, in dem die Vorauszahlungen zu entrichten sind. Der Anspruch ist demnach im Haushaltsjahr 2020 mit dem Versand des Steuerbescheides noch nicht entstanden, so dass auch keine Veranschlagung erfolgt.

Ergebnishaushalt 2025 – Fall 1 (modifiziertes Muster 6)	**Konto** (nur nachrichtlich)	**Ansatz des Kontos** (nur nachrichtlich) **-Euro-**	**Ansatz des Haushaltsjahres** **-Euro-**
Gewerbesteuer	3013	9.600	
1. Steuern und ähnliche Abgaben			9.600

Ergebnishaushalt 2026 – Fall 1 (modifiziertes Muster 6)	**Konto** (nur nachrichtlich)	**Ansatz des Kontos** (nur nachrichtlich) **-Euro-**	**Ansatz des Haushaltsjahres** **-Euro-**
Gewerbesteuer	3013	-700	
1. Steuern und ähnliche Abgaben			-700

Der geplante Ansatz ist nach **§ 29 I i. V. m. III KomHKVO** entsprechend um 700 € zu verringern. Die **Rückzahlung zuviel eingegangener Erträge und Einzahlungen** wird bei der Buchungsstelle (3013) abgesetzt. Dieses Vorgehen stellt eine **Ausnahme zum Bruttoprinzip nach § 10 I KomHKVO** dar, die jedoch aufgrund der Formulierung »soweit in dieser Verordnung nichts anderes bestimmt ist« ausdrücklich zugelassen ist. Die Rückzahlung bezieht sich hier auf einen Vorgang aus einem Vorjahr und ist dort auch wirtschaftlich verursacht. Für 2026 ist sie als periodenfremd anzusehen. Sie wird gleichwohl nicht im außerordentlichen Ergebnis veranschlagt. Es bleibt selbstverständlich nicht bei dem negativen Ansatz. Hinzuzurechnen sind noch die Steuerfälle anderer Gewerbetreibender.

Finanzhaushalt 2025 – Fall 1 (modifiziertes Muster 7)	**Konto** (nur nachrichtlich)	**Ansatz des Kontos** (nur nachrichtlich) **-Euro-**	**Ansatz des Haushaltsjahres** **-Euro-**
Gewerbesteuer	6013	9.600	
1. Steuern und ähnliche Abgaben			9.600

Finanzhaushalt 2026 – Fall 1 (modifiziertes Muster 7)	**Konto** (nur nachrichtlich)	**Ansatz des Kontos** (nur nachrichtlich) **-Euro-**	**Ansatz des Haushaltsjahres** **-Euro-**
Gewerbesteuer	6013	-700	
1. Steuern und ähnliche Abgaben			-700

Der geplante Ansatz ist nach der gleichen Begründung wie im Ergebnisbereich entsprechend um 700 € zu verringern. Hinzuzurechnen sind noch die Steuerfälle anderer Gewerbetreibender.

Ergebnishaushalt 2026 – Fall 2 (modifiziertes Muster 6)	**Konto** (nur nachrichtlich)	**Ansatz des Kontos** (nur nachrichtlich) **-Euro-**	**Ansatz des Haushaltsjahres** **-Euro-**
Gewerbesteuer	3013	400	
1. Steuern und ähnliche Abgaben			400

Der geplante Ansatz ist entsprechend um 400 € zu erhöhen. Hinzuzurechnen sind noch die Steuerfälle anderer Gewerbetreibender.

Finanzhaushalt 2026 – Fall 2 (modifiziertes Muster 7)	**Konto** (nur nachrichtlich)	**Ansatz des Kontos** (nur nachrichtlich) **-Euro-**	**Ansatz des Haushaltsjahres** **-Euro-**
Gewerbesteuer	6013	400	
1. Steuern und ähnliche Abgaben			400

Der geplante Ansatz ist entsprechend um 400 € zu erhöhen. Hinzuzurechnen sind noch die Steuerfälle anderer Gewerbetreibender.

3. Buchung:
Versand des Bescheides in 2024: Nach der o. g. Begründung (s. Veranschlagung) ist noch keine Forderung der Kommune auf die Vorauszahlung der Gewerbesteuer entstanden. Diese und der Ertrag entstehen erst in 2025, wobei die Fälligkeit jedoch anteilig zum jeweiligen Fälligkeitszeitpunkt erfolgt.

1. Buchung der Forderung zu den jeweiligen Fälligkeitsterminen (hier nur für den 15.02., die Buchungen für die Fälligkeitstermine 15.05., 15.08. und 15.11.2025 erfolgen analog.)
2. Zahlung durch den Steuerpflichtigen zu den Fälligkeitsterminen (hier nur für den 15.02, die Buchungen für die drei weiteren Fälligkeitstermine erfolgen analog.)

Bestands- und Ergebniskonten						**Finanzkonten**			
Nr.	**Buchungssatz**	**Konto**	**Soll**	**Konto**	**Haben**	**Konto**	**Soll**	**Konto**	**Haben**
1.	Forderungen an Gewerbesteuer	1591	2.400	3013	2.400				
2.	Bank an Forderungen	1711	2.400	1591	2.400	6013	2.400		

Bescheid zur endgültigen Gewerbesteuerfestsetzung:
Fall 1:
1. Unter Berücksichtigung der Vorauszahlungen hat am 18.11.2026 eine **Erstattung an den Steuerpflichtigen** zu erfolgen.

Bestands- und Ergebniskonten						Finanzkonten			
Nr.	**Buchungssatz**	**Konto**	**Soll**	**Konto**	**Haben**	**Konto**	**Soll**	**Konto**	**Haben**
1.	Gewerbesteuer an Forderungen	3013	700	1591	700				

Auch hier erfolgt, wie bereits in der Veranschlagung erläutert, eine Absetzung als Ausnahme zum Bruttoprinzip (für die Ausführungsphase nach § 44 II, § 52 I 2 KomHKVO). Die Rückzahlung ist nicht auf einem separaten Aufwandskonto, sondern nach § 29 I KomHKVO auf der Sollseite des (ursprünglichen) Ertragskontos zu buchen, wodurch der Ertrag insgesamt sinkt. Das Debitorenkonto des Steuerpflichtigen wird im Haben angesprochen, wodurch die Forderung gemindert wird und die Kommune quasi die Verbindlichkeit zur Rückzahlung dokumentiert.

Fall 2:
1. Unter Berücksichtigung der Vorauszahlungen wird am 18.11.2026 eine **Nachzahlungspflicht des Steuerpflichtigen** eingebucht.

Bestands- und Ergebniskonten						Finanzkonten			
Nr.	**Buchungssatz**	**Konto**	**Soll**	**Konto**	**Haben**	**Konto**	**Soll**	**Konto**	**Haben**
1.	Forderungen an Gewerbesteuer	1591	400	3013	400				

Zahlung durch die Kommune bzw. den Gewerbetreibenden:
Fall 1:

Bestands- und Ergebniskonten						Finanzkonten			
Nr.	**Buchungssatz**	**Konto**	**Soll**	**Konto**	**Haben**	**Konto**	**Soll**	**Konto**	**Haben**
1.	Forderungen an Bank	1591	700	1711	700			6013	700

Durch die Sollbuchung auf dem Debitorenkonto wird die o. g. Verpflichtung zur Rückzahlung wieder ausgebucht. Durch die Habenbuchung auf dem Einzahlungskonto (auch hier gilt § 29 I KomHKVO »wird … abgesetzt«) wird gleichzeitig die Minderung der liquiden Mittel dokumentiert.

Fall 2:

Bestands- und Ergebniskonten						Finanzkonten			
Nr.	**Buchungssatz**	**Konto**	**Soll**	**Konto**	**Haben**	**Konto**	**Soll**	**Konto**	**Haben**
1.	Bank an Forderungen	1711	400	1591	400	6013	400		

Auf einen Blick: Steuern
Steuern lassen sich in Sach- und Ertragssteuern einteilen. Grundlage ist ein Steuerbescheid der Kommune, der häufig unbefristet für die Zukunft gilt. Die Forderung und der Ertrag werden bei unbefristeten Bescheiden zum Jahresbeginn gebucht, die Zahlungspflicht entsteht jedoch erst zu den im Bescheid angegebenen Fälligkeitsterminen.

3.4.2 Gebühren

Die §§ 4 und 5 NKAG sind zu beachten, wenn eine Kommune Verwaltungs- bzw. Benutzungsgebühren erhebt.

§ 4
(1) Die Kommunen erheben im eigenen Wirkungskreis Verwaltungsgebühren als Gegenleistung für Amtshandlungen und sonstige Verwaltungstätigkeiten, wenn die Beteiligten hierzu Anlass gegeben haben.
(2) …
(3) Von der Erhebung einer Gebühr kann ganz oder teilweise abgesehen werden, wenn daran ein öffentliches Interesse besteht.

BUCHFÜHRUNG UND BILANZIERUNG

§ 5

(1) Die Kommunen erheben als Gegenleistung für die Inanspruchnahme öffentlicher Einrichtungen Benutzungsgebühren, soweit nicht ein privatrechtliches Entgelt gefordert wird. Das Gebührenaufkommen soll die Kosten der jeweiligen Einrichtungen dek-ken, jedoch nicht übersteigen. Die Kommunen können niedrigere Gebühren erheben oder von Gebühren absehen, soweit daran ein öffentliches Interesse besteht.

...

(5) Auf Gebühren können anteilig für einzelne Abschnitte des Abrechnungszeitraums Abschlagzahlungen verlangt werden. Diese sind entsprechend der Inanspruchnahme der Einrichtung im letzten oder vorletzten Abrechnungszeitraum, hilfsweise nach der Inanspruchnahme der Einrichtung in vergleichbaren Fällen, zu bemessen. Die Satzung kann für wiederkehrende Gebühren für grundstücksbezogene Einrichtungen bestimmen, dass die Gebühr zu den Fälligkeitszeitpunkten der Grundsteuer zu entrichten ist.

(6) Gebührenpflichtiger ist, wer die mit der öffentlichen Einrichtung gebotene Leistung in Anspruch nimmt. Die Satzung kann bei Gebühren für grundstücksbezogene Einrichtungen auch die Eigentümer oder sonst dinglich Nutzungsberechtigten von Grundstücken zu Gebührenpflichtigen bestimmen.

Gebühren werden für eine **konkrete Gegenleistung** erhoben. Man unterscheidet zwischen Verwaltungsgebühren (§ 4 NKAG) als Gegenleistung für die Inanspruchnahme einer Amtshandlung (z. B. für den Erlass eines Verwaltungsakts oder die Ausstellung eines Reisepasses) und Benutzungsgebühren (§ 5 NKAG) als Gegenleistung für die Möglichkeit der Nutzung öffentlicher Einrichtungen (z. B. Abwassergebühr, Müllgebühr). **Eintrittsgelder**, z. B. für ein kommunales Schwimmbad, sind demgegenüber in der Regel **privatrechtliche Entgelte**. Gebühren werden bei Versand des Gebührenbescheides als Forderung oder bei Barabwicklungen als Einzahlung unmittelbar ertragswirksam erfasst. Wenn ein Gebührenbescheid für einen längeren Zeitraum ausgestellt wird, so gelten die bei den Steuern dargestellten Regeln analog.

Beispiel 1:

Das Bürgerbüro plant eine Verwaltungsgebühr für die Ausstellung eines neuen Reisepasses in Höhe von 52 € ein.

1. Ermitteln Sie die erforderlichen Konten.
2. Veranschlagen Sie den Finanzvorfall in den Haushalten.
3. Bilden Sie die entsprechenden Buchungssätze, wenn der Bürger sofort bar bezahlt.

Lösung:

1. Erforderliche Konten:

1731 Kassenbestand
3311 Verwaltungsgebühren
6311 Verwaltungsgebühren

2. Veranschlagung:

Ergebnishaushalt (modifiziertes Muster 6)	**Konto** (nur nachrichtlich)	**Ansatz des Kontos** (nur nachrichtlich) **-Euro-**	**Ansatz des Haushaltsjahres** **-Euro-**
Verwaltungsgebühren	3311	52	
5. Öffentlich-rechtliche Entgelte			52

Finanzhaushalt (modifiziertes Muster 7)	**Konto** (nur nachrichtlich)	**Ansatz des Kontos** (nur nachrichtlich) **-Euro-**	**Ansatz des Haushaltsjahres** **-Euro-**
Verwaltungsgebühren	6311	52	
4. Öffentlich-rechtliche Entgelte			52

3. Buchung:
1. Buchung bei Einzahlung der Gebühr

Bestands- und Ergebniskonten						Finanzkonten			
Nr.	**Buchungssatz**	**Konto**	**Soll**	**Konto**	**Haben**	**Konto**	**Soll**	**Konto**	**Haben**
1.	Kassenbestand an Verwaltungsgebühren	1731	52	3311	52	6311	52		

Beispiel 2:

Eine Kommune plant den Versand eines Abwasserbescheides. Bürgerin M muss vierteljährig jeweils zum 15.02., 15.05., 15.08. und 15.11. eines Haushaltsjahres 100 € entrichten.

1. Ermitteln Sie die erforderlichen Konten.
2. Veranschlagen Sie den Finanzvorfall in den Haushalten.
3. Bilden Sie die entsprechenden Buchungssätze, wenn der Finanzvorfall wie folgt umgesetzt wird: Trotz Fälligkeit (z. B. am 16.02.) ist noch kein Geldeingang zu verzeichnen.

Lösung:

1. Erforderliche Konten:

1711 Sichteinlagen bei Banken und Kreditinstituten
3321 Benutzungsgebühren u. ä. Entgelte
6321 Benutzungsgebühren u. ä. Entgelte

2. Veranschlagung:

Ergebnishaushalt (modifiziertes Muster 6)	**Konto** (nur nachrichtlich)	**Ansatz des Kontos** (nur nachrichtlich) **-Euro-**	**Ansatz des Haushaltsjahres** **-Euro-**
Benutzungsgebühren u. ä. Entgelte	3321	400	
5. Öffentlich-rechtliche Entgelte			400

Finanzhaushalt (modifiziertes Muster 7)	**Konto** (nur nachrichtlich)	**Ansatz des Kontos** (nur nachrichtlich) **-Euro-**	**Ansatz des Haushaltsjahres** **-Euro-**
Benutzungsgebühren u. ä. Entgelte	6321	400	
4. Öffentlich-rechtliche Entgelte			400

3. Buchung:
Entstehen der Forderung (nur für die Fälligkeit am 15.02.)

Bestands- und Ergebniskonten						Finanzkonten			
Nr.	**Buchungssatz**	**Konto**	**Soll**	**Konto**	**Haben**	**Konto**	**Soll**	**Konto**	**Haben**
1.	Forderungen an Benutzungsgebühren	1511	100	3321	100				

Sollte die Bürgerin eine bestimmte Zeit, z. B. 2 Wochen, nach Fälligkeit noch nicht gezahlt haben, versendet die Kommune in der Regel ein Erinnerungsschreiben (Mahnung). Dies hat jedoch, sofern keine Mahngebühren erhoben werden, keine buchungstechnischen Folgen.

Auf einen Blick: Gebühren
Gebühren werden von Kommunen erhoben, wenn die Zahlungspflichtigen eine Gegenleistung erhalten. Buchungstechnisch gelten bei unbefristeten Gebürenbescheiden dieselben Regeln wie bei den Steuern.

3.4.3 Beiträge

§ 6 NKAG bildet die Grundlage für die Erhebung von Beiträgen in Niedersachsen. **§ 44 V KomHKVO** gilt nicht nur für Zuwendungen, sondern auch für Beiträge:

§ 6 NKAG

(1) [1]Die Kommunen können zur Deckung ihres Aufwandes für die Herstellung, Anschaffung, Erweiterung, Verbesserung und Erneuerung ihrer öffentlichen Einrichtungen Beiträge von den Grundstückseigentümern erheben, denen die Möglichkeit der Inanspruchnahme dieser öffentlichen Einrichtungen besondere wirtschaftliche Vorteile bietet, soweit nicht privatrechtliche Entgelte erhoben werden. [2]Zum Aufwand rechnen auch die Kosten, die einem Dritten, dessen sich die Kommune bedient, entstehen, soweit sie dem Dritten von der Kommune geschuldet werden.

...

(2) Beiträge können auch für den Grunderwerb, die Freilegung und für nutzbare Teile einer Einrichtung erhoben werden (Aufwandspaltung).

(6) Die Beitragspflicht entsteht mit der Beendigung der beitragsfähigen Maßnahme, in den Fällen des Absatzes 2 mit der Beendigung der Teilmaßnahme...

(7) Auf die künftige Beitragsschuld können angemessene Vorausleistungen verlangt werden, sobald mit der Durchführung der Maßnahme begonnen worden ist....

§ 44 KomHKVO

(5) [1]Empfangene Investitionszuwendungen für abnutzbare Vermögensgegenstände werden als Sonderposten nachgewiesen; diese Sonderposten werden entsprechend der Nutzungsdauer des Vermögensgegenstandes aufgelöst. [2]Empfangene Investitionszuwendungen für nicht abnutzbare Vermögensgegenstände werden auf der Passivseite in einer Rücklage nachgewiesen; liegt eine Zweckbindung nicht vor, so werden sie direkt beim Reinvermögen nachgewiesen. [3]Die nach Satz 2 Halbsatz 1 nachgewiesene Rücklage ist durch Umwandlung in Basisreinvermögen aufzulösen, wenn die Zweckbindung entfällt. [4]Für Beiträge und beitragsähnliche Entgelte für Investitionen gelten die Sätze 1 bis 3 entsprechend ... [6]Investitionszuwendungen nach Satz 2 können als außerordentlicher Ertrag ausgewiesen werden, wenn sonst ein Abbau von Fehlbeträgen trotz Ausschöpfung aller Ertrags- und Sparmöglichkeiten nicht möglich ist.

Beiträge (§ 6 NKAG) werden erhoben, um die Ausgaben der Kommune für bestimmte **Investitionen** zu finanzieren (z. B. Erschließungsbeiträge nach § 128 ff. BauGB für Anliegerstraßen, Ausbau-, Anschlussbeiträge für die Kanalisation). Sie stellen eine Gegenleistung dar, die dem Ersatz des Aufwands für die Herstellung, Anschaffung und Erweiterung öffentlicher Einrichtungen und Anlagen dient. Zahlungspflichtig sind die Bürger, die einen **Nutzen** (wirtschaftliche Vorteile) von der durch die Investition geschaffenen Einrichtung bzw. dem erstellten Anlagegegenstand haben (§ 6 I 1 NKAG). Auch wenn diese Bürger die von der Kommune erstellte Anlage nicht nutzen, sind sie beitragspflichtig.

Der Anlagegegenstand wird aktiviert und über die betriebsgewöhnliche Nutzungsdauer abgeschrieben. Beiträge stellen damit einen Unterfall von empfangenen Investitionszuschüssen für abnutzbare Vermögensgegenstände dar, so dass § 44 V 1 KomHKVO einschlägig ist.

Danach werden bei Versand des Beitragsbescheids eine Forderung und gleichzeitig auf der Passivseite ein so genannter »**Sonderposten** aus Beiträgen und ähnlichen Entgelten« (212) eingebucht. Der Sonderposten (Sopo) ist erforderlich, da die Beiträge nicht in dem aktuellen Haushaltsjahr sofort als Ertrag verbucht werden dürfen, sondern anteilig in den folgenden Haushaltsjahren entsprechend der Nutzungsdauer des damit finanzierten Vermögensgegenstandes ertragswirksam aufzulösen sind. Die jährliche Ergebnisrechnung wird dann nur noch durch den entsprechend der Nutzungsdauer periodisierten Eigenanteil der Kommune belastet. Dieser stellt die Differenz zwischen dem Ertrag aus der Auflösung des Sonderpostens und dem Aufwand aus der Abschreibung dar.

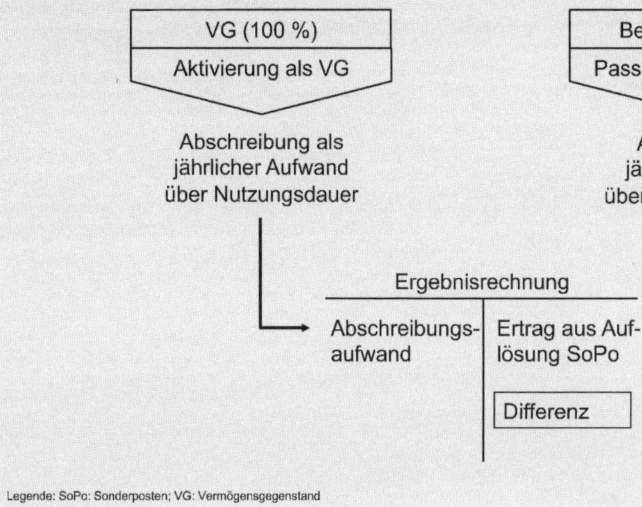

Abbildung 56: Beiträge

Wenn der durch Beiträge finanzierte Vermögensgegenstand nicht abnutzbar ist (z. B. ein Grundstück), werden die Beiträge nach § 44 V 2, 3 KomHKVO bei einer Zweckbindung in eine Rücklage eingebucht. Entfällt die Zweckbindung, erfolgt eine Umbuchung in Basisreinvermögen. Liegt von Anfang an keine Zweckbindung vor, erfolgt der Ausweis direkt beim Reinvermögen.

Beispiel:

Eine Kommune plant Erschließungsbeiträge für die Anliegerstraße im neuen Baugebiet von den Grundstückseigentümern zu erheben. Die Investitionssumme für den Bau der Straße beträgt 250.000 €. 80 % tragen die Anwohner, den Rest die Kommune. Die Abschreibung erfolgt linear über 50 Jahre.

1. Ermitteln Sie die erforderlichen Konten.
2. Veranschlagen Sie den Finanzvorfall in den Haushalten.
3. Bilden Sie die entsprechenden Buchungssätze, wenn der Finanzvorfall wie folgt umgesetzt wird: Erhalt dreier Rechnungen von dem Tiefbauunternehmen entsprechend des Baufortschrittes (Zwei à 100.000 € und eine à 50.000 €). Die Rechnungen werden von der Kommune jeweils wenige Tage nach Rechnungseingang beglichen. Die Beiträge werden vollständig eingezahlt.

Lösung:

1. Erforderliche Konten:

0351	Straßen, Wege, Plätze, Verkehrslenkungsanlagen
0961	Anlagen im Bau
1511	Öffentlich-rechtliche Forderungen aus Dienstleistungen
1711	Sichteinlagen bei Banken und Kreditinstituten
2121	Sonderposten aus Beiträgen u. ä. Entgelten
2162	Sonderposten ohne Einzahlung aus Beiträgen u. ä. Entgelten
2511	Verbindlichkeiten aus Lieferungen und Leistungen
3371	Erträge aus der Auflösung von Sonderposten für Beiträge u. ä. Entgelte
47114	Abschreibungen auf das Infrastrukturvermögen
6891	Beiträge u. ä. Entgelte
7872	Auszahlungen für Tiefbaumaßnahmen

2. Veranschlagung:

Ergebnishaushalt (modifiziertes Muster 6)	**Konto** (nur nachrichtlich)	**Ansatz des Kontos** (nur nachrichtlich) **-Euro-**	**Ansatz des Haushaltsjahres** **-Euro-**
Erträge aus der Auflösung von Sonderposten für Beiträge u. ä. Entgelte	3371	4.000	
3. Auflösungserträge aus Sonderposten			4.000
Abschreibungen auf das Infrastrukturvermögen	47114	5.000	
16. Abschreibungen			5.000

Finanzhaushalt (modifiziertes Muster 7)	**Konto** (nur nachrichtlich)	**Ansatz des Kontos** (nur nachrichtlich) **-Euro-**	**Ansatz des Haushaltsjahres** **-Euro-**
Beiträge u. ä. Entgelte	6891	200.000	
19. Beiträge u. ä. Entgelte für Investitionstätigkeit			200.000
Auszahlungen für Tiefbaumaßnahmen	7872	250.000	
25. Baumaßnahmen			250.000

3. Buchung:

1.,3.,5. Bauphase Rechnungseingang
2.,4.,6. Bauphase Rechnungsausgleich
7. Fertigstellung der Straße
8. Versand der Bescheide an die Beitragspflichtigen mit sofortiger Fälligkeit
9. Zahlungseingang der Beitragspflichtigen
10. Umbuchung des Sonderpostens
11. Jährliche Abschreibung für ein vollständiges Haushaltsjahr
12. Jährliche Auflösung des Sonderpostens für ein vollständiges Haushaltsjahr

Bestands- und Ergebniskonten						**Finanzkonten**			
Nr.	**Buchungssatz**	**Konto**	**Soll**	**Konto**	**Haben**	**Konto**	**Soll**	**Konto**	**Haben**
1.	Anlagen im Bau an Verb. LL	0961	100.000	2511	100.000				
2.	Verb. LL an Bank	2511	100.000	1711	100.000			7872	100.000
3.	Anlagen im Bau an Verb. LL	0961	100.000	2511	100.000				
4.	Verb. LL an Bank	2511	100.000	1711	100.000			7872	100.000
5.	Anlagen im Bau an Verb. LL	0961	50.000	2511	50.000				
6.	Verb. LL an Bank	2511	50.000	1711	50.000			7872	100.000
7.	Straßen an Anlagen im Bau	0351	250.000	0961	250.000				
8.	Forderungen an Sonderposten ohne Einzahlung	1511	200.000	2162	200.000				
9.	Bank an Forderungen	1711	200.000	1511	200.000	6891	200.000		
10.	Sonderposten ohne Einzahlung an Sonderposten aus Beiträgen	2162	200.000	2121	200.000				
11.	Abschreibungen an Straßen	47114	5.000	0351	5.000				
12.	Sonderposten aus Beiträgen an Erträge Auflösung Sonderposten für Beiträge	2121	4.000	3371	4.000				

ⓘ **Auf einen Blick: Beiträge**

Beiträge werden von Kommunen erhoben, um investive Maßnahmen durchführen zu können, die nur einem bestimmen Kreis von Bürgern Nutzen stiften. Für die Zahlungspflicht reicht die Möglichkeit der Inanspruchnahme durch die Bürger.

3.5 ZAHLUNGS- UND KREDITBEREICH

Klassische bare und unbare Zahlungsvorgänge wurden bereits in den vorhergehenden Kapiteln besprochen. Hier wird deshalb auf die Besonderheiten eingegangen, die beim Zahlungs- und Kreditbereich anfallen können. Dies betrifft Zahlungen unter Abzug von Skonto, Anzahlungen und Kredite.

3.5.1 Grundlagen

Die häufigste Zahlungsform im kommunalen Bereich sind unbare Zahlungen, d. h. eine Kommune erhält eine Rechnung und begleicht diese durch Banküberweisung oder versendet eine Rechnung bzw. einen Bescheid und der Zahlungspflichtige begleicht seine Schuld durch Banküberweisung. Im ersten Fall entstehen Verbindlichkeiten aus Lieferungen und Leistungen, im zweiten Fall öffentlich- oder privatrechtliche Forderungen. Diese Standardfälle wurden in den vorhergehenden Kapiteln bereits mehrfach angewendet und werden deshalb an dieser Stelle nicht noch einmal vorgestellt.

In der Regel wird den Zahlungspflichtigen ein Zahlungsziel eingeräumt, d. h. der Zahlungspflichtige hat bis zu dem in der Rechnung bzw. dem Bescheid angegebenen Termin Zeit, den Betrag zu begleichen. Ist zum Zeitpunkt des Zahlungsziels kein Geldeingang erfolgt, wird in der Regel nach einigen Tagen ein Erinnerungsschreiben bzw. eine **Mahnung** versendet. Für die Mitarbeiter in der Buchhaltung ist hierfür relevant, dass die offenen Posten in regelmäßigen Abständen, z. B. wöchentlich, überprüft und bei Bedarf die entsprechenden Maßnahmen ergriffen werden. Konkrete Buchungen werden durch den Versand einer Mahnung nur durchgeführt, wenn Säumniszuschläge verlangt werden. Diese sind zusätzlich als Forderung und Ertrag auf den entsprechenden Konten zu erfassen.

Sofern ein Lieferant der Kommune **Skonto** einräumt, darf die Kommune von dem insgesamt zu entrichtenden Betrag einen bestimmten Prozentsatz abziehen, wenn sie die Schuld innerhalb der gewährten Skontofrist begleicht. Die buchungstechnische Abwicklung wurde bereits behandelt. Zu klären ist hier lediglich noch, ob sich das Ausnutzen der Skontofrist lohnt. Dies ist immer dann der Fall, wenn zum Bezahlen innerhalb der Skontofrist ein Kredit aufgenommen werden muss und der Aufwand für die Aufnahme eines Kredits niedriger ist als der durch das Skonto eingesparte Betrag bzw. die entsprechenden Zinsen für ein Guthaben niedriger sind als der durch das Skonto eingesparte Betrag. Am einfachsten ist es, den Zinssatz zu berechnen, bei dem der Aufwand für den Kredit bzw. der Ertrag für ein Guthaben und das Skonto gleich hoch sind. Dazu wird folgende Formel eingesetzt:

$$\text{Jahresprozentsatz} = \frac{\textit{Skontosatz (\%)}}{\textit{Zahlungsziel (in Tagen) – Skontofrist (in Tagen)}} \cdot \textit{360 (Tage)}$$

Sofern für die Ausnutzung der Skontofrist das laufende Konto überzogen werden muss, ist der Zinssatz dieses Überziehungskredits die ausschlaggebende Vergleichsgröße. Solange der von der Bank festgelegte Zinssatz niedriger ist als der durch obige Formel ermittelte Jahresprozentsatz, lohnt sich die Überziehung des Kontos. Wenn ein Guthaben vorhanden ist, muss der Guthabenzins mindestens so hoch sein, wie der durch die Formel errechnete Jahresprozentsatz. Grundsätzlich ist aber davon auszugehen, dass eine frühe Bezahlung einer Verbindlichkeit mit der Möglichkeit eines Skontoabzugs wirtschaftlich sinnvoll ist.

Beispiel:

Ein Lieferant räumt einer Kommune ein Zahlungsziel von 30 Tagen ein. Zusätzlich gewährt er Fall 1: 1 %, Fall 2: 2 % und Fall 3: 3 % Skonto, wenn die Kommune innerhalb von 10 Tagen die Verbindlichkeit begleicht.
Berechnung des Jahresprozentsatzes:

Fall 1: $\frac{1\,\%}{30-10} \cdot 360 = 18\,\%$; Fall 2: $\frac{2\,\%}{30-10} \cdot 360 = 36\,\%$; Fall 3: $\frac{3\,\%}{30-10} \cdot 360 = 54\,\%$

Wenn demzufolge einer Kommune lediglich 1 % Skonto eingeräumt wird, darf bei obigen Bedingungen die Guthabenverzinsung höchstens 18 % betragen bzw. ein Kredit darf einen Zinssatz von bis zu 18 % aufweisen, damit es sich lohnt, innerhalb der Skontofrist den Rechnungsbetrag unter Abzug des Skontos zu begleichen.

Auf einen Blick: Skonto
In der Regel lohnt es sich für eine Kommune Eingangsrechnungen unter Abzug von Skonto zu begleichen, da die Einsparungen dadurch meist deutlich höher sind als ein möglicher Zinsaufwand, selbst bei einem relativ teuren Überziehungskredit.

3.5.2 Anzahlungen und Abschlagzahlungen

Bei der Bestellung bestimmter Vorräte, bei Sonderanfertigungen von Anlagegütern oder bei Baumaßnahmen mit langen Fertigungszeiten, z. B. Feuerwehrfahrzeugen oder Schulgebäuden, kann es vorkommen, dass der Lieferant eine Anzahlung verlangt, bevor er bereit ist, mit dem Auftrag zu beginnen. Die Anzahlung wird auf dem entsprechenden Aktivkonto »**Geleistete Anzahlungen auf Vorräte**« (0871) bzw. **»Geleistete Anzahlungen auf Sachanlagen«** (0911) gebucht und spätestens bei der Aktivierung des Vermögensgegenstands wieder ausgebucht. Bei Baumaßnahmen kann es darüber hinaus vorkommen, dass je nach Baufortschritt Abschlagszahlungen zu leisten sind. Diese sind auf das Konto »**Anlagen im Bau**« (0961) zu buchen. Erst bei der Fertigstellung des Bauvorhabens erfolgt die Umbuchung auf das entsprechende Bestandskonto, da erst zu diesem Zeitpunkt die Abschreibung beginnt.

Beispiel:

Eine Kommune plant den Bau eines Abwasserkanals. Vor Beginn der Baumaßnahme wird mit einer ersten Abschlagszahlung in Höhe von 50.000 € im März des Haushaltsjahres und einer Abschlagszahlung in Höhe von 100.000 € im August gerechnet. Das Bauprojekt wird voraussichtlich im November fertig gestellt sein und genutzt werden können. Das gesamte Volumen wird laut Ausschreibung 300.000 € betragen.

1. Ermitteln Sie die erforderlichen Konten.
2. Veranschlagen Sie den Finanzvorfall in den Haushalten.
3. Bilden Sie alle erforderlichen Buchungssätze für das komplette Haushaltsjahr, wenn der Finanzvorfall wie geplant umgesetzt wird (ohne Eröffnungs- und Abschlussbuchungen).

Lösung:

1. Erforderliche Konten:

0342	Gebäude und Aufbauten für Entwässerungs- und Abwasserbeseitigungsanlagen
0961	Anlagen im Bau
1711	Sichteinlagen bei Banken und Kreditinstituten
2511	Verbindlichkeiten aus Lieferungen und Leistungen
47114	Abschreibungen auf das Infrastrukturvermögen
7872	Auszahlungen für Tiefbaumaßnahmen

2. Veranschlagung:

Ergebnishaushalt (modifiziertes Muster 6)	**Konto** (nur nachrichtlich)	**Ansatz des Kontos** (nur nachrichtlich) **-Euro-**	**Ansatz des Haushaltsjahres** **-Euro-**
Abschreibungen auf Infrastrukturvermögen	47114	666,67	
16. Abschreibungen			666,67

Finanzhaushalt (modifiziertes Muster 7)	**Konto** (nur nachrichtlich)	**Ansatz des Kontos** (nur nachrichtlich) **-Euro-**	**Ansatz des Haushaltsjahres** **-Euro-**
Auszahlungen für Tiefbaumaßnahmen	7872	300.000	
25. Baumaßnahmen			300.000

3. Buchung:
1. Eingang der ersten Abschlagsrechnung
2. Rechnungsausgleich
3. Eingang der zweiten Abschlagsrechnung
4. Rechnungsausgleich
5. Eingang der Endabrechnung
6. Rechnungsausgleich
7. Abschreibung

Bestands- und Ergebniskonten						**Finanzkonten**			
Nr.	**Buchungssatz**	**Konto**	**Soll**	**Konto**	**Haben**	**Konto**	**Soll**	**Konto**	**Haben**
1.	Anlagen im Bau an Verb. LL	0961	50.000,00	2511	50.000,00				
2.	Verb. LL an Bank	2511	50.000,00	1711	50.000,00			7872	50.000,00
3.	Anlagen im Bau an Verb. LL	0961	100.000,00	2511	100.000,00				
4.	Verb. LL an Bank	2511	100.000,00	1711	100.000,00			7872	100.000,00
5.	Gebäude an Verb LL und Anlagen im Bau	0342	300.000,00	2511 0961	150.000,00 150.000,00				
6.	Verb. LL an Bank	2511	150.000,00	1711	150.000,00			7872	150.000,00
7.	Abschreibungen an Gebäude	47114	666,67	0342	666,67				

Die Abschreibung erfolgt laut Tabelle über 75 Jahre. Im aktuellen Haushaltsjahr sind nach § 49 I und III zwei Monate linear abzuschreiben, d. h.

$$\frac{300.000\ € \cdot 2\ \text{Monate}}{75\ \text{Jahre} \cdot 12\ \text{Monate}} = 666{,}67\ €.$$

Zur Deckung ihrer Auszahlungen kann eine Kommune ggf. auch Anzahlungen verlangen. In diesen Fällen wird die erhaltene Anzahlung auf dem Konto **empfangene Anzahlungen** bzw. **erhaltene Anzahlungen auf Sonderposten** bis zur Endabrechnung stehen gelassen und dann entsprechend verrechnet.

Beispiel:

Eine Kommune plant für den Bau eines Abwasserkanals Beiträge zu erheben. Um die Auszahlungen bereits während des Baus decken zu können, sollen an die Grundstückseigentümer im Januar Bescheide in Höhe von insgesamt 200.000 € versendet werden, in denen eine Anzahlung mit sofortiger Fälligkeit gefordert wird. Die gesamte Höhe der Beiträge soll 250.000 € betragen. Die Endbescheide sollen im November des Haushaltsjahres nach der Fertigstellung und der Endabrechnung versendet werden. Die Kommune geht davon aus, dass die Vorauszahlungen vollständig bis Ende Februar eingegangen sind und in dem laufenden Haushaltsjahr noch 80 % der Endforderung eingehen.

1. Ermitteln Sie die erforderlichen Konten.
2. Veranschlagen Sie den Finanzvorfall in den Haushalten.
3. Bilden Sie die erforderlichen Buchungssätze, wenn der Finanzvorfall wie geplant umgesetzt wird (ohne Eröffnungs- und Abschlussbuchungen).

Lösung:

1. Erforderliche Konten:

1511 Öffentlich-rechtliche Forderungen aus Dienstleistungen
1711 Sichteinlagen bei Banken und Kreditinstituten
2121 Sonderposten aus Beiträgen u. ä. Entgelten
2151 Erhaltene Anzahlungen auf Sonderposten
2162 Sonderposten ohne Einzahlung aus Beiträgen und ähnlichen Entgelten
3371 Erträge aus der Auflösung von Sonderposten für Beiträge u. ä. Entgelte
6891 Beiträge u. ä. Entgelte

2. Veranschlagung:

Ergebnishaushalt (modifiziertes Muster 6)	**Konto** (nur nachrichtlich)	**Ansatz des Kontos** (nur nachrichtlich) **-Euro-**	**Ansatz des Haushaltsjahres** **-Euro-**
Erträge aus der Auflösung von Sonderposten für Beiträge u. ä. Entgelte	3371	533,33	
3. Auflösungserträge aus Sonderposten			533,33

Finanzhaushalt (modifiziertes Muster 7)	**Konto** (nur nachrichtlich)	**Ansatz des Kontos** (nur nachrichtlich) **-Euro-**	**Ansatz des Haushaltsjahres** **-Euro-**
Beiträge u. ä. Entgelte	6891	240.000	
19. Beiträge u. ä. Entgelte für Investitionstätigkeit			240.000

3. Buchung:

1. Bescheidversand Januar
2. Geldeingang mit Umbuchung
3. Bescheidversand November
4. Geldeingang mit Umbuchung
5. Auflösung Sonderposten

Bestands- und Ergebniskonten						**Finanzkonten**			
Nr.	**Buchungssatz**	**Konto**	**Soll**	**Konto**	**Haben**	**Konto**	**Soll**	**Konto**	**Haben**
1.	Forderungen an Sonderposten ohne Einzahlung aus Beiträgen	1511	200.000,00	2162	200.000,00				
2. a)	Bank an Forderungen	1711	200.000,00	1511	200.000,00	6891	200.000,00		
2. b)	Sonderposten ohne Einzahlung aus Beiträgen an erhaltene Anzahlungen auf Sonderposten	2162	200.000	2151	200.000				
3.	Forderungen an Sonderposten ohne Einzahlung aus Beiträgen	1511	50.000,00	2162	50.000,00				
4.a	Bank an Forderungen	1711	40.000,00	1511	40.000,00	6891	40.000,00		
4.b	Sonderposten ohne Einzahlung aus Beiträgen und erhaltene Anzahlungen auf Sonderposten an Sonderposten aus Beiträgen	2162 2151	40.000 200.000	2121	240.000				

Bestands- und Ergebniskonten						Finanzkonten			
Nr.	Buchungssatz	Konto	Soll	Konto	Haben	Konto	Soll	Konto	Haben
5.	Sonderposten aus Beiträgen an Erträge aus der Auflösung von Sonderposten	2121	533,33	3371	533,33				

Der Sonderposten aus Beiträgen und ähnlichen Entgelten wird parallel zur Abschreibung des Kanals über 75 Jahre aufgelöst. Im aktuellen Haushaltsjahr sind aufgrund der Fertigstellung im November nur zwei Monate zu berücksichtigen. Zudem sind erst 240.000 € eingegangen und in den Sonderposten eingebucht, so dass vorerst auch nur dieser Betrag die Basis für die Auflösung sein kann.
Aus Vereinfachungsgründen wurden hier die Veranschlagung und Buchung der Abschreibung weggelassen.

$$\text{Auflösungsbetrag} = \frac{240.000\text{ €} \cdot 2\text{ Monate}}{75\text{ Jahre} \cdot 12\text{ Monate}} = 533{,}33\text{ €}.$$

Auf einen Blick: Anzahlungen
Sowohl gezahlte als auch empfangene Anzahlungen sind auf einem speziellen Konto zu erfassen und werden erst bei der Endabrechnung auf das entsprechende Bestandskonto umgebucht.

3.5.3 Kredite

In den **§§ 44 II, 51 II und 60 KomHKVO** finden sich Regelungen für Kredite:

§ 44 Vollständigkeit der Ansätze, Verrechnungs- und Bilanzierungsverbote
(2) Posten der Aktivseite dürfen nicht mit Posten der Passivseite, ...Einzahlungen nicht mit Auszahlungen, ... verrechnet werden.

§ 51 Rechnungsabgrenzungsposten
(2) [1]Ist der Rückzahlungsbetrag einer Verbindlichkeit höher als der Ausgabebetrag, so wird der Unterschiedsbetrag auf der Aktivseite der Bilanz als Rechnungsabgrenzungsposten ausgewiesen. [2]Der Unterschiedsbetrag wird durch planmäßige jährliche Abschreibungen getilgt, die auf die gesamte Laufzeit dieser Verbindlichkeit verteilt werden können.

§ 60 Begriffsbestimmungen
22. Investitionen: die Verwendung von Finanzmitteln für die Veränderung des Bestandes längerfristig dienender Güter des immateriellen Vermögens und des Sach- und Finanzvermögens, wobei geringwertige Vermögensgegenstände unberücksichtigt bleiben.

Im kommunalen Bereich sind grundsätzlich zwei Arten von Krediten zu unterscheiden. Zum einen gibt es Verbindlichkeiten aus **Krediten für Investitionen** (Darlehen). Unter einer Investition ist dabei unter anderem der Kauf von Anlagegütern über einem Betrag von 1.000 € zuzüglich Umsatzsteuer zu verstehen. Zum anderen gibt es bei vorübergehenden Liquiditätsengpässen die Möglichkeit Verbindlichkeiten aus **Krediten zur Liquiditätssicherung** (Liquiditätskredite) aufzunehmen. Beiden ist gemein, dass der Kommune ein Geldbetrag zu einem bestimmten Zeitpunkt zur Verfügung gestellt wird, der wieder zurückgezahlt werden muss und für den der Kreditgeber in der Regel jährlich Zinsen für die Überlassung erhält. Während Darlehen grundsätzlich einen eher langfristigen Charakter haben, sollten Liquiditätskredite theoretisch nach kurzer Zeit wieder zurückgezahlt werden. In der Praxis zeigt sich jedoch, dass viele Kommunen wegen der herrschenden Finanzknappheit einen Teil des Haushalts nur durch Aufnahme von Liquiditätskrediten decken können.

Die Kredite für Investitionen sind im Rahmen der **Bereichsabgrenzung** nach ihrer **Laufzeit** in kurzfristige (bis einschließlich 1 Jahr), mittelfristige (über 1 bis unter 5 Jahre) und langfristige (5 Jahre und mehr) Verbindlichkeiten einzugruppieren. Daneben ist für beide Kredittypen anzugeben, ob der Kredit

in **Euro** oder einer **Fremdwährung** und bei welchem **Kreditgeber** (z. B. Bund, Land, Kreditinstitut) der Kredit aufgenommen wurde. Fremdwährungskredite sind für die Buchführung und die Bilanz zu dem jeweiligen Kurs am Tag der Kreditaufnahme in Euro umzurechnen.
Darüber hinaus werden bei den Darlehen entsprechend der Tilgungsform drei grundlegende Arten unterschieden.

1. Bei einem **Fälligkeitskredit** wird das Darlehen am Ende der vereinbarten Laufzeit in einer Summe zurückgezahlt. Der Zinsaufwand bleibt während der Laufzeit in der Regel gleich.
2. Das **Ratendarlehen** wird in jährlich gleichen Raten zurückgezahlt. Der Zinsaufwand nimmt während der Laufzeit ab.
3. Bei einem **Annuitätendarlehen** ist die jährliche Summe aus Tilgung und Zinsen, die als Annuität bezeichnet wird, stets gleich hoch. Allerdings ist der Tilgungsanteil zu Beginn der Laufzeit relativ gering, während der Zinsanteil noch relativ hoch ist. Durch die periodischen Tilgungen sinkt der Kreditbetrag, was zu sinkenden Zinsaufwendungen führt. Da die Annuität gleich bleibt, steigt in dem Maße, in dem der Zinsanteil sinkt, der Tilgungsanteil.

Kredite werden in der Bilanz nach § 123 IV 6 NKomVG zu ihrem Rückzahlungsbetrag ausgewiesen. Der Auszahlungsbetrag eines Darlehens kann jedoch niedriger sein als der Rückzahlungsbetrag. Die Differenz zwischen den beiden Positionen wird als **Disagio**[37] bezeichnet. Es stellt eine **Zinsvorauszahlung** dar, da bei der Vereinbarung eines Disagios der zu zahlende Zinssatz niedriger ist als ohne Disagio. Es ist als **aktive Rechnungsabgrenzung** in der Bilanz auszuweisen und durch planmäßige lineare jährliche Abschreibungen über die Zinsbindungsfrist bzw. die gesamte Kreditlaufzeit aufzulösen. Durch die Aktivierung des Disagios und die periodengerechte Auflösung wird vermieden, dass das Haushaltsjahr, in dem der Kredit aufgenommen wird, stärker mit Zinsaufwand belastet wird als die Folgejahre. Die Zinsen werden jedoch auf den kompletten Kreditbetrag berechnet und es muss auch der vollständige Kreditbetrag getilgt werden. Analog ist mit Gebühren zu verfahren, die bei der Aufnahme eines Kredits anfallen können.
Wegen des Bruttoprinzips bzw. des Saldierungsverbots ist auf den Finanzkonten der Kredit in voller Höhe als Einzahlung zu erfassen, wobei gleichzeitig eine Auszahlung in Höhe des Disagios eingestellt werden muss (§ 44 II KomHKVO).

Beispiel:

Eine Kommune plant zu Beginn eines Haushaltsjahres (Wertstellung 01.01.) einen Ratenkredit für Investitionen in Höhe von 100.000 € aufzunehmen. Die Laufzeit beträgt 4 Jahre. Die Tilgung erfolgt in vier gleichen Raten jeweils zum Jahresende. Der feste Zinssatz beträgt 4 % p. a. und der Betrag wird jeweils zum Ende des entsprechenden Haushaltsjahres von der Bank dem Bankkonto der Kommune belastet. Es wird ein Disagio in Höhe von 4 % und eine Bearbeitungsgebühr in Höhe von 1 % der Kreditsumme vereinbart, die bei der Auszahlung von der Bank einbehalten werden.

Die Kommune erhält zum Auszahlungszeitpunkt folgende Abrechnung der Bank:

Kreditsumme:	100.000 €
- Disagio (4 %):	4.000 €
- Bearbeitungsgebühr (1 %):	1.000 €
Auszahlungsbetrag:	95.000 €

1. Ermitteln Sie die erforderlichen Konten.
2. Veranschlagen Sie den Finanzvorfall in den Haushalten für das Haushaltsjahr.
3. Bilden Sie die erforderlichen Buchungssätze, wenn der Finanzvorfall wie geplant umgesetzt wird.

[37] Auch Abgeld oder Damnum

Lösung:

1. Erforderliche Konten:

1711	Sichteinlagen bei Banken und Kreditinstituten
1801	Aktive Rechnungsabgrenzung
1811	Disagio
231720	Verbindlichkeiten aus Kreditaufnahmen für Investitionen bei Kreditinstituten, Euro-Währung
4517	Zinsaufwendungen an Kreditinstitute
4591	Kreditbeschaffungskosten
692720	Kreditaufnahmen für Investitionen bei Kreditinstituten, Euro-Währung
7517	Zinsauszahlungen an Kreditinstitute
7591	Kreditbeschaffungskosten
792720	Tilgung von Krediten für Investitionen bei Kreditinstituten, Euro-Währung

2. Veranschlagung:

Ergebnishaushalt (modifiziertes Muster 6)	**Konto** (nur nachrichtlich)	**Ansatz des Kontos** (nur nachrichtlich) **-Euro-**	**Ansatz des Haushaltsjahres** **-Euro-**
Zinsaufwendungen an Kreditinstitute	4517	5.000	
Kreditbeschaffungskosten	4591	250	
17. Zinsen und ähnliche Aufwendungen			5.250

Finanzhaushalt (modifiziertes Muster 7)	**Konto** (nur nachrichtlich)	**Ansatz des Kontos** (nur nachrichtlich) **-Euro-**	**Ansatz des Haushaltsjahres** **-Euro-**
Kreditaufnahmen für Investitionen bei Kreditinstituten, Euro-Währung	692720	100.000	
33. Einzahlungen; Aufnahme von Krediten und inneren Darlehen für Investitionstätigkeit			100.000
Zinsauszahlungen Kreditinstitut	7517	4.000	
Kreditbeschaffungskosten	7591	1.000	
13. Zinsen und ähnliche Auszahlungen			5.000
Tilgung von Krediten für Investitionen bei Kreditinstituten, Euro-Währung	792720	25.000	
34. Auszahlungen aus Finanzierungstätigkeit; Tilgung von Krediten und Rückzahlung von inneren Darlehen für Investitionstätigkeit			
35. Auszahlungen für die Tilgung von Krediten			25.000

3. Buchung:

1. Darlehensaufnahme
2. Abschreibung der aktiven Rechnungsabgrenzung (ARA)
3. Abschreibung des Disagios
4. Zinszahlung
5. Tilgung

Bestands- und Ergebniskonten						**Finanzkonten**			
Nr.	**Buchungssatz**	**Konto**	**Soll**	**Konto**	**Haben**	**Konto**	**Soll**	**Konto**	**Haben**
1.	Bank, Disagio und ARA an Verb. aus Kreditaufnahme	1711 1811 1801	95.000 4.000 1.000	231720	100.000	692720	100.000	7591	5.000
2.	Kreditbeschaffungskosten an ARA	4591	250	1801	250				
3.	Zinsaufwendungen an Disagio	4517	1.000	1811	1.000				
4.	Zinsaufwendungen an Bank	4517	4.000	1711	4.000			7517	4.000
5.	Verb. aus Kreditaufnahme an Bank	231720	25.000	1711	25.000			792720	25.000

Auf einen Blick: Kredite

Wenn bei einem Kredit der Rück- höher als der Auszahlungsbetrag ist, muss die Differenz als Rechnungsabgrenzungsposten aktiviert werden. Dieser wird entweder über die Zinsbindungsdauer oder die Laufzeit des Kredits abgeschrieben.
Im kommunalen Bereich sind Kredite zur Liquiditätssicherung von Investitionskrediten zu unterscheiden. Kredite können in einer Summe am Ende der Laufzeit, in Raten oder im Rahmen von Annuitäten getilgt werden.

3.6 PERSONALBEREICH

Im Personalbereich ist insbesondere zwischen den unterschiedlichen Bestimmungen für Beamte und Tarifbeschäftigte zu trennen. Darüber hinaus unterliegt dieser Bereich ständigen Veränderungen, sodass hier immer darauf zu achten ist, dass die Buchungen auf der Grundlage der jeweils aktuellen Bestimmungen und Prozentsätzen erfolgen.

3.6.1 Grundlagen der Gehaltsabrechnung

Personalaufwendungen setzen sich aus **Bruttogehältern** (Dienstbezüge für Beamte, tarifliche und frei vereinbarte Entgelte für Arbeitnehmer etc.) sowie **Personalnebenkosten**, z. B. Anteil des Arbeitgebers (AG) an den gesetzlichen Sozialversicherungsbeiträgen zur Kranken-, Pflege-, Renten- und Arbeitslosenversicherung, Beitrag des AG zur gesetzlichen Unfallversicherung (Berufsgenossenschaft), Beiträge für eine Zusatzversorgungskasse (Beiträge der Nicht-Beamten für die zusätzliche Rentenkasse des öffentlichen Dienstes, der Versorgungskasse des Bundes und der Länder, VBL) etc. zusammen. **Beamte** sind **nicht sozialversicherungspflichtig**. Sie müssen sich deshalb bei einer privaten Krankenkasse versichern. Im Krankheitsfall übernimmt die private Krankenkasse in der Regel 50 % der Rechnung und den Rest der AG. Der Anteil des AG wird Beihilfe genannt.
Grundlage für den Personalaufwand sind für die **verbeamteten** Mitarbeiter die jeweilige Besoldungsstufe, der Familienzuschlag, die Tarifzulage etc., d. h. die beamtenrechtlichen Vorschriften des BBesG (Bundesbesoldungsgesetz) sowie die länderspezifischen Regelungen des NBesG (Niedersächsisches Besoldungsgesetz) sind zu beachten. Für die **Tarifbeschäftigten** ist der Tarifvertrag für den öffentlichen Dienst und/oder die einzelnen privatrechtlichen Arbeitsverträge zwischen der Kommune bzw. der Organisation und seinen Mitarbeitern relevant. Die Höhe der Bezüge / des Entgeltes und die gesetzlichen Abzüge sind jeweils aus der schriftlichen Gehaltsabrechnung zu entnehmen.
Der AG ist verpflichtet, vom Bruttolohn der Beamten und Arbeitnehmer (AN) verschiedene Beträge einzubehalten. Die Höhe der **Lohnsteuer** ist abhängig von den persönlichen Verhältnissen des einzelnen AN. Die **Kirchensteuer** wird als zusätzlicher Abschlag mit einem bestimmten Prozentsatz aus der Lohnsteuer berechnet. Darüber hinaus müssen alle Steuerpflichtigen noch den Solidaritätszuschlag entrichten, wenn ihre jährliche Lohn- bzw. Einkommensteuer über 18.130 € (Stand 2024) beträgt. Die Lohn- und Kirchensteuer sowie ggf. der Solidaritätszuschlag sind bis zum 10. des Folgemonats an das zuständige Finanzamt zu überweisen. Seit dem 01.01.2006 sind die Sozialversicherungsbeiträge so zu überweisen, dass sie bis zum drittletzten Bankarbeitstag des laufenden Monats bei den entsprechenden Krankenkassen der Beschäftigten eingegangen sind. Da in einigen Fällen zum Zeitpunkt der Überweisung der endgültige Betrag noch nicht feststeht, wird erst die voraussichtliche Beitragsschuld überwiesen und zum Ende des folgenden Monats dann ein etwaiger Restbetrag. Nach Abzug dieser Beträge verbleiben die Nettobezüge, die an die Beamten und AN ausgezahlt werden. Der Teil, den der AG zu tragen hat, wird als Arbeitgeberanteil bezeichnet und ist zusätzlicher Personalaufwand, der vom Bruttogehalt einbehaltene Betrag des AN wird entsprechend als Arbeitnehmeranteil bezeichnet. Grundsätzlich gilt bei Tarifbeschäftigten, dass die gesetzlichen Sozialversicherungsbeiträge **paritätisch** getragen werden, d. h. AN und AG tragen je die Hälfte des Beitrags. Kinderlose AN müssen allerdings alleine einen Zusatzbeitrag (0,6 % seit dem 01.07.23) zur Pflegeversicherung tragen, sofern sie das 23. Lebensjahr vollendet haben. Abschläge beim Pflegeversicherungsbeitrag gelten nur für Kinder unter 25 Jahren und nur für das zweite bis fünfte Kind. Pro Kind können dann 0,25 Prozentpunkte vom allgemeinen Beitragssatz abgezogen werden.

Im Einzelnen werden folgende Positionen vom Bruttoeinkommen des AN einbehalten:

1. Lohnsteuer
2. Solidaritätszuschlag (nur für Arbeitnehmer, die 2024 über 18.130 € Einkommenssteuer entrichten)
3. Kirchensteuer
4. Krankenversicherung
5. Zusatzbeitrag zur Krankenversicherung je nach Krankenkasse (Durchschnitt 2024: 1,7 %)
6. Rentenversicherung
7. Pflegeversicherung
8. Zusatzbeitrag zur Pflegeversicherung für kinderlose Arbeitnehmer nach Vollendung des 23. Lebensjahres in Höhe von 0,6 % des Bruttogehalts
9. Arbeitslosenversicherung

Sofern der Arbeitgeber einen Beitrag zu den vermögenswirksamen Leistungen des Arbeitnehmers (z. B. zu einem Bausparvertrag oder Aktiensparen) erbringt, ist dieser Betrag ein besoldungs- bzw. arbeitsrechtlicher Bestandteil der Bezüge bzw. des Entgelts und erhöht das lohnsteuer- bzw. sozialversicherungspflichtige Bruttoeinkommen.

Vorschüsse sind Darlehen, die AN gewährt und mit späteren Lohn- bzw. Gehaltszahlungen verrechnet werden. Sie werden bei der Auszahlung auf dem Konto 1651 »Durchlaufender Posten« verbucht. Ein Aufwand ist zunächst noch nicht entstanden, da noch keine Leistungserbringung bzw. Ressourcenverbrauch erfolgt ist.

Beispiel:

Ein kinderloser Arbeitnehmer, 25 Jahre und Kirchenmitglied, hat ein Bruttogehalt von 3.000 €. Seine zu zahlende Lohnsteuer beträgt 317,08. Die Sozialversicherungsbeiträge des AN und AG sowie das Nettogehalt stellen sich wie folgt dar:

Abzüge	Beitragssätze Stand 2024	AG in €	AN in €
Arbeitslosenversicherung	2,60 % (AN 1,3 %; AG 1,3 %)	39,00	39,00
Rentenversicherung	18,60 % (AN 9,3 %; AG 9,3 %)	279,00	279,00
Pflegeversicherung	3,4 % (AN 1,7; AG 1,7 %)	51,00	51,00
Zusatzbeitrag zur Pflegeversicherung für kinderlose AN	(ggf. 0,6 % nur für AN)		18
Krankenversicherung	14,60 %	219,00	219,00
Zusatzbeitrag zur Krankenversicherung je nach Krankenkasse	durchschnittlich 1,7 % (AN 0,85 %; AG 0,85 %)	25,50	25,50
Lohnsteuersatz	Ja nach individuellen Voraussetzungen		317,08
Kirchensteuer[38]	9,00 % der Lohnsteuer		28,54
Summe **Steuer**			345,62
Summe **Versicherung**		613,50	631,50
Nettogehalt			2.022,88

Bei der Sozialversicherung sind die beiden Begriffe **Beitragsbemessungsgrenze** und **Versicherungspflichtgrenze** zu unterscheiden. Es werden grundsätzlich nur Beiträge bis zur Beitragsbemessungsgrenze erhoben. Einkommensanteile, die darüber liegen, sind beitragsfrei. Wenn ein AN ein Bruttogehalt erhält, das drei Jahre hintereinander über der Versicherungspflichtgrenze liegt, kann er sich bei einer privaten Krankenkasse versichern lassen. Die Versicherungspflichtgrenze lag 2024 bei 5.775 € pro Monat, die Beitragsbemessungsgrenze für die Kranken- und Pflegeversicherung bei 5.175 €, bei der Renten- und Arbeitslosenversicherung bei 7.550 € pro Monat.

[43] Bei der Kirchensteuer und dem Solidaritätszuschlag wird nicht kaufmännisch gerundet, sondern die Stellen nach den Centbeträgen werden abgeschnitten.

> **Auf einen Blick: Gehaltsabrechnung**
> Neben dem Bruttogehalt muss der Arbeitgeber noch zusätzlichen Aufwand für seine Mitarbeiter tragen. Bei Tarifbeschäftigten ist dies der Arbeitgeberanteil zur Sozialversicherung, bei Beamten Beihilfe- sowie Rückstellungsaufwand für Beihilfe und Pensionen. Die Sozialbeiträge des AN und AG werden bei Tarifbeschäftigten vom AG an die Krankenkasse überwiesen, die allein vom AN zu tragende Lohnsteuer, falls relevant auch den Solidaritätszuschlag und die Kirchensteuer, überweist der AG an das Finanzamt.

3.6.2 Buchung der Entgelte und Gehälter

In der Gehaltsbuchhaltung wird für jeden AN in der Nebenbuchhaltung ein eigenes Konto geführt, in dem monatlich z. B. folgende Daten erfasst werden:
Bezüge, Tarifentgelte, Zulagen, Zuschläge, Bruttoverdienst, Abzüge, Lohnsteuer, Solidaritätszuschlag, Kirchensteuer, Krankenversicherung, Pflegeversicherung, Rentenversicherung, Arbeitslosenversicherung, steuerfreie Zuwendungen, Vorschüsse, Nettoauszahlung.
Bei **Tarifbeschäftigten** werden die **Bruttoentgelte** monatlich auf den Aufwandskonten »Dienstaufwendungen« (4012) gebucht. Die einbehaltenen Abzüge vom Bruttoverdienst **(Arbeitnehmeranteil)** werden auf folgenden Konten als durchlaufender Posten erfasst: »Abzuführende Lohn- und Kirchensteuer« (2722) und die Sozialversicherungsbeiträge auf »Verbindlichkeiten gegenüber Sozialversicherungsträgern« (2723). Der Rest wird als Nettoentgelt auf das Bankkonto des AN überwiesen. Der **Arbeitgeberanteil** zur Sozialversicherung wird als zusätzlicher Aufwand auf dem Konto »Beiträge zur gesetzlichen Sozialversicherung« (4032) mit dem Konto »Verbindlichkeiten gegenüber Sozialversicherungsträgern« (2723) als Gegenkonto gebucht.

Ausgangspunkt für die **Beamtenbezüge** sind die Bruttogehälter. Davon werden Lohnsteuer, Kirchensteuer und ggf. Solidaritätszuschlag abgezogen und das Nettogehalt wird ausgezahlt. An Stelle des Arbeitgeberanteils zur Sozialversicherung muss die Kommune hier ggf. Beihilfen (4041) tragen und Rückstellungen für spätere Pensions- und Beihilfeverpflichtungen bilden (Aufwandskonten 4051 und 4061, Pensionsrückstellungen und ähnliche Verpflichtungen 281-).

Fortführung des Beispiels zur Personalabrechnung (Tarifbeschäftigte):

1. Ermitteln Sie die erforderlichen Konten.
2. Veranschlagen Sie obigen Finanzvorfall (siehe Personalabrechnung) in den Haushalten.
3. Bilden Sie die entsprechenden Buchungssätze, wenn der Finanzvorfall wie geplant umgesetzt wird.

Lösung:

1. Erforderliche Konten:

1711 Sichteinlagen bei Banken und Kreditinstituten
2722 Abzuführende Lohn- und Kirchensteuer
2723 Verbindlichkeiten gegenüber Sozialversicherungsträgern
4012 Arbeitnehmer (Dienstaufwendungen)
4032 Arbeitnehmer (Beiträge zur gesetzlichen Sozialversicherung)
7012 Arbeitnehmer (Dienstauszahlungen)
7032 Arbeitnehmer (Beiträge zur gesetzlichen Sozialversicherung)

2. Veranschlagung:

Ergebnishaushalt (modifiziertes Muster 6)	**Konto** (nur nachrichtlich)	**Ansatz des Kontos** (nur nachrichtlich) **-Euro-**	**Ansatz des Haushaltsjahres** **-Euro-**
Arbeitnehmer (Dienstaufwendungen)	4012	3.000	
Arbeitnehmer (Beiträge zur gesetzlichen Sozialversicherung)	4032	613,50	
13. Personalaufwendungen			3.613,50

(vereinfachte Planung für einen Monat und einen einzelnen Personalfall)

Finanzhaushalt (modifiziertes Muster 7)	**Konto** (nur nachrichtlich)	**Ansatz des Kontos** (nur nachrichtlich) **-Euro-**	**Ansatz des Haushaltsjahres** **-Euro-**
Arbeitnehmer (Dienstauszahlungen)	7012	3.000	
Arbeitnehmer (Beiträge zur gesetzlichen Sozialversicherung)	7032	613,50	
10. Personalauszahlungen			3.613,50

(vereinfachte Planung für einen Monat und einen einzelnen Personalfall)

3. Buchung:

1. Gehaltszahlung
2. Arbeitgeberanteil
3. Überweisung der einbehaltenen Beträge an die Sozialversicherungsträger (Arbeitnehmeranteil: 631,50 €, Arbeitgeberanteil: 613,50 €)
4. Überweisung der einbehaltenen Beträge an das Finanzamt zum 10. des Folgemonats

Bestands- und Ergebniskonten						**Finanzkonten**			
Nr.	**Buchungssatz**	**Konto**	**Soll**	**Konto**	**Haben**	**Konto**	**Soll**	**Konto**	**Haben**
1.	Dienstaufwendungen an Lohn- und Kirchensteuer und Verb. gegenüber Sozialversicherungsträgern und Bank	4012	3.000,00	2722 2723 1711	345,62 631,50 2022,88			7012	2022,88
2.	Beiträge zur gesetzlichen Sozialversicherung an Verb. gegenüber Sozialversicherungsträgern	4032	613,50	2723	613,50				
3.	Verb. gegenüber Sozialversicherungsträgern an Bank	2723	1.245	1711	1.245			7012 7032	631,50 613,50
4.	Lohn- und Kirchensteuer an Bank	2722	345,62	1711	345,62			7012	345,62

Beispiel 2: Personalbuchung Beamte

Ein Beamter erhält ein Bruttogehalt in Höhe von 3.000 €. Er muss Lohn- und Kirchensteuer in Höhe von 300 € zahlen. Der Arbeitgeber hat Aufwendungen in Höhe von 400 € als Beihilfe zu gewähren und außerdem müssen 500 € für Pensionen und 50 € für die Beihilfe zurückgestellt werden.

1. Ermitteln Sie die erforderlichen Konten.
2. Veranschlagen Sie den Finanzvorfall in den Haushalten.
3. Bilden Sie die entsprechenden Buchungssätze, wenn der Finanzvorfall wie geplant umgesetzt wird.

Lösung:

1. Erforderliche Konten:

1711 Sichteinlagen bei Banken und Kreditinstituten
2722 Abzuführende Lohn- und Kirchensteuer
2811 Pensionsrückstellungen
2812 Beihilferückstellungen
4011 Beamte (Dienstaufwendungen)
4041 Beihilfen und Unterstützungsleistungen für Beamte und Arbeitnehmer
4051 Zuführungen zu Pensionsrückstellungen für Beamte und Arbeitnehmer
4061 Zuführung zu Beihilferückstellungen für Beamte und Arbeitnehmer
7011 Beamte (Dienstauszahlungen)
7041 Beihilfen und Unterstützungsleistungen für Beamte und Arbeitnehmer

2. Veranschlagung:

Ergebnishaushalt (modifiziertes Muster 6)	**Konto** (nur nachrichtlich)	**Ansatz des Kontos** (nur nachrichtlich) **-Euro-**	**Ansatz des Haushaltsjahres** **-Euro-**
Beamte (Dienstaufwendungen)	4011	3.000	
Beihilfen und Unterstützungsleistungen für Beamte und Arbeitnehmer	4041	400	
Zuführungen zu Pensionsrückstellungen für Beamte und Arbeitnehmer	4051	500	
Zuführung zu Beihilferückstellungen für Beamte und Arbeitnehmer	4061	50	
13. Personalaufwendungen			3.950

(vereinfachte Planung für einen Monat und einen einzelnen Personalfall)

Finanzhaushalt (modifiziertes Muster 7)	**Konto** (nur nachrichtlich)	**Ansatz des Kontos** (nur nachrichtlich) **-Euro-**	**Ansatz des Haushaltsjahres** **-Euro-**
Beamte (Dienstauszahlungen)	7011	3.000	
Beihilfen und Unterstützungsleistungen für Beamte und Arbeitnehmer	7041	400	
10. Personalauszahlungen			3.400

(vereinfachte Planung für einen Monat und einen einzelnen Personalfall)

3. Buchung:
1. Gehaltszahlung
2. Beihilfezahlung
3. Pensionsrückstellung
4. Beihilferückstellung
5. Überweisung der einbehaltenen Beträge an das Finanzamt zum 10. des Folgemonats

Bestands- und Ergebniskonten						**Finanzkonten**			
Nr.	**Buchungssatz**	**Konto**	**Soll**	**Konto**	**Haben**	**Konto**	**Soll**	**Konto**	**Haben**
1.	Dienstaufwendungen an Lohn- und Kirchensteuer und Bank	4011	3.000	2722 1711	300 2.700			7011	2.700
2.	Beihilfen an Bank	4041	400	1711	400			7041	400
3.	Zuführungen zu Pensionsrückstellungen an Pensionsrückstellungen	4051	500	2811	500				
4.	Zuführung zu Beihilferückstellungen an Beihilferückstellungen	4061	50	2812	50				
5.	Lohn- und Kirchensteuer an Bank	2722	300	1711	300			7011	300

ⓘ **Auf einen Blick: Buchung der Gehälter**
Die Personalaufwendungen für Tarifbeschäftigte und Beamte sind auf unterschiedlichen Konten zu erfassen.

3.7 WIRTSCHAFTLICHE BETÄTIGUNG EINER KOMMUNE

Bei den Tätigkeiten einer Kommune ist grundsätzlich zu entscheiden, ob sie Einnahmen erzielt, weil sie hoheitlich tätig ist oder weil sie einer nachhaltigen wirtschaftlichen Tätigkeit nachgeht. Im ersten Fall fällt keine Umsatzsteuer an, im zweiten Fall dagegen schon. In diesem Kapitel werden die Umsatzsteuer und weitere Vorfälle buchungstechnisch behandelt, die anfallen können, wenn sich eine Kommune wirtschaftlich betätigt. Die genaue Abgrenzung zwischen der hoheitlichen und der wirtschaftlichen Tätigkeit ist in der kommunalen Praxis nicht immer einfach.

3.7.1 Umsatzsteuer

Die Umsatzbesteuerung von juristischen Personen des öffentlichen Rechts wurde mit Wirkung vom 01.01.2016 völlig neu geregelt. Den juristischen Personen des öffentlichen Rechts wurde jedoch auch die Möglichkeit einer sogenannten Option eingeräumt. Hiermit konnten die Kommunen dem Finanzamt gegenüber einmalig erklären, dass sie das alte Recht für sämtliche nach dem 31.12.2016 und vor dem 01.01.2021 ausgeführte Leistungen weiterhin anwenden möchten. Diese Optionsmöglichkeit wurde bereits noch einmal verlängert, sodass sie aktuell bis 31.12.2024 gilt, und nach aktuellem Stand (Mai 2024) scheint eine weitere Verlängerung um zwei Jahr sehr wahrscheinlich. Die meisten Kommunen haben von dieser Optionsmöglichkeit Gebrauch gemacht.

Nach dem alten Recht waren die Kommunen einerseits nach § 2 Abs. 3 Umsatzsteuergesetz (UStG) a.F. nur im Rahmen ihrer **Betriebe gewerblicher Art** (BgA) sowie ihrer land- und forstwirtschaftlichen Betriebe unternehmerisch tätig. Erfolgt die wirtschaftliche Betätigung einer Kommune andererseits in einer privatrechtlichen Rechtsform, wie der GmbH oder AG, gelten nach wie vor die dafür aufgestellten Regelungen, die eine Umsatzsteuerpflicht vorsehen.

In § 4 **Körperschaftssteuergesetz (KStG)** ist geregelt, welche Einheiten Betriebe gewerblicher Art darstellen.

Betriebe gewerblicher Art von juristischen Personen des öffentlichen Rechts

(1) Betriebe gewerblicher Art von juristischen Personen des öffentlichen Rechts im Sinne des § 1 Abs. 1 Nr. 6 sind vorbehaltlich des Absatzes 5 alle Einrichtungen, die einer nachhaltigen wirtschaftlichen Tätigkeit zur Erzielung von Einnahmen außerhalb der Land- und Forstwirtschaft dienen und die sich innerhalb der Gesamtbetätigung der juristischen Person wirtschaftlich herausheben. Die Absicht, Gewinn zu erzielen, und die Beteiligung am allgemeinen wirtschaftlichen Verkehr sind nicht erforderlich.

(2) Ein Betrieb gewerblicher Art ist auch unbeschränkt steuerpflichtig, wenn er selbst eine juristische Person des öffentlichen Rechts ist.

(3) Zu den Betrieben gewerblicher Art gehören auch Betriebe, die der Versorgung der Bevölkerung mit Wasser, Gas, Elektrizität oder Wärme, dem öffentlichen Verkehr oder dem Hafenbetrieb dienen.

(4) Als Betrieb gewerblicher Art gilt die Verpachtung eines solchen Betriebs.

(5) Zu den Betrieben gewerblicher Art gehören nicht Betriebe, die überwiegend der Ausübung der öffentlichen Gewalt dienen (Hoheitsbetriebe). Für die Annahme eines Hoheitsbetriebs reichen Zwangs- oder Monopolrechte nicht aus.

Fand die wirtschaftliche Betätigung innerhalb der Kernverwaltung statt, war damit zu prüfen, ob ein Betrieb gewerblicher Art vorlag, durch den eine Verpflichtung zur Besteuerung begründet wurde. Ein Betrieb gewerblicher Art kennzeichnet sich nach der o. g. Bestimmung durch folgende Merkmale:
- Nachhaltige wirtschaftliche Betätigung zur Erzielung von Einnahmen
- Keine Land- und Forstwirtschaft
- Wirtschaftliche Sonderstellung innerhalb der Kernverwaltung.

So lange die öffentliche Verwaltung hingegen hoheitliche Aufgaben ausführte oder vermögensverwaltend tätig wurde, bedeutete dies für die Umsatzsteuer (auch Mehrwertsteuer genannt), dass eine Kommune als privater Endverbraucher angesehen wurde. Bei Anschaffungen war insofern der Nettobetrag der Ware bzw. Dienstleistung zuzüglich der entsprechenden Umsatzsteuer an den Rechnungssteller zu entrichten. Der Gesamtbetrag wird auch als Bruttobetrag bezeichnet. Sofern eine Kommune somit Waren oder Dienstleistungen bezieht und im Rahmen der ausgeübten Optionsmöglichkeit noch das alte Recht anwendet, wird der Bruttobetrag als Verbindlichkeit eingebucht und auch gezahlt. **Forderungen**, die die Kommune im Rahmen ihrer **hoheitlichen** Tätigkeiten, z. B. in Form von Bescheiden oder Bußgeldern stellt, beinhalten **keinen Umsatzsteueranteil**.

Nach der **Neuregelung** sind die Kommunen künftig bei jeder wirtschaftlichen Tätigkeit grundsätzlich umsatzsteuerpflichtig, sofern nicht ein Ausnahmetatbestand (§ 2 b UStG) greift. Die Umsatzbesteuerung der öffentlichen Hand wird damit von der Körperschaftssteuer abgekoppelt und lässt die umsatzsteuerliche Anknüpfung an den Begriff des Betriebes gewerblicher Art entfallen. Dabei misst sich die Unternehmereigenschaft der Kommune an den allgemeinen Regelungen und an dem Unternehmerbegriff des § 2 UStG.

§ 2 I UStG regelt zum Begriff des Unternehmers:
(1) [1]Unternehmer ist, wer eine gewerbliche oder berufliche Tätigkeit selbständig ausübt. [2]Das Unternehmen umfasst die gesamte gewerbliche oder berufliche Tätigkeit des Unternehmers. [3]Gewerblich oder beruflich ist jede nachhaltige Tätigkeit zur Erzielung von Einnahmen, auch wenn die Absicht, Gewinn zu erzielen, fehlt oder eine Personenvereinigung nur gegenüber ihren Mitgliedern tätig wird.

Die Umsatzbesteuerung ist nunmehr an die **Unternehmereigenschaft** geknüpft und wird insbesondere durch die Aufnahme einer gewerblichen oder beruflichen Tätigkeit (wirtschaftliche Tätigkeit) begründet. Da die Kommune nach außen durch Bewirkung von Umsätzen (entgeltlichen Leistungen) am Wirtschaftsverkehr beteiligt ist und nachhaltig Tätigkeiten ausübt, mit denen sie Einnahmen erzielt, kann sie nach diesen Grundsätzen auch Unternehmer sein.

Nach der Prüfung der allgemeinen Regelung des § 2 UStG ist erst in einem zweiten Schritt die **Ausnahmevorschrift des § 2 b UStG** zu prüfen. Lediglich diese Vorschrift, die eine Unterscheidung zwischen privatrechtlichem und öffentlich-rechtlichem Handeln erfordert, lässt die Unternehmereigenschaft der Kommune als juristische Person des öffentlichen Rechts entfallen.

§ 2 b UStG regelt den Ausnahmetatbestand für juristische Personen des öffentlichen Rechts:

(1) [1]Vorbehaltlich des Absatzes 4 gelten juristische Personen des öffentlichen Rechts nicht als Unternehmer im Sinne des § 2, soweit sie Tätigkeiten ausüben, die ihnen im Rahmen der öffentlichen Gewalt obliegen, auch wenn sie im Zusammenhang mit diesen Tätigkeiten Zölle, Gebühren, Beiträge oder sonstige Abgaben erheben. [2]Satz 1 gilt nicht, sofern eine Behandlung als Nichtunternehmer zu größeren Wettbewerbsverzerrungen führen würde.
(2) Größere Wettbewerbsverzerrungen liegen insbesondere nicht vor, wenn
1. der von einer juristischen Person des öffentlichen Rechts im Kalenderjahr aus gleichartigen Tätigkeiten erzielte Umsatz voraussichtlich 17 500 Euro jeweils nicht übersteigen wird oder
2. vergleichbare, auf privatrechtlicher Grundlage erbrachte Leistungen ohne Recht auf Verzicht (§ 9) einer Steuerbefreiung unterliegen.

(3) Sofern eine Leistung an eine andere juristische Person des öffentlichen Rechts ausgeführt wird, liegen größere Wettbewerbsverzerrungen insbesondere nicht vor, wenn

1. die Leistungen aufgrund gesetzlicher Bestimmungen nur von juristischen Personen des öffentlichen Rechts erbracht werden dürfen oder
2. die Zusammenarbeit durch gemeinsame spezifische öffentliche Interessen bestimmt wird. Dies ist regelmäßig der Fall, wenn
a) die Leistungen auf langfristigen öffentlich-rechtlichen Vereinbarungen beruhen,
b) die Leistungen dem Erhalt der öffentlichen Infrastruktur und der Wahrnehmung einer allen Beteiligten obliegenden öffentlichen Aufgabe dienen,
c) die Leistungen ausschließlich gegen Kostenerstattung erbracht werden und
d) der Leistende gleichartige Leistungen im Wesentlichen an andere juristische Personen des öffentlichen Rechts erbringt.

(4) Auch wenn die Voraussetzungen des Absatzes 1 Satz 1 gegeben sind, gelten juristische Personen des öffentlichen Rechts bei Vorliegen der übrigen Voraussetzungen des § 2 Absatz 1 mit der Ausübung folgender Tätigkeiten stets als Unternehmer:
1. die Tätigkeit der Notare im Landesdienst und der Ratschreiber im Land Baden-Württemberg, soweit Leistungen ausgeführt werden, für die nach der Bundesnotarordnung die Notare zuständig sind;
2. die Abgabe von Brillen und Brillenteilen einschließlich der Reparaturarbeiten durch Selbstabgabestellen der gesetzlichen Träger der Sozialversicherung;
3. die Leistungen der Vermessungs- und Katasterbehörden bei der Wahrnehmung von Aufgaben der Landesvermessung und des Liegenschaftskatasters mit Ausnahme der Amtshilfe;
4. die Tätigkeit der Bundesanstalt für Landwirtschaft und Ernährung, soweit Aufgaben der Marktordnung, der Vorratshaltung und der Nahrungsmittelhilfe wahrgenommen werden;
5. Tätigkeiten, die in Anhang I der Richtlinie 2006/112/EG des Rates vom 28. November 2006 über das gemeinsame Mehrwertsteuersystem (ABl. L 347 vom 11.12.2006, S. 1) in der jeweils gültigen Fassung genannt sind, sofern der Umfang dieser Tätigkeiten nicht unbedeutend ist.

§ 2 b UStG bestimmt in **Absatz 1 Satz 1**, wann juristische Personen des öffentlichen Rechts, z. B. eine Kommune, ausnahmsweise nicht als Unternehmer i.S.d. Umsatzsteuergesetzes gelten (Fiktion). In **Absatz 1 Satz 2** ist eine Rückausnahme zur Behandlung als Nichtunternehmer geregelt. Danach können wirtschaftliche Tätigkeiten von Kommunen auch im Rahmen öffentlicher Gewalt bei Vorliegen größerer Wettbewerbsverzerrungen dennoch der Besteuerung unterliegen. Die hier angesprochenen Wettbewerbsverzerrungen können gleichwohl nur bestehen, wenn ein privater Unternehmer die entsprechende Tätigkeit auch erbringen kann und nach der Art der Leistung eine Marktrelevanz gegeben ist. Für die Anwendung des § 2 b Absatz 1 UStG müssen demnach folgende vier Kriterien kumulativ erfüllt sein:

1. Es muss sich um eine juristische Person des öffentlichen Rechts handeln.
2. Diese muss Tätigkeiten ausüben, die ihr im Rahmen der öffentlichen Gewalt obliegen.
3. Dabei dürfen keine größeren Wettbewerbsverzerrungen zu befürchten sein und
4. es dürfen keine Tätigkeiten nach Absatz 4 vorliegen.

Das Wettbewerbskorrektiv aus Absatz 1 ist in **Absatz 2** (z. B. insbesondere bei Unterschreiten der aus gleichartigen Tätigkeiten erzielten Umsatzgrenze von 17.500 Euro im Kalenderjahr) und in **Absatz 3** (z. B. insbesondere bei Leistungsbeziehungen zwischen verschiedenen juristischen Personen des öffentlichen Rechts wie Amtshilfeleistungen, interkommunale Kooperationen o. ä.) wiederum negativ abgegrenzt. Die hier - gleichwohl nicht abschließend (»liegen insbesondere nicht vor«) - gelisteten Fallkonstellationen verneinen größere Wettbewerbsverzerrungen, so dass keine wettbewerbsrelevanten, unternehmerischen Tätigkeiten vorliegen und diese im Rahmen der öffentlichen Gewalt erbrachten Leistungen nicht steuerbar sind. **Absatz 4** listet andererseits Tätigkeiten, bei deren Ausübung juristische Personen des öffentlichen Rechts bei Vorliegen der übrigen Voraussetzungen für Unternehmer des § 2 Absatz 1 UStG stets als Unternehmer gelten.

Die in § 2 b Absatz 1 Satz 1 UStG normierte Ausübung von Tätigkeiten, die den Kommunen im Rahmen der öffentlichen Gewalt obliegen, kennzeichnet sich einerseits durch die Ausübung hoheitlicher Gewalt, die der Kommune eigentümlich und vorbehalten ist. Üblicherweise erfüllt die Kommune hier öffentlich-rechtliche Aufgaben, die aus der Staatsgewalt abgeleitet sind und staatlichen Zwecken dienen. Die Kommune handelt hier z. B. aufgrund eines Gesetzes, einer Rechtsverordnung, einer Satzung oder aufgrund eines Staatsvertrages. Betätigt sich die Kommune damit hoheitlich im Rahmen einer öffentlich-rechtlichen Grundlage und liegen keine größeren Wettbewerbsverzerrungen (Absatz 3) bzw. keine »Katalogtätigkeiten« (Absatz 4) vor, liegt keine Unternehmereigenschaft vor. Die Kommune muss insofern den Nettobetrag der eingekauften Ware bzw. bezogenen Dienstleistung zuzüglich der entsprechenden Umsatzsteuer, also den **Bruttobetrag**, an den Rechnungssteller planen und buchen.

Die in § 2 b Absatz 1 Satz 1 UStG normierte Ausübung von Tätigkeiten, die den Kommunen im Rahmen der öffentlichen Gewalt obliegen, wird andererseits zu solchen Tätigkeiten abgegrenzt, die auf privatrechtlicher Grundlage ausgeübt werden. Keine Ausübung hoheitlicher Gewalt liegt vor, wenn die Kommune Aufgaben ausführt, die auch Private ausüben können. Im Umkehrschluss bedeutet dies, dass ein Handeln auf vertraglicher (privatrechtlicher) Basis dazu führt, dass die Kommune unternehmerisch tätig wird.
Sofern sich eine Kommune danach auf privatrechtlicher Grundlage wirtschaftlich (selbständige nachhaltige Tätigkeit zur Erzielung von Einnahmen) betätigt, sind die Umsätze grundsätzlich umsatzsteuerbar bzw. umsatzsteuerpflichtig. Die Kommune unterliegt damit bei privatrechtlicher Betätigung – wie jeder Unternehmer – der Umsatzsteuer. Die Neuregelung hat zur Folge, dass zahlreiche und wesentliche Besteuerungsprivilegien der öffentlichen Hand aufgehoben werden. So unterliegen nunmehr z. B. der Verkauf von Familien-/Stammbüchern, der Verkauf von Baumaterial, die Grünflächenpflege für Dritte, die Leistungen der Feuerwehr (z. B. Steigleiterprüfung, Feuerlöscherprüfung) oder Zahlungen an Sportvereine (mit Gegenleistung wie z. B. Flächenunterhaltung) sowie die entgeltliche Sporthallenüberlassung der Umsatzbesteuerung.

Die Allphasenumsatzsteuer mit Vorsteuerabzug wurde 1968 in der Bundesrepublik Deutschland eingeführt. Durch die Umsatzsteuer soll der Endverbraucher mit dem jeweils geltenden Steuersatz belastet werden. Der **allgemeine Steuersatz** beträgt seit 01.01.2007 **19 %**, der **ermäßigte** insbesondere auf Lebensmittel und Bücher **7 %**. Das Kennzeichen des Systems ist, dass jeder Verkäufer oder Erbringer von Dienstleistungen auf den **Nettorechnungsbetrag** noch den **Umsatzsteuersatz** aufschlägt, den der Käufer an den Verkäufer zusätzlich entrichten muss. Der Absolutbetrag der Steuer steht dem Fiskus zu und müsste vom Verkäufer an diesen weitergeleitet werden. Gleichzeitig bezahlt jeder Unternehmer jedoch auch Umsatzsteuer an seine Lieferanten im Rahmen der Eingangsrechnungen, da die Lieferanten ebenfalls den geltenden Steuersatz zusätzlich auf den Nettowert aufgeschlagen haben. Da die Unternehmer nicht durch die Umsatzsteuer belastet werden sollen, stellt die **entrichtete Umsatzsteuer** als so genannte **Vorsteuer** eine **Forderung gegenüber dem Finanzamt** dar. Die Unternehmer verrechnen intern die **erhaltene Umsatzsteuer als Verbindlichkeit gegenüber dem Finanzamt** mit der entrichteten Vorsteuer. Bei gewinnorientierten Unternehmen ist die erhaltene Umsatzsteuer in der Regel höher als die geleistete Vorsteuer, so dass sie die Differenz (Zahllast) an das Finanzamt zu bestimmten Terminen überweisen müssen. Im öffentlichen Bereich kann es jedoch bei defizitären Einrichtungen, z. B. kommunalen Schwimmbädern, sein, dass die entrichtete Vorsteuer höher ist als die eingenommene Umsatzsteuer, so dass sich eine Differenz zu Gunsten des Unternehmers ergibt, was eine **Rückzahlung** des Finanzamts zur Folge hat.

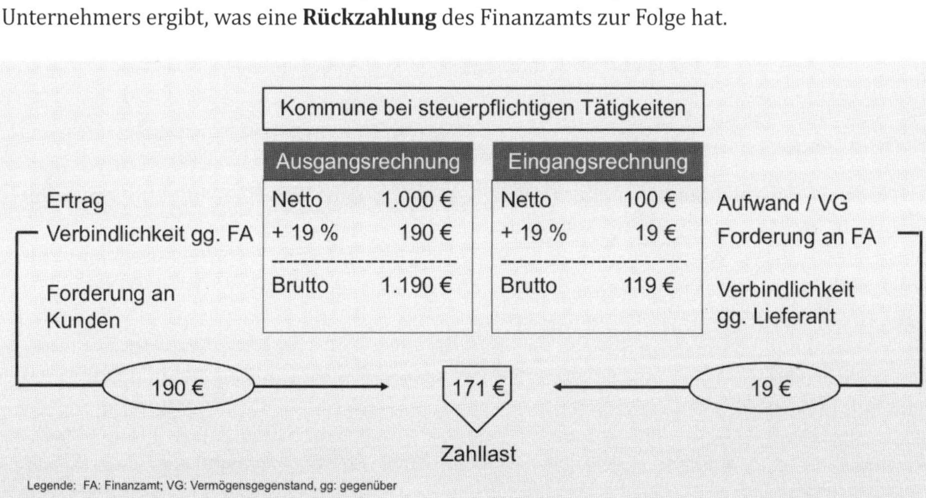

Abbildung 57: Grundprinzip der Umsatzsteuer

Die Umsatzsteuer-Zahllast ist grundsätzlich jährlich an das Finanzamt abzuführen. Beträgt die Zahllast des Vorjahres mehr als 1.000,00 € und maximal 7.500,00 €, sind die Zahlungen quartalsweise zu leisten, war sie höher als 7.500,00 € monatlich. Die monatlich oder quartalsweise abgeführten Zahllasten stellen lediglich Vorauszahlungen an das Finanzamt dar. Die endgültige Zahlung wird am Ende des Jahres durch die Umsatzsteuer-Jahreserklärung ermittelt und mit der Einkommens bzw. Körperschaftssteuererklärung bis zum 31. Mai des Folgejahres beim Finanzamt eingereicht.
Falls die Zahlung erst im nächsten Haushaltsjahr erfolgt, ist die **Zahllast** als »Sonstige Verbindlichkeit«, der **Vorsteuerüberhang**, d. h. eine Forderung gegenüber dem Finanzamt, als »Sonstige Forderung« in der Schlussbilanz zu aktivieren.

Beispiel:

Eine Kommune betreibt ein kommunales Wasserwerk und wird damit unternehmerisch tätig. Der Umsatzsteuersatz beträgt 7 %, da Trinkwasser als Lebensmittel gilt, das mit dem ermäßigten Satz besteuert wird. Vereinfacht wird nur von zwei Umsatzstufen ausgegangen.
Ein Handwerker repariert ein Gebäude des Wasserwerks für 2.000 € netto. Auf der Rechnung an das Wasserwerk weist er die Umsatzsteuer in Höhe von 19 % aus, so dass das Wasserwerk 2.380 € an den Handwerker entrichten muss. Der Handwerker hat somit einen Mehrwert in Höhe von 2.000 € erwirtschaftet. Die Umsatzsteuer auf diesen Mehrwert in Höhe von 380 € verlangt er von seinem Kunden und muss diesen an das Finanzamt in voller Höhe abführen[39].
Das Wasserwerk bereitet Quellwasser auf und verkauft dieses für 10.000 € netto an einen Endverbraucher. Dafür stellt das Wasserwerk die Umsatzsteuer in Höhe von 7 % auf den Nettowarenwert in Rechnung, so dass der Endverbraucher insgesamt 10.700 € an das Wasserwerk entrichten muss. Das Wasserwerk muss die Differenz zwischen erhaltener Umsatzsteuer in Höhe von 700 € und geleisteter Vorsteuer in Höhe von 380 €, demzufolge 320 € als Zahllast an das Finanzamt abführen.

Umsatzstufen	Einkaufspreis lt. Eingangsrechnung	Verkaufspreis lt. Ausgangsrechnung	Umsatzsteuer	Zahllast
(1) Handwerker (19 %)	0,00 €	2.000 €	380 €	380 €
(2) Wasserwerk (7 %)	2.000 €	10.000 €	700 €	(700-380 =) 320 €
Endverbraucher zahlt: 10.700 € = 10.000 € + 700 € Umsatzsteuer				

Auf einen Blick: Umsatzsteuer
Nach der Neuregelung sind die Kommunen künftig bei jeder wirtschaftlichen Tätigkeit grundsätzlich umsatzsteuerpflichtig, sofern nicht ein Ausnahmetatbestand (§ 2 b UStG) greift. Dabei misst sich die Unternehmereigenschaft der Kommune an den allgemeinen Regelungen und an dem Unternehmerbegriff des § 2 UStG. Greift der Ausnahmetatbestand, gilt die Grundregel der Nichtbesteuerung bei ausgeübten Tätigkeiten im Rahmen der öffentlichen Gewalt. Die Kommune ist dann nicht als Unternehmer anzusehen (Fiktion) und zahlt alle Eingangsrechnungen einschließlich der darauf ausgewiesenen Umsatzsteuer, ohne diese buchungstechnisch gesondert zu berücksichtigen.
Sofern sich eine Kommune jedoch auf zivilrechtlicher Grundlage oder in privatrechtlicher Rechtsform betätigt oder Tätigkeiten ausübt, die ihr Rahmen der öffentlichen Gewalt obliegen und bei denen die Behandlung als Nichtunternehmer zu größeren Wettbewerbsverzerrungen führen würde, ist die Kommune umsatzsteuerpflichtig, gleichzeitig aber vorsteuerabzugsberechtigt.

3.7.2 Buchungstechnische Ermittlung der Zahllast

Die Steuer, die ein Unternehmer von anderen erhält, ist die **Umsatzsteuer** im klassischen Sinn. Sie stellt eine **Verbindlichkeit** gegenüber dem Finanzamt dar, da sie an dieses abgeführt werden muss.
Die Steuer, die ein Unternehmen an ein anderes entrichtet, wird als **Vorsteuer** bezeichnet. Sie stellt eine **Forderung** gegenüber dem Finanzamt dar und wird mit der Umsatzsteuer verrechnet. Dadurch kann sich ein Guthaben **(Vorsteuerüberhang)** oder eine Verbindlichkeit **(Zahllast)** gegenüber dem Finanzamt ergeben. Zu beachten ist, dass Rechnungsbeträge, die inklusive Umsatzsteuer empfangen oder geleistet werden, bei den Liquiden Mitteln zwar brutto, d. h. als **ein** Betrag, bei den Finanzkonten aber der Nettorechnungsbetrag und die Vor- bzw. Umsatzsteuer auf getrennten Konten zu buchen sind.

[39] Zur Vereinfachung wird hier davon ausgegangen, dass der Handwerker in dem relevanten Zeitraum selbst keine Rechnungen begleichen muss.

Beispiel:

Ein kommunales Wasserwerk (wirtschaftliche Tätigkeit im Sinne des § 2 Absatz 1 UStG) plant von einem Handwerker eine Reparatur für 2.000 € netto durchführen zu lassen und wenige Tage später zu bezahlen.
Die Rechnung des Handwerkers hätte dann folgendes (vereinfachtes) Aussehen:

RECHNUNG	
Dachreparatur	2.000,00 €
+ 19 % Mwst.	380,00 €
Summe	**2.380,00 €**

Das kommunale Wasserwerk plant das aufbereitete Wasser an einen Endverbraucher zu verkaufen. Der Rechnungsausgleich durch den Endverbraucher erfolgt wenige Tage später.
Die Ausgangsrechnung des kommunalen Wasserwerks hätte dann folgendes (vereinfachtes) Aussehen:

RECHNUNG	
Wasser	10.000,00 €
+ 7 % Mwst.	700,00 €
Summe	**10.700,00 €**

1. Ermitteln Sie die erforderlichen Konten.
2. Veranschlagen Sie die Finanzvorfälle in den Haushalten mit Überweisung der Zahllast.
3. Bilden Sie die entsprechenden Buchungssätze, wenn der Finanzvorfall wie geplant umgesetzt wird.

Lösung:

1. Erforderliche Konten:

1611	Privatrechtliche Forderungen aus Dienstleistungen
1681	Vorsteuer
1711	Sichteinlagen bei Banken und Kreditinstituten
2511	Verbindlichkeiten aus Lieferung und Leistung
2721	Umsatzsteuer
3421	Erträge aus Verkauf
4211	Unterhaltung der Grundstücke und baulichen Anlagen
6421	Einzahlungen aus Verkauf
6522	Einzahlungen aus erhaltener Umsatzsteuer
7211	Unterhaltung der Grundstücke und baulichen Anlagen
7442	Abzugsfähige Vorsteuer
7443	Umsatzsteuer-Zahllast

2. Veranschlagung:

Ergebnishaushalt (modifiziertes Muster 6)	**Konto** (nur nachrichtlich)	**Ansatz des Kontos** (nur nachrichtlich) **-Euro-**	**Ansatz des Haushaltsjahres** **-Euro-**
Erträge aus Verkauf	3421	10.000	
6. Privatrechtliche Entgelte			10.000
Unterhaltung der Grundstücke und baulichen Anlagen	4211	2.000	
15. Aufwendungen für Sach- und Dienstleistungen			2.000

Finanzhaushalt (modifiziertes Muster 7)	**Konto** (nur nachrichtlich)	**Ansatz des Kontos** (nur nachrichtlich) **-Euro-**	**Ansatz des Haushaltsjahres** **-Euro-**
Einzahlungen aus Verkauf	6421	10.000	
5. Privatrechtliche Entgelte			10.000
Einzahlungen aus erhaltener Umsatzsteuer	6522	700	
8. sonstige haushaltswirksame Einzahlungen			700
Unterhaltung der Grundstücke und baulichen Anlagen	7211	2.000	
12. Auszahlungen für Sach- und Dienstleistungen und für geringwertige Vermögensgegenstände			2.000
Abzugsfähige Vorsteuer	7442	380	
Umsatzsteuer-Zahllast	7443	1.520	
15. sonstige haushaltswirksame Auszahlungen			1.900

3. Buchung:

1. Eingang der Eingangsrechnung
2. Ausgleich der Eingangsrechnung
3. Erstellen der Ausgangsrechnung
4. Zahlungseingang
5. Ermittlung der Zahllast durch Abschluss des wertmäßig schwächeren Kontos über das wertmäßig stärkere Konto[40].
6. Überweisung der Zahllast an das Finanzamt

Bestands- und Ergebniskonten						**Finanzkonten**			
Nr.	**Buchungssatz**	**Konto**	**Soll**	**Konto**	**Haben**	**Konto**	**Soll**	**Konto**	**Haben**
1.	Unterhaltung Grundstücke und Vorsteuer an Verb. LL	4211 1681	2.000 380	2511	2.380				
2.	Verb. LL an Bank	2511	2.380	1711	2.380			7211 7442	2.000 380
3.	Forderungen an Erträge aus Verkauf und Umsatzsteuer	1611	10.700	3421 2721	10.000 700				
4.	Bank an Forderungen	1711	10.700	1611	10.700	6421 6522	10.000 700		
5.	Umsatzsteuer an Vorsteuer	2721	380	1681	380				
6.	Umsatzsteuer an Bank	2721	320	1711	320			7443	320

S	**1681 Vorsteuer**		H
2511	380	2721	380
	380		380

S	**2721 Umsatzsteuer**		H
1681 1711 (7443)	380 320	1611	700
	700		700

> **Auf einen Blick: Umsatzsteuer**
> Sowohl die von den Kunden erhaltene Umsatzsteuer als auch die an die Lieferanten entrichtete Vorsteuer ist buchungstechnisch getrennt vom Nettorechnungsbetrag zu erfassen. Die Differenz zwischen Umsatzsteuer und Vorsteuer in einer bestimmten Periode (in der Regel ein Monat) stellt eine Forderung oder eine Verbindlichkeit gegenüber dem Finanzamt dar.

[40] Hier Abschluss des Vorsteuerkontos (1681) über das Umsatzsteuerkonto (2721) (vgl. T-Konten)

3.7.3 Verkauf von Produkten

Klassische Verkäufe von Fertigprodukten, wie sie Standardfälle in Unternehmen darstellen, kommen bei den hoheitlichen Aufgaben einer Kommune eher selten vor, vielmehr ist bei einem klassischen Verkauf davon auszugehen, dass sich hier die Kommune wirtschaftlich betätigt. In diesem Kapitel werden primär die buchungstechnischen Grundzüge vorgestellt. Es wird davon ausgegangen, dass diese Tätigkeit der Kommunen umsatzsteuerpflichtig ist, d. h. der **Nettoverkaufspreis** wird über das Konto »Erträge aus Verkauf« (3421) und die Umsatzsteuer zusätzlich über das Konto (2721) erfasst. Diesen Erträgen werden in der Ergebnisplanung und -rechnung die dafür angefallenen Aufwendungen gegenübergestellt, z. B. für Gehälter, für die verbrauchten Vorräte, Energie, Abschreibungen etc. Hier fällt dann ggf. auch Vorsteuer an. Da sowohl Aufwendungen als auch Erträge in der Ergebnisplanung und -rechnung nur summarisch gegenübergestellt werden, lässt sich daraus keine Aussage treffen, ob der Verkauf eines bestimmten Produkts einen positiven oder negativen Beitrag zum Jahresergebnis geleistet hat. Dies ist Aufgabe der Kosten- und Leistungsrechnung. Die Aufwendungen werden zu dem Zeitpunkt des Anfalls (Herstellung) gebucht, zum Verkaufszeitpunkt erfolgt nur die Ertragsbuchung.

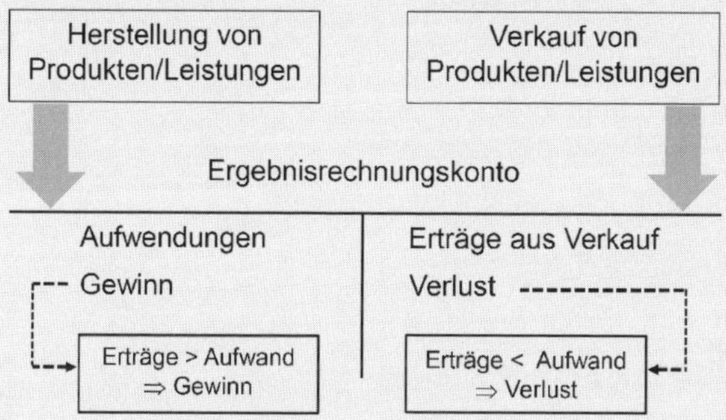

Abbildung 58: Herstellung und Verkauf von Produkten bzw. Leistungen

Während des Haushaltsjahres wird das **Bestandskonto** »Unfertige / fertige Erzeugnisse und Leistungen« (085) **nicht angesprochen**! Mögliche Bestandsveränderungen von unfertigen oder fertigen Erzeugnissen werden erst im Rahmen der Inventur erfasst (vgl. 3.8.6).

Wenn die Kommune mangelhafte Produkte verkauft hat, die der Kunde zurückgibt, muss ein bereits gebuchter Verkaufserlös korrigiert werden. Auch nachträgliche Preisnachlässe aufgrund von Mängelrügen oder Skonto sind bei dem Konto »Erträge aus Verkauf« zu korrigieren. Dabei darf die Korrektur der Umsatzsteuer nicht vergessen werden.

Beispiel:

Eine kommunaleigene Druckerei soll zu Werbezwecken 1.000 Kalender mit örtlichen Motiven für den Verkauf in dem ortsansässigen Schreibwarenladen erstellen. Es wird mit einem Verkaufspreis von 5 € netto, d. h. 5,95 € brutto pro Kalender gerechnet, da der Umsatzsteuersatz bei Kalendern 19 % beträgt. Bei Zahlung innerhalb von 10 Tagen wird dem Abnehmer ein Skonto von 3 % gewährt. Es wird erwartet, dass die Forderung innerhalb von 10 Tagen beglichen wird.

1. Ermitteln Sie die erforderlichen Konten.
2. Veranschlagen Sie den Finanzvorfall in den Haushalten.

3.1 Bilden Sie die entsprechenden Buchungssätze, wenn der Finanzvorfall wie geplant umgesetzt wird.
3.2 Bilden Sie die entsprechenden Buchungssätze, wenn 100 Kalender wegen eines Fehldrucks zurückgeschickt werden.
3.3 Bilden Sie die entsprechenden Buchungssätze mit dem Ausgangsfall als Grundlage, wenn die Kommune wegen eines Fehldrucks dem Abnehmer einen nachträglichen Preisnachlass in Höhe von 1 € pro Kalender einräumt.

Lösung:

1. Erforderliche Konten:

1611	Privatrechtliche Forderungen aus Dienstleistungen
1711	Sichteinlagen bei Banken und Kreditinstituten
2721	Umsatzsteuer
3421	Erträge aus Verkauf
6421	Einzahlungen aus Verkauf
6522	Einzahlungen aus erhaltener Umsatzsteuer

2. Veranschlagung:

Ergebnishaushalt (modifiziertes Muster 6)	**Konto** (nur nachrichtlich)	**Ansatz des Kontos** (nur nachrichtlich) **-Euro-**	**Ansatz des Haushaltsjahres** **-Euro-**
Erträge aus Verkauf	3421	4.850	
6. Privatrechtliche Entgelte			4.850

Finanzhaushalt (modifiziertes Muster 7)	**Konto** (nur nachrichtlich)	**Ansatz des Kontos** (nur nachrichtlich) **-Euro-**	**Ansatz des Haushaltsjahres** **-Euro-**
Einzahlungen aus Verkauf	6421	4.850	
5. Privatrechtliche Entgelte			4.850
Einzahlungen aus erhaltener Umsatzsteuer	6522	950	
8. Sonstige haushaltsunwirksame Einzahlungen			950

3. Buchung:

3.1 Verkauf

1. Rechnungsstellung
2. Rechnungsausgleich unter Abzug von 3 % Skonto (Bitte kaufmännisch buchen, d. h. Skontoabzug erst bei Zahlung)

Bestands- und Ergebniskonten						**Finanzkonten**			
Nr.	**Buchungssatz**	**Konto**	**Soll**	**Konto**	**Haben**	**Konto**	**Soll**	**Konto**	**Haben**
1.	Forderungen an Erträge aus Verkauf und Umsatzsteuer	1611	5.950	3421 2721	5.000 950				
2.	Bank, Erträge aus Verkauf und Umsatzsteuer an Forderungen	1711 3421 2721	5771,50 150 28,50	1611	5.950	6421 6522	4.850 921,50		

3.2 Rücksendung der mangelhaften Ware

1. Rechnungsstellung
2. Akzeptierte Mängelrüge
3. Rechnungsausgleich unter Abzug von 3 % Skonto (Bitte kaufmännisch buchen, d. h. Skontoabzug erst bei Zahlung)

Bestands- und Ergebniskonten						**Finanzkonten**			
Nr.	**Buchungssatz**	**Konto**	**Soll**	**Konto**	**Haben**	**Konto**	**Soll**	**Konto**	**Haben**
1.	Forderungen an Erträge aus Verkauf und Umsatzsteuer	1611	5.950	3421 2721	5.000 950				
2.	Erträge aus Verkauf und Umsatzsteuer an Forderungen	3421 2721	500 95	1611	595				
3.	Bank, Erträge aus Verkauf und Umsteuer an Forderungen	1711 3421 2721	5.194,35 135 25,65	1611	5.355	6421 6522	4.365 829,35		

3.3 Mängelrüge mit Einräumung eines Rabattes
1. Rechnungsstellung
2. Akzeptierte Mängelrüge
3. Rechnungsausgleich unter Abzug von 3 % Skonto (Bitte kaufmännisch buchen, d.h. Skontoabzug erst bei Zahlung)

Bestands- und Ergebniskonten						Finanzkonten			
Nr.	**Buchungssatz**	**Konto**	**Soll**	**Konto**	**Haben**	**Konto**	**Soll**	**Konto**	**Haben**
1.	Forderungen und Erträge aus Verkauf und Umsatzsteuer	1611	5.950	3421 2721	5.000 950				
2.	Erträge aus Verkauf und Umsatzsteuer an Forderungen	3421 2721	1.000 190	1611	1.190				
3.	Bank, Erträge aus Verkauf und Umsatzsteuer an Forderungen	1711 3421 2721	4.617,20 120 22,80	1611	4.760	6421 6522	3.880 737,20		

Auf einen Blick: Verkauf von fertigen (materiellen) Erzeugnissen
Der Verkauf von materiellen Erzeugnissen einer Kommune wird über das Konto »Erträge aus Verkauf« erfasst. Zudem ist die Umsatzsteuer zu berücksichtigen. Bei nachträglichen Preisminderungen jeder Art sind das Ertragskonto und die Umsatzsteuer zu berichtigen.

3.7.4 Handelswaren

Sofern gekaufte Vorräte nicht verarbeitet werden, sondern unbearbeitet als sogenannte Handelswaren (z. B. im Bereich Tourismus oder Stadtmarketing) wieder verkauft werden, erfasst man bei dem bestandsorientierten Verfahren die Wareneinkäufe auf dem Konto »Waren« (084), die Entnahme der Waren auf dem Konto »Verbrauch von Waren« (42814) zu Einkaufspreisen und die Erlöse für Handelswaren auf dem Konto »Erträge aus Verkauf« (3421) zu Verkaufspreisen. Zu beachten ist hier insbesondere, dass auf den Konten »**Waren**« und »**Verbrauch von Waren**« immer zu (Netto-)**Einkaufpreisen** gebucht wird, auf dem Konto »**Erträge aus Verkauf**« demgegenüber zu (Netto-)**Verkaufspreisen**. Die Differenz zwischen dem Ein- und dem Verkaufspreis wird Handelsspanne oder auch Marge genannt. Davon müssen mögliche Ladenmieten, Personal- und Energieaufwendungen etc. gedeckt werden, die ebenfalls als Aufwand in der Ergebnisplanung und -rechnung eingestellt werden und demzufolge direkt das Ergebnis mindern.
Der tatsächliche Gewinn bzw. Verlust aus dem Warenverkauf ergibt sich erst bei der Ergebnisrechnung. Allerdings lässt sich aus der Ergebnisrechnung nicht entnehmen, welche Handelswaren welchen Ergebnisbeitrag leisten, da dort die Aufwendungen und Erträge nicht produktorientiert, sondern nur summarisch erfasst werden (vgl. vorheriges Kapitel). Um den Ergebnisbeitrag einzelner Handelswaren angeben zu können, ist eine Kosten- und Leistungsrechnung erforderlich. Neben dem bestandsorientierten Verfahren kann der Einkauf von Handelswaren auch über das aufwandsrechnerische Verfahren erfasst werden[41]. Darüber hinaus ist bei Handelswaren davon auszugehen, dass sich die Kommune hier wirtschaftlich betätigt, sodass beim Einkauf die Vorsteuer und beim Verkauf die Umsatzsteuer zusätzlich gebucht werden müssen.

[41] Die Buchung erfolgt analog zu dem bereits vorgestellten Verfahren.

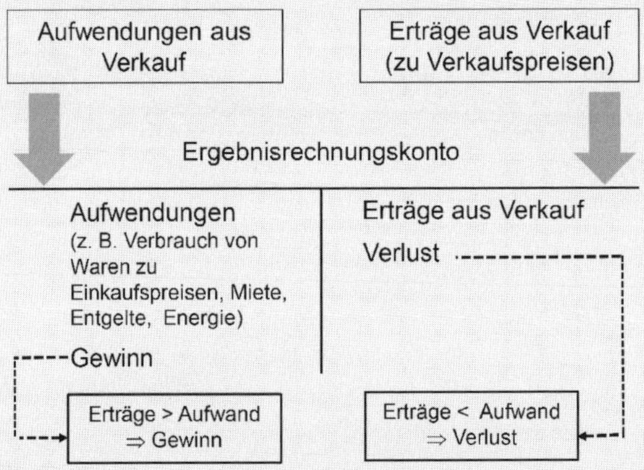

Abbildung 59: Handelswaren

Beispiel:

In einer Kommune beträgt der Bestand an Handelswaren zu Beginn des Haushaltsjahres 3.000 €. Es wird geplant, Handelswaren für 8.000 € netto einzukaufen, kurzfristig zu bezahlen und Waren für insgesamt 15.000 € auf Ziel zu verkaufen. Es wird erwartet, dass die Forderung kurzfristig beglichen wird. Der Steuersatz beträgt 19 %.

1. Ermitteln Sie die erforderlichen Konten.
2. Veranschlagen Sie den Finanzvorfall in den Haushalten.
3. Bilden Sie die entsprechenden Buchungssätze von der Eröffnungs- bis zur Schlussbilanz des Haushaltsjahres, wenn der Finanzvorfall wie geplant umgesetzt wird. Gehen Sie davon aus, dass sich bei der Inventur zum Jahresende noch Handelswaren im Wert von 3.000 € (netto) im Lager befinden und dass bestandsrechnerisch gebucht wird.

Lösung:

1. Erforderliche Konten:

0841 Waren
1611 Privatrechtliche Forderungen aus Dienstleistungen
1681 Vorsteuer
1711 Sichteinlagen bei Banken und Kreditinstituten
2511 Verbindlichkeiten aus Lieferungen und Leistungen
2721 Umsatzsteuer
3421 Erträge aus Verkauf
42814 Verbrauch von Waren
6522 EInzahlungen aus erhaltener Umsatzsteuer
72814 Erwerb von Waren
7442 Abzugsfähige Vorsteuer

2. Veranschlagung:

Ergebnishaushalt (modifiziertes Muster 6)	**Konto** (nur nachrichtlich)	**Ansatz des Kontos** (nur nachrichtlich) **-Euro-**	**Ansatz des Haushaltsjahres** **-Euro-**
Erträge aus Verkauf	3421	15.000	
6. Privatrechtliche Entgelte			15.000
Verbrauch von Waren	42814	8.000	
15. Aufwendungen für Sach- und Dienstleistungen			8.000

Finanzhaushalt (modifiziertes Muster 7)	**Konto** (nur nachrichtlich)	**Ansatz des Kontos** (nur nachrichtlich) **-Euro-**	**Ansatz des Haushaltsjahres** **-Euro-**
Einzahlungen aus Verkauf	6421	15.000	
5. Privatrechtliche Entgelte			15.000
Einzahlungen aus erhaltener Umsatzsteuer	6522	2.850	
8. Sonstige haushaltsunwirksame Einzahlungen			2.850
Erwerb von Waren	72814	8.000	
12. Auszahlungen für Sach- und Dienstleistungen und für geringwertige Vermögensgegenstände			8.000
Abzugsfähige Vorsteuer	7442	1.520	
15. Sonstige haushaltsunwirksame Auszahlungen			1.520

3. Buchung:

1. Eröffnung »Warenkonto«
2. Rechnungseingang gekaufte Waren
3. Rechnungsausgleich gekaufte Waren
4. Kontenabschluss »Warenkonto«
5. Buchung des Verbrauchs anhand der Inventurmethode
6. Kontenabschluss »Verbrauch von Vorräten«
7. Rechnungsstellung verkaufte Waren
8. Forderungsausgleich verkaufte Waren
9. Kontenabschluss »Erträge aus Verkauf«

Bestands- und Ergebniskonten						**Finanzkonten**			
Nr.	**Buchungssatz**	**Konto**	**Soll**	**Konto**	**Haben**	**Konto**	**Soll**	**Konto**	**Haben**
1.	Waren an EBK	0841	3.000	EBK	3.000				
2.	Waren und Vorsteuer an Verb. LL	0841 1681	8.000 1.520	2511	9.520				
3.	Verb. LL an Bank	2511	9.520	1711	9.520			72814 7442	8.000 1.520
4.	SBK an Waren	SBK	3.000	0841	3.000				
5.	Verbrauch von Waren an Waren	42814	8.000	0841	8.000				
6.	ERK an Verbrauch von Waren	ERK	8.000	42814	8.000				
7.	Forderungen an Erträge aus Verkauf und Umsatz-steuer	1611	17.850	3421 2721	15.000 2.850				
8.	Bank an Forderungen	1711	17.850	1611	17.850	6421 6522	15.000 2.850		
9.	Erträge aus Verkauf an ERK	3421	8.000	ERK	8.000				

S	0841		H
EBK	3.000	SBK	3.000
2511	8.000	42814	8.000
	11.000		11.000

Nach der Inventurmethode ergibt sich ein Verbrauch von Handelswaren im Wert von 8.000 €.

S	42814		H
0841	8.000	ERK	8.000
	8.000		8.000

S	3421		H
ERK	15.000	1611	15.000
	15.000		15.000

S	Ergebnisrechnungskonto		H
42814	8.000	3421	15.000
NP	7.000		
	15.000		15.000

In diesem vereinfachten Beispiel wird als Jahresergebnis die Differenz zwischen Ein- und Verkaufspreis ausgewiesen. In der Praxis stehen auf der linken Seite des Ergebnisrechnungskontos noch die anderen durch den Verkauf angefallenen Aufwandsarten, z. B. Personal-, Energie- oder Mietaufwand.

Auf einen Blick: Handelswaren

Handelswaren werden auf dem Bestandskonto »Waren« und die Entnahme vom Lager über das Aufwandskonto »Verbrauch von Waren« zu Einkaufspreisen erfasst. Auf dem Ertragskonto »Erträge aus Verkauf« werden die verkauften Waren zu Verkaufspreisen eingestellt. Bei einer wirtschaftlichen Betätigung ist die Vor- und die Umsatzsteuer zu berücksichtigen.

3.7.5 Bestandsveränderungen an fertigen und unfertigen Erzeugnissen

§ 60 Nr. 11 KomHKVO ist die relevante Grundlage für **Bestandsveränderungen**:
die Berücksichtigung des Wertes von Mehr- oder Minderbeständen in der Bilanz sowie Mehr- oder Mindererträgen in der Ergebnisrechnung, wenn Herstellungs- und Absatzmenge bei Eigenerzeugnissen am Jahresschluss nicht übereinstimmen;

In einer Kommune als Anbieter von Dienstleistungen ist es der Standardfall, dass Herstellung und Abgabe bzw. Verkauf von Produkten zusammenfallen. Ein wesentliches Kennzeichen von Dienstleistungen ist nämlich, dass sie immateriell sind und deshalb nicht gelagert werden können. Bestandsveränderungen von fertigen und unfertigen Produkten können lediglich bei lagerfähigen Produkten auftreten und haben demzufolge im kommunalen Bereich nur einen untergeordneten Stellenwert. Deshalb wird an dieser Stelle nur das Prinzip kurz vorgestellt.

Bei einer **Bestandsmehrung** ergibt die Inventur, dass sich am Jahresende **mehr** unfertige / fertige Erzeugnisse im Lager befinden als zu Jahresbeginn. Bereits bei der Herstellung wurden die Aufwendungen erfasst, so dass am Jahresende buchungstechnisch nur noch der Wert des Mehrbestands an unfertigen / fertigen Produkten als Ertrag einzustellen ist, um den geleisteten Aufwand zu neutralisieren. Auf diese Weise werden gelagerte Produkte zwar bilanz-, nicht aber ergebniswirksam, da dem Aufwand der Erstellung der Wert der Produkte als Ertrag gegenübersteht (vgl. aktivierte Eigenleistung). Die Bestandsmehrung wird auf dem Ergebniskonto »Bestandsveränderung« auf der Habenseite erfasst, da sie einen Ertrag darstellt.

Bei einer **Bestandsminderung** ergibt die Inventur demgegenüber, dass sich am Jahresende **weniger** unfertige / fertige Erzeugnisse im Lager befinden als zu Jahresbeginn. Beim Verkauf der Produkte wurden jedoch die Erträge bereits erfasst, so dass am Jahresende buchungstechnisch nur noch der Herstellungswert des Minderbestands an unfertigen / fertigen Erzeugnissen als Aufwand einzustellen ist, damit in dem entsprechenden Haushaltsjahr nicht der volle Verkaufswert der Produkte, sondern nur die Differenz zwischen Verkaufswert und Herstellungswert in die Ergebnisrechnung eingeht. Die Bestandsminderung wird auf dem Ergebniskonto »Bestandsveränderung« auf der Sollseite erfasst, da sie einen Aufwand darstellt.

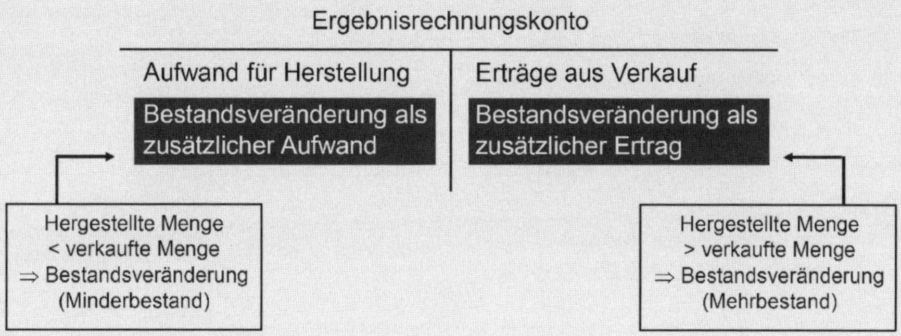

Abbildung 60: Bestandsveränderung

Wenn für jedes materielle Endprodukt (fertige Erzeugnisse) und ggf. dessen Vorprodukte (unfertige Erzeugnisse) ein eigenständiges Aktivkonto eingerichtet wird, werden alle in einem Haushaltsjahr angefallenen Mehr- und Minderbestände in das Ergebniskonto Bestandsveränderung eingestellt. Je nachdem, ob der Saldo auf der linken oder rechten Kontoseite steht, hat das Konto »Bestandsveränderung« den Charakter eines Aufwandskontos (Saldo steht im Haben) oder eines Ertragskontos (Saldo steht im Soll).

Beispiel:

Jahr 1:
Ein kommunaler Druckereibetrieb plant 1.000 Bücher zu drucken. Die Herstellungsaufwendungen betragen 6.000 € an Dienstaufwendungen für Arbeitnehmer, 2.000 € für Rohstoffe, die gekauft werden, 1.000 € für Strom und 1.000 € für Maschinenabschreibungen. Bis zum 31.12. des Haushaltsjahres sollen alle Bücher für einen Stückpreis von 15 € netto, d. h. 16,05 brutto verkauft werden. Die Bücher fallen unter den ermäßigten Umsatzsteuersatz von 7 %.

Jahr 2:
Die Druckerei möchte im folgenden Jahr 2.000 Bücher drucken (Herstellungsaufwand: Dienstaufwand 12.000 €, Rohstoffe 4.000 €, die gekauft werden, Energie 2.000 €, Maschinenabschreibung 2.000 €. In der entsprechenden Periode werden voraussichtlich nur 1.500 Stück verkauft (Verkaufspreis 15 € netto, 16,05 € brutto).

Jahr 3:
Im darauffolgenden Jahr plant die Druckerei erneut 2.000 Bücher herzustellen (Herstellungsaufwand vgl. Jahr 2), es sollen jedoch 2.400 Bücher in dieser Periode verkauft werden (Verkaufspreis 15 € netto, 16,05 € brutto).

1. Ermitteln Sie die erforderlichen Konten.
2. Veranschlagen Sie den Finanzvorfall für alle drei Jahre in den Haushalten.
3. Bilden Sie die entsprechenden Buchungssätze, wenn der Finanzvorfall wie geplant umgesetzt wird! Gehen Sie zur Vereinfachung davon aus, dass die Beträge jeweils direkt beglichen werden (kein Konto Verbindlichkeiten aus Lieferungen und Leistungen einfügen, kein Rohstofflager).

Lösung:

1. Erforderliche Konten:

0621	Maschinen und Technische Anlagen
0851	Unfertige / fertige Erzeugnisse und Leistungen
1681	Vorsteuer
1611	Privatrechtliche Forderungen aus Dienstleistungen
1711	Sichteinlagen bei Banken und Kreditinstituten
2721	Umsatzsteuer

3421 Erträge aus Verkauf
3721 Bestandsveränderungen
4012 Arbeitnehmer (Dienstaufwendungen)
4241 Bewirtschaftung der Grundstücke und baulichen Anlagen
42811 Rohstoffe/Fertigungsmaterial
47115 Abschreibungen für Maschinen und Technische Anlagen
6421 Einzahlungen aus Verkauf
6522 Einzahlungen aus erhaltener Umsatzsteuer
7442 Abzugfähige Vorsteuer
7012 Arbeitnehmer (Dienstauszahlungen)
7271 Bewirtschaftung der Grundstücke und baulichen Anlagen
72811 Rohstoffe/Fertigungsmaterial

Jahr 1:
2. Veranschlagung:

Ergebnishaushalt (modifiziertes Muster 6)	**Konto** (nur nachrichtlich)	**Ansatz des Kontos** (nur nachrichtlich) **-Euro-**	**Ansatz des Haushaltsjahres** **-Euro-**
Erträge aus Verkauf	3421	15.000	
6. Privatrechtliche Entgelte			15.000
Arbeitnehmer (Dienstaufwendungen)	4012	6.000	
13. Personalaufwendungen			6.000
Bewirtschaftung der Grundstücke und baulichen Anlagen	4241	1.000	
Rohstoffe/Fertigungsmaterial	42811	2.000	
15. Aufwendungen für Sach- und Dienstleistungen			3.000
Abschreibungen für Maschinen und Technische Anlagen	47115	1.000	
16. Abschreibungen			1.000

Finanzhaushalt (modifiziertes Muster 7)	**Konto** (nur nachrichtlich)	**Ansatz des Kontos** (nur nachrichtlich) **-Euro-**	**Ansatz des Haushaltsjahres** **-Euro-**
Einzahlungen aus Verkauf	6421	15.000	
5. Privatrechtliche Entgelte			15.000
Einzahlungen aus erhaltener Umsatzsteuer	6522	1.050	
8. Sonstige haushaltsunwirksame Einzahlungen			1.050
Arbeitnehmer (Dienstauszahlungen)	7012	6.000	
10. Personalauszahlungen			6.000
Bewirtschaftung der Grundstücke und baulichen Anlagen	7241	1.000	
Rohstoffe/Fertigungsmaterial	72811	2.000	
12. Auszahlungen für Sach- und Dienstleistungen und für geringwertige Vermögensgegenstände			3.000
Abzugsfähige Vorsteuer	7442	190	
Abzugsfähige Vorsteuer	7442	380	
15. Sonstige haushaltsunwirksame Auszahlungen			570

3. Buchung:
1. Gehaltszahlung
2. Rohstoffverbrauch
3. Energiezahlung
4. Abschreibung
5. Verkauf

Bestands- und Ergebniskonten						Finanzkonten			
Nr.	**Buchungssatz**	**Konto**	**Soll**	**Konto**	**Haben**	**Konto**	**Soll**	**Konto**	**Haben**
1.	Arbeitnehmer (Dienstaufwendungen) an Bank	4012	6.000	1711	6.000			7012	6.000
2.	Verbrauch von Vorräten an Bank	42811	2.000	1711	2.000			72811	2.000
3.	Bewirtschaftung und Vorsteuer an Bank	4241 1681	1.000 190	1711	1.190			7241 7442	1.000 190
4.	Abschreibungen an Maschinen	47115	1.000	0621	1.000				
5.	Bank an Erträge aus Verkauf und Umsatzsteuer	1711	16.050	3421 2721	15.000 1.050	6421 6522	15.000 1.050		

Wenn während des Haushaltsjahres keine weiteren Finanzvorfälle angefallen sind, würde die Ergebnisrechnung folgende Gestalt aufweisen. Das Ergebnis in Höhe von 5.000 € ergibt sich allein aus dem Verkauf der in diesem Haushaltsjahr produzierten Bücher.

S	Ergebnisrechnungskonto		H
4012	6.000	3421	15.000
42811	2.000		
4241	1.000		
47115	1.000		
NP	5.000		
	15.000		15.000

Jahr 2:

2. Veranschlagung:

Ergebnishaushalt (modifiziertes Muster 6)	**Konto** (nur nachrichtlich)	**Ansatz des Kontos** (nur nachrichtlich) **-Euro-**	**Ansatz des Haushaltsjahres** **-Euro-**
Erträge aus Verkauf	3421	22.500	
6. Privatrechtliche Entgelte			22.500
Bestandsveränderungen	3721	5.000	
10. Bestandsveränderungen			5.000
Arbeitnehmer (Dienstaufwendungen)	4012	12.000	
13. Personalaufwendungen			12.000
Bewirtschaftung der Grundstücke und baulichen Anlagen	4241	2.000	
Rohstoffe/Fertigungsmaterial	42811	4.000	
15. Aufwendungen für Sach- und Dienstleistungen			6.000
Abschreibungen für Maschinen und Technische Anlagen	47115	2.000	
16. Abschreibungen			2.000

Finanzhaushalt (modifiziertes Muster 7)	**Konto** (nur nachrichtlich)	**Ansatz des Kontos** (nur nachrichtlich) **-Euro-**	**Ansatz des Haushaltsjahres** **-Euro-**
Einzahlungen aus Verkauf	6421	22.500	
5. Privatrechtliche Entgelte			22.500
Einzahlung aus erhaltener Umsatzsteuer	6522	1.575	
8. Sonstige haushaltsunwirksame Einzahlungen			1.575
Arbeitnehmer (Dienstauszahlungen)	7012	12.000	
10. Personalauszahlungen			12.000
Rohstoffe/Fertigungsmaterial	72811	4.000	
Bewirtschaftung der Grundstücke und baulichen Anlagen	7241	2.000	
12. Auszahlungen für Sach- und Dienstleistungen und für geringwertige Vermögensgegenstände			6.000
Abzugsfähige Vorsteuer	7442	760	
Abzugsfähige Vorsteuer	7442	380	
15. Sonstige haushaltsunwirksame Auszahlungen			1.140

3. Buchung:

Es befinden sich noch 500 Bücher auf Lager. Der Herstellungswert pro Buch beträgt 10 €. Demzufolge ist der Lagerwert 5.000 €.

1. Gehaltszahlung
2. Rohstoffverbrauch
3. Energiezahlung
4. Abschreibung
5. Verkauf
6. Abschluss »Unfertige/fertige Erzeugnisse«
7. Abschluss »Bestandsveränderungen«

Bestands- und Ergebniskonten						**Finanzkonten**			
Nr.	**Buchungssatz**	**Konto**	**Soll**	**Konto**	**Haben**	**Konto**	**Soll**	**Konto**	**Haben**
1.	Arbeitnehmer (Dienstaufwendungen) an Bank	4012	12.000	1711	12.000			7012	12.000
2.	Verbrauch von Vorräten und Vorsteuer an Bank	42811 1681	4.000 760	1711	4.760			72811 7442	4.000 760
3.	Bewirtschaftung und Vorsteuer an Bank	4241 1681	2.000 380	1711	2.380			7241 7442	2.000 380
4.	Abschreibungen an Maschinen	47115	2.000	0621	2.000				
5.	Bank an Erträge aus Verkauf und Umsatzsteuer	1711	24.075	342 27211	22.500 1.575	6421 6522	22.500 1.575		
6.	Unfertige/fertige Erzeugnisse an Bestandsveränderungen	0851	5.000	3721	5.000				
7.	Bestandsveränderungen an ERK	3721	5.000	ERK	5.000				

S	0851		H
EBK	0	SBK	5.000
3721	5.000		
	5.000		5.000

S	3721		H
ERK	5.000	0851	5.000
	5.000		5.000

S	Ergebnisrechnungskonto		H
4012 (für 2.000 hergestellte Bücher)	12.000	3421 (für 1.500 verkaufte Bücher)	22.500
42811 (für 2.000 hergestellte Bücher)	4.000	3721 (für 500 gelagerte Bücher)	5.000
4241 (für 2.000 hergestellte Bücher)	2.000		
47115 (für 2.000 hergestellte Bücher)	2.000		
NP	7.500		
	27.500		27.500

An die Nettoposition geht nur das positive Ergebnis der verkauften Bücher. Die noch auf Lager befindlichen Bücher sind ergebnisneutral.

Jahr 3:

2. Veranschlagung:

Ergebnishaushalt (modifiziertes Muster 6)	**Konto** (nur nachrichtlich)	**Ansatz des Kontos** (nur nachrichtlich) **-Euro-**	**Ansatz des Haushaltsjahres** **-Euro-**
Erträge aus Verkauf	3421	36.000	
6. Privatrechtliche Entgelte			36.000
Bestandsveränderungen	3721	-4.000	
10. Bestandsveränderungen			-4.000
Arbeitnehmer (Dienstaufwendungen)	4012	12.000	
13. Personalaufwendungen			12.000
Verbrauch von Vorräten (Rohstoffe)	42811	4.000	
Bewirtschaftung der Grundstücke und baulichen Anlagen	4241	2.000	
15. Aufwendungen für Sach- und Dienstleistungen			6.000
Abschreibungen für Maschinen und Technische Anlagen	47115	2.000	
16. Abschreibungen			2.000

Hier hat die Bestandsveränderung den Charakter eines Aufwandskontos, der Saldo steht im Haben. Entsprechend ist für die Planung ein negativer Ertrag zu veranschlagen.

Finanzhaushalt (modifiziertes Muster 7)	**Konto** (nur nachrichtlich)	**Ansatz des Kontos** (nur nachrichtlich) **-Euro-**	**Ansatz des Haushaltsjahres** **-Euro-**
Einzahlungen aus Verkauf	6421	36.000	
5. Privatrechtliche Entgelte			36.000
Einzahlung aus erhaltener Umsatzsteuer	6522	2.520	
8. Sonstige haushaltsunwirksame Einzahlungen			2.520
Arbeitnehmer (Dienstauszahlungen)	7012	12.000	
10. Personalauszahlungen			12.000
Erwerb von Vorräten (Rohstoffen)	72811	4.000	
Bewirtschaftung der Grundstücke und baulichen Anlagen	7241	2.000	
12. Auszahlungen für Sach- und Dienstleistungen und für geringwertige Vermögensgegenstände			6.000
Abzugsfähige Vorsteuer	7442	760 380	
15. Sonstige haushaltsunwirksame Auszahlungen			1.140

3. Buchung:
Es befinden sich 500 Bücher zu Jahresbeginn, aber nur noch 100 Bücher am Jahresende auf Lager.
1. Gehaltszahlung
2. Rohstoffverbrauch
3. Energiezahlung
4. Abschreibung
5. Verkauf
6. Abschluss »Unfertige/fertige Erzeugnisse und Leistungen«
7. Abschluss »Bestandsveränderungen«

	Bestands- und Ergebniskonten					Finanzkonten			
Nr.	**Buchungssatz**	**Konto**	**Soll**	**Konto**	**Haben**	**Konto**	**Soll**	**Konto**	**Haben**
1.	Arbeitnehmer (Dienstaufwendungen) an Bank	4012	12.000	1711	12.000			7012	12.000
2.	Verbrauch von Vorräten und Vorsteuer an Bank	42811 1681	4.000 760	1711	4.760			72811 7442	4.000 760
3.	Bewirtschaftung und Vorsteuer an Bank	4241 1681	2.000 380	1711	2.380			7241 7442	2.000 380
4.	Abschreibungen an Maschinen	47115	2.000	0621	2.000				
5.	Bank an Erträge aus Verkauf und Umsatzsteuer	1711	38.520	3421 2721	36.000 2.520	6421 6522	36.000 2.520		
6.	Bestandsveränderungen an Unfertige/fertige Erzeugnisse	3721	4.000	0851	4.000				
7.	ERK an Bestandsveränderungen	ERK	5.000	3721	5.000				

S	0851		H
EBK	5.000	SBK 3721	1.000 4.000
	5.000		5.000

S	3721		H
0851	4.000	ERK	4.000
	4.000		4.000

S	Ergebnisrechnungskonto		H
4012 (für 2.000 hergestellte Bücher) 42811 (für 2.000 hergestellte Bücher) 4211 (für 2.000 hergestellte Bücher) 47115 (für 2.000 hergestellte Bücher) 3721 (für 400 gelagerte Bücher) NP	12.000 4.000 2.000 2.000 4.000 12.000	3421 (für 2.400 verkaufte Bücher)	36.000
	36.000		36.000

Für die vom Lager zusätzlich verkauften 400 Bücher wird der Herstellungsaufwand der vorhergehenden Periode in Höhe von 4.000 € über das Konto Bestandsveränderung (3721) in die Ergebnisrechnung des laufenden Haushaltsjahres eingestellt. Der Verkauf der 400 gelagerten Bücher erhöht das Jahresergebnis erst in dem Haushaltsjahr, in dem die Bücher verkauft werden.

ⓘ **Auf einen Blick: Bestandsveränderung von unfertigen und fertigen Erzeugnissen**
Bestandsmehrungen und Bestandsminderungen von selbst erstellten gelagerten Produkten werden über das Konto »Bestandsveränderung« in der Ergebnisplanung und -rechnung des laufenden Haushaltsjahres eingestellt. Dadurch wird bei einer **Bestandsmehrung** der **Aufwand** der Herstellung **neutralisiert** und bei einer **Bestandsminderung** der **Herstellungsaufwand** dem **Verkaufsertrag gegenübergestellt.**

3.8 JAHRESABSCHLUSS

Zum Ende des Haushaltsjahres zum Stichtag am 31.12. ist der Jahresabschluss aufzustellen. Bevor dieser aufgestellt werden kann, sind aber noch einige vorbereitende Abschlussarbeiten vorzunehmen. Dies betrifft insbesondere die Bewertung von Vermögensgegenständen, die Bestimmung und Erfassung von Rückstellungen und die Abgrenzung von Aufwendungen und Erträgen, sofern dies nicht bereits unterjährig erfolgt ist. Mit der anschließenden Erstellung und Veröffentlichung des Jahresabschlusses enden die Arbeiten der Buchführung eines Haushaltsjahres.

3.8.1 Grundlagen

§ 46 KomHKVO beinhaltet die Bewertungsregeln, die bei der Aufstellung des Jahresabschlusses zu beachten sind:

(4) [1]Es wird vorsichtig bewertet. Vorhersehbare Risiken und Wertminderungen ..., die bis zum Abschlusstag entstanden sind, werden berücksichtigt, selbst wenn diese erst nach dem Abschlusstag bis zum Tag der Aufstellung des Jahresabschlusses bekannt werden ...

Alle während des Haushaltsjahres angefallenen und im Rahmen der Buchführung dokumentierten finanziellen Transaktionen werden im Jahresabschluss zusammengefasst. Dieser besteht im Wesentlichen aus der **Bilanz** als Zeitpunktrechnung und der **Ergebnis**- bzw. **Finanzrechnung** als Zeitraumrechnungen, d. h. der Jahresabschluss wird einmal pro Jahr erstellt. Nach § 129 I 1 NKomVG ist der Jahresabschluss bis zum 31. März des Folgejahres zu erstellen.

Die **Bilanz** weist die Höhe des Vermögens, der Nettoposition und der Verbindlichkeiten am Bilanzstichtag (31.12. eines Jahres) auf. Sie wird in **T-Kontenform** aufgestellt und nach den Vorschriften des § 55 II KomHKVO gegliedert.

Die **Ergebnisrechnung** gibt einen Überblick über die Aufwendungen und Erträge, die **Finanzrechnung** über die Ein- und Auszahlungen des Haushaltsjahres. Sowohl die Ergebnis- als auch die Finanzrechnung werden in **Staffelform** aufgestellt (vgl. § 52 II 1 und § 53 II KomHKVO).

Grundlegende **Aufgaben** des Jahresabschlusses sind die **Dokumentation**, die **Rechenschaftslegung** und die **Kontrolle**. Durch den Jahresabschluss legen die Kommune und die Politiker (als Repräsentanten der Bürger) gegenüber ihren Bürgern Rechenschaft darüber ab, wie sie das von den Bürgern u. a. durch Steuern erhaltene Geld verwendet haben. Die Kontrollfunktion wird insbesondere durch das Rechnungsprüfungsamt bzw. die Kommunalaufsicht wahrgenommen.

Damit im Jahresabschluss Aufwendungen und Erträge periodengerecht ausgewiesen werden können, ist erforderlich, dass diese zeitraumgerecht erfasst werden, d. h. unabhängig von dem Anfall bzw. der Zahlung dürfen Aufwendungen und Erträge nur dem Haushaltsjahr zugerechnet werden, in dem sie auch zu einem Ressourcenverbrauch bzw. -aufkommen führen. Um Arbeitsspitzen in der Kämmerei bis zur Aufstellung des Jahresabschlusses zu vermeiden, ist es sinnvoll, soweit möglich, diese so genannte **Abgrenzung** bereits während des Haushaltsjahres vorzunehmen. Wird dies unterlassen, muss es für den Jahresabschluss nachgeholt werden.

Ein weiterer wichtiger Schritt zur Erstellung ist die Durchführung einer **Inventur**, um sicherzustellen, dass die Schlussbestände auf den Bestandskonten auch mit den tatsächlichen Beständen übereinstimmen. Falls dabei Differenzen festgestellt werden, ist der Bestand der Bücher zu korrigieren. Im Folgenden wird hier nur auf die Bewertung von Forderungen eingegangen. Grundsätzlich muss jedoch bei allen Vermögensgegenständen und Schuldpositionen eine **Wertkorrektur** erfolgen, wenn der Buchwert über dem tatsächlichen Wert liegt bzw. wenn der Buchwert einer Schuld unter dem tatsächlichen Wert der Schuld liegt. Der Grund dafür liegt im **Vorsichtsprinzip** nach § 46 IV KomHKVO. Dieses ist auch dafür verantwortlich, dass für mögliche Risiken, die während des Haushaltsjahres noch keinen Niederschlag in der Buchführung gefunden haben, aber in der Zukunft zu finanziellen Belastungen der Kommune führen können, **Rückstellungen** zu bilden sind.

> **Auf einen Blick: Jahresabschluss**
> Der Jahresabschluss besteht grundsätzlich aus der Bilanz in T-Kontenform sowie der Ergebnis- und der Finanzrechnung in Staffelform.

3.8.2 Sonstige Forderungen und Sonstige Verbindlichkeiten

Bei einigen Vertragsbeziehungen werden **nachschüssige Zahlungen** vereinbart, d. h. die Zahlung erfolgt **nach** Erbringung der entsprechenden Gegenleistung. Dies kann z. B. bei Zinsen der Fall sein, die am Ende der Laufzeit eines Kredits oder einer (Finanz-)Anlage nachträglich für die abgelaufenen zwölf Monate geleistet werden. Im Fall eines aufgenommenen Kredits werden bereits in dem Haushaltsjahr, für das der Jahresabschluss erstellt werden soll, durch die Zinsen Ressourcen verbraucht und das Geld aus dem Kredit steht bereits in diesem Haushaltjahr für Investitionen zur Verfügung, auch wenn die Zinszahlung erst im folgenden Haushaltsjahr erfolgt. In einem solchen Fall ist der Zinsaufwand, der für das alte Jahr angefallen ist, auch für das alte Haushaltsjahr zu buchen. In der Theorie wird dieser Betrag auf dem Gegenkonto »Sonstige Verbindlichkeiten« gebucht. Da es mit der modernen Software problemlos möglich ist, die tatsächliche Fälligkeit anzugeben, auch wenn das klassische Konto »2511 Verbindlichkeiten aus Lieferung und Leistung« gebucht wird, wird in der Praxis in der Regel dieses Konto herangezogen und so eine spätere Umbuchung vom Konto »Sonstige Verbindlichkeiten« auf das Konto »Verbindlichkeiten aus Lieferung und Leistung« vermieden.

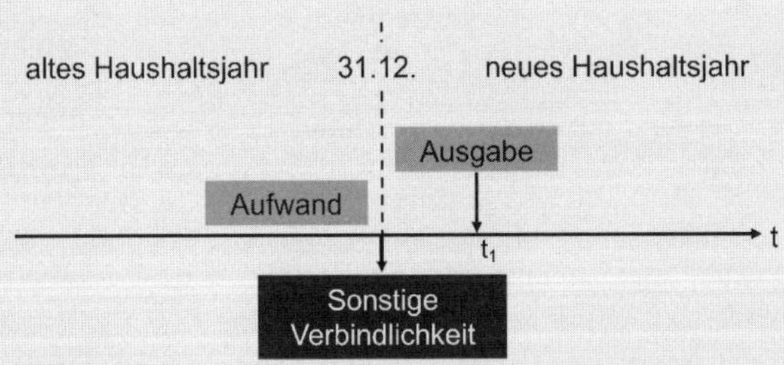

Abbildung 61: Sonstige Verbindlichkeit

Im umgekehrten Fall, d. h. wenn die Kommune einen Kredit gewährt und die Zinsen von dem Kreditnehmer nachschüssig entrichtet werden, ist der Zinsertrag, der für das alte Haushaltsjahr angefallen ist, buchungstechnisch noch als Zinsertrag für das alte Haushaltsjahr zu erfassen. Auch hier ist das theoretische Gegenkonto das Konto »Sonstige Forderungen«, aber auch hier wird in der Praxis in der Regel aus Vereinfachungsgründen direkt auf dem entsprechenden Forderungskonto mit der entsprechenden Fälligkeit gebucht.

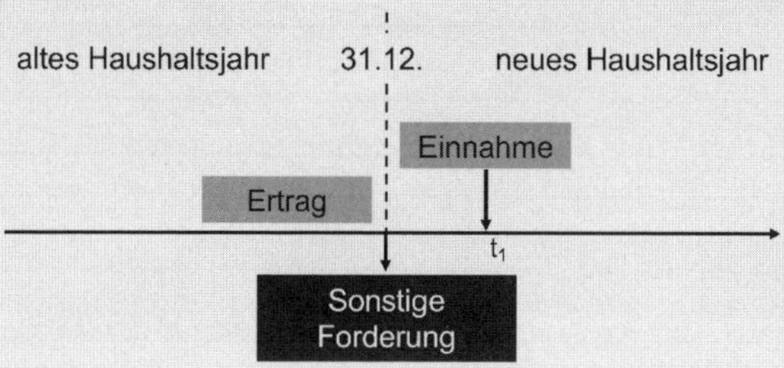

Abbildung 62: Sonstige Forderung

Demzufolge werden in der kaufmännischen Buchführung, wenn **Aufwendungen bzw. Erträge** des **alten** Jahres erst im **neuen** Jahr zu **Ausgaben bzw. Einnahmen** führen, die entsprechenden Beträge bereits im alten Jahr auf dem Konto »Sonstige Verbindlichkeiten« bzw. »Sonstige Forderungen« erfasst. Die Zahlungen werden dadurch antizipiert (vorweggenommen), weshalb man auch von **antizipativen** Posten spricht. Wenn ein Teil der Aufwendungen bzw. Erträge noch das alte Jahr und der andere Teil bereits das neue Jahr betreffen, sind die Erträge bzw. Aufwendungen entsprechend auf beide Jahre zu verteilen. Der Grund für diese Maßnahme ist das Periodisierungsprinzip. Jede Periode darf nur mit den Aufwendungen bzw. Erträgen belastet bzw. begünstigt werden, die sie betreffen, d. h. in der der Ressourcenverbrauch bzw. die Mehrung der Ressourcen stattgefunden hat.
Da in der kommunalen Buchhaltung in Niedersachsen die Kommunen in der Regel aus Praktikabilitätsgründen darauf verzichten die Konten »Sonstige Forderungen« bzw. »Sonstige Verbindlichkeiten« zu nutzen, sondern stattdessen direkt die klassischen Forderungskonten bzw. das Konto »Verbindlichkeiten aus Lieferung und Leistung« verwenden, wird über die obige Vorstellung hinaus dieses Thema nicht intensiver behandelt.

Beispiel:

Eine Kommune muss voraussichtlich für den Zeitraum 01.07. bis 31.12. eines Jahres am 01.01. des Folgejahres 1.000 € Zinsen entrichten (Fall 1).
Außerdem soll zwischen der Kommune und einem örtlichen Sportverein ein neuer Kreditvertrag über 100.000 € für 6 % Zinsen geschlossen werden, nach dem der Sportverein jeweils am 01.11. und am 01.05. die halbjährlich zu zahlenden Zinsen nachschüssig zu leisten hat (Fall 2).

1. Ermitteln Sie die erforderlichen Konten.
2. Veranschlagen Sie die obigen Fälle in den Haushalten.
3. Bilden Sie die entsprechenden Buchungssätze, wenn die Finanzvorfälle wie geplant umgesetzt werden.

Lösung:

1. Erforderliche Konten:

1611	Privatrechtliche Forderungen aus Dienstleistungen
1711	Sichteinlagen bei Banken und Kreditinstituten
2511	Verbindlichkeiten aus Lieferung und Leistung
361...	Zinserträge
451...	Zinsaufwendungen
661...	Zinseinzahlungen
751...	Zinsauszahlungen

2. Veranschlagung:

Ergebnishaushalt – Jahr 1 (modifiziertes Muster 6)	**Konto** (nur nachrichtlich)	**Ansatz des Kontos** (nur nachrichtlich) -Euro-	**Ansatz des Haushaltsjahres** -Euro-
Zinserträge – Fall 2	361B	1.000	
8. Zinsen und ähnliche Finanzerträge			1.000
Zinsaufwendungen – Fall 1	451B	1.000	
17. Zinsen und ähnliche Aufwendungen			1.000

Finanzhaushalt: keine Veranschlagung, da die Kassenwirksamkeit (Zahlung) erst im neuen Haushaltsjahr erfolgt.

3. Buchung:
Fall 1
1. Zum 31.12. des aktuellen Haushaltsjahres: Erfassung des Aufwands

Bestands- und Ergebniskonten						**Finanzkonten**			
Nr.	**Buchungssatz**	**Konto**	**Soll**	**Konto**	**Haben**	**Konto**	**Soll**	**Konto**	**Haben**
1.	Zinsaufwendungen an Verbindlichkeiten LL	451...	1.000	2511	1.000				

1. Zum 01.01. des nächsten Haushaltsjahres: Zahlung

Bestands- und Ergebniskonten						**Finanzkonten**			
Nr.	**Buchungssatz**	**Konto**	**Soll**	**Konto**	**Haben**	**Konto**	**Soll**	**Konto**	**Haben**
1.	Verbindlichkeiten LL an Bank	2511	1.000	1711	1.000			751...	1.000

Fall 2:
1. Zum 31.12. des aktuellen Haushaltsjahres: Erfassung des Ertrags für zwei Monate

Bestands- und Ergebniskonten						**Finanzkonten**			
Nr.	**Buchungssatz**	**Konto**	**Soll**	**Konto**	**Haben**	**Konto**	**Soll**	**Konto**	**Haben**
1.	Forderungen an Zinserträge	1611	1.000	361...	1.000				

1. Zum 01.05. des nächsten Haushaltsjahres: Zahlungseingang für sechs Monate

Bestands- und Ergebniskonten						**Finanzkonten**			
Nr.	**Buchungssatz**	**Konto**	**Soll**	**Konto**	**Haben**	**Konto**	**Soll**	**Konto**	**Haben**
1.	Bank an Forderungen und Zinserträge	1711	3.000	1611 361...	1.000 2.000	661...	3.000		

Auf einen Blick: Nachschüssige Zahlungen
Führen **Aufwendungen bzw. Erträge des aktuellen Haushaltsjahres** zu **Ausgaben bzw. Einnahmen in einem späteren Haushaltsjahr,** sind die Beträge, die das alte Haushaltsjahr belasten bzw. begünstigen, wegen des Periodisierungsprinzips auch buchungstechnisch dem alten Haushaltsjahr als Aufwand bzw. Ertrag zuzurechnen. In der kommunalen Praxis geschieht dies, indem der Aufwand auf dem Konto **Verbindlichkeiten aus Lieferung und Leistung** und der Ertrag auf dem entsprechenden Forderungskonto durch zusätzliche Erfassung der entsprechenden Fälligkeit so lange **geparkt** werden, bis die Zahlung tatsächlich erfolgt.

3.8.3 Aktive und Passive Rechnungsabgrenzungsposten

§ 51 KomHKVO beinhaltet Regelungen über die Behandlung von aktiven und passiven Rechnungsabgrenzungsposten:
(1) [1]Soweit Ausgaben, die vor dem Abschlusstag geleistet wurden, Aufwand für eine bestimmte Zeit nach diesem Tag darstellen, werden sie auf der Aktivseite der Bilanz als Rechnungsabgrenzungsposten ausgewiesen. …
(2) …
(3) Soweit Einnahmen, die vor dem Abschlusstag eingegangen sind, Ertrag für eine bestimmte Zeit nach diesem Tag darstellen, werden sie auf der Passivseite der Bilanz als Rechnungsabgrenzungsposten ausgewiesen.

Zusätzlich zu den im vorhergehenden Kapitel dargestellten antizipativen Posten gibt es die **transitorischen** Fälle. Dabei fallen die **Einnahmen** bzw. **Ausgaben** bereits im **alten Haushaltsjahr** an, die entsprechenden **Erträge** bzw. **Aufwendungen** jedoch erst im **neuen** Jahr. Falls die Erträge bzw. Aufwendungen bereits im alten Jahr den entsprechenden Konten belastet wurden, sind die betroffenen Aufwands- und Ertragskonten am Jahresende zu korrigieren. Die relevanten Gegenkonten sind die »Aktive Rechnungsabgrenzung« (ARA) und die »Passive Rechnungsabgrenzung« (PRA). Auf diesen Konten werden die entsprechenden Beträge zum Stichtag 31.12. geparkt.

Die **ARA** umfasst **Aufwendungen**, die **im Voraus** bezahlt wurden, wobei die entsprechende Gegenleistung aber erst im folgenden Haushaltsjahr in Anspruch genommen wird, z. B. Miete, Zinsen oder Versicherungsbeiträge. Sie ähnelt somit einer Forderung von Seiten der Kommune, da für sie entweder eine Verbindlichkeit entstanden ist bzw. die Kommune bereits eine Zahlung vorgenommen hat, die entsprechende Gegenleistung aber noch nicht erfolgt ist, z. B. die Bereitstellung von Mietraum für das neue Jahr durch den Vermieter.

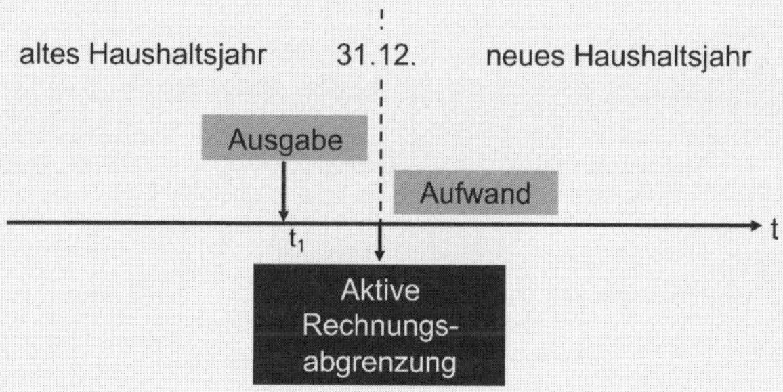

Abbildung 63: Aktive Rechnungsbegrenzung

Die **PRA** umfasst **Erträge**, die bereits als **Einnahme** verbucht wurden, wobei aber der tatsächliche Ertrag erst im neuen Haushaltsjahr erwirtschaftet wird, z. B. im Voraus erhaltene Pachten, Mieten oder Zinsen. Sie ähnelt somit einer Verbindlichkeit, da die Kommune bereits Gläubiger einer Forderung geworden ist oder schon eine Zahlung empfangen, aber noch keine entsprechende Gegenleistung erbracht hat.

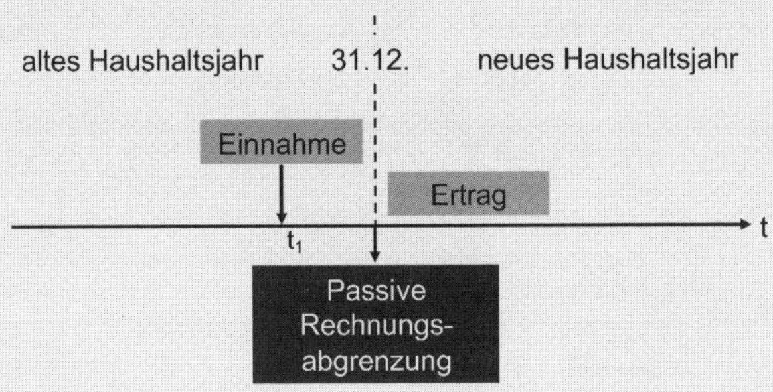

Abbildung 64: Passive Rechnungsbegrenzung

Durch die ARA und PRA werden somit **im Voraus** (im alten Haushaltsjahr) angefallene Aufwendungen und vereinnahmte Erträge in die Ergebnisrechnung des neuen Jahres übertragen. Man spricht deshalb auch von **transitorischen** Posten.
Wenn ein Teil der Aufwendungen bzw. Erträge noch das alte Haushaltsjahr und der andere Teil bereits das neue Haushaltsjahr betrifft, sind die Erträge bzw. Aufwendungen entsprechend zu verteilen. Ggf. ist hier eine Aufteilung auf mehrere Jahre möglich (z. B. bei einem Disagio). Sinnvoll ist es, die transitorischen Posten bereits bei der Buchung zu erfassen (direkte Buchung), um die Arbeiten zum Jahresabschluss so gering wie möglich zu halten.
Der Grund für diese Maßnahme ist wie bei den antizipativen Posten das Periodisierungsprinzip.

Beispiel:

Eine Kommune muss voraussichtlich bis zum 31.12. eines Haushaltsjahres für den Zeitraum 01.01. bis 31.12. des folgenden Jahres 1.000 € Pacht entrichten (Fall 1) und für denselben Zeitraum erhält sie voraussichtlich am 31.12. 1.500 € Miete (Fall 2). Außerdem besteht zwischen der Kommune und einem örtlichen Sportverein ein Pachtvertrag über ein Grundstück, für das der Sportverein jährlich am 01.11. die Pacht für ein Jahr im Voraus in Höhe von 1.200 € zu leisten hat (Fall 3).

1. Ermitteln Sie die erforderlichen Konten.
2. Veranschlagen Sie die obigen Fälle in den Haushalten.
3. Bilden Sie die entsprechenden Buchungssätze, wenn die Finanzvorfälle wie geplant umgesetzt werden.

Lösung:

1. Erforderliche Konten:

1711 Sichteinlagen bei Banken und Kreditinstituten
1801 Aktive Rechnungsabgrenzung
2901 Passive Rechnungsabgrenzung
3411 Mieten und Pachten
4231 Mieten und Pachten
6411 Mieten und Pachten
7231 Mieten und Pachten

2. Veranschlagung:

Ergebnishaushalt (modifiziertes Muster 6)	**Konto** (nur nachrichtlich)	**Ansatz des Kontos** (nur nachrichtlich) **-Euro-**	**Ansatz des Haushaltsjahres** **-Euro-**
Mieten und Pachten – Fall 3	3411	200	
6. privatrechtliche Entgelte			200

Es erfolgt keine weitere Veranschlagung, da die weiteren Finanzvorfälle erst im folgenden Haushaltsjahr wirtschaftlich verursacht sind.

Finanzhaushalt (modifiziertes Muster 7)	**Konto** (nur nachrichtlich)	**Ansatz des Kontos** (nur nachrichtlich) **-Euro-**	**Ansatz des Haushaltsjahres** **-Euro-**
Mieten und Pachten – Fall 2	6411	1.500	
Mieten und Pachten – Fall 3	6411	1.200	
5. Privatrechtliche Entgelte			2.700
Mieten und Pachten – Fall 1	7231	1.000	
12. Auszahlungen für Sach- und Dienstleistungen und für geringwertige Vermögensgegenstände			1.000

3. Buchung:
Möglichkeit 1: Standardbuchung mit Korrektur zum Jahresabschluss
Fall 1

1. Zahlung im aktuellen Haushaltsjahr
2. Korrekturbuchung zum 31.12. des aktuellen Haushaltsjahres (vor Kontenabschluss)

Bestands- und Ergebniskonten						**Finanzkonten**			
Nr.	**Buchungssatz**	**Konto**	**Soll**	**Konto**	**Haben**	**Konto**	**Soll**	**Konto**	**Haben**
1.	Mieten an Bank	4231	1.000	1711	1.000			7231	1.000
2.	ARA an Mieten	1801	1.000	4231	1.000				

1. Buchung zum 01.01 des nächsten Haushaltsjahres (nach Konteneröffnung)

Bestands- und Ergebniskonten						**Finanzkonten**			
Nr.	**Buchungssatz**	**Konto**	**Soll**	**Konto**	**Haben**	**Konto**	**Soll**	**Konto**	**Haben**
1.	Mieten an ARA	4231	1.000	1801	1.000				

Fall 2

1. Zahlungseingang im aktuellen Haushaltsjahr
2. Korrekturbuchung zum 31.12. des aktuellen Haushaltsjahres (vor Kontenabschluss)

Bestands- und Ergebniskonten						**Finanzkonten**			
Nr.	**Buchungssatz**	**Konto**	**Soll**	**Konto**	**Haben**	**Konto**	**Soll**	**Konto**	**Haben**
1.	Bank an Mieten	1711	1.500	3411	1.500	6411	1.500		
2.	Mieten an PRA	3411	1.500	2901	1.500				

1. Buchung zum 01.01 des nächsten Haushaltsjahres (nach Konteneröffnung)

Bestands- und Ergebniskonten						**Finanzkonten**			
Nr.	**Buchungssatz**	**Konto**	**Soll**	**Konto**	**Haben**	**Konto**	**Soll**	**Konto**	**Haben**
1.	PRA an Mieten	2901	1.500	3411	1.500				

Fall 3

1. Zahlungseingang im aktuellen Haushaltsjahr
2. Korrekturbuchung zum 31.12. des aktuellen Haushaltsjahres (vor Kontenabschluss)

Bestands- und Ergebniskonten						**Finanzkonten**			
Nr.	**Buchungssatz**	**Konto**	**Soll**	**Konto**	**Haben**	**Konto**	**Soll**	**Konto**	**Haben**
1.	Bank an Mieten	1711	1.200	3411	1.200	6411	1.200		
2.	Mieten an PRA	3411	1.000	2901	1.000				

1. Buchung zum 01.01. des nächsten Haushaltsjahres (nach Kontenabschluss)

Bestands- und Ergebniskonten						Finanzkonten			
Nr.	**Buchungssatz**	**Konto**	**Soll**	**Konto**	**Haben**	**Konto**	**Soll**	**Konto**	**Haben**
1.	PRA an Mieten und Pachten	2901	1.000	3411	1.000				

Möglichkeit 2: Direkte Abgrenzung bei Zahlung
Fall 1
1. Zahlung mit gleichzeitiger Abgrenzung im aktuellen Haushaltsjahr

Bestands- und Ergebniskonten						Finanzkonten			
Nr.	**Buchungssatz**	**Konto**	**Soll**	**Konto**	**Haben**	**Konto**	**Soll**	**Konto**	**Haben**
1.	ARA an Bank	1801	1.000	1711	1.000			7231	1.000

1. Buchung zum 01.01. des nächsten Haushaltsjahres (nach Konteneröffnung)

Bestands- und Ergebniskonten						Finanzkonten			
Nr.	**Buchungssatz**	**Konto**	**Soll**	**Konto**	**Haben**	**Konto**	**Soll**	**Konto**	**Haben**
1.	Mieten an ARA	4231	1.000	1801	1.000				

Fall 2
1. Zahlungseingang mit gleichzeitiger Abgrenzung im aktuellen Haushaltsjahr

Bestands- und Ergebniskonten						Finanzkonten			
Nr.	**Buchungssatz**	**Konto**	**Soll**	**Konto**	**Haben**	**Konto**	**Soll**	**Konto**	**Haben**
1.	Bank an PRA	1711	1.500	2901	1.500	6411	1.500		

1. Buchung zum 01.01. des nächsten Haushaltsjahres (nach Konteneröffnung)

Bestands- und Ergebniskonten						Finanzkonten			
Nr.	**Buchungssatz**	**Konto**	**Soll**	**Konto**	**Haben**	**Konto**	**Soll**	**Konto**	**Haben**
1.	PRA an Mieten	2901	1.000	3411	1.000				

Fall 3
1. Zahlungseingang für zwölf Monate mit gleichzeitiger Abgrenzung für zehn Monate im aktuellen Haushaltsjahr (200 € Ertrag für November und Dezember des alten Haushaltsjahres; 1.000 € Ertrag für Januar bis Oktober des neuen Haushaltsjahres)

Bestands- und Ergebniskonten						Finanzkonten			
Nr.	**Buchungssatz**	**Konto**	**Soll**	**Konto**	**Haben**	**Konto**	**Soll**	**Konto**	**Haben**
1.	Bank an Mieten und PRA	1711	1.200	3411 2901	200 1.000	6411	1.200		

1. Buchung zum 01.01. des nächsten Haushaltsjahres (nach Konteneröffnung)

Bestands- und Ergebniskonten						Finanzkonten			
Nr.	**Buchungssatz**	**Konto**	**Soll**	**Konto**	**Haben**	**Konto**	**Soll**	**Konto**	**Haben**
1.	PRA an Mieten	2901	1.000	3411	1.000				

ⓘ **Auf einen Blick: Vorschüssige Zahlungen**

Führen **Ausgaben bzw. Einnahmen des aktuellen Haushaltsjahres** zu **Aufwendungen bzw. Erträge in einem späteren Haushaltsjahr,** sind die Aufwendungen bzw. Erträge, die das alte Haushaltsjahr fälschlicherweise bereits belasten bzw. begünstigen, zu korrigieren. Dies geschieht, indem zum Jahresabschluss der Aufwand für das Folgejahr auf dem Konto **»Aktive Rechnungsabgrenzung«** bzw. der Ertrag für das Folgejahr auf dem Konto **»Passive Rechnungsabgrenzung«** geparkt werden. Im neuen Haushaltsjahr erfolgt dann die Belastung bzw. Begünstigung auf dem entsprechenden Aufwands- bzw. Ertragskonto mit dem im vorhergehenden Haushaltsjahr angesprochenen Rechnungsabgrenzungskonto als Gegenkonto.

3.8.4 Rückstellungen

Der § 123 II NKomVG definiert Rückstellungen, die in **§ 45 KomHKVO** näher spezifiziert werden.

§ 123 II NKomVG
Die Kommune bildet Rückstellungen für Verpflichtungen, die dem Grunde nach zu erwarten sind, deren Höhe oder Fälligkeit aber noch ungewiss ist.

§ 45 KomHKVO
(1) Zu den Verpflichtungen, für die nach § 123 Abs. 2 NKomVG Rückstellungen gebildet werden, zählen insbesondere
1. die Verpflichtungen zur Versorgung von Beamtinnen und Beamten und ihrer Hinterbliebenen sowie weitere Versorgungsverpflichtungen für andere Personen (Pensionsrückstellungen),
2. die Beihilfeverpflichtungen gegenüber Versorgungsempfängerinnen und Versorgungsempfängern sowie gegenüber Beamtinnen und Beamten für die Zeit nach dem Ausscheiden aus dem aktiven Dienst,
3. die Lohn- und Gehaltszahlung für die Zeiten der Freistellung von der Arbeit im Rahmen von Altersteilzeitarbeit und ähnliche Maßnahmen,
4. im Haushaltsjahr unterlassene Aufwendungen für Instandhaltung, die in den folgenden drei Haushaltsjahren nachgeholt werden,
5. die Rekultivierung und Nachsorge von Abfalldeponien,
6. die Sanierung von Altlasten, soweit ein Sanierungsbedarf bekannt ist,
7. die in der Höhe unbestimmten Aufwendungen in künftigen Haushaltsjahren bei Umlagen nach dem Niedersächsischen Gesetz über den Finanzausgleich aufgrund von ungewöhnlich hohen Steuereinzahlungen des Haushaltsjahres,
8. ungewisse Verbindlichkeiten im Rahmen von Steuerschuldverhältnissen,
9. Bürgschafts- und Gewährleistungsverpflichtungen und diesen wirtschaftlich gleichkommende Verpflichtungen sowie für Verpflichtungen aus anhängigen Gerichtsverfahren, soweit eine Inanspruchnahme der Kommune zu erwarten ist und
10. drohende Verluste aus schwebenden Geschäften.

(2) Rückstellungen werden in Höhe des Betrages angesetzt, der zur Erfüllung der Leistungsverpflichtung voraussichtlich benötigt wird …
(4) Rückstellungen für im Haushaltsjahr unterlassene Aufwendungen für Instandhaltung sind nur zulässig, wenn die vorgesehenen Maßnahmen zum Abschlusstag einzeln bestimmt und wertmäßig beziffert sind.
(5) Rückstellungen werden aufgelöst, wenn der Grund für ihre Bildung entfallen ist. Sie werden herabgesetzt, wenn der angesetzte Betrag in seiner Höhe zur Erfüllung der Leistungsverpflichtung nicht mehr erforderlich ist.

Im Rahmen der Jahresabschlussarbeiten muss sich die Kämmerei die Frage stellen, ob während des vergangenen Haushaltsjahres Vorfälle aufgetreten sind, die zu einer Vermögensminderung und damit Aufwand in den **folgenden Haushaltsjahren** führen **können**. Dies ist beispielsweise der Fall, wenn ein Bürger im November eines Jahres auf dem glatten Gehsteig vor dem Rathaus ausrutscht, weil die Kommune evtl. ihrer Streupflicht nicht nachgekommen ist und diese deshalb auf die Zahlung von Schadensersatz verklagt (vgl. § 45 I Nr. 9). Sofern das Urteil bei der Aufstellung des Jahresabschlusses noch aussteht, besteht zumindest das **Risiko**, dass die Kommune zur Zahlung des eingeklagten Betrages verurteilt wird. Die Zahlung wird jedoch definitiv nicht mehr in dem Haushaltsjahr anfallen, in dem der Schaden entstanden, d. h. in dem Jahr, in dem der Unfall passiert ist. Um zu vermeiden, dass das Haushaltsjahr, in dem die Zahlung geleistet wird, durch den Schadensersatz belastet wird, ist in dem Jahr, in dem die Klage erhoben wird, eine Rückstellung zu bilden. Dadurch werden der Aufwand und damit die mögliche Vermögensminderung buchungstechnisch erfasst. Der Betrag wird außerdem auf der **Passivseite** bei den Rückstellungen eingebucht, da bei einer Verurteilung eine **Verpflichtung** gegenüber dem Geschädigten besteht, den geforderten Betrag zu leisten. Problematisch ist, dass zum Zeitpunkt der Erstellung des Jahresabschlusses noch nicht genau feststeht, ob überhaupt geleistet werden muss und wenn ja in welcher Höhe, denn diese Entscheidung trifft erst das Gericht. Somit muss die Höhe der Rückstellung geschätzt werden.

1. Dies ist das erste der beiden Kennzeichen einer Rückstellung, nämlich dass die **Höhe der Verbindlichkeit** zum Zeitpunkt der Erfassung noch **nicht eindeutig** feststeht bzw. sogar die Möglichkeit besteht, dass **gar keine Leistung** erfolgt.

2. Das zweite Kennzeichen ist, dass oft auch der **genaue Zeitpunkt** der Zahlungsverpflichtung **ungewiss** ist.

Je nachdem, wie schnell das Gericht das Urteil fällt, ist die Zahlung bereits im kommenden aber möglicherweise auch erst in einem späteren Haushaltsjahr zu leisten.
Weitere typische Sachverhalte, für die eine Kommune Rückstellungen bilden muss, sind u. a. die **Beamtenpensionen**, die Rekultivierung und Nachsorge von Abfalldeponien sowie die Sanierung von Altlasten.
Rückstellungen stellen demzufolge Verpflichtungen dar, die dem Grund nach zu erwarten, aber deren Höhe (1) und / oder Fälligkeit (2) noch ungewiss sind.

Bei der Bildung und Auflösung der Rückstellungen werden die klassischen Aufwands- und in der Regel auch Ertragskonten aus dem ordentlichen Bereich verwendet, die genutzt worden wären, wenn die Ausgaben bzw. Einnahmen direkt in dem entsprechenden Haushaltsjahr angefallen wären. Nur wenn der Grund für die Rückstellungsbildung **vollständig** entfallen ist, wird ausnahmsweise bei der Auflösung der Rückstellungen ein außerordentlicher Ertrag auf Konto 5022 gebucht. Sollte eine gebildete Rückstellung nicht ausreichen, um eine Zahlungsverpflichtung vollständig erfüllen zu können, ist der fehlende Aufwand in einem späten Haushaltsjahr erneut von dem passenden Aufwandskonto aus dem ordentlichen Bereich zu nehmen.
Rückstellungen sind nicht mit **Haushaltsresten** zu verwechseln. Letztere sind am Jahresende zu bilden, wenn noch Haushaltsmittel bestehen, die noch nicht in Anspruch genommen wurden, im Folgejahr aber benötigt werden. Dies ist in der Regel dann der Fall, wenn die Mittel für einen bestimmten Auftrag für das alte Haushaltsjahr eingeplant wurden, der Auftrag aber vollständig oder teilweise erst im folgenden Haushaltjahr ausgeführt wird (vgl. auch das Kapitel Deckungsregeln in der KomHKVO).

Beispiel:

Eine Kommune betreibt eine Hausmülldeponie. Die Deponie soll voraussichtlich ein Jahr betrieben werden. Es wird davon ausgegangen, dass der anschließende Aufwand für die Rekultivierung 1.000.000 € betragen wird.
Bei der Durchführung der Rekultivierung nach Schließung der Deponie fallen tatsächlich folgende Aufwendungen an:

Fall 1: 1.000.000 €
Fall 2: 800.000 €
Fall 3: 1.300.000 €

1. Ermitteln Sie die erforderlichen Konten.
2. Veranschlagen Sie die obigen Fälle in den Haushalten.
3. Bilden Sie die entsprechenden Buchungssätze, wenn die Finanzvorfälle wie geplant umgesetzt werden.

Lösung:

1. Erforderliche Konten:

1711	Sichteinlagen bei Banken und Kreditinstituten
2841	Rückstellungen für die Rekultivierung und Nachsorge kommunaler Deponien
4212	Unterhaltung des sonstigen unbeweglichen Vermögens
3582	Erträge wegen Inanspruchnahme oder Herabsetzung von Rückstellungen
7212	Unterhaltung des sonstigen unbeweglichen Vermögens

2. Veranschlagung:

Ergebnishaushalt (modifiziertes Muster 6)	**Konto** (nur nachrichtlich)	**Ansatz des Kontos** (nur nachrichtlich) **-Euro-**	**Ansatz des Haushaltsjahres** **-Euro-**
Unterhaltung des sonstigen unbeweglichen Vermögens	4212	1.000.000	
15. Aufwendungen für Sach- und Dienstleistungen			1.000.000

Keine weitere Veranschlagung, da für die Planung des Haushaltsjahres nur die Aufwendungen zu veranschlagen sind, die in ihrer voraussichtlichen Höhe wirtschaftlich entstanden sind.
Finanzhaushalt: keine Veranschlagung im Jahr des Betriebs der Deponie, da die Zahlung (Durchführung der Rekultivierung) voraussichtlich erst nach Schließung der Deponie, d. h. erst im kommenden Haushaltsjahr, erfolgen wird.

3. Buchung:
1. Erfassung des voraussichtlichen Rekultivierungsaufwands im Jahr 1:

Bestands- und Ergebniskonten						Finanzkonten			
Nr.	**Buchungssatz**	**Konto**	**Soll**	**Konto**	**Haben**	**Konto**	**Soll**	**Konto**	**Haben**
1.	Unterhaltung an Rückstellungen	4212	1.000.000	2841	1.000.000				

Buchung der Zahlung für die Rekultivierung im Jahr 2:
Fall 1:

Bestands- und Ergebniskonten						Finanzkonten			
Nr.	**Buchungssatz**	**Konto**	**Soll**	**Konto**	**Haben**	**Konto**	**Soll**	**Konto**	**Haben**
1.	Rückstellung an Bank	2841	1.000.000	1711	1.000.000			7212	1.000.000

Fall 2:

Bestands- und Ergebniskonten						Finanzkonten			
Nr.	**Buchungssatz**	**Konto**	**Soll**	**Konto**	**Haben**	**Konto**	**Soll**	**Konto**	**Haben**
1.	Rückstellungen an Bank und Erträge von Rückstellungen	2841	1.000.000	1711 3582	800.000 200.000			7212	800.000

Fall 3:

Bestands- und Ergebniskonten						Finanzkonten			
Nr.	**Buchungssatz**	**Konto**	**Soll**	**Konto**	**Haben**	**Konto**	**Soll**	**Konto**	**Haben**
1.	Rückstellungen und Unterhaltung an Bank	2841 4212	1.000.000 300.000	1711	1.300.000			7212	1.300.000

Auf einen Blick: Rückstellungen
Für **Verpflichtungen,** deren **Höhe und / oder Fälligkeit** zum Zeitpunkt des Anfalls noch nicht genau bekannt sind, **für** deren **Eintreten** aber **mehr Gründe als dagegen** sprechen, sind **Rückstellungen** zu bilden, damit der Aufwand in dem Haushaltsjahr erfasst wird, in dem er tatsächlich anfällt. Falls der Grund für die Bildung entfallen ist, sind die Rückstellungen wieder ertragswirksam aufzulösen.

3.8.5 Bewertung von Forderungen

Die **§§ 46 und 49 KomHKVO** sind zu beachten, wenn es um die Bewertung von Forderungen geht:

§ 46 Bewertungsregeln …
(4) [1]Es wird vorsichtig bewertet. [2]Vorhersehbare Risiken und Wertminderungen, einschließlich der aus unterlassener Instandhaltung, soweit dafür nicht Rückstellungen gebildet werden, die bis zum Abschlusstag entstanden sind, werden berücksichtigt, selbst wenn diese erst nach dem Abschlusstag bis zum Tag der Aufstellung des Jahresabschlusses bekannt werden. …

§ 49 Abschreibungen
(1) [1]Bei Vermögensgegenständen des immateriellen Vermögens und des Sachvermögens, deren Nutzung zeitlich begrenzt ist, werden die Anschaffungs- oder Herstellungswerte um planmäßige Abschreibungen vermindert. [2]Satz 1 gilt nicht für Vorräte. …
(4) [1]Tritt bei einem in Absatz 1 Satz 1 bezeichneten Vermögensgegenstand eine voraussichtlich andauernde Wertminderung ein, so wird der Vermögensgegenstand mit dem tatsächlichen Wert angesetzt, der ihm am Abschlusstag zukommt, und es wird in Höhe der Wertminderung eine außerplanmäßige Abschreibung vorgenommen. [2]Satz 1 gilt auch für einen Vermögensgegenstand, dessen Nutzung nicht zeitlich begrenzt ist. [3]Bei Vermögensgegenständen nach Absatz 1 Satz 1, deren Nutzung zeitlich

begrenzt ist, werden die planmäßigen Abschreibungen auf der Basis des verminderten Wertes fortgeführt. [4]Stellt sich in einem späteren Jahr heraus, dass die Gründe für die höhere Abschreibung nicht mehr bestehen, so wird der nicht mehr gerechtfertigte höhere Abschreibungsbetrag wieder zugeschrieben.
(5) [1]Bei Vermögensgegenständen, die nicht unter Absatz 1 Satz 1 fallen, werden Abschreibungen bis auf den Wert eines Börsen- oder Marktpreises am Abschlusstag vorgenommen. [2]Ist für einen Vermögensgegenstand ein Börsen- oder Marktpreis nicht festzustellen und übersteigt dessen Anschaffungs- oder Herstellungswert den Wert, der dem Vermögensgegenstand am Abschlusstag beizulegen ist, so wird auf den niedrigeren Wert abgeschrieben. [3]Bei Vermögensgegenständen des Finanzvermögens, die dauerhaft der Aufgabenerfüllung der Kommune dienen, ist abweichend von den Sätzen 1 und 2 spätestens dann eine außerplanmäßige Abschreibung auf den zum Abschlusstag beizulegenden Wert vorzunehmen, wenn an zwei nacheinander folgenden Abschlusstagen eine Minderung von mehr als 25 Prozent zum fortgeführten Anschaffungs- oder Herstellungswert festgestellt wurde. [4]Absatz 4 Satz 4 gilt entsprechend. ...

Eine weitere wesentliche Jahresabschlussarbeit ist die **Bewertung der Vermögensgegenstände** im Rahmen der Inventur. Grundsätzlich muss hier nach dem **Vorsichtsprinzip** (§ 46 IV KomHKVO) geprüft werden, ob der tatsächliche Wert am Bilanzstichtag unter dem aktuellen Buchwert liegt. Beim Sachanlagevermögen außer bei Vorräten ist in solchen Fällen immer dann eine Wertkorrektur vorzunehmen, wenn eine voraussichtlich andauernde Wertminderung vorliegt, bei Vorräten und bei den Bestandteilen des Finanzvermögens, die nicht der dauerhaften Aufgabenerfüllung der Kommune dienen, ist immer auf den niedrigen Wert abzuschreiben (§ 49 V KomHKVO). An dieser Stelle wird exemplarisch die Bewertung von Forderungen näher besprochen, da diese für die Buchungstechnik einige besonders interessante Aspekte beinhaltet.
In einem ersten Schritt sind die Forderungen zum Ende eines Haushaltsjahres hinsichtlich ihrer Güte in eine der drei Gruppen

1. **uneinbringliche,**
2. **zweifelhafte und**
3. **einwandfreie**

Forderungen einzuteilen. Uneinbringliche Forderungen sind abzuschreiben und aus dem Forderungsbestand herauszunehmen. Bei den zweifelhaften ist eine Einzelwertberichtigung auf den vermutlich uneinbringlichen Teil vorzunehmen. Bei den als einwandfrei angesehenen Forderungen wird ein gewisser Prozentsatz der Forderungen im Rahmen einer Pauschalwertberichtigung abgezogen, da auch bei dieser Gruppe davon auszugehen ist, dass nicht alle Außenstände auch tatsächlich beglichen werden. Zu beachten ist bei den letzten beiden Fällen, dass die Forderungen **in voller Höhe** auf den **Debitorenkonten** bestehen bleiben.

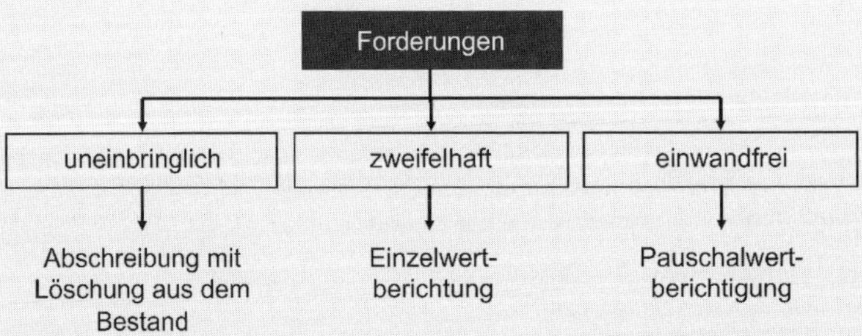

Abbildung 65: Forderungsarten

Uneinbringliche Forderungen

Uneinbringlich sind Forderungen, wenn kein oder nur noch ein anteiliger Zahlungseingang zu erwarten ist. Dies ist in der Regel bei einem **abgeschlossenen Insolvenzverfahren** über das Vermögen eines Schuldners der Fall. Die Insolvenz wird umgangssprachlich auch als Konkurs bezeichnet und ist durch akute oder drohende Zahlungsunfähigkeit bzw. Überschuldung des Schuldners gekennzeichnet. Der Teil der Forderung, der für die Kommune verloren ist, wird **uneinbringliche Forderung** genannt. Dieser Teil ist **abzuschreiben**, d. h. der Betrag wird als **Aufwand** erfasst und das **Forderungskonto korrigiert.** Gleichzeitig muss das entsprechende Debitorenkonto in der Nebenbuchhaltung angepasst werden.

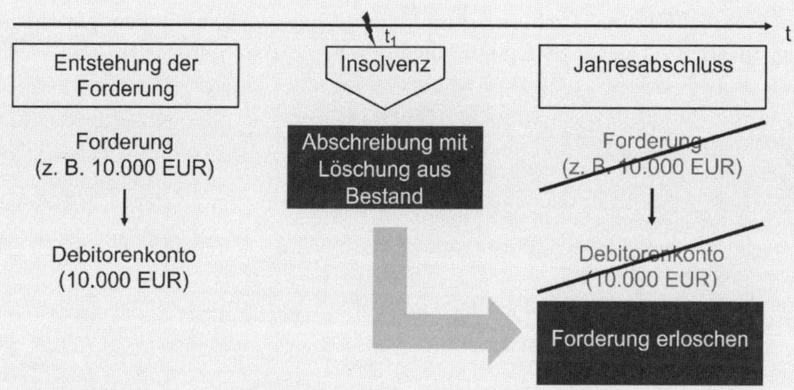

Abbildung 66: Uneinbringliche Forderungsarten

Um möglichst wenig Arbeit bei der Aufstellung des Jahresabschlusses zu haben, ist es sinnvoll, die uneinbringlichen Forderungen bereits unterjährig immer dann abzuschreiben, wenn die Zahlungsunfähigkeit eines Debitors bekannt wird, spätestens jedoch im Rahmen der Inventur.
Sollte wider Erwarten für eine abgeschriebene Forderung in einem späteren Haushaltsjahr ein Zahlungseingang erfolgen, ist der Ertrag erneut zu buchen. Dieser Geldeingang ist in der Regel periodenfremd und damit grundsätzlich ein außerordentlicher Ertrag. Sofern es sich jedoch um wiederkehrende Zahlungen, wie Abgaben oder abgabenähnliche Entgelte, handelt, werden die Konten im ordentlichen Bereich verwendet.

Beispiel:

Eine Kommune versendet an Bürger A den Hundesteuerbescheid für ein Jahr am 30.06. in Höhe von 100 €. Trotz zweimaliger Mahnung erfolgt keine Zahlung. Bevor die Kämmerei die Angelegenheit an die hauseigene Vollstreckungsabteilung weiterleitet, wird bekannt, dass A Privatinsolvenz angemeldet hat und eine Begleichung der Forderung nicht mehr zu erwarten ist. Sie ist deshalb vollständig abzuschreiben. Im folgenden Haushaltsjahr begleicht der Bürger bar 50 € als Teilzahlung auf die bereits abgeschriebene Forderung.

1. Ermitteln Sie die erforderlichen Konten.
2. Veranschlagen Sie den Finanzvorfall in den Haushalten.
3. Bilden Sie die entsprechenden Buchungssätze.

Lösung:

1. Erforderliche Konten:

1591	Kommunale Steuern und übrige öffentlich-rechtliche Forderungen
1731	Kassenbestand
3032	Hundesteuer
472111	Abschreibung auf Forderungen wegen Uneinbringlichkeit
6032	Hundesteuer

2. Veranschlagung:

Ergebnishaushalt (modifiziertes Muster 6)	**Konto** (nur nachrichtlich)	**Ansatz des Kontos** (nur nachrichtlich) **-Euro-**	**Ansatz des Haushaltsjahres** **-Euro-**
Hundesteuer	3032	100	
1. Steuern und ähnliche Abgaben			100

Der Ansatz wurde sorgfältig geschätzt. Der Ertrag wird in seiner voraussichtlichen Höhe in dem Haushaltsjahr veranschlagt, dem er wirtschaftlich zuzurechnen ist. Die Abschreibungen auf Forderungen wegen Uneinbringlichkeit (472111) stellen einen Unterfall des § 117 Abs. 5 NKomVG dar, der nicht geplant werden kann.

Finanzhaushalt (modifiziertes Muster 7)	**Konto** (nur nachrichtlich)	**Ansatz des Kontos** (nur nachrichtlich) **-Euro-**	**Ansatz des Haushaltsjahres** **-Euro-**
Hundesteuer	6032	100	
1. Steuern und ähnliche Abgaben			100

Der Ansatz wurde sorgfältig geschätzt. Die Einzahlung wird in Höhe der im Haushaltsjahr voraussichtlich eingehenden Beträge veranschlagt. Die mangelnde Kassenwirksamkeit war zum Zeitpunkt der Planaufstellung nicht absehbar.

3. Buchung:

1. Versand des Hundesteuerbescheids
2. Einzelwertberichtigung wegen Privatinsolvenz des Bürgers

Bestands- und Ergebniskonten						**Finanzkonten**			
Nr.	**Buchungssatz**	**Konto**	**Soll**	**Konto**	**Haben**	**Konto**	**Soll**	**Konto**	**Haben**
1.	Forderungen an Hundesteuer	1591	100	3032	100				
2.	Abschreibungen auf Forderungen an Forderungen	472111	100	1591	100				

1. Teilbegleichung der Forderung im nächsten Haushaltsjahr

Bestands- und Ergebniskonten						**Finanzkonten**			
Nr.	**Buchungssatz**	**Konto**	**Soll**	**Konto**	**Haben**	**Konto**	**Soll**	**Konto**	**Haben**
1.	Kassenbestand an Hundesteuer	1731	50	3032	50	6032	50		

Zweifelhafte Forderungen

Zweifelhaft sind Forderungen, wenn die Kommune **befürchtet**, dass nur **ein Teil** oder die Forderung in voller Höhe **uneinbringlich** sein könnte, aber bei der Aufstellung des Jahresabschlusses noch die Hoffnung besteht, dass zumindest ein Teil der Forderung realisiert werden kann. Zweifelhaft sind Forderungen in der Regel dann, wenn die **Aufnahme des Insolvenzverfahrens** über das Vermögen eines Schuldners beim zuständigen Amtsgericht beantragt ist. Dies kann durch den Schuldner selbst oder einen Gläubiger geschehen. Ziel des Verfahrens ist hauptsächlich die Forderungen der Gläubiger durch die Verwertung des Vermögens des Schuldners zu erfüllen. Da zum Zeitpunkt der Aufnahme des Insolvenzverfahrens aber noch nicht absehbar ist, ob und wenn ja in welcher Höhe Erlöse aus dem Verkauf des Vermögens des Schuldners anfallen, bleibt es für die Gläubiger **zweifelhaft**, ob und in welcher Höhe ihre jeweiligen Forderungen erfüllt werden.

Deshalb **bleiben** die zweifelhaften Forderungen **in voller Höhe** auf dem jeweiligen Debitorenkonto (Nebenbuch) **erhalten**. Um dies zu gewährleisten, werden auch die entsprechenden Forderungskonten im Hauptbuch nicht angetastet. Dennoch muss im Jahresabschluss dargestellt werden, dass zumindest ein Teil der Forderung vermutlich nicht werthaltig und deshalb abzuschreiben ist. Die Höhe des Forderungsausfalls ist zu schätzen. Der **abzuschreibende** Teil wird **nicht direkt** auf dem entsprechenden Forderungskonto korrigiert, sondern auf einem nur für diese Fälle vorhandenen Konto, dem jedem Forderungskonto unmittelbar zugeordneten **Aktivkonto Einzelwertberichtigung**, auf der Habenseite eingebucht. Man spricht hier auch von der **indirekten Abschreibung**. Auf diese Weise bleibt der abzuschreibende Betrag der Forderung auf dem entsprechenden Forderungskonto und damit auch auf dem Debitorenkonto in voller Höhe enthalten, wird aber ergebnismindernd im Jahresabschluss berücksichtigt.

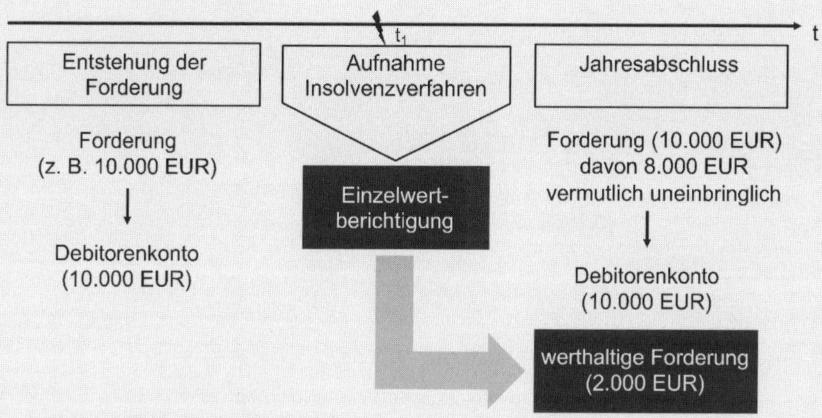

Abbildung 67: Einzelwertberichtigung

Der Kontoabschluss der Wertberichtigungskonten ist nicht innerhalb der üblichen Buchungssystematik zu bewerkstelligen, da der Betrag auf der Sollseite entweder 0 (kein Anfangsbestand) oder negativ ist. Um den Schlussbestand dieser **Aktivkonten** auf der Habenseite ausweisen zu können, wird er mit einem negativen Vorzeichen auf der Habenseite eingetragen. Der negative Saldo der Wertberichtigungen auf dem Schlussbilanzkonto zeigt, dass die Einzelwertberichtigungen von dem jeweiligen Forderungsbestand abzuziehen sind, um zu dem in der Schlussbilanz zu bilanzierenden Forderungsbestand zu kommen.

Das Aktivkonto Einzelwertberichtigung (EWB) wird buchungstechnisch erst zum kommenden Jahresabschluss erneut betrachtet. Ist für dieses Jahr keine Einzelwertberichtigung erforderlich, ist der aktuelle Bestand ertragswirksam aufzulösen, ansonsten ist eine entsprechende Anpassung (Erhöhung mit Aufwandskonto oder Absenkung mit Ertragskonto als Gegenkonto) vorzunehmen.

Beispiel:

Eine Kommune hat am Jahresende gegen die B GmbH offene Gewerbesteuer in Höhe von 100.000 €. Der Kämmerer erfährt kurz vor Weihnachten, dass die B GmbH die Aufnahme des Insolvenzverfahrens beantragt hat. Erfahrungsgemäß bekommt die Kommune bei insolventen GmbHs lediglich 20 % der ursprünglichen Forderung. Davon wird auch bei der B GmbH ausgegangen.

1. Ermitteln Sie die erforderlichen Konten.
2. Veranschlagen Sie den Finanzvorfall in den Haushalten.
3. Bilden Sie die entsprechenden Buchungssätze für die Wertberichtigung der Forderung zum Jahresabschluss.

Lösung:

1. Erforderliche Konten:

1591	Kommunale Steuern und übrige öffentlich-rechtliche Forderungen
15991	Einzelwertberichtigung
1711	Sichteinlagen bei Banken und Kreditinstituten
3013	Gewerbesteuer
35831	Erträge aus der Auflösung oder Herabsetzung von Wertberichtigungen auf Forderungen (Einzelwertberichtigungen, Pauschalwertberichtigungen)
472111	Abschreibung auf Forderungen wegen Uneinbringlichkeit
4721111	Einzelwertberichtigung
6013	Gewerbesteuer

2. Veranschlagung:

Ergebnishaushalt (modifiziertes Muster 6)	**Konto** (nur nachrichtlich)	**Ansatz des Kontos** (nur nachrichtlich) **-Euro-**	**Ansatz des Haushaltsjahres** **-Euro-**
Gewerbesteuer	3013	100.000	
1. Steuern und ähnliche Abgaben			100.000

Der Ansatz wurde sorgfältig geschätzt. Der Ertrag wird in seiner voraussichtlichen Höhe in dem Haushaltsjahr veranschlagt, dem er wirtschaftlich zuzurechnen ist. Die Einzelwertberichtigung (4721111) stellt einen Unterfall des § 117 Abs. 5 NKomVG dar, der nicht geplant werden kann.

Finanzhaushalt (modifiziertes Muster 7)	**Konto** (nur nachrichtlich)	**Ansatz des Kontos** (nur nachrichtlich) **-Euro-**	**Ansatz des Haushaltsjahres** **-Euro-**
Gewerbesteuer	6013	100.000	
1. Steuern und ähnliche Abgaben			100.000

Der Ansatz wurde sorgfältig geschätzt. Die Einzahlung wird in Höhe der im Haushaltsjahr voraussichtlich eingehenden Beträge veranschlagt. Die mangelnde Kassenwirksamkeit war zum Zeitpunkt der Planaufstellung nicht absehbar.

3. Buchung:

1. Entstehung der Forderung in der Vergangenheit
2. Einzelwertberichtigung wegen Insolvenzanmeldung der GmbH

Bestands- und Ergebniskonten						**Finanzkonten**			
Nr.	**Buchungssatz**	**Konto**	**Soll**	**Konto**	**Haben**	**Konto**	**Soll**	**Konto**	**Haben**
1.	Forderungen an Gewerbesteuer	1591	100.000	3013	100.000				
2.	Einzelwertberichtigung an Einzelwert-berichtigung	4721111	80.000	15991	80.000				

Damit hat das Aktivkonto 15991 nach dem Kontoabschluss folgendes Aussehen:

S	**15991**	**H**
	4721111	80.000
	SBK	-80.000
0		0

Der relevante Ausschnitt des SBK hat folgende Gestalt:

S	SBK	H
1591 15991 ...	100.000 -80.000	...

Dem SBK ist zu entnehmen, dass zum Jahresende zwar eine Forderung bzw. Forderungen in Höhe von 100.000 € existieren, von denen voraussichtlich aber nur 20.000 € werthaltig sind. Der Rest in Höhe von 80.000 € wurde bereits in dem Haushaltsjahr abgeschrieben, in dem die Kommune von dem wahrscheinlichen Forderungsausfall Kenntnis erlangt hat.

Fortführung des Beispiels:
Im kommenden Haushaltsjahr gehen nach Abschluss des Insolvenzverfahrens folgende Beträge ein:
Fall 1: 20.000 €
Fall 2: 10.000 €
Fall 3: 35.000 €

Lösung:
Nach Abschluss eines Insolvenzverfahrens ist die Forderung nicht mehr zweifelhaft, sondern der abzuschreibende Teil ist uneinbringlich. Unabhängig davon, ob bereits eine Einzelwertberichtigung vorliegt oder nicht, wird die Forderung jetzt in jedem Fall, wie oben für uneinbringliche Forderungen bereits beschrieben, gebucht, da auch das Forderungskonto im Haupt- und Nebenbuch korrigiert werden muss.

Fall 1:

Bestands- und Ergebniskonten						Finanzkonten			
Nr.	**Buchungssatz**	**Konto**	**Soll**	**Konto**	**Haben**	**Konto**	**Soll**	**Konto**	**Haben**
1.	Bank und Abschreibungen auf Forderungen an Forderungen	1711 472111	20.000 80.000	1591	100.000	6013	20.000		

Fall 2:

Bestands- und Ergebniskonten						Finanzkonten			
Nr.	**Buchungssatz**	**Konto**	**Soll**	**Konto**	**Haben**	**Konto**	**Soll**	**Konto**	**Haben**
1.	Bank und Abschreibungen auf Forderungen an Forderungen	1711 472111	10.000 90.000	1591	100.000	6013	10.000		

Fall 3:

Bestands- und Ergebniskonten						Finanzkonten			
Nr.	**Buchungssatz**	**Konto**	**Soll**	**Konto**	**Haben**	**Konto**	**Soll**	**Konto**	**Haben**
1.	Bank und Abschreibungen auf Forderungen an Forderungen	1711 472111	35.000 65.000	1591	100.000	6013	35.000		

Fortführung des Beispiels
Zum Jahresabschluss des entsprechenden Haushaltsjahres (Jahr nach der ersten Einzelwertberichtigung) sind folgende neue Einzelwertberichtigungen (EWB) aufgrund von neuen bekannten Insolvenzanmeldungen des aktuellen Haushaltsjahres erforderlich:
Fall 1: keine Einzelwertberichtigung
Fall 2: EWB in Höhe von 50.000 €
Fall 3: EWB in Höhe von 120.000 €

Lösung:
Vorhandene EWB: 80.000 € wegen EWB aus Vorjahr, die noch nicht aufgelöst wurde.

Buchung:
Fall 1:
1. Erforderliche EWB: 0 €, da keine zweifelhaften Forderungen in dem Haushaltsjahr aufgetreten sind ⇨ EWB ist um 80.000 € zu hoch.

Bestands- und Ergebniskonten						Finanzkonten			
Nr.	**Buchungssatz**	**Konto**	**Soll**	**Konto**	**Haben**	**Konto**	**Soll**	**Konto**	**Haben**
1.	Einzelwertberichtigung an Erträge aus Wertberichtigungen auf Forderungen	15991	80.000	35831	80.000				

Fall 2:
1. Erforderliche EWB: 50.000 ⇨ EWB ist um 30.000 € zu hoch.

Bestands- und Ergebniskonten						Finanzkonten			
Nr.	**Buchungssatz**	**Konto**	**Soll**	**Konto**	**Haben**	**Konto**	**Soll**	**Konto**	**Haben**
1.	Einzelwertberichtigung an Erträge aus Wertberichtigungen auf Forderungen	15991	30.000	35831	30.000				

Fall 3:
1. Erforderliche EWB: 120.000 ⇨ EWB ist um 40.000 € zu niedrig.

Bestands- und Ergebniskonten						Finanzkonten			
Nr.	**Buchungssatz**	**Konto**	**Soll**	**Konto**	**Haben**	**Konto**	**Soll**	**Konto**	**Haben**
1.	Einzelwertberichtigung an Einzelwert-berichtigung	4721111	40.000	15991	40.000				

Das Konto EWB hat im Fall 3 folgende Gestalt:

S	15991		H
EBK	-80.000	4721111	40.000
		SBK	-120.000
	-80.000		-80.000

Einwandfreie Forderungen

Die oben vorgestellte Einzelwertberichtigung ist nur möglich, wenn die Kommune Kenntnis über die Aufnahme des Insolvenzverfahrens erlangt. Dies ist meist nur bei großen Schuldnern, in der Regel Gewerbebetrieben, der Fall, so dass häufig lediglich größere Forderungen aus der Gewerbesteuer einzelwertberichtigt werden.

Daneben verfügt die Kommune zum Jahresende über einen großen Bestand an **betragsmäßig relativ geringen Forderungen**, z. B. aus der Hundesteuer. Hier ist meist über die **Zahlungsfähigkeit** des einzelnen Schuldners **nichts bekannt** bzw. aufgrund des geringen Betrags ist es zu aufwändig hier Informationen einzuholen. Deshalb ist grundsätzlich davon auszugehen, dass diese Forderungen einwandfrei sind, d. h. in voller Höhe beglichen werden. Die Erfahrungen der Vergangenheit zeigen jedoch, dass ein bestimmter Prozentsatz dieser eigentlich einwandfreien Forderungen dennoch ausfallen wird. Für diese Fälle gibt es die Pauschalwertberichtigung, d. h. die Wertberichtigung erfolgt pauschaliert über einen Durchschnittswert aus der Vergangenheit, ohne die genauen Verhältnisse jedes einzelnen Schuldners zu berücksichtigen.

Dazu wird als Berechnungsbasis der Forderungsbestand am Jahresende herangezogen und davon die bereits einzelwertberichtigten Forderungen in voller Höhe abgezogen. Darüber hinaus wird aus Erfahrungswerten der Vergangenheit der Prozentsatz der uneinbringlichen Forderungen bezogen auf die gesamten offenen Forderungen ermittelt. Gab es z. B. im vergangenen Jahr Forderungen aus Hundesteuer in Höhe von 150.000 € und waren davon 3.000 € uneinbringlich, beträgt die Ausfallquote bei der Hundesteuer 2 % ($\frac{3.000 \cdot 100}{150.000}$). Der Forderungsbestand abzüglich der einzelwertberichtigten Forderungen wird schließlich mit der Ausfallquote aus der Vergangenheit multipliziert und man erhält den Betrag für die Pauschalwertberichtigung (PWB).

Betrag PWB = (offene Forderungen – einzelwertberichtigte Forderungen) x Ausfallquote

Buchungstechnisch ist das Verfahren mit der EWB vergleichbar. Auch bei der PWB dürfen die einzelnen Debitorenkonten nicht verändert werden, da bei der Aufstellung des Jahresabschlusses noch offen ist, welche der offenen Forderungen in welcher Höhe ausfallen werden.
Damit bei der Pauschalwertberichtigung weiterhin die Summe der Forderungen auf den Debitorenkonten in der Nebenbuchhaltung mit dem Forderungsbestand auf dem Hauptbuchkonto übereinstimmt, wird die Pauschalwertberichtigung **indirekt** über das nur für diesen Zweck bei den einzelnen Forderungskonten vorhandene Konto »Pauschalwertberichtigung« durchgeführt.

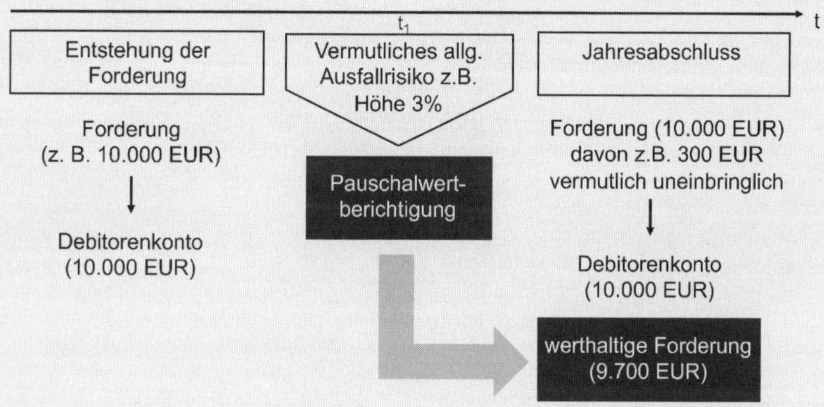

Abbildung 68: Pauschalwertberichtigung

Das Konto »Pauschalwertberichtigung« wird unterjährig nicht bebucht. Erst zum Jahresende wird jeweils überprüft, ob der aktuelle Bestand auf dem Konto ausreicht, oder ob er ergebniswirksam erhöht bzw. abgesenkt werden muss. Die Differenz ist dann über das entsprechende Ergebniskonto zu buchen.

Beispiel:

Eine Kommune hat am Jahresende insgesamt Forderungen aus Gewerbesteuer in Höhe von 1.100.000 €. Der Kämmerer erfährt kurz vor Weihnachten, dass ein steuerpflichtiges Unternehmen die Aufnahme des Insolvenzverfahrens beantragt hat, so dass eine Gewerbesteuerforderung in Höhe von insgesamt 100.000 mit 20.000 € einzelwertberichtigt wurde. Aus den Erfahrungen der Vergangenheit vermutet die Kommune, dass bei den zum Jahresende offenen Forderungen aus Gewerbesteuer voraussichtlich 4 % uneinbringlich sein werden

1. Ermitteln Sie die erforderlichen Konten.
2. Veranschlagen Sie den Finanzvorfall in den Haushalten.
3. Bilden Sie die entsprechenden Buchungssätze für die Einzel- und die Pauschalwertberichtigung der Forderung zum Jahresabschluss.

Lösung:

1. Erforderliche Konten:

1591	Kommunale Steuern und übrige öffentlich-rechtliche Forderungen
15992	Pauschalwertberichtigung
1711	Sichteinlagen bei Banken und Kreditinstituten
3013	Gewerbesteuer
35831	Erträge aus der Auflösung oder Herabsetzung von Wertberichtigungen auf Forderungen (Einzelwertberichtigungen, Pauschalwertberichtigungen)
4721112	Pauschalwertberichtigung
6013	Gewerbesteuer

2. Veranschlagung:

Ergebnishaushalt (modifiziertes Muster 6)	**Konto** (nur nachrichtlich)	**Ansatz des Kontos** (nur nachrichtlich) **-Euro-**	**Ansatz des Haushaltsjahres** **-Euro-**
Gewerbesteuer	3013	1.100.000	
1. Steuern und ähnliche Abgaben			1.100.000

Der Ansatz wurde sorgfältig geschätzt. Der Ertrag wird in seiner voraussichtlichen Höhe in dem Haushaltsjahr veranschlagt, dem er wirtschaftlich zuzurechnen ist. Die Pauschalwertberichtigung (4721112) stellt einen Unterfall des § 117 Abs. 5 NKomVG dar, der nicht geplant werden kann.

Finanzhaushalt (modifiziertes Muster 7)	**Konto** (nur nachrichtlich)	**Ansatz des Kontos** (nur nachrichtlich) **-Euro-**	**Ansatz des Haushaltsjahres** **-Euro-**
Gewerbesteuer	6013	1.100.000	
1. Steuern und ähnliche Abgaben			1.100.000

Der Ansatz wurde sorgfältig geschätzt. Die Einzahlung wird in Höhe der im Haushaltsjahr voraussichtlich eingehenden Beträge veranschlagt. Die mangelnde Kassenwirksamkeit war zum Zeitpunkt der Planaufstellung nicht absehbar.

3. Buchung:

1. Entstehung der Forderung in der Vergangenheit durch mehrere Einzelfälle (vereinfachte Zusammenfassung)
2. Einzelwertberichtigung wegen Insolvenzanmeldung
3. Pauschalwertberichtigung aufgrund von Erfahrungswerten

Bestands- und Ergebniskonten						**Finanzkonten**			
Nr.	**Buchungssatz**	**Konto**	**Soll**	**Konto**	**Haben**	**Konto**	**Soll**	**Konto**	**Haben**
1.	Forderungen an Gewerbesteuer	1591	1.100.000	3013	1.100.000				
2.	Einzelwertberichtigung an Einzelwertberichtigung	4721111	20.000	15991	20.000				
3.	Pauschalwertberichtigung an Pauschalwertberichtigung	4721112	40.000	15992	40.000				

Die Höhe der Pauschalwertberichtigung wird folgendermaßen berechnet:
Relevanter Forderungsbetrag: 1.100.000 – 100.000 = 1.000.000, da von dem gesamten Forderungsbestand aus Gewerbesteuer die bereits einzelwertberichtigten Forderungen abgezogen werden.
Vermutete Ausfallquote: 4 %
PWB-Betrag: 1.000.000 x 0,04 = 40.000

Damit hat das Konto 15992 nach dem Kontoabschluss folgendes Aussehen[42]:

S	15992		H
		4721112	40.000
		SBK	-40.000
	0		0

Der relevante Ausschnitt des SBK hat dann folgende Gestalt:

S	SBK		H
1591	1.100.000	...	
15991	-20.000		
15992	-40.000		
...			

Aus dem SBK ist abzulesen, dass zum Jahresende zwar eine Forderung bzw. Forderungen in Höhe von 1.100.000 € existieren, von denen voraussichtlich aber nur 1.040.000 € werthaltig sind. 20.000 € wurden einzelwertberichtigt, da begründet die Annahme besteht, dass bei einer konkreten Forderung über 100.000 € ein Forderungsausfall in Höhe von 20.000 € eintreten wird. Die nicht einzelwertberichtigten Forderungen werden zusätzlich pauschalwertberichtigt und zwar hier mit 4 %, was weiteren 40.000 € entspricht.

Fortführung des Beispiels:
Im kommenden Haushaltsjahr ist der Stand der offenen Forderungen folgendermaßen:
Fall 1: 1.000.000 €
Fall 2: 1.200.000 €
Fall 3: 900.000 €
Eine Einzelwertberichtigung ist in diesem Haushaltsjahr aus Vereinfachungsgründen nicht erforderlich, deshalb wurde die EWB bereits ertragswirksam aufgelöst (vgl. oben). Es wird wieder mit einer pauschalen Ausfallquote in Höhe von 4 % gerechnet.

Lösung:
Fall 1:
PWB = 1.000.000 x 0,04 = 40.000
Es ist keine Anpassung erforderlich, da der Stand des Kontos »Pauschalwertberichtigung« aus dem vergangenen Jahr mit der notwendigen PWB am Jahresende des aktuellen Haushaltsjahrs übereinstimmt.

Fall 2:
PWB = 1.200.000 x 0,04 = 48.000
Da sich auf dem Konto »Pauschalwertberichtigung« aus dem vergangenen Jahr nur 40.000 € befinden, ist die PWB um 8.000 € zu erhöhen.

Bestands- und Ergebniskonten						Finanzkonten			
Nr.	**Buchungssatz**	**Konto**	**Soll**	**Konto**	**Haben**	**Konto**	**Soll**	**Konto**	**Haben**
1.	Pauschalwertberichtigung an Pauschalwertberichtigung	4721112	8.000	15992	8.000				

Fall 3:
PWB = 900.000 x 0,04 = 36.000
Da sich auf dem Konto »Pauschalwertberichtigung« aus dem vergangenen Jahr noch 40.000 € befinden, ist die PWB um 4.000 € zu verringern.

[42] Der Kontoabschluss entspricht dem Vorgehen bei dem Konto EWB.

Bestands- und Ergebniskonten						Finanzkonten			
Nr.	Buchungssatz	Konto	Soll	Konto	Haben	Konto	Soll	Konto	Haben
1.	Pauschalwertberichtigung an Erträge aus Wertberichtigungen auf Forderungen	15992	4.000	35831	4.000				

Das Aktivkonto »Pauschalwertberichtigung« hat im Fall 3 folgende Gestalt:

S	15992		H
EBK	-40.000	SBK	-36.000
35831	4.000		
	-36.000		-36.000

Auf einen Blick: Forderungsbewertung

1. Abschreibung wegen Uneinbringlichkeit
Forderungen, die unzweifelhaft vom Schuldner nicht mehr beglichen werden, heißen uneinbringlich. Sie sind abzuschreiben. Danach ist die Forderung in der Buchhaltung nicht mehr vorhanden.

2. Abschreibung bei zweifelhaften Forderungen: Einzelwertberichtigung
Forderungen, die wahrscheinlich vom Schuldner nicht mehr oder nur teilweise begleichen werden, heißen zweifelhaft.
Der wahrscheinlich uneinbringliche Teil ist abzuschreiben. Dieser Vorgang wird Einzelwertberichtigung genannt. Das Forderungskonto wird dabei nicht berührt, sondern der abzuschreibende Betrag wird auf dem dem entsprechenden Forderungskonto zugeordneten Konto »Einzelwertberichtigung« eingestellt und für die Bilanzierung von dem Schlussbestand des Forderungskontos abgezogen.

3. Abschreibung bei vermutlich einwandfreien Forderungen: Pauschalwertberichtigung
Da es zu aufwändig wäre, bei allen Forderungen zu überprüfen, ob die Gefahr eines Forderungsausfalls besteht, werden die offenen Forderungen, die nicht bereits einzelwertberichtigt wurden, pauschalwertberichtigt. Dazu wird der Bestand an offenen Forderungen, der nicht bereits einzelwertberichtigt wurde, in der Regel mit der Ausfallquote aus der Vergangenheit multipliziert. Das Ergebnis ist die Höhe der PWB, die indirekt über das Konto »Pauschalwertberichtigung« gebucht wird, so dass das entsprechende Forderungskonto im Haupt- und Nebenbuch nicht verändert wird.

3.8.6 Darstellung des Jahresabschlusses

Die **§§ 50 und 54 KomHKVO** sind für die Darstellung des Jahresabschlusses relevant:

§ 50 Grundsätze für die Gliederung

(1) [1]Der Jahresabschluss und der konsolidierte Gesamtabschluss sollen in ihrem Aufbau, insbesondere hinsichtlich der Gliederung der aufeinander folgenden Ergebnisrechnungen, Finanzrechnungen und Bilanzen, dem Jahresabschluss und dem Gesamtabschluss des Vorjahres entsprechen, soweit nicht wegen besonderer Umstände Abweichungen erforderlich sind. [2]Abweichungen werden im Anhang angegeben und erläutert.

(2) [1]In der Ergebnisrechnung, der Finanzrechnung und der Bilanz wird zu jedem Posten der entsprechende Betrag des vorhergehenden Haushaltsjahres in einer besonderen Spalte angegeben. [2]Sind die Beträge dem Grunde nach nicht vergleichbar, so wird dies im Anhang angegeben und erläutert. [3]Wird der Vorjahresbetrag angepasst, so wird dies im Anhang angegeben und erläutert.

(3) …

(4) [1]Eine weitere Untergliederung der Posten im Rahmen der vorgeschriebenen Gliederung ist zulässig. [2]Neue Posten dürfen hinzugefügt werden, wenn ihr Inhalt nicht von einem vorgeschriebenen Posten abgedeckt wird. [3]Die Ergänzung wird im Anhang angegeben und begründet.

(5) Ein vorgegebener Posten der Bilanz, der Ergebnisrechnung oder der Finanzrechnung, der keinen Betrag ausweist, braucht nicht aufgeführt zu werden, es sei denn, dass im vorhergehenden Haushaltsjahr unter diesem Posten ein Betrag ausgewiesen wird.

§ 54 Plan-Ist-Vergleich

Im Jahresabschluss werden die Erträge und Aufwendungen sowie die Einzahlungen und Auszahlungen nach der Gliederung ausgewiesen, die in den §§ 52 und 53 vorgegeben ist, und den Haushaltsansätzen gegenübergestellt.

Nachdem alle Finanzvorfälle gebucht und notwendige Korrekturbuchungen, z. B. aufgrund von Wertberichtigungen oder Inventurdifferenzen, vorgenommen wurden, werden die vorhandenen Konten abgeschlossen. Die Salden der Bestandskonten werden im SBK, die der Ergebniskonten in der Rohform der Ergebnisrechnung und die der Finanzkonten in der Rohform der Finanzrechnung ausgewiesen. Für die zu **veröffentlichende** Bilanz, die Ergebnis- und Finanzrechnung werden die **Salden** zu **übergreifenden Positionen zusammengefasst.** Die genaue Darstellungsform ergibt sich aus **Mustervordrucken** des Ministeriums für Inneres.

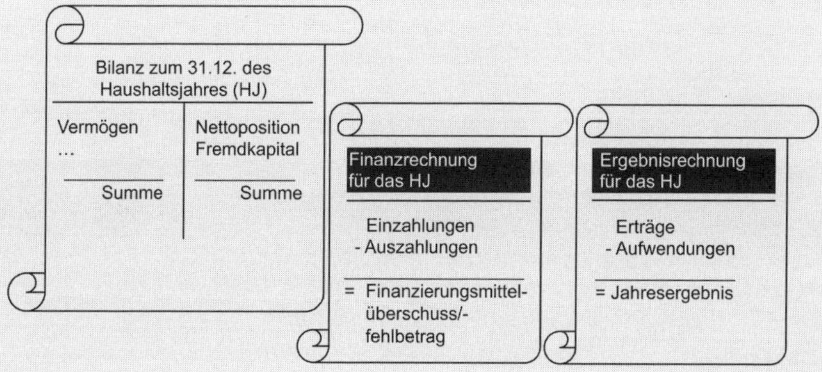

Abbildung 69: Darstellung des Jahresabschlusses

Bilanz

§ 55 KomHKVO regelt die Darstellung und Gliederung der Bilanz

(1) [1]Die Bilanz wird in Kontoform aufgestellt. [2]In der Bilanz werden die in den Absätzen 2 bis 4 bezeichneten Posten in der angegebenen Reihenfolge gesondert ausgewiesen. [3]Für die Veröffentlichung kann die Bilanz nach einem von dem für Inneres zuständigen Ministerium vorgegebenen Muster zusammengefasst werden.

(2) Die Aktivseite wird wie folgt gegliedert: ...

(3) Die Passivseite wird wie folgt gegliedert: ...

(4) [1]Unter der Bilanz werden, sofern sie nicht auf der Passivseite auszuweisen sind, die Vorbelastungen künftiger Haushaltsjahre vermerkt, insbesondere Haushaltsreste, Bürgschaften, Gewährleistungsverträge, in Anspruch genommene Verpflichtungsermächtigungen und Verpflichtungen aus kreditähnlichen Rechtsgeschäften. [2]Ferner sind die über das Haushaltsjahr hinaus gestundeten Beträge auszuweisen. [3]Jede Art der Vorbelastung darf in einem Betrag zusammengefasst angegeben werden.

Bei der **Bilanz** werden die Bestände der aktuellen Bilanzpositionen und die Bestände des vorhergehenden Haushaltsjahres angegeben, um Veränderungen schnell nachvollziehen zu können. Die Bilanzgliederung ergibt sich aus § 55 I KomHKVO. Die Gliederungsgrundlage für die Praxis stellt in der Regel das vom Innenministerium vorgegebene Muster dar. Die Bilanz wird in Kontoform aufgestellt und vom Hauptverwaltungsbeamten unterschrieben. Positionen ohne Wert im aktuellen Haushaltsjahr werden in der Regel nur aufgeführt, wenn sie im Vorjahr noch einen Wert hatten.

Beispiel:

Nach Abschluss aller Buchungen erhält eine Kommune aus dem Buchungsprogramm folgendes Schlussbilanzkonto[43]:

S	SBK		H
0111	100.000	2001	5.370.000
0291	500.000	2060	30.000
0292	2.000.000	2111	420.000
0341	1.000.000	231...	600.000
0342	2.000.000	239...	60.000
0611	300.000	2511	180.000
0621	420.000	2722	10.000
0721	60.000	2851	100.000
0751	40.000	2901	30.000
1511	300.000		
15191	-20.000		
15192	-30.000		
1711	100.000		
1731	20.000		
1801	10.000		
	6.800.000		6.800.000

Ermitteln Sie aus diesen Angaben die Bilanz nach dem Muster des niedersächsischen Innenministeriums.

Lösung:

1. Erforderliche Konten:

0111	Grünflächen
0291	Grund und Boden mit sonstigen Dienst-, Geschäfts- und anderen Betriebsgebäuden
0292	Gebäude und Aufbauten bei sonstigen Dienst-, Geschäfts- und andere Betriebsgebäuden
0341	Grund und Boden für Entwässerungs- und Abwasserbeseitigungsanlagen
0342	Gebäude und Aufbauten für Entwässerungs- und Abwasserbeseitigungsanlagen
0611	Fahrzeuge
0621	Maschinen und Technische Anlagen
0721	Betriebs- und Geschäftsausstattung
1511	Öffentlich-rechtliche Forderungen aus Dienstleistungen
15191	Einzelwertberichtigung
15192	Pauschalwertberichtigung
1711	Sichteinlagen bei Banken und Kreditinstituten
1731	Kassenbestand
1801	Aktive Rechnungsabgrenzung
2001	Reinvermögen
2060	Ergebnis des laufenden Jahres
2111	Sonderposten aus Investitionszuwendungen
2311	Verbindlichkeiten aus Kreditaufnahmen für Investitionen
2391	Verbindlichkeiten aus Krediten zur Liquiditätssicherung
2511	Verbindlichkeiten aus Lieferungen und Leistungen
2722	Abzuführende Lohn- und Kirchensteuer
2851	Rückstellungen für die Sanierung von Altlasten
2901	Passive Rechnungsabgrenzung

[43] Aus Vereinfachungsgründen werden hier nur die Daten des aktuellen Haushaltsjahres dargestellt

2. Bilanz

Die folgende Bilanz ist stark vereinfacht. Positionen ohne Wert wurden zur Erhöhung der Übersichtlichkeit weggelassen.

Aktiva	Haushalts-jahr -Euro-	Passiva	Haushalts-jahr -Euro-
2. Sachvermögen [1]		1. Nettoposition	
2.1 Unbebaute Grundstücke und grundstücksgleiche Rechte	100.000	1.1 Basisreinvermögen	
		1.1.1 Reinvermögen	5.370.000
2.2 Bebaute Grundstücke und grundstücksgleiche Rechte	2.500.000	1.3 Jahresergebnis	
		1.3.2 Jahresüberschuss / Jahresfehlbetrag	30.000
2.3 Infrastrukturvermögen	3.000.000	1.4 Sonderposten [1]	
		1.4.1 Investitionszuweisungen und -zuschüsse	420.000
2.6 Maschinen und technische Anlagen; Fahrzeuge	720.000	2. Schulden	
		2.1.2 Verbindlichkeiten aus Krediten für Investitionen [2]	600.000
2.7 Betriebs- und Geschäftsausstattung, Pflanzen und Tiere	100.000		
		2.1.3 Liquiditätskredite	60.000
3. Finanzvermögen [1]		2.3 Verbindlichkeiten aus Lieferungen und Leistungen	180.000
3.6 Öffentlich-rechtliche Forderungen	250.000		
4. Liquide Mittel	120.000	2.5.1.2 Abzuführende Lohn- und Kirchensteuer	10.000
		3. Rückstellungen	
5. Aktive Rechnungsabgrenzung	10.000	3.5 Rückstellungen für die Sanierung von Altlasten [3]	100.000
		4. Passive Rechnungsabgrenzung	30.000
Bilanzsumme	6.800.000	**Bilanzsumme**	6.800.000

Unterschrift	Hermine Meyer
Ihmedorf, 30.03.2024	Bürgermeisterin / Bürgermeister

Ergebnisrechnung

§ 52 KomHKVO ist für die Darstellung der Ergebnisrechnung relevant:

(1) [1]In der Ergebnisrechnung werden die dem Haushaltsjahr zuzurechnenden Erträge und Aufwendungen gegenübergestellt. [2]Erträge und Aufwendungen dürfen nicht miteinander verrechnet werden. [3]Rückzahlungen nach § 29 Abs. 1 und 2 bleiben unberührt.

(2) [1]Die Ergebnisrechnung wird in Staffelform aufgestellt. [2]Für die Gliederung gilt § 2 entsprechend.

(3) …

Die im HGB als **Gewinn- und Verlustrechnung** bekannte Form der Gegenüberstellung von Aufwendungen und Erträgen heißt in Kommunen Ergebnisrechnung. Es gilt das **Bruttoprinzip**, d. h. eine Verrechnung von Aufwendungen mit Erträgen, z. B. Zinsaufwand mit Zinsertrag, ist nicht zulässig. Die Ergebnisrechnung wird in **Staffelform** aufgestellt, d. h. Aufwendungen und Erträge stehen nach Art einer Liste untereinander. Diese Darstellungsform erleichtert die Ausgabe von **Zwischenergebnissen** in Form des **ordentlichen** und **außerordentlichen** Ergebnisses. Das ordentliche Ergebnis gibt Auskunft darüber, ob es der Kommune im vergangenen Haushaltsjahr gelungen ist, die angefallenen ordentlichen Aufwendungen durch ordentliche Erträge abzudecken und für ein positives Jahresergebnis z. B. keine Erträge aus Vermögensveräußerung (außerordentlich) erforderlich sind.

§ 60 Nr. 6 KomHKVO beschreibt den **außerordentlichen** Bereich näher. Dazu gehören neben **ungewöhnlichen** oder **selten vorkommenden** Finanzfällen sowie den **unvorhersehbaren** Aufwendungen und Erträgen auch Aufwendungen und Erträge aus der Herabsetzung von Schulden, der Auflösung von Rückstellungen und Vermögensveräußerung. Zu beachten ist, dass bestimmte regelmäßig auftretende Finanzvorfälle, wie Abgaben, abgabenähnliche Entgelte und allgemeine Zuweisungen, die immer wieder auch periodenfremd auftreten, stets dem ordentlichen Ergebnis zuzurechnen sind.

Neben den **Daten des Vorjahres** sind bei der Ergebnisrechnung die **Planungsdaten** den aktuellen Istwerten gegenüberzustellen, um einerseits einen Soll-Ist-Vergleich und andererseits einen Zeitvergleich durchführen zu können.

Beispiel:

Nach Abschluss aller Buchungen erhält eine Kommune aus dem Buchungsprogramm folgendes Ergebnisrechnungskonto[44]:

S	Ergebnisrechnungskonto		H
4012	120.000	3161	45.000
4032	25.000	3321	535.000
4211	100.000	3411	20.000
4231	30.000	35831	10.000
4241	80.000	3711	20.000
4251	20.000	5022	60.000
4431	20.000	5312	10.000
451...	30.000		
4521	5.000		
47113	5.000		
47114	65.000		
47115	50.000		
47116	60.000		
47117	5.000		
4721111	5.000		
5111	30.000		
5322	20.000		
NP (vereinfacht)	30.000		
	700.000		700.000

Ermitteln Sie aus diesen Angaben die Ergebnisrechnung nach dem Muster des niedersächsischen Innenministeriums.

Lösung:

1. Erforderliche Konten:

3161	Erträge aus der Auflösung von Sonderposten aus Investitionszuwendungen
3321	Benutzungsgebühren und ähnliche Entgelte
3411	Mieten und Pachten
35831	Erträge aus der Auflösung oder Herabsetzung von Wertberichtigungen auf Forderungen (Einzelwertberichtigungen, Pauschalwertberichtigungen)
3711	Aktivierte Eigenleistungen
4012	Dienstaufwendungen Arbeitnehmer
4032	Beiträge zur gesetzlichen Sozialversicherung Arbeitnehmer
4211	Unterhaltung der Grundstücke und baulichen Anlagen
4231	Mieten und Pachten
4241	Bewirtschaftung der Grundstücke und baulichen Anlagen
4251	Haltung von Fahrzeugen
4431	Geschäftsaufwendungen
451...	Zinsaufwendungen
4521	Zinsaufwendungen für Liquiditätskredite
47113	Abschreibungen auf Gebäude
47114	Abschreibungen auf das Infrastrukturvermögen
47115	Abschreibungen auf Maschinen und technische Anlagen
47116	Abschreibungen auf Fahrzeuge
47117	Abschreibungen auf Betriebs- und Geschäftsausstattung
4721111	Einzelwertberichtigung
5022	Erträge aus der Auflösung von Rückstellungen

[44] Aus Vereinfachungsgründen werden hier nur die Daten des aktuellen Haushaltsjahres dargestellt.

5312 Erträge aus der Veräußerung von beweglichen Vermögensgegenständen oberhalb der Wertgrenze i. H. v. 1.000 Euro bei Anschaffung oder Herstellung

5322 Aufwendungen aus der Veräußerung von beweglichen Vermögensgegenständen oberhalb der Wertgrenze i. H. v. 1.000 Euro bei Anschaffung oder Herstellung

2. »Vordruck Ergebnisrechnung«

	Ergebnisrechnung (Muster 11 stark vereinfacht, der Text in Klammern steht nicht im Muster, sondern wurde zur Verdeutlichung eingefügt)	**Ergebnis des Haushaltsjahres …**
Ordentliche Erträge		
1	Steuern und ähnliche Abgaben	0
2	Zuwendungen und allgemeine Umlagen[1]	0
3	Auflösungserträge aus Sonderposten	45.000
4	sonstige Transfererträge	0
5	öffentlich-rechtliche Entgelte[2]	535.000
6	privatrechtliche Entgelte	20.000
7	Kostenerstattungen und Kostenumlagen	0
8	Zinsen und ähnliche (Finanzerträge)	0
9	aktivierte Eigenleistungen	20.000
10	Bestandsveränderungen	0
11	sonstige ordentliche Erträge	10.000
12	**= Summe ordentliche Erträge**	**630.000**
Ordentliche Aufwendungen		
13	Personalaufwendungen	145.000
14	Versorgungsaufwendungen	0
15	Aufwendungen für Sach- und Dienstleistungen	230.000
16	Abschreibungen	190.000
17	Zinsen und ähnliche Aufwendungen	35.000
18	Transferaufwendungen	0
19	sonstige ordentliche Aufwendungen	20.000
20	**Summe ordentliche Aufwendungen**	**620.000**
21	**ordentliches Ergebnis** (ordentliche Erträge abzüglich ordentliche Aufwendungen) Jahresüberschuss (+)/Jahresfehlbetrag (-)	**10.000**
22	außerordentliche Erträge	70.000
23	außerordentliche Aufwendungen	50.000
24	**außerordentliches Ergebnis** (außerordentliche Erträge abzüglich außerordentliche Aufwendungen)	**20.000**
Jahresergebnis (Saldo ordentliches Ergebnis und außerordentliches Ergebnis) **Überschuss (+)/ Fehlbetrag(-)**		**30.000**

Finanzrechnung

§ 53 KomHKVO regelt die Darstellung der Finanzrechnung:

(1) In der Finanzrechnung werden die im Haushaltsjahr eingegangenen Einzahlungen und geleisteten Auszahlungen wie folgt ausgewiesen:

1. die Einzahlungen und Auszahlungen in der nach § 3 Nrn. 1 bis 10 vorgegebenen Gliederung und
2. der Finanzmittelbestand als Saldo aus dem Finanzmittelüberschuss oder dem Finanzmittelfehlbetrag und dem Saldo aus Finanzierungstätigkeit,

(2) Die Finanzrechnung wird in Staffelform aufgestellt.

BUCHFÜHRUNG UND BILANZIERUNG

In der Finanzrechnung werden die Ein- den Auszahlungen eines Haushaltsjahres gegenübergestellt. Es sind die **Vorjahres**- und die **Plandaten** anzugeben. Die Finanzrechnung wird in **Staffelform** erstellt, so dass leicht verschiedene **Zwischenergebnisse** ermittelt werden können.
Das erste Zwischenergebnis ist der **Saldo aus laufender Verwaltungstätigkeit**, der ermittelt wird, indem die Einzahlungen den Auszahlungen aus laufender Verwaltungstätigkeit gegenübergestellt werden. Im nächsten Block wird der **Saldo aus Investitionstätigkeit** ermittelt, indem den Einzahlungen die Auszahlungen aus Investitionstätigkeit gegenübergestellt werden.
Die **Summe** der genannten Zwischenergebnisse ergibt den **Finanzmittelüberschuss bzw. -fehlbetrag**. Liegt ein Fehlbetrag vor, ist dieser durch Kredite zu finanzieren.
Für das nächste Zwischenergebnis, dem **Saldo aus der Finanzierungstätigkeit**, wird insbesondere die Aufnahme von Krediten den Tilgungen gegenübergestellt.
Die Summe aus dem Finanzmittelüberschuss bzw. -fehlbetrag und dem Saldo aus der Finanzierungstätigkeit ergibt den so genannten **Finanzmittelbestand des Haushaltsjahres**.
Der **Endbestand an Zahlungsmitteln** des Haushaltsjahres ergibt sich aus der **Addition des Anfangsbestands an Zahlungsmitteln,** des **Finanzmittelbestands** sowie **des Saldos der haushaltsunwirksamen Vorgänge** (Geldanlagen und Liquiditätskredite). Dieser ist sozusagen das Endergebnis der Finanzrechnung und entspricht dem Bestand an Liquiden Mitteln in der Bilanz zum 31.12. des Haushaltsjahres.

Beispiel:

Nach Abschluss aller Buchungen erhält eine Kommune aus dem Buchungsprogramm folgendes Finanzrechnungskonto[45]:

S	Finanzrechnungskonto		H
6321	580.000	7012	120.000
6411	50.000	7032	25.000
68...	50.000	7211	120.000
68311	150.000	7231	40.000
692...	160.000	7241	90.000
Saldo	290.000	7251	20.000
		7431	20.000
		751...	35.000
		7521	5.000
		7821	250.000
		78311	125.000
		7872	300.000
		792...	130.000
	1.280.000		1.280.000

Ermitteln Sie aus diesen Angaben die Finanzrechnung nach dem Muster des niedersächsischen Innenministeriums. Der Anfangsbestand auf den Konten 1711 und 1731 betrug 410.000 €.

Lösung:

1. Erforderliche Konten:

6321	Benutzungsgebühren und ähnliche Entgelte
6411	Mieten und Pachten
681...	Investitionszuwendungen
68311	Einzahlungen aus der Veräußerung von beweglichen Vermögensgegenständen über 1.000,- Euro
692...	Kreditaufnahmen für Investitionen
7012	(Personalauszahlungen) Arbeitnehmer
7032	(Beiträge zur gesetzlichen Sozialversicherung) Arbeitnehmer
7211	Unterhaltung der Grundstücke und baulichen Anlagen
7231	Mieten und Pachten

[45] Aus Vereinfachungsgründen werden hier nur die Daten des aktuellen Haushaltsjahres dargestellt.

7241 Bewirtschaftung der Grundstücke und baulichen Anlagen
7251 Haltung von Fahrzeugen
7431 Geschäftsauszahlungen
751... Zinsauszahlungen
7521 Zinsauszahlungen für Liquiditätskredite
7821 Auszahlungen für den Erwerb von Grundstücken und Gebäuden
78311 Auszahlungen für den Erwerb von beweglichen Vermögensgegenständen über 1.000 Euro und Sachgesamtheiten
7872 Auszahlungen für Tiefbaumaßnahmen
792... Tilgung von Krediten für Investitionen

2. Vordruck »Finanzrechnung«[46]

	Finanzrechnung (Muster 12 stark vereinfacht)	**Ergebnis des Haushaltsjahres**
Einzahlungen aus laufender Verwaltungstätigkeit		
1	Steuern und ähnliche Abgaben	0
2	Zuwendungen und allgemeine Umlagen	0
3	sonstige Transfereinzahlungen	0
4	öffentlich-rechtliche Entgelte	580.000
5	privatrechtliche Entgelte	50.000
6	Kostenerstattungen und Kostenumlagen	0
7	Zinsen und ähnliche Einzahlungen	0
8	sonstige haushaltswirksame Einzahlungen	0
9	**Summe der Einzahlungen aus laufender Verwaltungstätigkeit**	**630.000**
Auszahlungen aus laufender Verwaltungstätigkeit		
10	Personalauszahlungen	145.000
11	Versorgungsauszahlungen	0
12	Auszahlungen für Sach- und Dienstleistungen und für den Erwerb geringwertiger Vermögensgegenstände	270.000
13	Zinsen und ähnliche Auszahlungen	40.000
14	Transferauszahlungen	0
15	sonstige haushaltswirksame Auszahlungen	20.000
16	**Summe der Auszahlungen aus laufender Verwaltungstätigkeit**	**475.000**
17	**Saldo aus laufender Verwaltungstätigkeit**	**155.000**
Einzahlungen für Investitionstätigkeit		
18	Zuwendungen für Investitionstätigkeit	50.000
19	Beiträgen u. ä. Entgelte für Investitionstätigkeit	0
20	Veräußerung von Sachvermögen	150.000
21	Finanzvermögensanlagen	0
22	Sonstige Investitionstätigkeit	0
23	**Summe der Einzahlungen aus Investitionstätigkeit**	**200.000**
Auszahlungen für Investitionstätigkeit		
24	Erwerb von Grundstücken und Gebäuden	250.000
25	Baumaßnahmen	300.000
26	Erwerb von beweglichem Sachvermögen	125.000
27	Erwerb von Finanzvermögensanlagen	0
28	Aktivierbare Zuwendungen	0
29	Sonstige Investitionstätigkeit	0
30	**Summe der Auszahlungen aus Investitionstätigkeit**	**675.000**
31	**Saldo aus Investitionstätigkeit**	**-475.000**
32	**Finanzierungsmittel-Überschuss/-Fehlbetrag** Ein-, Auszahlungen aus Finanzierungstätigkeit	**-320.000**

BUCHFÜHRUNG UND BILANZIERUNG

[46] Aus Vereinfachungsgründen werden hier nur die Daten des aktuellen Haushaltsjahres dargestellt.

	Finanzrechnung (Muster 12 stark vereinfacht)	**Ergebnis des Haushaltsjahres**
Ein-, Auszahlungen aus Finanzierungstätigkeit		
33	Einzahlungen aus Finanzierungstätigkeit; Aufnahme von Krediten und inneren Darlehen für Investitionstätigkeit	100.000
34	Auszahlungen aus Finanzierungstätigkeit; Tilgung von Krediten und Rückzahlung von inneren Darlehen für Investitionstätigkeit	50.000
35	**Saldo aus Finanzierungstätigkeit** (Saldo aus Zeile 34 und 35)	**50.000**
36	Finanzmittelveränderung	**-270.000**

ⓘ **Auf einen Blick: Bilanz, Ergebnis- und Finanzrechnung**

In der Bilanz, der Ergebnis- und Finanzrechnung werden nicht alle Konten ausgewiesen, sondern diese stellen jeweils eine Zusammenfassung der entsprechenden Konten dar. Die genaue Darstellungsform ergibt sich aus Mustervordrucken, die vom Ministerium für Inneres herausgegeben wurden.

4 KOSTEN- UND LEISTUNGSRECHNUNG

Um einen Betrieb bzw. ein Unternehmen wirtschaftlich steuern und sinnvolle Entscheidungen treffen zu können (z. B. Preisentscheidungen oder Gebührenkalkulationen), reichen die Informationen aus dem Jahresabschluss in der Regel nicht aus. Diese sind zu stark zusammengefasst, als dass daraus abzulesen ist, wie hoch die Selbstkosten eines Produkts sind, um den Preis für ein Produkt kalkulieren zu können oder an welchen Stellen des Betriebs grundsätzlich Veränderungen vorgenommen werden müssen, weil die Herstellung unwirtschaftlich ist.
Durch die Buchführung liegt aber bereits ein Großteil der relevanten Informationen über die einzelnen Finanzflüsse innerhalb eines Betriebs vor. Auf diese Daten wird im Rahmen des **internen Rechnungswesens** bzw. der **Kosten- und Leistungsrechnung (KLR)** zurückgegriffen.

4.1 KOSTENARTENRECHNUNG

Im Rahmen der Kostenartenrechnung werden die Aufwendungen aus der Buchhaltung bestimmten Kostenkategorien zugeordnet und es erfolgt eine Systematisierung durch die Unterscheidung zwischen fixen und variablen Kosten sowie Einzel- und Gemeinkosten. Grundsätzlich geht es um die Frage, **welche** Kosten angefallen sind.

4.1.1 Grundlagen

Die Aufwendungen und Erträge aus der Finanzbuchhaltung stellen die Grundlage für die Bestimmung der Kosten und Leistungen in der Kostenartenrechnung dar. Diese können allerdings nicht immer unverändert in die KLR übernommen werden, da nicht jeder angefallene **Aufwand** auch **Kosten** darstellt und ebenso nicht jeder **Ertrag** auch mit einer **Leistung** gleichzusetzen ist bzw. umgekehrt. Dies liegt daran, dass die genannten Begriffe unterschiedlich definiert sind:

a) **Aufwand**: Werteverzehr in einem Haushaltsjahr, d. h. Abnahme der Nettoposition.
   Ertrag: Wertezuwachs in einem Haushaltsjahr, d. h. Zunahme der Nettoposition.
b) **Kosten**: **Bewerteter Verbrauch** von Produktionsfaktoren zur Erstellung und zum Absatz **betrieblicher Güter** sowie zur Aufrechterhaltung der hierfür erforderlichen Kapazitäten **in einer Periode**.
   Leistungen: **Wert**, der **in einer Periode** im **betrieblichen Erzeugungsprozess** für interne oder externe Zwecke erstellten Wirtschaftsgüter.

Die wesentlichen Unterschiede zwischen den beiden Kategorien im externen und internen Rechnungswesen sind, dass sich Kosten und Leistungen nur auf den eigentlichen **Betriebszweck** und nur auf die jeweils untersuchte **Rechnungsperiode** beziehen. Eine Rechnungsperiode im externen Rechnungswesen stellt dabei stets ein Haushaltsjahr dar, während sie im internen je nach Rechenzweck einen deutlich kürzeren Zeitraum, z. B. lediglich ein Quartal, einen Monat oder auch nur eine Woche umfassen kann.

Bei der Überleitung der Aufwendungen zu den Kosten wird grundsätzlich jede Aufwandsbuchung daraufhin überprüft, ob sie der oben dargestellten Kostendefinition entspricht und ob der jeweils betroffene Zeitraum übereinstimmt. Beträgt der relevante Untersuchungszeitraum für die KLR beispielsweise einen Monat, wird für jeden Monat ein interner Monatsabschluss nach den Regeln der Kostenrechnung erstellt.
Beispielsweise ist der Gehaltsaufwands ein typischer monatlicher Aufwand. Somit muss hier für den Übergang eines Gehaltsaufwands in die KLR **keine** zeitliche Abgrenzung vorgenommen werden. Zudem stellt die Gehaltszahlung an einen Mitarbeiter in der Regel den Verbrauch des Produktionsfaktors Arbeit dar, um ein konkretes Produkt zu erstellen. Somit kann der gezahlte Personalaufwand eines Monats in der Regel in voller Höhe als Personalkosten in die KLR für einen Monat übernommen werden.

Beispiel:

Wie hoch sind die Personalkosten im Januar, wenn der Personalaufwand für Januar 10.000 € betragen hat und sonst keine weiteren Aufwendungen anfallen?

Lösung:
Die Personalkosten für Januar betragen auch in der KLR 10.000 €.

Wenn jedoch die Zahlungen von Weihnachtsgeld im Dezember in voller Höhe als Kosten für diesen Monat erfasst werden würden, in denen sie als Aufwand gebucht werden, würde der Dezember zu stark belastet werden, da der anfallende Betrag wirtschaftlich nicht dem Dezember, sondern dem ganzen Haushaltsjahr zuzurechnen ist. Deshalb wird in der KLR das Weihnachtsgeld auf die 12 Monate eines Jahres gleichmäßig aufgeteilt.

Beispiel:

Der Personalaufwand eines Betriebes beträgt pro Monat 10.000 €. Zusätzlich wird im Dezember noch Weihnachtsgeld in Höhe von 12.000 € ausgezahlt. Wie hoch sind die in der KLR anzusetzenden Personalkosten pro Monat?

Lösung:
Der monatliche Personal**aufwand** wird in voller Höhe in die KLR als Personal**kosten** in Höhe von 10.000€ übernommen. Zusätzlich werden die 12.000 € Weihnachtsgeld gleichmäßig auf die 12 Monate des Haushaltsjahres aufgeteilt, so dass jeder Monat zusätzlich noch 1.000 € (12.000 € / 12 Monate) zu tragen hat. Insgesamt betragen die **monatlichen Personalkosten** demzufolge 11.000 €.

Auf einen Blick: Internes Rechnungswesen bzw. KLR
Das interne Rechnungswesen oder kurz die KLR wird zur Steuerung eines Betriebs und zu Kalkulationszwecken eingesetzt. Die Datenbasis dafür bildet die Buchführung. Allerdings sind in manchen Fällen wegen des möglicherweise abweichenden Betrachtungszeitraums und der unterschiedlichen Definitionen von Aufwand und Kosten bzw. Ertrag und Leistung Anpassungen erforderlich, bevor die Daten aus dem externen in das interne Rechnungswesen übergeleitet werden können.

4.1.2 Neutrale Abgrenzungen

Jeder Aufwand, der in identischer Höhe für einen bestimmten Zeitraum als Kostenfaktor in das interne Rechnungswesen übernommen wird, wird als **Zweckaufwand** bzw. **Grundkosten** bezeichnet, da er dem Betriebszweck dient. Dies betrifft einen sehr großen Teil aller anfallenden Aufwendungen.
Den restlichen Teil der Aufwendungen, die nicht in die KLR übernommen werden **können**, bezeichnet man als **neutralen Aufwand**, weil er für die Erfüllung des Betriebszwecks keine Bedeutung und deshalb auch keinen Kostencharakter nach der Kostendefinition hat.

Aufwand			
Neutraler Aufwand	Aufwand = Kosten = Zweckaufwand		
Keine Kosten	Kosten = Aufwand = Grundkosten		
	Kosten		

Abbildung 70: Neutraler Aufwand

Bei den Aufwendungen, die keine Kosten darstellen, werden drei Unterkategorien unterschieden:

1. Betriebsfremde Aufwendungen
2. Periodenfremde Aufwendungen
3. Außerordentliche Aufwendungen

Die Abgrenzung der periodenfremden und der außerordentlichen Aufwendungen ist auch bereits im externen Rechnungswesen zumindest begrifflich vorhanden, wenn dort zwischen dem ordentlichen und dem außerordentlichen Ergebnis unterschieden wird, die neben dem Gesamtergebnis veröffentlicht werden. Kontentechnisch ist der neutrale Bereich daran zu erkennen, dass diese Konten der Kontenklasse 5 (Außerordentliche Erträge und Aufwendungen) angehören. Lediglich der betriebsfremde Bereich wird in der Kostenrechnung noch zusätzlich abgegrenzt.

Die **betriebsfremden Aufwendungen** dienen nicht zur Leistungserstellung und dürfen deshalb auch nicht als Kosten angesetzt werden. Klassische Beispiele sind Spenden, Spekulationsverluste oder auch Aufwendungen für Reparaturen in vermieteten Wohnungen, sofern die Vermietung nicht dem Betriebszweck dient. So wird z. B. eine Spende über 1.000 € an das Rote Kreuz im externen Rechnungswesen als Aufwand verbucht und schmälert das Ergebnis der Ergebnisrechnung. Dies bedeutet aber nicht, dass der Betrieb in dem entsprechenden Zeitraum schlecht gewirtschaftet hat. Deshalb wird diese Spende neutralisiert, d. h. nicht in die KLR als Kostenfaktor übernommen.

Die **periodenfremden Aufwendungen** erfüllen zwar grundsätzlich die Kostendefinition, allerdings beziehen sie sich nicht auf die relevante Periode. Typische Beispiele sind nachzuzahlende Provisionen oder Steuern. Geht z. B. im Sommer 2024 noch eine Provisionsrechnung ein, die Leistungen für das Jahr 2023 betrifft, kann diese im Jahresabschluss 2023 nicht mehr eingebucht werden. Da aber die Zahlung erfolgt, muss der entsprechende Betrag in die Bilanz bzw. Ergebnisrechnung des Jahres 2024 aufgenommen werden. Dennoch stellen diese Provisionen aus dem Jahr 2023 keinen Kostenfaktor für den Betrieb im Jahr 2024 dar, da sonst das Jahr 2024 mit Kosten belastet werden würde, die bereits in einer Vorperiode verursacht wurden und keinen Nutzen mehr im Jahr 2024 stiften. Deshalb werden sie bei der Analyse der relevanten Kosten nicht berücksichtigt und als periodenfremde Aufwendungen in der KLR neutralisiert.

Der **außerordentliche Aufwand** erfüllt auch die Kostendefinition, allerdings fällt er nicht regelmäßig, sondern zufällig an und soll deshalb keinen Eingang in die KLR finden. Typische Beispiele sind Unwetterschäden oder Unfälle, sofern die Schadensfälle nicht versichert sind, oder Verluste aus Anlagenverkäufen, da gebrauchte Anlagen unter dem Buchwert verkauft werden müssen. Tritt z. B. aufgrund eines Unwetters durch ein abgedecktes Dach ein Schaden an einem Betriebsgebäude in Höhe von 50.000 € auf, muss dieser Betrag als Aufwand im externen Rechnungswesen erfasst werden und mindert dementsprechend das Ergebnis in der Ergebnisrechnung. Wenn dieser Betrag jedoch auch als Kostenfaktor in die KLR eingehen würde, wäre die Vergleichbarkeit der internen Ergebnisse nicht mehr gegeben, da ein solches Extremwetterereignis nur sehr selten vorkommt. Diese ist aber ein wichtiger Ansatzpunkt für Planung, Steuerung und Kontrolle. Deshalb werden derartige atypische Aufwendungen nicht als klassische Kosten in der KLR erfasst. Da sie aber dennoch in bestimmten Zeitabständen auftreten, wäre es auch falsch, diese Beträge völlig zu neutralisieren, d. h. gar nicht in der KLR zu berücksichtigen, so dass sie in der Regel periodisiert werden, d. h. jedes Jahr wird ein bestimmter Betrag für derartige außergewöhnlichen Fälle als Kostenfaktor angesetzt, die so genannten **kalkulatorischen Wagnisse**, die an späterer Stelle noch eingehender behandelt werden.

Spiegelbildlich zu den Aufwendungen verhält es sich mit den Erträgen aus den klassischen betrieblichen Tätigkeiten. Die meisten angefallenen Erträge, in der Regel die Verkaufserlöse aus den hergestellten Produkten oder durchgeführten Dienstleistungen, werden in derselben Höhe und für die entsprechende Periode als Leistung erfasst. Begrifflich spricht man hier von **Zweckertrag** bzw. **Grundleistung,** da sie ihre Ursache in dem Zweck der betrieblichen Tätigkeit haben.
Allerdings stellen auch hier nicht alle Erträge Leistungen dar, sondern es gibt zusätzlich noch **neutrale Erträge**, die nicht aus dem Betriebszweck resultieren.

Ertrag			
Neutraler Ertrag	Ertrag = Leistung = Zweckertrag		
Keine Leistung	Leistung = Ertrag = Grundleistung		
	Leistung		

Abbildung 71: Neutraler Ertrag

Diese lassen sich, vergleichbar zu den Aufwendungen, unterteilen in
1. Betriebsfremde Erträge
2. Periodenfremde Erträge und
3. Außerordentliche Erträge.

Die periodenfremden und außerordentlichen Erträge sind ebenfalls bereits im externen Rechnungswesen der Kontenklasse 5 zugeordnet, so dass die explizite Abgrenzung für das interne Rechnungswesen lediglich für die betriebsfremden Erträge erforderlich ist.

Betriebsfremde Erträge stammen nicht aus der klassischen betrieblichen Leistungserstellung und dürfen deshalb auch nicht als Leistung angesetzt werden. Typische Beispiele sind Mieten oder Pachten für Immobilien, die keinen Bezug zum Betrieb haben, oder Gewinne aus Wertpapiergeschäften. Zwar werden z. B. Mieten und Pachten als Ertrag in der Ergebnisrechnung gebucht und erhöhen demzufolge auch das Ergebnis der Ergebnisrechnung, allerdings sind sie nicht von Interesse, wenn z. B. das Kerngeschäft eines kommunalen Abwasserbetriebs kostenrechnerisch analysiert wird, da die Einnahmen aus Vermietung und Verpachtung auch ohne das Kerngeschäft anfallen würden. Aufgabe der KLR ist es, Informationen zu erheben, um ggf. steuernd in das Kerngeschäft (hier die Abwasserentsorgung) eingreifen zu können, so dass betriebsfremde Erträge nicht bei der Leistungsrechnung berücksichtigt werden.

Periodenfremde Erträge sind wirtschaftlich gesehen nicht der betrachteten Periode zurechenbar. Dies ist z. B. der Fall bei der ertragswirksamen Auflösung einer Rückstellung, die in einer Vorperiode gebildet wurde oder bei Steuerrückerstattungen für Vorperioden. In beiden Fällen sind die Beträge zwar im externen Rechnungswesen als Ertrag für die Betrachtungsperiode zu buchen, da sie in der Buchführung der Vorperiode nicht mehr erfasst werden können. Für das interne Rechnungswesen haben sie jedoch keine Bedeutung, da die Ursache für den Ertrag nicht in der Betrachtungsperiode zu finden ist.

Außerordentliche Erträge haben ihren Ursprung nicht in der gewöhnlichen Geschäftstätigkeit, sondern treten unregelmäßig auf. Klassische Beispiele sind Verkäufe von Anlagevermögen über dem Buchwert und Erträge aus gewonnenen Prozessen. So erhöht zwar der Verkauf einer bereits vollständig abgeschriebenen Anlage für 100.000 € die Nettoposition eines Abwasserbetriebs, allerdings ist dies nicht auf die gewöhnliche betriebliche Geschäftstätigkeit zurückzuführen und wird nicht regelmäßig vorkommen. Deshalb werden derartige atypische Effekte in der KLR neutralisiert, d. h. nicht berücksichtigt.

Beispiel:

Aus der Buchhaltung sind folgende Buchungen bekannt. Ermitteln Sie, welche davon Zweckaufwand bzw. -erträge darstellen und welche den neutralen Erträgen bzw. Aufwendungen zuzuordnen sind. Ermitteln Sie darüber hinaus das Ergebnis der Ergebnisrechnung sowie das Betriebsergebnis und das neutrale Ergebnis für das gesamte Geschäftsjahr.

1. Der Personalaufwand beträgt pro Monat 10.000 €.
2. Pro Monat erhält der Betrieb Mieterträge in Höhe von 2.000 € für vier extern vermietete Wohnungen.
3. Die Verkaufserträge betragen durchschnittlich 15.000 € pro Monat.
4. Eine Anlage wird für 40.000 € unter dem Buchwert verkauft.
5. Im Dezember wird eine Rückstellung aus dem Vorjahr ertragswirksam aufgelöst. Der Ertrag beträgt 5.000 €.
6. An Stromaufwand fallen pro Monat 1.000 € an.

	Externes Rechnungswesen		Internes Rechnungswesen			
	Ergebnisrechnung		Neutraler Bereich		Betrieblicher Bereich	
Konto	Aufwand	Ertrag	Neutraler Aufwand	Neutraler Ertrag	Zweckaufwand (Grundkosten)	Zweckertrag (Grundleistungen)
401 Personalaufwand	120.000				120.000	
3411 Mietertrag		24.000		24.000		
3421 Erträge aus Verkauf		180.000				180.000
5322 Aufwendungen aus der Veräußerung von beweglichen Vermögensgegenständen	40.000		40.000			
5022 Erträge aus der Herabsetzung von Rückstellungen		5.000		5.000		
4241 Bewirtschaftung der Grundstücke und baulichen Anlagen	12.000				12.000	
Ergebnis	37.000			11.000	48.000	
Summe	209.000	209.000	40.000	40.000	180.000	180.000

Aus obiger Tabelle lassen sich folgende Schlüsse ziehen:

1. Die Ergebnisrechnung (externes Rechnungswesen) ergibt ein positives Ergebnis für den gesamten Betrieb in Höhe von 37.000 €, da die Erträge um diesen Betrag die Aufwendungen übersteigen.
2. Das neutrale Ergebnis (internes Rechnungswesen) ergibt einen (neutralen) Verlust in Höhe von 11.000 €. Dies betrifft alle Buchungsvorgänge, die nichts mit dem Betriebszweck in der betrachteten Periode zu tun haben, wie die Mieterträge, der Verkauf einer Anlage unter Buchwert und der Auflösung von Rückstellungen.
3. Das Betriebsergebnis (internes Rechnungswesen) ergibt einen Betriebsgewinn in Höhe von 48.000 €, d. h. durch die klassische betriebliche Tätigkeit wird ein Gewinn in Höhe von 48.000 € erwirtschaftet.

Auf einen Blick: Neutraler Bereich

Beim Übergang vom internen zum externen Rechnungswesen ist der neutrale Bereich gesondert zu behandeln. Dieser Bereich umfasst alle betriebsfremden, periodenfremden und außerordentlichen Aufwendungen bzw. Erträge der Betrachtungsperiode. Ohne diese Absonderung würden Beträge in die Kostenrechnung Eingang finden und damit deren Ergebnis verfälschen, die mit dem eigentlichen Betriebszweck (betriebsfremd), mit der betrachteten Periode (periodenfremd) und/oder mit einem normalen Geschäftsverlauf (außerordentlich) nichts zu tun haben.

4.1.3 Kalkulatorische Abgrenzungen

Neben den neutralen gibt es auch noch kostenrechnerische (kalkulatorische) Abgrenzungen. Diese sind in den unterschiedlichen Zwecken des externen und internen Rechnungswesens begründet. Primäres Ziel des externen Rechnungswesens ist die Dokumentation, so dass hier mit wenigen Ausnahmen (z. B. Rückstellungen) nur Beträge angesetzt werden, die mit einem tatsächlichen Zahlungsfluss in Verbindung stehen (z. B. Rechnungsbetrag), auch wenn dieser bereits in einer anderen Periode als der dokumentierten Periode stattgefunden hat (z. B. Berechnung der Höhe der jährlichen Abschreibung). Diese Daten sind jedoch für eine Planung und Steuerung des wirtschaftlichen Geschehens in einem Betrieb nicht immer ausreichend. Deshalb finden im internen Rechnungswesen noch Anders- und Zusatzkosten Anwendung.
Anderskosten sind als Aufwandsart auch bereits in der Finanzbuchhaltung vorhanden, aber die betragliche Höhe ist im internen und externen Rechnungswesen anders. Dies betrifft die Höhe der angesetzten Abschreibungen, der Zinsen und die bereits genannten kalkulatorischen Wagnisse.
Zusatzkosten werden **zusätzlich** zu den Aufwendungen berücksichtigt, da sie einen Werteverzehr widerspiegeln, sind damit aber als Aufwandsart in der klassischen Ergebnisrechnung nicht vorhanden. Hierbei geht es um den kalkulatorischen Unternehmerlohn und die kalkulatorische Miete, die aber beide im kommunalen Bereich kaum eine Rolle spielen.

Aufwand			
Neutraler Aufwand	Aufwand = Kosten = Zweckaufwand	Aufwand in anderer Höhe	Kein Aufwand
Keine Kosten	Kosten = Aufwand = Grundkosten	Anderskosten	Zusatzkosten
	Kosten		

Abbildung 72: Abgrenzung zwischen Aufwand und Kosten

Kalkulatorische Leistungen
Gerade im öffentlichen Bereich haben die kalkulatorischen Leistungen eine besondere Bedeutung, da hier Leistungen zum Teil unentgeltlich oder zu einem Entgelt abgegeben werden, die nicht kostendeckend sind und für die es häufig keine Marktpreise gibt. Somit ist eine Bewertung dieser Leistungen in Geldeinheiten häufig schwierig, weshalb dieser sehr spezielle Bereich hier nicht weiter vertieft wird.

Ertrag			
Neutraler Ertrag	Ertrag = Leistung = Zweckertrag	Ertrag in anderer Höhe bzw. kein Ertrag	
Keine Leistung	Leistung = Ertrag = Grundleistung	Kalkulatorische Leistung	
	Leistung		

Abbildung 73: Abgrenzung zwischen Ertrag und Leistung

Kalkulatorische Abschreibungen

Im externen Rechnungswesen ist die Bestimmung der Höhe der Abschreibungen in § 49 KomHKVO festgelegt. Wie in Kapitel 3.3.3 bereits dargelegt, ist die Höhe der Abschreibung von folgenden drei Determinanten abhängig:

1. Abschreibungsbasis (wovon wird abgeschrieben)
2. Abschreibungsdauer (wie lange wird abgeschrieben)
3. Abschreibungsart (wie wird abgeschrieben)

Während im externen Rechnungswesen als **Abschreibungsbasis** zwingend der **Anschaffungs- oder Herstellungswert** anzusetzen ist, findet im internen Rechnungswesen der **Wiederbeschaffungs-** oder noch häufiger der **Wiederbeschaffungszeitwert** Verwendung. Wird nämlich heute eine Anlage für 10.000 € mit einer fünfjährigen bilanziellen Nutzungsdauer erworben, werden jedes Jahr 2.000 € abgeschrieben. Würden diese 2.000 € angespart werden, ständen nach fünf Jahren erneut 10.000 € zur Verfügung, um den annahmegemäß vollständig abgenutzten und deshalb auch vollständig abgeschriebenen Vermögensgegenstand durch einen vergleichbaren Vermögensgegenstand zu ersetzen. Allerdings zeigt die Erfahrung, dass nach fünf Jahren der Anschaffungspreis eines vergleichbaren Anlagegegenstands wegen des technischen Fortschritts und der Geldentwertung (Inflation) z. B. 12.500 € beträgt. Dies bedeutet, dass der Betrieb trotz vollkommen gesetzeskonformer Abschreibung mit der kompletten Abschreibungssumme für den alten Vermögensgegenstand keinen vergleichbaren neuen erwerben kann, sondern dafür weitere Geldmittel oder ein Kredit erforderlich sind. Dies widerspricht dem Grundsatz der **Substanzerhaltung** im internen Rechnungswesen, nach dem so abgeschrieben werden soll, dass am Ende der Nutzungsdauer mit dem theoretisch durch die Abschreibung zurückgelegten Geld ohne Substanzverlust ein vergleichbarer Vermögensgegenstand erworben werden kann. Im dargestellten Beispiel müssten auf der Grundlage des Wiederbeschaffungswertes im internen Rechnungswesen deshalb 12.500 € / 5 Jahre = 2.500 € abgeschrieben werden. An diesem Beispiel lässt sich der Ursprung für die Bezeichnung Anderskosten gut nachvollziehen:

Abschreibungshöhe externes Rechnungswesen:	2.000 €
Abschreibungshöhe internes Rechnungswesen:	2.500 €

Die Kategorie der Abschreibung findet sich demzufolge sowohl im internen als auch im externen Rechnungswesen, aber die angesetzte Höhe ist anders.

Problematisch ist jedoch die Bestimmung des Wiederbeschaffungswerts zum Zeitpunkt des Kaufs eines Vermögensgegenstands, da sich die Preisentwicklung für die Zukunft nicht vorhersagen lässt. Eine Möglichkeit ist die Orientierung an den Werten aus der Vergangenheit, so dass die Preissteigerung der letzten fünf Jahre für die folgenden fünf Jahre fortgeschrieben wird. Das Ergebnis kann allerdings nur eine Näherungslösung darstellen. Alternativ wird häufig der Wiederbeschaffungszeitwert (WBZW) an Stelle des Wiederbeschaffungswerts angesetzt.

§ 5 II S. 7 NKAG erlaubt den Einsatz des Wiederbeschaffungszeitwerts
§ 5 (2) … Der Berechnung der Abschreibung kann der Anschaffungs- oder Herstellungswert oder der Wiederbeschaffungszeitwert zugrunde gelegt werden.

Bei dem Wiederbeschaffungszeitwert wird als Basis für die Berechnung der Abschreibung der Wert herangezogen, den ein vergleichbarer neuer Vermögensgegenstand am Ende der Betrachtungsperiode hat. Dabei bedient man sich des Preisindexes und ermittelt den Wiederbeschaffungszeitwert des relevanten Jahres mit Hilfe folgender Formel:[56]

$$WBZW = WBZW_{\text{Anfang Nutzungsjahr}^{56}} \cdot \frac{\text{Index Ende Nutzungsjahr}}{\text{Index Ende Vorjahr}}$$

Beispiel:

Welchen WBZW hat eine Anlage, die Anfang 2024 für 10.000 € gekauft wurde, am Ende des Jahres 2024 bzw. 2025, wenn der Preisindex des Jahres 2024 103 % und für das Jahr 2025 105 % beträgt?

Lösung:

$WBZW_{2024} = 10.000 * \frac{103\,\%}{100\,\%} = 10.300$ €

$WBZW_{2025} = 10.300 * \frac{105\,\%}{103\,\%} = 10.500$ €

[56] Der Anfang eines Nutzungsjahres entspricht dem Ende des Vorjahres, d. h 31.12. Vorjahr = 01.01. aktuelles Jahr.

KOSTEN- UND LEISTUNGSRECHNUNG

Wie das Beispiel zeigt, verändern sich die Wiederbeschaffungszeitwerte jedes Jahr, so dass sich auch die Abschreibungsbeträge jedes Jahr unterscheiden.

Beispiel (Fortführung):

Wie hoch ist der jährliche Abschreibungsbetrag bei obiger Anlage auf der Grundlage der Wiederbeschaffungszeitwerte bei einer betriebsgewöhnlichen Nutzungsdauer von fünf Jahren und den in der untenstehenden Tabelle relevanten Preisindizes für die gesamte Nutzungsdauer?

Lösung:
Als Abschreibungsbeträge würden für 2024 in der KLR 2.060 € (10.300 €/ 5 Jahre) und für das Jahr 2025 2.100 € (10.500 €/ 5 Jahre) als Abschreibungsbetrag angesetzt.

Nutzungsjahr	Preisindex am Jahresende in %	Wiederbeschaffungs-zeitwert	Abschreibungsbetrag
2023	100		
2024	103	10.300	2.060
2025	105	10.500	2.100
2026	108	10.800	2.160
2027	110	11.000	2.200
2028	111	11.100	2.220
Summe	--	--	10.740

Zwar beträgt die Summe der Abschreibungsbeträge mit 10.740 € noch immer nicht die erforderlichen 11.100 €, die für die Beschaffung einer neuen vergleichbaren Anschaffung nötig wären, aber theoretisch wäre es möglich, die Abschreibungsbeträge auf einem Anlagekonto anzulegen und die Zinseinnahmen als weiteren Ausgleich für die Geldentwertung anzusetzen bzw. die Abschreibungsbeträge anderweitig zu investieren, um damit Erträge zu erwirtschaften, die die Geldentwertung zusätzlich ausgleichen.

Beispiel (Fortführung):

Wie hoch wäre das Kapital am Ende des Jahres 2028, wenn die auf Basis des Wiederbeschaffungszeitwertes errechneten Abschreibungsgegenwerte jeweils mit einem Zinssatz von 1,5 % p. a. bis zum Zeitpunkt der geplanten Neubeschaffung, also Ende 2028, angelegt werden würden?

Lösung:
$Wert_{2028} = 2.060 \cdot 1{,}015^4 + 2.100 \cdot 1{,}015^3 + 2.160 \cdot 1{,}015^2 + 2.200 \cdot 1{,}015 + 2.220 = 11.060{,}62$

Die 11.060,62 entsprechen ziemlich genau den benötigten 11.100 €, so dass die neue Anlage nahezu ohne Substanzverlust für den Betrieb erworben werden kann.

Auch die zweite Determinante, die **Abschreibungsdauer,** kann dafür verantwortlich sein, dass die Abschreibungshöhen im externen und internen Rechnungswesen voneinander abweichen. Im externen Rechnungswesen wird die Abschreibungsdauer laut § 49 II 1 KomHKVO anhand einer Tabelle des Innenministeriums des Landes Niedersachsen festgelegt. Eine Abweichung von dieser Tabelle ist zwar nach § 49 II 2 KomHKVO bei entsprechender Begründung möglich, aus Vereinfachungsgründen wird aber in der Regel die in der Tabelle vorgegebene Abschreibungsdauer angesetzt.
Aufgabe des internen Rechnungswesens ist es, den Betrieb wirtschaftlich zu steuern. Dazu ist es erforderlich, die Abschreibungshöhe möglichst so anzugeben, wie sie den tatsächlichen Verhältnissen entspricht, um die Kosten für die Produkte so genau wie möglich berechnen zu können. Sollten demzufolge Anhaltspunkte vorliegen, dass die voraussichtliche tatsächliche Abschreibungsdauer eines Vermögens-

gegenstands von der in der entsprechenden Tabelle angegebenen Abschreibungsdauer abweicht, wird in der KLR die voraussichtlich tatsächliche Abschreibungsdauer angesetzt.

Beispiel:

Ein Vermögensgegenstand hat einen Anschaffungswert in Höhe von 10.000 €. Die Nutzungsdauer laut Tabelle beträgt 5 Jahre. Laut Herstellerangabe wird jedoch eine Nutzungsdauer von 8 Jahren garantiert. Wie hoch ist der jährliche Abschreibungsbetrag im externen und im internen Rechnungswesen?

Lösung:
Jährlicher Abschreibungsaufwand (im externen Rechnungswesen):
10.000 € / 5 Jahre = 2.000 €
Jährliche Abschreibungskosten (im internen Rechnungswesen):
10.000 € / 8 Jahre = 1.250 €

Sollte ein Vermögensgegenstand zwar vollständig abgeschrieben sein, aber noch genutzt werden, darf im externen Rechnungswesen für diesen Anlagegegenstand kein Abschreibungsaufwand mehr angesetzt werden. In der KLR wird auch »über Null hinaus« abgeschrieben. Dies liegt daran, dass die KLR häufig für Kalkulationsgründe eingesetzt wird und hier soll es keinen Unterschied machen, ob das Produkt bzw. die Leistung auf einer Anlage erzeugt wurde, die zufällig bereits vollständig abgeschrieben ist.

Der dritte Einflussfaktor, der zu Unterschieden in der Höhe der Abschreibung führen kann, ist die **Abschreibungsart**. Nach § 49 I 4 KomHKVO ist neben der linearen Abschreibung in Ausnahmefällen auch die degressive oder die leistungsabhängige (variable) Abschreibung möglich. Da im internen Rechnungswesen versucht wird, den tatsächlichen Werteverlust möglichst genau abzubilden, wird ggf. in der KLR eine andere Abschreibungsmethode gewählt als im externen Rechnungswesen.

Beispiel:

Ein Vermögensgegenstand hat einen Anschaffungswert in Höhe von 10.000 €. Die Nutzungsdauer laut Tabelle beträgt 5 Jahre. Laut Planung soll der Vermögensgegenstand für die Erstellung von insgesamt 10.000 Leistungseinheiten genutzt werden und zwar 2.500 Einheiten im Jahr 1, 1.500 im Jahr 2, 2.500 im Jahr 3, 2.500 im Jahr 4 und 1.000 im Jahr 5. Wie hoch ist der lineare Abschreibungsaufwand und wie hoch sind die Abschreibungskosten, wenn diese leistungsabhängig berechnet werden?

Lösung:
Externes Rechnungswesen:
Jährlicher **Abschreibungsaufwand**:
10.000 € / 5 Jahre = 2.000 € pro Jahr

Internes Rechnungswesen:
Jährliche **Abschreibungskosten**:

Jahr 1: 10.000 € / 10.000 Einheiten * 2.500 Einheiten =	2.500 €
Jahr 2: 10.000 € / 10.000 Einheiten * 1.500 Einheiten =	1.500 €
Jahr 3: 10.000 € / 10.000 Einheiten * 2.500 Einheiten =	2.500 €
Jahr 4: 10.000 € / 10.000 Einheiten * 2.500 Einheiten =	2.500 €
Jahr 5: 10.000 € / 10.000 Einheiten * 1.000 Einheiten =	1.000 €
Summe	10.000 €

Um die Abweichungen zwischen dem externen und dem internen Rechnungswesen so gering wie möglich zu halten, kann es sinnvoll sein, die drei Abschreibungsdeterminanten in den beiden Bereichen möglichst gleich zu halten, da dies den Erfassungsaufwand und die Verständlichkeit vereinfacht.

Kalkulatorische Zinsen

Die zweite Kostenart, bei der es zu Unterschieden in der Höhe zwischen dem internen und dem externen Rechnungswesen kommen kann, sind die Zinsen. Im externen Rechnungswesen dürfen nur tatsächlich für Fremdkapital angefallene Zinsen als Zinsaufwand angesetzt werden.
Dies ist für das interne Rechnungswesen jedoch nicht ausreichend, da das insgesamt in dem Betrieb eingesetzte Kapital verzinst werden soll. Würde nämlich der Betrieb nicht einmal eine angemessene Verzinsung des insgesamt eingesetzten Kapitals erwirtschaften, müsste darüber nachgedacht werden, ob das Kapital außerhalb des Betriebs nicht sinnvoller einzusetzen wäre, d. h. ob eine Liquidierung des Betriebsvermögens und eine alternative Anlage durchgeführt werden sollte. Zudem ist bei alleinigem Ansatz des Zinsaufwands keine Vergleichbarkeit an sich vergleichbarer Betriebe, z. B. beim Betriebsgewinn und davon abhängigen Kennzahlen, gegeben, wenn diese mit einem unterschiedlich hohen Anteil an Fremdkapital finanziert sind.
Für die Berechnung der Zinskosten wird deshalb nur das **betriebsnotwendige Vermögen** herangezogen, d. h. Vermögensgegenstände, die für die Erstellung der betrieblichen Leistung nicht unbedingt erforderlich sind, z. B. Mietwohnungen oder ungenutzte Grundstücke, werden nicht einbezogen. Das **betriebsnotwendige** Vermögen wird in den **abnutzbaren** und den **nicht abnutzbaren** Bereich aufgeteilt. Der **nicht abnutzbare** Anteil geht mit den **vollen** Anschaffungswerten in die Berechnung ein. Bei den abnutzbaren Anlagegegenständen kann der einzubeziehende Wert auf zwei unterschiedliche Arten bestimmt werden:

1. **Halbwert- oder Durchschnittswertmethode**
   Hier wird davon ausgegangen, dass kaum, mittel und fast ganz abgeschriebene Vermögensgegenstände in einem Betrieb nebeneinander auftreten. Deshalb wird aus Vereinfachungsgründen die Hälfte der Summe der gesamten Anschaffungs- bzw. Herstellungswerte aller abschreibbaren Vermögensgegenstände angesetzt.
2. **Restwertmethode**
   Hier wird für jeden abschreibbaren Anlagegegenstand der aktuelle kalkulatorische Restwert ermittelt, indem von den Anschaffungs- bzw. Herstellungswerten die bereits aufgelaufene kalkulatorische Abschreibung abgezogen wird. Bei der genauen Restwertmethode wird der Wert zur Periodenmitte ermittelt (z. B. zum 30.6. eines Jahres) bei der einfachen Restwertmethode zum Periodenende (z. B. 31.12. eines Jahres).

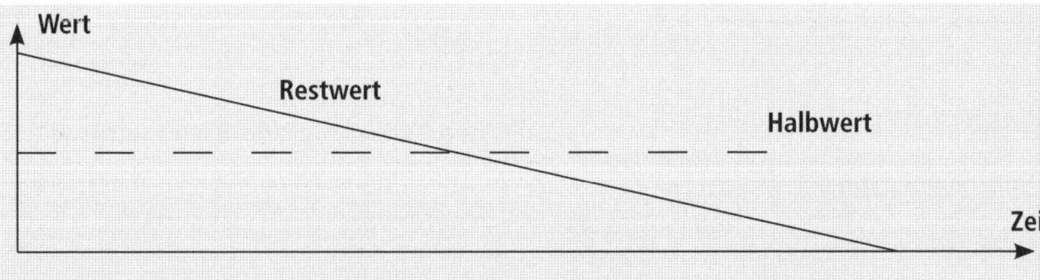

Abbildung 74: Zeitabhängige Entwicklung des Restwerts und Halbwerts eines abnutzbaren Anlagegegenstandes

Bei dem restlichen Vermögen (**Umlaufvermögen**) werden die **Durchschnittsbestände** der entsprechenden Periode angesetzt, sofern die Höhe für die normale betriebliche Tätigkeit erforderlich ist. Sind die Durchschnittsbestände überhöht, darf der überhöhte Teil nicht mit einberechnet werden.
Die Summe aus dem betriebsnotwendigen nicht abschreibbaren Anlagevermögen, dem ermittelten Bestand des abschreibbaren Anlagevermögens sowie dem Durchschnittsbestand des Umlaufvermögens wird als **betriebsnotwendiges Vermögen** bezeichnet. Diese Summe wird um das zinslos verfügbare Kapital, das **Abzugskapital**, vermindert. Das sind Geldbeträge, die dem Betrieb zumindest für eine be-

stimmte Zeit von unterschiedlicher Seite zinslos zur Verfügung gestellt werden. Typische Beispiele dafür sind Rückstellungen (z. B. Pensionsrückstellungen gelten als zinsloses Fremdkapital der aktiven Beamten), Anzahlungen von Kunden oder Sonderposten, d. h. investive Zuwendungen von staatlicher oder privater Seite. Das Ergebnis dieser Differenz ist das **betriebsnotwendige Kapital**. Dieses wird mit dem entsprechenden **Zinssatz**, in der Regel dem Zinssatz für langfristige Kapitalanlagen ggf. noch erhöht um einen Risikoaufschlag, multipliziert und das Ergebnis sind die **kalkulatorischen Zinsen.**

Beispiel:

Ein Betrieb verfügt über folgende Vermögensgegenstände (die Anschaffungswerte (AW), ggf. die Gesamtnutzungsdauern (GND) und die abgelaufene Nutzungsdauer (AND) sind jeweils in Klammer angegeben, die Abschreibung erfolgt linear).
Betriebsgrundstück (AW: 150.000 €), ungenutzte Wiesenfläche (AW: 30.000 €), Anlage 1 (AW 100.000 €, GND:10 Jahre; AND: 7 Jahre), Anlage 2 (AW 50.000 €, GND: 5 Jahre; AND: 2 Jahre), Beteiligung an einem Zulieferunternehmen (AW: 30.000 €, aktueller Wert 30.000 €); Wertpapiere zur Anlage überschüssiger Liquider Mittel (AW 40.000 €, aktueller Wert 30.000 €), durchschnittlicher Wert der Vorräte (30.000 €), durchschnittlicher Bestand an Liquiden Mitteln (26.250 €). Die Liquiden Mittel sind um 75 % überhöht.
Außerdem lassen sich folgende Informationen aus der aktuellen Bilanz des Betriebs entnehmen: Sonderposten 105.000 €.
Der kalkulatorische Zinssatz beträgt 5 %. Wie hoch sind die jährlichen Zinskosten für das vergangene Haushaltsjahr bei Anwendung der genauen Rest- und der Halbwertmethode?

Lösung:

<table>
<tr><th></th><th>AW in €</th><th>Restwert in €</th><th>Halbwert in €</th><th>relevanter Wert in € bzw. %</th></tr>
<tr><td>1. Nicht abnutzbares betriebsnotwendiges Vermögen</td><td></td><td></td><td></td><td></td></tr>
<tr><td>Betriebsgrundstück</td><td>150.000</td><td>xxxxxxxx</td><td>xxxxxxxx</td><td>150.000</td></tr>
<tr><td>Beteiligung</td><td>30.000</td><td>xxxxxxxx</td><td>xxxxxxxx</td><td>30.000</td></tr>
<tr><td>2. Abnutzbares betriebsnotwendiges Vermögen</td><td></td><td></td><td></td><td></td></tr>
<tr><td>Anlage 1</td><td>100.000</td><td>35.000</td><td rowspan="2">75.000</td><td>xxxxxxxxx</td></tr>
<tr><td>Anlage 2</td><td>50.000</td><td>35.000</td><td>xxxxxxxxx</td></tr>
<tr><td>3. Betriebsnotwendiges Umlaufvermögen</td><td></td><td></td><td></td><td></td></tr>
<tr><td>Vorräte</td><td>xxxxxxxxx</td><td>xxxxxxxxx</td><td>xxxxxxxxx</td><td>30.000</td></tr>
<tr><td>Liquide Mittel</td><td>xxxxxxxxx</td><td>xxxxxxxxx</td><td>xxxxxxxxx</td><td>15.000</td></tr>
<tr><td>4. Betriebsnotwendiges Vermögen</td><td></td><td>295.000</td><td>300.000</td><td></td></tr>
<tr><td>5. Abzugskapital</td><td></td><td></td><td></td><td></td></tr>
<tr><td>Sonderposten</td><td>xxxxxxxxx</td><td>xxxxxxxxx</td><td>xxxxxxxxx</td><td>105.000</td></tr>
<tr><td>6. Betriebsnotwendiges Kapital</td><td></td><td>190.000</td><td>195.000</td><td></td></tr>
<tr><td>Zinssatz</td><td>xxxxxxxxx</td><td>xxxxxxxxx</td><td>xxxxxxxxx</td><td>5 %</td></tr>
<tr><td>7. Zinskosten</td><td>xxxxxxxxx</td><td>9.500</td><td>9.750</td><td>xxxxxxxxx</td></tr>
</table>

Erläuterung der Tabelle:

0. **Nicht betriebsnotwendiges Vermögen**
   Für die Erstellung einer betrieblichen Leistung sind hier die ungenutzte Wiesenfläche sowie die Wertpapiere, die zur Anlage überschüssiger Liquider Mittel gehalten werden, nicht erforderlich. Deshalb gehen diese beiden Positionen nicht in die weitere Rechnung ein.
1. **Nicht abnutzbares betriebsnotwendiges Vermögen**
   Nicht abnutzbar sind in obigem Beispiel das Betriebsgrundstück und die Beteiligung an einem Zulieferer. Diese beiden Positionen gehen deshalb mit den gesamten Anschaffungswerten in Höhe von 150.000 € bzw. 30.000 € in die Berechnung ein.
2. **Abnutzbares betriebsnotwendiges Vermögen**
   Abnutzbar sind die beiden Anlagen. Um die relevante Höhe des dadurch gebundenen Vermögens angeben zu können, ist zwischen der Anwendung der Restwertmethode und der Halbwertmethode zu unterscheiden. Bei der **genauen Restwertmethode** wird der Wert der Anlage zur Jahresmitte bestimmt. Anlage 1 wurde vor 7 Jahren für 100.000 € erworben und

hat eine Gesamtnutzungsdauer von 10 Jahren. Die jährliche Abschreibung beträgt somit 10.000 €. Die Abschreibung des 7. Jahres ist allerdings nur zu 50 % einzuberechnen, da der Wert des Gegenstandes zum 30.06. des Jahres anzugeben ist. Die kumulierte Abschreibung (Summe aller bisherigen Abschreibungsbeträge) beträgt somit 65.000 €, so dass der für die Berechnung relevante Vermögenswert der Anlage 1 35.000 € beträgt. Anlage 2 wurde vor 2 Jahren für 50.000 € mit einer Gesamtnutzungsdauer von 5 Jahren erworben. Die kumulierte Abschreibung beträgt somit 15.000 € (10.000 € Abschreibung für das erste Jahr und 5.000 für die 6 Monate des zweiten Nutzungsjahres), so dass der relevante Vermögenswert 35.000 € beträgt. Bei der **Halbwertmethode** werden die Anschaffungswerte der beiden Anlagen addiert (100.000 € und 50.000 €) und die Summe durch zwei geteilt, um den Halbwert bzw. den durchschnittlichen Wert zu erhalten.

3. **Betriebsnotwendiges Umlaufvermögen**
Der durchschnittliche Bestand an Vorräten beträgt 30.000 € in der relevanten Periode, d. h. durchschnittlich sind während des Jahres immer Vorräte im Wert von 30.000 € vorhanden. Dieser Betrag muss deshalb in voller Höhe verzinst werden. Zwar verfügt der Betrieb durchschnittlich über Liquide Mittel in Höhe von 26.250 €, für die betriebliche Tätigkeit wird aber nur ein durchschnittlicher Mittelbestand in Höhe von 15.000 € (26.250 € / 175 % *100 %) benötigt, so dass nur diese 15.000 € einberechnet werden. Die nicht betriebsnotwendigen 11.250 € hätte der Betrieb am Geld- oder Kapitalmarkt verzinslich anlegen können.
4. **Betriebsnotwendiges Vermögen**
Bei Anwendung der Restwertmethode beträgt das betriebsnotwendige Vermögen 295.000 € (150.000+30.000+35.000+35.000+30.000+15.000), bei der Halbwertmethode 300.000 € (150.000+30.000+75.000+30.000+15.000).
5. **Abzugskapital**
Der Sonderposten steht dem Betrieb zinslos zur Verfügung, so dass dieser Betrag in voller Höhe (105.000 €) zur Berechnung der kalkulatorischen Zinslast von dem bisher ermittelten Wert des betriebsnotwendigen Vermögens abgezogen wird.
6. **Betriebsnotwendiges Kapital**
Das betriebsnotwendige Kapital beträgt bei Anwendung der Restwertmethode 190.000 € und bei der Halbwertmethode 195.000 €.
7. **Kalkulatorische Zinsen**
Zur Berechnung der kalkulatorischen Zinsen wird das betriebsnotwendige Kapital noch mit dem von dem Betrieb festgelegten Zinssatz (5 %) multipliziert, so dass bei der Restwertmethode 9.500 € und bei der Halbwertmethode 9.750 € an kalkulatorischen Zinskosten p. a. (pro Jahr) zu verrechnen sind.

Kalkulatorische Wagnisse

Kalkulatorische Wagnisse werden als Ausgleich für Risiken angesetzt, die durch die betriebliche Tätigkeit entstehen und eindeutig bestimmbar sind. In der Theorie des internen Rechnungswesens haben insbesondere folgende Wagnisse Bedeutung:
Das **Anlagewagnis** wird angesetzt, um für einen vorzeitigen Ausfall eines Anlageguts gerüstet zu sein. Das **Beständewagnis** soll Verluste aus dem ungeplanten Abgang des Vorratsvermögens, z. B. durch Diebstahl, Verderben oder Veraltern abdecken. Das **Fertigungswagnis** wird angesetzt, um Mehrkosten z. B. aufgrund von Arbeitsfehlern in der Produktion aufzufangen und das **Entwicklungswagnis** wird relevant, wenn Entwicklungen getätigt wurden, die aber aus verschiedenen Gründen nicht praxisreif geworden sind, d. h. nicht umgesetzt werden konnten. Wagnisse fallen wegen ihres Charakters grundsätzlich **unregelmäßig** und in unterschiedlicher Höhe an. Im externen Rechnungswesen werden sie deshalb bei Anfall in voller Höhe als Aufwand gebucht. Demgegenüber wird versucht, im internen Rechnungswesen mit Durchschnittsgrößen zu arbeiten, d. h. aus Erfahrungswerten wird ein jährlicher Prozentsatz auf eine entsprechende Basisgröße festgelegt. Durch diese Kostenart entsteht eine gleichmäßige Belastung über die Perioden, ohne dass die Periode, in der zufällig tatsächlich der Schaden eintritt, übermäßig belastet wird und es dadurch zu deutlichen Verzerrungen bei der Kalkulation kommt.[48] Wenn die Einzelwagnisse versichert sind, z. B. Brandversicherung und Versicherung gegen Wasserschäden, erfolgt kein Ansatz in der KLR, da der entstandene Aufwand (die Versicherungsprämie[49]) bereits als Grundkosten erfasst wird und im Falle eines Schadens die entsprechende Versicherung einspringt.

[48] Die aufgeführten Einzelwagnisse sind von dem allgemeinen Unternehmerwagnis zu trennen. Dieses betrifft Verluste, die sich aus der gesamtwirtschaftlichen Entwicklung ergeben, z. B. eine Rezession. Aus Ausgleich für dieses unternehmerische Risiko erhält der Unternehmer den Gewinn. Im kommunalen Bereich ist dieses Risiko eher von untergeordneter Bedeutung, da hier die Daseinsfürsorge und nicht die Gewinnmaximierung im Mittelpunkt der betrieblichen Tätigkeit stehen.

[49] Der Rechnungsbetrag der Versicherung zur Absicherung eines Schadens wird Versicherungsprämie genannt, z. B. die jährliche Versicherungsprämie für die Haftpflicht- oder die Brandversicherung.

Die aufgeführten Einzelwagnisse sind von dem allgemeinen Unternehmerwagnis zu trennen. Dieses betrifft Verluste, die sich aus der gesamtwirtschaftlichen Entwicklung ergeben, z. B. eine Rezession. Aus Ausgleich für dieses unternehmerische Risiko erhält der Unternehmer den Gewinn. Im kommunalen Bereich ist dieses Risiko eher von untergeordneter Bedeutung, da hier die Daseinsfürsorge und nicht die Gewinnmaximierung im Mittelpunkt der betrieblichen Tätigkeit stehen.

Beispiel:

Ein Betrieb hat Geschäftsräume in einem hochwassergefährdeten Bereich. Aus Erfahrung weiß der Kostenrechner, dass die Geschäftsräume alle 10 Jahre überschwemmt werden. Der Schaden beträgt dann 10.000 € durch Defekte an dem Gebäude und den technischen Anlagen. Eine Versicherung wird wegen der hohen Versicherungsprämie nicht abgeschlossen.

Lösung:
Tatsächlicher Anfall des Schadens: Buchung im externen Rechnungswesen 10.000 € als Aufwand und 10.000 € als Verminderung des Wertes der entsprechenden Vermögensgegenstände.
Erfassung als Kostenart »Anlagenwagnis« im internen Rechnungswesen:
Jährlicher Wagnisbetrag: 10.000 € / 10 Jahre = 1.000 €
Anlagenwagniskosten pro Jahr: 1.000 €.
Wenn dann nach 10 Jahren der Schadensfall eintritt, hat der Betrieb zumindest theoretisch genügend Geld zurückgelegt, um den Schaden aus seinen Rücklagen beheben zu können.

Zusatzkosten

Neben den oben vorgestellten Anderskosten können im internen Rechnungswesen noch **Zusatzkosten** angesetzt werden. Diese Kostenart erscheint überhaupt nicht im externen Rechnungswesen und wird deshalb in der KLR **zusätzlich** erfasst. Bei Einzelunternehmen und Personengesellschaften sind hier der kalkulatorische Unternehmerlohn und die kalkulatorische Eigenmiete zu nennen, da der Unternehmer bzw. Gesellschafter dort weder ein Gehalt noch eine Miete für im Eigentum befindlichen Geschäftsraum erhalten, sondern sich aus dem Gewinn finanzieren müssen; es ist aber sinnvoll, diese Beträge für Kalkulationszwecke als Kosten zu erfassen.

Auf einen Blick: Abschreibungen, Zinsen und Wagnisse als typische Anderskosten
Abschreibungen: Wenn im internen Rechnungswesen eine andere Abschreibungshöhe, Abschreibungsdauer und/oder Abschreibungsart als im externen Rechnungswesen festgelegt wird, dann ist der Abschreibungsaufwand anders als die Abschreibungskosten.

Zinsen: Wenn im internen Rechnungswesen nicht der Zinsaufwand, sondern die Zinskosten angesetzt werden, dann ist der Zinsaufwand anders als die Zinskosten. Der Zinsaufwand entspricht den tatsächlich gezahlten Fremdkapitalzinsen. Die Zinskosten werden ermittelt, indem das für das Funktionieren des Betriebs erforderliche Kapital ermittelt und dieses dann mit einem entsprechenden, vom Betrieb selbst festgelegten Zinssatz verzinst wird.

Wagnisse: Da bestimmte Wagnisse im externen Rechnungswesen nicht angesetzt werden dürfen, obwohl eine Wahrscheinlichkeit für deren Eintritt ermittelt werden kann, werden dafür im internen Rechnungswesen so genannte Wagniskosten angesetzt. Damit soll gewährleistet werden, dass die Behebung eines derartigen Schadens nicht zu Lasten des kalkulierten Betriebsgewinns im Schadensjahr geht, sondern aus dafür gebildeten (freiwilligen) Rücklagen über mehrere Jahre erfolgen kann.

4.1.4 Abgrenzungsrechnung

Die Abgrenzungsrechnung stellt dar, wie der Kostenrechner von den Aufwendungen und Erträgen der Finanzbuchhaltung zu den Kosten und Leistungen der KLR kommt.
Anhand des jeweiligen Belegs wird festgestellt, auf welchen Konten in der Finanzbuchhaltung gebucht werden muss. Zusätzlich wird geprüft, ob es sich um Kosten oder neutralen Aufwand handelt. Dadurch kann in einem ersten Schritt zwischen dem betrieblichen und dem neutralen Ergebnis unterschieden werden.

Anschließend werden die unterschiedlichen Bewertungen zwischen der Ergebnisrechnung und der KLR vorgenommen. Dies betrifft die kalkulatorischen Kosten. Für die Abgrenzung kann folgendes Schaubild herangezogen werden:

Rechenkreis 1		**Rechenkreis 2**					
Ergebnisrechnung		**Abgrenzungsbereich**				**KLR-Bereich**	
Aufwand und Ertrag		Betriebliche Abgrenzungen		Kostenrechnerische Abgrenzungen		Kosten- und Leistungsarten	
Aufwand	Ertrag	Neutraler Aufwand	Neutraler Ertrag	Betrieblicher Aufwand FiBU	Verechnete Kosten KLR	Kosten	Leistungen

Abbildung 75: Schema zur Abgrenzungsrechnung

Im Anschluss an diese Abgrenzungsrechnung kann im internen Rechnungswesen eine getrennte Analyse des neutralen Ergebnisses und des Betriebsergebnisses durchgeführt, indem z. B. Vergleiche mit den Vorjahresdaten (**Zeitvergleich**), mit den Plandaten (**Soll-Ist-Vergleich**) oder mit Daten aus anderen Betrieben oder Betriebsteilen (**Betriebsvergleich**) durchgeführt werden. Zudem können auch verschiedene Kennzahlen berechnet und betriebswirtschaftlich ausgewertet werden, um Anhaltspunkte für die wirtschaftliche Steuerung der einzelnen Betriebsteile zu erhalten.

Beispiel:

Aus der Buchhaltung einer Stadtbücherei erhalten Sie folgende Informationen zu Beginn eines Monats:

Bestände

Zwischenbilanz zu Monatsbeginn					
Aktiva					**Passiva**
Konto	**Nummer**	**Betrag**	**Konto**	**Nummer**	**Betrag**
Grundstück	0241	50.000	Nettoposition	2000	200.000
Gebäude	0242	240.000	Langf. Verb.	231	100.000
BGA	0721	30.000	Verb. LL	2511	27.000
Bank	1711	6.000			
Kasse	1731	1.000			
		327.000			**327.000**

Folgende Finanzvorfälle sind angefallen. Ihre Aufgabe ist es, diese im Grundbuch zu buchen und die **monatliche** (Zwischen-) Ergebnisrechnung (nach den Regeln der Finanzbuchhaltung (externes Rechnungswesen)) zu erstellen.

1. Der monatliche Ertrag aus Ausleihentgelten beträgt 1.500 €.
2. Die Bücherei überweist den Gehaltsaufwand in Höhe von 12.000 €.
3. Der Fremdkapitalzinssatz für langfristige Verbindlichkeiten beträgt 6 % pro Jahr und die Zinsen werden monatlich gezahlt.
4. Sie kaufen Büromaterialien für 500 € bar.
5. Die Miete für das in der Bücherei befindliche Café geht ein (1.500 €).
6. Für das Café geht eine Reparaturrechnung über 200 € ein.
7. Für Energie werden 600 € abgebucht.
8. Die monatlichen Abschreibungen für das Gebäude betragen 1.500 €, für die BGA 500 €.

Lösung:

Bestands- und Ergebniskonten						Finanzkonten			
Nr.	Buchungssatz	Konto	Soll	Konto	Haben	Konto	Soll	Konto	Haben
1.	Forderungen an Ausleihentgelten	1611	1.500	3461	1.500				
2.	Dienstaufwand an Bank	4012	12.000	1711	12.000			7012	12.000
3.	Zinsaufwand an Bank	451	500	1711	500			751	500
4.	Geschäftsaufwendungen an Kasse	4431	500	1731	500			7431	500
5.	Bank an Mieten und Pachten	1711	1.500	3411	1.500	6411	1.500		
6.	Unterhaltung der Grundstücke und baulichen Anlagen an Verbindlichkeiten LL	4211	200	2511	200				
7.	Bewirtschaftung der Grundstücke und baulichen Anlagen an Bank	4241	500	1711	500			7241	500
8.	Abschreibung Gebäude an Gebäude	47113	1.500	0242	1,500				
9.	Abschreibung BGA an BGA	47117	500	0721	500				

Zwischenergebnisrechnung zu Monatsende					
Soll					Haben
Konto	Nummer	Betrag	Konto	Nummer	Betrag
Dienstaufwand	4012	12.000	Entgelte	3461	1.500
Unterhaltung	4211	200	Mieten	3411	1.500
Bewirtschaftung	4241	500	Nettoposition	2000	12.800
Geschäftsaufwand	4431	500			
Zinsaufwand	451...	500			
Afa Gebäude	47113	1.500			
Afa BGA	47117	500			
		15.800			**15.800**

Nach dem Ergebnis der monatlichen Zwischenergebnisrechnung hat die Stadtbücherei einen Verlust in Höhe von 12.800 € erwirtschaftet. Dieses Ergebnis könnte beispielsweise im Rahmen des externen Rechnungswesens veröffentlicht werden. Allerdings entspricht es möglicherweise nicht den tatsächlichen Verhältnissen. Dazu werden die Daten aus der Finanzbuchhaltung kritisch dahingehend überprüft, ob alle Aufwendungen und Erträge auch Zweckaufwendungen und Zweckleistungen darstellen und damit als Grundkosten bzw. Grundleistung direkt in die Kostenrechnung übernommen werden können.
Im ersten Schritt ist deshalb zu überprüfen, welche Aufwendungen bzw. Erträge möglicherweise aufgrund der Theorie der Kostenartenrechnung nicht oder anders in das interne Rechnungswesen Eingang finden:

Zwischenergebnisrechnung zu Monatsende					
Soll					Haben
Konto	Kostenart	Betrag	Konto	Leistungsart	Betrag
Dienstaufwand	Zweckaufwand	12.000	Entgelte	Zweckertrag	1.500
Unterhaltung	Betriebsfremd	~~200~~	Mieten	Betriebsfremd	~~1.500~~
Bewirtschaftung	Zweckaufwand	500	Nettoposition	(Verlust)	12.800
Geschäftsaufwand	Zweckaufwand	500			
Zinsaufwand	Anderskosten	*500*			
Afa Gebäude	Anderskosten	*1.500*			
Afa BGA	Anderskosten	*500*			
		15.800			**15.800**

Die Miete für das Café und die Reparatur im Café hat nichts mit dem Betrieb der Stadtbücherei zu tun, sondern betreffen den Unterbetrieb »Vermietung eines Cafés in der Stadtbücherei«. Da jedoch die wirtschaftliche Situation der Stadtbücherei im Rahmen der KLR analysiert werden soll, werden die Beträge, die das Café betreffen, abgegrenzt.

Ohne weitere Informationen ist nicht anzugeben, ob der Zinsaufwand bzw. die Abschreibungen Zweckaufwand und damit Grundkosten oder Anderskosten sind. Um dies feststellen zu können, sind weitere Angaben erforderlich:

Beispiel (Fortführung):

Als **Zinsen** sollen in die Kostenrechnung nicht die tatsächlich gezahlten Zinsen eingehen. Deshalb werden die Zinsen nach der Halbwertmethode (Durchschnittsmethode) neu berechnet.
Alle Vermögensgegenstände werden berücksichtigt, wobei der Neuwert der BGA bei 40.000 € lag und der Neubau des Gebäudes Kosten in Höhe von 560.000 € verursacht hatte. Ziehen Sie für Ihre Berechnung ggf. weitere Daten heran, die Sie obiger Bilanz zu Monatsbeginn entnehmen. Gehen Sie davon aus, dass der Bank- und Kassenbestand zu Monatsbeginn dem durchschnittlichen Bestand entspricht und nicht überhöht ist. Als Zinssatz werden 6,5 % angesetzt.
Bei den **Abschreibungen** werden für die Gebäude 2 % des Wiederbeschaffungszeitwertes gerechnet. Der Indexwert für das Gebäude beträgt in dem betreffenden Jahr 123,8 %, im Baujahr lag der Bauindex bei 94 %. Die Abschreibungen für die BGA werden direkt aus der Finanzbuchhaltung übernommen.

Lösung:
Berechnung der Zinskosten:
Bestimmung des betriebsnotwendigen Vermögens:

Grundstück	50.000	(volle Höhe, da nicht abschreibbar)
Gebäude	280.000	(560.000 / 2 wegen Halbwertmethode)
BGA	20.000	(40.000 / 2 wegen Halbwertmethode)
Bank	6.000	(Durchschnittswert)
Kasse	1.000	(Durchschnittswert)
Summe	357.000	(betriebsnotwendiges Vermögen)

Als Abzugskapital sind die Verbindlichkeiten aus Lieferung und Leistung anzusetzen, da diese einen zinslosen Kredit der Lieferanten in Höhe von 27.000 € darstellen. Somit beträgt das betriebsnotwendige Kapital 330.000 € (357.000-27.000).
Dieses ist noch mit dem Kalkulationszinssatz von 6,5 % zu verzinsen, so dass der kalkulatorische Zins 21.450 € pro Jahr (330.000 * 0,065), d. h. 1.787,50 pro Monat beträgt (21.450 / 12 Monate).
Im vorliegenden Fall beträgt der Zinsaufwand somit 500 €, die Zinskosten jedoch 1.787,50 €, so dass die Zinsen Anderskosten sind.

Berechnung der **Abschreibungskosten**:
Ermittlung des Wiederbeschaffungszeitwerts des Gebäudes als Abschreibungsbasis:
Anschaffungswert: 560.000 €
Wiederbeschaffungszeitwert: 737.532 € (560.000 · 123,8% / 94%)
Abschreibungskosten für das aktuelle Jahr: 14.750,60 € (737.532 · 0,02)
Monatliche Abschreibungskosten des Gebäudes: 1.229,22 € (14.750,60/12)

Monatliche Abschreibungskosten BGA: 500 €
Die Abschreibungen für das Gebäude stellen somit Anderskosten dar, da im internen Rechnungswesen als Abschreibungskosten 1.229,22 € und im externen Rechnungswesen 1.500 € als Abschreibungsaufwand angesetzt werden. Die Abschreibungen für die BGA werden demgegenüber direkt aus der Ergebnisrechnung übernommen, so dass hier Grundkosten (Zweckaufwand) in Höhe von 500 € vorliegen.
Das Betriebsergebnis nach den Regeln der KLR sieht mit -15.116,72 € anders aus, als der Ergebnis nach der (monatlichen) Zwischenergebnisrechnung mit -12.800 €, da die betriebsfremden Positionen vollständig herausfallen und die Anderskosten eine andere Höhe aufweisen.

Betriebsergebnis KLR			
Personalkosten	12.000,00	Entgelte	1.500,00
Zinskosten	1.787,50	Betriebsverlust	15.116,72
Geschäftskosten	500,00		
Bewirtschaftungskosten	600,00		
Abschreibungskosten Gebäude	1.229,22		
Abschreibungskosten BGA	500,00		
	16.616,72		**16.616,72**

Beispiel (Fortführung):

Stellen Sie im Rahmen einer Abgrenzungsrechnung dar, woraus die Unterschiede in dem Ergebnis des internen und externen Rechnungswesens resultieren und erklären Sie, woher der Unterschiedsbetrag zwischen den beiden Ergebnissen in Höhe von 2.316,72 € stammt.

Lösung:
Dazu ist im ersten Schritt das neutrale Ergebnis der Organisation zu ermitteln. Herfür werden die neutralen Aufwendungen den neutralen Erträgen gegenübergestellt. Bei der Stadtbücherei sieht das so aus:

Neutrales Ergebnis			
Unterhaltungsaufwand	200	Mieten	1.500
Neutrales Ergebnis	1.300		
	1.500		**1.500**

Aufgrund neutraler Einflussfaktoren (im vorliegenden Fall die Vermietung der Räume an ein Café), die nichts mit dem eigentlichen Betriebszweck zu tun haben, erwirtschaftet die Stadtbücherei einen monatlichen Überschuss in Höhe von 1.300 € in der Betrachtungsperiode. Um diesen Betrag ist das Ergebnis der Ergebnisrechnung zu vermindern, d. h. der in der Ergebnisrechnung ermittelte Verlust in Höhe von 12.800 € ist um 1.300 € auf 14.100 € zu erhöhen. Nach diesem Schritt beträgt der Unterschiedsbetrag zwischen dem internen und dem externen Rechnungswesen noch 1.016,72 € (15.116,72 - 14.100).
Dieser Betrag muss durch die kostenrechnerischen Abgrenzungen verursacht sein, was im Folgenden überprüft wird. Hierzu wird den Positionen, die als Anderskosten identifiziert wurden, die Höhe des im externen Rechnungswesen verrechneten Aufwands den im internen Rechnungswesen verrechneten Kosten gegenübergestellt und der sich daraus ergebende Unterschiedsbetrag ermittelt. Im vorliegenden Beispiel betrifft dies die Zinsen und die Abschreibungen:

Kostenrechnerische Abgrenzungen			
Aufwand (externes Rechnungswesen)			**Kosten (internes Rechnungswesen)**
Zinsaufwand	500	Zinskosten	1.787,50
Afa Gebäude	1.500	Abschreibungskosten Gebäude	1.229,22
Unterschied Aufwand – Kosten	1.016,72		
	3.016,72		**3.016,72**

Im vorliegenden Beispiel sind demzufolge die im internen Rechnungswesen verrechneten Kosten um 1.016,72 € höher als der gebuchte Aufwand. Um diesen Betrag sind deshalb noch die oben ermittelten -14.100 € zu vermindern, so dass sich ein Betriebsverlust in Höhe von 15.116,72 € (-14.100 + (-1.016,72)) ergibt. Der Unterschiedsbetrag zwischen dem internen und externen Rechnungswesen ist somit in zwei Bestandteile zu zerlegen: Das neutrale Betriebsergebnis in Höhe von 1.300 € und der Unterschiedsbetrag aufgrund der kostenrechnerischen Abgrenzungen in Höhe von 1.016,72 €, so dass sich insgesamt ein Unterschiedsbetrag in Höhe von 2.316,72 € ergibt. Das Betriebsergebnis des internen Rechnungswesens stellt die Grundlage für die Planung und wirtschaftliche Steuerung der Stadtbücherei dar, d. h. auf Basis dieses Ergebnisses werden Entscheidungen getroffen.

Auf einen Blick: Abgrenzungsrechnung
Durch die Abgrenzungsrechnung wird aufgezeigt, woher die Unterschiede zwischen dem internen und dem externen Rechnungswesen resultieren. Dafür können grundsätzlich zwei Faktoren verantwortlich sein. Zum einen der **neutrale** Bereich, d. h. Beträge, die nichts mit dem eigentlichen Betriebszweck zu tun haben und zum anderen die **kostenrechnerischen Abgrenzungen,** d. h. für Aufwand und Kosten unterschiedlich angesetzte Beträge bei Anderskosten oder zusätzlich angesetzte Beträge bei Zusatzkosten.

4.1.5 Weitere Kostenarten

In den vorhergehenden Kapiteln wurden die Kostenarten nach den verbrauchten **Produktionsfaktoren** untergliedert. Die klassischen betriebswirtschaftlichen Produktionsfaktoren sind auf der ersten Ebene Arbeit, Betriebsmittel und Werkstoffe. Auf einer weiteren Ebene lassen sich die **Arbeit** in ausführende und leitende (dispositive) Arbeit, die **Betriebsmittel** in abnutzbare (z. B. Gebäude) und nicht abnutzbare (z. B. Grundstücke) und die **Werkstoffe** in Roh-, Hilfs- und Betriebsstoffe weiter herunterbrechen. Die entsprechende Kostenart für die Arbeit sind beispielsweise die Personalkosten, bei den Betriebsmitteln die Kosten zur Unterhaltung der Grundstücke und Gebäude und bei den Werkstoffen ist es der Verbrauch von Roh-, Hilfs- und Betriebsstoffen. Darüber hinaus gibt es noch andere Unterteilungsmöglichkeiten. So werden bei den Kosten häufig entsprechend ihrer **Zurechenbarkeit** zu den Kostenträgern **Einzel-** und **Gemeinkosten** oder entsprechend ihrer **Abhängigkeit von der Produktionsmenge fixe** und **variable** Kosten unterschieden.

Einzel- und Gemeinkosten

Einzelkosten (direkte Kosten) lassen sich direkt einzelnen Kostenstellen bzw. Kostenträgern zuordnen, da die Kostenverursachung eindeutig zu definieren ist, z. B. Fertigungsmaterial oder Fertigungslöhne. Je nach Zuordnung zu Kostenträgern oder Kostenstellen lassen sich **Kostenträger**- und **Kostenstelleneinzelkosten** unterscheiden.

Gemeinkosten (indirekte Kosten) sind nicht unmittelbar einzelnen Kostenstellen bzw. Kostenträgern zuordenbar, da sie nicht direkt durch eine einzelne Leistungseinheit verursacht werden, z. B. Kosten für die allgemeine Verwaltung oder die Betriebsleitung. Diese werden dann über bestimmte Verteilungsschlüssel auf die Kostenträger aufgeteilt, was aber immer mit einem Genauigkeitsverlust verbunden ist. Bei manchen Kostenarten ist es zwar möglich, sie direkt einzelnen Kostenträgern zuzurechnen, allerdings wäre der Erfassungsaufwand unverhältnismäßig hoch, so dass man sie als Gemeinkosten erfasst. Um jedoch anzuzeigen, dass eine genaue Erfassung zumindest theoretisch möglich wäre, werden diese als **unechte Gemeinkosten** bezeichnet.

Beispiel:

In einer Schule sollen die von einer Klasse (Kostenträger) verursachten Kosten ermittelt werden. Sind die folgenden Kostenarten Einzelkosten, Gemeinkosten oder unechte Gemeinkosten?

1. Kopien für Arbeitsblätter
2. Personalkosten des Religionslehrers, der nur in dieser Klasse unterrichtet und dafür einen festgesetzten Betrag pro abgehaltener Stunde erhält.
3. Kosten für Frisch- und Abwasser
4. Stromkosten

Lösung:

1. Die Kosten für die angefallenen **Kopien** stellen **Einzelkosten** dar, da diese eindeutig der Klasse zugeordnet werden können.
2. Die **Personalkosten** des Religionslehrers sind ebenfalls **Einzelkosten**, da die angefallenen Kosten direkt der Klasse zugeordnet werden können.
3. Die Kosten für das **Frisch- und Abwasser** sind dagegen **Gemeinkosten**, da nicht nachvollziehbar ist, welche Wassermenge die Schüler dieser Klasse verbraucht haben. Als möglicher Verteilungsschlüssel könnte hier der durchschnittliche Wasserverbrauch pro Schüler ermittelt werden, indem das gesamte verbrauchte Wasser in einem Schuljahr durch die Anzahl der insgesamt an der Schule befindlichen Schüler geteilt wird. Dieser Wert wird abschließend noch mit der Anzahl der Schüler der betroffenen Klasse multipliziert. Das Ergebnis ist der rechnerisch ermittelte Wasserverbrauch dieser Klasse. Durch die Multiplikation der errechneten Verbrauchsmenge mit den Abwasser bzw. Frischwasserkosten pro Kubikmeter sind die Kosten zu ermitteln. Dem Kostenrechner sollte aber immer bewusst sein, dass der tatsächliche Verbrauch durch diese Klasse und damit auch die Kosten deutlich von dem errechneten Durchschnittsverbrauch abweichen können.
4. Ähnlich verhält es sich mit dem von der Klasse in ihrem Klassenzimmer verbrauchten **Strom**. Auch hier wird in der Praxis wohl der Gesamtverbrauch der Schule durch die Anzahl der Klassen geteilt, um den durchschnittlichen Verbrauch pro Klasse in einem Schuljahr zu ermitteln. Durch die Bewertung mit dem Strompreis lassen sich dann die durchschnittlichen Stromkosten pro Klasse ermitteln. Damit stellen die Stromkosten eigentlich Gemeinkosten dar. Theoretisch wäre es jedoch möglich, an jedem Klassenzimmer einen Stromzähler anzubringen, um herauszufinden, wie viel Strom eine Klasse tatsächlich verbraucht. Dies würde aber in der Regel einen unverhältnismäßig hohen Aufwand in Bezug zum Nutzen bringen, so dass diese Arbeiten nicht durchgeführt werden würden. Da sie aber möglich wären, stellt der Stromverbrauch in den Klassenzimmern **unechte Gemeinkosten** dar. Im Gegensatz dazu sind die Stromkosten für die Beleuchtung der Gänge und des Treppenhauses allerdings echte **Gemeinkosten**, da hier eine direkte Zuordnung zu einzelnen Klassen nicht möglich ist.

Fixe und variable Kosten

Das Unterscheidungsmerkmal bei den fixen und den variablen Kosten ist die Abhängigkeit von der erstellten Leistungsmenge.
Fixe Kosten fallen grundsätzlich unabhängig von der erbrachten Leistungsmenge an, z. B. Kosten für Verwaltung oder kalkulatorische Kosten, d. h. auch bei einer höheren oder niedrigeren erzeugten Menge verändern sich die Kosten für diese Kostenart nicht.
Variable Kosten sind demgegenüber abhängig von der Leistungsmenge. Werden mehr Produkte oder Leistungen erstellt, steigen auch die Kosten der entsprechenden Kostenart.
Sowohl bei den fixen als auch den variablen Kosten ist zwischen **Stückkosten** und **Gesamtkosten** zu unterscheiden. Die Stückkosten werden ermittelt, indem die Gesamtkosten durch die Anzahl der erzeugten Produkte bzw. Leistungseinheiten geteilt werden. Die Stückosten werden durch ein kleines »k«, die Gesamtkosten durch ein großes »K« gekennzeichnet. Durch den Index »fix« bzw. »v« werden die fixen von den variablen Kosten unterschieden.

Beispiel:

In einer Klasse fallen 1.000 Euro Kosten für die Anmietung eines Klassenzimmers an. Wie verhalten sich diese Kosten in Abhängigkeit von der Klassenstärke?

Lösung:
Es ist davon auszugehen, dass die Mietkosten gleichbleiben, egal, ob in der Klasse 15, 20, 25 oder 30 Schüler unterrichtet werden. Selbst wenn das Klassenzimmer gar nicht genutzt wird, die Zahl der unterrichteten Schüler somit bei 0 liegt, muss die Miete bis zum Ablauf des Mietvertrags gezahlt werden. Damit stellen die Mietkosten klassische fixe Kosten dar.

Beispiel (Fortführung):

Ermitteln Sie nun die Gesamt- und die Stückkosten für die Miete in Abhängigkeit von den unterrichteten Schülern bei 0, 15, 20, 25 oder 30 Schülern:

Lösung:
Die folgende Tabelle gibt eine Übersicht über die fixen Gesamt- und Stückkosten der Kostenart »Mietkosten«.

Unterrichtete Schüler	0	15	20	25	30
K_{fix}	1.000	1.000	1.000	1.000	1.000
k_{fix}	Berechnung nicht möglich	66,67	50,00	40,00	33,33

Beispiel (Fortführung):

Stellen Sie nun die Gesamt- und die Stückkosten obiger Tabelle in einem Diagramm dar!

Grafisch lassen sich sowohl die fixen Gesamtkosten K_{fix} (linke Grafik) als auch die fixen Stückkosten k_{fix} (rechte Grafik) veranschaulichen. Bei den Gesamtkosten verlaufen die Kosten unabhängig von der Menge immer auf derselben Höhe. Dies ist das klassische Kennzeichen von Fixkosten.
Der Graf der Stückkosten weist demgegenüber einen fallenden und gekrümmten Verlauf auf. Dieses Phänomen wird in der Kostentheorie als Fixkostendegression bezeichnet und bedeutet, dass die Stückkosten mit zunehmender Produktionsmenge sinken. Dieses Phänomen ist der Grund, warum es aus Kostensicht sinnvoll ist, wenn möglichst viele Schüler in einer Klasse sind, denn mit jedem Schüler, der mehr in der Klasse ist, sinken die fixen Unterrichtskosten pro Schüler.

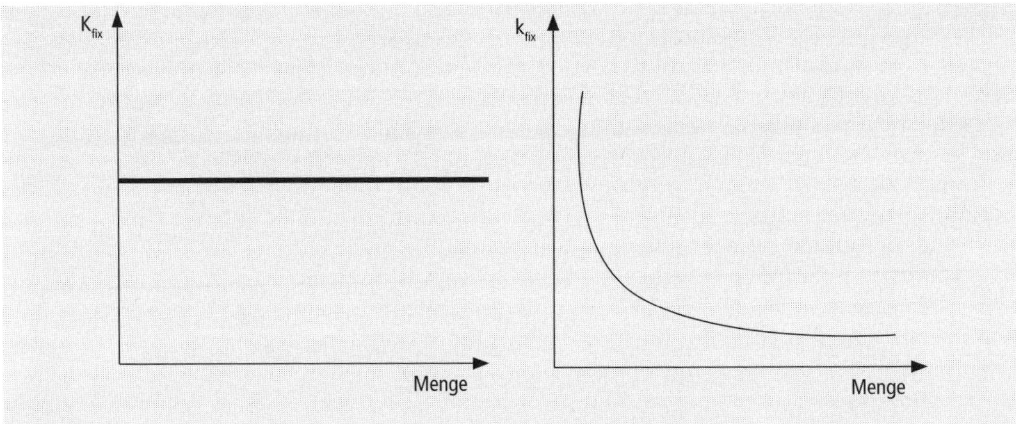

Allerdings sind die Fixkosten in der Praxis in der Regel immer nur innerhalb einer bestimmten Kapazitätsgrenze fix. Wird diese überschritten, erhöhen sich die fixen Kosten. Man spricht in diesem Fall auch von sprungfixen Kosten.

Beispiel:

Gehen Sie davon aus, dass für die Unterrichtung von 0 bis 30 Schülern jeweils Mietkosten in Höhe von 1.000 € anfallen. Wie wirkt sich dies auf die fixen Gesamtkosten (K_{fix}) und die fixen Stückkosten (k_{fix}) aus? Ermitteln Sie die Gesamt- und Stückkosten bei 15, 22, 30, 31, 50, 60, 61, 75 und 90 Schülern in Form einer Tabelle und veranschaulichen Sie Ihre Lösung grafisch.

Lösung:

Schüler	15	22	30	31	50	60	61	75	90
K_{fix}	1.000	1.000	1.000	2.000	2.000	2.000	3.000	3.000	3.000
k_{fix}	66,67	45,45	33,33	64,52	40	33,33	49,18	40	33,33

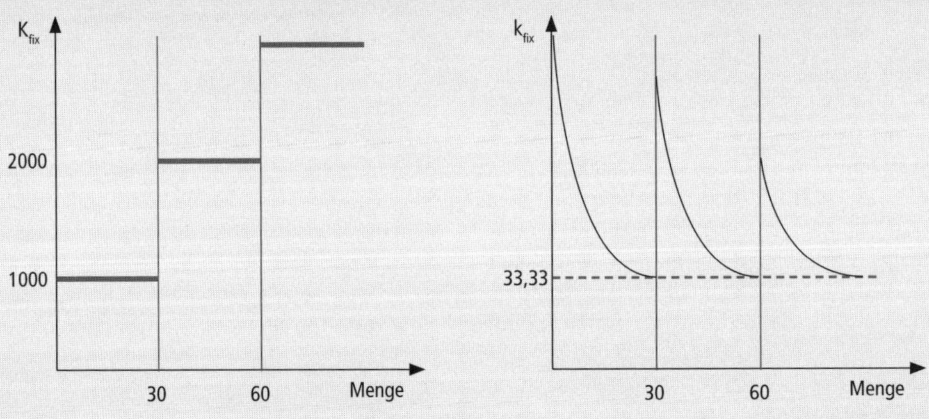

Erklärung
Liegt die maximale Klassenstärke einer Schulklasse bei 30 Schülern, müssen bei 31 angemeldeten Schülern zwei Klassen gebildet werden. Dadurch sind zwei Klassenräume erforderlich, was zu einer Verdopplung der gesamten Mietkosten führt. Sind 61 Schüler angemeldet, müssen drei Klassen eingerichtet werden. Die gesamten Mietkosten verdreifachen sich gegenüber nur einer Klasse. An der so genannten Kapazitäts- bzw. Intervallgrenze machen die Gesamtkosten einen Sprung, weshalb in diesen Fällen von sprungfixen Kosten gesprochen wird. Noch interessanter verhält sich der Verlauf der sprungfixen Stückkosten. Bei einem Schüler sind diese theoretisch am höchsten, wenn dann bereits eine Klasse gebildet werden würde. Mit jedem weiteren Schüler verringern

sich diese aber nur bis zur Grenze von 30 Schülern. Dann wird das zweite Klassenzimmer benötigt, so dass auch die sprungfixen Stückkosten einen Sprung in die Höhe machen, aber nicht mehr so hoch wie bei dem vorherigen Intervall, da sich die »neuen« Fixkosten auf eine größere Menge an Schülern (jetzt 31 und nicht mehr nur 1) verteilen. Mit jedem weiteren angemeldeten Schüler nehmen die Stückkosten nun bis zur nächsten Kapazitätsgrenze wieder ab und zwar immer auf dasselbe Minimalniveau (33,33).

Variable Kosten sind Kosten, die sich in Abhängigkeit von der erbrachten Leistungsmenge verändern, z. B. Kosten für Kopien. Der klassische Kostenverlauf ist der **proportionale**. Dabei verteuert sich jede Kopie um denselben Betrag. In der Grafik äußert sich dies durch eine Gerade. Daneben gibt es aber noch einen **degressiven** und einen **progressiven** Kostenverlauf. Bei einem degressiven Kostenverlauf sinken die Stückkosten, je mehr Kopien erstellt werden, z. B. wegen Mengenrabatten beim Einkauf von Kopierpapier. Demgegenüber würden bei einem progressiven Kostenverlauf die Kopierkosten steigen, je mehr Kopien erstellt werden. Dies ist in diesem konkreten Fall aber eher unwahrscheinlich. Ein typischeres Beispiel für einen progressiven Kostenverlauf ist der Treibstoffverbrauch und damit die Treibstoffkosten beim Auto bei steigenden Geschwindigkeiten oder erhöhte Personalkosten bei Mehrarbeit durch die Zahlung von Überstundenzuschlägen.
Die folgende Grafik zeigt die drei möglichen Kostenverläufe:

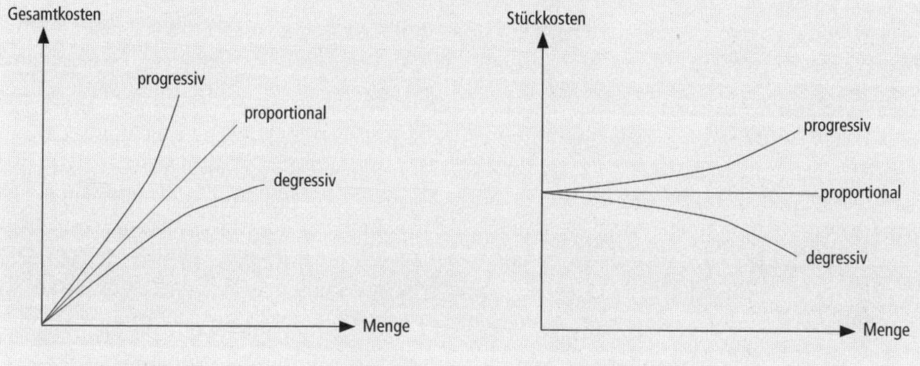

Abbildung 76: Kostenverläufe variabler Gesamt- (links) und Stückkosten (rechts)

Kritische Menge

Innerhalb einer Organisation setzen sich die gesamten Kosten in der Regel zum Teil aus fixen (K_{fix}) und zum Teil aus variablen Kosten ($k_v \cdot x$) zusammen. Der variable Anteil besteht aus den variablen Stückkosten multipliziert mit der hergestellten Menge. Da die fixen Kosten unabhängig von der hergestellten Menge, die variablen Kosten aber davon abhängig sind, steigen die Gesamtkosten (K(x)) bei einer zunehmenden Produktionsmenge. Diese Beziehung lässt sich mathematisch bei einem proportionalen Kostenverlauf durch eine lineare Funktion abbilden, die folgende Gestalt hat:

$$K(x) = K_{fix} + k_v \cdot x$$

Beispiel:

In einem Betrieb fallen Fixkosten in Höhe von 40.000 € an. An variablen Kosten wird pro Stück mit 2 € gerechnet. Ermitteln Sie die Kostenfunktion und berechnen Sie mit Hilfe dieser Funktion die Gesamt- und die Stückkosten für 10.000, 20.000, 40.000, 50.000 und 60.000 hergestellten Einheiten! Stellen Sie anschließend den grafischen Verlauf der Gesamt- und Stückkosten schematisch dar!

Lösung:
$K(x) = 40.000 + 2 \cdot x$ oder $K(x) = 40.000 + 2x$

KOSTEN- UND LEISTUNGSRECHNUNG

Menge	10.000	20.000	40.000	50.000	60.000
K_{fix}	40.000	40.000	40.000	40.000	40.000
$k_v \cdot x$	20.000	40.000	80.000	100.000	120.000
Gesamtkosten	60.000	80.000	120.000	140.000	160.000
Stückkosten [K(x)]	6	4	3	2,8	2,67

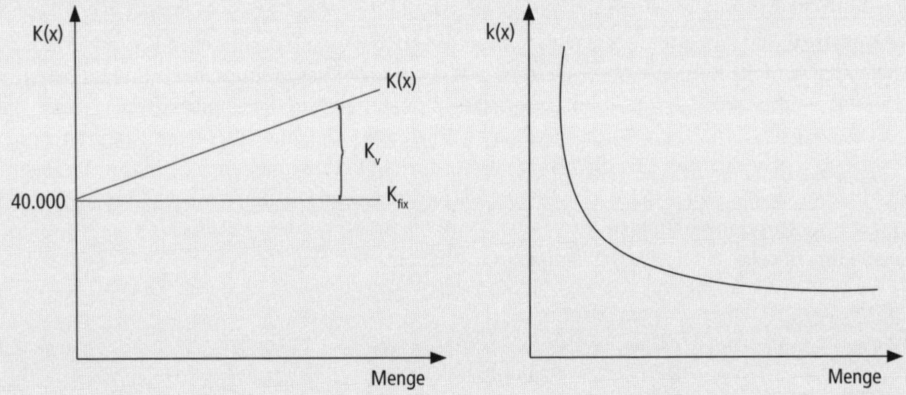

Die Kostenfunktion kann herangezogen werden, wenn die Entscheidung zwischen der Anschaffung zweier Anlagen zu treffen ist, von denen die eine höhere Fixkosten, dafür aber geringere variable Stückkosten als die andere Anlage aufweist. In einer solchen Situation werden zwei Informationen als Datengrundlage benötigt: zum einen, wie viele Einheiten die Anlage voraussichtlich durchschnittlich in den folgenden Perioden genutzt wird und zum anderen, bei welcher Menge die Kosten für die beiden Anlagen gleich hoch sind. Der letzte Wert heißt auch **kritischer Wert** oder **kritische Menge**. Dieser kann ermittelt werden, indem man die Kostenfunktionen der beiden Anlagen gleichsetzt und daraus die kritische Menge errechnet.

Beispiel:

Sie sollen einen neuen Dienstwagen anschaffen. Sie rechnen damit, dass die variablen Stückkosten eines möglichen Dieselfahrzeugs bei 0,15 € pro Km liegen. Bei einem vergleichbaren Fahrzeug mit Benzinmotor liegen die variablen Stückkosten insbesondere aufgrund der höheren Kraftstoffpreise bei 0,18 € pro Km. Die Fixkosten bei dem Dieselfahrzeug liegen pro Jahr bei 4.000 €, bei dem Benzinfahrzeug bei 3.000 €. Bei welchem Kilometerstand sind die Kosten der beiden Fahrzeuge gleich hoch? Veranschaulichen Sie das Ergebnis auch grafisch!

Lösung:
Um die kritische Menge angeben zu können, müssen zuerst die beiden Kostengleichungen aufgestellt werden:

$K(x)_{Diesel} = 4.000 + 0,15 * x$
$K(x)_{Benzin} = 3.000 + 0,18 * x$

Im zweiten Schritt werden die beiden Gleichungen gleichgesetzt:

$K(x)_{Diesel} = K(x)_{Benzin}$
$4.000 + 0,15 * x = 3.000 + 0,18 * x$

Eine Umformung der Gleichungen und die Auflösung nach x führt zu folgendem Ergebnis:

$$4000 - 3.000 = 0,18x - 0,15x$$
$$1000 = 0,03x$$
$$x = 33.333,33 \text{ km}$$

Grafisch lässt sich dies folgendermaßen skizzieren:

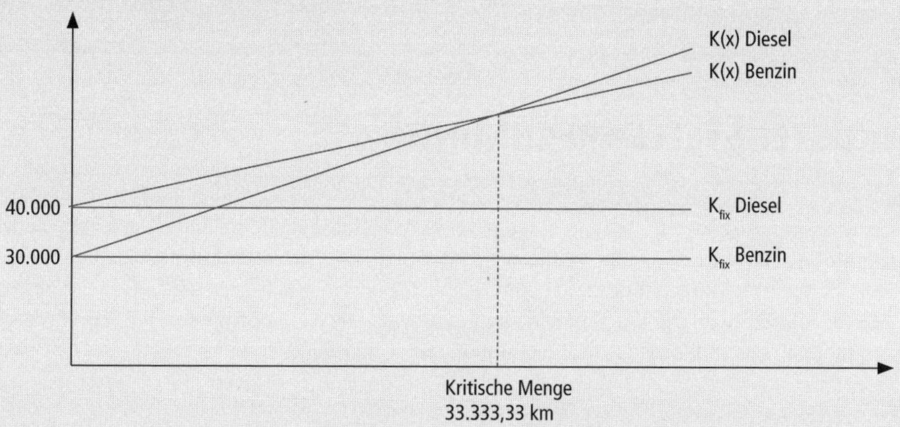

Dem Diagramm ist zu entnehmen, dass, wenn die durchschnittliche gefahrene Kilometerzahl unter der kritischen Menge liegt, der Benziner die günstigere Variante darstellt, da hier die Gesamtkosten unter denen des Dieselfahrzeugs liegen. Im Schnittpunkt der beiden Gesamtkostenkurven liegt die kritische Menge und wenn die durchschnittlich gefahrene Kilometerzahl über der kritischen Menge liegt, sollte ein Dieselfahrzeug angeschafft werden.

Grundsätzlich gilt, dass unterhalb der kritischen Menge die Anlage mit den geringeren Fixkosten niedrigere Gesamtkosten aufweist und oberhalb der kritischen Menge entsprechend die Anlage mit den höheren Fixkosten.

Die kritische Menge kann auch durch den Einsatz der folgenden Formel berechnet werden:

$$\text{Kritische Menge} = \frac{\textit{Fixkosten A - Fixkosten B}}{\textit{variable Stückkosten b - variable Stückkosten a}} = \frac{K_{fix}\,A - K_{fix}\,B}{k_{var}\,b - k_{var}\,a}$$

Beispiel (Fortführung):

Ermitteln Sie anhand der Daten des obigen Beispiels die kritische Menge mit Hilfe der angegebenen Formel:

Lösung:
A: Dieselfahrzeug,
B: Benzinfahrzeug

$$\text{Kritische Menge} = \frac{K_{fix}\,A - K_{fix}\,B}{k_{var}\,b - k_{var}\,a} = \frac{4.000 - 3.000}{0{,}18 - 0{,}15} = \frac{1.000}{0{,}03} = 33.333{,}33 \text{ km}$$

Auf einen Blick: Kostenartensystematik

1. Die Kosten lassen sich nach den verbrauchen Produktionsfaktoren in Arbeitskosten, Betriebsmittelkosten und Werkstoffkosten einteilen.
2. Einzelkosten lassen sich direkt einer Kostenstelle oder einem Kostenträger zurechnen, Gemeinkosten müssen den Kostenträgern zugeschlüsselt werden.
3. Fixe Kosten sind unabhängig von der Menge, variable Kosten sind abhängig von der hergestellten Menge.

4.2 KOSTENSTELLENRECHNUNG

Der nächste Schritt nach der Einteilung der Kosten in unterschiedliche Kostenarten ist die Zuordnung zu **Kostenstellen**. Eine Kostenstelle ist dabei der Ort, **wo die Kosten anfallen**. Dies können z. B. die unterschiedlichen Abteilungen innerhalb einer Organisation sein. Wichtig ist hierbei, dass grundsätzlich **nur** die **Gemeinkosten** auf die Kostenstellen aufgeteilt werden, da die **Einzelkosten** immer **direkt** den herzustellenden Produkten bzw. Leistungen **zugerechnet** werden.

4.2.1 Arten von Kostenstellen

Wie die Kostenstellen eingeteilt werden, muss jeder Betrieb selbst festlegen. Am einfachsten ist eine Gliederung nach **Funktionsbereichen** bzw. Abteilungen, z. B. Beschaffung, Produktion, Absatz. In der Kostenrechnung wird grundlegend zwischen **Vorkosten**- und **Endkostenstellen** unterschieden. In den Vorkostenstellen werden dabei primär innerbetriebliche Leistungen erstellt, d. h. Leistungen, die für andere Abteilungen in dem Betrieb erbracht werden. Typische Vorkostenstellen sind beispielsweise die Personalabteilung, die EDV-Abteilung oder die Buchhaltung. In den Endkostenstellen werden demgegenüber die Produkte bzw. Leistungen für die Bürger bzw. externe Kunden hergestellt. In einem Kindergarten ist eine typische Leistung beispielsweise die Betreuung eines Kindes, und die Endkostenstelle könnte dann die entsprechende Gruppe sein, zu der das Kind gehört.

Darüber hinaus können die Vorkostenstellen noch weiter in **Allgemeine Kostenstellen** und **Hilfskostenstellen** unterteilt werden. Allgemeine Kostenstellen, z. B. EDV-Abteilung, Personalabteilung oder die Buchhaltung, erbringen dabei Leistungen für die übrigen Betriebsteile. Die Hilfskostenstellen, z. B. der Dienstwagen mit dem Fahrer für den Bürgermeister oder das Planungsbüro für das Bauamt, erbringen dagegen nur Leistungen für einzelne andere Kostenstellen.

Die Endkostenstellen können auf einer tieferen Ebene in **Neben**- und **Hauptkostenstellen** unterteilt werden. Während in den Hauptkostenstellen das Hauptprodukt erstellt wird, z. B. die Erzeugung von Strom in einem Kraftwerk, wäre die Nebenkostenstelle die Erzeugung der anfallenden Fernwärme. Das Unterscheidungsmerkmal ist hierbei der eigentliche Zweck des Betriebs, der in der Hauptkostenstelle erfüllt wird. Nebenkostenstellen erbringen dabei Leistungen, die erbracht werden müssen, um das Hauptprodukt anbieten zu können (z. B. das Verlegen von Wasserleitungen bei einem Wasserwerk als Nebenkostenstellen und die Abgabe von Frischwasser als Hauptkostenstelle) oder als Abfallprodukt bei der Erstellung des Hauptprodukts anfallen (Strom als Hauptprodukt, Fernwärme als Nebenprodukt).

<table>
<tr><th colspan="2">Vorkostenstellen</th><th colspan="2">Endkostenstellen</th></tr>
<tr><td colspan="2">erbringen i. A. innerbetriebliche Leistungen</td><td colspan="2">erbringen i. A. externe Leistungen</td></tr>
<tr><th>Allgemeine Kostenstellen</th><th>Hilfskostenstellen</th><th>Nebenkostenstellen</th><th>Hauptkostenstellen</th></tr>
<tr><td>erbringen Leistungen für die übrigen Betriebsteile</td><td>erbringen Leistungen für einzelne Betriebsteile</td><td>erbringen Nebenleistungen</td><td>erbringen dem Sachziel der Organisation entsprechende Leistungen</td></tr>
</table>

Abbildung 77: Arten von Kostenstellen

Das Instrument, mit dem die anfallenden Gemeinkosten auf die einzelnen Kostenstellen verteilt werden, ist der **Betriebsabrechnungsbogen** (BAB). Er entspricht einer Tabelle, bei der in die erste Spalte die verschiedenen Kostenarten und in die erste Zeile der restlichen Spalten die Kostenstellen eingetragen werden. In die Schnittzellen zwischen den verschiedenen Kostenarten der ersten Spalte und den dazugehörigen Kostenstellen werden die Beträge eingetragen, die für die entsprechende Kostenart in der jeweiligen Kostenstelle angefallen sind. Zusätzlich wird häufig noch eine Spalte als Summenspalte eingesetzt, in der dann die Gesamtsumme der Kostenart steht. In der letzten Zeile werden die in den einzelnen Kostenstellen angefallenen Beträge aufaddiert, um die Gesamtkosten der jeweiligen Kostenstelle zu erhalten.
Da in der Regel sowohl Vor- als auch Endkostenstellen in einem BAB auftreten, werden die ermittelten Gesamtkosten der einzelnen Vorkostenstellen anschließend noch auf die Endkostenstellen verteilt. Es ist nämlich ein wesentliches Ziel der Kostenstellenrechnung die **Gesamtkosten der Endkostenstellen** auszuweisen, weil nur dort externe Produkte erstellt werden.

Kostenarten	Kostenstelle 1	Kostenstelle 2	Kostenstelle 3	Summe
Kostenart 1	Betrag 1	Betrag 2	Betrag 3	Summe Kostenart 1
Kostenart 2	Betrag 4	Betrag 5	Betrag 6	Summe Kostenart 2
Kostenart 3	Betrag 7	Betrag 8	Betrag 9	Summe Kostenart 3
Summe	Summe Kostenstelle 1	Summe Kostenstelle 2	Summe Kostenstelle 3	Gesamtkosten

Abbildung 78: Grundlegender Aufbau eines BABs

Auf einen Blick: Arten von Kostenstellen und Betriebsabrechnungsbogen
Grundsätzlich lassen sich Vorkosten- und Endkostenstellen unterscheiden. Vorkosten erbringen hauptsächlich Leistungen für andere Vor- oder Endkostenstellen. Endkostenstellen erbringen in der Regel überwiegend Leistungen für die externen Kunden. Der Betriebsabrechnungsbogen (BAB) ist eine Tabelle, in deren ersten Spalte die Kostenarten und in deren ersten Zeile die unterschiedlichen Kostenstellen eingetragen werden. In die Schnittzellen werden die Anteile der Kosten der entsprechenden Kostenarten für die entsprechenden Kostenstellen eingesetzt. Durch die Tabellenform lassen sich problemlos rechnerische Umformungen, z. B. Summen, ermitteln. In der Praxis wird für die unterschiedlichen Berechnungen ein Tabellenkalkulationsprogramm, z. B. MS Excel, genutzt.

4.2.2 Primäre Kostenverteilung

Der erste Schritt bei der Erstellung eines BABs ist die Zuteilung der einzelnen in dem Betrieb vorhandenen Gemeinkostenarten auf die Vor- und Endkostenstellen. Dabei ist zu unterscheiden, ob die Kosten den einzelnen Kostenstellen **direkt** oder nur über **Schlüssel** zuzuordnen sind.
Wenn konkrete Belege vorhanden sind, z. B. Lohnstundenaufzeichnungen, Personalzuordnung; Materialentnahmescheine, Rechnungen für Material oder Fremdinstandhaltung, aus denen ersichtlich ist, in welchen Kostenstellen die Kosten angefallen sind, werden die Kosten als **Kostenstelleneinzelkosten** direkt den jeweiligen Kostenstellen zugeordnet. Eine direkte Zuordnung zu einzelnen Kostenstellen ist beispielsweise möglich, wenn an den Heizkörpern der einzelnen Kostenstellen Messeinrichtungen zur Erfassung der Wärmemenge angebracht sind, wie sie auch in gemieteten Wohnungen üblich sind. Unter der Bedingung, dass jede Kostenstelle eigene Räume besitzt, die nur von einer Kostenstelle genutzt werden, können dann anhand der Heizkostenabrechnung die Kosten den einzelnen Kostenstellen genau zugerechnet werden. In diesem Fall wären die Heizkosten Kostenstelleneinzelkosten, da sie jedem Heiz-

körper und damit jeder Kostenstelle direkt zuzuordnen sind. Sind keine Wärmezähler vorhanden, müssen die insgesamt für den Betrieb angefallenen Heizkosten mit Hilfe eines sinnvollen **Schlüssels** auf die Kostenstellen aufgeteilt werden. In einem solchen Fall spricht man von **Kostenstellengemeinkosten**. Ein **einfacher** Schlüssel könnte die Anzahl der Quadratmeter sein, die von den einzelnen Kostenstellen genutzt werden. Hierbei würde die Annahme gelten, dass die einzelnen Räume in etwa auf die gleiche Temperatur geheizt werden.

Beispiel:

In einem Betrieb gibt es 100 m² Bürofläche und 1.000 m² Lagerfläche. Insgesamt betragen die Heizkosten pro Jahr 1.500 €. Welche Heizkosten fallen im Büro und welche für das Lager an?

Lösung:
Die Heizkosten pro Quadratmeter werden ermittelt, indem die Quadratmeterzahl durch die Heizkosten geteilt wird:
Heizkosten pro m² $k = 1.500\ €\ /\ 1.100\ m^2 \quad = 1{,}36\ €/m^2$
Durch die Multiplikation der jeweils belegten Quadratmeter mit dem Quadratmetersatz erhält man dann die Heizkosten für die beiden Teilbereiche:
Heizkosten Büro: $K_B = 100 m^2 \cdot 1{,}36\ €/m^2 \quad = 136\ €$
Heizkosten Lager: $K_L = 1.000\ m^2 \cdot 1{,}36\ €/m^2 \quad = 1.360\ €$

Ist offensichtlich, dass diese Annahme unzutreffend ist, da z. B. das Büro deutlich stärker beheizt wird als die Lagerfläche, kann der Kostenrechner durch so genannte **Äquivalenzziffern** die Genauigkeit der Verteilung erhöhen. Wenn beispielsweise anhand von Erfahrungswerten oder aufgrund eines Gutachtens eines Energieberaters bekannt ist, dass die Büroflächen die fünffache Heizenergie benötigen, wie die Lagerflächen, würden die Lagerflächen den Äquivalenzfaktor 1 und die Büroflächen den Faktor 5 erhalten. In diesem Fall würde ein Quadratmeter im Lager mit einfachen, ein Quadratmeter im Büro aber mit den fünffachen Kosten belastet werden.

Beispiel:

In einem Betrieb gibt es 100 m² Bürofläche und 1.000 m² Lagerfläche. Es ist bekannt, dass zur Beheizung des Büros die fünffache Energie wie für das Lager aufgebracht werden muss. Insgesamt betragen die Heizkosten pro Jahr 1.500 €. Welche Heizkosten fallen im Büro und welche für das Lager an?

Lösung:
Zur Lösung wird die Bürofläche fünffach gewichtet (Äquivalenzziffer 5), d. h. es gehen die 100m² mit 500 Recheneinheiten (100 m² · 5) in die Kalkulation ein. Die Quadratmeter im Lager werden mit der Äquivalenzziffer 1 gewichtet, so dass sie mit 1.000 Recheneinheiten (1.000 m² · 1) eingehen. Insgesamt sind somit 1.500 Recheneinheiten zu beheizen. Bei einem Gesamtpreis von 1.500 € kostet die Beheizung einer Recheneinheit 1 € (1.500 € / 1.500 m²). Da einer Recheneinheit ein Quadratmeter im Lager entspricht, kostet die Beheizung eines Quadratmeters dort 1 €. Im Büro dagegen entspricht ein Quadratmeter 5 Recheneinheiten, so dass hier für einen Quadratmeter 5 € zu verrechnen sind. Insgesamt werden somit der Kostenstelle Lager 1.000 € und der Kostenstelle Büro 500 € im Rahmen der Kostenstellenrechnung an Heizkosten zugeteilt.
Die Kalkulation kann auch im Rahmen einer Tabelle erfolgen:

	Anzahl m²	Äquivalenzziffer	Recheneinheiten (RE)	Kosten pro m² = Kosten pro RE · Äquivalenzziffer
Lager	1.000	1	(1.000*1=) 1.000	1
Büro	100	5	(100*5=) 500	5
Summe	---	---	1.500	--

$$\text{Kosten pro Recheneinheit} = \frac{\text{Gesamtkosten}}{\text{Summe der Recheneinheiten}} = \frac{1.500\ €}{1.500\ \text{RE}} = 1\ €\ \text{pro RE}$$

Ist der Kostenrechner auch mit einer durch Äquivalenzziffern gewichteten Verteilung nicht zufrieden, können auch **kombinierte** Schlüssel eingesetzt werden. Als Beispiel kann hier die Verteilung der

Stromkosten angesetzt werden. So könnten z. B. 30 % der Stromkosten nach Quadratmeter und 70 % nach der Anzahl der Mitarbeiter verteilt werden. Die Begründung dafür könnte sein, dass 30 % der Kosten unabhängig von der Anzahl der Mitarbeiter anfallen, z. B. für Licht, der größere Anteil, hier 70 %, aber direkt von Mitarbeitern verursacht wird, z. B. durch die Nutzung von Computern, Drucker, Faxgeräten usw.

Beispiel:

In einem Betrieb arbeiten zehn Mitarbeiter auf einer Fläche von 100 m². Die Stromkosten von insgesamt 2.000 € sollen zu 30 % nach den Quadratmetern und zu 70 % nach der Anzahl der Mitarbeiter aufgeteilt werden. Der Betrieb ist in zwei Kostenstellen aufgeteilt. Kostenstelle 1 beansprucht 40 m² und ihr sind sieben Mitarbeiter zugeordnet. Den Rest beansprucht Kostenstelle 2. Welche Stromkosten fallen in den beiden Kostenstellen jeweils an?

Lösung:
Im ersten Schritt werden die Stromkosten auf die beiden Schlüssel »Mitarbeiter« und »Quadratmeter« entsprechend des jeweiligen Verhältnisses aufgeteilt, so dass über Quadratmeter 0,3 · 2.000 = 600 € und über die Mitarbeiter 0,7 · 2.000 € = 1.400 € verteilt werden.
Die 600 € der Quadratmeter werden im zweiten Schritt auf die gesamten Quadratmeter aufgeteilt, so dass der Verrechnungssatz pro Quadratmeter 600 € / 100 m² = 6 €/m² beträgt.
Im dritten Schritt werden die 1.400 € der von den Mitarbeitern verursachten Stromkosten aufgeteilt (1.400 € / 10 Mitarbeiter = 140 € / Mitarbeiter).
Im vierten und letzten Schritt werden nun die Kosten der beiden Kostenstellen entsprechend der jeweils belegten Quadratmeter und der jeweils angestellten Mitarbeiter (M) ermittelt:
Kostenstelle 1: $\text{Stromkosten}_1 = 40\ m^2 \cdot 6\ € + 7\ M \cdot 140\ € = 240\ € + 980\ € = 1.220\ €$
Kostenstelle 2: $\text{Stromkosten}_2 = 60\ m^2 \cdot 6\ € + 3\ M \cdot 140\ € = 360\ € + 420\ € = 780\ €$

Schlüssel zur primären Kostenverteilung		
Einfache Schlüssel	Gewichtete Schlüssel (Äquivalenzziffern)	Kombinierte Schlüssel
Heizkosten oder die kalkulatorischen Abschreibungen und Zinsen für Gebäude können nach dem Verhältnis der von den einzelnen Kostenstellen genutzten Gebäudeflächen verteilt werden. Für die Kosten der Führungskräfte könnte die Verteilung auf der Grundlage der Mitarbeiterzahl der Kostenstelle erfolgen.	Hierbei wird versucht, die Genauigkeit der Verteilung nach einem einfachen Schlüssel durch Gewichtungsziffern zu verbessern. Beispielsweise könnten zur Verteilung der Heizkosten die Gebäudeflächen mit der Raumhöhe gewichtet werden, so dass höheren Räumen je m² Fläche höhere Heizkosten zugeordnet werden.	In vielen Fällen führt eine Aufteilung allein mit einfachen Verteilungsschlüsseln zu unzutreffenden Ergebnissen. Beispielsweise könnte der Stromverbrauch eines Rathauses zu einem Teil nach den Flächen (m²) der von einer Kostenstelle genutzten Räume und zu einem anderen Teil nach den in den Räumen arbeitenden Mitarbeitern aufgeteilt werden.

Abbildung 79: Schlüssel zur primären Kostenverteilung mit Beispielen

Auf einen Blick: Primäre Kostenverteilung
Bei der primären Kostenverteilung werden die insgesamt angefallen Kosten der einzelnen Kostenarten entsprechend ihres Anteils auf die Kostenstellen umgelegt. Ziel ist es, ein Verfahren zu finden, durch das die Kosten möglichst realitätsnah aufgeteilt werden. Dazu werden in der Praxis verschiedene Schlüssel angewendet - einfache, gewichtete und kombinierte Schlüssel.

4.2.3 Sekundäre Kostenverteilung

Nach der primären Kostenverteilung sind alle in der Kostenartenrechnung aufgelaufenen Kosten auf die einzelnen Kostenstellen aufgeteilt. Dies ist jedoch erst der erste Schritt der Kostenstellenrechnung. Im zweiten Schritt sind die Kosten der Kostenstellen, die kein Endprodukt bzw. Endleistung erstellen, also der Vorkostenstellen, auf die Endkostenstellen zu verteilen (**sekundäre Kostenverteilung**). Dies liegt daran, dass die Vorkostenstellen nur unterstützende Produkte bzw. Leistungen erstellen und die dafür

angefallenen Kosten auch durch die von den Endkostenstellen hergestellten und am Markt verkauften Endprodukten getragen werden müssen.
Bei der **Umlage** gilt der Grundsatz **Entlastung = Belastung**, d. h. dass die Vorkostenstellen von allen angefallenen Kosten entlastet werden und die Kostenstellen, für die die entsprechenden Vorkostenstellen Leistungen erbracht haben, die Kosten zusätzlich zu den primären Kosten als **sekundäre Kosten** aufgebürdet bekommen.
Sofern **direkt abgrenzbare und in Geld bewertbare Leistungen** erstellt wurden, sollten diese auch **direkt verrechnet** werden (**direkte Leistungsverrechnung**). Dies ist z. B. der Fall, wenn der Hausmeister ein Büro streicht und dafür 1.000 € an Kosten für Farbe und Arbeitszeit anfallen. Dann wird die Kostenstelle Hausmeister um 1.000 € entlastet (der Betrag wird von der Gesamtsumme der primären Kosten abgezogen) und die Kostenstelle, in der sich das betroffene Büro befindet, wird mit 1.000 € belastet (der Betrag wird zu den Gesamtkosten der primären Kosten dazugezählt).

Beispiel:

In einer Stadtbücherei wurden folgende Kostenstellen eingerichtet:
Gebäudemanagement, Verwaltung, Bücher, DVD.
Die Primärkosten betragen im Gebäudemanagement (GM) 5.000 €, in der Verwaltung 3.000 €, in der Kostenstelle Bücher 10.000 € und in der Kostenstelle DVD 5.000 €. Der Hausmeister als Teil der Kostenstelle Gebäudemanagement hat die DVD-Abteilung für 1.000 € neu gestrichen. Wie schaut die direkte interne Leistungsverrechnung aus?

Lösung:

	Gebäudemanagement	Verwaltung	Bücher	DVD
Primäre Kosten	5.000	3.000	10.000	5.000
Interne Leistungsverrechnung	-1.000			+1.000
Zwischenergebnis	4.000	3.000	10.000	6.000

Die Kostenstelle Gebäudemanagement wird um 1.000 € entlastet und die Kostenstelle DVD wird mit 1.000 € belastet.

Sofern eine Vor- bzw. Hilfskostenstelle nur für eine andere Kostenstelle tätig ist, wird die entsprechende Vor- bzw. Hilfskostenstelle von allen primären Kosten entlastet, indem diese vollständig abgezogen werden. Entsprechend muss die Kostenstelle, die die Leistungen empfangen hat, mit allen vorher entlasteten Kosten belastet werden.

Beispiel:

In einer Stadtbücherei wurden folgende Kostenstellen eingerichtet:
Gebäudemanagement, Verwaltung, Buchbinderei, Bücher, DVD.
Die Primärkosten betragen im Gebäudemanagement (GM) 5.000 €, in der Verwaltung 3.000 €, in der Buchbinderei 1.000 €, in der Kostenstelle Bücher 10.000 € und in der Kostenstelle DVD 5.000 €. Verteilen Sie die auf der Hilfskostenstelle »Buchbinderei« angefallenen Kosten auf die Endkostenstelle »Bücher«.

Lösung:

	GM	Verwaltung	Buchbinderei	Bücher	DVD
Primäre Kosten	5.000	3.000	1.000	10.000	5.000
Sekundäre Kostenverteilung Buchbinderei			-1.000	+1.000	
Zwischenergebnis	5.000	3.000	0	11.000	5.000

Die Hilfskostenstelle »Buchbinderei« wird um 1.000 € entlastet und die Endkostenstelle »Bücher« wird mit 1.000 € belastet.

Die Kosten der Vorkostenstellen, die Leistungen für mehrere andere Kostenstellen erbringen, werden nach bestimmten Schlüsseln den anderen Kostenstellen aufgebürdet, sofern sie den anderen Kostenstellen nicht durch eine direkte interne Leistungsverrechnung zugeordnet werden können. Aufgrund des in der Regel **hohen Kostenvolumens** ist es wichtig, solche Schlüssel zu wählen, die die Realität möglichst gut abbilden. Mögliche Schlüssel können z. B. die Mitarbeiterzahl der empfangenden Kostenstelle sein, wenn die Kosten der Personalabteilung aufgeteilt werden oder bei den Kosten der EDV-Abteilung die Anzahl der EDV-Geräte in den betreuten Abteilungen. Bei dieser Form der Kostenumlage werden grundsätzlich drei klassische Verfahren eingesetzt:

Verfahren der Sekundärkostenverteilung		
Anbauverfahren	**Stufenleiterverfahren**	**Mathematisches Verfahren**
Die Kosten der Vorkostenstellen werden direkt auf die Endkostenstellen umgelegt.	Die Kosten einer Vorkostenstelle nach der anderen werden in einer festgelegten Reihenfolge auf die nachgelagerten Vorkostenstellen und die Endkostenstellen umgelegt.	Alle Leistungsbeziehungen zwischen den Vorkostenstellen werden berücksichtigt. Somit ist es das genaueste aber auch das rechnerisch aufwändigste Verfahren
Keine Berücksichtigung von Leistungen zwischen Vorkostenstellen	**Einseitige** Berücksichtigung von Leistungen zwischen Vorkostenstellen	**Vollständige** Berücksichtigung von Leistungen zwischen Vorkostenstellen

Abbildung 80: Verfahren der Sekundärkostenverteilung

Anbauverfahren

Beim Anbauverfahren werden Leistungen zwischen Vorkostenstellen nicht berücksichtigt, obwohl sie stattfinden. Dies stellt eine **rechentechnische Vereinfachungsmaßnahme** dar, da diese Leistungen, obwohl sie in der Regel erfasst und somit auch zahlenmäßig angegeben werden können, bei der Abrechnung keine Rolle spielen. **Relevant** sind für die Verteilung der Kosten der Vorkostenstellen **nur die Leistungen, die direkt für die Endkostenstellen** erbracht werden.

Beispiel:

In einer Stadtbücherei wurden folgende Kostenstellen eingerichtet:
Gebäudemanagement, Verwaltung, Bücher, DVD.
Die Primärkosten betragen im Gebäudemanagement (GM) 5.000 €, in der Verwaltung 3.000 €, in der Kostenstelle Bücher 10.000 € und in der Kostenstelle DVD 5.000 €. Die Kostenstelle Gebäudemanagement betreut insgesamt 400 m², 20 % hat davon die Verwaltung, 70 % die Bücherabteilung und 10 % die DVD-Abteilung inne. Die Verwaltung wiederum erbringt 160 h – 15 % für Gebäudemanagement, 60 % für Bücher und den Rest für DVD. Ermitteln Sie die Gesamtkosten der Endkostenstellen nach dem Anbauverfahren.

Lösung:
Zuerst werden die Kosten der beiden Vorkostenstellen auf die Endkostenstellen nach dem Anbauverfahren verteilt.
Dazu hilft folgende Tabelle, um die in der Realität empfangenen und erbrachten Leistungen der einzelnen Kostenstellen mit den entsprechenden Prozentangaben übersichtlich darzustellen:

Reale Leistungserbringung				
	Gebäudemanagement	Verwaltung	Bücher	DVD
Gebäudemanagement	400 m² (100 %)	80 m² (20 %)	280 m² (70 %)	40 m² (10 %)
Verwaltung	24 h (15 %)	160 h (100 %)	96 h (60 %)	40 h (25 %)

Da beim Anbauverfahren Leistungen, die Vorkostenstellen untereinander erbringen, nicht berücksichtigt werden, muss diese Tabelle so modifiziert werden, dass nur noch die Leistungen Berücksichtigung finden, die die Vorkostenstellen direkt für die Endkostenstellen erbringen. Dadurch verändern sich auch die Anteile (in Prozent), die für die Endkostenstellen erbracht werden.

Modifizierte Leistungserbringung für das Anbauverfahren				
	Gebäudemanagement	Verwaltung	Bücher	DVD
Gebäudemanagement	320 m² (100 %)	~~80 m² (20 %)~~	280 m² (87,5 %)	40 m² (12,5 %)
Verwaltung	~~24 h (15 %)~~	136 h (100 %)	96 h (70,59 %)	40 h (29,41 %)

Die neu errechneten Anteile (z. B. Anteil der Bücher = 280 m² / 320 m² *100 = 87,5 %) sind die relevanten Schlüssel zur Verteilung der Kosten der beiden Vorkostenstellen (z. B. Anteil Bücher an den Kosten der Vorkostenstelle Gebäudemanagement = 5.000 € * 87,5 % / 100 % = 4.375 €).

Sekundäre Kostenverteilung		Vorkostenstellen		Endkostenstellen		
Kostenarten	Summe	Gebäudemanagement	Verwaltung	Bücher	DVD	
Summe primäre Kosten	23.000	5.000	3.000	10.000,00	5.000,00	
Umlage GM	0	- 5.000	-	4.375,00	625,00	Anbauverfahren
Umlage Verwaltung	0		-3.000	2.117,65	882,35	
Gesamtkosten (Anbau)	23.000	0	0	16.492,65	6.507,35	

Die Vorkostenstellen werden durch die sekundäre Kostenverteilung von ihren primären Kosten entlastet und die Endkostenstellen entsprechend belastet. Zu beachten ist, dass auf dieser Stufe die Gesamtkosten immer gleich bleiben müssen. Nehmen diese zu oder ab, liegt ein Fehler vor. Vor Abschluss der Rechnung sollte deshalb immer überprüft werden, ob die Summe der primären Kosten mit der Summe der Gesamtkosten der Endkostenstellen übereinstimmt.

Stufenleiterverfahren

Beim Stufenleiterverfahren werden Leistungsbeziehungen zwischen Vorkostenstellen zumindest in eine Richtung berücksichtigt. Zwar wird auch bei diesem Verfahren ein Teil der in der Realität angefallenen Kosten bei der sekundären Kostenverteilung nicht berücksichtigt, aber ein anderer Teil wird verrechnet, so dass der durch die Unterlassung im Vergleich zum Anbauverfahren begangene Fehler geringer wird.

Beispiel:

In einer Stadtbücherei wurden folgende Kostenstellen eingerichtet:
Gebäudemanagement, Verwaltung, Bücher, DVD.
Die Primärkosten betragen im Gebäudemanagement (GM) 5.000 €, in der Verwaltung 3.000 €, in der Kostenstelle Bücher 10.000 € und in der Kostenstelle DVD 5.000 €. Die Kostenstelle Gebäudemanagement betreut insgesamt 400 m², 20 % hat davon die Verwaltung, 70 % die Bücherabteilung und 10 % die DVD-Abteilung inne. Die Verwaltung wiederum erbringt 160 h – 15 % für Gebäudemanagement, 60 % für Bücher und den Rest für DVD. Ermitteln Sie die Gesamtkosten der Endkostenstellen nach dem Stufenleiterverfahren.

Lösung:
Auch hier dient die Tabelle mit den realen Leistungsbeziehungen als Ausgangsbasis:

Reale Leistungserbringung				
	Gebäudemanagement	Verwaltung	Bücher	DVD
Primäre Kosten	5.000	3.000	10.000,00	5.000,00
Gebäudemanagement	400 m² (100 %)	80 m² (20 %)	280 m² (70 %)	40 m² (10 %)
Verwaltung	24 h (15 %)	160 h (100 %)	96 h (60 %)	40 h (25 %)

Zusätzlich sind hier noch die primären Kosten der einzelnen Kostenstellen eingetragen, denn in einem ersten Schritt muss bei diesem Verfahren entschieden werden, welche Leistungen der beiden Vorkostenstellen unberücksichtigt bleiben sollen – die, die das Gebäudemanagement für die Verwaltung erbracht hat oder umgekehrt.
Da der Fehler durch das Weglassen der Leistung möglichst gering sein soll, werden die Leistungen der Vorkostenstelle weggelassen, die weniger Leistungen als die andere erbringt. Dies wird folgendermaßen errechnet:
Leistung Gebäudemanagement an Verwaltung: 20 % von 5.000 € = 1.000 €
Leistung Verwaltung an Gebäudemanagement: 15 % von 3.000 € = 450 €
Der Fehler ist folglich geringer, wenn die Leistung, die die Verwaltung für das Gebäudemanagement erbringt, wegfällt. Demzufolge wird die Kostenstelle Gebäudemanagement an die erste Stelle und die Kostenstelle Verwaltung an die zweite Stelle gestellt, da hier die Verrechnung von links nach rechts erfolgt. Dies bedeutet, dass grundsätzlich Kostenstellen, die links von anderen Kostenstellen stehen, Leistungen für die Kostenstellen rechts davon erbringen, gleichzeitig aber keine Leistungsbeziehungen von rechts nach links erlaubt sind. Die modifizierte Abrechnungstabelle hat folgende Gestalt:

Modifizierte Leistungserbringung für das Stufenleiterverfahren				
	Gebäudemanagement	Verwaltung	Bücher	DVD
Gebäudemanagement	400 m² (100 %)	80 m² (20 %)	280 m² (70 %)	40 m² (10 %)
Verwaltung	~~24 h (15 %)~~	136 h (100 %)	96 h (70,59 %)	40 h (29,41 %)

Die weitere Verrechnung ist nun ähnlich wie beim Anbauverfahren mit dem einzigen Unterschied, dass auch die Vorkostenstelle Verwaltung bei der Entlastung der Kostenstelle Gebäudemanagement Kosten übernehmen muss. Zu beachten ist außerdem, dass bei der Umlage der Verwaltung sowohl deren primären Kosten als auch die sekundären Kosten des Gebäudemanagements umgelegt werden müssen.

Sekundäre Kostenverteilung		Vorkostenstellen		Endkostenstellen		
Kostenarten	Summe	GM	Verwaltung	Bücher	DVD	
Summe primäre Kosten	23.000	5.000	3.000	10.000,00	5.000,00	
Umlage GM	0	- 5.000	1.000	3.500,00	500,00	Stufenleiterverfahren
Umlage Verwaltung	0		-4.000	2.823,53	1.176,47	
Gesamtkosten (Stufenleiter)	23.000	0	0	16.323,53	6.676,47	

Sind in einem Betrieb mehrere Vorkostenstellen vorhanden, beginnt man mit der Vorkostenstelle, die die wenigsten Leistungen von anderen Vorkostenstellen empfängt und legt ihre primären Kosten entsprechend der Leistungsabgabe auf die anderen Stellen um. An zweiter Stelle steht entsprechend die Kostenstelle, die am zweitwenigsten Leistungen empfängt usw. Schrittweise verfährt man mit den folgenden Kostenstellen, bis sämtliche Posten der Vorkostenstellen aufgelöst wurden. Dieses stufenweise Vorgehen erklärt auch den Namen dieses Verfahrens.

Mathematisches Verfahren (Gleichungsverfahren)

Das genaueste Verfahren der Sekundärkostenverteilung ist das mathematische Verfahren (andere Bezeichnung: Gleichungsverfahren), da hier alle Beziehungen zwischen den Vorkostenstellen Berücksichtigung finden. Zur mathematischen Berechnung werden die Leistungsbeziehungen zwischen den Vorkostenstellen in Form von Gleichungen erfasst. Für jede Vorkostenstelle werden die Kosten ermittelt, die auf ihr entstehen (Input). Dies sind zum einen die **primären Kosten** in der bekannten Höhe **und** die **sekundären Kosten**, die aus der Inanspruchnahme von Leistungen der anderen Vorkostenstellen entstehen. Nach dem Grundsatz **Input = Output** müssen die in einer Vorkostenstelle entstandenen Kosten genauso hoch sein, wie die von dieser Kostenstelle insgesamt erbrachten und in Geld bewerteten Leistungen für alle anderen Kostenstellen. Es müssen demzufolge für jede Kostenstelle die entstehenden Kosten und die zu verrechnenden Leistungen gegenübergestellt werden. Allerdings ist zum Zeitpunkt der Aufstellung der Gleichungen noch nicht bekannt, wie hoch der Verrechnungssatz pro erbrachter

Leistungseinheit der einzelnen Vorkostenstellen ist. Diese werden deshalb als Unbekannte in die Gleichungen aufgenommen und anschließend durch Auflösung der Gleichungen ermittelt.

Beispiel:

In einer Stadtbücherei wurden folgende Kostenstellen eingerichtet:
Gebäudemanagement, Verwaltung, Bücher, DVD.
Die Primärkosten betragen im Gebäudemanagement (GM) 5.000 €, in der Verwaltung 3.000 €, in der Kostenstelle Bücher 10.000 € und in der Kostenstelle DVD 5.000 €. Die Kostenstelle Gebäudemanagement betreut insgesamt 400 m², 20 % hat davon die Verwaltung, 70 % die Bücherabteilung und 10 % die DVD-Abteilung inne. Die Verwaltung wiederum erbringt 160 h - 15 % für Gebäudemanagement, 60 % für Bücher und den Rest für DVD. Ermitteln Sie die Gesamtkosten der Endkostenstellen nach dem mathematischen Verfahren.

Lösung:
Auch hier dient die Tabelle mit den realen Leistungsbeziehungen als Ausgangsbasis:

Reale Leistungserbringung				
	Gebäudemanagement	Verwaltung	Bücher	DVD
Primäre Kosten	5.000	3.000	10.000,00	5.000,00
Gebäude-management	400 m² (100 %)	80 m² (20 %)	280 m² (70 %)	40 m² (10 %)
Verwaltung	24 h (15 %)	160 h (100 %)	96 h (60 %)	40 h (25 %)

Zusätzlich gilt:
x = Verrechnungssatz pro Verwaltungsstunde (1. gesuchte Größe)
y = Verrechnungssatz pro m² (2. gesuchte Größe)

In der Spalte Gebäudemanagement sind alle erforderlichen Informationen enthalten. Zum einen die Primärkosten in Höhe von 5.000 € und zum anderen die Sekundärkosten, nämlich die Leistung der Verwaltung, in Höhe von 24 h. Diese Stundenzahl muss noch bewertet werden, d. h. mit dem entsprechenden Verrechnungssatz x multipliziert werden. Somit beträgt der Input der Kostenstelle Gebäudemanagement: 5.000 € + 24 h∗x. Der Output beträgt 400 m², die ebenfalls noch zu bewerten sind, d. h. sie müssen mit dem Verrechnungssatz y multipliziert werden (400 m² · y). Für die Vorkostenstelle Verwaltung gelten die angestellten Überlegungen analog.
Im nächsten Schritt sind nun die beiden Gleichungen zu ermitteln: Es gilt:

	Input	=	Output
Kostenstelle Gebäudemanagement:	5.000 € + 24 h · x	=	400 m² · y
Kostenstelle Verwaltung	3.000 € + 80 m² · y	=	160 h · x

Im letzten Schritt sind die Gleichungen nach x und y aufzulösen. Dabei findet in der Regel entweder das **Einsetzungsverfahren** oder das **Additionsverfahren** Anwendung. Beim Einsetzungsverfahren wird eine Gleichung so umgestellt, dass eine Unbekannte allein auf einer Seite steht. Dieses Ergebnis wird dann an der entsprechenden Stelle in die zweite Gleichung eingesetzt:

Gebäude:

$$5.000 + 24x = 400y/400$$
$$12{,}5 + 0{,}06x = y$$

Das obige Ergebnis wird nun an Stelle von y in die Gleichung »Verwaltung« eingesetzt:

$$3.000 + 80 \cdot (12{,}5 + 0{,}06x) = 160x$$

Jetzt erfolgt die schrittweise Auflösung:

$$3.000 + 1.000 + 4{,}8x = 160x$$
$$4.000 = 155{,}2x$$
$$x = 25{,}7732$$

Dieses Ergebnis wird nun noch in die umgestellte Gleichung der Kostenstelle Gebäudemanagement eingesetzt:

$$y = 12{,}5 + 0{,}06x = 12{,}5+0{,}06 \cdot 25{,}7732 = 14{,}0464$$

Die Bewirtschaftung eines Quadratmeters durch die Vorkostenstelle Gebäudemanagement kostet somit 14,04 € und eine von der Verwaltung geleistete Stunde kostet 25,77 €. Mit diesen Werten können zum Abschluss die Kosten der einzelnen Kostenstellen ermittelt werden.
Die Ergebnisse lassen sich dann in einen BAB übertragen und die sekundären Kosten lassen sich ermitteln.

Kosten	**Vorkostenstellen**		**Endkostenstellen**	
	Gebäudemanagement	**Verwaltung**	**Bücher**	**DVD**
Primäre Kosten	5.000	3.000	10.000,00	5.000,00
Gebäude-management	400 $m^2 \cdot 14{,}04$ = 5.618,56	80 $m^2 \cdot 14{,}04$ = 1.123,20	280 $m^2 \cdot 14{,}04$ = 3.933	40 $m^2 \cdot 14{,}04$ = 561,86
Verwaltung	24 h · 25,77 = 618,48	160 h · 25,77 = 4.123,20	96 h · 25,77 = 2.473,92	40 h · 25,77 = 1.030,80
Endkosten	Ca. 0	Ca. 0	16.406,92	6.592,66

Die Summe der beiden Endkostenstellen ergibt 22.999,52. Diese kleine Differenz in Höhe von 0,48 € (bzw. die Differenzen bei den Vorkostenstellen) ergibt sich aufgrund der Rundungen der Verrechnungspreise. Bei einer genauen Rechnung, z. B. mit MS Excel, würde man auch hier in Summe 23.000 € erhalten.

Eine Übersicht über die Ergebnisse der drei Verfahren mit den entsprechenden Abweichungen ergibt folgende Tabelle:

	Bücher	DVD
Anbauverfahren	16.492,65	6.507,35
Stufenleiterverfahren	16.323,53	6.676,47
Gleichungsverfahren	16.406,92	6.592,66

Auf einen Blick: Sekundäre Kostenverteilung
Bei der sekundären Kostenverteilung werden die Kosten der Vorkostenstellen auf die Endkostenstellen aufgeteilt. Dabei werden klassisch folgende drei Verfahren angewendet: Anbau-, Stufenleiter- und Gleichungs- (oder mathematisches) Verfahren. Das Anbauverfahren ist das rechnerische einfachste, aber auch das ungenaueste. Das mathematische Verfahren ist das rechnerisch anspruchsvollste, aber auch das genaueste.

4.3 KOSTENTRÄGERRECHNUNG

Die dritte große Komponente nach der Kostenarten- und der Kostenstellenrechnung ist die **Kostenträgerrechnung**. Hier wird in einem ersten Schritt ermittelt, was die im Betrieb erstellten **Produkte** bzw. **Leistungen**, in der Kostenrechnung **Kostenträger** genannt, durch die Erzeugung für Kosten verursacht haben, die so genannten Selbstkosten. Werden diese Kosten dann den Erträgen gegenübergestellt, kann das Betriebsergebnis ausgewiesen werden.Im Rahmen der Kostenträgerrechnung wird die Frage beantwortet, **für welche Produkte** bzw. **Leistungen** die aufgewandten Kosten angefallen sind.
Es lassen sich mit der **Kostenträgerzeitrechnung** und der **Kostenträgerstückrechnung** zwei Arten der Kostenträgerrechnung unterscheiden. Im Rahmen der Kostenträgerzeitrechnung werden die in einer Rechnungsperiode angefallenen Kosten den erzielten bzw. erzielbaren Leistungen gegenübergestellt, um das Periodenergebnis zu ermitteln. Bei der Kostenträgerstückrechnung stehen demgegenüber die Selbstkosten pro Stück im Fokus. Es wird hier somit die Frage beantwortet, was die Erstellung **eines** Produkts bzw. **einer** Leistung an Kosten verursacht.

4.3.1 Kostenträgerzeitrechnung

Einfach ausgedrückt entspricht die **Kostenträgerzeitrechnung** der **Ergebnisrechnung** im externen Rechnungswesen. Es gibt jedoch drei wesentliche Abweichungen:

1. An Stelle der **Aufwendungen** werden im internen Rechnungswesen die entsprechenden **Kosten** angesetzt. An Stelle der **Erträge** stehen in der KLR die **Leistungen**, die allerdings häufig mit den Erträgen identisch sind. Diese Aspekte wurden bereits bei der Kostenartenrechnung behandelt und werden im Rahmen der Abgrenzungsrechnung ausgewiesen.
2. Während die **Ergebnisrechnung** nur einmal pro **Jahr** ausgewiesen wird, benötigt man im internen Rechnungswesen in der Regel auch unterjährig ein entsprechendes Ergebnis. Deshalb wird die **Kostenträgerzeitrechnung** immer dann durchgeführt, wenn dies aus betrieblicher Sicht erforderlich ist. Dies kann **halbjährlich**, **quartalsweise**, **monatlich** oder in noch kürzeren Abständen erfolgen.
3. Die **Ergebnisrechnung** wird für den **gesamten** Betrieb durchgeführt. Die dadurch gewonnenen Informationen sind in der Regel für die Steuerung einzelner Bereiche zu ungenau. Deshalb können im Rahmen der **Kostenträgerzeitrechnung** neben dem Gesamtbetriebsergebnis auch **Teilbetriebsergebnisse** für einzelne Produktarten bzw. Produktgruppen ermittelt werden.

Beispiel:

In einer kleinen Bildungseinrichtung betragen der Personalaufwand 20.000 €, der Aufwand für Energie und Abschreibung je 2.000 € und die eingenommenen Kursgebühren 24.000 €. Die Personal- und Energiekosten sind Grundkosten, die Abschreibungskosten betragen 3.000 € und die Leistung der Bildungseinrichtung beträgt 24.000 €. Zusätzlich haben Sie die Angabe, dass sich die Personalkosten und die Abschreibung gleichmäßig auf die vier Quartale verteilen, die Energiekosten jedoch im 1. und 4. Quartal bei 750 € und im 2. und 3. Quartal bei 250 € liegen. Die Leistung verteilt sich ebenfalls ungleichmäßig auf die Quartale. So liegt die Leistung im 1. und 4. Quartal bei 7.000 €, im 2. und 3. jedoch lediglich bei 5.000 €.
Zudem verfügen Sie über die Information, dass im 1. Quartal die Kurse Deutsch, Englisch, Joggen und Tanzen angeboten werden. Die Personalkosten sind für die vier Kurse gleich. Da der Joggingkurs vollständig im Freien stattfindet, werden Abschreibung und

Energie nur auf die drei anderen Kurse aufgeteilt. Die Leistung beträgt beim Deutsch- und Englischkurs 1.500 €, bei den zwei anderen Kursen je 2.000 €.
Ermitteln Sie aus obigen Angaben schrittweise die Ergebnisrechnung, die Kostenträgerzeitrechnung für ein Jahr, für die vier Quartale und für die vier Kurse des ersten Quartals.

Lösung:
Als erstes wird die klassische **Ergebnisrechnung** aus dem externen Rechnungswesen aufgestellt. Diese beinhaltet die Aufwendungen und Erträge für den gesamten Betrieb für ein Jahr. Es ist zu erkennen, dass die Erträge die Aufwendungen genau decken.

Ergebnisrechnungskonto			
Personalaufwand	20.000	Erträge	24.000
Energieaufwand	2.000		
Abschreibungsaufwand	2.000		
	24.000		24.000

Der Ergebnisrechnung wird nun eine **Kostenträgerzeitrechnung für ein Jahr** gegenübergestellt. Durch die um 1.000 € erhöhten Abschreibungskosten gegenüber dem Abschreibungsaufwand (Anderskosten), ergibt sich im internen Rechnungswesen ein Betriebsverlust in Höhe von 1.000 €.

Kostenträgerzeitrechnung (ein Jahr)			
Personalkosten	20.000	Leistung	24.000
Energiekosten	2.000	Betriebsverlust	1.000
Abschreibungskosten	3.000		
	25.000		25.000

Im nächsten Schritt werden nun die Betriebsergebnisse für die vier Quartale ermittelt. Die Personal- und die Abschreibungskosten bleiben als Fixkosten in allen Quartalen gleich, die Höhe der Energiekosten und der Leistung teilen sich jedoch ungleichmäßig auf die Quartale auf. Dadurch ergeben sich unterschiedliche Quartalsergebnisse.

Kostenträgerzeitrechnung Quartal 1			
Personalkosten	5.000	Leistung	7.000
Energiekosten	750		
Abschreibungskosten	750		
Quartalsgewinn	500		
	7.000		7.000

Kostenträgerzeitrechnung Quartal 2			
Personalkosten	5.000	Leistung	5.000
Energiekosten	250	Quartalsverlust	1.000
Abschreibungskosten	750		
	6.000		6.000

Kostenträgerzeitrechnung Quartal 3			
Personalkosten	5.000	Leistung	5.000
Energiekosten	250	Quartalsverlust	1.000
Abschreibungskosten	750		
	6.000		6.000

Kostenträgerzeitrechnung Quartal 4			
Personalkosten	5.000	Leistung	7.000
Energiekosten	750		
Abschreibungskosten	750		
Quartalsgewinn	500		
	7.000		7.000

Im letzten Schritt ist nun noch zu ermitteln, welchen Ergebnisbeitrag die einzelnen Produkte in den betrachteten Perioden erzielen konnten, um konkrete Maßnahmen treffen zu können. Hier wird aus Vereinfachungsgründen lediglich das erste Quartal betrachtet, die Ergebnisse der anderen Quartale lassen sich analog ermitteln.

Quartal 1:

	Deutsch		Englisch		Joggen		Tanzen	
Leistung		1.500		1.500		2.000		2.000
Personalkosten	1.250		1.250		1.250		1.250	
Energiekosten	250		250				250	
Abschreibungskosten	250		250				250	
Kostensumme		1.750		1.750		1.250		1.750
Kursergebnis		-250		-250		+750		+250

KOSTEN- UND LEISTUNGSRECHNUNG

Eine sorgfältige Interpretation der Ergebnisse kann dann zu entsprechenden Handlungen führen. Beispielsweise kann es hier sinnvoll sein zu versuchen, die Personalkosten für den Deutsch- und den Englischkurs zu senken oder die Kursgebühren anzuheben, um das Defizit zumindest zu verringern.

Gesamt- und Umsatzkostenverfahren

In der KLR wird im Rahmen der Kostenträgerzeitrechnung zwischen dem Gesamt- und dem Umsatzkostenverfahren unterschieden. **Beide Verfahren führen zum selben Betriebsgewinn**.
Beim **Umsatzkostenverfahren** wird der Betriebsgewinn ermittelt, indem den **Umsatzerlösen** genau die Kosten gegenübergestellt werden, die erforderlich waren, um den Umsatzerlös zu erzielen (**Umsatzkosten**). Die Differenz zwischen Umsatzerlösen und Umsatzkosten ist der Betriebsgewinn.
Beim **Gesamtkostenverfahren** werden den in einer Periode angefallenen **Kosten** die **Umsatzerlöse** gegenübergestellt. Zusätzlich kann es in der Periode zu **aktivierten Eigenleistungen** gekommen sein, die als Leistung zu den Umsatzerlösen zu addieren sind. Außerdem ist es möglich, dass es in der Periode zu **Bestandveränderungen** gekommen ist, die ebenfalls als Leistung zu berücksichtigen sind. Bestandserhöhungen sind dabei zu den Umsatzerlösen zu rechnen, Bestandsverminderungen sind abzuziehen.
Unabhängig davon, welches der beiden Verfahren im Einzelfall angewendet wird, ist der Betriebsgewinn jeweils identisch. Da im öffentlichen Bereich hauptsächlich Dienstleistungen erstellt werden, sind aktivierte Eigenleistungen und Bestandsveränderungen von untergeordneter Bedeutung, so dass das Umsatzkostenverfahren in der Regel einfacher angewendet werden kann.

Beispiel:

Ein Betrieb weist in einem Jahr Umsatzerlöse in Höhe von 100.000 € auf. Die Kosten zur Realisierung dieses Umsatzes betragen 80.000 €. Wie hoch ist der Betriebsgewinn nach dem Umsatzkostenverfahren?

Lösung:
Beim Umsatzkostenverfahren werden von den Umsatzerlösen die durch den Umsatz verursachten Kosten abgezogen, d. h.
Betriebsgewinn = 100.000 – 80.000 = 20.000 €

Fortführung des Beispiels:

Obiger Betrieb weist Gesamtkosten in Höhe von 110.000 € auf. Die Umsatzerlöse betragen 100.000 €. Zudem kam es in der betrachteten Periode zu einer aktivierten Eigenleistung in Höhe von 20.000 € und einer Bestandserhöhung in Höhe von 10.000 €. Wie hoch ist der Betriebsgewinn nach dem Gesamtkostenverfahren?

Lösung:
Beim Gesamtkostenverfahren werden den kompletten Leistungen eines Jahres die gesamten in dem Jahr angefallenen Kosten gegenübergestellt:

Leistungen:	Umsatzerlöse	100.000 €
	+ aktivierte Eigenleistung	20.000 €
	+ Bestandserhöhung	10.000 €
	= Gesamtleistung	130.000 €
Gesamtkosten:		110.000 €
Betriebsgewinn	= 130.000 – 110.000 =	20.000 €

Auf einen Blick: Kostenträgerzeitrechnung
Die Kostenträgerzeitrechnung entspricht in ihren Grundzügen der Ergebnisrechnung. Allerdings werde hier Kosten und nicht Aufwendungen bzw. Leistungen und nicht Erträge angesetzt. Zudem liegt der Zeithorizont nicht zwangsläufig bei einem Jahr, sondern richtet sich nach den individuellen Bedürfnissen jedes Betriebs. Darüber hinaus kann die Kostenträgerzeitrechnung bei Bedarf auch nur für einige oder alle Betriebsteile und nicht nur für den gesamten Betrieb durchgeführt werden. Die beiden klassischen Verfahren der Kostenträgerzeitrechnung sind das Gesamtkosten- oder Umsatzkostenverfahren.

4.3.2 Kostenträgerstückrechnung

Bei der Kostenträgerstückrechnung ist das einzelne Produkt bzw. die einzelne Leistung der Untersuchungsgegenstand. Hier wird die Frage beantwortet, wie viel die Erstellung eines einzelnen Kostenträgers den Betrieb kostet.

Dies kann zu unterschiedlichen Zeitpunkten geschehen.

1. Gibt es den Kostenträger noch gar nicht, aber er soll möglicherweise hergestellt werden, ist es wichtig, die Kosten zu **planen**, um entscheiden zu können, ob die Herstellung überhaupt sinnvoll ist. Dies erfolgt im Rahmen der **Vorkalkulation,** wobei hier in der Regel zumindest ein Teil der Kosten geschätzt werden muss.
2. Bei größeren Projekten, z. B. einer Baumaßnahme, ist es wichtig, den Kostenanfall auch zu bestimmten Zeitpunkten während der Erstellung zu kennen, um bei größeren Abweichungen ggf. rechtzeitig eingreifen zu können. Dies erfolgt im Rahmen der **Zwischenkalkulation**.
3. Ist der Kostenträger fertig erstellt, wird im Rahmen der **Nachkalkulation** ermittelt, wie hoch die tatsächlich angefallenen Kosten waren.

Da sich nicht für alle Kostenträger dasselbe Verfahren eignet, wurden unterschiedliche Verfahren zur Kalkulation der Kosten entwickelt. Grundsätzlich lässt sich dabei die Divisionskalkulation von der Zuschlagskalkulation unterscheiden.[50]

Divisionskalkulation

Die Grundvoraussetzung für die **Divisionskalkulation** ist die Erstellung **gleichartiger** Kostenträger. Die in einer entsprechenden Periode hergestellte Anzahl wird mit den dafür insgesamt angefallenen Kosten in Beziehung gesetzt, um die Stückkosten zu erhalten.

Einstufige Divisionskalkulation

Die einfachste Form ist die **einstufige** Divisionskalkulation. Dieses Verfahren wird angewandt, wenn ein Betrieb nur ein **einheitliches** Produkt herstellt. Die Stückkosten lassen sich nach folgender Formel ermitteln:

$$Stückkosten = \frac{Gesamtkosten}{Gesamtmenge}$$

Beispiel:

Bei einem Wasserentsorgungsunternehmen fallen in einer Periode 500.000 € an Kosten an. Insgesamt wurden 250.000 m^3 Wasser entsorgt. Wie hoch sind die Stückkosten pro m^3?

Lösung:

$$k = \frac{500.000\ €}{250.000\ m^3} = 2\ € / m^3$$

Pro Kubikmeter fallen demzufolge 2 € Kosten an.

Mehrstufige Divisionskalkulation

Dieses Verfahren wird angewandt, wenn gleichartige Produkte in einem mehrstufigen Produktionsprozess erstellt werden, aber nicht alle Produkte alle Produktionsstufen durchlaufen. In einem solchen Fall

[50] Vgl. Och, Wolfgang: Betriebswirtschaftslehre in der öffentlichen Verwaltung, München 2003.

sind die Kosten für ein Produkt auf den einzelnen Herstellstufen zu ermitteln. Um zu den genauen Stückkosten der einzelnen Kostenträger zu gelangen, müssen die Stückkosten der durchlaufenen Herstellstufen entsprechend addiert werden.

$$\textit{Stückkosten je Herstellstufe} = \frac{\textit{Gesamtkosten der Herstellstufe}}{\textit{Gesamtmenge der jeweiligen Stufe}}$$

Beispiel[51]**:**

Ein Wasserversorgungsunternehmen verfügt über folgende drei Produktionsstufen: 1. Wasserförderung, 2. Wasseraufbereitung und 3. Wasserverteilung. In der ersten Produktionsstufe werden 100.000 m³ Wasser gefördert. In der zweiten Stufe werden diese 100.000 m³ Wasser anschließend aufbereitet. Davon werden 20.000 m³ ab Aufbereitung an eine Nachbargemeinde verkauft, so dass keine Kosten für die Verteilung entstehen. Der Rest wird über das Verteilungsnetz an die Verbraucher geliefert. Die Kosten für die Förderung betragen 15.000 €, für die Aufbereitung 5.000 € und die Verteilung 80.000 €.
Wie hoch sind die Selbstkosten für einen Kubikmeter, der direkt an die Nachbarkommune verkauft wird und für einen Kubikmeter, der über das eigene Verteilernetz an den Endkunden geliefert wird?

Lösung:
Zur Lösung sind im ersten Schritt die Stückkosten der einzelnen Herstellstufen zu errechnen und anschließend entsprechend zu addieren.
Die folgende Tabelle gibt einen Überblick über die relevanten Daten und die Ergebnisse. Zur Berechnung der Stückkosten werden auf jeder Produktionsstufe die Gesamtkosten der Stufe durch die auf dieser Stufe erzeugten Leistungseinheiten geteilt, d. h. z. B. bei der Förderung $k_{Förderung} = \frac{15.000\ €}{100.000\ m^3} = 0{,}15$ €/m³. Im zweiten Schritt werden dann die Stückkosten der durchlaufenen Herstellstufen addiert, d. h. ein Kubikmeter Wasser, der direkt nach der Aufbereitung verkauft wird, hat 0,15 €/m³ bei der Förderung und 0,05 €/m³ bei der Aufbereitung an Kosten verursacht. Da beide Herstellstufen von diesem Kubikmeter durchlaufen wurden, sind insgesamt 0,2 €/m³ an Selbstkosten angefallen. Ein Kubikmeter, der direkt an den Endverbraucher verkauft wird, muss zusätzlich noch verteilt werden. Hierfür sind 1 €/m³ an Kosten angefallen, so dass in diesem Fall die Selbstkosten 1,20 €/m³ betragen.

	Herstellstufen			
	Förderung	Aufbereitung	Verteilung	Summe
Gesamtkosten der einzelnen Stufen in €	15.000	5.000	80.000	100.000
Leistungseinheiten der einzelnen Stufen	100.000	100.000	80.000	XXXXXXXXXXX
Kosten pro Leistungseinheit der einzelnen Stufen in €	0,15	0,05	1	XXXXXXXXXXX
Bei Verkauf ab Aufbereitung anzusetzende Kosten	0,15	(+) 0,05	XXXXXXX	(=) 0,20
Bei Verkauf an Endverbraucher anzusetzende Kosten	0,15	(+) 0,05	(+) 1	(=) 1,20

Divisionskalkulation mit Äquivalenzziffern

Wenn die erstellten Kostenträger zwar **gleichartig**, aber **nicht gleichwertig** sind, wird die einfache Divisionskalkulation mit den bereits im Rahmen der Kostenstellenrechnung vorgestellten Äquivalenzziffern erweitert. Diese bilden die unterschiedliche Wertigkeit der einzelnen Kostenträger ab.
Hier noch einmal das Verfahren in Kurzform:

1. Vergabe von Äquivalenzziffern (ÄZ) für jede erstellte Produktart entsprechend des Kostenanfalls
2. Ermittlung von Recheneinheiten (RE) für jede erstellte Produktart durch Multiplikation der entsprechenden Produktmenge mit der Äquivalenzziffer:
   RE = Produktmenge *ÄZ

[51] Vgl. Och, Wolfgang: Betriebswirtschaftslehre in der öffentlichen Verwaltung, München 2003.

3. Ermittlung der Kosten je RE durch Division der Gesamtkosten durch die Summe der RE aller Produktarten:

$$k_{RE} = \frac{\text{Gesamtkosten}}{\text{Summe der RE aller Produkte}}$$

4. Ermittlung der Selbstkosten pro Produkt durch Multiplikation der Kosten pro RE mit der Äquivalenzziffer der jeweiligen Produktart[52]

$$k_{Produktart} = k_{RE} \cdot ÄZ_{Produktart}$$

Beispiel:

Bei der Bearbeitung von Bescheiden sind vier Schwierigkeitsstufen (S1 bis S4) zu unterscheiden. Eine Untersuchung ergab, dass die Kosten für die Bearbeitung von S1 30 % niedriger sind als die Kosten für S2. S3 wiederum verursacht um 50 % höhere Kosten als S2 und die Bearbeitung von S4 ist doppelt so teuer wie S2. Insgesamt wurden in dem relevanten Zeitraum 300 S1-, 200 S2-, 50 S3- und 100 S4-Bescheide bearbeitet, wofür Kosten in Höhe von 13.700 € angefallen sind.
Wie hoch sind die Kosten für die einzelnen Bescheidtypen?

Lösung:
Um die Übersichtlichkeit zu erhöhen, sollte eine Tabelle erstellt werden, die zum einen alle relevanten Informationen enthält und zum anderen auch die Zwischen- und Endergebnisse aufnimmt.

1. Bei der Vergabe der Äquivalenzziffern ist wichtig, dass die Basisgröße geschickt gewählt wird. Hier bietet es sich an, S2 als Basis zu wählen, da sich alle anderen Kostenangaben darauf beziehen.
2. Nach der Vergabe werden die ÄZ mit der Anzahl der erstellten Bescheide multipliziert, um die Recheneinheiten zu erhalten.
3. Die Gesamtkosten in Höhe von 13.700 € werden dann durch die Summe der RE aller Bescheidtypen (685) geteilt, was als Ergebnis 20 € erbringt. Dies bedeutet, dass die Bearbeitung eines Bescheids mit einer ÄZ von 1 Kosten in Höhe von 20 € verursacht.
4. Im letzten Schritt werden die ÄZ der anderen Produkttypen noch mit den ermittelten 20 € multipliziert, um die unterschiedliche Wertigkeit der einzelnen Bescheide hinsichtlich ihres Kostenanfalls zu berücksichtigen.
5. Darüber hinaus können noch die Gesamtkosten je Bescheidtyp errechnet werden, indem die Kosten je Bescheid mit der entsprechenden Anzahl multipliziert werde. Die Addition dieser Werte ergibt zur Kontrolle wieder die Gesamtkosten.

(3.) Kosten pro RE = $\frac{13.700\ €}{685\ RE} = 20\ € / RE$

Bescheide	Anzahl der Bescheide	Äquivalenz-ziffer (1.)	Recheneinheiten (2.)	Kosten je Bescheid in € (4.)	Selbstkosten je Einheit in € (5.)
S1	300	0,7 oder 70 %	210	14	4.200
S2	200	1 oder 100 %	200	20	4.000
S3	50	1,5 oder 150 %	75	30	1.500
S4	100	2 oder 200 %	200	40	4.000
Summe	XXXXXX	XXXXXXXXX	685	XXXXXXXXX	13.700

Zuschlagskalkulation

Wenn **keine gleichartigen Produkte bzw. Leistungen** erstellt werden, können die Verfahren der Divisionskalkulation nicht mehr angewendet werden. In solchen Fällen wird die **Zuschlagskalkulation** eingesetzt. Dazu ist die Trennung der Kosten in **Kostenträgereinzelkosten** und **Kostenträgergemeinkosten** erforderlich. Die Kostenträgereinzelkosten sind alle Kosten, die dem Kostenträger direkt zugeordnet werden können, während die Kostenträgergemeinkosten über die Kostenstellenrechnung mit Hilfe von Schlüsseln den Kostenträgern aufgebürdet werden.
Die Ermittlung der Einzelkosten ist meist unproblematisch. Dies sind die Kosten, die für das Material und die eingesetzte Arbeit angefallen sind, sofern sie dem Kostenträger direkt zurechenbar sind. Zu diesen Einzelkosten werden dann mit Hilfe von Zuschlagsätzen die Gemeinkosten dazugerechnet, um die gesamten Selbstkosten für den Kostenträger angeben zu können. Je nach Komplexität des erstellten Kostenträgers findet die ein- oder die mehrstufige Zuschlagskalkulation Anwendung.

[52] In Anlehnung an Och, Wolfgang: Betriebswirtschaftslehre in der öffentlichen Verwaltung, München 2003.

Einstufige (summarische) Zuschlagskalkulation

Der Ausgangspunkt bei der Zuschlagskalkulation ist immer die Ermittlung der entsprechenden Zuschläge. Bei der summarischen Zuschlagskalkulation ist dies relativ einfach, indem die meist in der Vorperiode insgesamt angefallenen Gemeinkosten durch die insgesamt angefallenen Einzelkosten geteilt werden.

$$Gemeinkostenzuschlagsatz = \frac{Summe\ Gemeinkosten}{Summe\ Einzelkosten}$$

Der Gemeinkostenanteil eines Kostenträgers lässt sich errechnen, indem die Einzelkosten mit dem Gemeinkostenzuschlagsatz multipliziert werden. Zusammen mit den Einzelkosten ergibt dies die Selbstkosten des Kostenträgers.

Selbstkosten = Einzelkosten + Einzelkosten · Gemeinkostenzuschlagsatz

Beispiel:

In einem Bauhof sind in einer Periode 500.000 € an Einzelkosten und 150.000 € an Gemeinkosten angefallen. Der Lohnkostensatz pro Stunde beträgt 25 €.
Der Bauhof soll nun einen Kreisverkehr bepflanzen. Dafür werden 5 Arbeitsstunden benötigt. Wie hoch ist der Zuschlagsatz bei dem Bauhof und wie hoch sind die Gesamtkosten für die Bepflanzung?

Lösung:
Um den Gemeinkostenzuschlagsatz zu ermitteln, werden die Gemeinkosten durch die Einzelkosten der entsprechenden Periode geteilt:

$$\text{Gemeinkostenzuschlagsatz} = \frac{\text{Summe Gemeinkosten}}{\text{Summe Einzelkosten}} = \frac{150.000\ €}{500.000\ €} = 0{,}3 \text{ (entspricht 30 \%)}$$

Somit wird davon ausgegangen, dass grundsätzlich im Durchschnitt für jeden Kostenträger 30 % an Gemeinkosten zusätzlich zu den Einzelkosten anfallen, z. B. für die Verwaltung, für Kleinteile, für Energie usw.

Im nächsten Schritt müssen die Lohnkosten als Einzelkosten für die Pflanzaktion ermittelt werden. Diese betragen bei der Bepflanzung 5*25 € = 125 €. Der Gemeinkostenanteil beträgt 30 %, demnach 37,50 € (30 % von 125 €), so dass die Summe der beiden Komponenten als Gesamtkosten für die Bepflanzung 162,50 € beträgt.

Mehrstufige (differenzierende) Zuschlagskalkulation

Bei der mehrstufigen Zuschlagskalkulation wird versucht, die Struktur der Kosten detaillierter abzubilden, um somit eine verursachungsgerechtere Gemeinkostenzuordnung zu ermöglichen. Wird die mehrstufige Zuschlagskalkulation in der klassischen Form eingesetzt, hat der BAB in der Kostenstellenrechnung folgenden Aufbau. Als zusätzliche Information ist es sinnvoll die in den einzelnen Kostenstellen angefallenen Einzelkosten in den BAB aufzunehmen, da hierdurch die Zuschlagsätze schnell errechnet werden können. Folgendes Schema bietet sich für den Aufbau der Tabelle an.

	Materialkostenstelle	Fertigungskostenstelle	Verwaltung	Vertrieb
Gemeinkosten				
Einzelkosten				
Zuschlagsätze				

Grundsätzlich gilt auch hier bei der Ermittlung der Zuschlagsätze die oben vorgestellte Grundformel

$$\text{Gemeinkostenzuschlagsatz} = \frac{\textit{Summe Gemeinkosten}}{\textit{Summe Einzelkosten}}.$$

Allerdings müssen für den **Verwaltungs**- und **Vertriebsgemeinkostenzuschlagsatz** die Einzelkosten neu definiert werden, da in diesen Bereichen definitionsgemäß keine Kosten anfallen, die dem Kostenträger direkt zugeordnet werden können. Die Einzelkosten werden deshalb in diesen beiden Kostenstellen durch die **Herstellkosten** ersetzt. Die Herstellkosten setzen sich aus den gesamten Materialkosten, d. h. Materialeinzel- und Materialgemeinkosten sowie aus den gesamten Fertigungskosten, d. h. Lohnkosten als klassische Fertigungseinzelkosten und den Fertigungsgemeinkosten zusammen.
Folgende Formeln finden zur Berechnung der relevanten Zuschlagsätze Anwendung:

$$\text{Materialgemeinkostenzuschlag} = \frac{\textit{Materialgemeinkosten}}{\textit{Materialeinzelkosten}}$$

$$\text{Fertigungsgemeinkostenzuschlag} = \frac{\textit{Fertigungsgemeinkosten}}{\textit{Fertigungslöhne}}$$

$$\text{Verwaltungsgemeinkostenzuschlag} = \frac{\textit{Verwaltungskosten}}{\textit{Herstellkosten}}$$

$$\text{Vertriebsgemeinkostenzuschlag} = \frac{\textit{Vertriebskosten}}{\textit{Herstellkosten}}$$

Herstellkosten:

Herstellkosten =	Materialkosten	Materialeinzelkosten
		+ Materialgemeinkosten
	+ Fertigungskosten	Fertigungslöhne
		+ Fertigungsgemeinkosten

Beispiel:

In einem Betrieb sind in einer Periode Materialkosten in Höhe von 290.800 € angefallen. Die Gemeinkosten der Materialstelle beliefen sich auf 29.080 €. An Fertigungslöhnen wurden in der Periode 115.000 € ausgezahlt, Fertigungsgemeinkosten sind in Höhe von 126.500 € angefallen. Für die Verwaltung wurden Kosten in Höhe von 140.345 € und für den Vertrieb in Höhe von 84.207 € errechnet. Ermitteln Sie zuerst die relevanten Zuschläge und kalkulieren Sie anschließend die Selbstkosten für ein Produkt, das 1.000 € an Materialeinzelkosten und 1.000 € an Fertigungseinzelkosten verursacht.

Lösung:
In einem ersten Schritt werden die Herstellkosten (HK) ermittelt: Diese setzen sich aus den Materialeinzel- und den Materialgemeinkosten sowie den Fertigungseinzel- und den Fertigungsgemeinkosten zusammen:
HK = 290.800 + 29.080 + 115.000 + 126.500 = 561.380

Zur übersichtlichen Darstellung bietet es sich hier wieder an, die relevanten Daten in eine Tabelle einzutragen und durch Anwendung der obigen Formeln die entsprechenden vier Zuschlagsätze für die vier Bereiche zu ermitteln.

Kostenstellen	Materialstelle	Fertigungsstelle	Verwaltung	Vertrieb
Gemeinkosten	29.080	126.500	140.345	84.207
Fertigungsmaterial	290.800	XXXXXXX	XXXXXXXX	XXXXXXXX
Fertigungslöhne	XXXXXXXX	115.000	XXXXXXXX	XXXXXXXX
Herstellkosten	XXXXXXXX	XXXXXXXX	561.380	561.380
Zuschlagssätze	0,1	1,1	0,25	0,15

Mit Hilfe der Zuschlagsätze und der Einzelkosten können jetzt die Selbstkosten für jeden Kostenträger dieses Betriebs errechnet werden. Wenn ein Produkt beispielsweise 1.000 € an Materialkosten und 1.000 € an Fertigungslöhnen (Fertigungseinzelkosten) aufweist, lassen sich die Gesamtkosten wieder am besten durch eine Tabelle[53] übersichtlich errechnen:

Fertigungsmaterial	1.000	Materialkosten	1.100
+ Materialgemeinkosten	(1.000 · 0,1=) 100		
Fertigungslöhne	1.000	(+) Fertigungskosten	2.100
+ Fertigungsgemeinkosten	(1.000 · 1,1=) 1.100		
		(=) Herstellkosten (Materialkosten + Fertigungskosten)	3.200
		+ Verwaltungskosten (3.200 · 0,25 =)	800
		+ Vertriebskosten (3.200 · 0,15 =)	480
		(=) Selbstkosten	4.480

Auf einen Blick: Kostenträgerstückrechnung

Einstufige Divisionskalkulation: Die einstufige Divisionskalkulation wird angewendet, wenn ein Betrieb nur ein Produkt bzw. eine Leistung erzeugt. Die Stückkosten erhält man, indem die insgesamt angefallenen Kosten durch die insgesamt angefallene Stückzahl des Kostenträgers geteilt werden.

Mehrstufige Divisionskalkulation: Die mehrstufige Divisionskalkulation wird angewendet, wenn ein Betrieb ein Produkt bzw. eine Leistung erstellt, die mehrere Produktionsstufen durchläuft, aber nicht alle Produkte bzw. Leistungen alle Produktionsstufen durchlaufen. Für die Kalkulation werden die Stückkosten der einzelnen Herstellstufen berechnet und entsprechend aufaddiert.

Divisionskalkulation mit Äquivalenzziffern: Sind die erstellten Produkte bzw. Leistungen zwar gleichartig, aber nicht gleichwertig, findet die Äquivalenzziffernrechnung Anwendung. Entsprechend ihrer Wertigkeit werden Äquivalenzziffern vergeben, die sich auf eine Basisgröße beziehen müssen. Das Produkt dieser Äquivalenzziffern mit der Anzahl der hergestellten Erzeugnisse ergibt Recheneinheiten. Wenn die Gesamtkosten durch die Summe aller Recheneinheiten geteilt werden, erhält man als Ergebnis die Kosten pro Recheneinheit. Durch Multiplikation mit den jeweiligen Äquivalenzziffern lassen sich die Stückkosten pro Produkt/Leistung ermitteln.

Summarische Zuschlagskalkulation: Bei der summarischen Zuschlagskalkulation muss zuerst aus den Daten der Vergangenheit ein Zuschlagsatz ermittelt werden, indem die in einer Vorperiode angefallenen Gemeinkosten durch die in dieser Periode angefallenen Einzelkosten geteilt werden. Dieser Zuschlagsatz wird als Basis für die Kalkulation jedes Produkts bzw. jeder Leistung herangezogen. Um die Gemeinkosten eines Erzeugnisses zu erhalten, werden die Einzelkosten des Erzeugnisses mit dem Zuschlagsatz multipliziert. Die Summe aus Einzel- und Gemeinkosten ergibt dann die Selbstkosten des Erzeugnisses.

Differenzierende Zuschlagskalkulation: Bei der differenzierenden Zuschlagskalkulation wird für jede Kostenstelle ein Zuschlagsatz ermittelt. Je nachdem, welche Kostenstellen bei der Herstellung des entsprechenden Erzeugnisses beteiligt ist, können die Kosten für die Herstellung des Erzeugnisses in den einzelnen Kostenstellen anhand der jeweils in der Kostenstelle für das Erzeugnis angefallenen Einzelkosten und des entsprechenden Zuschlagsatzes ermittelt werden. Die Summe der so errechneten Einzel- und Gemeinkosten der verschiedenen beteiligten Kostenstellen ergibt die Selbstkosten des Erzeugnisses.

[53] In Anlehnung an Och, Wolfgang: Betriebswirtschaftslehre in der öffentlichen Verwaltung, München 2003.

4.4 TEILKOSTENRECHNUNG

In den vorangegangenen Kapiteln wurden immer alle angefallenen Kosten auf die Kostenträger verrechnet. Deshalb wird dieses System auch als Vollkostenrechnung bezeichnet. Die Vollkostenrechnung wird häufig damit begründet, dass grundsätzlich in einem Betrieb alle Kosten durch die Herstellung von Produkten bzw. Leistungen entstehen und deshalb auch auf diese umgelegt werden müssen. Diese Aussage ist bei einer mittel bis langfristigen Betrachtung auch richtig, denn nur wenn mittel- bis langfristig alle angefallenen Kosten durch den Verkauf der Produkte bzw. Leistungen gedeckt werden können, macht der Betrieb keine Verluste und ist damit überlebensfähig.
In manchen Situationen kann es jedoch sinnvoll sein, Produkte bzw. Leistungen zu einem Preis zu verkaufen, zu dem nicht die vollen Kosten gedeckt werden. Ob und zu welchem Preis dies sinnvoll ist, ist Thema der so genannten **Teilkostenrechnung**, die hier in Grundzügen vorgestellt wird.

4.4.1 Mängel der Vollkostenrechnung

Folgende Situationen veranschaulichen die Probleme einer durchgehenden Anwendung der Vollkostenrechnung:

Beschaffung:
In einem **nicht ausgelasteten Betrieb** soll die Entscheidung über **Eigenfertigung** und **Fremdbezug** eines Vorprodukts getroffen werden. Die Vollkostenrechnung ergibt Kosten der Eigenherstellung von 100 € pro Stück bei einem variablen Kostenanteil von 20 %. Der Angebotspreis beträgt 90 €. Soll der Betrieb den Gegenstand selbst herstellen oder fremd beziehen?

Lösung:
Auf den **ersten Blick** ist das Ergebnis eindeutig. Die Herstellung des Vorprodukts im eigenen Haus verursacht Kosten in Höhe von 100 €, während das Produkt von einem externen Anbieter für lediglich 90 € erworben werden kann. Demzufolge kann der Betrieb durch den Fremdbezug pro Stück 10 € einsparen.
Betrachtet man die aktuelle Situation des Betriebs genauer, stellt man fest, dass dieses Ergebnis nicht zwangsläufig richtig sein muss. Der Betrieb ist aktuell nämlich nicht ausgelastet, d. h. es gibt im Betrieb Produktionsfaktoren, z. B. Mitarbeiter und / oder Maschinen, die nicht genutzt werden. Diese ungenutzten Produktionsfaktoren verursachen aber auch Kosten, selbst wenn sie nicht genutzt werden, z. B. für Gehälter, Abschreibungen und Wartung – die bereits besprochenen Fixkosten. Wenn es nun möglich ist, dass das Vorprodukt von den unbeschäftigten Mitarbeitern auf den nicht genutzten Maschinen hergestellt wird, fallen laut Angabe pro Stück zusätzliche (variable) Kosten in Höhe von 20 € (20 % von 100 €) an. Die Fixkosten können bei dieser Betrachtung unberücksichtigt bleiben, da sie »eh da« sind (umgangssprachlich hat sich für die Fixkosten auch die Bezeichnung »Ehda-Kosten« eingebürgert).
Würde der Betrieb also das Vorprodukt extern zukaufen, müsste er 90 € an den Lieferanten und zusätzlich noch 80 € an angefallenen Fixkosten für die nicht genutzten Produktionsfaktoren tragen, in Summe also 170 € für den Fremdbezug.
Erstellt der Betrieb das Vorprodukt hingegen selbst, fallen lediglich 100 € an Kosten für die Eigenfertigung an.

Zusammenfassend bleibt festzuhalten, dass es bei **nicht ausgelasteten** Produktionsfaktoren sinnvoll ist, bei der Entscheidung zwischen Eigenfertigung und Fremdbezug die Fixkosten nicht in die Entscheidung miteinzubeziehen, sondern die Entscheidung anhand der variablen Kosten zu treffen. In obigen Beispiel betragen diese bei der Eigenfertigung 20 €, bei dem Fremdbezug dagegen 90 €.

Auch das folgende Beispiel aus dem Absatzbereich zeigt das angesprochene Problem auf:
Absatz:
Ein nicht ausgelasteter Betrieb erhält eine Anfrage über die Produktion eines zusätzlichen Produkts. Die Vollkostenrechnung ergibt Kosten in Höhe von 200 € pro Stück (variabler Anteil 20 %). Der erzielbare Preis beträgt 100 €. Soll das Produkt hergestellt und verkauft werden?

Lösung:
Auch hier ist die Antwort auf den **ersten Blick** eindeutig. Bei einem Produkt, das Kosten in Höhe von 200 € verursacht, ist es nicht sinnvoll, dieses für lediglich 100 € zu verkaufen, da der Betrieb dann pro Stück einen Verlust in Höhe von 100 € erwirtschaften würde.
Auf den **zweiten Blick** sieht die Antwort aber anders aus, denn auch hier sind die Produktionsfaktoren des Betriebs nicht ausgelastet, verursachen aber dennoch Fixkosten. In einer solchen Situation ist die Anwendung der Vollkostenrechnung nicht zielführend, sondern jetzt erbringt die Teilkostenrechnung ein sinnvolleres Ergebnis. Die variablen Kosten der Erstellung des Produkts betragen 40 € (20 % von 200 €). Bei einem Verkaufspreis von 100 € stehen dem Betrieb immerhin 60 € zur Verfügung, mit denen zumindest teilweise die anfallenden Fixkosten gedeckt werden können. Diese 60 € werden in der Teilkostenrechnung als **Deckungsbeitrag** bezeichnet. Grundsätzlich gilt, dass, sobald der Deckungsbeitrag größer als 0 ist, es bei **nicht ausgelasteten** Produktionsfaktoren grundsätzlich sinnvoll ist, das Produkt zu erstellen und zu verkaufen, da eine teilweise Deckung der Fixkosten immer besser ist als gar keine Deckung.

Anhand eines dritten Beispiels soll die Problematik noch grundsätzlicher betrachtet werden:

Preispolitik:
Wie verhalten sich grundsätzlich die Stückkosten bei steigender / fallender Ausbringungsmenge, wenn ihre Produktion zum Teil fixe und zum Teil variable Kosten verursacht? Wie bezeichnet man diesen Effekt?
Zu welcher (falschen) Entscheidung kann dieser Effekt bei einer rückläufigen Konjunktur und damit nicht ausgelasteten Produktionsfaktoren führen?

Lösung:
Am besten lässt sich diese Frage anhand eines Zahlenbeispiels veranschaulichen. Wenn ein Betrieb Fixkosten in Höhe von K_{Fix} = 100.000 € in einer bestimmten Periode aufweist, betragen bei einer Produktionsmenge von 8.000 Stück die stückfixen Kosten $k_{Fix} = \frac{100.000\text{ €}}{8.000\text{ Stück}} = 12{,}50$ €/Stück. Werden in der folgenden Periode bei gleichbleibenden Fixkosten jedoch 10.000 Stück hergestellt, betragen die $k_{Fix} = \frac{100.000\text{ €}}{10.000\text{ Stück}} = 10$ €/Stück. Dieser Effekt heißt Fixkostendegression, d. h. bei gleichbleibenden Fixkosten sinken die stückfixen Kosten, wenn die Ausbringungsmenge steigt. Die variablen Kosten spielen bei dieser Betrachtung keine Rolle, da sie in beiden Perioden k_v = 5 € pro Stück betragen und sich nicht in Abhängigkeit von der hergestellten Menge verändern.
Welche Entscheidung könnte nun ein Betrieb treffen, wenn die Konjunktur rückläufig ist und seine Produktionsfaktoren nicht ausgelastet sind, wenn er also an Stelle von 10.000 Stück nur noch 8.000 Stück verkaufen kann. Bei der Produktion von 10.000 Stück betragen die vollen Stückkosten $k_{10.000} = k_{fix} + k_v = 10 + 5 = 15$ €. Demgegenüber betragen sie bei einer Auslastung von 8.000 Stück $k_{8.000} = 12{,}50 + 5 = 17{,}50$ €. Deshalb könnte die Führung die Entscheidung treffen, den Preis für das Produkt um 2,50 € im Vergleich

zur Vorperiode anzuheben, da ja offensichtlich auch die Herstellung teurer geworden ist. Dies kann aber dazu führen, dass Kunden das Produkt noch weniger erwerben, da es für sie in der schlechten konjunkturellen Lage zu teuer geworden ist. Der Betrieb verkauft in der Folgeperiode noch weniger, hebt deshalb die Preise noch mehr an, noch weniger Kunden kaufen usw. In einer solchen Situation kann es deshalb richtig sein, als **absolute Preisuntergrenze** die **variablen** Kosten anzusetzen, denn diese 5 € müssen bei der Herstellung auf jeden Fall an Externe z. B. für Material oder Strom bezahlt werden. Kann der Betrieb auf dem Markt nur einen Preis unter 5 € durchsetzen, wäre es in der Tat besser, den Betrieb stillzulegen und entweder auf bessere Zeiten zu warten oder ihn zu liquidieren. Solange aber Preise über 5 € erzielt werden können, ist es sinnvoll die Produkte herzustellen, denn dann können zumindest die ohnehin anfallenden Fixkosten zumindest teilweise durch die Verkaufserlöse des Produkts gedeckt werden. Da der Betrieb jedoch trotzdem Verlust macht, ist dies nur sinnvoll, wenn die berechtigte Hoffnung besteht, dass in naher Zukunft am Markt wieder zumindest kostendeckende Preise durchgesetzt werden können. Zudem ist zu beachten, dass die Preise nicht nur aufgrund kostenrechnerischer Überlegungen festgesetzt werden dürfen, sondern hier auch marktliche Gegebenheiten eine Rolle spielen. So spielen bei der Preisfestsetzung neben den kostenrechnerischen Gesichtspunkten zumindest bei privatwirtschaftlichen Unternehmen die Preisgestaltung der Konkurrenten sowie das Gesetz von Angebot und Nachfrage wichtige Rollen.

Welche Kennzeichen weisen **fixe Kosten** demzufolge auf? Das wesentliche Merkmal wurde im Rahmen der Kostenartenrechnung bereits behandelt, nämlich dass sie unabhängig von der hergestellten Menge sind. Ein weiteres Merkmal ist zusätzlich noch zu beachten und zwar die **Abhängigkeit von der Zeit**. **Kurzfristig** sind Fixkosten **nicht abbaubar** und deshalb werden sie im Rahmen der Teilkostenrechnung auch nicht als entscheidungsrelevant angesehen. **Mittel- bis langfristig** können sie jedoch **abgebaut** werden, indem z. B. Mitarbeiter unter Berücksichtigung der jeweiligen Kündigungsfrist entlassen oder Maschinen verkauft werden. Deshalb erbringt die **Teilkostenrechnung** nur bei einer **kurzfristigen** Betrachtung sinnvolle Ergebnisse.

> ⓘ **Auf einen Blick: Teilkostenrechnung**
> Sind die Produktionsfaktoren eines Betriebes **nicht ausgelastet**, ist es in der Regel sinnvoll, zur Beurteilung von Preisuntergrenzen nicht die gesamten bei der Produktion anfallenden Kosten, sondern nur den variablen Anteil zu betrachten. Die **variablen Kosten** stellen im System der Teilkostenrechnung die **absolute Preisuntergrenze** dar.

4.4.2 Deckungsbeitragsrechnung (Direct Costing)

In der **Deckungsbeitragsrechnung** wird die Auffassung vertreten, dass die Herstellung eines Produkts auch dann noch weitergeführt werden kann, wenn für eine bestimmte Zeit die variablen Kosten durch den Verkaufspreis gedeckt werden können und die Fixkosten zumindest noch zu einem bestimmten Teil. Stehen mehrere Aufträge zur Wahl, wird mit dem Auftrag begonnen, der den höchsten Deckungsbeitrag erwirtschaftet.
In der Kostenarten- und Kostenstellenrechnung ist darauf zu achten, dass die variablen und die fixen Bestandteile getrennt ausgewiesen werden.

In der **Kostenträgerzeitrechnung** wird von den Erlösen einer Periode zuerst die Summe der variablen Kosten abgezogen. Von dem verbleibenden Gesamt-Deckungsbeitrag werden die Fixkosten in einem Block subtrahiert. Die Differenz entspricht dem Betriebsergebnis.

In der **Kostenträgerstückrechnung** wird der Stückdeckungsbeitrag ermittelt, indem man vom Stückerlös die variablen Stückkosten abzieht.

Es gilt:

$$db = e - k_v$$

mit
db: Stückdeckungsbeitrag, e: Stückerlös, k_v : variable Stückkosten

Der **Gesamtdeckungsbeitrag** DB wird ermittelt, indem von den gesamten Erlösen die insgesamt angefallenen variablen Kosten abgezogen werden.

$$DB = E - K_v.$$

mit
DB: Deckungsbeitrag, E: Erlöse, K_v: variable Gesamtkosten

Beispiel:

Bei einem Konzert werden 180 Eintrittskarten zu je 35 € verkauft. Außerdem ist bekannt, dass für die Vorstellung 10 € an variablen Kosten pro verkaufter Karte anfallen und der Fixkostenblock pro Aufführung bei 4.000 € liegt.
Wie hoch sind der Deckungsbeitrag je Besucher (Stückdeckungsbeitrag), der Deckungsbeitrag für die Vorstellung sowie das Ergebnis der Aufführung?

Lösung:
Der Stückdeckungsbeitrag wird nach folgender Formel ermittelt:

$$db = e - k_v = 35 - 10 = 25 €$$

Der Gesamtdeckungsbeitrag durch folgende Formel:

$$DB = E(x) - K_v(x) = (180 \text{ Karten} \cdot 35 €) - (180 \cdot 10) = 6.300 - 1.800 = 4.500 €$$

Um das Ergebnis einer ausverkauften Vorstellung zu ermitteln, sind von den Erlösen die fixen und die variablen Kosten abzuziehen, d. h.

$$\text{Ergebnis} = E(x) - K_{fix} - K_v(x) = (180 \cdot 35) - 4.000 - (180 \cdot 10) = 500 €$$

oder schneller, indem von dem Gesamtdeckungsbeitrag der Fixkostenblock abgezogen wird:

$$\text{Ergebnis} = DB - K_{fix} = 4.500 - 4.000 = 500 €$$

Ermittlung der Gewinnschwelle

Aus der Kenntnis der fixen und der variablen Kosten kann bei einem gegebenen Verkaufspreis die Gewinnschwelle[54] berechnet werden. Ab dem Verkauf dieser Menge erwirtschaftet der Betrieb Gewinn.

$$\text{Gewinnschwelle} = \frac{\text{fixe Gesamtkosten}}{\text{Stückdeckungsbeitrag}} = \frac{K_{fix}}{db}$$

Beispiel:

Wie viele Besucher müssen obiges Konzert besuchen, damit die Veranstaltung kostendeckend angeboten werden kann?

Lösung:
Der einfachste Weg ist das Einsetzen der entsprechenden Werte in obige Formel:

$$\text{Gewinnschwelle} = \frac{K_{fix}}{db} = \frac{4.000}{25} = 160 \text{ Besucher}$$

Alternativ kann die Gewinnschwelle aber auch über eine Gleichung ermittelt werden. Die Kostendeckung ist genau dann erreicht, wenn die Erlöse E(x) den angefallenen Gesamtkosten entsprechen, die sich definitionsgemäß aus den fixen und den variablen Kosten zusammensetzen.

[54] Folgende Bezeichnungen sind auch gebräuchlich: Break-even-point, Kostendeckungspunkt, Kritischer oder Toter Punkt.

$$
\begin{aligned}
E(x) &= K(x) = K_{fix} + K_v(x) \\
e \cdot x &= K_{fix} + k_v \cdot x \\
35^*x &= 4.000 + 10^*x \\
25x &= 4.000 \\
x &= 160
\end{aligned}
$$

Das System der Gewinnschwelle lässt sich auch optisch in einem Diagramm veranschaulichen, in das sowohl die Erlöse E(x) als auch die Gesamtkosten K(x) mit dem fixen (K_{fix}) und variablen Anteil (K_{var}) eingetragen werden.

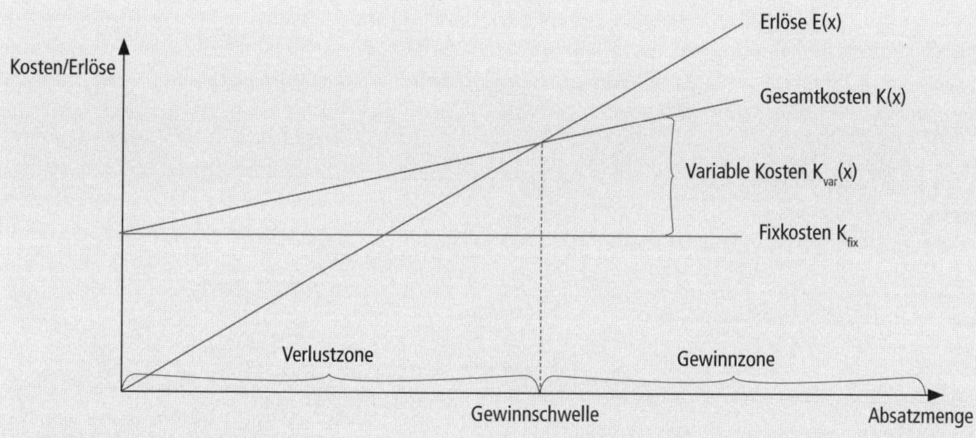

Abbildung 81: Gewinnschwelle

Zu beachten ist, dass die Deckungsbeitragsrechnung in der vorgestellten Form eine relativ starke Vereinfachung darstellt. So werden die Kosten allein nach der Abhängigkeit von der Beschäftigung in fixe und variable Kosten unterschieden, eine weitere Unterscheidung wird nicht vorgenommen. Zudem wird häufig auch die Unterscheidung zwischen fixen und variablen Kosten nicht ganz sauber vorgenommen, da Kosten, die nur kurzfristig fixe Kosten darstellen, als variable Kosten betrachtet werden. Außerdem werden sowohl die variablen Kosten als auch die Erlöse grundsätzlich als proportional angesehen.
Dennoch erfüllt die Deckungsbeitragsrechnung ihren Zweck, wenn es darum geht, zumindest eine theoretische Preisuntergrenze festzulegen. In der Praxis werden die Preise in der Regel deutlich über den variablen Kosten als theoretische Preisuntergrenze angesetzt werden, selbst wenn ein niedrigerer Preis kostenrechnerisch durchaus sinnvoll sein könnte. Hier ist aber zu berücksichtigen, dass die **Preise nicht allein aufgrund kostenrechnerischer Überlegung** festgelegt werden, sondern hier auch die **Aspekte des Marktes** eine wesentliche Rolle spielen.
Ein weiterer wichtiger Kritikpunkt ist, dass der Fixkostenblock nicht weiter analysiert wird. Dies ist insbesondere deshalb problematisch, da die Fixkosten gerade in der öffentlichen Verwaltung einen sehr hohen Anteil ausmachen.

Auf einen Blick: Deckungsbeitragsrechnung
Bei der Deckungsbeitragsrechnung lohnt sich die Herstellung eines Produktes bzw. einer Leistung bei nicht ausgelasteten Produktionsfaktoren, d. h. bei Unterbeschäftigung grundsätzlich bereits dann, wenn der Deckungsbeitrag positiv ist, da dann Gelder erwirtschaftet werden, die zumindest zur teilweisen Deckung der Fixkosten eingesetzt werden können. Der Deckungsbeitrag wird ermittelt, indem von den Erlösen die variablen Kosten abgezogen werden.

4.4.3 Stufenweise Fixkostendeckungsrechnung

Durch die stufenweise Fixkostendeckungsrechnung wird versucht die Vorteile der Vollkostenrechnung und der Deckungsbeitragsrechnung zu kombinieren. Deshalb werden die Fixkosten nicht, wie beim Direct Costing in einem Block, sondern nach **unterschiedlichen Verrechnungsstufen** verrechnet. Verrechnungsstufen können z. B. das Produkt, Produktgruppen oder Sparten sein. Die Verrechnung der Fixkosten erfolgt somit auf der Ebene, der sie zweifelsfrei ohne Schlüsselung zugeordnet werden können, um Deckungsbeiträge auf einzelnen Ebenen bestimmen zu können. Der Vorteil dieser Methode liegt darin, dass anhand der Deckungsbeiträge auf einzelnen Ebenen erkennbar wird, welche Produkte, Produktgruppen oder Sparten das Ergebnis verbessern bzw. verschlechtern, wenn z. B. die Sparte noch nicht einmal die Spartenfixkosten selbst tragen kann. Außerdem kann ermittelt werden, ob bzw. in welchem Umfang sich das Betriebsergebnis kurzfristig verändert, wenn bestimmte Produkte oder Produktgruppen aus dem Programm genommen werden. In einem solchen Fall ist zu beachten, dass die von diesen Produkten verursachten Fixkosten kurzfristig in der Regel nicht abgebaut werden können und deshalb weiter den Betrieb belasten.

Beispiel[55]**:**

Eine Bildungseinrichtung für den öffentlichen Dienst bietet verschiedene Kurse an. Die einzelnen Produkte können zu den beiden Produktgruppen »Ausbildung« und »Fortbildung« zusammengefasst werden. Sie verfügen über folgende Informationen:

Ausbildung:
Teilnahmegebühren (1. Qualifikationsebene 150.000 €, 2. Qualifikationsebene 40.000 €, 3. Qualifikationsebene 60.000 €)
Dozentenhonorare (1. Qualifikationsebene 100.000 €, 2. Qualifikationsebene 40.000 €, 3. Qualifikationsebene 40.000 €)
Sonstige Kosten (1. Qualifikationsebene 20.000 €, 2. Qualifikationsebene 6.000 €, 3. Qualifikationsebene 10.000 €)
Zusätzlich fallen für die Ausbildungskurse Fixkosten in Höhe von 100.000 € für die Verwaltung an.

Fortbildung:
Teilnahmegebühren (Sprachkurse 25.000 €, Rechtskurse 40.000 €, BWL-Kurse 10.000 €)
Dozentenhonorare (Sprachkurse 10.000 €, Rechtskurse 20.000 €, BWL-Kurse 6.000 €)
Sonstige Kosten (Sprachkurse 5.000 €, Rechtskurse 3.000 €, BWL-Kurse 5.000 €)
Zusätzlich fallen für die Verwaltung Fixkosten in Höhe von 25.000 € an.
Für die gesamte Einrichtung fallen Fixkosten in Höhe von 60.000 € an.
Ermitteln Sie die Deckungsbeiträge der einzelnen Produkte, Sparten und das Ergebnis der Bildungseinrichtung! Interpretieren Sie Ihr Ergebnis!

Lösung:

Sparte	Ausbildung			Fortbildung		
Produkte	1. Qualifikationsebene	2. Qualifikationsebene	3. Qualifikationsebene	Sprachkurse	Rechtskurse	BWL-Kurse
Erlöse	150.000	40.000	60.000	25.000	40.000	10.000
Dozenten	100.000	40.000	40.000	10.000	20.000	6.000
sonstige Kosten	20.000	6.000	10.000	5.000	3.000	5.000
DB I	30.000	-6.000	10.000	10.000	17.000	-1.000
Summe DB I	54.000			26.000		
Spartenfixkosten	100.000			25.000		
DB II	-66.000			1.000		
Summe DB II	-65.000					
Unternehmensfixkosten	60.000					
Unternehmensergebnis	-125.000					

[55] In Anlehnung an Och, Wolfgang: Betriebswirtschaftslehre in der öffentlichen Verwaltung, München 2003.

Der Deckungsbeitrag I (DB I) zeigt, dass die Lehrgänge für die 2. Qualifikationsebene und die BWL-Kurse nicht einmal die variablen Kosten decken. Hier müsste deshalb auf jeden Fall steuerungstechnisch angesetzt werden, z. B. durch eine Erhöhung der Teilnehmerzahlen im Kurs. Auch eine Erhöhung der Gebühren oder eine Absenkung der Dozentenhonorare wären mögliche Ansatzpunkte. Der DB II zeigt, dass die gesamte Sparte Ausbildung ihre Spartenfixkosten nicht erwirtschaftet. In dieser Sparte müsste herausgefunden werden, ob die schlechten Zahlen eine einmalige Angelegenheit sind, da z. B. in der entsprechenden Periode die Ausbildungsabteilung eine schlechte Auslastung hatte. Aber auch die Fortbildungsabteilung kann zu den Unternehmensfixkosten mit 1.000 € nur eine geringe Deckung beitragen, so dass auch hier aus kostenrechnerischer Sicht Handlungsbedarf besteht. Aus politischer Sicht kann der Verlust aber möglicherweise bewusst in Kauf genommen werden, um die Bildungsangebote für die Mitarbeiter im öffentlichen Dienst zu fördern.

Auf einen Blick: Stufenweise Fixkostendeckungsrechnung
Bei der stufenweisen Fixkostendeckungsrechnung wird der Fixkostenblock weiter aufgespalten, um auf diese Weise zusätzliche Informationen zur Steuerung eines Betriebs zu erhalten.

5 KOMMUNALES PLANUNGS- UND RECHNUNGSWESEN KOMPAKT

In diesem Kapitel werden die wesentlichen in diesem Buch behandelten Aspekte noch einmal in prägnanter Form zusammengefasst und im Rahmen einer Fallstudie mit Lösung angewendet. Dies bietet die Möglichkeit, schnell einen Überblick über die relevanten Sachverhalte des kommunalen Planungs- und Rechnungswesen zu erhalten und die Sachverhalte z. B. zur Prüfungsvorbereitung zusammenhängend anzuwenden.

5.1 QUERSCHNITT AUF EINEN BLICK

Aufstellungsphase des Haushalts
Die Aufstellungsphase beginnt im Vorjahr des zu planenden Haushaltsjahres. Sie erstreckt sich beginnend mit den Vorbereitungsarbeiten (z. B. Eckwertebeschluss), über die Mittelanmeldungen, die von den mittelbewirtschaftenden Verwaltungsstellen softwareunterstützt abgegeben werden, bis hin zum Rücklauf in der Kämmerei, die aus den Meldungen unter Berücksichtigung der politischen Zielsetzung einen Entwurf erstellt.

Beschlussphase des Haushalts
Die Beschlussphase soll im Vorjahr des zu planenden Haushaltsjahres abgeschlossen sein. Sie erstreckt sich beginnend mit der Einbringung des Haushaltsentwurfes in die Vertretung, über die Beratungen in den Fachausschüssen und in dem Hauptausschuss, bis hin zu dem Beschluss der Vertretung über die Haushaltssatzung.

Erlassphase des Haushalts
Nach Beschluss der Vertretung ist die Haushaltssatzung mit ihren Anlagen der Kommunalaufsichtsbehörde vorzulegen, wobei die Vorlage einen Monat vor Beginn des zu planenden Haushaltsjahres erfolgen soll. Es folgen die Genehmigung der genehmigungsbedürftigen Teile sowie die Verkündung der Haushaltssatzung und die öffentliche Auslegung des Haushaltsplans mit seinen Anlagen an sieben Tagen. Nach dem Ende der öffentlichen Auslegung des Haushaltsplans wird die Haushaltssatzung wirksam, d. h. erst danach ist sie final erlassen und wird damit zu Ortsrecht.

Haushalts- und Kassenvollzugsphase
Der Haushalts- und Kassenvollzug erfolgt im jeweiligen Haushaltsjahr, welches grundsätzlich dem Kalenderjahr entspricht, soweit nicht für einzelne Bereiche durch Gesetz oder Verordnung etwas anderes bestimmt ist. Diese Ausführungsphase beinhaltet die Mittelbewirtschaftung und damit das Zusammenspiel zwischen der Zahlungsanweisung, d. h. die Erstellung und die Erteilung der Kassenanordnungen und deren Dokumentation, und der Zahlungsabwicklung durch die Kommunalkasse. Über das gesetzlich geforderte Trennungsprinzip dürfen die Zahlungsanweisung und Zahlungsabwicklung nicht von denselben Beschäftigten ausgeführt werden.

Abschlussphase des Haushalts
Die Abschlussphase beginnt nach dem Abschlusstag des jeweiligen Haushaltsjahres. Zu dieser Rechenschaftslegung gehört die Aufstellung des Jahresabschlusses, welcher innerhalb von drei Monaten nach dem Ende des Haushaltsjahres zu erfolgen hat. Im Jahresabschluss sind sämtliche Vermögensgegenstände, Schulden, Rechnungsabgrenzungsposten, Erträge, Aufwendungen, Einzahlungen und Auszahlungen sowie die tatsächliche Vermögens-, Ertrags- und Finanzlage der Kommune darzustellen. Über den Rechenschaftsbericht, der dem Anhang des Jahresabschlusses beizufügen ist, werden, den tatsächlichen Verhältnissen entsprechend, der Verlauf der Haushaltswirtschaft und die finanzwirtschaftliche Lage der Kommune dargestellt.

Prüfungsphase des Haushalts
Die Prüfungsphase beinhaltet die Prüfung des Jahresabschlusses durch das Rechnungsprüfungsamt. Die Bemerkungen hierzu sind in einem Schlussbericht zusammenzufassen, zu welchem der Hauptverwaltungsbeamte eine Stellungnahme abzugeben hat. Die auf Vollständigkeit und Richtigkeit festgestellten Abschlüsse, der jeweilige Schlussbericht der Rechnungsprüfung und die Stellungnahme des Hauptverwaltungsbeamten zu diesem Bericht sind sodann unverzüglich der Vertretung vorzulegen. Diese beschließt bis spätestens zum 31. Dezember des auf das Haushaltsjahr folgenden Jahres ausschließlich über den Jahresabschluss und die Entlastung des Hauptverwaltungsbeamten.

Haushaltskreislauf
Die Einbindung aller Verwaltungsebenen wie auch der mehrstufige Prozess über die Einbindung der politischen Gremien bis zum Vertretungsbeschluss führt dazu, dass die Zahl der Akteure in der Planaufstellungsphase sehr groß ist. Zudem sind die Formerfordernisse hoch, so dass die Aufstellung des Haushalts neben der notwendigen Aufgabenverteilung innerhalb der Verwaltung einer konkreten **Zeitplanung** bedarf. Insgesamt durchläuft jeder Haushalt verschiedene Stadien und jedes Jahr vollzieht sich die gleiche Prozedur, unabhängig davon, ob ein früherer **Haushaltskreislauf** abgeschlossen ist. Der Haushalt für das folgende Haushaltsjahr wird von der Verwaltung je nach örtlichen Gegebenheiten früher oder später vorbereitet, aufgestellt und der Vertretung zur Beschlussfassung vorgelegt. Der **Planaufstellung** folgen die **Planausführung** und anschließend die Rechnungslegung mit dem Jahresabschluss, welcher aufzustellen und zu prüfen ist. Insgesamt betragen die Phasen zur Planung, Abwicklung und Kontrolle eines Haushalts etwa 2,5 Jahre.

Grundlagen des Haushaltsplans
Der Haushaltsplan ist ein Ausdruck des verfassungsrechtlich garantierten Rechtes auf **kommunale Selbstverwaltung**, zu welcher auch die **Finanzhoheit** gehört. Danach dürfen die Kommunen die Angelegenheiten ihrer örtlichen Gemeinschaft selbst regeln und verwalten. Eine Legaldefinition des Begriffs **»Haushaltsplan«** ist in den einschlägigen Gesetzen und Verordnungen nicht enthalten, er kann gleichwohl folgendermaßen beschrieben werden:
Der Haushaltsplan ist eine maßgebende, systematische Zusammenstellung aller erwarteten, veranschlagten Haushaltsmittel, die eine Kommune innerhalb einer bestimmten Periode (in der Regel ein Kalenderjahr) zur Erfüllung ihrer Aufgaben voraussichtlich benötigt.
Der Haushaltsplan zeigt alle mit der Leistungserbringung, auf ein Haushaltsjahr bezogenen verbundenen Erträge und Aufwendungen (Ergebnisgrößen) sowie Ein- und Auszahlungen (Zahlungsgrößen) und damit die voraussichtliche Entwicklung der Vermögens-, Ertrags- und Finanzlage auf.

Aufbau des Haushaltsplans
Die **Bestandteile** nach § 1 I KomHKVO als unverzichtbare, wesentliche Teile des Haushaltsplans werden durch den Beschluss der Vertretung über die Haushaltssatzung festgesetzt und stehen der Haushaltssatzung normativ gleich.
Die **Anlagen** des Haushaltsplans nach § 1 II KomHKVO dienen als ergänzende haushaltswirtschaftliche Unterlagen der Unterrichtung der Vertretung, der Bürger und der Kommunalaufsicht über die finanzwirtschaftlichen Entwicklungen der Kommune. Sie zeigen in übersichtlicher Aufbereitung haushaltswirtschaftliche Zusammenhänge und Informationen auf, die sich aus den Bestandteilen ergeben.

Bedeutung des Haushaltsplans
Der **Haushaltsplan** ist nach § 113 III NKomVG **Grundlage für die Haushaltswirtschaft** und für die Haushaltsführung **verbindlich.** In dieser Funktion stellt der Haushaltsplan sozusagen ein Bindeglied zwischen Vertretung und Verwaltung dar.
Bindend ist der Haushaltsplan, der durch die Haushaltssatzung für die kommunale Haushaltswirtschaft »festgesetzt« wird, dabei nur im **Innenverhältnis.** Ein Dritter kann von der Kommune keine besondere Leistung fordern unter der Begründung, der Haushaltsplan sähe dafür Beträge vor. Andererseits kann die Erfüllung der Pflichtaufgaben nicht mit der Begründung fehlender Haushaltsermächtigungen verweigert werden. Insofern wenden sich die Festsetzungen und Bestimmungen des Haushaltsplans ausschließlich an die mit der Ausführung des Haushaltsplans befassten Organe und Funktionsträger der Kommune, also z. B. an den Hauptverwaltungsbeamten und die Dienstkräfte, die zu Buchungen befugt sind. Externen Adressaten dient der Haushaltsplan lediglich als Informationsquelle.

Aufstellung und Inhalte der Haushaltssatzung
Die Aufstellung der Haushaltssatzung hat nach § 112 I NKomVG für jedes Haushaltsjahr zu erfolgen. Die Pflichtinhalte beziehen sich auf fünf Paragraphen:
Das **Gesamtvolumen in § 1 der Haushaltssatzung** ist rein informativ und erlaubt einen schnellen Überblick über die Planungsgrößen des Ergebnis- und Finanzhaushalts.
Die **Kreditermächtigung in § 2 der Haushaltssatzung** stellt die Erlaubnis dar, unter der Verpflichtung zur Tilgung von Dritten oder von Sondervermögen mit Sonderrechnung Geldkapital als Deckungsmittel für Investitionen und Investitionsförderungsmaßnahmen aufzunehmen. Weitere Aufnahme- und Formvorschriften sind in **§ 111 VI NKomVG, § 112 II 1 Nr. 1 c NKomVG** sowie **in § 120 NKomVG** enthalten.

Der **Gesamtbetrag der Verpflichtungsermächtigungen in § 3 der Haushaltssatzung** steht vor dem Hintergrund, dass die Kommune einen Finanzvorfall im Haushaltsjahr nur auslösen darf, wenn der Haushaltsplan hierzu ermächtigt. Möchte die Kommune im Haushaltsjahr ein Rechtsgeschäft im Zusammenhang mit einer Investition oder Investitionsförderungsmaßnahme, mit dem erst in künftigen Jahren Auszahlungen verbunden sind, eingehen, bedarf sie hierzu im Haushaltsjahr einer Verpflichtungsermächtigung. Weitere Vorschriften sind **in § 112 II 1 Nr. 1 d NKomVG, in § 119 NKomVG und in § 11 KomHKVO** enthalten. Verpflichtungsermächtigungen führen zu einer Mittelbindung zu Lasten künftiger Haushaltsjahre und schränken insofern deren Handlungsspielraum ein.
Der **Höchstbetrag der Liquiditätskredite in § 4 der Haushaltssatzung** ermöglicht der Kommune, zu jeder Zeit ihren Zahlungsverpflichtungen termingerecht und vollständig nachzukommen. Die Kommune darf so bis zu dem genannten Höchstbetrag Kredite zur Überbrückung des verzögerten Eingangs von Deckungsmitteln durch in der Regel kurzfristige Verbindlichkeiten aufnehmen, soweit keine anderen Mittel zur Verfügung stehen. Weitere Vorschriften sind **in § 112 II 1 Nr. 2 NKomVG und in § 122 NKomVG** enthalten.
Mit der Festsetzung der **Hebesätze der Grund- und Gewerbesteuer in § 5 der Haushaltssatzung** nimmt die Vertretung im Rahmen der Steuerhoheit als Teil der Finanzhoheit direkten Einfluss auf die Höhe der geplanten Steuererträge.

Genehmigungsbedürftige Teile der Haushaltssatzung
Einzelne Paragraphen der Haushaltssatzung bedürfen einer Genehmigung. Diese beziehen sich auf den angegebenen Gesamtbetrag der vorgesehenen Kreditaufnahmen für Investitionen und Investitionsförderungsmaßnahmen, auf den Gesamtbetrag der Verpflichtungsermächtigungen sowie auf den festgesetzten Höchstbetrag der Liquiditätskredite. Weitere Vorschriften sind in § 120 II NKomVG, § 119 IV NKomVG und § 122 II NKomVG enthalten.

Haushaltssatzung und Haushaltsplan
Der Haushaltsplan ist nicht mit der Haushaltssatzung identisch, ist jedoch notwendiger Bestandteil derselben. Haushaltssatzung und Haushaltsplan bilden eine Einheit. Die nach **§ 112 NKomVG** erforderliche **Haushaltssatzung** bildet mit Hilfe des durch sie festgesetzten Haushaltsplans die verbindliche Grundlage für die sich anschließende Haushaltsausführung im Kalenderjahr. Im Gegensatz zu anderen örtlichen Satzungen ist sie eine Pflichtsatzung, wobei sogar der Aufbau per Mindestinhalt sowie die textliche Fassung durch das **Muster 1** des Ausführungserlasses formal vorgeschrieben sind.
Sie enthält gegebenenfalls genehmigungsbedürftige Teile, entfaltet jedoch grundsätzlich (mit Ausnahme der Hebesätze für die Realsteuern in § 5 Haushaltssatzung) nur Innenwirkung. Die Wirksamkeit beginnt grundsätzlich (ggf. auch rückwirkend) zum 01.01., wobei sich die Gültigkeit der Haushaltssatzung grundsätzlich auf insgesamt ein Kalenderjahr erstreckt.

Nachtragshaushaltssatzung und Nachtragshaushaltsplan
Die (ursprüngliche) Haushaltssatzung kann nach **§ 115 NKomVG** ausschließlich durch eine **Nachtragshaushaltssatzung** geändert werden. Bei gewissen Konstellationen des § 115 II Nr. 1 NKomVG oder des § 115 II Nr. 2 NKomVG ist unverzüglich eine Nachtragshaushaltssatzung zu erlassen. Bei der Prüfung zum Erlass einer Nachtragshaushaltssatzung nach § 115 II NKomVG sind insofern immer die Voraussetzungen der Nr. 1 als auch die Voraussetzungen der Nr. 2 zu bearbeiten. Die Nachtragshaushaltssatzung setzt zugleich die erforderlichen Änderungen des (ursprünglichen) Haushaltsplans durch einen **Nachtragshaushaltsplan** nach **§ 8 KomHKVO** fest. Für beide gelten die gleichen rechtlichen (Verfahrens-) Regelungen wie für die Ursprungssatzung bzw. den Ursprungsplan. Der Nachtragshaushaltsplan enthält gleichwohl lediglich die gegenüber den Ursprungsansätzen vorgenommenen erheblichen Veränderungen. Alle anderen Haushaltsansätze sowie die damit zusammenhängenden Ziele und Kennzahlen, die keiner wesentlichen Veränderung unterliegen, müssen nicht dargestellt werden.

Ergebnishaushalt
Der **Ergebnishaushalt** als Bestandteil des Haushaltsplans nach **§ 113 II 1 NKomVG und § 1 I Nr. 1 KomHKVO sowie § 2 KomHKVO** bildet mit den Ergebnisgrößen der laufenden Verwaltungstätigkeit das Kernstück der kommunalen Aufgabenerfüllung. Sind die Erträge und Aufwendungen zahlungswirksam, finden sie sich zugleich im Finanzhaushalt, im Bereich der laufenden Verwaltungstätigkeit, wieder.

Finanzhaushalt
Der **Finanzhaushalt** als Bestandteil des Haushaltsplans nach **§ 113 II 1 NKomVG und § 1 I Nr. 2 KomHKVO sowie § 3 KomHKVO** bildet neben den Zahlungsgrößen der laufenden Verwaltungstätigkeiten sowohl die der investiven wie auch die der kreditwirtschaftlichen Tätigkeiten ab.

Teilhaushalte
Die **Teilhaushalte** als Bestandteil des Haushaltsplans nach **§ 1 I Nr. 3 KomHKVO und § 4 KomHKVO** setzen sich jeweils nach dem **Muster 8** aus vier Teilen zusammen. Die formale Gestaltung darf dabei unter Einhaltung des Mindestinhaltes der Haushalts-Muster geringfügig abweichen.

Aus der Summe aller geplanten Ergebnis- und Zahlungsgrößen sämtlicher Arbeitsergebnisse einer Organisationseinheit oder des Produktplans der Kommune ergeben sich die Planwerte für die Teilhaushalte. Durch deren Addition ergeben sich die Haushalte auf der Gesamtebene. Die Haushaltsansätze der Teilergebnishaushalte werden in der örtlichen Gesamtsicht zum Ergebnishaushalt und die Haushaltsansätze der Teilfinanzhaushalte werden in der örtlichen Gesamtsicht zum Finanzhaushalt kumuliert.

Mittelfristige Ergebnis- und Finanzplanung
Der Zeitraum eines Haushaltsjahres ist viel zu kurz, um längerfristige Auswirkungen der Aufgabenerfüllung aufzuzeigen. So kommt zu der Jahresplanung auf jeder Seite des Haushaltsplans (nicht jedoch in der Haushaltssatzung) nach **§ 118 NKomVG und § 9 KomHKVO** noch eine **fünfjährige mittelfristige Ergebnis- und Finanzplanung** hinzu, die spaltenweise in einer Zeitreihe darzustellen ist. Der Haushaltsplan ist also ein mehrjähriges Planungsinstrument.
Durch die Integration in den Haushaltsplan stehen die **Ansatzspalten** bei der politischen Beratung automatisch im Blickpunkt und sind als Prognoseinstrument deutlich aufgewertet. Die Anschaulichkeit des Planwerks sowie dessen Transparenz sind durch die zusätzlichen Informationen erhöht. Der Bürger erhält einen differenzierten und umfassenden Blick auf die Planungen der Ergebnis- und Zahlungsgrößen und kann in einer mehrjährigen Perspektive die Zukunftsfähigkeit der Kommune verfolgen.
Eine Verpflichtung der Kommune, die Planzahlen für das jeweilige Haushaltsjahr unverändert aus der mittelfristigen Ergebnis- und Finanzplanung zu übernehmen, besteht gleichwohl nicht, so dass sie lediglich eine Art **Absichtserklärung** darstellt.

Investitionsprogramm
Im **Investitionsprogramm** nach **§ 118 III NKomVG und § 9 II KomHKVO** wird auf fünf Jahre hinaus festgelegt, in welche Maßnahmen investiert werden soll. Zudem ist bei Investitionen und Investitionsförderungsmaßnahmen im Haushaltsjahr abzulesen, mit welchem Volumen sie zeitlich abgewickelt werden, d. h. wie viele Auszahlungen bisher in den Vorjahren bereitgestellt wurden und welche Ansätze nach dem jeweiligen Jahresbedarf dafür eingeplant sind.

Stetige Aufgabenerfüllung
Der in **§ 110 I NKomVG** geforderte **Grundsatz der stetigen Aufgabenerfüllung** bezieht sich auf die Planaufstellung wie auch auf die Planausführung. Die Haushaltswirtschaft ist insgesamt so zu planen und zu führen, dass von der Finanzlage keine Beeinträchtigung der von der Kommune wahrgenommenen Aufgaben eintritt. Der Haushaltsplan zeigt alle mit der Aufgabenerfüllung und angestrebten Zielerreichung verbundenen Erträge und Einzahlungen sowie Aufwendungen und Auszahlungen auf. So dient er der Feststellung und Deckung des Finanzbedarfs, der zur Aufgabenerfüllung der Kommune im Haushaltsjahr voraussichtlich notwendig sein wird. Der Haushaltsplan ist damit eine finanzielle Plattform für die öffentlichen Aufgaben, die eine Kommune im Interesse und zum Wohle seiner Bevölkerung erfüllt.

Sparsamkeit und Wirtschaftlichkeit
Nach **§ 110 II NKomVG** ist die Haushaltswirtschaft sparsam und wirtschaftlich zu führen. Mit der Sparsamkeit sind die Ausgaben auf das unbedingt notwendige Maß zu beschränken. Damit rückt das Verhältnis von geplantem Mitteleinsatz zu tatsächlichem Mitteleinsatz in den Focus. Bei einem kurzen Betrachtungszeitraum sollen die Ausgaben in erster Linie niedrig gehalten werden. Bei der Wirtschaftlichkeit geht es um einen längeren Betrachtungszeitraum. Mit dem geringstem Aufwand soll ein möglichst großer Nutzen erzielt werden.

Haushaltsausgleich
Der in **§ 110 IV NKomVG** geforderte **Grundsatz des Haushaltsausgleichs** bezieht sich auf die Planaufstellung wie auch auf die Planausführung. Er bezieht sich vorrangig auf den Ausgleich des Ergebnishaushalts und verlangt, dass der Gesamtbetrag der ordentlichen Erträge mindestens dem Gesamtbetrag der ordentlichen Aufwendungen entspricht. Gleiches gilt für den außerordentlichen Ergebnisbereich. Für den Finanzhaushalt ist kein Haushaltsausgleich der Einzahlungen und Auszahlungen vorgeschrieben.

Jährlichkeit
Nach **§ 112 I NKomVG** haben die Kommunen für jedes Haushaltsjahr eine Haushaltssatzung zu erlassen. Hierdurch erfolgt die Haushaltsplanung jeweils regelmäßig für den Zeitraum des Kalenderjahres, wobei der jährliche Rhythmus die stetige Haushaltswirtschaft fördert. Auch beim Erlass von Festsetzungen für zwei Haushaltsjahre (Doppelhaushalt) wird dieser Jährlichkeitsgrundsatz nicht durchbrochen, da eine Trennung nach Haushaltsjahren erfolgt.

Haushaltseinheit
Nach **§ 113 I 1 NKomVG** enthält der Haushaltsplan alle Planungsgrößen sowie Verpflichtungsermächtigungen. Danach sind alle im betrachteten Haushaltsjahr voraussichtlich anfallenden Erträge und eingehenden Einzahlungen, alle entstehenden Aufwendungen und zu leistenden Auszahlungen sowie alle notwendigen Verpflichtungsermächtigungen in einem Haushaltsplan auszuweisen. Das Einheitsprinzip soll insbesondere die Schaffung von Neben- bzw. Schattenhaushalten verhindern.

Vollständigkeit
Der **Grundsatz der Vollständigkeit** in **§ 113 I 1 NKomVG** erfordert es, alle im Haushaltsjahr für die Aufgabenerfüllung voraussichtlichen Planungsgrößen, die den Bestand der Nettoposition oder den Bestand der liquiden Mittel verändern, im Haushaltsplan zu veranschlagen. Es sind sämtliche haushaltswirksame voraussichtlich anfallende Erträge, entstehende Aufwendungen, eingehende Einzahlungen und zu leistende Auszahlungen in den Haushaltsplan aufzunehmen. Auch notwendige Verpflichtungsermächtigungen, die zu investiven Auszahlungen in künftigen Haushaltsjahren führen, sind zu veranschlagen.
Ausnahmen dieses Grundsatzes ergeben sich durch **§ 14 KomHKVO. Haushaltsunwirksame Einzahlungen und Auszahlungen** werden danach nicht im Haushaltsplan veranschlagt.

Bruttoprinzip
Der **Grundsatz des Bruttoprinzips** in **§ 10 I KomHKVO** erfordert es, die jeweiligen Planungs- und Rechengrößen »Erträge und Aufwendungen« sowie »Einzahlungen und Auszahlungen« voneinander zu trennen. Diese Trennung fördert den Vergleich der für die Aufgabenerfüllung erforderlichen Haushaltsmittel mit den zur Verfügung stehenden Deckungsmitteln. Nur so kann der tatsächliche Umfang des Finanzvorfalles wie auch der korrekte Anschaffungs- und Herstellungswert nachgehalten werden. Zudem ermöglicht dieser Grundsatz die von der Vertretung, der Verwaltung und der Öffentlichkeit gewünschte Transparenz des Haushaltsplans.
Ausnahmen dieses Grundsatzes ergeben sich durch **§ 29 KomHKVO. Rückzahlungen** sind danach sowohl in der Planausführung wie auch in der Planaufstellung bei den ursprünglichen Buchungsstellen abzusetzen.

Periodengerechtigkeit
Der **Grundsatz der Periodengerechtigkeit** nach **§ 113 I 1 NKomVG i. V. m. § 10 II 1 KomHKVO** erfordert es, die Erträge und Aufwendungen in ihrer voraussichtlichen Höhe in dem Haushaltsjahr zu veranschlagen, dem sie wirtschaftlich zuzurechnen sind. Bei der Frage, welchem Haushaltsjahr die leistungsbezogenen anfallenden Erträge und entstehenden Aufwendungen zuzuordnen sind, ist ausschließlich der Zeitpunkt der wirtschaftlichen Verursachung relevant. Der Zeitpunkt der damit verbundenen Zahlungsvorgänge ist für die ergebniswirksame Veranschlagung irrelevant.

Kassenwirksamkeit
Der **Grundsatz der der Kassenwirksamkeit** nach **§ 113 I 1 NKomVG i.V.m. § 10 II 2 KomHKVO** erfordert es, die Einzahlungen in Höhe der im Haushaltsjahr voraussichtlich eingehenden und die Auszahlungen in Höhe der im Haushaltsjahr voraussichtlich zu leistenden Beträge zu veranschlagen. Bei der Frage, in welcher Höhe die Einzahlungen und Auszahlungen im Haushaltsjahr eingehen und zu leisten sind, ist ausschließlich der Zeitpunkt der Zahlungswirksamkeit relevant. Der Zeitpunkt der wirtschaftlichen Verursachung ist für die zahlungswirksame Veranschlagung irrelevant.

Einzelveranschlagung
Der **Grundsatz der Einzelveranschlagung** erfordert es, die Finanzvorfälle auf Produkt-Kontenebene je nach Entstehungsgrund bzw. Verwendungszweck einzeln zu planen. Der Kontenrahmen ist nach § 4 II KomHKVO durch die Landesstatistikbehörde wiederum verbindlich festgelegt. Im Haushaltsplan werden diese Buchungsstellen sodann zu Haushaltspositionen verdichtet. Die Verdichtung der Detailplanung richtet sich für den Ergebnishaushalt nach der Strukturvorgabe des § 2 KomHKVO und für den Finanzhaushalt nach § 3 KomHKVO. Die vorgegebenen Zeilen der Muster 6 (Ergebnishaushalt) und Muster 7 (Finanzhaushalt) wiederum folgen dieser Vorgabe. Gleiches gilt für die Teilhaushalte. Die im Haushaltsplan ausgewiesenen Haushaltspositionen stellen sodann die kumulierten Zahlenwerte der jeweils dazugehörigen Produkt-Konten dar.
Ausnahmen dieses Grundsatzes ergeben sich durch **§ 13 KomHKVO. Die Verfügungsmittel** und die **Deckungsreserve** werden zweckungebunden geplant und stehen in der Planausführung für die verschiedensten Verwendungszwecke zur Verfügung.

Haushaltswahrheit
Der **Grundsatz der Haushaltswahrheit** nach **§ 10 II 3 KomHKVO** erfordert es, die Ansätze der Planungsgrößen zunächst nach Möglichkeit zu errechnen. Nicht errechenbare Ansätze werden sorgfältig, d. h. auf der Basis möglichst verlässlicher Grundlagen, geschätzt. Die Höhe der Planungsgrößen muss in jedem Fall genau ermittelt werden, d. h. die Ansätze müssen wahr sein. Die Prognose ist nach den gültigen Regeln gewissenhaft zu erstellen und muss unter Berücksichtigung der örtlichen Gegebenheiten schlüssig und nachvollziehbar sein.
Ziel der gewissenhaften Planung ist es, Abweichungen zwischen den Ansätzen in der Planung und den Rechnungsergebnissen im Jahresabschluss so gering wie möglich zu halten.

Haushaltsklarheit
Der **Grundsatz der Haushaltsklarheit** nach z. B. **§§ 4, 6, 10 III 1 oder § 16 KomHKVO** erfordert es, den Haushaltsplan als finanzielles Gesamtprogramm überschaubar und aussagekräftig zu gestalten. Nur so kann die Vertretung ihre Etathoheit umfassend ausüben und der Haushaltsplan dem interessierten Leser sowie den einzelnen Verwaltungsstellen ausreichende Informationen liefern. Der Haushaltsplan ist ein für jedes Haushaltsjahr aufzustellendes, systematisch gegliedertes Planwerk. Während die

Haushaltswahrheit die inhaltlichen Vorgaben für eine genaue Haushaltsplanung beinhaltet, umfasst die Haushaltsklarheit mehr die formalen Vorgaben.
Der Produkt- und Kontenrahmen sowie die dazu erforderlichen Zuordnungsvorschriften wie auch die Muster sind aus Gründen der Einheitlichkeit und Vergleichbarkeit der kommunalen Haushalte verbindlich.

Gesamtdeckung
Nach dem Grundsatz der Gesamtdeckung in § 17 KomHKVO decken alle ordentlichen Erträge alle ordentlichen Aufwendungen. Gleiches gilt für die außerordentlichen Ergebnisgrößen. Die Ergebnisspaltung wird also beibehalten. Innerhalb dieser Spaltung stehen einzelne Erträge gleichwohl nicht bestimmten Aufwendungen gegenüber, so dass die Deckung der Aufwendungen durch Erträge innerhalb des gleichen Ergebnisbereiches grundsätzlich keinen weiteren Einschränkungen unterliegt. Dieser Grundsatz wirkt so einer unrationellen und starren Mittelbewirtschaftung entgegen.
Die Deckung der investiven Auszahlungen erfolgt durch – nach Deckung der Auszahungen zur ordentlichen Tilgung von Investitionskrediten und zur Rückzahlung innerer Darlehen sowie nach Tilgung kurzfristiger Liquiditätskredite – verbleibende Zahlungsüberschüsse der laufenden Verwaltungstätigkeit sowie Einzahlungen für Investitionstätigkeit und Einzahlungen aus der Aufnahme von Krediten und inneren Darlehen.

Ausnahmen zur Gesamtdeckung (Zweckbindung)
Ausnahmen zur Gesamtdeckung ergeben sich durch **§ 18 KomHKVO.** Erträge decken danach im Rahmen der **Zweckbindung** nicht alle Aufwendungen. Sie können vielmehr nur für bestimmte Aufwendungen, d. h. nur beschränkt zur Finanzierung konkret benannter Zwecke, verwendet werden. Gleiches gilt für die Zahlungsgrößen. Die Zweckbindung stellt also die spezielle Mittelverwendung sicher. Gleichzeitig führt die Zweckbindung über die unechte Deckungsfähigkeit zu mehr Flexibilität in der Mittelbewirtschaftung.

Sachliche Bindung
Nach dem Grundsatz der sachlichen Bindung in § 113 III 1, 2 NKomVG und § 27 I KomHKVO sind bei der Bewirtschaftung der Haushaltsansätze enge Grenzen gesetzt. Im Rahmen der Verbindlichkeit des Haushaltsplans sind sowohl der Verwendungszweck zu beachten wie auch der Ansatz der sachlich richtigen Buchungsstelle als Obergrenze zu verstehen. Es ist grundsätzlich eine über das gesamte Haushaltsjahr zügige Aufgabenerfüllung ohne Haushaltsüberschreitung und ohne vorzeitige Leistung von Aufwendungen bzw. Auszahlungen zu sichern.

Ausnahmen zur sachlichen Bindung (Deckungsfähigkeit)
Ausnahmen zum Grundsatz der sachlichen Bindung ergeben sich durch **§ 19 KomHKVO**. Ansätze der Aufwendungen, Auszahlungen und Verpflichtungsermächtigungen können danach im Rahmen der (echten) **Deckungsfähigkeit** zu Lasten anderer Ansätze der Ergebnis- wie auch Zahlungsgrößen und Verpflichtungsermächtigungen in der Planausführung überschritten werden. Die Deckungsfähigkeit stellt also den Mittelaustausch zwischen Buchungsstellen sicher. So führt die echte Deckungsfähigkeit zu mehr Flexibilität in der Mittelbewirtschaftung.

Unechte und echte Deckungsfähigkeit
Würden keine Vorschriften zur flexiblen Haushaltsführung über die Deckungsregeln bestehen, wäre die Verwaltung exakt an die Haushaltsansätze der Produkt-Konten gebunden. In Folge bewirkt die **unechte** Deckungsfähigkeit nach § 18 I 3 KomHKVO neben der **echten** Deckungsfähigkeit nach § 19 KomHKVO eine große Beweglichkeit beim Vollzug des Haushaltsplans und Verwaltungsaufwand kann eingespart werden. Dadurch wird auch der in § 110 II NKomVG geforderte Grundsatz der Sparsamkeit und Wirtschaftlichkeit noch einmal besonders betont.
Die Haushaltsansätze können in der Bewirtschaftungsphase flexibler gehandhabt und ohne weiteres Antragsverfahren in der Planausführung überschritten werden. Dies ermöglicht es andererseits, die Haushaltsansätze in der Planaufstellung knapp zu kalkulieren, ohne in der Bewirtschaftungsphase eine Vielzahl von Anträgen auf Nachbewilligungen zu riskieren.

Zeitliche Bindung
Nach dem Grundsatz der zeitlichen Bindung in § 112 III 1 NKomVG stehen die Haushaltsermächtigungen des durch die Haushaltssatzung festgesetzten Haushaltsplans nur bis zum Ablauf des maßgeblichen Kalenderjahres zur Verfügung. Die durch den Haushaltsplan zur Verfügung gestellten Ermächtigungen dürfen grundsätzlich nur in dem Zeitraum vom 01.01. bis 31.12. des Haushaltsjahres in Anspruch genommen werden.

Ausnahmen zur zeitlichen Bindung (Übertragbarkeit)
Ausnahmen zum Grundsatz der zeitlichen Bindung ergeben sich durch **§ 20 KomHKVO.** Im Haushaltsjahr nicht verwendete Ermächtigungen der Ergebnis- wie auch Zahlungsgrößen können danach im Rahmen der **(zeitlichen) Übertragbarkeit** in das folgende Haushaltsjahr übertragen werden. Die Übertragbarkeit stellt also den Mitteltransfer zwischen Haushaltsjahren sicher. Sie führt so zu einer erhöhten Flexibilität über den Jahreswechsel hinaus.

Vorläufige Haushaltsführung nach dem NKomVG
Sollte die Haushaltssatzung zu Beginn des Haushaltsjahres noch nicht wirksam sein, darf gleichwohl eine Fortführung notwendiger Aufgaben erfolgen, dieses im Grundsatz jedoch lediglich auf der Basis der Finanzverhältnisse des Vorjahres. So hat die Kommune über **§ 116 NKomVG** in der vorläufigen Haushaltsführung die Möglichkeit, bis zum Abschluss der Interimsphase z. B. Aufwendungen entstehen zu lassen und Auszahlungen zu leisten, die nach besonderen Kriterien zu beurteilen sind. Auch wenn der durch die noch nicht wirksame Haushaltssatzung festgesetzte Haushaltsplan noch keine Ermächtigungsgrundlage darstellt, darf auf diesen – bei Vorliegen der genannten Voraussetzungen – bereits vorgegriffen werden. Die Vorschriften untersagen im Regelfall hingegen Zusicherungen auf freiwillige Leistungen, den Beginn neuer Maßnahmen oder das Eingehen neuer Verpflichtungen in der **Interimsphase**.

Vorläufige Haushaltsführung nach Sondervorschriften
Auch die Regelungen zur **vorläufigen Haushaltsführung** in Sondervorschriften erlauben einen nur bedingten Zugriff auf die neue noch nicht wirksame Haushaltssatzung. Grundgedanke der Vorschriften zur vorläufigen Haushaltsführung in den Sondervorschriften § 119 III NKomVG, § 120 III NKomVG und § 122 I 2, 3 NKomVG ist auch hier die Sicherung der Handlungsfähigkeit der Verwaltung. Die Kommune hat jedoch in der haushaltslosen Zeit grundsätzlich lediglich eingeschränkte Bewirtschaftungsmöglichkeiten hinsichtlich der Inanspruchnahme von Verpflichtungsermächtigungen, der Möglichkeiten zur Kreditaufnahme und zur Aufnahme von Liquiditätskrediten.

Grundlagen des Budgets
Ein Budget nach § 4 III KomHKVO stellt einen mit finanziellen Mitteln ausgestatteten Handlungsbereich dar, der einem abgegrenzten Verantwortungsbereich zur Verfügung gestellt wird. Es bedeutet nach der Formulierung zunächst nichts anderes als eine Bewirtschaftungseinheit, die aus einem vollständigen Teilhaushalt oder Teilen daraus bestehen kann. Das Budget selbst wird durch einen Haushaltsvermerk im Haushaltsplan dokumentiert.

Bewirtschaftungserleichterungen im Budget
In der Budgetierung liegen Möglichkeiten und Chancen, den Verantwortlichen der betroffenen Verwaltungseinheiten, Produktbereiche, Produktgruppen oder Produkte die eigenverantwortliche finanzielle Gestaltungsfreiheit einzuräumen. Über die Ausübung der Selbstbestimmung in haushaltsrechtlichen Angelegenheiten erhalten die budgetierten Einheiten zusätzlichen Freiraum in finanzieller Hinsicht. Über die jeweils im Budget eingeräumte Deckungsfähigkeit und die Übertragbarkeit besteht die Möglichkeit, die Buchungsstellen sowohl unterjährig wie auch überjährig je nach Bedarf flexibel zu bewirtschaften.

Grundlagen über- und außerplanmäßiger Aufwendungen und Auszahlungen
Aufwendungen oder Auszahlungen, für deren Zweck im Haushalt keine Ermächtigungen veranschlagt und keine aus Vorjahren übertragenen Ermächtigungen verfügbar sind, können **außerplanmäßig** bereitgestellt werden. Aufwendungen oder Auszahlungen, die die Ermächtigungen im Haushaltsplan und die übertragenen Ermächtigungen aus Vorjahren übersteigen, können **überplanmäßig** bereitgestellt werden. Die Vorschriften hierzu sind in **§ 117 NKomVG** enthalten, welcher über den Absatz vier die vorrangige Überprüfung der Nachtragshaushaltssatzungspflicht nach § 115 II NKomVG erfordert. Auch Verpflichtungen zur Leistung von Auszahlungen für Investitionen und für Investitionsförderungsmaßnahmen in künftigen Jahren können nach § 119 V NKomVG über- und außerplanmäßig eingegangen werden.

Zulässigkeit über- und außerplanmäßiger Aufwendungen und Auszahlungen
Die **zeitliche Unabweisbarkeit** i. S. d. § 117 I 1 NKomVG bedeutet, dass die Mittelüberschreitung entweder nicht bis zum Erlass einer Nachtragshaushaltssatzung bzw. bis zum Erlass der nächstjährigen Haushaltssatzung zurückgestellt werden kann oder auch, dass eine Zurückstellung wirtschaftlich unzweckmäßig i.S.v. § 110 II NKomVG wäre.
Die **sachliche Unabweisbarkeit** i. S. d. § 117 I 1 NKomVG bedeutet, dass ein Rechtsanspruch auf Zahlung z. B. aus Vertrag, Verwaltungsakt oder Rechtsnorm besteht oder auch, dass die Mittelüberschreitung aus sonstigen Gründen sachlich zwingend notwendig ist.
Die zu gewährleistende **Deckung** i. S. d. § 117 I 1 NKomVG ist unter Berücksichtigung der Gesamtdeckung nach § 17 KomHKVO zu prüfen. Sie ist grundsätzlich möglich durch:
- Einsparungen aus Haushaltsansätzen für Aufwendungen und Auszahlungen bei anderen Buchungsstellen,
- Einsparungen aus Haushaltsresten für Aufwendungen und Auszahlungen bei anderen Buchungsstellen,
- die (nachrangige) Inanspruchnahme der Deckungsreserve nach § 13 II KomHKVO,
- Mehrerträge bzw. -einzahlungen bei Buchungsstellen, soweit diese für ihren Zweck nicht benötigt werden.

Treffen die Tatbestandsmerkmale des § 117 I 1 NKomVG zu, so ist das Ergebnis festzustellen, dass die über- oder außerplanmäßige Aufwendung oder Auszahlung **zulässig** ist.

Entscheidungsbefugnisse und Unterrichtungspflichten über- und außerplanmäßiger Aufwendungen und Auszahlungen

Grundsätzlich beschließt die Vertretung nach § 58 I Nr. 9 NKomVG ausschließlich über über- und außerplanmäßige Aufwendungen und Auszahlungen. Dabei ist die Maßgabe des § 117 NKomVG zu beachten.

Danach entscheidet im **Bagatellfall** (Fälle von unerheblicher Bedeutung) der Hauptverwaltungsbeamte nach § 117 I 2 NKomVG allein.

Liegt kein Bagatellfall vor und kann die Vertretung nicht rechtzeitig entscheiden, entscheidet in dringenden Fällen nach § 89 S. 1 NKomVG **(Eilentscheidungen)** der Hauptausschuss. Kann auch dieser nicht rechtzeitig entscheiden und droht der Eintritt erheblicher Nachteile oder Gefahren, trifft nach § 89 S. 2 NKomVG der Hauptverwaltungsbeamte im Einvernehmen mit der »Repräsentationsvertretung« nach § 81 II NKomVG die notwendigen Maßnahmen.

Die Vertretung und der Hauptausschuss sind bei Eilentscheidungen nach § 89 S. 3 NKomVG unverzüglich und in Bagatellfällen nach § 117 I 2 NKomVG spätestens mit der Vorlage des Jahresabschlusses zu unterrichten.

Haushaltsvorgriff

§ 117 II NKomVG räumt die Möglichkeit ein, erst im folgenden Haushaltsjahr bewilligte Haushaltsmittel für fortzusetzende Investitionen und Investitionsförderungsmaßnahmen bereits im Haushaltsjahr in Anspruch zu nehmen. Sollten die genannten investiven Maßnahmen schneller abgewickelt werden und z. B. Baumaßnahmen zügiger voranschreiten können, als für das Haushaltsjahr geplant, so können sie über diesen Haushaltsvorgriff noch im Haushaltsjahr kassenwirksam werden. Der Vorgriff auf Deckungsmittel des folgenden Jahres bildet damit die Grundlage für einen zeitlich vorgezogenen Mittelabruf.

Grundbegriffe der Buchführung bzw. Bilanzierung

Die **Inventur** stellt die Bestandsaufnahme von Vermögensgegenständen und Schulden dar. Die Ergebnisse der Inventur werden im **Inventar** als Bestandsverzeichnis der Vermögensgegenstände und Schulden in Staffelform aufgelistet. In der **Bilanz** wird in T-Kontenform das zu größeren Bilanzpositionen zusammengefasste Vermögen auf der linken und die Schulden sowie die Nettoposition auf der rechten Bilanzseite dargestellt. Auf der linken Bilanzseite, der Aktiva, stehen die Vermögensgegenstände und auf der rechten, der Passiva, die Nettoposition und die Schulden.

Bilanzveränderungstypen

1. Beim **Aktivtausch** werden zwei Positionen auf der Aktivseite verändert, eine nimmt zu, die andere ab.
2. Beim **Passivtausch** werden zwei Positionen auf der Passivseite verändert, eine nimmt zu, die andere ab.
3. Bei der **Aktiv-Passiv-Mehrung (Bilanzverlängerung)** werden sowohl eine Position auf der Aktivseite als auch auf der Passivseite verändert. Beide Positionen nehmen zu.
4. Bei der **Aktiv-Passiv-Minderung (Bilanzverkürzung)** werden sowohl eine Position auf der Aktivseite als auch auf der Passivseite verändert. Beide Positionen nehmen ab.

Bestandskonten

Die **Anfangsbestände** stehen bei **Aktivkonten** auf der **linken** Seite, bei **Passivkonten** auf der **rechten** Seite (vgl. Lage der Bilanzpositionen). **Zugänge** erfolgen immer auf der Seite des **Anfangsbestands**, **Abgänge** immer auf der dem Anfangsbestand gegenüberliegenden Seite. Der Schlussbestand wird ermittelt, indem vom Anfangsbestand zuzüglich der Zugänge die Abgänge abgezogen werden. Der Schlussbestand steht immer auf der dem Anfangsbestand gegenüberliegenden Kontoseite.

Die Kontensumme muss auf beiden Seiten immer übereinstimmen.

Buchungssatz

Es gilt die Grundregel: **Soll an Haben.** Dabei steht das Konto an erster Stelle, das im Soll (auf der linken Seite) angesprochen wird (ggf. ergänzt um den entsprechenden Betrag). An zweiter Stelle steht »an« oder einfach »/« zur Trennung der beiden Konten und an dritter Stelle steht das Konto, das im Haben (auf der rechten Seite) angesprochen wird (ggf. ergänzt um den entsprechenden Betrag). Anschließend werden diese Informationen in die T-Konten übertragen. Der Betrag des Sollkontos wird immer auf die linke Seite (Sollseite) und der Betrag des Habenkontos immer auf die rechte Seite (Habenseite) der im Buchungssatz genannten Konten eingetragen und das jeweilige Gegenkonto aus dem Buchungssatz vor den Betrag geschrieben.

EBK und SBK

Die **Anfangsbestände** werden durch **Buchungssätze** in die **Bestandskonten** eingebucht mit dem **Eröffnungsbilanzkonto (EBK)** als Gegenkonto. Das **Schlussbilanzkonto (SBK)** ist das Gegenkonto für die Buchung der **Schlussbestände**. Aus diesem wird die Bilanz für das entsprechende Haushaltsjahr entwickelt. Außerdem stellt das SBK das Spiegelbild des EBKs des nächsten Haushaltsjahres dar, da wegen der Bilanzidentität die Schlussbilanz des Vorjahres der Eröffnungsbilanz des aktuellen Haushaltsjahres entspricht.

Ergebniskonten
Zur Erhöhung der Übersichtlichkeit werden Aufwendungen und Erträge nicht direkt auf der Nettoposition sondern auf **Ergebniskonten als Unterkonten der Nettoposition** erfasst. Aufwandskonten erfassen **alle Werteverbräuche**, Ertragskonten **alle Wertzugänge**. Die Ergebniskonten werden über das Ergebnisrechnungskonto abgeschlossen, das das Jahresergebnis ausweist. Nur der Saldo des Ergebnisrechnungskontos wird als positives oder negatives Ergebnis in die Nettoposition übertragen. Erst danach darf die Nettoposition über das SBK abgeschlossen werden.

Finanzkonten
Die strukturierte **zusätzliche Erfassung der Ein- und Auszahlungen** auf den Finanzkonten schafft **Transparenz** über die Finanzmittelherkunft und -verwendung. Die Finanzkonten übernehmen bei der Darstellung der Veränderungen des Finanzmittelbestandes eine vergleichbare Aufgabe wie die Ergebniskonten bei der Veränderung der Nettoposition. Der Anfangsbestand der Liquiden Mittel zuzüglich des auf dem Finanzrechnungskonto ausgewiesenen Liquiditätssaldos entspricht dem Endbestand der Liquiden Mittel zum Bilanzstichtag.
Die Daten aus den Finanzkonten werden an den Landesbetrieb für Statistik und Kommunikationstechnologie Niedersachsen (LSKN) weitergeleitet. Sie dienen hauptsächlich finanzstatistischen Zwecken.

Begriffsdefinitionen
Auszahlung / Einzahlung: Abnahme bzw. Zunahme der Liquiden Mittel
Ausgabe / Einnahme: Abnahme bzw. Zunahme des Geldvermögens (Geldvermögen = Liquide Mittel + Forderungen – Verbindlichkeiten
Aufwand / Ertrag: Werteverzehr bzw. Wertezuwachs in einem Haushaltsjahr, d. h. Abnahme bzw. Zunahme der Nettoposition

Drei-Komponenten-System
In der kommunalen Buchhaltung gibt es die drei Komponenten Bilanz, Ergebnisrechnung und Finanzrechnung. Die **Bilanz** beinhaltet die aktiven und passiven Bestandskonten. Sie wird jeweils zum Stichtag 31.12. eines Haushaltsjahres aufgestellt. In der **Ergebnisrechnung** werden den Aufwendungen die Erträge eines Haushaltsjahres gegenübergestellt. Die Differenz zwischen den beiden Kontotypen ist das positive oder negative Jahresergebnis und mindert oder mehrt die Nettoposition. Die **Finanzrechnung** dient überwiegend statistischen Zwecken. Dabei werden den Einzahlungen die Auszahlungen eines Haushaltsjahres gegenübergestellt, der Saldo verkörpert eine Erhöhung oder Verminderung des Bestands an Liquiden Mitteln (Bank- und Kassenbestand) im Vergleich zum Beginn des Haushaltsjahres.
Das Gegenstück zur Ergebnisrechnung stellt in der Planung der Ergebnishaushalt dar. Entsprechend ist das planerische Gegenstück zur Finanzrechnung der Finanzhaushalt. Eine Planbilanz ist nicht vorgesehen.

Kontenrahmen, Zuordnungsvorschriften, Bereichsabgrenzung, Kontenplan
Der **Kontenrahmen** weist den einzelnen Konten feststehende Bezeichnungen und **feste Kontonummern** zu. Dadurch und durch die zusätzlichen Informationen aus den **Zuordnungsvorschriften** ist gewährleistet, dass in den niedersächsischen Kommunen **gleiche Finanzvorfälle** auf den **gleichen Konten** gebucht werden und es keine Missverständnisse wegen unterschiedlicher Kontenbezeichnungen gibt. Zudem vereinfacht sich die elektronische Buchungserfassung und -verarbeitung.
Durch die **Bereichsabgrenzung** werden einige Konten zur Kennzeichnung der Herkunft bzw. des Empfängers **weiter spezifiziert.**
Wenn eine Kommune nicht alle Konten des Kontenrahmens benötigt bzw. bestimmte Konten noch weiter untergliedern möchte, besteht die Möglichkeit, den Kontenrahmen in gewissem Umfang zu individualisieren. Dieser **individualisierte Kontenrahmen** wird als **Kontenplan** bezeichnet.

Belegorganisation
In der Buchhaltung können nur Finanzvorfälle auf der Grundlage von **Belegen** gebucht werden. Diese sind durch den relevanten Sachbearbeiter vorzukontieren und auf **sachliche** und **rechnerische Richtigkeit** zu überprüfen. Die tatsächliche EDV-Erfassung nimmt dann bei dezentraler Buchungsorganisation entweder der Sachbearbeiter selbst bzw. ein Buchungsbeauftragter der Abteilung oder bei zentraler Buchungsorganisation die Zentralbuchhaltung der Kommune vor. Die **Belege** sind im Original oder in digitaler Form entsprechend der **gesetzlichen Fristen** zu **archivieren**.

Nebenbuchhaltung
Die Nebenbuchhaltung ist erforderlich, um jederzeit einen **Überblick** über die **Forderungen** gegen jeden Debitor und die **Verbindlichkeiten** bei jedem Kreditor zu bekommen, um ggf. das **Mahnverfahren** einleiten bzw. bestimmte **Zahlungsfristen** einhalten zu können. Die Summe der offenen Posten auf den Debitorenkonten muss mit der Saldensumme auf den Forderungskonten, und die Summe der offenen Posten auf den Kreditorenkonten muss mit dem Saldo auf dem Konto Verbindlichkeiten aus LL übereinstimmen.

Beschaffung von Vermögensgegenständen
Der Anschaffungswert von Vermögensgegenständen setzt sich insbesondere aus folgenden Positionen zusammen:
Anschaffungswert =
Rechnungsbetrag inkl. Umsatzsteuer
+ Anschaffungsnebenkosten
– nachträgliche Anschaffungspreisminderungen

Herstellung von Vermögensgegenständen
Der Herstellungswert von Vermögensgegenständen entspricht dem **Aufwand**, den die **Erstellung** verursacht hat. Zur **Neutralisierung** des Aufwands in der Ergebnisplanung und -rechnung muss der Herstellungswert über das **Ertragskonto »Aktivierte Eigenleistung«** erfasst werden.

Abschreibungen
Abschreibungen werden zum einen auf dem Abschreibungskonto im Soll als Werteverzehr und damit Aufwand und zum anderen auf dem Bestandskonto des entsprechenden Vermögensgegenstandes im Haben als Minderung erfasst. Im kommunalen Bereich wird in der Regel linear vom Kaufpreis des Vermögensgegenstandes abgeschrieben, die Abschreibungsdauer lässt sich einer Liste des Innenministeriums entnehmen.

Erfassung von Vermögensgegenständen
Es gelten folgende Zuordnungen bei Einzelbewertung ohne Umsatzsteuer:
AHW ≤ 1.000 € **sofort Aufwand** auf Konto 4222 und Auszahlung für laufende Verwaltungstätigkeit auf Konto 7222
AHW > 1.000 € entsprechendes Konto des **Sachvermögens,** z. B. 061, ergebniswirksamer Abschreibungsaufwand auf Konto 4711_ und investive Auszahlung auf Konto 78311

Verkauf von Vermögensgegenständen des Anlagevermögens
Werden Vermögensgegenstände des Anlagevermögens verkauft, so sind diese bis einschließlich des **Vormonats** in Bezug zum Verkaufszeitpunkt planmäßig **abzuschreiben**. Eine **Differenz** zwischen Buchwert und Verkaufspreis ist als **außerordentlicher** Aufwand bzw. Ertrag zu erfassen.

Bestandsorientierte Beschaffung von Vorräten
Der Anschaffungswert der Vorräte setzt sich aus folgenden Positionen zusammen:
Anschaffungswert =
Rechnungsbetrag inkl. Umsatzsteuer
+ Anschaffungsnebenkosten
– nachträgliche Anschaffungspreisminderungen
Bei **Rücksendungen** von Vorräten ist eine **Korrekturbuchung** erforderlich.
Die Entnahmen werden entweder fortlaufend anhand von Materialentnahmescheinen oder nachträglich anhand der Inventur als Aufwand erfasst.

Aufwandsorientierte Beschaffung
Jeder Zugang von Vorräten wird sofort auf einem Aufwandskonto erfasst. Am **Jahresende** müssen bei **Bestandsveränderungen Korrekturbuchungen** vorgenommen werden. Bei einer Bestandsmehrung ist der zu viel erfasste Aufwand zu korrigieren, bei einer Bestandsminderung muss der noch nicht erfasste Verbrauch als zusätzlicher Aufwand erfasst werden.

Gewährte Zuwendungen
Gewährte Zuwendungen, die mit einer Zweckbindung ausgegeben werden, sind als immaterieller Vermögensgegenstand zu erfassen und über die Dauer der Zweckbindung abzuschreiben. Gewährte konsumtive Zuwendungen stellen Aufwand dar.

Empfangene Zuwendungen
Bei dem Empfang von Zuwendungen ist zwischen investiven und konsumtiven Zuwendungen zu unterscheiden. Investive Zuwendungen für abnutzbare Vermögensgegenstände sind in einen Sonderposten einzustellen und über die Nutzungsdauer des dadurch geförderten Vermögensgegenstands ertragswirksam aufzulösen. Konsumtive Zuwendungen werden sofort als Ertrag gebucht.

Steuern
Steuern lassen sich in Sach- und Ertragssteuern einteilen. Grundlage ist ein Steuerbescheid der Kommune, der häufig unbefristet für die Zukunft gilt. Die Forderung und der Ertrag werden bei unbefristeten Bescheiden zum Jahresbeginn gebucht, die Zahlungspflicht entsteht jedoch erst zu den im Bescheid angegebenen Fälligkeitsterminen.

Gebühren
Gebühren werden von Kommunen erhoben, wenn die Zahlungspflichtigen eine Gegenleistung erhalten. Buchungstechnisch gelten bei unbefristeten Gebürenbescheiden dieselben Regeln wie bei den Steuern.

Beiträge
Beiträge werden von Kommunen erhoben, um investive Maßnahmen durchführen zu können, die nur einem bestimmen Kreis von Bürgern Nutzen stiften. Für die Zahlungspflicht reicht die Möglichkeit der Inanspruchnahme durch die Bürger.

Skonto
In der Regel lohnt es sich für eine Kommune Eingangsrechnungen unter Abzug von Skonto zu begleichen, da die Einsparungen dadurch meist deutlich höher sind als ein möglicher Zinsaufwand, selbst bei einem relativ teuren Überziehungskredit.

Anzahlungen
Sowohl gezahlte als auch empfangene Anzahlungen sind auf einem speziellen Konto zu erfassen und werden erst bei der Endabrechnung auf das entsprechende Bestandskonto umgebucht.

Kredite
Wenn bei einem Kredit der Rück- höher als der Auszahlungsbetrag ist, muss die Differenz als Rechnungsabgrenzungsposten aktiviert werden. Dieser wird entweder über die Zinsbindungsdauer oder die Laufzeit des Kredits abgeschrieben.
Im kommunalen Bereich sind Kredite zur Liquiditätssicherung von Investitionskrediten zu unterscheiden. Kredite können in einer Summe am Ende der Laufzeit, in Raten oder im Rahmen von Annuitäten getilgt werden.

Gehaltsabrechnung
Neben dem Bruttogehalt muss der Arbeitgeber noch zusätzlichen Aufwand für seine Mitarbeiter tragen. Bei Tarifbeschäftigten ist dies der Arbeitgeberanteil zur Sozialversicherung, bei Beamten Beihilfe- sowie Rückstellungsaufwand für Beihilfe und Pensionen. Die Sozialbeiträge des AN und AG werden bei Tarifbeschäftigten vom AG an die Krankenkasse überwiesen, die allein vom AN zu tragende Lohnsteuer, falls relevant auch den Solidaritätszuschlag und die Kirchensteuer überweist der AG an das Finanzamt.

Buchung der Gehälter
Die Personalaufwendungen für Tarifbeschäftigte und Beamte sind auf unterschiedlichen Konten zu erfassen.

Umsatzsteuer
Nach der Neuregelung sind die Kommunen künftig bei jeder wirtschaftlichen Tätigkeit grundsätzlich umsatzsteuerpflichtig, sofern nicht ein Ausnahmetatbestand (§ 2 b UStG) greift. Dabei misst sich die Unternehmereigenschaft der Kommune an den allgemeinen Regelungen und an dem Unternehmerbegriff des § 2 UStG. Greift der Ausnahmetatbestand, gilt die Grundregel der Nichtbesteuerung bei ausgeübten Tätigkeiten im Rahmen der öffentlichen Gewalt. Die Kommune ist dann nicht als Unternehmer anzusehen (Fiktion) und zahlt alle Eingangsrechnungen einschließlich der darauf ausgewiesenen Umsatzsteuer, ohne diese buchungstechnisch gesondert zu berücksichtigen.
Sofern sich eine Kommune jedoch auf zivilrechtlicher Grundlage oder in privatrechtlicher Rechtsform betätigt oder Tätigkeiten ausübt, die ihr Rahmen der öffentlichen Gewalt obliegen und bei denen die Behandlung als Nichtunternehmer zu größeren Wettbewerbsverzerrungen führen würde, ist die Kommune umsatzsteuerpflichtig, gleichzeitig aber vorsteuerabzugsberechtigt.
Sowohl die von den Kunden erhaltene Umsatzsteuer als auch die an die Lieferanten entrichtete Vorsteuer ist buchungstechnisch getrennt vom Nettorechnungsbetrag zu erfassen. Die Differenz zwischen Umsatzsteuer und Vorsteuer in einer bestimmten Periode (in der Regel ein Monat) stellt eine Forderung oder eine Verbindlichkeit gegenüber dem Finanzamt dar.

Verkauf von fertigen (materiellen) Erzeugnissen
Der Verkauf von materiellen Erzeugnissen einer Kommune wird über das Konto »Erträge aus Verkauf« erfasst. Zudem ist die Umsatzsteuer zu berücksichtigen. Bei nachträglichen Preisminderungen jeder Art sind das Ertragskonto und die Umsatzsteuer zu berichtigen.

Handelswaren
Handelswaren werden auf dem Bestandskonto »Waren« und die Entnahme vom Lager über das Aufwandskonto »Verbrauch von Waren« zu Einkaufspreisen erfasst. Auf dem Ertragskonto »Erträge aus Verkauf« werden die verkauften Waren zu Verkaufspreisen eingestellt. Bei einer wirtschaftlichen Betätigung ist die Vor- und die Umsatzsteuer zu berücksichtigen.

Bestandsveränderung von unfertigen und fertigen Erzeugnissen
Bestandsmehrungen und Bestandsminderungen von selbst erstellten gelagerten Produkten werden über das Konto »Bestandsveränderung« in der Ergebnisplanung und -rechnung des laufenden Haushaltsjahres eingestellt. Dadurch wird bei einer **Bestandsmehrung** der **Aufwand** der Herstellung **neutralisiert** und bei einer **Bestandsminderung** der **Herstellungsaufwand** dem **Verkaufsertrag gegenübergestellt.**

Jahresabschluss
Der Jahresabschluss besteht grundsätzlich aus der Bilanz in T-Kontenform sowie der Ergebnis- und der Finanzrechnung in Staffelform.

Nachschüssige Zahlungen
Führen **Aufwendungen bzw. Erträge des aktuellen Haushaltsjahres** zu **Ausgaben bzw. Einnahmen in einem späteren Haushaltsjahr,** sind die Beträge, die das alte Haushaltsjahr belasten bzw. begünstigen, wegen des Periodisierungsprinzips auch buchungstechnisch dem alten Haushaltsjahr als Aufwand bzw. Ertrag zuzurechnen. In der kommunalen Praxis geschieht dies, indem der Aufwand auf dem Konto **Verbindlichkeiten aus Lieferung und Leistung** und der Ertrag auf dem entsprechenden Forderungskonto durch zusätzliche Erfassung der entsprechenden Fälligkeit so lange **geparkt** werden, bis die Zahlung tatsächlich erfolgt.

Vorschüssige Zahlungen
Führen **Ausgaben bzw. Einnahmen des aktuellen Haushaltsjahres** zu **Aufwendungen bzw. Erträge in einem späteren Haushaltsjahr,** sind die Aufwendungen bzw. Erträge, die das alte Haushaltsjahr fälschlicherweise bereits belasten bzw. begünstigen, zu korrigieren. Dies geschieht, indem zum Jahresabschluss der Aufwand für das Folgejahr auf dem Konto **»Aktive Rechnungsabgrenzung«** bzw. der Ertrag für das Folgejahr auf dem Konto **»Passive Rechnungsabgrenzung«** geparkt werden. Im neuen Haushaltsjahr erfolgt dann die Belastung bzw. Begünstigung auf dem entsprechenden Aufwands- bzw. Ertragskonto mit dem im vorhergehenden Haushaltsjahr angesprochenen Rechnungsabgrenzungskonto als Gegenkonto.

Rückstellungen
Für **Verpflichtungen,** deren **Höhe und / oder Fälligkeit** zum Zeitpunkt des Anfalls noch nicht genau bekannt sind, **für** deren **Eintreten** aber **mehr Gründe als dagegen** sprechen, sind **Rückstellungen** zu bilden, damit der Aufwand in dem Haushaltsjahr erfasst wird, in dem er tatsächlich anfällt. Falls der Grund für die Bildung entfallen ist, sind die Rückstellungen wieder ertragswirksam aufzulösen.

Forderungsbewertung
1. Abschreibung wegen Uneinbringlichkeit
Forderungen, die unzweifelhaft vom Schuldner nicht mehr beglichen werden, heißen uneinbringlich. Sie sind abzuschreiben. Danach ist die Forderung in der Buchhaltung nicht mehr vorhanden.
2. Abschreibung bei zweifelhaften Forderungen: Einzelwertberichtigung
Forderungen, die wahrscheinlich vom Schuldner nicht mehr oder nur teilweise begleichen werden, heißen zweifelhaft.
Der wahrscheinlich uneinbringliche Teil ist abzuschreiben. Dieser Vorgang wird Einzelwertberichtigung genannt. Das Forderungskonto wird dabei nicht berührt, sondern der abzuschreibende Betrag wird auf dem dem entsprechenden Forderungskonto zugeordneten Konto »Einzelwertberichtigung« eingestellt und für die Bilanzierung von dem Schlussbestand des Forderungskontos abgezogen.
3. Abschreibung bei vermutlich einwandfreien Forderungen: Pauschalwertberichtigung
Da es zu aufwändig wäre, bei allen Forderungen zu überprüfen, ob die Gefahr eines Forderungsausfalls besteht, werden die offenen Forderungen, die nicht bereits einzelwertberichtigt wurden, pauschalwertberichtigt. Dazu wird der Bestand an offenen Forderungen, der nicht bereits einzelwertberichtigt wurde, in der Regel mit der Ausfallquote aus der Vergangenheit multipliziert. Das Ergebnis ist die Höhe der PWB, die indirekt über das Konto »Pauschalwertberichtigung« gebucht wird, so dass das entsprechende Forderungskonto im Haupt- und Nebenbuch nicht verändert wird.

Bilanz, Ergebnis- und Finanzrechnung
In der Bilanz, der Ergebnis- und Finanzrechnung werden nicht alle Konten ausgewiesen, sondern diese stellen jeweils eine Zusammenfassung der entsprechenden Konten dar. Die genaue Darstellungsform ergibt sich aus Mustervordrucken, die vom Ministerium für Inneres herausgegeben wurden.

Internes Rechnungswesen bzw. KLR
Das interne Rechnungswesen oder kurz die KLR wird zur Steuerung eines Betriebs und zu Kalkulationszwecken eingesetzt. Die Datenbasis dafür bildet die Buchführung. Allerdings sind in manchen Fällen wegen des möglicherweise abweichenden Betrachtungszeitraums und der unterschiedlichen Definitionen von Aufwand und Kosten bzw. Ertrag und Leistung Anpassungen erforderlich, bevor die Daten aus dem externen in das interne Rechnungswesen übergeleitet werden können.

Neutraler Bereich
Beim Übergang vom internen zum externen Rechnungswesen ist der neutrale Bereich gesondert zu behandeln. Dieser Bereich umfasst alle betriebsfremden, periodenfremden und außerordentlichen Aufwendungen bzw. Erträge der Betrachtungsperiode. Ohne diese Absonderung würden Beträge in die Kostenrechnung Eingang finden und damit deren Ergebnis verfälschen, die mit dem eigentlichen Betriebszweck (betriebsfremd), mit der betrachteten Periode (periodenfremd) und/oder mit einem normalen Geschäftsverlauf (außerordentlich) nichts zu tun haben.

Abschreibungen, Zinsen und Wagnisse als typische Anderskosten
Abschreibungen: Wenn im internen Rechnungswesen eine andere Abschreibungshöhe, Abschreibungsdauer und/oder Abschreibungsart als im externen Rechnungswesen festgelegt wird, dann ist der Abschreibungsaufwand anders als die Abschreibungskosten.
Zinsen: Wenn im internen Rechnungswesen nicht der Zinsaufwand, sondern die Zinskosten angesetzt werden, dann ist der Zinsaufwand anders als die Zinskosten. Der Zinsaufwand entspricht den tatsächlich gezahlten Fremdkapitalzinsen. Die Zinskosten werden ermittelt, indem das für das Funktionieren des Betriebs erforderliche Kapital ermittelt und dieses dann mit einem entsprechenden, vom Betrieb selbst festgelegten Zinssatz verzinst wird.
Wagnisse: Da bestimmte Wagnisse im externen Rechnungswesen nicht angesetzt werden dürfen, obwohl eine Wahrscheinlichkeit für deren Eintritt ermittelt werden kann, werden dafür im internen Rechnungswesen so genannte Wagniskosten angesetzt. Damit soll gewährleistet werden, dass die Behebung eines derartigen Schadens nicht zu Lasten des kalkulierten Betriebsgewinns im Schadensjahr geht, sondern aus dafür gebildeten (freiwilligen) Rücklagen über mehrere Jahre erfolgen kann.

Abgrenzungsrechnung
Durch die Abgrenzungsrechnung wird aufgezeigt, woher die Unterschiede zwischen dem internen und dem externen Rechnungswesen resultieren. Dafür können grundsätzlich zwei Faktoren verantwortlich sein. Zum einen der **neutrale** Bereich, d. h. Beträge, die nichts mit dem eigentlichen Betriebszweck zu tun haben und zum anderen die **kostenrechnerischen Abgrenzungen,** d. h. für Aufwand und Kosten unterschiedlich angesetzte Beträge bei Anderskosten oder zusätzlich angesetzte Beträge bei Zusatzkosten.

Kostenartensystematik
1. Die Kosten lassen sich nach den verbrauchen Produktionsfaktoren in Arbeitskosten, Betriebsmittelkosten und Werkstoffkosten einteilen.
2. Einzelkosten lassen sich direkt einer Kostenstelle oder einem Kostenträger zurechnen, Gemeinkosten müssen den Kostenträgern zugeschlüsselt werden.
3. Fixe Kosten sind unabhängig von der Menge, variable Kosten sind abhängig von der hergestellten Menge.

Arten von Kostenstellen und Betriebsabrechnungsbogen
Grundsätzlich lassen sich Vorkosten- und Endkostenstellen unterscheiden. Vorkosten erbringen hauptsächlich Leistungen für andere Vor- oder Endkostenstellen. Endkostenstellen erbringen in der Regel überwiegend Leistungen für die externen Kunden. Der Betriebsabrechnungsbogen (BAB) ist eine Tabelle, in deren ersten Spalte die Kostenarten und in deren ersten Zeile die unterschiedlichen Kostenstellen eingetragen werden. In die Schnittzellen werden die Anteile der Kosten der entsprechenden Kostenarten für die entsprechenden Kostenstellen eingesetzt. Durch die Tabellenform lassen sich problemlos rechnerische Umformungen, z. B. Summen, ermitteln. In der Praxis wird für die unterschiedlichen Berechnungen ein Tabellenkalkulationsprogramm, z. B. MS Excel, genutzt.

Primäre Kostenverteilung
Bei der primären Kostenverteilung werden die insgesamt angefallen Kosten der einzelnen Kostenarten entsprechend ihres Anteils auf die Kostenstellen umgelegt. Ziel ist es, ein Verfahren zu finden, durch das die Kosten möglichst realitätsnah aufgeteilt werden. Dazu werden in der Praxis verschiedene Schlüssel angewendet - einfache, gewichtete und kombinierte Schlüssel.

Sekundäre Kostenverteilung
Bei der sekundären Kostenverteilung werden die Kosten der Vorkostenstellen auf die Endkostenstellen aufgeteilt. Dabei werden klassisch folgende drei Verfahren angewendet: Anbau-, Stufenleiter- und Gleichungs- (oder mathematisches) Verfahren. Das Anbauverfahren ist das rechnerische einfachste, aber auch das ungenaueste. Das mathematische Verfahren ist das rechnerisch anspruchsvollste, aber auch das genaueste.

Kostenträgerzeitrechnung
Die Kostenträgerzeitrechnung entspricht in ihren Grundzügen der Ergebnisrechnung. Allerdings werde hier Kosten und nicht Aufwendungen bzw. Leistungen und nicht Erträge angesetzt. Zudem liegt der Zeithorizont nicht zwangsläufig bei einem Jahr, sondern richtet sich nach den individuellen Bedürfnissen jedes Betriebs. Darüber hinaus kann die Kostenträgerzeitrechnung bei Bedarf auch nur für einige oder alle Betriebsteile und nicht nur für den gesamten Betrieb durchgeführt werden. Die beiden klassischen Verfahren der Kostenträgerzeitrechnung sind das Gesamtkosten- oder Umsatzkostenverfahren.

Kostenträgerstückrechnung
Einstufige Divisionskalkulation: Die einstufige Divisionskalkulation wird angewendet, wenn ein Betrieb nur ein Produkt bzw. eine Leistung erzeugt. Die Stückkosten erhält man, indem die insgesamt angefallenen Kosten durch die insgesamt angefallene Stückzahl des Kostenträgers geteilt werden.
Mehrstufige Divisionskalkulation: Die mehrstufige Divisionskalkulation wird angewendet, wenn ein Betrieb ein Produkt bzw. eine Leistung erstellt, die mehrere Produktionsstufen durchläuft, aber nicht alle Produkte bzw. Leistungen alle Produktionsstufen durchlaufen. Für die Kalkulation werden die Stückkosten der einzelnen Herstellstufen berechnet und entsprechend aufaddiert.
Divisionskalkulation mit Äquivalenzziffern: Sind die erstellten Produkte bzw. Leistungen zwar gleichartig, aber nicht gleichwertig, findet die Äquivalenzziffernrechnung Anwendung. Entsprechend ihrer Wertigkeit werden Äquivalenzziffern vergeben, die sich auf eine Basisgröße beziehen müssen. Das Produkt dieser Äquivalenzziffern mit der Anzahl der hergestellten Erzeugnisse ergibt Recheneinheiten. Wenn die Gesamtkosten durch die Summe aller Recheneinheiten geteilt werden, erhält man als Ergebnis die Kosten pro Recheneinheit. Durch Multiplikation mit den jeweiligen Äquivalenzziffern lassen sich die Stückkosten pro Produkt/Leistung ermitteln.
Summarische Zuschlagskalkulation: Bei der summarischen Zuschlagskalkulation muss zuerst aus den Daten der Vergangenheit ein Zuschlagsatz ermittelt werden, indem die in einer Vorperiode angefallenen Gemeinkosten durch die in dieser Periode angefallenen Einzelkosten geteilt werden. Dieser Zuschlagsatz wird als Basis für die Kalkulation jedes Produkts bzw. jeder Leistung herangezogen. Um die Gemeinkosten eines Erzeugnisses zu erhalten, werden die Einzelkosten des Erzeugnisses mit dem Zuschlagsatz multipliziert. Die Summe aus Einzel- und Gemeinkosten ergibt dann die Selbstkosten des Erzeugnisses.
Differenzierende Zuschlagskalkulation: Bei der differenzierenden Zuschlagskalkulation wird für jede Kostenstelle ein Zuschlagsatz ermittelt. Je nachdem, welche Kostenstellen bei der Herstellung des entsprechenden Erzeugnisses beteiligt ist, können die Kosten für die Herstellung des Erzeugnisses in den einzelnen Kostenstellen anhand der jeweils in der Kostenstelle für das Erzeugnis angefallenen Einzelkosten und des entsprechenden Zuschlagsatzes ermittelt werden. Die Summe der so errechneten Einzel- und Gemeinkosten der verschiedenen beteiligten Kostenstellen ergibt die Selbstkosten des Erzeugnisses.

Teilkostenrechnung
Sind die Produktionsfaktoren eines Betriebes **nicht ausgelastet,** ist es in der Regel sinnvoll, zur Beurteilung von Preisuntergrenzen nicht die gesamten bei der Produktion anfallenden Kosten, sondern nur den variablen Anteil zu betrachten. Die **variablen Kosten** stellen im System der Teilkostenrechnung die **absolute Preisuntergrenze** dar.

Deckungsbeitragsrechnung
Bei der Deckungsbeitragsrechnung lohnt sich die Herstellung eines Produktes bzw. einer Leistung bei nicht ausgelasteten Produktionsfaktoren, d. h. bei Unterbeschäftigung grundsätzlich bereits dann, wenn der Deckungsbeitrag positiv ist, da dann Gelder erwirtschaftet werden, die zumindest zur teilweisen Deckung der Fixkosten eingesetzt werden können. Der Deckungsbeitrag wird ermittelt, indem von den Erlösen die variablen Kosten abgezogen werden.

Stufenweise Fixkostendeckungsrechnung
Bei der stufenweisen Fixkostendeckungsrechnung wird der Fixkostenblock weiter aufgespalten, um auf diese Weise zusätzliche Informationen zur Steuerung eines Betriebs zu erhalten.

5.2 FALLSTUDIE ZUR ANWENDUNG DES PLANUNGS- UND RECHNUNGSWESENS – AUFGABE

Ziel dieser Fallstudie ist es, die **Zusammenhänge** und die erforderlichen **Abgrenzungen** zwischen dem **internen** und dem **externen Rechnungswesen mit der Planung und der Buchführung** aufzuzeigen sowie die grundlegenden Methoden der Kosten- und Leistungsrechnung an einem zwar komplexen aber im Vergleich zur Praxis stark vereinfachten Beispiel anzuwenden.

Sie sind Sie für das Haushalts- und Rechnungswesen einer kleinen Bildungseinrichtung verantwortlich. Im ersten Schritt sind einige Planungsfragen zu klären. Anschließend ist das Ergebnisrechnungskonto nach den gesetzlichen Vorschriften aufzustellen. Danach sind die Daten aus der Ergebnisrechnung in die Kosten- und Leistungsrechnung zu übertragen. Aus Zwecken der Vereinfachung geht die relevante Periode der KLR auch über ein Haushaltsjahr. Bei den einzelnen Aufgaben ist dabei jeweils zu überlegen, welche zusätzlichen Informationen zur **Steuerung** eines Betriebs durch die Methoden des internen Rechnungswesens zur Verfügung gestellt werden.

Aufgabe 1:

a) Die Bildungseinrichtung möchte ihre Verwaltungsmitarbeiter zu einigen Seminaren bei Fremdanbietern schicken. Da die Fortbildungskosten personalrechtliche Arbeitsprozesse dokumentieren, sollen sie aus Transparenzgründen bei der Haushaltsposition Personalaufwendungen bzw. -auszahlungen abgebildet werden.

b) Im Schulungsgebäude soll eine Reparatur der sanitären Anlagen erfolgen. Die Aufwendungen hierfür sind sorgfältig geschätzt, könnten jedoch durchaus auch höher ausfallen. Die geplanten Bewirtschaftungskosten (Gas, Strom, Wasser) könnten andererseits durchaus geringer ausfallen. Um mögliche bei den Haushaltsansätzen generierte Einsparungen in der Planausführung auch anderweitig verwenden zu können, soll hier bereits bei der Planaufstellung eine Möglichkeit geschaffen werden, im Bedarfsfall auf Verteuerungen der Reparatur flexibel reagieren zu können.

c) Für die angebotenen Kurse der Fortbildungsabteilung werden Seminargebühren erhoben. Für das laufende Haushaltsjahr wurden hierfür sonstige privatrechtliche Leistungsentgelte in Höhe von 770.000 € veranschlagt. Für das zu planende Haushaltsjahr wird unterstellt, dass ein Rückgang von 5–10% zu kalkulieren ist. Um den Haushaltsausgleich nicht zu gefährden, sollen die neuen Ansätze der Erträge und Einzahlungen mit 731.500 € veranschlagt werden.

Klären Sie jeweils, wie die Finanzvorfälle in der Planaufstellung zu behandeln sind.

1. Die Gehälter werden abgerechnet. Der Personalaufwand beträgt brutto 950.000 €, davon sind 100.000 € Sozialversicherungen und weitere 100.000 € Steuern. Der Arbeitgeberanteil beträgt ebenfalls 100.000 €. Das Nettogehalt wird direkt ausgezahlt, Sozialversicherung und Steuern werden bilanziert.
2. Die Rechnungen für gekauftes Büromaterial über insgesamt 10.000 € für die Verwaltung liegen vor. Das Material wurde bereits vollständig verbraucht.
3. Die Rechnung für Gas, Strom und Wasser des örtlichen Energieversorgers über 100.000 € wird gebucht.
4. Die Telefongebühren über 5.000 € werden vom Bankkonto abgebucht.
5. Im Schulungsgebäude ist die geplante Reparatur der sanitären Anlagen durchgeführt worden. Die Rechnungshöhe beträgt 15.000 €.
6. In einer extern vermieteten Wohnung gab es einen Schaden an der Heizungsanlage. Der Reparaturaufwand betrug 3.000 €.

7. Für ein aufgenommenes Bankdarlehen hat die Bank die Zinsen in Höhe von 20.000 € abgebucht.
8. Für Aktien im Wertpapierdepot erhält die Einrichtung 15.000 € Dividende.
9. Rechnungen werden verschickt. Die Seminargebühren der Fortbildungsabteilung betrugen insgesamt 700.000 €, die der Ausbildungsabteilung 600.000 €.
10. Für eine extern vermietete Wohnung erhält die Einrichtung 6.000 € Miete.
11. Bei einem Wasserschaden im PC-Raum entsteht ein Totalschaden. Der Abschreibungsbedarf an den Einrichtungsgegenständen beträgt 25.000 €.
12. Die Anschaffungswerte der Gebäude betrugen insgesamt 1.400.000 €. Diese werden über 50 Jahre abgeschrieben. Davon hatte das Schulgebäude einen Anschaffungswert von 1.300.000, ein extern vermietetes Wohnhaus einen Anschaffungswert von 100.000 €. Die Anschaffungswerte der BGA (ohne PC-Raum) betrugen 180.000 €. Abgeschrieben werden diese über 10 Jahre.

Aufgabe 2:

Erfassen Sie die obigen Finanzvorfälle als **Buchungssätze** im Grundbuch mit Kontonummern und erstellen Sie daraus das **Ergebnisrechnungskonto** für die Bildungseinrichtung.

Allerdings können nicht alle oben verbuchten Positionen so in die KLR eingehen. Es sind teilweise noch **Anpassungen** notwendig! Dazu stehen Ihnen folgende Zusatzinformationen zur Verfügung:
Bei der Bildungseinrichtung sollen die **Abschreibungen** nach den Wiederbeschaffungszeitwerten berechnet werden. Man geht davon aus, dass das Schulgebäude heute einen Wiederbeschaffungszeitwert von 2.400.000 € hat. Die tatsächliche Nutzungsdauer wird jedoch auf 60 Jahre veranschlagt. Bei den BGA wird mit einem Zeitwert von 225.000 € und einer Nutzungsdauer von 15 Jahren gerechnet.
Die Bildungseinrichtung verfügt über das Gebäude (Anschaffungswert 1.300.000 €), BGA (Anschaffungswert: 180.000 €) und ein Grundstück (Anschaffungswert 100.000 €). Die letzten guten Jahre haben außerdem dazu geführt, dass die Einrichtung über einen Wertpapierbestand verfügt, für den ursprünglich 100.000 € gezahlt wurden. Zudem hat sie auf einem nahe gelegenen Grundstück ein kleines Haus, das extern vermietet ist. Dessen Anschaffungswert betrug 100.000 €, das Grundstück hat zusätzlich einen Anschaffungswert von 30.000 €. Sonstiges Vermögen ist nicht von Bedeutung. Außerdem sind durchschnittlich Vorauszahlungen von Lehrgangsgebühren in Höhe von 20.000 € eingegangen. Als **kalkulatorischer Zinssatz** wird mit 4,5 % gerechnet.
Der Verwaltungsleiter hält wegen des Wasserschadens im PC-Pool einen jährlichen **Wagnisbetrag** von 1.000 € für alle Wagnisse für angemessen.

Aufgabe 3:

Erarbeiten Sie, welcher Aufwand aus der Ergebnisrechnung in die Kosten- und Leistungsrechnung eingeht, ermitteln Sie ggf. die neuen Beträge und nennen Sie jeweils die Fachbegriffe. Erstellen Sie außerdem die Abgrenzungsrechnung für die Bildungseinrichtung!

Für die Einrichtung sollen die **Vorkostenstellen** Gebäudemanagement, Verwaltung sowie die **Endkostenstellen** Ausbildung und Fortbildung eingerichtet werden. Nun ist es Ihre Aufgabe, die Kostenarten auf die Kostenstellen zu verteilen. Trennen Sie dabei im zu erstellenden BAB Einzel- und Gemeinkosten und beginnen Sie mit den Einzelkosten. Folgende Informationen stehen Ihnen zur Verfügung:

Personalkosten:
- Dozentenhonorare: 200.000 € (Nebenamtlich), 230.000 € (Hauptamtlich) an Ausbildung; 200.000 € an Fortbildung
- Reinigungspersonal 40.000 €, Hausmeister 30.000 € an Gebäudemanagement
- Verwaltungsmitarbeiter 200.000 € an Verwaltung
- Geschäftsführung 150.000 €, Aufteilung in folgendem Verhältnis an die Kostenstellen: 1:2:4:3 (Anordnung wie oben)

Büromaterial: 10 % an Verwaltung, 60 % an Ausbildung, Rest an Fortbildung.
Energie: an Gebäudemanagement
Telefon: an Verwaltung
Reparatur der Sanitäranlagen: an Gebäudemanagement
Kalkulatorische Zinsen und Abschreibungen: an Gebäudemanagement
Kalkulatorische Wagnisse: an Gebäudemanagement

Innerbetriebliche Leistungsverrechnung:
Der Hausmeister hat in der Fortbildungsabteilung zwei Seminare besucht. Das eine befasste sich mit den Grundsätzen des Gebäudemanagements, das andere mit Energieeinsparmaßnahmen. Beide kosten für externe Teilnehmer jeweils 250 €.

Anschließend sollen die Kosten für das Gebäudemanagement und die Verwaltung im **Stufenleiterverfahren** auf die anderen Kostenstellen umgelegt werden. Als Schlüssel für das Gebäudemanagement wird die Quadratmeterzahl herangezogen. Diese beträgt insgesamt 2.000 m^2. Die Verwaltung hat davon 300 m^2, die Ausbildung 1.000 m^2 und die Fortbildung 700 m^2 belegt.
Danach sind noch die Kosten der Verwaltung umzulegen. Die Verwaltung leistet insgesamt 10.500 h. 500 h für die Gebäudeverwaltung, 3.000 h für die Fortbildung, den Rest für die Ausbildung.

Aufgabe 4:

Teilen Sie die einzelnen Kostenarten auf die relevanten **Kostenstellen** auf, ermitteln Sie die **primären Kosten** der Kostenstellen und nehmen Sie die **innerbetriebliche Leistungsverrechnung** vor. Legen Sie anschließend die Kosten der Vorkostenstellen nach oben angegebenen Schlüsseln auf die Endkostenstellen um. Prüfen Sie dazu auch, ob die vorgegebene Reihenfolge der Vorkostenstelle geeignet ist.

Aufgabe 5:

Ermitteln Sie nach der **Kostenträgerzeitrechnung** das Betriebsergebnis für die beiden Bereiche Aus- und Fortbildung. Welche entscheidenden zusätzlichen Informationen werden durch die Kostenträgerzeit- im Vergleich zur Ergebnisrechnung zur Verfügung gestellt?

Sie erhalten als zusätzliche Angabe, dass in der Bildungseinrichtung in der Betrachtungsperiode 11.340 Stunden in der Ausbildung und 4.328 Stunden in der Fortbildung gehalten wurden.

Aufgabe 6:

Errechnen Sie aus obigen Angaben die Kosten pro Unterrichtsstunde getrennt für die beiden Bereiche nach der **einfachen Divisionskalkulation!**

Der Leiter der Bildungseinrichtung glaubt, dass oben vorgestellte Durchschnittsbetrachtung zu ungenau sei. Er meint, dass die von hauptamtlichen Lehrkräften gehaltenen Stunden in der Ausbildung um 140 % teurer sind als die von nebenamtlichen. Zudem gibt es noch Computerunterricht, für den 10 % höhere Kosten anfallen als für »normale« Stunden, die von nebenamtlichen Dozenten gehalten werden. Insgesamt wurden im betrachteten Zeitraum 3.000 Unterrichtsstunden von hauptamtlichen sowie 8.000 h von nebenamtlichen Dozenten gehalten. Der Rest entfiel auf PC-Unterricht, der auch von nebenamtlichen Dozenten gehalten wurde.

Aufgabe 7:

Welche Kosten fallen in den einzelnen Stundengruppen insgesamt und pro Stunde in der **Ausbildung** in dieser Form der **Divisionskalkulation** an?

Alternativ zur Divisionskalkulation soll nun für die Ausbildung die **Zuschlagskalkulation** Anwendung finden.

Aus den Personalabrechnungen entnehmen Sie, dass von den insgesamt 11.340 h 3.000 h von den hauptamtlichen Dozenten und der Rest von den nebenamtlichen Dozenten gehalten wurden. Für einen hauptamtlichen Dozenten fallen demzufolge 76,67 €, für einen nebenamtlichen Dozenten 23,98 € an Personal(einzel)kosten an.

Aufgabe 8:

Ermitteln Sie die summarischen Zuschlagsätze für die Aus- und Fortbildung. Erstellen Sie hierfür bei Bedarf einen neuen BAB, der nur noch die **Gemeinkosten** umfasst.

Aufgabe 9:

Kalkulieren Sie nun die Kosten für einen Bundeswehrlehrgang (Ausbildung), von dem Sie wissen, dass er 720 h Unterricht umfasst, von denen 120 Stunden von hauptamtlichen und die verbleibenden von nebenamtlichen Dozenten gehalten werden.
auf der Grundlage der **Durchschnittskosten** pro Stunde
auf der Grundlage der Stundensätze der **Äquivalenzziffernrechnung**
auf der Grundlage der **Zuschlagskalkulation**.

Diskutieren Sie die Ergebnisse!

Gehen Sie nun vereinfacht davon aus, dass die Honorare in der **Fortbildungsabteilung** vollständig variabel sind, alle anderen Positionen aber Fixkosten darstellen. Außerdem wissen Sie, dass in der vergangenen Periode insgesamt 250 Seminartage angeboten wurden.

Aufgabe 10:

Wie viel kostet ein Seminartag in der Fortbildung, wenn Sie die **Vollkosten** und wie viel, wenn Sie nur die **Teilkosten** betrachten? Diskutieren Sie, ob Sie ein Seminar, das pro Teilnehmer 250 € an Erlös bringt und für das sich lediglich 5 Teilnehmer angemeldet haben, aus kostenrechnerischer Sicht absagen sollten.

5.3 FALLSTUDIE ZUR ANWENDUNG DES PLANUNGS- UND RECHNUNGSWESENS – LÖSUNG

Aufgabe 1:

a) Hier ist der Grundsatz der Einzelveranschlagung relevant. Die jeweiligen Finanzvorfälle sind auf einzelnen Konten zu beplanen, die im Haushaltsplan gleichwohl nur gebündelt als Haushaltspositionen ausgewiesen werden. Die Fortbildungskosten der Mitarbeiter sind lt. Kontenrahmen dem Konto 4261 bzw. 7261 zugeordnet. Der Kontenrahmen ist nach § 4 II KomHKVO verbindlich. Die gewünschte Abbildung bei der Haushaltsposition der Personalaufwendungen bzw. -auszahlungen bündelt hingegen Konten der Kontengruppe 40 bzw. 70. Auch wenn beide Leistungen personalrechtliche Arbeitsprozesse dokumentieren, sind sie im Haushaltsplan unter verschiedenen Haushaltspositionen darzustellen.
Die Fortbildungskosten werden aufgrund der Kontengruppe 42 bzw. 72 unter der Haushaltsposition nach § 2 III Nr. 3 KomHKVO bzw. § 3 Nr. 2 c KomHKVO als Aufwendungen bzw. Auszahlungen für Sach- und Dienstleistungen veranschlagt.

b) Als Rechtsgrundlage kommt § 19 II KomHKVO in Betracht. Dieser Anwendungsbereich ist zu wählen, da mit den Reparatur- und Bewirtschaftungskosten »Ansätze für Aufwendungen ...« vorliegen. Das Tatbestandsmerkmal »nicht nach Abs. 1 deckungsfähig« liegt vor, da die Bildungseinrichtung nicht zu einem Budget erklärt wurde (hierfür wäre nach § 4 III 1 KomHKVO ein Budgetvermerk im Haushaltsplan notwendig). Der Anwendungsbereich des § 19 I KomHKVO ist damit nicht eröffnet. Auch das Tatbestandsmerkmal »sachlicher Zusammenhang« liegt vor, da beide Aufwendungen zur Erstellung desselben Produktes (hier der Bildungseinrichtung) dienen.
Die Rechtsfolge (»können für ... deckungsfähig erklärt werden«) beinhaltet eine Ermessenseröffnung. Sie ist durch die Anbringung eines Deckungsvermerkes bei den Aufwandskonten abzuschließen. Die so eingeräumte Deckungsfähigkeit ist als Berechtigung zu verstehen, die Haushaltsmittel sachlich übertragen zu dürfen. Überschreitungen (Mehraufwendungen) bei der Reparaturmaßnahme könnten sodann durch Einsparungen (Minderaufwendungen) bei der Bewirtschaftung ausgeglichen werden. Damit stellt die Deckungsfähigkeit den Mittelaustausch zwischen den Buchungsstellen sicher und führt zu mehr Flexibilität in der Mittelbewirtschaftung.

c) Nach dem Grundsatz der Haushaltswahrheit ist die Haushaltsplanung wahrheitsgemäß und korrekt zu erstellen. Dieser Grundsatz entspricht der in § 10 II 3 KomHKVO beschriebenen Ansatzermittlung, wonach die Ansätze sorgfältig zu schätzen sind, sofern der Betrag nicht errechenbar ist. Die Planungsgrößen der Erträge und Einzahlungen für die sonstigen privatrechtlichen Leistungsentgelte sind in diesem Fall realistisch und bei vorsichtiger Abwägung aller in Betracht kommenden Umstände, also gewissenhaft, zu schätzen. Auch das Argument der angestrebten Erreichung des Haushaltsausgleichs rechtfertigt keine höheren, unreellen Ansätze. Nach dem gebotenen Prinzip der Vorsicht ist eine Überschätzung der Erträge und Einzahlungen vielmehr zu vermeiden. Die Erträge und Einzahlungen sind somit niedriger zu schätzen und der Rückgang ist um 10% zu kalkulieren. Der Ansatz ist somit mit 700.000 Euro zu veranschlagen.

Aufgabe 2:

Bestands- und Ergebniskonten						Finanzkonten			
Nr.	Buchungssatz	Konto	Soll	Konto	Haben	Konto	Soll	Konto	Haben
1.	Personalaufwand an Bank und Verbindlichkeiten	4012 4032	950.000 100.000	1711 2722 2723	750.000 200.000 100.000			7012	750.000
2.	Geschäftsaufwand an Verbindlichkeiten LL	4431	10.000	2511	10.000				
3.	Bewirtschaf-tungsaufwand an Verbindlichkeiten LL	4241	100.000	2511	100.000				
4.	Geschäftsaufwand an Bank	4431	5.000	1711	5.000			7431	5.000
5.	Unterhaltungsaufwand an Verbindlichkeiten LL	4211	15.000	2511	15.000				
6.	Unterhaltungsaufwand an Verbindlichkeiten LL	4211	3.000	2511	3.000				
7.	Zinsaufwand (KI) an Bank	4517	20.000	1711	20.000			7517	20.000
8.	Bank an Sonstige Finanzerträge	1711	15.000	3651	15.000	6651	15.000		
9.	Forderungen an Sonstige privatrechtliche Leistungsentgelte	1611 1611	700.000 600.000	3461 3461	700.000 600.000				
10.	Bank an Miete	1711	6.000	3411	6.000	6411	6.000		
11.	Außerplanmäßige (und außerordentliche) Abschreibung an BGA	5131	25.000	0721	25.000				
12	Bilanzielle Abschreibung an Vermögensgegenstand	47113 47113 47117	26.000 2.000 18.000	0232 0212 0721	26.000 2.000 18.000				

Ergebnisrechnungskonto			
4012	950.000	3411	6.000
4032	100.000	3461	1.300.000
4211	18.000	3651	15.000
4241	100.000		
4431	15.000		
4517	20.000		
47113	28.000		
47117	18.000		
5131	25.000		
Überschuss (NP)	47.000		
	1.321.000		1.321.000

KOMPAKT

Aufgabe 3:

KLR			
(4012) Personalkosten	950.000	(3461) Fortbildung	700.000
(4032) Personalkosten	100.000	(3461) Ausbildung	600.000
(4211) Reparatur Sanitär	15.000		
(4241) Bewirtschaftungskost.	100.000		
(4431) Geschäftskosten	15.000		
(4517) Zinskosten	36.900		
(47113) Abschreibungskosten	40.000		
(47117) Abschreibungskosten	15.000		
Wagniskosten	1.000		
Betriebsgewinn	27.100		
	1.300.000		1.300.000

1. Personalkosten: Grundkosten
2. Kosten für verbrauchtes Büromaterial: Grundkosten
3. Energiekosten: Grundkosten
4. Telefonkosten: Grundkosten
5. Reparaturkosten Schulungsgebäude: Grundkosten
6. Reparaturaufwand in extern vermieteter Wohnung: Neutraler (betriebsfremder) Aufwand
7. Zinskosten: potenziell Anderskosten (hier Anderskosten).
   Gebäude 1.300.000 € und BGA 180.000 €, davon die Hälfte 740.000 €
   zuzüglich Grundstück 100.000 €, abzüglich Vorauszahlungen:
   20.000 € = 820.000 €,
   820.000 €*0,045 = 36.900 €
8. Dividendenerträge: neutrale Erträge
9. Seminar- und Ausbildungsgebühren: Zweckertrag
10. Mietertrag für eine extern vermietete Wohnung: Neutraler (betriebsfremder Ertrag)
11. Aufwand für Wasserschaden: neutraler (außerordentlicher Aufwand)
12. Abschreibungskosten: potenziell Anderskosten: hier Anderskosten
    Schulgebäude: 2.400.000 / 60 Jahre = 40.000 €
    BGA: 225.000 / 15 Jahre = 15.000 €

Betriebliche Abgrenzungen			
Neutraler Aufwand		Neutraler Ertrag	
Reparaturaufwand Wohnung	3.000	Mietertrag Wohnung	6.000
Schaden PC-Raum	25.000	Dividende	15.000
Abschreibung Wohnung	2.000	Verlust	9.000
	30.000		30.000
Neutrales Ergebnis: - 9.000			

Kostenrechnerische Abgrenzungen			
Betrieblicher Aufwand Buchführung		Verrechnete Kosten KLR	
Zinsaufwand	20.000	Zinskosten	36.900
Abschreibungsaufwand Gebäude	26.000	Abschreibungskosten Gebäude	40.000
Abschreibungsaufwand BGA	18.000	Abschreibungskosten BGA	15.000
		Wagniskosten	1.000
	64.000		92.900
Unterschied Aufwand/Kosten 28.900 (Kosten größer als Aufwand)			

Ergebnis Ergebnisrechnung (FiBU): 47.000
Betriebsgewinn (KLR) : 27.100
Abgrenzungsrechnung: 47.000 +9.000-28.900 = 27.100

Aufgabe 4:

Prüfung der Reihenfolge:
Gebäude empfängt von Verwaltung: 236.000 / 10.500 * 500 = 11.238,09 €
Verwaltung empfängt von Gebäude: 44.010 €
Gebäude empfängt deutlich weniger, deshalb bleibt Gebäude an erster Stelle.

	Summe	Gebäude	Verwaltung	Ausbildung	Fortbildung
Einzelkosten	630.000			200.000	200.000
Personalkosten				230.000	
Gemeinkosten					
Personalkosten	420.000				
-Reinigung		40.000			
-Hausmeister		30.000			
-Verwaltung			200.000		
-Führung		15.000	30.000	60.000	45.000
Büromaterialk.	10.000		1.000	6.000	3.000
Bewirtschaft.	100.000	100.000			
Reparatur	15.000	15.000			
Telefonkosten	5.000		5.000		
Zinskosten	36.900	36.900			
Abschreibung	55.000	55.000			
Wagnis	1.000	1.000			
	1.272.900	292.900	236.000	496.000	248.000
		+500			-500
	1.272.900	293.400	236.000	496.000	247.500
		-293.400	44.010	146.700	102.690
			-280.010	196.007	84.003
Endkosten	1.272.900	0	0	838.707	434.193

Aufgabe 5:

Ausbildung: Leistung-Kosten = 600.000 – 838.707 = -238.707 €
Fortbildung: Leistung-Kosten = 700.000 – 434.193 = 265.807 €
Betriebsergebnis für das gesamte Haus: 27.100 € (vgl. vorne)

Aufgabe 6:

838.707 € / 11.340 h = 73,96 € pro h in der Ausbildung

434.193 € / 4.328 h = 100,32 € pro h in der Fortbildung

KOMPAKT

Aufgabe 7:

Stundenart	ÄZ	Menge	RE	Kosten pro H	Gesamtkosten
Hauptamtler	2,4	3.000	7.200	129,25	387.741
Nebenamtler	1	8.000	8.000	53,85	430.824
PC-Unterricht	1,1	340	374	59,24	20.141
Summe			15.574		838.706

Kosten pro RE = 838.707 / 15.574 = 53,85 pro RE
Differenz wegen Rundung

Aufgabe 8:

	Summe	Gebäude	Verwaltung	Ausbildung	Fortbildung
Einzelkosten	630.000			200.000	200.000
Personalkosten				230.000	
Gemeinkosten					
Personalkosten					
-Reinigung	40.000	40.000			
-Hausmeister	30.000	30.000			
-Verwaltung	200.000		200.000		
-Führung	150.000	15.000	30.000	60.000	45.000
Büromaterialk.	10.000		1.000	6.000	3.000
Bewirtschaft.	100.000	100.000			
Reparatur	15.000	15.000			
Telefonkosten	5.000		5.000		
Zinskosten	36.900	36.900			
Abschreibung	55.000	55.000			
Wagniskosten	1.000	1.000			
	642.900	292.900	236.000	66.000	48.000
		+500			-500
	642.900	293.400	236.000	66.000	47.500
		-293.400	44.010	146.700	102.690
			-280.010	196.007	84.003
Endkosten	642.900	0	0	408.707	234.193

Gemeinkostenzuschlag Ausbildung: 408.707 / 430.000 = 0,9505
Gemeinkostenzuschlag Fortbildung: 234.193 / 200.000 = 1,171

Aufgabe 9:

1. Durchschnittskosten pro h: 73,96
   720 h · 73,96 = 53.251,20 €
2. NA: 53,85; HA: 129,24
   120 h · 129,24 + 600 h · 53,85 = 15.508,80 + 32.310 = 47.818,80 €
3. Einzelkosten:
   NA: 23,98; HA: 76,67

Einzelkosten für Kurs: 120 H · 76,67 + 600 h · 23,98 = 9.200,40 + 14.388 = 23.588,40
Gemeinkostenzuschlagssatz: 0,9505, d. h. 23.588,40 · 0,9505 = 22.420,77
Gesamtkosten = 23.588,40 + 22.420,77 = 46.009,17 €

Aufgabe 10:

Vollkosten: 434.193 € / 250 Tage = 1.736,77 €
Teilkosten: 200.000 € / 250 Tage = 800 €

Der Deckungsbeitrag des Seminars beträgt 5 · 250 € - 800 € = 450 €. Sofern sonst keine Gründe entgegenstehen (z. B. Raumnot) sollte das Seminar angeboten werden, weil es auch mit nur 5 Teilnehmern einen Beitrag zur Deckung der Fixkosten leistet. Mittel- bis langfristig bzw. grundsätzlich müssen jedoch die Vollkosten gedeckt werden, so dass darauf zu achten ist, dass im Durchschnitt die Seminare mindestens von 7 Personen besucht werden (1.736,77 € /250 € = 6,947).

6 ANHANG

6.1 ABKÜRZUNGSVERZEICHNIS

A	Aktiva
AB	Anfangsbestand
Abs.	Absatz
AfA	Absetzung für Abnutzung
AG	Arbeitgeber
AHW	Anschaffungs- bzw. Herstellungswerte
Alt.	Alternative
AN	Arbeitnehmer
apl	außerplanmäßig
AR	Ausgangsrechnung
ARA	Aktive Rechnungsabgrenzung
ARAP	Aktiver Rechnungsabgrenzungsposten
Art.	Artikel
Aufw.	Aufwand
Ausz.	Auszahlung
AZ	Auszahlung
ÄZ	Äquivalenzziffer
Ausz.ansatz	Auszahlungsansatz
B	Buch oder Bücher
BAB	Betriebsabrechnungsbogen
BauGB	Baugesetzbuch
BBesG	Bundesbesoldungsgesetz
BGA	Betriebs- und Geschäftsausstattung
BgA	Betrieb gewerblicher Art
BGB	Bürgerliches Gesetzbuch
BS	Bescheid
E	Eröffnungsbuchung
EBK	Eröffnungsbilanzkonto
ER	Ergebnisrechnung bzw. Eingangsrechnung
ERK	Ergebnisrechnungskonto
EWB	Einzelwertberichtigung
EZ	Einzahlung
F	Finanzvorfall
Fa.	Firma
fix	fixe
FR	Finanzrechnung
FRK	Finanzrechnungskonto
GemHKVO	Gemeindehaushalts- und Kassenverordnung
GewStG	Gewerbesteuergesetz
GG	Grundgesetz
GM	Gebäudemanagement
GrStG	Grundsteuergesetz
GuV	Gewinn- und Verlustrechnung
H	Haben
HGB	Handelsgesetzbuch
HH-Jahr	Haushaltsjahr
HR	Handelsrecht
Hs.	Halbsatz
HÜL	Haushaltsüberwachungsliste
i. A.	im Allgemeinen
IBAN	Internationale Bankkontonummer
K	Gesamtkosten
k	Stückkosten
KG	Kommanditgesellschaft
KLR	Kosten- und Leistungsrechnung
KomHKVO	Kommunalhaushalts- und -kassenverordnung
KStG	Körperschaftssteuergesetz
Kto.	Konto
LSKN	Landesbetrieb für Statistik und Kommunikationstechnologie Niedersachsen
MI	Innenministerium (Ministerium für Inneres und Sport)
Mifri Fi	Mittelfristige Finanzplanung
MwSt.	Mehrwertsteuer
NBauO	Niedersächsische Bauordnung
NBesG	Niedersächsisches Besoldungsgesetz
Nds. MBl.	Niedersächsisches Ministerialblatt
NKAG	Niedersächsisches Kommunalabgabengesetz
NKomVG	Niedersächsisches Kommunalverfassungsgesetz
NP	Nettoposition
Nr.	Nummer
ord.	ordentlich
P	Passiva
PRA	Passive Rechnungsabgrenzung
PWB	Pauschalwertberichtigung
RdErl. MI	Runderlass des Ministeriums für Inneres und Sport
RE	Recheneinheiten
Rg	Rechnung
Rg-Nr.	Rechnungsnummer
Σ	Summe
S	Seite / Siehe / Soll / Abschlussbuchung / Satz
SB	Schlussbestand
SBK	Schlussbilanzkonto
SGB	Sozialgesetzbuch
SoPo	Sonderposten
üpl	überplanmäßig
v	variabel
VBL	Versorgungsanstalt des Bundes und der Länder
VE	Verpflichtungsermächtigung
Verb. LL	Verbindlichkeiten aus Lieferung und Leistung
Verbindlichkeiten LL	Verbindlichkeiten aus Lieferung und Leistung
VG	Vermögensgegenstand
WBZW	Wiederbeschaffungszeitwert
Ziff	Ziffer

6.2 LITERATURVERZEICHNIS

Boffer, Frank; Eisner, Stefan; Gerlach, Thomas; Romaschin, Marina: Einführung in die Investitionsrechnung, Hamburg 2020

Coenenberg, Adolf; Fischer, Thomas; Günther, Thomas: Kostenrechnung und Kostenanalyse, Stuttgart 2016

Fudalla, Mark; zur Mühlen, Manfred; Wöste, Christian: Doppelte Buchführung in der Kommunalverwaltung, Köln 2021

Häfner, Philipp: Doppelte Buchführung für Kommunen, Freiburg 2009

Hummel, Siegfried; Männel, Wolfgang: Kostenrechnung I, Wiesbaden 2004

Isemann, Rainer; Müller, Christian; Müller, Stefan: Kommunale Kosten- und Leistungsrechnung, Berlin 2009

Langenbeck, Jochen: Kosten- und Leistungsrechnung, Herne 2017

Lasar, Andreas; Goldbach, Arnim; Zähle, Kerstin; Deichsel, Stefan; Sommer, Bastian: Kommunales Haushalts- und Rechnungswesen in Niedersachsen, Dresden 2023

Och, Wolfgang: Betriebswirtschaftslehre in der öffentlichen Verwaltung, München 2003

Rose, Joachim: Kommunale Finanzwirtschaft Niedersachsen, Kiel 2023

Rose, Joachim: Kommunales Haushaltsrecht Niedersachsen, Kiel 2022

Schmolke, Siegfried; Deitermann, Manfred; Rückwart, Wolf-Dieter: Industrielles Rechnungswesen IKR, Braunschweig 2023

Seybold, Jan; Neumann, Wolfgang; Weidner, Frank: Niedersächsisches Kommunalrecht, Hamburg 2022

6.3 ABBILDUNGSVERZEICHNIS

6.4 STICHWORTVERZEICHNIS